프렌즈

KB000751

프렌즈
베트남

안진헌 지음

생애 첫
여행친구
프렌즈
Travel Guide

Vietnam

중앙books

지은이의 말

이상하게도 베트남에 도착하면,
기억을 더듬을 필요도 없이 자연스럽게 흘러간다.

취재와 글쓰기가 어제오늘의 일이겠냐만은 이번에는 더 많은 공을 들였다. 성조로 얼룩진 베트남어 표기와 베트남에서 더 이상 쓰이지 않는 한자 표기(그것들을 찾아내기란 여간 고생스러운 것이 아니다)까지 챙기려다 보니 일이 커져버렸지만, 볼거리에 깊이를 더하기 위한 의미 있는 작업이었다. 오랫동안 베트남을 들락거리며 변화 과정을 지켜본 것도 글 쓰는 데 도움이 됐다(딱 한 번 여행하고 쓴 책이 아님을 밝힌다). 가이드북의 숙명과도 같은 개정 작업. 1년에 한 번씩 바꾸는데도 많은 것이 변해 있었다. 무언가 새로운 게 없을까 하고 그 익숙한 길을 걷고 또 걸었다.

길거리 카페에 앉아 바라보는 이곳의 일상이 좋다.
당신도 그 거리와 소리에 익숙해졌으면 좋겠다.

베트남 전쟁에 대한 왜곡된 이미지가 베트남 여행을 머뭇거리게 했다면, 이젠 그런 선입견은 버려도 좋을 것 같다. 개방과 발전의 흐름이 베트남에도 넘실대기 때문이다. 그 변화의 물결은 젊음이라는 싱그러운 단어를 관통한다. 여행이라는 관점에서 보면 이거다 싶은 '한 방'은 없지만 잔재미가 가득한 나라가 베트남이다. 비좁고 소란스럽게만 느껴지던 무질서는 그들 나름대로 정리되어 있고, 엇박자가 주는 '잘 조직된 혼동'은 구경하는 재미가 쏠쏠하기 때문이다.

Thanks To :

Tran Thu Huong, Long Hoang Bui, Foo Chik Aun, Tran Bi Lot Tran, Nguyen Quy Anh, Frankie Seo, Nguyen Thi Quyen, Trung Trinh Tien, Nguyen Anh Hong, Denis Vincent Bissonnette, Lune Production, 권형근(리차드 권), 박영근, 김도균, 김우열, 김은하, 양영지, 최혜선, 최승헌, 김현철, 남지현, 김재민, 쑤기쒸, 안수영, 구한결, 이지상, 배훈(재키), 안네 수진, 성남용, 정창숙, 김성영, 류동식, 이국환, 유환수, 김슬기, 김난희, 마미숙, 안명순, 안상진, 이연주, 강문근, 툭툭형, 정재현, 박영심, 이현석, 류호선, 김경희, 심근영, 권지현, 찬찬, 구자호, 소방, 안종훈, 엄미영, 류선하, 올림푸스 카메라, 트래블메이트, 트래블게릴라, 글로벌 투어, 리멤버 투어, 비코 트래블, 홍익 여행사, 조르바 여행사, 오마이호텔

Special Thanks To :

베트남의 기억을 진하게 만들어 준 베트남 친구들, 베트남 여행길을 동행해주었던 수많은 사람들, 아낌없는 도움을 주셨던 리차드 권, 가이드북 공작단 동지 노커팅, 교정·교열을 해주신 박경희 님, 디자인 작업을 해준 김미연 님, 변바희 님, 김정림 님, 김영주 님 감사합니다. 그리고 한 팀이 되어 책 작업을 함께 해준 이정아 님, 문주미 님, 박수민 님, 양재연 님, 또 한 번 진심으로 감사드립니다. 안효숙 최고!

안진헌

〈프렌즈 베트남〉 일러두기

이 책에 실린 정보는 2024년 6월까지 수집한 정보를 바탕으로 하고 있습니다. 현지 볼거리 · 레스토랑 · 쇼핑센터의 요금과 운영 시간, 교통 요금과 운행 시각, 숙소 정보 등이 수시로 바뀔 수 있음을 말씀드립니다. 때로는 공사 중이라 입장이 불가하거나 출구가 막히는 경우도 있습니다. 저자가 발빠르게 움직이며 바뀐 정보를 수집해 반영하고 있지만 예고 없이 현지 요금이 인상되는 경우가 비일비재합니다. 이 점을 감안하여 여행 계획을 세우시기 바랍니다. 혹여 여행의 불편이 있더라도 양해 부탁드립니다. 새로운 정보나 변경된 정보가 있다면 아래로 연락주시기 바랍니다.

저자 이메일 bkksel@gmail.com

1 베트남 베스트 & 지역별 볼거리 가이드

베트남을 처음 방문하는 초보여행자와 시간이 없는 비즈니스 여행자를 위해 준비했다. 장르를 막론하고 베트남을 상징하는 키워드와 꼭 한번 가볼 만한 도시를 간략하게 소개했다. 자신의 취향에 맞는 여행지를 선택하는 데 도움이 된다.

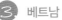

2 베트남 추천 일정

여행을 준비하는 데 가장 중요한 것이 바로 일정짜기. 남부/중부/북부 핵심 5박6일 외에 베트남 핵심 11일, 베트남 종단 19일 등 기간별 추천 코스를 제시했다. 지도를 곁들여 전체 일정과 이동 경로를 확인할 수 있으며, 기본적인 현지 물가를 제시해 일정에 따른 여행 예산짜기를 도와준다.

3 베트남 지역 구분

베트남 총 23개 지역으로 구분했다. 도입부의 간략한 소개를 통해 전반적인 지역 이해도를 높였다.

베트남어 표기

책에 소개한 볼거리, 레스토랑, 숙소명은 알파벳 표기와 베트남어를 이중병기했다. 같은 글자라고 해도 성조에 따라 전혀 다른 뜻이 되므로 베트남어 표기가 중요하다. 현지인에게 물어볼 경우 유용한 자료가 된다.

 주요 지역 Best 10 & 추천 코스

지역마다 효율적인 추천 코스와 이동 방법을 한눈에 보여준다. 낯선 도시에 대한 두려움을 빨리 해소하고 핵심 볼거리를 알차고 재미있게 관광할 수 있다.

 베트남의 볼거리 · 레스토랑 · 쇼핑 · 나이트라이프

지역별 세부 볼거리와 그에 얽힌 자세한 역사 이야기, 대형 쇼핑센터와 노점, 격식 있는 베트남 전통 레스토랑부터 베트남 특선 요리 정보와 즐길거리 등을 소개했다.

 베트남의 숙소

게스트하우스부터 중급 호텔, 고급 호텔까지 다양한 숙소를 담았다. 객실 타입별 부대시설(선풍기와 에어컨, TV, 공동욕실과 개인욕실, 냉장고, 아침식사, Wi-Fi 유무)를 상세히 소개해 숙소 선택의 도움이 된다.

 베트남 전역의 최신 지도

본문에 소개한 볼거리와 레스토랑, 쇼핑 스폿, 숙소 위치를 지도에 표시했다. 본문 상세 정보에 표시된 MAP P.000-A1을 참고해 지도와 연계해 보면 찾기 쉽다.

지도에 사용한 기호

관광	식당	쇼핑	숙소	엔터테인먼트	마사지
공항	학교	우체국	은행	기차	철도
버스 정류장	보트	사원	해변	병원	교회

차례

Travel Plus

Vietnam Best
베트남 베스트

⭐1 오토바이가 흘러간다
베트남의 첫인상이자, 베트남 여행의 여운으로 남는 오토바이 행렬이 인상적이다. 한 방향으로 흐르는 오토바이 물결은 역동적인 베트남의 이미지를 대변한다.

⭐2 베트남 음식에 탐닉하다
베트남 음식의 맛과 향. 누구나 쉽게 접근할 수 있는 베트남 음식은 여행 중에는 고귀함을 모르다가, 베트남을 떠나면 그리워지게 하는 묘약과도 같다.

© 안네 수진

⭐3 하롱베이를 주유하다
눈앞에 펼쳐지는 비경을 조망하는 것만으로도 충분히 아름다운 하롱베이. 바다를 지나는지 호수를 지나는지 알 수 없는 하롱베이를 주유하며 자연과 시간이 만들어 준 풍경을 감상하자.

⭐4 호이안에 머문다

유명한 대도시들을 제치고 여행자들을 사로잡는 작은 마을이다. 거리를
거니는 것만으로도, 자전거를 타는 것만으로도 호이안은 낭만이 가득하
다. 베트남에서 '느린 여행'에 가장 잘 어울리는 곳이다.

⭐5 호찌민시에서 베트남의 미래를 본다

북에서 호찌민시라고 부르건, 남에서 사이공이라고 부르건 그건 그리 중요하지 않다. 개방의 물결을
가장 잘 반영하는 베트남 제1의 도시로, 베트남의 역동적인 삶이 도시 전체를 가득 메우고 있다. 프
랑스 식민지배 시절에 건설된 콜로니얼 건물은 덤이다.

⭐6 하노이 구시가는 베트남의 일상이다

볼거리를 찾아 멀리 가지 않아도 된다. 당신이 묵고 있는 호텔 앞으로 펼쳐지는 거리와 상점들, 비좁은 골목과 건물들, 거리를 지나는 멜대를 멘 상인들과 오토바이를 탄 사람들까지. 하노이 구시가에는 소리와 냄새, 공간까지 그들의 삶이 영화처럼 펼쳐진다.

⭐7 후에(훼), 흐엉 강(香江)의 향기를 따라서

고도(古都)의 향기가 가득한 응우옌 왕조의 수도가 있었던 곳. 도시를 가르는 흐엉 강의 은은한 향기를 따라 역사 유적이 가득하다.

⭐8 다낭

베트남 중부를 대표하는 도시. 도시의 편안함과 강변의 여유로움이 있는 곳. 열대 해변과 리조트에서의 휴식도 가능하다. 덕분에 인기 휴양지로 급부상하고 있다.

⭐9 냐짱(나트랑), 바다가 도시를 품는다

바다와 도시가 절묘하게 어울리는 베트남 최대의 해변 휴양지. 외국인이 주인 행세를 하는 동남아시아의 여느 해변 휴양지와 달리, 거북하지 않을 만큼 적당히 개발된 베트남의 해변 도시이다.

🔟 메콩 델타, 풍요와 건강함이 넘실댄다

메콩 강을 끼고 형성되어 비슷비슷해 보이지만, 메콩 델타의 도시들은 어디를 가든 풍족함과 여유로움이 흐른다. 자연을 닮은 메콩 델타 사람들이 그 어떤 볼거리와 역사 유적보다도 매력적이다.

⭐ 싸파, 다랑논 길을 걷는다

베트남 북서부 변방에 위치한 고산 도시. 도시를 벗어나면 다랑논이 가득하다. 자연에 순응하며 생활하는 산악 민족들로 인해 이국적이다. 자연에 둘러싸인 휴식과 자연 속으로의 트레킹이 삶을 생기롭게 해준다.

🔟 전쟁의 진실과 대면한다

비무장 지대 DMZ, 꾸찌 터널, 껀저, 통일궁, 전쟁 박물관….
베트남을 여행하다 보면 얼핏얼핏 정치적인 순간과 대면하게 된다. '베트남 전쟁'의 진실은 어느덧 역사가 되어버린 현장 속에 고스란히 남아 있다.

🔟 무이네, 해변과 사막을 만나다

어촌 마을 풍경이 남아 있는 해변 리조트. 최고라고까지 치켜세울 만한 해변은 아니지만, 수영장 딸린 저렴한 리조트와 모래사막 여행을 동시에 가능하게 해준다.

지역별 **볼거리 가이드**

남부 Southern Vietnam

베트남의 역동적인 느낌을 가장 잘 보여주는 곳이다. 하루가 다르게 발전하는 호찌민시와 메콩 델타의 풍요로움, 해변 휴양지까지 어울려 다채롭다.

미토 Mỹ Tho & 껀터 Cần Thơ P.167 · 184

메콩 델타의 관문 도시다. 미토는 메콩 강에 형성된 섬들을 가로지르며 나룻배를 타고 베트남의 농촌 풍경을 관람하기 좋고, 껀터는 베트남 최대의 수상시장이 여행자들에게 즐거움을 선사한다.

호찌민시(사이공)
Thành Phố Hồ Chí Minh

P.84

프랑스령 인도차이나 시절에 건설되어 '동양의 파리'라는 별명을 얻은 곳이다. 도심에는 콜로니얼 건축물이 가득하고, 베트남의 경제 수도답게 도시는 북적대고 활기가 넘친다. 통일궁, 전쟁 박물관, 꾸찌 터널, 껀저 같은 베트남 전쟁과 관련한 볼거리도 많다.

빈롱 Vĩnh Long P.177

풍요로움이 가득한 메콩 델타의 도시다. 메콩 델타의 자연을 가장 가까이서 체험할 수 있는 홈스테이와 까이베 수상시장을 놓치지 말자.

쩌우독 Châu Đốc P.193

캄보디아의 국경과 인접한 도시다. 쌈 산에 올라 끝없이 펼쳐지는 메콩 델타의 평야 지대를 감상해 보자. 수상 가옥과 무슬림 마을도 독특한 볼거리 이다.

무이네 Mũi Né P.200

호찌민시와 가까운 해변 마을이다. 어촌 마을과 야자수 가득한 해변이 길게 이어진다. 그림처럼 펼쳐지는 모래언덕은 사막에 온 듯한 착각을 불러일으킨다.

냐짱(나트랑) Nha Trang P.216

베트남 최대의 해변 휴양지다. 곧게 뻗은 해변 도로와 고운 모래사장이 열대 지방의 풍경과 어우러진다. 스 노클링과 선상 파티를 즐길 수 있는 보트 투어가 유명하다.

냐짱

달랏

무이네

쩌우독

호찌민시

미토

껀터

빈롱

달랏 Đà Lạt P.240

해발 1,500m에 있어 연중 선선한 기온을 유지한 다. 베트남의 더위를 피해 청명한 날씨를 벗삼아 휴식하기 좋다. 베트남 사람들의 허니문 여행지로 인기가 높다.

중부 Central Vietnam

베트남 중부에는 유네스코 세계문화유산이 가득하다. 베트남 최초의 통일 왕조이자 마지막 봉건 왕조였던 응우옌 왕조의 수도였던 후에(훼), 바다의 실크로드로 번성했던 호이안, 참파 왕국의 미썬 유적까지 매력적인 여행지가 가득하다.

호이안 Hội An P.260

마을 전체가 유네스코 세계문화유산으로 지정되어 있다. 사람들이 생활하는 공간과 전통 · 문화가 절묘하게 어울린다. 오토바이 소음이 사라진 호이안은 건물 하나하나가 낭만적인 느낌으로 다가온다.

동하 &
비무장 지대

후에(훼)

다낭

호이안

미썬

미썬 Mỹ Sơn P.292

현재의 베트남과는 전혀 다른 힌두교 문명을 꽃피웠던 참파 왕국의 성지다. 베트남 전쟁 동안 미국의 폭격으로 많은 유적들이 파괴되었지만, 폐허와 녹음이 어우러져 색다른 느낌을 선사한다.

동하 & 비무장 지대
Đong Hà & DMZ P.367
북위 17°선을 경계로 베트남이 분단되어 있던 동안 형성된 비무장 지대다. 굴곡 많은 베트남 현대사를 장식했던 역사적인 장소들을 볼 수 있다.

다낭 Đà Nẵng P.298
베트남 중부의 최대 도시. 상업과 교통의 중심지로 대도시의 분주함과 해변의 여유로움이 공존한다.

후에(훼) Huế P.332
베트남의 마지막 봉건 왕조였던 응우옌 왕조의 수도였던 곳이다. 성벽에 둘러싸인 구시가가 온전하게 보존되어 있고, 흐엉 강변을 따라 황제릉이 가득하다.

북부 Northern Vietnam

하노이를 중심으로 베트남의 역사가 고스란히 묻어 있다. 하롱베이와 닌빈(닝빙)으로 대표되는 베트남의 아름다운 자연경관, 싸파와 박하에서 만나는 산악 민족까지 볼거리가 가득하다.

하노이 Hà Nội P.376

베트남의 수도가 된 지 1천 년이나 된 역사의 도시다. 호찌민 묘를 포함해 문묘, 하노이 고성, 구시가까지 다양한 볼거리가 있다. 복잡하고 소란스러우면서도 정겨운 매력이 있는 도시이다.

하롱베이 Ha Long Bay P.464

베트남의 아름다운 자연을 대표하는 곳으로 유네스코 세계자연유산으로 보호되고 있다. 바다를 가득 메운 카르스트 석회암 바위산들이 비경을 선사한다.

닌빈(닝빙) Ninh Bình P.449

육지의 하롱베이로 통하는 아름다운 자연경관을 자랑한다. 나룻배를 타고 한가로이 경관을 감상할 수 있는 땀꼭 Tam Cốc과 짱안 Tràng An이 최고의 매력. 베트남의 옛 수도인 호아르 Hoa Lư와 함께 둘러보면 된다.

깟바 섬 Đảo Cát Bà P.469
하롱베이 남쪽에 있는 섬. 하롱베이와 마찬가지로
카르스트 석회암 지형이 바다 가득 펼쳐진다. 섬
의 절반 이상이 국립공원으로 지정되어 있다.

박하 Bắc Hà P.502
'리틀 싸파'로 불리는 곳으로 일요시장이 유명
하다. 꽃처럼 화려한 전통 복장을 입은 화몽족
Flower H'mong들로 인해 일요일이면 마을 전
체가 화사해진다.

싸파(싸빠) Sa Pa P.489
해발 1,650m의 산악지대로 베트남의 변방에 해당한다. 다랑논들이 계곡을 따라 가득하게 펼쳐지고,
다양한 산악 민족들이 전통을 유지하며 생활한다.

베트남 **이것만은 꼭 해보자**

하롱베이 크루즈

베트남을 대표하는 관광지 하롱베이. 환상적인 경관을 간직한 곳으로 크루즈를 즐기며 섬과 바다와 풍경을 감상해 보자.

하노이 구시가에서 맥주 마시기

처음에는 모든 것이 소란스럽고 혼란스럽지만, 조금만 익숙해지면 하노이만큼 정겨운 곳도 없다. 거리의 목욕탕 의자에 앉아 맥주를 마시며 눈앞에 펼쳐진 하노이 구시가의 일상을 관찰해 보자.

호이안 올드 타운 거닐기

마을 전체가 유네스코 세계문화유산으로 보호되어 있다. 옛 모습을 간직한 골목을 천천히 거닐며 과거의 건물과 현재의 시간을 공유해 보자. 호이안에서는 조금은 느리게 여행해도 된다.

무이네 모래 언덕에서 해돋이 보기

사막에 대한 호기심을 조금이나 풀어 주는 곳, 무이네. 모래 언덕에 올라 일출을 맞이하거나, 모래 언덕을 맨발로 걸어보는 것만으로도 특별한 경험이 된다.

싸파 트레킹
산과 계곡이 아름다운 해발 1,650m의 싸파. 계곡을 따라 층층이 만들어진 다랑논(계단식 논)을 거닐고 전통을 유지해 온 소수 민족 마을도 방문해 보자.

시클로 타보기
시클로는 베트남에서 경험해볼 수 있는 독특한 교통수단이다. 차분한 느낌의 호이안 올드 타운, 고즈넉한 후에(훼)의 구시가, 비좁은 골목을 지나야하는 하노이 구시가를 시클로를 타고 여행해 보자.

박하 일요 시장 다녀오기
베트남 최북단에 자리한 산골 마을로 화려한 전통 복장을 입은 소수 민족을 만날 수 있다. 평소에는 조용한 시골 마을이지만 일요 시장이 열리는 일요일에는 흥겨운 분위기가 가득하다.

바나 힐 다녀오기
프랑스 식민지배 시절 1,400m의 고원에 건설한 휴양지. 케이블카를 타고 바나 힐에 올라 베트남 본토와는 다른 기후와 풍경을 감상해보자.

닌빈에서의 뱃놀이
육지의 하롱베이로 불리는 닌빈. 땀꼭과 짱안으로 대표되는 독특한 카르스트 지형을 따라 뱃놀이를 즐겨보자.

호찌민시 콜로니얼 건축물 도보 여행
'동양의 파리'로 불렸던 사이공(오늘날의 호찌민시)에는 프랑스에서 건설한 콜로니얼 건축물이 가득하다. 시내 중심가에 몰려 있어 도보 여행 코스로 손색이 없다. 중간 중간 카페에 들러 휴식을 취하고 기념사진을 찍어 보자.

베트남 쇼핑 리스트

베트남 커피

베트남 여행에서 빼놓을 수 없는 베트남 커피. 커피 산지에서 생산한 신선한 커피 원두를 구입해 한국에서 그 향을 음미해보자. 대표적인 커피로 쭝응우옌 커피 Trung Nguyên Coffee와 하일랜드 커피 Highlands Coffee가 있다. 연유를 함께 사가면 베트남 느낌을 제대로 살릴 수 있다. 달달한 커피를 좋아하는 사람들에겐 스틱형 인스턴트 커피를 권한다.

베트남 소품

베트남 여행을 기념할 만한 소품들로 국기, 마그넷, 엽서, 우표, 기념 화폐 등이 있다. 수상인형극에 사용하는 목각 인형도 기념품으로 판매한다. 가격도 저렴하고 부피도 작아서 부담 없이 구입할 수 있다.

기념 티셔츠

티셔츠와 바지. 베트남 국기, 베트남 맥주, 호찌민 등이 그려진 티셔츠는 기념품으로도 좋다. 세탁할 때 물 빠짐 주의! 다른 옷과 섞어서 빨지 말고 하나씩 손빨래해야 한다.

칠기 제품

베트남의 칠기 제품은 자개 조각이나 베트남 회화로 장식해 화려하다. 장신구, 보석함, 명함 케이스, 칠기 그릇 등을 칠기 공예로 생산한다.

도자기와 그릇
밥과 반찬으로 이루어진 베트남의 식생활은 물론 음식을 담는 그릇도 우리와 비슷하다. 그만큼 도자기 공예가 발달해 있다. 실생활에 쓰이는 물건이라 제품의 종류가 다양하다.

자수 제품
손재주가 좋은 베트남 사람들의 솜씨를 느낄 수 있다. 코스터(컵받침), 테이블보, 베갯잇, 침대 커버까지 한땀 한땀 공을 들여 만든다. 자수를 놓은 아오자이도 구입이 가능하다.

몽족 수공예품
베트남에서 가장 많은 소수 민족인 몽족이 만든 공예품이다. 옷과 가방, 지갑, 액세서리는 디자인이 독특하고 색감이 화려해 관광객들의 눈길을 사로잡는다.

프로파간다(정치 선전) 포스터
사회주의 국가인 베트남의 향수를 제대로 자극하는 프로파간다 포스터. 정치 선전 목적으로 만든 포스터들은 선명한 색의 대비가 눈길을 끈다. 엽서와 달력 같은 기념품으로 제작해 판매한다. 실제로 사용됐던 포스터 원본도 구입이 가능한데, US$100를 호가한다.

말린 과일과 차(茶)
생과일은 국내로 반입할 수 없어서 말린 과일을 사야 한다. 망고, 바나나, 파인애플은 물론 두리안까지 웬만한 과일은 건조해 판매한다. 태양을 이용해 자연 건조한 제품이 더 맛이 좋다. 고산지대에서 재배한 차(茶)도 마트에서 구입할 수 있다.

베트남 맥주
한국으로 가지고 온 베트남 맥주는 지나간 추억을 회상하기 좋다. 베트남 여행을 함께한 친구들과 함께 어울린다면 더 좋을 듯. 맥주 캔은 터질 위험이 있기 때문에 짐 쌀 때 주의해야 한다. 옷에 돌돌 말아 맥주캔을 싸면 안심이 된다.

Shopping List

마트·편의점 쇼핑 리스트

생활용품 & 커피

호랑이 연고 Tiger Balm
3만 5,000VND

모기 퇴치제 Soffel
3만 5,000VND

미스터 비엣
Mr. Viet(15개입)
11만 VND

G7 커피(18개입)
5만 9,000VND

달리 치약
4만 9,000VND

아치 카페 Arch Cafe(12개입)
6만 5,000VND

꼰쏙 커피(드립백
10개입)
8만 VND

아티초크 차
(20개입)
4만 8,000VND

L'ANGFARM

노니 차(16개입)
5만 6,000VND

음료 & 맥주

그린 티
8,000VND

에너지 드링크(레드 불)
1만 4,000VND

옥수수 우유 330㎖
1만 5,000VND

캔 커피 235㎖
1만 8,000VND

대용량 요구르트
700㎖
4만 5,000VND

이온 음료
1만 VND

떠먹는 요거트
8,000VND

달랏 우유 450㎖
2만 6,000VND

사이공 맥주
1만 5,000VND

바바바(333) 맥주
1만 5,000VND

라루 맥주
1만 2,000VND

타이거 맥주
1만 6,000VND

넵머이 500㎖
7만 8,000VND

달랏 와인
750㎖
12만 3,000VND

말린 과일 & 과자

말린 과일(망고 100g)
4만 2,000VND

말린 과일(잭프
루트 150g)
5만 1,000VND

말린 과일(믹스 프
루츠 100g)
3만 2,000VND

망고 젤리(850g)
8만 2,000VND

김 과자 Big Sheet
9,000VND

커피 조이
2만 7,000VND

치즈 과자
2만 7,000VND

AFC 크래커
2만 9,000VND

두리안 케이크
5만 7,000VND

코코넛 과자
2만 6,000VND

라면 & 소스

하오하오 라면
4,400VND

Vifon 새우라면
4,700VND

컵라면
9,500VND

느억맘 소스
(500g)
6만 5,000VND

쌀국수 육수(160g)
2만 9,000VND

치즈(8개입)
3만 8,000VND

칠리소스(270g)
1만 4,000VND

Sriracha
칠리소스
(520g)
2만
4,000VND

동남아시아

북위 105° 120° 135° 150°

베이징

중국
황허강

서울
대한민국

일본
도쿄

충칭
양쯔 강

난징
상하이

쿤밍

미얀마

광저우
홍콩

타이베이

북회귀선

하노이

타이완

양곤

비엔티안
(위앙짠)

라오스

하이난 섬

태국

다낭

베트남

루손 섬

방콕

캄보디아

마닐라

프놈펜

냐짱(나트랑)

필리핀

태평양
Pacific Ocean

호찌민시

남중국해
South China Sea

민다나오 섬

말레이시아

반다르스리브가완

쿠알라룸푸르

적 도

싱가포르

수마트라 섬

보르네오 섬

술라웨시 섬

인도양
Indian Ocean

인도네시아

자카르타

N

0   100km

중화 인민 공화국
PEOPLE'S REPUBLIC
OF CHINA

라오스
LAO PEOPLE'S
DEMOCRATIC REPUBLIC

태국
KINGDOM
OF THAILAND

캄보디아
KINGDOM OF CAMBODIA

베트남
SOCIALIST REPUBLIC
OF VIETNAM

징홍

허커우
Hekou
라오까이
Lào Cai

박하
Bắc Hà

까오방
Cao Bằng

친저우

풍쌀리
Phong Sali

라이쩌우
Lai Châu

싸파 Sa Pa

동당
Đồng Đăng

랑썬
Lang Sơn

몽까이
Móng Cái

베이하이

루앙 남타
Luṅag Namtha

디엔비엔푸
Điện Biên Phủ

타이응우옌
Thái Nguyên

치앙콩
Chiang Khong

으앙 쿠아
Muang Khua
우돔 싸이
Udom Xay

호아빈
Hòa Bình

하노이
Hà Nội

동호
Đồng Hồ

하롱베이 세계유산
Vịnh Ha Long

반푹
Vạn Phúc

마이쩌우
Mai Châu

밧짱
Bát Tràng

깟바 Cát Bà

루앙프라방
Luang Prabang

폰싸완
Phon Sa Van

넘깐
Nậm Cần

호아르
Hoa Lư

닌빈(닌빙) Ninh Bình

하이퐁
Hải Phòng

린까오

난
Nan

비아산
2820

빈(빙)
Vinh

땀꼭
Tam Cốc

둥팡

하이난 섬

팍라이
Pak Lay

빠싼
Pak San

락싸오
Lak Xao

탄호아
Thanh Hóa

통킹 만
Gulf og Tongking

싼야

우따라딧
Uttaradit

비엔티안(위앙짠)
VIENTIANE

꺼우쩨오
Cầu Treo

하띤
Hà Tĩnh

핏싸눌록
Phitsanulok

우돈타니
Udon Thani

타캑
Tha Khaek

풍냐께방
국립공원 세계유산

동허이
Đồng Hới

나콘싸완
Nakhon Sawan

싸콘나콘
Sakon Nakhon

DMZ
(비무장 지대)

동하 Đông Hà
꽝찌 Quảng Trị

콘깬
Khon kaen

싸완나켓
Savannakhet

라오바오
Lao Bảo

후에(훼) 세계유산
Huế

롭부리
Lop Buri

나콘라차씨마
Nakhon Ratchasima

우본라차타니
Ubon Ratchathani

다낭
Đà Nẵng

호이안 세계유산
Hội An

씨싸껫
Sisaket

빡쎄
Pakse

미썬 유적
세계유산

꽝응아이
Quảng Ngãi

방콕
BANGKOK

뽀이뻿
Poipet

씨판돈
Si Phan Don

응옥린 산
Núi Ngọc Linh
2598

꼰뚬
Kon Tum

짠따부리
Chanthaburi

씨쏘폰
Sisophon

앙코르 유적군 세계유산
Angkor Wat

쓰뚱뜨렝
Stung Treng

쁠레이꾸
Pleiku

꿰년
Qui Nhơn

파타야
Pattaya

씨엠리업
Siem Reap
밧땀방
Battambang

뚜이호아
Tuy Hòa

꼬창
Ko Chang

똔레쌉

부온마투옷
Buôn Ma Thuột

꼼뽕쯔낭
Kompong Chhnang

꾸찌
Cú Chi

쯔양신 산
Núi Chư Yang Sin
2405

냐짱(나트랑)
Nha Trang

프놈펜
PHNOM PENH

떠이닌
Tây Ninh

쏭베
Sông Bé

달랏
Đà Lat

꼬 꽁
Kơ Kong

꺼우독
Chau Đốc

미토
Mỹ Tho

호찌민시
Hồ Chí Minh

판랑 Phan Rang

씨하눅빌
Sihanoukville

깜뽓
Kampot

롱쑤옌
Long Xuyên

벤쩨
Bến Tre

무이네 Mũi Né
판티엣 Phan Thiết

하띠엔 하띠엔
Hà Tiên

메콩델타

푸꿕섬
Đảo Phú Quốc

싸덱
Sa Déc
락자
Rach Giá

껀터 Cần Thơ

빈롱
Vĩnh Long

붕따우
Vũng Tàu

껀저
Cần Giờ

푸뀌섬
Đảo Phú Quý

까오란
Cao Lãnh

속짱
Sóc Trăng

꼬싸무이
Ko Samui

까마우
Cà Mau

박리에우
Bạc Liêu

곤다오
Côn Đảo

타이만
Gulf of Thailand

Mekong River
메콩강

Sông Hồng
홍강

27

다낭
Đà Nẵng

세계유산 호이안
Hội An
미썬 세계유산
Mỹ Sơn

베트남 남부

라오스
LAO PEOPLE'S
OCRATIC REPUBLIC

깜득
Khâm Đức

땀끼
Tam Kỳ

빈썬
Bình Sơn
꽝응아이
Quảng Ngãi

N

0   25km   50km

2598
응옥린 산
Ngọc Linh

득포
Đức Phổ

1

앗따쁘
Attapeu
버이
Bờ Y
닥또
Đắk Tô

꼰뚬
Kon Tum

빈룽(라따나끼리)
Banlung Ratanakiri

쁠레이꾸
Pleiku

안케
An Khê

빈딘
Bình Định
꿔년
Qui Nhơn

동해
Biển Đông

레탄
Lê Thanh

(14)

베트남
SOCIALIST REPUBLIC
OF VIETNAM

쏭꺼우
Sông Cầu

2

뚜이호아
Tuy Hòa

부온마투옷
Buôn Ma Thuột

닌호아
Ninh Hòa

쯔양신 산
Núi Chư Yang Sin 2405

자응이아
Gia Nghĩa

랑비앙 산
2100
달랏
Đà Lạt

나짱(나트랑)
Nha Trang

깜란
Cam Ranh

ㅡ억롱
hước Long

동나이 강
Sông Đồng Nai

판랑
Phan Rang

3

바오록
Bảo Lộc

호찌민시 주변
P.126

박빈
Bắc Bình

남중국해
South China Sea

들ㅡ
ú Đức
비엔호아
Biên Hòa

빈쩌우
Bình Châu

무이네
Mũi Né
판티엣
Phan Thiết

저
Giờ
바리아
Bà Rịa

함떤
Hàm Tân

푸꿔섬
Đảo Phú Quý

붕따우
Vũng Tàu

4

A   B   C

쿤밍(곤명)
방면

1

쿤밍(곤명)방면

하장
Hà Giang

바오락
Bảo Lạc

허커우
라오까이
Lào Cai

박하
Bắc Hà

비엣빈
Việt Vinh

까오방
Cao Bằng

판시판
3143

싸파
Sa Pa

나용
Na Youn

라이쩌우
Lai Châu

호앙리엔 산맥
Hoàng Liên Son

뚜엔꽝
Tuyên Quang

박깐
Bắc Kan

떠이짱
Tây Trang

디엔비엔푸
Điện Biên Phủ

썬라
Sơn La

엔바이
Yên Bái

푸토
Phú Thọ

비엣찌
Việt Trì

타이응우엔
Thái Nguyên

하노이 주변 P.417

므앙쿠아
Muang Khua

옌쩌우
Yên Châu

6

썬떠이
Sơn Tây

박닌
Bắc

2

우돔 싸이
Udom Xay

쌈느아
Xam Neua

마이쩌우
Mai Châu

호아빈
Hòa Bình

하노이
Hà Nội

밧짱
Bát Tràng

하이
Hải D

므엉랏
Mường Lát

남딘
Nam Định

메콩 강
Mekong River

위앙싸이
Vieng Xai

남쏘이
Nam Xoi

나메오
Na Mèo

닌빈(닝빙)
Ninh Bình

루앙프라방
Luang Prabang

폰싸완
Phonsavan

농햇
Nonghaet

넘깐
Nậm Cẳn

탄호아
Thanh Hóa

썸썬
Sầm Sơn

베트남
SOCIALIST REPUBLIC
OF VIETNAM

방비엥
Vang Vieng

씨앙쿠앙
Xieng Khouang

라오스
LAO PEOPLE'S
DEMOCRATIC REPUBLIC

까깡
Sông Cả

꼰꾸옹
Con Cuông

디엔쩌우
Diễn Châu

3

도르엉
Đô Lương

빈(빙)
Vinh

꺼우쩨오
Cầu Treo

반나페
Ban Nape

남파오
Namphảo

하띤
Hà Tĩnh

비엔티안(위앙짠)
VIENTIANE

락싸오
Lak Xao

꽝
Quảng Tr

농까이
Nong Khai

짜로
Cha Lo

나파오
Na Phao

미
Mỹ

우돈타니
Udon Thani

나콘파놈
Nakhon Phanom

타캑
Tha Khaek

풍냐-깨방 국립공원
Phong Nha-Kẻ Bàng National Park
세계유산

태국
KINGDOM OF THAILAND

싸콘나콘
Sakon Nakhon

4

콘깬
Khon Kaen

묵다한
Mukdahan

싸완나켓
Savannakhet

쎄폰
Xepon

러이엣
Roi Et

A   B   C

롱저우
龙州

핑샹
凭祥

둥당
Đồng Đăng
랑선
Lạng Sơn

난닝
南宁

위린
玉林

뤄띵
罗定

친저우
钦州

둥싱
东兴
몽까이
Móng Cái

까오저우
高州

후아저우
化州

마모밍
茂名

허푸
合浦

베이하이
北海

소이시
遂溪

잔장
湛江

띠엔옌
Tiên Yên

러이저우
雷州

하롱
Hạ Long
하롱베이 세계유산

깟바 섬
Cát Bà

쉬원
徐闻

도썬
Đồ Sơn

중화 인민 공화국
CHINA

통킹 만
Gulf of Tongking

하이커우
海口

란까오
临高

원창
文昌

띵안
定安

창장
昌江

뚠창
屯昌

칭하이
琼海

동팡
东方

칭쭝
琼中

완닝
万宁

황류
黄流

링쉬이
陵水

싼야
三亚

하이난 성海南省

허이
ng Hới

DMZ(비무장 지대)

동하 Đông Hà

오바오
o Bảo

꽝찌
Quảng Trị

케싼
Khe Sanh

후에(훼) 세계유산
Huế

아뚜앗
Mt, Atouat
▲ 2500

다낭
Đà Nẵng

0   25   50km

베트남 북부

31

베트남 추천 일정

베트남은 남북으로 길어서 지역에 따라 볼거리들이 특색 있다. 역사와 자연에 중점을 둔다면 하노이를 중심으로 한 베트남 북부가 좋다. 도시와 해변에 중점을 둔다면 호찌민시(사이공)를 중심으로 베트남 남부를 여행한다. 유네스코 세계문화유산이 가득한 베트남 중부도 볼거리가 다양하다.

항공권은 여행 코스를 고려해 예약하는 게 바람직하다. 항공권의 리턴 티켓은 입국과 출국 도시가 반드시 같을 필요는 없다. 즉, 호찌민시로 입국해서 하노이에서 출국(또는 그 반대)이 가능하다. 인천↔다낭 노선도 운항하기 때문에 베트남 중부에서 여행을 마치고 한국으로 귀국해도 된다.

Course 1. 베트남 남부 + 메콩 델타 4박 5일

호찌민시 입국 → 호찌민시(1박) → 꾸찌 or 껀저 1일 투어 → 호찌민시(1박) → 메콩 델타 1일 투어 → 호찌민시(1박) → 인천(기내 1박)

호찌민시(사이공)를 중심으로 메콩 델타를 여행하는 코스이다. 베트남 최대 도시인 호찌민시의 활기와 시티 라이프를 즐기면서, 메콩 델타의 풍요로운 시골 풍경을 함께 둘러볼 수 있다. 호찌민시에 머물면서 투어를 이용해 주변 여행지를 방문하게 된다.

Day 1

인천→호찌민시

인천에서 호찌민시로 갈 때는 밤에 도착하는 비행기보다 낮에 도착하는 비행기를 이용하면 좋다. 낮 비행기를 탔을 경우 현지 시간으로 오후 1~2시경에 떤썬녓 국제공항에 도착하게 된다. 호찌민시에 도착하면 숙소에 짐을 풀고 시내 중심가를 둘러본다. 팜응우라오 거리, 레러이 거리, 동커이 거리를 중심으로 돌아다니면 된다. 다음날 출발하는 투어를 미리 예약해 두는 것도 잊지 말자.

Day 2

꾸찌 터널 또는 껀저 1일 투어

호찌민시 근교에 있는 꾸찌 터널(P.125) 또는 껀저(P.129)를 1일 투어로 다녀온다. 꾸찌 터널은 반나절 일정으로 다녀올 수 있지만, 떠이닌에 있는 까오다이교 사원(P.128)과 함께 하루 일정으로 다녀오는 게 더 인기가 있다.

Day 3

메콩 델타 1일 투어

잠은 호찌민시에서 자고, 1일 투어로 메콩 델타를 다녀오는 일정이다. 하루 일정으로 갈 수 있는 곳은 미토와 빈롱 두 곳 밖에 없다. 메콩 델타 투어에 관한 내용은 P.174 참고.

Day 4~5

호찌민시→인천

하루 종일 호찌민시에서 시간을 보내고 밤 비행기를 타야 한다. 본인의 일정을 고려해 체크아웃(보통 12시 이전)한 다음, 짐을 호텔에 맡기고 돌아다니면 된다. 호찌민시에서 중요한 볼거리인 통일궁, 전쟁 박물관, 노트르담 성당, 중앙 우체국, 벤탄 시장을 둘러보는 데 최소 반나절 정도 시간이 필요하다. 더 많은 볼거리를 섭렵하고 싶다면 쩌런(차이나타운)까지 일정에 포함시키면 된다. 비행기 출발 2시간 전까지 떤썬녓 공항에 도착해, 탑승 수속을 밟으면 모든 일정이 끝난다. 밤 비행기를 타고 기내에서 1박하면 다음 날 아침에 한국에 도착하게 된다.

Course 2. 달랏+무이네+냐짱(나트랑) 6박 7일

달랏 입국 → 달랏(2박) → 무이네(2박) → 냐짱(1박) → 깜란 국제공항→인천(기내 1박)

냐짱과 달랏으로 직항 노선이 취항하면서 여행 일정도 다양해졌다. 호찌민시(사이공)를 거치지 않고 베트남 남부 해변 휴양지를 즐길 수 있다. 항공편은 달랏으로 입국해 냐짱으로 출국(또는 그 반대로)하면 된다.

Day 1

인천→달랏

인천에서 달랏까지 직항 노선은 5시간 30분 걸린다. 매일 취항하는 노선이 아니라서 일정을 짤 때 출발일과 귀국일을 잘 맞춰야 한다.

Day 2

달랏

달랏에서 온종일 하루를 보낸다. 다딴라 폭포, 달랏 성당, 항응아 크레이지 하우스, 쭉럼 선원, 달랏 기차역, 랑비앙 산을 다녀올 수 있다. 해발 1,500m에서 시작해 2,167m까지 올라가며 청명한 고원 지대 풍경을 감상할 수 있다. 달랏은 베트남 커피 생산지로 유명해서 커피 농장 투어도 가능하다.

Day 3~4

달랏→무이네

달랏에서 무이네까지는 버스를 타고 가야 한다. 산길을 내려가는 데 4~5시간 걸린다. 무이네에 도착하면 오후 시간에 옐로 샌드 듄(레드 샌드 듄)을 다녀온다. 해 지는 시간에 맞춰 가면 태양 빛으로 붉게 물드는 모래 언덕을 만날 수 있다. 4일 차에는 새벽 일찍 출발해 화이트 샌드 듄에서 해 뜨는 모습을 보며 하루를 시작한다. 오후에는 리조트에서 휴식하면서 호캉스를 즐긴다.

Day 5~6

무이네→냐짱(나트랑)

무이네에서 냐짱까지 버스를 타야 하는데, 6시간 정도 걸린다. 냐짱 시내 볼거리인 냐짱 성당, 롱썬 사원, 뽀나가 참 탑, 머드 스파 온천을 방문한다. 활동적인 사람이라면 주변 섬들을 방문하는 보트 투어에 참여하면 된다. 귀국하기 전에 롯데 마트에 들러 쇼핑하는 것도 잊지 말자.

Day 7

냐짱(깜란) 국제공항→인천

귀국 항공편은 밤 12시를 전후해 출발한다. 냐짱 시내에서 깜란 국제공항까지 35㎞ 떨어져 있는데, 비행기 출발 2시간 전까지 공항에 도착해 탑승 수속을 받아야 한다. 인천까지 비행시간은 5시간이다.

Course 3. 베트남 북부 + 하롱베이 5박 6일

하노이 입국 → 하노이(2박) → 닌빈(닝빙) 1일 투어 → 하노이(1박) → 하롱베이 크루즈 투어 or 깟바 섬 (1박) → 하노이 → 노이바이 국제공항 → 인천(기내 1박)

베트남의 역사와 자연을 둘러보는 코스다. 베트남 북부 지방을 여행하기 때문에 하노이로 입국해서 하노이에서 출국해야 한다. 하노이에 머물면서 주변 지역을 투어로 다녀오면 된다. 하롱베이 투어는 보트에서 잘 것인지, 깟바 섬에 있는 호텔을 이용할 것인지 미리 결정해야 한다. 하노이를 중심으로 여러 곳을 왔다 갔다 하기 때문에 일정이 빡빡한 편이다.

대중교통을 이용해 하노이→하이퐁→깟바 섬→하롱베이→하이퐁→닌빈→하노이(또는 그 반대로)로 여행하는 것도 가능하다. 이 때는 2~3일 정도 추가 시간이 필요하다. 시간이 없을 경우 3박 4일 일정으로 하노이와 하롱베이만 다녀오는 것도 가능하다. 이때는 하롱베이를 1일 투어로 다녀와야 한다.

Day 1

인천→하노이

인천에서 하노이로 갈 때는 밤에 도착하는 비행기보다 낮에 도착하는 비행기를 이용하면 좋다. 낮 비행기를 탔을 경우 현지 시간으로 오후 1시경에 노이바이 국제공항에 도착하게 된다. 하노이 시내로 들어가서 숙소에 짐을 풀고 여행을 시작하면 된다. 하노이에서 하루 반나절을 머물게 되므로 여유롭게 일정을 조절할 수 있다. 볼거리가 많고 여행자 편의 시설이 몰려 있는 구시가 또는 호안끼엠 호수 주변에 숙소를 정하면 여러모로 편리하다.

Day 2

하노이

오전과 오후 일정으로 구분해 하노이를 여행한다. 오전에는 호찌민 묘, 호찌민 생가, 문묘, 하노이 고성을 묶어서 여행하고, 오후에는 호안끼엠 호수 주변을 둘러보면 된다. 저녁 시간에 수상 인형극을 관람하면서 하루를 마무리한다.

Day 3

하노이→닌빈(닝빙)→하노이

하노이에서 1일 투어로 닌빈(닝빙)을 다녀온다. 육지의 하롱베이로 불리는 땀꼭과 짱안, 베트남의 옛 수도였던 호아르까지 다양한 볼거리가 있다. 카르스트 지형이 주변에 가득해 자연 경관도 수려하다. 숙박은 하노이에서 하기 때문에 무거운 짐을 들고 돌아다니지 않아도 된다.

Day 4

하노이→하롱베이 or 깟바 섬

하롱베이를 1일 투어로 다녀올 수도 있지만, 하롱베이를 제대로 느끼려면 최소 이틀은 필요하다. 하노이에서 차를 타고 3~4시간 거리에 있는 하롱시까지 간 다음 보트로 갈아타고 하롱베이를 유람하게 된다. 여름에는 선상에서 잠을 자는 하롱베이 크루즈가 좋고, 겨울에는 깟바 섬에서 1박하는 투어가 좋다. 하롱베이 투어에 관한 내용은 P.460 참고.

Day 5~6

하롱베이 or 깟바 섬→하노이→노이바이 국제공항→인천

하롱베이 투어가 끝나면 다시 하노이로 돌아온다. 하노이에서 저녁 식사를 마치고 노이바이 국제공항으로 이동하면 된다. 한국으로 돌아가는 비행기들이 밤 11시 이후에 출발하는데, 비행기 출발 2시간 전까지 공항에 도착해야 한다. 밤 비행기를 타고 기내에서 1박하면 다음 날 아침에 한국에 도착하게 된다.

Course 4. 베트남 중부 5박 6일

다낭 입국 → 다낭(1박) → 후에(1박) → 호이안(2박) → 다낭 국제공항 → 인천(기내 1박)

다낭을 중심으로 베트남 중부 지방을 여행하는 코스다. 짧은 기간 동안에 후에(훼), 호이안, 미썬까지 3개의 유네스코 세계문화유산을 방문할 수 있다. 다낭 주변의 미케 해변과 호이안 주변의 안방 해변까지 있어 해변 휴양지로서도 손색이 없다. 다낭으로 입국해 다낭으로 출국해야 하며, 다낭을 사이에 두고 북쪽에 있는 후에(훼)와 남쪽에 있는 호이안과 미썬을 왔다 갔다 해야 한다. 호이안을 대신해 다낭 인근의 해변 리조트에 머물면서 여행하는 것도 가능하다. 다낭과 호이안은 35㎞ 거리로 가깝다. 시간이 없을 경우 후에(훼)를 빼고 인천→다낭→호이안→인천의 3박 4일 일정으로 짜면 된다.

Day 1

인천→다낭

운항 편수는 적지만 인천에서 다낭까지도 국제선이 취항한다. 대부분의 비행기가 다낭에 밤에 도착하지만, 베트남항공은 낮 비행기도 운항한다. 일정을 조금이라도 여유롭게 잡고 싶다면 낮 비행기를 이용하면 된다. 다낭에 도착하면 숙소에 짐을 풀고 참 박물관과 강변을 중심으로 시내를 둘러본다.

Day 2

다낭→후에(훼)

오전에 후에(훼)로 이동한다. 여행사 버스를 타거나 기차를 이용하면 된다. 기차를 타면 해안선을 따라 하이번 고개를 넘는다. 3~4시간 소요된다. 오후에는 흐엉 강변에 있는 황제들의 무덤을 다녀온다. 보트보다는 차를 이용하면 시간을 절약할 수 있다.

Day 3

후에(훼)→다낭→호이안

오전에 구시가에 있는 응우옌 왕조의 왕궁과 티엔무 사원을 다녀온다. 오후에는 버스를 타고 다낭을 거쳐 호이안으로 이동한다. 4시간 정도 걸린다.

Day 4

호이안

호이안은 마을 전체가 유네스코 세계문화유산으로 지정되어 있다. 천천히 걷거나 자전거를 타거나 시클로를 타고 마을을 둘러보면 된다. 도시를 선호한다면 다낭으로 돌아와 1박해도 된다.

Day 5~6

호이안→다낭→바나 힐→다낭 국제공항→인천

호이안에서 다낭으로 올라오는 길에 바나 힐을 들린다. 해발 1,400m의 고산지대이므로 선선한 날씨(겨울에는 춥다)를 경험할 수 있다. 케이블카와 골든 브리지, 테마 파크까지 다양한 볼거리가 있다. 바나 힐에서 다낭으로 돌아와서는 쇼핑하거나 스파(마사지) 받으면서 시간을 보낸다. 저녁 식사 후에는 다낭 국제공항으로 이동해서 인천행 비행기를 탄다.

Course 5. 베트남 북부 일주 9박 10일

하노이 입국 → 하노이(1박) → 닌빈(닝빙) 1일 투어 → 하노이(1박) → 야간 기차(1박) → 라오까이 → 싸파(2박) → 박하 → 라오까이 → 야간 기차(1박)→하노이(1박) → 하롱베이 또는 깟바 섬(1박) → 하노이 → 노이바이 국제공항 → 인천(기내 1박)

'베트남 북부+하롱베이 5박 6일' 코스에 싸파와 박하를 추가한 일정이다. 베트남 북부의 아름다운 자연 경관을 두루 여행하는 코스다. 하노이, 닌빈(닝빙), 하롱베이, 싸파, 박하를 여행하게 된다. 박하는 일요시장이 포인트이므로, 반드시 일요일에 방문하도록 일정을 맞춰야 한다. 싸파는 공항이 없기 때문에 이동 시간이 오래 걸린다. 길에서 소비하는 시간을 줄이기 위해 야간 기차를 두 번이나 타야 하므로 편한 코스는 아니다. 기차표는 미리 예약해 두도록 하자.

Day 1

인천→하노이

가능하면 낮 비행기를 이용해 하노이로 입국하자. 숙소에 짐을 풀고 필요한 투어와 기차표를 먼저 예약해 둔다. 주말에 출발하는 라오까이행 기차표 침대칸은 구하기 어려운 편이다. 수수료를 내면 현지에 있는 여행사를 통해 기차표 예매가 가능하다. 한국에서 미리 예매해두면 마음이 한결 편하다.

Day 2

닌빈(닝빙)→하노이

닌빈을 1일 투어로 다녀온다. 육지의 하롱베이로 불리는 땀꼭과 짱안, 베트남의 옛 수도가 있던 호아르를 방문한다. 도착한 다음날부터 다른 도시로 이동해서 정신이 없겠지만, 3일차에 야간 기차를 타려면 닌빈을 미리 다녀오는 게 좋다.

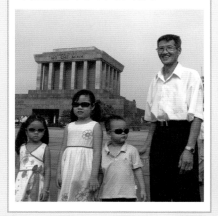

Day 3

하노이→야간 기차→라오까이

하루 일정으로 하노이를 여행한다. 호찌민 묘와 문묘 주변, 구시가와 호안끼엠 호수 주변으로 나누어 오전과 오후 일정을 진행하면 된다. 저녁 식사 후에 야간 기차를 타고 라오까이로 이동한다. 라오까이까지 기차로 8~9시간이 걸린다.

Day 4

라오까이→싸파

새벽에 라오까이에 도착하면 미니밴을 타고 싸파로 이동한다. 굽이굽이 산길을 오르면 해발 1,650m의 싸파가 나온다. 라오까이에서 싸파까지 1시간 30분 걸린다. 싸파에서의 첫날은 가볍게 걷는다는 생각으로 인접한 몽족 마을인 '깟깟'이나 함종산 정도 다녀오자.

Day 5

싸파

싸파 주변의 소수민족 마을을 방문한다. 라오짜이, 따반, 따핀 마을은 다랑논(계단식 논)과 어우러져 풍경도 아름답다. 가이드를 동반한 트레킹 투어에 참여하면 다양한 체험을 해볼 수 있다.

Day 6

싸파→박하→라오까이→ 야간 기차

싸파에서 라오까이로 내려와 다시 박하
까지 이동한다. 라오까이에서 박하까지
는 차로 2시간 걸린다. 박하 일요시장을
구경하고 나서, 기차 출발 시간에 맞춰
라오까이로 내려오면 하루가 끝난다. 다
시 야간 기차에 몸을 싣고 하노이까지
왔던 길을 되돌아간다.

Day 7

하노이

아침 일찍 하노이에 도착하면 모자란 잠을 보충하거나 휴식을 취한다. 오후에는 박물관을 추가로 방문하거나
호안끼엠 호수와 호떠이(서호)에서 시간을 보낸다. 저녁에는 수상인형극을 관람한다.

Day 8~10

하노이→하롱베이 or 깟바 섬→하노이→인천

'베트남 북부+하롱베이 5박 6일' 코스(P.35 참고)의 4~5일차 일정과 동일하다.

Course 6. 베트남 핵심 10박 11일

하노이 입국 → 하노이(1박) → 하롱베이 1일 투어 → 하노이(1박) → 후에(2박) → 호이안(1박) → 야간 버스(1박) → 냐짱(2박) → 호찌민시(1박) → 인천(기내 1박)

베트남에서 손꼽히는 여행지만 골라서 여행하는 코스다. 한국에서 출발하는 국제선 항공은 하노이로 입국해서 호찌민시에서 출국하는 왕복 항공권으로 구입한다. 짧은 기간에 여러 곳을 방문해야 하기 때문에 베트남에서 국내선 비행기를 이용해야 한다. 호이안과 냐짱 구간은 야간 버스를 이용해 이동한다. 냐짱을 빼고 무이네를 추가할 경우, 6일차에 호이안에서 다낭 국제공항으로 직행해서 비행기를 타고 호찌민시로 이동한다. 호찌민시에서 무이네를 1박 2일로 다녀온다. 마지막 날 메콩 델타 투어를 다녀온 다음 밤 비행기를 타고 한국으로 귀국하면 9박 10일 일정으로 줄어든다.

Day 1

인천→하노이
가능하면 낮 비행기를 타고 간다. 구시가에 있는 숙소에 짐을 풀고 호안끼엠 호수 주변을 둘러본다. 저녁에는 수상인형극을 관람한다.

Day 2

하롱베이 1일 투어
주어진 시간이 많지 않기 때문에 하롱베이는 1일 투어로 다녀온다. 하노이에서 출발해 하롱베이를 둘러보고 다시 하노이로 돌아온다.

Day 3

하노이→후에(훼)
하노이에 있는 동안 다녀오지 못한 호찌민 묘와 문묘, 박물관 몇 곳을 방문한다. 오후 늦게 비행기를 타고 후에(훼)로 이동한다. 비행시간은 1시간 10분이다.

Day 4

후에(훼)
하루 종일 후에(훼)에서 시간을 보낸다. 구시가와 왕궁, 흐엉 강변의 응우옌 왕조의 황제릉을 여행하면 된다.

Day 5

후에→다낭 · 호이안
오전에는 버스를 타고 다낭을 경유해 호이안으로 이동한다. 호이안에서는 천천히 걸어 다니면서 옛 모습을 간직한 마을을 둘러본다. 다낭에서 숙박하면서 호이안을 다녀오는 것도 가능하다.

식사

껌빈전
6만~8만 VND

반미(바게트 샌드위치)
4만~7만 VND

덮밥 · 비빔국수
8만~12만 VND

쌀국수
7만~10만 VND

볶음밥
9만~12만 VND

볶음 요리
12만~20만 VND

한식(찌개류)
16만~22만 VND

시푸드(단품)
18만~36만 VND

음료

생수 1.5 ℓ
1만 VND

콜라
1만 VND

과일 주스
5만~7만 VND

커피
4만~8만 VND

맥주(작은 병)
2만~3만 VND

입장료 · 투어

사원
무료

박물관
4만~8만 VND

역사유적
15만~20만 VND

수상인형극
15만~20만 VND

냐짱 보트 투어
US$19~25

메콩 델타 1일 투어
US$19~30

하롱베이 1일 투어
US$45~50

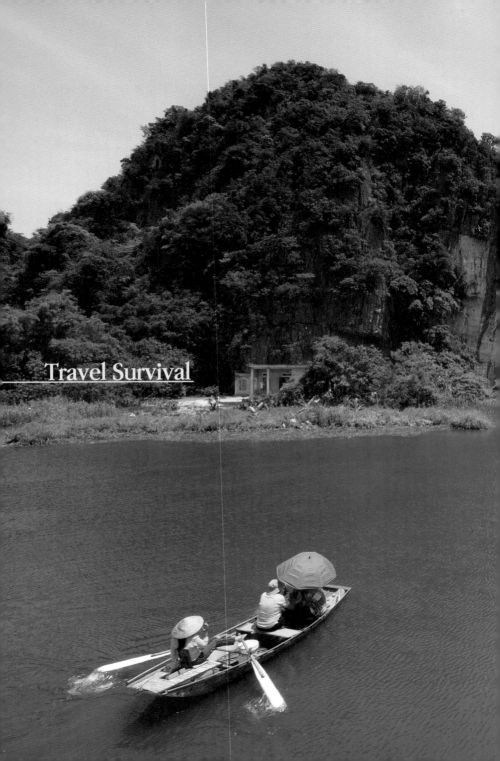

Travel Survival

실전 베트남

베트남 입출국 정보편

1 출국! Let's Go 베트남

우리나라에서 베트남으로 출발하는 국제공항은 모두 두 곳으로 인천 국제공항, 김해 국제공항, 대구 국제공항, 청주 국제공항이 있다. 여기서는 대부분의 여행객이 이용하는 인천 국제공항을 중심으로 설명한다.

인천 국제공항으로 가는 길

공항으로 가는 대중교통은 크게 두 가지. 서울을 비롯해 전국 각지에서 연결 가능한 공항버스를 타거나, 서울역에서 인천 국제공항을 연결하는 공항 철도를 타는 방법이 있다. 공항 철도는 지하철 1·2·4·5·6·9호선과 KTX가 연계되어 이용하기 편리하다. 이밖에 일부 시외버스 노선도 인천 국제공항과 연결된다. 인천 국제공항행 버스 노선은 인천 국제공항 홈페이지에서 출발·도착→교통·주차→교통 정보를 통해 확인할 수 있다.

공항 철도의 경우 서울역→공덕역→홍대입구역→디지털미디어시티역→김포공항역→계양역→검암역→청라국제도시역→운서역→공항화물청사역→인천 국제공항역 노선을 운행 중이다. 직통 열차로 43분(편도 1만 1,000원), 일반 열차로 58분(편도 5,050원) 걸린다.

인천 국제공항
문의 1577-2600 홈페이지 www.airport.kr
운영 24시간

공항 철도
문의 1599-7788 홈페이지 www.arex.or.kr
운영 매일 05:20~24:00

도심공항 터미널을 이용할 경우

비행기는 인천 국제공항에서 타야 하지만, 미리 도심공항 터미널에서 출국 수속을 하고 수하물을 보낼 수 있다. 도심공항 터미널은 두 곳으로 서울역(공항 철도 서울역 지하 2층, 전화 032-745-7861)과 삼성동(전화 02-551-0077~8, 홈페이지 www.calt.co.kr)에 있다. 도심공항 터미널이 가까이에 있다면 혼잡한 인천 공항에서의 출국 수속 시간을 절약할 수 있어 편리하다. 다만, 당일 출국자에 한하며 대한항공과 아시아나항공, 제주항공 탑승권 소지자만 가능하다. 미리 도심공항 터미널에서 탑승 수속을 마치고 인천 공항에 도착한 경우라면, 출국장 측면의 전용 통로를 통해 보안 검색 후 바로 출국심사대를 통과하면 된다. 출국장 측면 전용통로 이용→보안검색→도심승객 전용 출국심사대 통과→탑승구 이동→탑승하면 된다.

2 인천 국제공항에서 출국하기

인천 국제공항행 버스를 타면 일반적으로 3층 출국장에 도착하게 된다. 내국인은 출국할 때 출국 카드를 따로 작성하지 않아 수속이 매우 간편하다. 해외여행이 처음이거나 혼자 여행한다고 해도 전혀 어렵지 않으니 아래 순서에 따라 차근차근 출국 수속을 밟아보자.

1 | 탑승 수속

인천 국제공항은 두 개의 터미널로 구분되어 있다. 터미널마다 각기 다른 항공사들이 취항하기 때문에 공항으로 가기 전에 본인이 타고 가는 비행기가 어떤 터미널을 이용하는지 반드시 확인해야 한다. 아시아나항공과 베트남항공을 비롯한 대부분의 항공사들은 기존에 사용하던 1터미널을 이용하고, 대한항공을 포함한 8개 항공사는 새롭게 개항한 2터미널을 이용한다. 공항 출국장에 도착하면 본인이 이용할 항공사 체크인 카운터로 가자. 카운터에서 여권과 항공권을 제출하면 비행기 좌석번호와 탑승구 번호가 적힌 보딩 패스

항공사별 이용 터미널

항공사	탑승 수속 카운터
대한항공(KE)	제2여객터미널
아시아나항공(OZ)	제1여객터미널
베트남항공(VN)	제1여객터미널
비엣젯항공(VJ)	제1여객터미널
제주항공(7C)	제1여객터미널
진에어(LJ)	제2여객터미널
티웨이항공(TW)	제1여객터미널

Boarding Pass(탑승권)를 건네준다. 이때 창가석 Window Seat과 통로석 Aisle Seat 중 원하는 좌석을 요구하여 배정받을 수 있다.

기내에서는 소지품 등을 넣은 보조가방만 휴대하고 트렁크는 위탁 수하물로 처리하자. 창·도검류(칼과 가위, 칼 모양의 장난감 포함), 총기류, 스포츠 용품, 무술·호신용품, 공구는 기내 반입이 불가능하기 때문에 위탁 수하물로 처리해야 한다. 100㎖가 넘는 액체·젤·스프레이·화장품도 기내에 반입할 수 없다. 핸드폰과 노트북, 카메라, 캠코더, 휴대용 건전지 등의 개인용 휴대 전자 장비는 기내 반입이 가능하다.

짐을 부치면 수하물 표 Baggage Claim Tag를 주는데 탁송한 수하물이 없어졌을 경우 이 수하물 표가 있어야 짐을 찾을 수 있으므로 잘 보관하자. 해당 항공사의 마일리지 카드가 있다면 이때 함께 카운터에 제시하여 적립하면 된다.

2 | 세관 신고

탑승 수속을 마치고 보딩 패스를 받은 후 환전, 여행자 보험 가입 등 모든 준비가 끝났다면 이제 마중 나온 가족, 친구와 작별하고 출국장으로 들어가야 한다.

US$10,000 이상을 소지하였거나, 여행 중 사용하고 다시 가져올 고가품은 '휴대물품반출신고(확인)서'를 작성해야 한다. 그래야 입국 시 재반입할 때 세금이 부과되지 않는다(면세통관). 고가품은 통상적으로 US$800 이상 되는 물건들로 골프채, 보석류, 모피의류, 값비싼 카메라 등이 있다면 모델, 제조번호까지 상세하게 기재해야 한다. 한번 신고한 물품은 전산에 입력되므로 재출국할 때 동일한 물품에 대해서는 세관 신고 절차를 거칠 필요가 없다. 별다르게 세관 신고를 할 품목이 없으면 곧장 보안 검색대로 가면 된다.

3 | 보안 검색

검색 요원의 안내에 따라 모든 휴대 물품을 X-Ray 검색 컨베이어에 올려놓자. 항공기 내 반입 제한 물품의 휴대 여부를 점검받아야 하기 때문이다. 바지 주머니의 소지품도 모두 꺼내 별도로 제공하는 바구니에 넣고 금속 탐지기를 통과하면 된다. 검색이 강화될 경우에는 신발과 허리띠까지 풀어 금속 탐지기에 통과시켜야 하는 경우도 있다.

4 | 출국 심사

출국 심사대에서 여권, 탑승권을 심사관에게 제출하면 여권에 출국 도장을 찍은 후 항공권과 함께 돌려준다. 이로써 대한민국을 출국하는 절차는 모두 끝난다.

5 | 탑승구 확인

보딩 패스에 적힌 탑승구(Gate No.)를 확인한다. 1터미널의 경우 여객터미널 탑승구(1~50번 게이트)와 탑승동 탑승구(101~132번 게이트)로 나뉜다. 탑승동에 위치한 탑승구는 셔틀 트레인 Shuttle Train을 타고 가야 한다. 탑승구 27과 28번 게이트 사이에 있는 에스컬레이터를 타고 지하 1층으로 내려가면 셔틀 트레인 승강장이 나온다. 새롭게 생긴 2터미널에서 출발하는 항공기의 탑승구(게이트)는 200번대로 시작한다.

6 | 탑승

항공기 출발 40분 전까지 지정 탑승구로 이동하여 탑승한다.

3 입국! Welcome 베트남

우리나라를 연결하는 베트남의 국제공항은 호찌민시(SGN), 하노이(HAN), 다낭(DAD), 냐짱(CXR), 하이퐁(HPH), 푸꾸옥(PQC), 달랏(DLI), 껀터(VCA) 여덟 곳이다. 국제공항이라고 해도 규모가 크지 않기 때문에 입국 절차는 어렵지 않다. **비자도 필요 없고(무비자 45일 체류 가능), 입국 카드를 작성할 필요도 없어서 간단하다.**

1 | 입국 카드

2010년부터 베트남 입국 카드 작성 의무화 조항이 폐지되었다. 베트남을 입국하는 외국인들은 공항에 마련된 입국 수속 카운터에 여권만 제시하면 된다.

2 | 검역

특별한 검역 절차는 없지만, 조류 독감 등의 질병이 발병할 경우 적외선 탐지기를 이용해 입국하는 승객의 체온을 확인한다. 특별한 이상이 없으면 그냥 통과된다.

3 | 입국 심사대

도착(Đến, Arrival)이라고 적힌 안내 표시를 따라가면 입국 심사대가 나온다. 외국인 심사대인 Foreigner에 줄을 선다. 입국 카드를 작성할 필요가 없기 때문에 여권만 제출하면 된다. 다른 나라와 달리 베트남은 입출국 스탬프를 여권 뒤쪽 페이지부터 찍어준다.

45일 무비자 체류 기간 또는 본인의 비자 유효기간까지 체류 가능한 날짜를 제대로 기록했는지 반드시 확인하자. 사회주의 공화국답게 입국 수속은 느린 편이다.

4 | 수하물 수취

인천 국제공항에서 탑승 수속 때 짐을 부쳤다면 도착한 베트남 공항에서 수하물을 찾으면 된다. 짐을 찾는 컨베이어 벨트 번호는 별도의 안내판을 확인하면 된다. 본인이 타고 온 항공 편명 옆으로 컨베이어 벨트 번호가 표시된다. 공항이 작아서 짐을 찾는데 어려움은 없다. 만약, 탁송 수하물이 분실되었을 경우 공항에 마련된 배기지 클레임 Baggage

Claim 카운터에 수하물 표(Baggage Claim Tag)를 보여주고 담당 직원의 안내를 따르자.

5 │ 세관 검사

짐을 다 찾았으면 세관 검사대 Custom를 통과한다. 여행자들은 대부분 별도로 신고할 품목이 없다. 세관 검사대를 통과할 때 본인의 수하물이 맞는지 확인하기 위해 인천 공항에서 짐을 부치고 받았던 수하물 표를 제시해야 한다.

6 │ 환전 및 SIM 카드 구입

입국 심사를 마치고 공항 청사를 빠져나가기 전에 환전을 해두자. 환전소마다 환율이 다르기 때문에 몇 군데 확인해보고 필요한 돈만 적당히 환전해두

자. 스마트폰에 사용할 SIM 카드도 공항에서 구입이 가능하다. 현지에서 구입한 SIM 카드로 교체하면 베트남에서 사용할 수 있는 전화번호가 생긴다. SIM 카드는 시내에서 구입하는 게 조금 더 저렴하다(P.60 참고).

7 │ 공항에서 시내로 이동하기

공항에서 시내로 가는 방법은 공항 택시와 미니밴, 시내버스가 있다. 떤썬녓 국제공항 Tan Son Nhat International Airport(Sân Bay Quốc Tế Tân Sơn Nhất)에서 호찌민시 시내로 가는 방법은 P.90 참고. 노이바이 공항 Noi Bai Airport(Sân Bay Nội Bài)에서 하노이 시내로 가는 방법은 P.381 참고.

Good-bye 베트남

베트남에 입국할 때와 반대 순서로 출국 과정을 진행하면 된다. 베트남의 국제공항은 복잡하지 않기 때문에 큰 어려움이 없다.

1 │ 시내에서 공항으로 이동하기

호찌민시에서 떤썬녓 공항은 택시를 타면 쉽게 갈 수 있다. 교통 체증이 심하기 때문에 공항까지 40~50분 정도 예상해야 한다. 하노이에서 노이바이 공항까지는 거리가 멀어서 1시간 이상 예상하면 된다. 국제선을 이용할 경우 출발 2시간 전에 공항에 도착해야 하므로 총 소요시간을 넉넉하게 계산해서 출발하자.

2 │ 탑승 수속 및 출국

떤썬녓 공항과 노이바이 공항의 국제선 출국장은 공항 청사 2층에 있다. 공항에 도착하면 본인이 탑승하는 해당 항공사 카운터에 가서 항공권과 여권을 제시한다. 한국에서 올 때와 마찬가지로 기내에 실을 수하물을 부친다. 보딩 패스 Boarding Pass(탑승권)를 받았으면, 보안 검색대를 통과해 베트남 출국 심사를 받으면 된다.

> ❝ 알아두세요 ❞ **남의 짐은 절대로 들어주지 마세요!**
>
> 보딩 패스를 받기 위해 줄을 서 있는 동안 누군가(모르는 사람이) 다가와 수하물을 함께 부쳐줄 것을 부탁한다면 냉정하게 거절하세요. 항공사마다 수하물을 1인당 15~20kg으로 제한하고 있는데요, 수하물 무게가 초과되어 추가 운임을 내야 한다며 도움을 청하는 사람들 중에는 불순한 목적을 갖고 접근하는 경우도 있기 때문입니다. 수하물을 부쳐주면 사례를 하겠다는 사람이라면 더더욱 의심해야 합니다. 수입 금지 물품을 반출하려는 목적일 수 있기 때문입니다. 인정상 모른 척하기가 어려워서 허락했다가 범죄에 연루될 가능성이 있습니다. 어쨌거나 내 이름으로 부친 수하물은 내가 책임져야 하기 때문에, '나는 부탁만 받았을 뿐이다'라는 변명은 상식적으로 통하지 않습니다.

베트남 현지 교통 정보

베트남의 현지 교통은 국내선 항공, 기차, 보트, 버스, 오픈 투어 버스 등으로 다양하다. 호찌민에서 다낭, 후에(훼), 하노이 등 주요 도시 간 이동할 때는 비행기, 주요 도시 근교에 있는 도시를 가는 경우에는 여행사가 운행하는 오픈 투어 버스를 이용하는 것이 효율적이다. 기차도 운행하고 있지만 운행 편수가 많이 없고 시간이 오래 걸리므로, 여유가 있을 때 이용할 것을 권한다.

항공

배트남의 국적기, 베트남항공

베트남 국내선 항공 노선

베트남항공, 뱀부항공, 비엣젯항공에서 국내선을 운영한다. 베트남항공은 전국적인 노선 망을 구축하고 있다. 비엣젯항공과 뱀부항공은 호찌민시, 하노이, 다낭, 하이퐁, 빈(빙), 나짱으로 노선이 한정되지만 요금이 저렴하다.

하노이↔호찌민시(사이공) 구간은 가장 많은 항공사가 취항하는 노선이다. 베트남항공에서 1일 30회, 비엣젯항공에서 1일 16회, 뱀부항공에서 1일 8회 취항한다. 비행 시간은 2시간으로 편도 요금은 US$85~150. 항공사 홈페이지를 통하면 프로모션 할인 요금을 적용받을 수 있다. 여행사 요금과 비교해 보고 예약하면 된다. 국내선 노선이라도 예약할 때 여권이 필요하다.

베트남 주요 항공사

베트남항공 www.vietnamairlines.com
비엣젯항공 www.vietjetair.com
뱀부항공 www.bambooairways.com

기차

*호찌민시 기차역은 '사이공' 역으로 불리기 때문에, 기차 정보에는 호찌민시가 아니라 사이공으로 표기합니다.

국영으로 운영되는 베트남 열차 Vietnam Railways (Đường Sắt Việt Nam)는 총 길이 3,160 km에 이른다. 1930년대부터 운행을 시작했으며, 1976년부터 하노이↔사이공(호찌민시)을 연결하는 1,726km 거리의 통일열차 Reunification Express(Đường Sắt Thống Nhất)가 개통되면서 전국을 연결하고 있다. 베트남 철도는 단선 구간이 대부분이라 평균 시속 50km/h로 속도가 느리다.

통일열차 이외에 하노이에서 출발하는 북부 노선도 있다. 하노이↔라오까이, 하노이(롱비엔역)→하이퐁, 하노이↔동당 노선이 운행된다. 하노이와 중국 (난닝)을 연결하는 국제열차도 운행된다.

관련 홈페이지
베트남 철도
www.vr.com.vn
열차 시간·요금 조회
www.dsvn.vn

기차표

베트남 기차

에어컨 좌석칸(Soft Seat)

기차 종류

베트남 남북을 관통하는 열차가 하노이↔사이공 (호찌민시)을 왕복한다. 남부행(하노이→사이공) 노선은 열차 편명이 홀수(SE1, SE3, SE5, SE7), 북부행(사이공→하노이) 노선은 열차 편명이 짝수(SE2, SE4, SE6, SE8)로 되어 있다.

가장 빠른 열차는 SE3/SE4로 31시간 20분이 소요된다. 기차 편명에 따라 기차 등급이 달라지지만 큰 차이는 없다. 다만 완행열차는 정차하는 역도 많고 급행열차를 먼저 보내기 위해 정차하는 시간도 길다.

기차 등급과 요금

베트남 열차는 좌석칸과 침대칸으로 구분된다. 좌석칸은 완행열차에 많고, 일반열차는 침대칸을 많이 운영한다. 열차 요금은 같은 등급의 침대칸이라 하더라도 침대의 위치에 따라 요금이 달라진다. 아래쪽에 있는 침대칸 요금이 비싸다. 티켓은 출발하는 열차역 개찰구에서 검사하고, 도착하는 역에서 내릴 때 반납해야 하므로 분실하지 않도록 주의하자.

• 응오이꿍(딱딱한 의자) Ngồi Cứng(Hard Seat)
완행열차에 딸린 좌석칸이다. 나무로 된 딱딱한 의자로 장거리 여행에 불편하다. 2등 좌석칸은 선풍기 시설이라 덥다.

• 응오이멤(푹신한 의자) Ngồi Mềm(Soft Seat)
일반열차에 딸린 좌석칸이다. 우리가 생각하는 일반적인 좌석칸으로 자리 번호가 지정되어 있다. 1등 좌석칸은 에어컨 시설로 응오이멤 디에우호아 Ngồi Mềm Điều Hòa(줄여서 Ngồi Mềm ĐH)라고 불린다.

예약 창구

■ 하노이→사이공(호찌민시) 열차 시간표

	거리(km)	SE1	SE3	SE5	SE7	SE19	SNT1
하노이 Hà Nôi	–	21:10	19:20	15:30	06:10	19:50	–
남딘 Nam Định	87	22:53	21:03	17:14	07:53	21:28	–
닌빈(닝빙) Ninh Bình	115	23:28	21:39	17:51	08:30	22:05	–
탄호아 Thanh Hóa	175	04:47	22:50	19:07	09:47	23:16	–
빈(빙) Vinh	319	03:38	01:22	21:42	12:39	01:58	–
동허이 Đồng Hới	522	08:05	05:33	02:31	17:11	06:14	–
동하 Đông Hà	622	09:56	07:15	04:18	19:28	08:08	–
후에(훼) Huế	688	11:11	08:56	05:35	20:43	09:25	–
랑꼬 Lăng Cô	755	–	–	–	–	–	–
다낭 Đà Nẵng	791	14:01	11:45	08:47	23:33	12:12	–
땀끼 Tam Kỳ	865	15:21	13:20	10:48	00:55	–	–
꽝응아이 Quảng Ngãi	928	16:32	14:31	12:14	02:01	–	–
지에우찌 Diêu Trì	1,096	19:43	17:45	15:29	05:13	–	–
뚜이호아 Tuy Hòa	1,198	21:40	19:42	17:55	07:27	–	–
냐짱 Nha Trang	1,315	00:06	22:07	20:41	10:05	–	19:50
탑짬(판랑) Tháp Chăm	1,408	02:06	23:50	22:51	11:48	–	21:42
비엔호아 Biên Hòa	1,697	07:38	05:36	04:52	17:41	–	03:41
사이공 Sài Gòn	1,726	08:25	06:30	05:40	18:36	–	04:30

■ 사이공(호찌민시)→하노이 열차 시간표

	거리(km)	SE2	SE4	SE6	SE8	SE20	SNT2
사이공 Sài Gòn	–	20:55	19:00	15:25	06:00	–	20:00
비엔호아 Biên Hòa	29	21:40	19:47	16:17	06:46	–	20:47
탑짬(판랑) Tháp Chăm	319	02:45	–	21:47	12:26	–	03:57
냐짱 Nha Trang	411	04:32	02:41	00:00	14:12	–	05:40
뚜이호아 Tuy Hòa	529	06:54	05:03	02:27	16:46	–	–

	거리(km)	SE2	SE4	SE6	SE8	SE20	SNT2
지에우찌 Diêu Trì	631	09:07	07:07	04:31	19:02	–	–
꽝응아이 Quảng Ngãi	798	12:03	10:07	07:47	22:10	–	–
땀끼 Tam Kỳ	862	13:23	11:15	09:00	23:18	–	–
다낭 Đà Nẵng	935	15:11	12:58	10:40	01:01	18:05	–
랑꼬 Lăng Cô	971	–	–	–	–	–	–
후에(훼) Huế	1,038	17:41	15:40	13:47	03:31	20:54	–
동하 Đông Hà	1,104	18:54	16:48	14:58	04:53	22:11	
동허이 Đồng Hới	1,204	20:53	18:43	16:53	07:15	00:06	
빈(빙) Vinh	1,407	01:28	23:16	21:26	11:55	05:29	–
탄호아 Thanh Hóa	1,551	04:35	02:12	00:50	15:02	07:50	
닌빈(닝빙) Ninh Bình	1,612	05:53	03:30	02:03	16:29	09:24	
남딘 Nam Định	1,639	06:31	04:08	02:40	17:17	10:00	–
하노이 Hà Nôi	1,726	08:30	05:55	04:40	19:12	11:46	–

• 남끙(딱딱한 침대) Năm Cứng(Hard Sleeper)
6명이 하나의 컴파트먼트(열차 객실)를 사용하는 6인실 침대칸이다. 열차 등급에 따라 다르지만 대부분 에어컨 시설로 되어 있다. 침대가 딱딱하기 보다는 매트리스가 얇다. 침대가 상중하로 3개씩 놓여 있으며 서로 마주보게 되어 있다. Tầng 1(아래칸 침대), Tầng 2(중간칸 침대), Tầng 3(위칸 침대)으로 구분된다. 아래쪽에 있는 침대가 요금이 비싸다.

• 남멤(푹신한 침대) Năm Mềm(Soft Sleeper)
4명이 하나의 컴파트먼트(열차 객실)를 사용하는 4인실 침대칸이다. 열차의 종류에 상관없이 모두 에어컨 시설로 침대도 푹신하고 침대의 간격도 넓다. 열차 객실마다 침대가 상하로 2개씩 놓였으며 서로 마주보게 되어 있다. Tầng 1(아래칸 침대)와 Tầng 2(위칸 침대)의 요금 차이는 별로 나지 않는다.

짐 보관 및 식사
침대칸의 컴파트먼트마다 문을 설치해 안에서 잠글 수 있다. 하지만 중간에 타고 내리는 사람이 있을 경우 문을 잠가 둘 수는 없으므로 소지품 관리에 주의해야 한다. 일반적으로 아래 침대칸 밑으로 가방을 넣을 수 있는 수납공간이 있지만, 귀중품은 반드시 본인의 관찰 범위 내에 두어야 한다. 야간열차의 좌석칸을 이용할 경우 가방에 잠금 장치를 연결해 두는 것도 좋다. 식사는 열차가 출발하기 전에 역에서 필요한 것들을 챙기면 된다. 통일열차의 경우 대부분의 열차가 맨 앞칸에 식당칸을 운영한다. 쌀국수, 커피, 맥주 같은 간단한 식사와 음료가 가능하다.

예약
베트남 기차는 수요가 많아서 미리 예약하는 게 좋다. 야간 침대칸은 표를 구하기 힘든 편이다. 기차표 예약할 때 신분증(여권 사본)을 보여줘야 한다.

보트

깟바 섬을 오갈 때 타는 보트

베트남을 여행하다 보면 보트 투어에 참여할 일은 많지만, 보트를 타고 이동하는 경우는 드물다. 락자 Rạch Giá↔푸꿕 Phú Quốc 섬, 하띠엔 Hà Tiên↔푸꿕 섬, 하이퐁 Hải Phòng↔깟바 Cát Bà 섬 구간에 정기 여객선이 운행된다.

버스

버스 터미널이 여행자 숙소에서 멀리 떨어져 있어서 버스 터미널을 오가는 것도 불편하고, 정해진 노선은 있지만 중간에 승객을 내리고 태우느라 이동 속도도 느리다. 단거리 노선은 미니밴들이 많이 운행되고, 장거리 노선은 침대 버스를 운행한다. 최근 들어 마이린 버스 Mai Linh Express, 프엉짱 버스 Phương Trang Bus, 호앙롱(황롱) 버스 Hoang Long Bus, 프엉남 익스프레스 Phương Nam Express 등이 최신 차량을 도입하면서 시설이 향상되고 있는 중이다.

프엉짱 버스

침대 버스(슬리핑 버스)

남북으로 길게 이어진 베트남의 특성 때문에 장거리 노선의 버스가 흔하다. 야간에 이동하는 버스도 많아서 자연스럽게 침대 버스(슬리핑 버스)가 발달했다. 다리를 펴고 누울 수 있는 개인 침대 좌석을 배치했는데, 3열의 침대 좌석이 위아래로 촘촘하게 놓여있다. 일반 침대버스(44인승, 34인승)와 VIP 침대버스(18인승, 22인승)가 있는데, 버스 회사마다 시설이 조금씩 다르다. 탑승 인원이 적은 VIP 버스가 요금이 비싸다.

참고로 침대 버스는 (청결을 유지하기 위해) 탑승할 때 버스 회사에서 제공하는 슬리퍼를 갈아 신도록 하고 있다. 개인 신발을 비닐봉지에 담아서 보관하면 된다.

오픈 투어 버스(여행사 버스)

교통편이 미비하던 시절 외국 여행자를 대상으로 여행사에서 운영하는 버스를 '오픈 투어 버스 Open Tour Bus'라고 부른다. 중간에 정차하는 도시에서의 출발일을 지정하지 않고 '오픈'해 두었기 때문이다. 버스 터미널까지 갈 필요 없이 예약한 여행사에서 출발하기 때문에 편리하다.

전 구간을 미리 예약할 필요 없이 도시마다 이동할 때 버스표를 구입해도 된다. 여행사마다 버스 출발 시간도 다르고, 버스 타는 곳도 다르다. 숙소에서 예약 대행도 가능한데, 이때는 픽업 서비스가 가능한지 확인해야 한다. 베트남을 종단하는 노선(호찌민시→무이네→달랏→냐짱→호이안→다낭→후에→닌빈→하노이)이 운영된다. 여행사 중에는 전국적인 네트워크를 구축한 신 투어리스트 Sinh Tourist가 유명하다.

신 투어리스트(여행사) 버스

베트남 시내 교통 정보

베트남의 시내 교통은 시내버스, 택시, 씨클로, 쎄옴(오토바이 택시)이 있다. 호찌민시, 하노이, 다낭 같은 대도시에는 시내버스와 택시가 많고, 지방 소도시에는 오토바이를 이용하는 쎄옴이 대중적이다.

지하철(메트로) Metro

하노이에 가장 먼저 지하철을 건설했다. 2021년에 개통했으며, 현재 한 개 노선만 운행 중이다. 기본요금은 8,000 VND으로 저렴하다. 호찌민시는 2024년 하반기에 개통할 예정이다.

시내버스 Xe Buýt

시내버스는 하노이, 호찌민시, 다낭, 껀터, 냐짱 같은 대도시에서 운행된다. 정해진 노선대로 움직이지만, 영어 안내판 · 영어 방송이 전무해 외국인에게는 불편하다. 편도 요금은 도시에 따라 5,000VND 또는 7,000VND으로 저렴하다. 시내버스를 탈 경우 혼잡한 시간에는 소매치기를 조심하자. 시내버스 정류장에는 쎄뷔익 Xe Buýt이라고 표기되어 있다.

택시 Taxi

베트남에서 택시 잡기는 쉽지만, 착한 택시 운전사를 만나기는 쉽지 않다. 외국인에게 돈을 더 받는 일이 비일비재하기 때문이다. 미터기를 조작하는 택시도 있으므로 주의가 필요하다. 택시 회사마다 로고와 전화번호가 찍혀 있는데, 믿을 만한 택시 회사일수록 전화번호가 크게 적혀 있고 암기하기도 쉽다. 택시가 너무 돌아간다 싶거나, 미터기가 너무 빠르게 인상된다고 생각되면 기사와 싸우지 말고 그 자리에서 돈을 내고 내려서 다른 택시로 갈아타는 것도 방법이다.

택시는 작은 택시(보통 4명 탑승)와 큰 택시(보통 7명 탑승)로 구분된다. 기본요금은 1만 2,000~2만 VND으로 택시 회사마다 약간씩 차이가 나지만, 같은 거리를 갈 때 요금은 비슷하게 나온다. 일반적으로 1만 VND으로 1km를 갈 수 있으며, 10분 정도 이동할 때 8만 VND 정도의 택시 요금이 나온다. 택시미터기를 보는 요령은 찍혀 있는 숫자에 '00'을 더하면 된다. 만약 '54.0'이라고 표시되어 있다면, 5만 4,000VND을 내면 된다. 택시 탈 때는 잔돈을 미리 준비해 두자.

대도시에서 볼 수 있는 시내버스

전기차 택시 Xanh SM Taxi

씨클로 Cyclo(Xích Lô)

대중교통으로서의 가치가 떨어지고 있는 씨클로

영화로도 만들어졌을 정도로 씨클로는 베트남의 상징적인 교통수단이다. 삼륜자전거로 좌석을 앞쪽에 배치했는데, 사람이 직접 몰기 때문에 속도가 느리다. 현지인에게는 단거리를 이동할 때 저렴한 교통수단(짐도 실을 수 있어 편리하다)이지만, 외국인에게는 바가지 요금의 온상처럼 여겨진다.

씨클로는 탑승하기 전에 반드시 요금을 흥정하고 타야 한다(같은 거리를 갈 때 당연히 택시 요금보다 싸야 한다). 씨클로 기사들은 거스름돈을 안 주는 경우가 비일비재하니 잔돈을 미리 준비해 두자. 밤에는 씨클로보다 미터 택시를 타는 게 안전하다. 호찌민시와 하노이에서는 도심 구간에서의 씨클로 통행이 금지되어 있다.

쎄옴(오토바이 택시) Xe Ôm

베트남에서 가장 대중적인 시내 교통이다. 택시보다 저렴하고, 교통 체증이 심한 시내 구간에서도

베트남의 생필품인 오토바이

막힘없이 이동할 수 있다. '쎄'는 오토바이를 의미하고, '옴'은 끌어 안는다는 뜻이다. 오토바이를 기사와 함께 타야 하기 때문에 여성들은 잘 이용하지 않는다. 요금을 흥정해야 하는데, 가까운 거리(1~2km)는 1만 VND 정도가 적당하다. 잔돈을 준비해서 탈 것.

그랩 Grab

베트남을 비롯한 주요 동남아시아 국가에서 널리 이용되는 콜택시 애플리케이션이다. 무료 애플리케이션을 설치한 뒤, 현재 위치로 택시를 부르면 가고자 하는 목적지까지 이동할 수 있다. 자가용 택시를 이용할 경우 그랩 카 Grab Car를 누르면 된다. 그랩 카는 4인승과 7인승 중 인원에 맞게 선택할 수 있다. 기본요금(4인승 기준, 처음 2km)은 3만 2,000VND이다. 혼자라면 오토바이를 이용하는 그랩 바이크 Grab Bike를 이용해도 좋다. 쎄옴(오토바이 택시)의 불편함을 보완했는데, 목적지까지의 요금이 표시되어 편리하다.

❝알아두세요 ❞ 베트남에서 무단 횡단은 기본!

베트남의 첫인상은 아마도 오토바이 행렬일 겁니다. 도로를 가득 메운 오토바이들은 베트남의 역동성을 느끼게 해주지만, 무질서한 오토바이 행렬은 '질서'에 익숙한 이방인에게 때로는 골치 아픈 존재이기도 합니다. 횡단보도가 있어도 잘 지켜지지 않기 때문이죠. 오토바이나 차들이 보행자보다 우선(비싼 차가 더 대접받습니다)이기 때문에, 보행자에게 양보해주는 경우는 드뭅니다. 그래서 적당히 눈치껏 길을 건너야 합니다.

손을 들고 서 있다고 오토바이가 멈추어 주는 것은 아니지만, 그렇다고 무턱대고 뛰어 들어가서도 안 됩니다. 빨리 건너겠다고 도로로 뛰어들면 오토바이 기사들이 당황합니다. 베트남에서 무단 횡단할 때는 천천히 걸어가세요. 오토바이 기사들과 눈을 맞추면서 천천히 움직이면 됩니다. 그래야만 오토바이가 보행자 앞으로 갈지, 뒤로 갈지를 결정하고 속도를 줄이기 때문입니다. 다행히도 도로 주행 방향은 한국과 같습니다.

베트남 여행 기초 정보

시차
한국보다 2시간 느리다. 한국이 낮 12시라면 베트남은 아침 10시다. 베트남은 전국이 하나의 시간을 통일해 사용하며, 서머 타임을 적용하지 않는다. 참고로 인접한 캄보디아, 라오스, 태국과 동일한 시간을 사용한다.

비자
베트남은 비자 없이 여행이 가능하다. 무비자로 체류할 수 있는 기간은 45일이다. 무비자 조항은 베트남에 입국할 때마다 자동적으로 적용된다. 육로 국경으로 입국해도 무비자로 45일간 체류가 가능하다. 장기간 체류할 경우 비자를 미리 받아두는 게 좋다. 자세한 정보는 P.509 참고.

베트남까지의 비행 시간
인천 국제공항 출발 기준으로 하노이까지 4시간 20분, 호찌민시까지 5시간 20분 정도 소요. 한국에서 베트남에 갈 때는 시차 2시간을 빼고, 베트남에서 한국으로 올 때는 시차 2시간을 더한다.

환율
환율은 1USD=약 2만 5,390VND, 원화로 환산하면 1만 VND에 540원 정도가 된다.

통화
베트남의 통화는 '동 Đồng'이다. 베트남 동 Vietnamese Dong을 줄여서 VND로 표기한다.

50K는 무슨 뜻?
베트남은 화폐 단위가 크기 때문에 숫자를 끊어서 표기하는 경우가 많다. 흔히들 1,000 단위를 표기할 때 K를 붙여서 쓴다. 50K는 5만 VND, 100K는 10만 VND을 의미한다.

트래블월렛(트래블로그) 카드
자신이 가지고 있는 은행 계좌와 연동해 환전하고, 해외 은행 ATM에서 현금 인출할 수 있는 해외 여행에 최적화된 카드. 애플리케이션을 통해 필요한 만큼 현지 화폐로 환전할 수 있다. 트래블로그는 하나은행만 계좌 연결이 가능하고, 트래블월렛은 다양한 계좌 연결이 가능하다. 수수료 없이 카드 사용이 가능한 베트남 은행은 VP 은행과 TP 은행 두 곳이다. ATM 기계에 따라 비밀번호 6자리를 입력하는 기계도 있는데, 비밀번호+00을 더해 누르면 된다.

환전
모든 은행에서 환전이 가능하다. 다만 영업 시간에 은행을 찾아가서 환전해야 한다. 전국에 은행들이 널려 있으므로 환전에 대한 걱정은 하지 않아도 된다. 대도시에는 사설 환전소도 있다. 호텔에서 환전이 가능하지만 은행보다 환율은 떨어진다.

ATM
은행뿐만 아니라 시내 곳곳에 ATM이 설치되어 있는데, 24시간 이용 가능하다. 1회 현금 인출 한도는 은행에 따라 200만~500만 VND(약 US$100~250)이다. 1회 사용 수수료는 2만~4만 VND으로 은행마다 조금씩 차이가 난다.

인터넷과 Wi-Fi
경제 수준에 비해 인터넷과 무선 랜(Wi-Fi) 보급은 상당히 빠른 편이다. 북부 산악지방의 오지를 가지 않는 한 인터넷 때문에 걱정할 필요는 없다. 게스트하우스에도 대부분 Wi-Fi가 설치되어 있으며, 카페에서도 무료로 Wi-Fi를 사용할 수 있다.

화장실
대도시의 경우 공원 같은 곳에 공용 화장실이 있

VP 은행

TP 은행

긴 하지만 눈에 잘 띄지 않는다. 급할 경우 쇼핑몰이나 카페를 이용하는 게 최선이다. 베트남 화장실에는 독특한 모양의 비데가 있다. 변기 옆에 붙어 있는 호수 모양의 손잡이로, 수압이 세기 때문에 물이 튀지 않도록 조심해야 한다.

길 찾기

베트남은 도로명 주소를 사용하기 때문에 길 찾기가 쉽다. 택시를 탈 때도 업소 명칭과 함께 주소(거리 이름+번지수)를 보여주면 목적지까지 데려다 준다.

SIM 카드(스마트폰 사용하기)

베트남 휴대폰(스마트폰)은 GSM 방식을 사용한다. 기기와 전화번호를 구분해 사용하기 때문에, SIM 카드를 사서 본인의 휴대폰에 끼워 넣으면 즉석에서 전화가 개통된다. 일반적인 SIM 카드 요금은 10만~15만 VND 정도로, 요금에 따라 사용 기간이 달라진다. 인터넷까지 사용할 경우 4G 데이터 요금이 통합된 SIM 카드를 구입하면 된다. 공항에 있는 통신회사 카운터에서 판매하는 30일짜리 패키지 요금제(데이터+베트남 국내 전화)는 32~35만 VND(데이터 매일 4GB+50분 무료 통화)이다. 단기간 여행하며 데이터만 사용할 경우 10일 유효한 Unlimeted Data 요금제(24만 VND)를 사용하면 편리하다.

통신사는 비나폰 Vinaphone, 모비폰 Mobifone, 비엣텔 Viettel이 유명하다. 전화요금은 선불제이기 때문에 필요할 때마다 충전해야 하며, 요금을 충전하면 사용기간도 자동으로 연장된다. SIM 카드와 전화요금 충전카드를 판매하는 상점을 시내 곳곳에서 어렵지 않게 발견할 수 있다.

생수

베트남에서는 수돗물을 마시면 안 된다. 슈퍼마켓이나 상점에서 파는 생수를 사서 마신다. 생수는 큰 병에 1만 VND 정도. 뚜껑이 제대로 밀봉되어 있는지 확인하고 구입하자. 시판되는 생수 중에는 '라비 La Vie'와 '아쿠아피나 Aquafina'가 가장 인기가 있다.

전압과 플러그

220V, 50Hz로 한국의 전자제품도 사용할 수 있다. 문제는 콘센트의 모양. 한국과 달리 둥근 모양의 콘센트를 사용한다. 대부분의 호텔에서는 콘센트의 모양과 관계없이 사용이 가능하다.

치안

사회주의 공화국이라 치안은 좋은 편이지만 대도시에서 관광객을 상대로 한 오토바이 날치기 사고가 빈번하므로 주의해야 한다. 술 먹고 어두운 밤 골목을 들어간다거나, 객기 어린 행동은 삼가자.

팁(Tip) 관습

베트남에서 팁은 의무 조항이 아니다. 팁은 어디까지나 본인의 만족도에 따른 성의 표시이므로 고마움을 느끼는 상황에서 별도의 팁을 주면 된다. 일반 호텔에서 가방을 옮겨주는 직원이나 객실을 청소해주는 직원에게 1만~2만 VND 정도 팁을 주면 된다. 고급 레스토랑이나 고급 호텔은 계산서에 10% 세금과 7%의 서비스 요금이 추가되어 청구된다.

❛ 알아두세요 ❜ 베트남에서는 달러가 통용됩니다.

베트남에서 기본적으로 베트남 화폐인 '동 VND'을 사용합니다. 일반 상점이나 노점, 택시를 탈 때는 당연히 베트남 돈을 내야 합니다. 하지만 베트남 화폐의 환율이 워낙 높다보니 달러가 통용되는 곳도 있습니다. 호텔에서는 방 값을 달러로 받는 곳이 흔하답니다. 달러로 계산하면 잔돈을 달러로 돌려주기도 합니다. 달러로 적힌 방 값을 베트남 돈을 지불할 경우 시중 은행보다 환율을 높게 책정하기 때문에, 상대적으로 손해를 보게 됩니다. 고급 레스토랑도 달러 사용이 가능한 곳이 있는데, 대부분의 레스토랑은 달러를 받더라도 거스름돈은 '동 VND'으로 주는 경우가 많습니다.

주의 사항

여행 중 주의해야 할 사항은 어느 나라나 비슷하다. 한국에서 생활하던 대로 상식을 벗어나는 행동을 하지 않으면 크게 문제될 것은 없다. 베트남이라고 해서 유별날 것은 없지만 각 나라마다 문화와 분위기가 다르므로 몇 가지 주의해야 할 것을 알아보자.

1. 귀중품 관리에 신경 써야 한다. 아무리 좋은 호텔이라고 하더라도 객실에 귀중품을 방치해두고 외출하는 일은 삼가자. 객실이나 호텔 로비에 비치된 안전 금고 Safety Box를 이용하자. 신분증을 겸하여 여권 사본은 지참하고 외출하는 것이 좋다.

2. 오토바이를 이용한 날치기를 각별히 조심하자. 휴대한 가방이나 카메라는 한쪽 어깨에 걸고 부주의하게 다니지 말고, 흘러내리지 않도록 크로스해서 앞쪽으로 메는 것이 좋다. 사람이 많이 모이는 재래시장이나 혼잡한 시내버스에서는 소매치기를 각별히 조심하자.

3. 오토바이나 씨클로를 탈 때, 자전거를 탈 때 개인 소지품을 잘 보관한다. 짐 바구니에 가방을 올려놓지 말고, 본인이 직접 휴대해야 한다.

4. 오토바이로 인해 도로가 혼잡하기 때문에 길을 건널 때 안전에 유의해야 한다. 오토바이 진행 방향을 살피면서 천천히 길을 건너면 된다.

5. 사원이나 종교적으로 신성시하는 곳을 방문할 때는 복장을 단정히 하자. 북쪽으로 갈수록 유교적인 성향이 강해서 보수적이다.

6. 상식 이상의 과잉 친절을 베풀거나 은밀한 곳을 소개해주겠다는 유혹 등을 경계하자.

7. 야간에는 오토바이 뒤에 여자를 태우고 다니며 남자를 유혹하는 사기단도 있다. 혹시나 했다가 100% 낭패를 당하니 애초부터 관심을 보이지 말자(지갑까지 다 털린다).

8. 너무 늦은 시간에 음침한 골목을 혼자 돌아다니지 말자. 과다한 음주 후에 현지인과 다툼에 휘말리지 말자.

9. 사람들과 사진 찍을 때 예의를 지키자. 반드시 상대방에게 의사를 먼저 확인하자. 산악 민족 중의 일부는 사진에 극도로 민감한 반응을 보인다.

10. 가족이나 친구들에게 머물 숙소의 이름과 전화 번호 등을 이메일로 보내놓는 것이 좋다.

11. 현지 문화를 심판하려 하지 말자. 다른 나라의 문화를 옳고 그름의 잣대로 평가할 수는 없다. 언어와 인종, 음식이 다르듯 생소한 문화라 하더라도 있는 그대로 받아들이자. 다른 문화를 체험하는 것이 여행하는 큰 이유 중의 하나다.

12. 돈을 현명하게 쓰자. 베트남이 한국보다 경제적 수준이 떨어지는 것은 사실이지만, 돈으로 모든 것을 해결해서는 안 된다. 돈을 써야 할 때와 아껴야 할 때를 구분하는 것도 여행의 기술 중의 하나다. 외국인 기업이나 수입 브랜드보다 베트남인 상점과 베트남에서 제조한 물건을 사주면 현지 경제에 직접적인 도움이 된다.

거리 이름을 알면 **베트남의 역사가** 보인다

베트남을 여행하다 보면 도시마다 동일한 이름의 거리가 반복되는 것을 금방 눈치챌 수 있다. 사회주의 공화국으로 베트남이 통일된 이후 독립투사와 역대 황제, 역사적인 사건을 거리 이름으로 채용했기 때문이다. 베트남의 거리 이름에는 베트남의 역사가 고스란히 녹아 있어서, 어떤 인물들이 거리 이름으로 사용되는지 알고 있다면 베트남 여행이 더 재미있어진다. 참고로 **호찌민은 거리 이름에 사용하지 않는다.** 그의 이름은 베트남 통일 이후 사이공을 개명해 호찌민시 Thành Phố Hồ Chí Minh에 사용되고 있다.

훙브엉(雄王) Hùng Vương

베트남의 시조로 여겨지는 홍방 Hồng Bàng 왕조의 국왕을 일컫는다. 홍방 왕조는 B.C. 2897년부터 B.C. 258년까지 존속했던 베트남의 고대 왕조이다. 국가 이름은 반랑(文郎) Văn Lang이라고 칭했으며, 국왕은 훙브엉(雄王) Hùng Vương이라는 칭호를 썼다고 한다. 매년 음력 3월 10일은 홍브엉 기념일로 국경일로 지정되어 있다.

하이바쯩 Hai Bà Trưng(12?~43년)

'두 명의 쯩 여인'이라는 뜻으로 쯩짝(徵側) Trưng Trắc과 쯩니(徵貳) Trưng Nhi 두 자매를 일컫는다. 중국 한나라의 오랜 지배로부터 베트남을 독립시킨 여장군이다. 무관(武官) 집안에서 태어나 자연스럽게 무술을 습득했고, 중국의 학대를 보고 자라며 투쟁심이 고취되었다고 한다.

두 자매는 중국의 지배구조를 끊고 AD 40년에 여왕의 자리에 올랐으나, 3년 만에 중국이 베트남을 재지배하면서 짧은 독립은 막을 내렸다. 쯩 자매는 중국의 재 침입에 맞서 싸우다 사망했다고 전해진다. 하이바쯩은 주요 도시의 메인 도로에 이름으로 쓰일 정도로 베트남 역사에서 중요시되는 인물이다.

딘띠엔호앙(丁先皇) Đinh Tiên Hoàng(923~979년)

딘(딩) 왕조의 초대 황제(재위 968~979년)로 본명은 딘보린(딩보링, 丁部領) Đinh Bộ Lĩnh이다.

베트남 북부 지방을 통일하며 베트남 최초의 수도로 여겨지는 호아르 Hoa Lư(P.452)를 건설했다.

리타이또(李太祖) Lý Thái Tổ(973~1028년)

리 왕조를 창시한 초대 황제(재위 1009~1028년)의 묘호로 타이또(태조 太祖)라고 쓴다. 본명은 리꽁우언(李公蘊) Lý Công Uẩn. 1010년에 호아르 Hoa Lư에서 탕롱(昇龍) Thăng Long(오늘날의 하노이)으로 천도했다.

리탄똥(李聖宗) Lý Thánh Tông(1023~1072년)

리 왕조의 3대 황제. 본명은 리년똔(李日尊) Lý Nhân Tôn이며, 성종(聖宗)이라는 묘호를 받아 리탄똥(李聖宗, 재위 1054~1072년)이라고 불린다. 황제에 즉위하며 국호를 다이비엣(大越) Đại Việt으로 변경했으며, 하노이에 문묘(P.407)를 건설하며 유교적인 기반을 다졌다. 다이비엣은 대월국(大越國)으로 한국에 알려졌다.

리트엉끼엣(李常傑) Lý Thường Kiệt(1019~1105년)

리 왕조 시대 장군으로 본명은 응오뚜언 Ngô Tuấn(吳俊)이다. 2대 황제인 리타이똥(이태종 李太宗) Lý Thái Tông 시절에 왕실 경호 대장에 임명되었고, 4대 황제인 리년똥(인종 仁宗) Lý Nhân Tông 시절에 영의정에 올랐다. 참파 왕국과의 전투는 물론 중국 송나라 군대와의 두 차례 전투를 승리로 이끌었다. 공로를 인정받아 왕실에서 리(李)씨 성을 하사했다고 한다.

쩐흥다오(陳興道) Trần Hưng Đạo(1232?~1300년)

베트남의 영웅으로 여겨지는 인물로 쩐 왕조의 왕자이자 군사령관이었다. 본명은 쩐꿕뚜언(陳國峻) Trần Quốc Tuấn이다. 몽골 제국(원나라)이 해군을 이용해 베트남 원정에 나섰는데, 이때 세 차례에 걸친 전투를 승리로 이끌며 베트남의 독립을 굳건하게 지켜낸 명장(名將)이다. 1288년 박당 강 Bạch Đằng River에서 벌어졌던 전투는 베트남 전사에 길이 남는 전설적인 사건으로 기록되고 있다. 여러 권의 병법서도 저술했으며, 흥도왕(興道王) Hưng Đạo Vương으로 칭송받는다. 하롱베이(P.464)에 그에 관한 역사적인 장소가 많이 남아 있다.

쩐꽝카이(陳光啓) Trần Quang Khải(1241~1294년)

쩐 왕조의 초대 황제인 쩐타이똥(陳太宗) Trần Thái Tông(1226~1258년)의 셋째 아들이다. 쩐흥다오와 더불어 용맹했던 왕자로 쿠빌라이 칸의 몽골 제국(원나라)의 베트남 원정을 막아내는 데 혁혁한 공을 세웠다.

팜응우라오(范五老) Phạm Ngũ Lão(1255~1320년)

쩐 왕조 시절 해군 지휘관으로 임명되어 쩐흥다오와 함께 몽골 제국(원나라) 해군의 침략을 격퇴시켰다. 쩐 왕조의 공주(쩐흥다오의 양녀)와 결혼했을 정도로 황제들의 높은 신임을 얻었다. 호찌민시의 여행자 거리 이름이기 때문에 외국인에게도 익숙한 이름이다.

레반흐으(黎文休) Lê Văn Hưu(1230~1322년)

쩐 왕조 때의 인물로 베트남의 대표적인 역사가이다. 13세기까지의 베트남 역사를 기록한 〈다이비엣쓰끼(Đại Việt Sử Ký, 大越史記)〉를 편찬했다.

쭈반안(朱文安) Chu Văn An(1292~1370년)

베트남에서 가장 추앙받는 유학자이다. 쩐 왕조 시절 문관으로 고위 관직에 올랐으나 유학 보급에 더 관심을 갖고 제자들을 가르치는 일에 몰두했다. 국자감에서 유학을 가르쳤을 뿐만 아니라 왕세자의 스승으로 존경을 받았다.

레러이(黎利) Lê Lợi(1385~1433년)

오늘날의 탄호아 성(省) 출신으로 중국 명나라의 지배로부터 베트남을 독립시킨 베트남의 영웅이다. 1423년 레 왕조를 창시하며 황제의 자리에 올랐다. 레 왕조 태조라는 의미로 레타이또(黎太祖) Lê Thái Tổ라고 불린다. 하노이의 호안끼엠 호수(P.399)에 그와 관련된 전설 같은 이야기가 전해진다.

레타이또(黎太祖) Lê Thái Tổ(재위 1428~1433년)

레 왕조의 초대 황제인 레러이를 칭하는 묘호이다. 웬만한 도시의 거리 이름에는 레러이가 더 많이 쓰이지만, 레 왕조의 수도였던 하노이에는 레타이또 거리가 있다.

레라이(黎來) Lê Lai(?~1418년)

레러이 장군과 함께 중국 명나라의 지배로부터 베트남을 독립시킨 인물이다. 명나라 군대가 레러이 장군의 군대를 포위하는 위급한 상황에 처하자, 스스로 레러이로 변장해 명나라 주력 부대를 유인했다고 한다. 결국 레라이는 명나라 군대에 의해 죽음을 당했고, 레러이 장군은 살아남아 독립을 이룬다.

응우옌짜이(阮廌)
Nguyễn Trãi(1380~1442년)

베트남이 중국 명나라의 지배를 받던 시절 레러이 (레타이또)를 도와 독립을 이끈 군사전략가이다. 유학자이자 정치가이기도 했는데 레 왕조의 조정 에서 재상의 관직까지 올랐다. 레러이(레타이또)가 승하한 다음에는 관직에서 물러나 고향에 머물며 시를 쓰며 여생을 보냈다.

레탄똥(黎聖宗)
Lê Thánh Tông(1442~1497년)

레 왕조의 네 번째 황제(재위 1460~1497년)의 묘 호이다. 탄똥은 성종(聖宗)을 뜻하며, 본명은 레뜨 탄(黎思誠) Lê Tư Thành이다. 베트남의 유교적인 전통을 확고히 함과 동시에 주변 국가(참파 왕국 과 란쌍 왕국, 오늘날의 라오스)를 정벌하며 영토 를 확장했다. 참파 왕국(P.294)과의 전쟁에서 승리 하며 오늘날의 베트남 중부 지방까지 진출하는 혁 혁한 공을 세웠다. 문묘(공자 사당)를 전국적으로 건설했으며, 과거 제도를 실시해 관리를 등용했 다. 참고로 호찌민시에는 거리 이름이 레탄똔 Lê Thánh Tôn으로 표기되어 있다.

응우옌후에(阮惠)
Nguyễn Huệ(1753~1792년)

떠이썬 지방의 3형제 가운데 한 사람으로 베트남 최초로 민중 봉기를 성공시킨 인물이다. 남북으 로 분열되어 있던 베트남을 통일해 떠이썬 왕조 (P.514)를 창시했다.

꽝쭝(光中)
Quang Trung(재위 1788~1792년)

응우옌후에가 떠이썬 왕조의 황제가 되면서 사용 한 칭호이다. 꽝쭝 황제(光中皇帝) Quang Trung Hoàng Đế를 줄여서 부른 것이다. 봉건 군주제를 무너뜨리고 개혁 정책을 펼치려 했으나 39세의 나 이에 사망했다.

응우옌주(阮攸)
Nguyễn Du(1766~1820년)

베트남의 대표적인 문인이다. 자(字)는 토뉴 Tố Như, 호(號)는 탄히엔 Thanh Hiên이다. 응우옌 왕조 때 문관으로 중국 명나라에서 사절단으로 파 견되기도 했다. 베트남 최고의 문학작품으로 여겨 지는 쭈옌 끼에우(傳翹) Truyện Kiều를 집필했다. 한자로 쓰여진 대서사시로 총 3,254행에 달한다.

응우옌찌프엉(阮知方)
Nguyễn Tri Phương(1800~1873년)

응우옌 왕조 때의 무관으로 프랑스 군대의 베트남 침략에 대항해 군대를 이끌던 장군이다. 뜨득 황 제 시절 베트남 북부군사령관을 지냈으며, 1873년 에 하노이로 침략해 오던 프랑스 군대와 맞서 전 투를 벌였다. 하노이가 함락되면서 부상을 당했으 나, 프랑스에 굴복하지 않고 단식 투쟁을 벌이다 같은 해 12월 20일에 사망했다. 그가 전투를 지휘 했던 하노이 고성 북문(北門)에 위패를 모신 사당 이 있다.

호앙지에우(황지에우, 黃耀)
Hoàng Diệu(1829~1882년)

응우옌 왕조시절 하노이 관찰사(도지사)를 지냈던 인물이다. 뜨득 황제가 프랑스 군대에 항복했는데 도 호앙지에우는 병력을 모아 끝까지 프랑스 군대 와 전투를 벌였다. 결국 1882년에 하노이 성이 함 락되면서 자결해 목숨을 끊었다. 응우옌찌프엉과 마찬가지로 하노이 고성 북문(北門)에 위패를 모 신 사당이 있다.

판딘풍(潘廷逢)
Phan Đình Phùng(1847~1895년)

19세기 베트남의 유학자이자 독립운동가, 혁명가 이다. 관료 집안 태생으로 뜨득 황제 때 감찰어사 에 임명되었으며, 프랑스 군대의 베트남 침략에 반대했던 대표적인 인물이다. 뜨득 황제가 승하한 다음에 친프랑스 성향의 섭정들이 득세하자, 군사를 모아 반(反) 프랑스 무력 투쟁을 주도하며 생을 마감할 때까지 게릴라전을 지휘했다. 후대의 베트남 독립투사들의 롤 모델이 되었다.

르엉반깐(梁文干)
Lương Văn Can(1854~1927년)

응우옌 왕조에서 문관으로 지냈던 인물로 현대적인 교육의 필요성을 인식하고 사학인 동낀응이아툭 Đông Kinh Nghĩa Thục(東京義塾, 한자의 독음은 동경의숙인데, 여기서 동경은 일본의 도쿄가 아니라 하노이의 옛 이름인 동낀[통킹]을 의미한다. 영어로는 통킹 프리 스쿨 Tonkin Free School이다)을 설립했다.

유교를 대신해 서양과 일본의 사상을 교육했다. 근대화 교육은 자연스럽게 민족의식 고취와 식민 정책에 반대하는 반(反) 프랑스 운동을 태동하게 했다. 1907년 3월에 개교한 동낀응이아툭(東京義塾)은 프랑스 식민정부에 의해 10개월 만에 폐교되었다. 르엉반깐은 1908년에 체포되어 하노이 호아로 수용소에 수감되기도 했다.

판보이쩌우(潘佩珠)
Phan Bội Châu(1867~1940년)

베트남에서 존경받는 반(反) 식민주의 지도자이다. 사상가이자 민족주의자로 다양한 저작 활동을 병행하며 독립 운동에 한평생을 투신했다. 특히 동주 운동 Đông Du Movement(베트남 젊은이들에게 유교 교육을 대신해 근대 교육을 통해 베트남 독립을 추진한 운동)을 주도하며 베트남에 신교육 이념을 불어넣었다.

봉건 왕조(응우옌 왕조)의 통치 아래 자랐던 젊은이들에게 새로운 사상을 교육했으며, 봉건 군주제 폐지를 주장했다. 또한 베트남 개혁회, 베트남 광복회 등을 조직하며 지속적인 프랑스 식민지배에 대한 저항 운동을 펼쳤다. 일본, 중국 등을 옮겨 다니며 독립활동을 하다가 여러 차례 수감되었으며, 하노이 호아로 수용소로 이송되어 종신형을 선고받았다. 후에(훼)에서 가택 연금 상태로 생을 마감했다.

판쩌우찐(潘周楨)
Phan Châu Trinh(1872~1926년)

프랑스 식민지배 시절 베트남 독립을 위해 노력했던 민족주의자이다. 교육을 통해 베트남의 미래를 변화시킬 것을 강조하며, 봉건 왕정(응우옌 왕조)이 아닌 근대화를 통한 베트남 독립을 모색했다. 홍콩, 중국, 일본, 프랑스 등지에서 활동했다. 특히 일본에 머물며 동시대를 살았던 판보이쩌우와 함께 동주 운동을 이끌었다. 베트남으로 돌아와서는 동낀응이아툭 Đông Kinh Nghĩa Thục(東京義塾)에서 제자들을 가르치기도 했다. 1911년에 악명 높은 꼰다오 섬에서 정치범으로 수용되기도 했다. 1915년부터 프랑스로 건너가 호찌민과 함께 독립 활동을 펼치다 1926년 사이공에서 사망했다.

응우옌타이혹(阮太學)
Nguyễn Thái Học(1902~1930년)

프랑스 지배 시기에 활동했던 민족주의 독립 운동가이다. 사회주의 성향의 베트남 국민당(越南國民黨) Việt Nam Quốc Dân Đảng 창당 멤버로 참여했다. 프랑스 식민정부 타도를 위해 1930년에 옌바이 Yên Bái에서 무장 봉기를 주도했으나, 프랑스 정부에 체포되어 사형에 처해졌다.

쩐푸(陳富)
Trần Phú(1904~1931년)

베트남 공산당의 전신인 인도차이나 공산당의 초대 서기장이다. 서기장을 지낸 기간은 11개월(1930년 10월~1931년 9월)이지만 베트남 공산당의 기초를 확립한 인물이다. 1930년 10월 홍콩에서 열렸던 1차 중앙위원회 회의에서 당서기로 임명되었으나, 1931년 4월에 사이공에서 프랑스 식민정부에 체포되었다. 같은 해 9월 6일에 27세의 나이로 사망했다.

응우옌티민카이(阮氏明開)
Nguyễn Thị Minh Khai(1910~1941년)

베트남의 대표적인 여성 혁명가. 1927년에는 베트남 공산당의 모태가 되었던 신월혁명당(新越革命黨) Tân Việt Cách Mạng Đảng의 공동 창당 대표로 참여했으며, 1930년대에는 인도차이나 공산당의 대표위원을 지냈다. 호찌민과 같은 응에안 Nghệ An 출신으로 홍콩에 있던 코민테른 아시아 지부에서 호찌민과 함께 일했다. 1936년부터 사이공으로 건너와 공산당원들을 이끌었으나 1940년 프랑스 식민정부에 체포되어 1941년 사형에 처해졌다.

똔득탕(孫德勝)
Tôn Đức Thắng(1888~1980년)

호찌민 주석이 지도자로 있던 시절에는 부주석(1960~1969년)을 지냈고, 호찌민 서거 후에는 북부 베트남의 두 번째 주석에 임명되었으며, 통일된 이후에는 베트남 사회주의 공화국의 첫 번째 국가 주석(1976~1980년)을 역임했다.

레주언(黎筍)
Lê Duẩn(1907~1986년)

베트남 공산당의 대표적인 인물로 호찌민과 함께 베트남 전쟁을 이끌었다. 베트남 공산당의 전신인 신월혁명당(新越革命黨)의 당원으로 활동했으며, 1930년에는 인도차이나 공산당의 창당 멤버로 참여했다. 베트남 전쟁 중에는 베트남 노동당을 이끌며 호찌민 다음인 서열 2번째 자리에 올랐다. 1975년 사회주의로 베트남이 통일된 이후 첫 번째 베트남 공산당 서기장(국가 원수)으로 취임했다.

보응우옌잡(武元甲)
Võ Nguyên Giáp(1911~2013년)

베트남 현대사에서 호찌민과 더불어 중요한 역할을 한 인물이다. 디엔비엔푸 전투(P.517)를 승리로 이끌며 프랑스로부터 독립을 일구어 냈으며, 베트남 전쟁 기간 동안에는 베트남 인민군 총사령관으로 군사 작전을 지휘했다. 베트남 통일 이후 군방장관을 역임했다. 베트남의 독립 투쟁 역사에서 살아있는 전설로 여겨졌던 그는 103세의 나이로 2013년 10월 4일 하노이에서 사망했다.

박당(白藤) Bạch Đằng

하롱베이와 인접한 꽝닌 Quảng Ninh 성(省)을 흐르는 강 이름이다. 쩐흥다오 장군이 이끈 베트남 해군이 몽골 제국(원나라)과의 해전에서 대승했던 박당 전투가 일어난 역사적인 장소이다. 박당은 '하얀 등나무'라는 뜻이다.

디엔비엔푸(奠邊府)
Điện Biên Phủ

베트남 북서부 산악지대에 있는 작은 도시 이름이다. 세계사에서 한 획을 그었던 디엔비엔푸 전투(P.517)가 벌어졌던 장소이다. 1954년에 일어난 프랑스 군대와의 전투에서 베트남이 승리하며, 인도차이나 전쟁의 종지부를 찍었다.

2월 3일 거리
Đường 3 Tháng 2(Đường 3/2)

1930년 홍콩에서 인도차이나 공산당 Đông Dương Cộng Sản Đảng을 창당한 날이다. 인도차이나 공산당은 훗날 베트남 공산당이 되었기 때문에, 매년 2월 3일은 베트남 공산당 창당일로 여겨진다.

4월 30일 거리
Đường 30 Tháng 4(Đường 30/4)

사이공이 함락되면서 베트남이 통일된 날이다. 4월 30일은 사이공 해방 기념일로 정해 국경일로 지정되어 있다.

9월 2일 거리
Đường 2 Tháng 9(Đường 2/9)

1945년 9월 2일 호찌민 주석이 하노이 바딘 광장에서 독립을 선포한 날이다. 국경일로 지정되어 있다. 공교롭게도 호찌민 주석이 서거한 날도 9월 2일(1969년)이다.

Vietnam Food
베트남 음식

베트남 여행에서 빼놓을 수 없는 재미. 담백한 베트남 음식은 한국인의 입맛에도 부담 없이
접근이 가능하다. 쌀과 국수를 이용한 음식이 많고, 가볍게 먹을 수 있는 단품 요리들이 많다. 지역별
로 향토색이 가득한 음식까지 있어 선택의 폭이 다양하다. 하노이 요리(P.418), 후에(훼) 요리(P.359),
호이안 요리(P.283)는 별도로 다룬다.

식당에서 알아두면 유용한 베트남어

각종 음식 재료의 베트남어 명칭과 조리 방법을 알아두자. 음식 이름은 재료+조리 방법으로 이루어지기 때문에 몇 가지만 알면 무슨 음식인지 쉽게 파악할 수 있다. 퍼 Phở(쌀국수)+보 Bò(쇠고기), 미 Mì(국수)+싸오 Xào(볶음)+가 Gà(닭고기), 신또 Sinh Tố(셰이크)+쏘아이 Xoài(망고), 러우 Lẩu(전골 요리)+하이싼 Hải Sản(해산물), 껌 Cơm(밥)+찌엔 Chiên(볶다)+쯩 Trứng(달걀) 이런 식의 조합이 된다.
참고로 고기 종류들은 고기를 뜻하는 '팃 Thịt'을 붙여서 팃가 Thịt Gà, 팃보 Thịt Bò, 팃헤오 Thịt Heo라고 표기하기도 한다. 돼지고기는 남쪽 지방에서는 헤오 Heo, 북쪽 지방에서는 런 Lợn이라고 부른다.

음식 재료

가 Gà / 팃가 Thịt Gà(닭고기 chicken)	똠 Tôm(새우 prawn/shrimp)
헤오 Heo / 팃헤오 Thịt Heo(돼지고기 pork)	묵 Mực(오징어 squid/cuttlefish)
런 Lợn / 팃런 Thịt Lợn(돼지고기 pork)	르언 Lươn(장어 eel)
보 Bò / 팃보 Thịt Bò(쇠고기 beef)	꾸어 Cua(게 crab)
제(예) Dê / 팃제(팃예) Thịt Dê(염소고기 goat)	게 Ghe(꽃게 sentinel crab)
빗 Vịt(오리고기 duck)	쯩 Trứng(달걀 egg)
엑 Ếch(개구리 frog)	라우(자우) Rau(채소 vegetable)
하이싼 Hải Sản(시푸드 seafood)	껌 Cơm(밥 rice)
까 Cá(생선 fish)	

조리 방법

고이 Gỏi 무침(샐러드)	코 Kho 졸이다	루옥 Luộc 데치다	찌엔(남부) Chiên 튀기다
꾸온 Cuốn 말다	싸오 Xào 볶다	느엉 Nướng 굽다	헙 Hấp 찌다
깐 Canh 찌개/국	랑(장) Rang 볶다	꾸어이 Quay 통째로 굽다	너우 Nấu 삶다
러우 Lẩu 전골 요리	잔(북부) Rán 튀기다		

향신료

느억맘 Nước Mắm (생선소스 fish sauce)	저우하오 Dầu Hào (굴소스 oyster sauce)	느억뜨엉 Nước Tương (간장 soy sauce)
무오이 Muối(소금 salt)	엇 Ớt(고추 chilli)	또이 Tỏi(마늘 garlic)
띠에우 Tiêu(후추 pepper)	꾸어이 Quay 통째로 굽다	쭈어 Chua 시다
드엉 Đường(설탕 sugar)	긍 Gừng(생강 ginger)	한 Hành(파 onion)
엇 쭈옹 Ớt Chuông (피망 pimento)	싸 Sả(레몬그라스 lemongrass)	메 Me(타마린드 tamarind)
까이 Cay 맵다	응옷 Ngọt 달다	만 Mặn 짜다

채소 종류

밥 Bắp(옥수수 corn)	넘 Nấm(버섯 mushroom)	즈아쭈옷 Dưa Chuột(오이 cucumber)
까띰 Cà Tím(가지 eggplant)	까롯 Cà Rốt(당근 carrot)	밥까이 Bắp Cải(배추 cabbage)
까쭈어 Cà Chua(토마토 tomato)	더우푸 Đậu Phụ(두부 tofu)	

애피타이저 & 샐러드

베트남 음식에서 전채 요리의 개념은 없다. 샐러드는 열대 지방에서 흔한 채소와 과일을 이용해 만든다. 생선소스(느억맘), 식초, 라임을 넣은 드레싱으로 살짝 버무린다. 허브를 넣어 상큼한 향을 낸다. 밥이 주식이기 때문에, 애피타이저와 샐러드도 반찬처럼 먹는다. 상대적으로 가벼운 음식들은 애피타이저로 분류해 소개했다.

넴쭈어 Nem Chua

Vietnamese fermented pork roll
바나나 잎에 싸서 발효시켜 만든 베트남 소시지. 쌀국수 식당이나 일반 식당에 가면 테이블에 놓여 있다.

넴쭈어

조루아(요루아) Giò Lụa

Vietnamese ham
베트남식 돼지고기 소시지. 바나나 잎에 감싸서 숙성시킨다.
북부에서는 짜루아 Chả Lụa라고 부른다.

조루아(요루아)

반쎄오(반쌔오) Bánh Xèo

Shrimps, pork, bean sprouts & mushroom wrapped
쌀가루를 이용해 만드는 베트남식 팬케이크. 새우, 돼지고기, 파, 숙주를 함께 넣어 만든다. 커다란 팬에서 구워내는데 두툼하고 바삭거리는 맛이 일품이다.

반쎄오(반쌔오)

고이 두두 Gỏi Đu Đủ

Papaya salad
그린 파파야를 채썰어 만든 샐러드다. 새우를 넣을 경우 고이 두두 똠팃 Gỏi Đu Đủ Tôm Thịt, 쇠고기를 잘게 썰어 넣을 경우 고이 두두 코보 Gỏi Đu Đủ Khô Bò가 된다.

고이 두두

고이 응오쎈 Gỏi Ngó

Sen Lotus root salad with shrimp & pork
연근을 이용해 만든 샐러드로 데친 새우와 돼지고기, 땅콩을 함께 넣는다.

고이 응오쎈

고이 브어이 Gỏi Bưởi **Pomelo salad**
과일의 육즙과 향신료가 어울리는 자몽 샐러드. 그린 망고나 새우를 함께 넣기도 한다.

고이 브어이

고이 호아 쭈오이 Gỏi Hoa Chuối **Banana flower salad**
바나나 꽃을 채썰기 해서 만든 샐러드.

고이 하이싼

짜까

고이 하이싼 Gỏi Hải Sản **Vietnamese seafood salad**
새우, 오징어, 생선을 양파, 고추, 땅콩, 허브, 생선 소스, 식
초, 라임과 함께 살짝 무친 샐러드. 생선살만 넣으면 고이 까
Gỏi Ca가 된다.

짜까 Chả Cá **Grilled fish**
생선살을 갈아서 만든 튀김. 어묵처럼 만들어 다양한 음식 재
료로 쓰인다. 하노이에서는 가물치 튀김을 뜻한다.

스프링 롤(월남쌈) Spring Roll

흔히 월남쌈이라고 부르는 가장 기본적인 베트남 음식이다. 레스토랑에 따라 첨가하는 허브 종류가
다양하다. 향이 너무 강하면 빼고 먹을 것. 바삭하게 튀긴 '짜조(짜요)'는 한국인들도 부담 없이 먹기
좋다.

짜조(짜요) Chả Giò **Fried spring roll**
다진 고기와 버섯, 당면을 넣은 월남쌈을 튀긴 스프링 롤(춘권)이
다. 북부 지방에서는 '넴잔 Nem Rán'이라고 부른다.

짜조(짜요)

고이꾸온 Gỏi Cuốn **Fresh spring rolls with pork and prawn**
'월남쌈' 중에서 가장 기본이 되는 음식. 라이스페이퍼(반짱 Bánh
Tráng)에 새우와 돼지고기, 채소, 허브를 넣는다.

고이꾸온

퍼꾸온 Phở Cuốn **Steamed rice crepe rolls with beef**
고이꾸온과 동일한 월남쌈이지만 넓적한 생면(퍼)을 이용한다. 고
이꾸온에 비해 쫄깃하다. 북부에서 즐겨 먹는다.

반꾸온(바잉꾸온) Bánh Cuốn
Steamed rice crepes with minced pork filling
스팀을 이용해 라이스페이퍼(반짱)를 한 장씩 즉
석에서 만들어 다진 돼지고기와 버섯을 넣는다.
북부 지방에서 유래한 음식이다.

반꾸온(바잉꾸온)

퍼꾸온

반봇록 Bánh Bột Lọc
바나나 잎에 타피오카 전분과 새우를 넣고 찐 음식. 바나나 잎의
향과 타피오카의 쫄깃함이 잘 어울린다. 후에(훼)를 중심으로 중
부 지방에서 즐겨 먹는다.

반봇록

수프 & 찌개 Canh & Lẩu

더운 나라라 찌개를 많이 먹을 것 같지 않지만, 밥을 주식으로 하기 때문에 찌개를 곁들여 식사한다. 저녁때는 전골 요리를 즐기는 사람도 많다.

깐 쭈어 Canh Chua
Vietnamese sour soup
베트남 사람들이 즐겨먹는 찌개다. 생선 소스와 타마린드, 토마토, 파인애플을 넣어 시큼하면서 단맛을 낸다. 생선을 넣은 깐 쭈어 까 Canh Chua Cá가 가장 인기 있다.

깐 쭈어

깐 까이응옷 Canh Cải Ngọt
Vietnamese soup with Vegetables
겨자나물, 청경채 같은 녹색 채소를 이용해 만든다. 돼지고기를 함께 넣고 국물을 우려내기도 한다.

깐 까이응옷

깐 비다오뇨이팃
Canh Bí Đao Nhồi Thịt
Winter melon soup stuffed with pork

숩 망떠이 꾸어

러우

동아(Winter melon)와 다진 돼지고기를 넣고 만든 찌개. 동아는 약간 쓴맛을 낸다.

숩 망떠이 꾸어
Súp Măng Tây Cua
Asparagus Crab Soup
게살과 아스파라거스와 달걀을 함께 넣은 수프. 게살만 넣을 경우 '숩 꾸어 Súp Cua'가 된다.

러우 Lẩu
Hot Pot
'훠궈'와 비슷한 전골 요리이다. 커다란 냄비에 육수를 넣고 원하는 음식재료를 넣어 익혀 먹는다. 해산물 전골 요리인 러우 하이싼 Lẩu Hải Sản이 대표적이다.

바게트 Bánh Mì

프랑스 식민지배의 영향 때문에 베트남에서도 바게트(반미)가 흔하다. 아침식사는 물론 간식거리로도 인기 있다. 쇠고기 졸임, 돼지고기 구이, 닭고기, 피클 등을 넣어 샌드위치로 즐긴다.

반미 팃 느엉
Bánh Mì Thịt Nướng
Baguette with grilled meat
고기구이를 넣은 바게트 샌드위치

반미 팃 느엉

반미 옵라 Bánh Mì Ốp La
Baguette with vietnamese omelette
바게트와 함께 곁들이는 오믈렛. 냄비에 오믈렛을 담아주는 곳도 있다.

반미 옵라

반미 보코 Bánh Mì Bò Kho
Baguette with beef stew
바게트와 함께 곁들이는 쇠고기 스튜.

반미 보코

국수 & 면 Phở & Bún

베트남에서 가장 흔하고 대중적인 음식이다. 쌀국수는 면발의 굵기에 따라 구분된다. 넓적한 쌀국수가 '퍼 Phở', 가는 면발의 쌀국수가 '분 Bún'이다. '퍼'는 Noodle Soup, '분'은 Vermicelli로 표기한다. 당면인 '미엔 Miến'을 넣은 국수도 있다. 볶음 국수는 달걀을 넣어 반죽한 노란색 국수인 '미 Mì'가 주로 사용된다. 지방에 따라 국수 형태가 달라 선택의 폭이 다양하다.

퍼보 Phở Bò Beef noodle soup

쌀국수 중에서도 가장 대중적인 쇠고기 쌀국수이다. 생고기를 육수에 데쳐서 넣을 경우 퍼보 따이 Phở Bò Tái', 삶은 쇠고기를 편육처럼 썰어서 올릴 경우 퍼보 찐 Phở Bò Chín이라고 한다.

퍼보

퍼가 Phở Gà Chicken noodle soup

닭고기 쌀국수로 퍼보에 비해 쌀국수가 부드럽다. 연한 닭고기 살과 담백한 육수가 잘 어울린다.

퍼가

퍼보코 Phở Bò Kho Beef stew noodle soup

쇠고기와 토마토 스튜를 육수로 이용한 쌀국수. 프랑스 음식의 영향을 받아서 육수가 달콤한 맛을 낸다. '후띠에우'를 넣으면 '후띠에우 보코'가 된다.

퍼보코

후띠에우 Hủ Tiếu

메콩 델타 지방에서 즐겨 먹는 쌀국수이다. 건면을 이용하기 때문에 면발이 두툼하고 쫄깃하다. 후띠우 Hủ Tiu라고 부르기도 한다.

후띠에우

분보후에(분보훼) Bún Bò Huế

Hue spicy noodles soup

후에(훼) 지방의 분보(쇠고기 국수). 쇠고기 뼈로 육수를 내며 칠리 오일을 첨가해 매콤한 맛을 낸다. 가는 면발인 '분'을 사용한다.

분보훼

분짜까 Bún Chả Cá

분(가는 면발의 쌀국수 생면)에 짜까(생선 어묵 튀김)를 넣은 쌀국수이다. 매콤한 육수와 어묵의 질감이 잘 어울린다.

분짜까

분지에우 Bún Riêu

북부 지방에서 흔하게 볼 수 있는 쌀국수의 한 종류이다. 육수에 토마토를 넣어 매콤하면서 시큼한 맛을 낸다. 게살을 넣은 분지에우 꾸어 Bún Riêu Cua와 소라를 넣은 분지에우 옥 Bún Riêu Ốc이 대표적이다.

분지에우

미엔꾸어 Miến Cua
당면을 이용한 쌀국수에 게살을 고명으로 넣는다.

미꽝 Mì Quảng
다낭을 포함한 베트남 중부지방에서 유명한 비빔국수다. 두툼한 면발에 새우, 땅콩, 채소, 허브를 함께 넣는다.

분팃느엉 Bún Thịt Nướng
Rice noodles with BBQ pork and vegetables
석쇠에 구운 양념 돼지고기와 채소를 '분' 위에 올린 것. 소스를 넣어 비빔국수처럼 먹는다.

분짜 Bún Chả
북부지방에서 대중적인 음식이다. 분(가는 면발의 쌀국수)과 짜(숯불에 구운 돼지고기 경단)로, 국수와 고기구이를 적당히 떼어서 국수와 파파야를 썰어 넣은 느억맘 소스에 찍어 먹는다.

분넴 Bún Nem
간편한 북부지방 음식이다. '분'과 '넴잔 Nem Rán'이 합쳐진 것으로 국수와 스프링 롤을 느억맘 소스에 찍어 먹는다.

미싸오 Mì Xào
Stir fried egg noodle
베트남에서 가장 일반적인 볶음국수. 달걀을 넣고 반죽해 노란색을 띠는 국수인 '미'를 이용한다. 쇠고기를 넣으면 미싸오팃보 Mì Xào Thịt Bò, 닭고기를 넣으면 미싸오팃가 Mì Xào Thịt Gà가 된다.

미싸오존(미싸오욘) Mì Xào Giòn(Mì Xào Dòn)
Stir fried crispy egg noodle
'미'를 기름에 튀겨서 바삭하게 만든 것. 바삭한 국수와 볶음 요리를 함께 맛볼 수 있다.

퍼싸오 Phở Xào
Stir fried 'pho' noodle
넓적한 쌀국수(퍼) 면발을 이용한 볶음국수. 굴 소스, 생선 소스, 간장을 넣고 살짝 볶는다.

밥 Cơm

베트남에서 밥은 '껌 Cơm'이라고 부른다. 쌀국수와 더불어 베트남 음식의 기본이 된다. 복음밥과 덮밥, 뚝배기 밥까지 단품 요리 형태로 가벼운 식사가 가능하다. 베트남에서는 밥을 먹을 때 숟가락을 사용하지 않고 젓가락만 사용한다.

짜오 Cháo Rice congee
가벼운 아침식사로 애용되는 쌀죽이다. 닭고기를 넣은 짜오가 Cháo Gà, 돼지고기를 넣은 짜오팃헤오 Cháo Thịt Heo, 새우를 넣은 짜오똠 Chạo Tôm이 무난하다.

껌짱 Cơm Trắng Plain rice
일종의 공깃밥이다. 반찬과 함께 밥을 주문할 때 '껌짱'이라고 한다. 영어로 'Plain Rice' 또는 'Steamed Rice'라고 적혀 있다.

껌보 Cơm Bò Fried beef with rice
쇠고기구이를 밥 위에 올려주는 덮밥. 돼지고기 덮밥은 껌헤오이다.

껌가 Cơm Gà Chicken rice
닭고기 덮밥. 로스트 치킨을 얹어 줄 경우 껌가꿰이 Cơm Gà Quay, 푹 삶은 닭고기를 얹어 줄 경우에는 껌가루옥 Cơm Gà Luộc이 된다.

껌찌엔(껌장) Cơm Chiên(Cơm Rang) Fried rice
껌찌엔은 복음밥을 뜻한다. 북부 지방에서는 '껌장' Cơm Rang이라고 부른다. 쯩(달걀) Trứng, 똠(새우) Tôm, 팃보(쇠고기) Thịt Bò, 팃가(닭고기) Thịt Gà, 팃헤오(돼지고기) Thịt Heo를 첨가하면 된다. 모둠 복음밥은 껌찌엔 텁깜 Cơm Ciên Thập Cẩm이다.

껌찌엔 짜이 Cơm Chiên Chay
Fried rice with vegetables
야채 복음밥.

껌찌엔 짜이텀 Cơm Chiên Trái Thơm
Fried rice in pineapple
복음밥을 파인애플에 담아준다.

껌쎈 Cơm Sen
밥(껌)과 연꽃(쎈)을 결합한 음식이다. 연꽃 열매와 채소를 넣어 밥을 한 다음, 연꽃잎에 담아서 밥을 내준다. 고기나 햄을 넣기도 한다.

껌 따이깜 Cơm Tay Cầm Clay pot rice
새우나 해산물, 고기와 채소를 함께 넣고 뚝배기에 지은 밥. 경우에 따라서 복음밥을 뚝배기에 담아주기도 한다.

쏘이 Xôi Sticky rice
베트남에서 찰밥을 '쏘이'라고 부른다. 녹두를 갈아 넣은 노란색 찰밥(쏘이 쎄오 Xôi Xéo)도 있다. 돼지고기 간장 졸임(Thịt Kho Tàu), 닭고기 살(Gà Luộc), 달걀 프라이(Trứng Ốp) 등을 곁들여 먹는다.

쏘이찌엔퐁 Xôi Chiên Phồng
떡처럼 만든 찰밥을 둥글게 반죽해 기름에 튀기면서 풍선처럼 크게 부풀린 음식.

디저트 Dessert

과일을 이용한 디저트들이 많다. 달고 차가워서 더위를 식히는 역할도 해준다. 카페나 노점에서 흔히 볼 수 있다.

쩨(째)

사탕수수 주스 느억미아

쩨(째) Chè
베트남에서 가장 흔하고 대중적인 디저트이다. 유리컵에 담아주는 빙수로 열대 과일이나 코코넛, 타피오카, 단팥, 녹두, 연꽃 씨앗 등을 넣어 달콤한 맛을 낸다.

껨(깸)

껨(깸) Kem
코코너스, 망고, 두리안 같은 열대 과일을 이용한 아이스크림이 많다.

신또

신또 Sinh Tố
한두 종류의 과일을 선택해 연유와 얼음을 넣고 믹서에 갈아서 만든 과일 셰이크다. 여러 종류의 과일을 섞을 경우 '신또텁껌 Sinh Tố Thập Cẩm(Mixed Fruit Shake)'이라고 한다.

느억미아 Nước Mía
베트남의 대표적인 서민 음료인 사탕수수 주스. 라임과 파인애플을 함께 짜서 상큼한 과일 향과 단맛을 추가한다.

반프란(껨 까라멜) Bánh Flan
프랑스의 영향을 받은 디저트. 달걀 노른자와 우유, 캐러멜을 넣어 만든 푸딩으로 '껨 까라멜'이라고 불리기도 한다.

반프란

쓰어쭈어 Sữa Chua
우유로 만든 떠먹는 요구르트. 얼려 먹어도 맛이 좋다. 디저트 가게에서 직접 만들기도 하고, 비나밀크 Vina Milk 같은 대형 회사에서도 생산한다.

쓰어쭈어

커피 & 차 Cà Phê & Trà

베트남 사람들은 시도 때도 없이 커피를 마신다. 세계 3위의 커피 수출국답게 베트남 사람들의 커피 사랑은 유별나다. 아침에 눈뜨면 쌀국수를 먹고 커피를 마시는 것이 보편적인 일상이다. 베트남 커피는 진하고 묵직한 것이 특징이다. 커피는 '까페 Cà Phê'라고 발음하며, 달달한 연유를 넣을 경우 '쓰어 Sữa', 얼음까지 넣으면 '다 Đá'를 붙인다.

까페 덴 농 Cà Phê Đen Nóng
Black Coffee
블랙 커피. 에스프레소에 가까울 정도로 진하다.

까페 다 Cà Phê Đá
Black coffee with ice
아이스 블랙 커피.

까페 쓰어 농 Cà Phê Sữa Nóng
Black coffee with milk
연유를 넣은 블랙 커피. 연유가 밑에 깔려 있다.

까페 쓰어 다 Cà Phê Sữa Đá
Ice coffee with milk
연유를 넣은 아이스 커피. 연유를 많이 넣기 때문에 단맛이 강하다.

까페 즈어(코코넛 커피) Cà Phê Dừa
단맛을 내기 위해 연유 대신 코코넛을 갈아서 넣는다. 커피와 과즙이 어우러져 향긋하고 부드러운 맛을 낸다.

까페 쯩(에그 커피) Cà Phê Trứng
하노이에서 즐겨 마시는 커피. 달걀노른자를 휘핑크림처럼 만들어 커피에 첨가한다.

짜다 Trà Đá **Ice Tea**
고급스런 아이스 티가 아니라 얼음물에 가깝다. 식당에서 마시는 보리차 정도로 생각하면 된다.

까페 덴 농

까페 쓰어

까페 쓰어 다

코코넛 커피

베트남 캔커피 / 에그 커피 / 짜다

호찌민시(사이공)

프랑스가 통치하던 코친차이나 시절부터 사이공 Sài Gòn으로 불렸으며, 프랑스령 인도차이나의 수도 역할을 하며 '동양의 파리'라는 별명을 얻기도 했다. 현재 베트남의 수도는 하노이지만, 경제와 교통의 중심은 호찌민시다. 베트남의 최대 도시로 '장사꾼들이 사는 도시'라는 비아냥거림을 듣기도 한다. 베트남 전체 인구의 10%(비공식 인구는 1,000만 명이 넘는다)가 살고 있어서 항상 분주하고 소란스럽다. 하지만 전쟁 이후 새롭게 태어난 도시라 젊고 역동적이다.

동남아시아 특유의 무더운 기후와 어울려 도로를 가득 메운 오토바이 행렬에 숨이 턱 막힐 것 같지만, 베트남의 현재를 가장 잘 보여주는 호찌민시는 도시 그 자체로도 흥미롭다. 신축 중인 빌딩과 명품 매장들은 변화하는 호찌민시를 상징적으로 보여준다. 하지만 콜로니얼 건축물이 가득해 유럽의 향기가 남아 있고, 차이나타운을 이루는 쩌런은 전형적인 아시아 고유의 정취를 자아낸다. 통일궁과 전쟁 박물관, 꾸찌 터널과 껀저까지 베트남의 현대사를 한눈에 볼 수 있는 관광지도 많다.

인구 956만 7,656명 | 행정구역 호찌민 직할시 Thành Phố Hồ Chí Minh | 면적 2,095㎢ | 시외국번 028

호찌민시(사이공) 베스트 **10**

1 통일궁

전쟁 박물관

2

노트르담 성당과 중앙 우체국

꾸찌 터널(꾸찌 땅굴)

3

벤탄 시장과 동커이 거리 쇼핑

5

6 메콩 델타 투어

7 인민위원회 청사 앞 호찌민 동상에서 기념사진 찍기

8 여행자 거리에서 맥주 한잔하기

9 쩌런(차이나타운)

10 박물관(호찌민시 박물관, 역사 박물관) 투어

은행 · 환전

호찌민시에서는 은행이 어디 있는지, 환전은 어디서 해야 하는지 걱정할 필요가 없다. 여행자 거리인 팜응우라오 일대와 시내 곳곳에 수많은 은행들의 지점이 있다. ATM은 1회 인출 한도 금액이 200만~500만 VND(약 US$100~250)으로 은행마다 다르다.

한국 영사관 Lãnh Sự Quán Hàn Quốc

대사관은 수도인 하노이에 있지만, 교민이 많이 거주하는 호찌민시에 총영사관을 운영한다. 여권 · 비자, 재외국민 관련 업무와 호적, 병무, 국제결혼, 사건 · 사고 관련 업무를 담당한다.
Map P.97–D3 **주소** 107 Nguyễn Du, Quận 1
전화 자동응답 대표 028-3822-5757, 여권 · 일반민원 028-3824-2593, 사건 · 사고 093-8500-238 **홈페이지** http://overseas.mofa.go.kr/vn-hochiminh-ko/index.do
운영 월~금요일 08:30~12:00, 13:30~17:00
휴무 토 · 일요일

기온 · 여행 시기

전형적인 동남아시아 기후로 일 년 내내 덥다. 평균 기온은 32℃로 가장 더운 4~5월에는 낮 기온이 35℃(최고기온 39℃)를 넘는다. 건기와 우기의 구분이 확실한 편으로 11~4월까지가 건기에 해당한다. 우기는 열대성 몬순으로 스콜 현상이 나타나 더위를 식혀주는 역할을 한다. 계절의 영향 없이 연중 여행이 가능한 도시지만, 상대적으로 덜 더운 12~1월이 여행하기 좋다.

안전 · 주의 사항

베트남의 다른 도시들과 마찬가지로 여행하기 안전한 도시이다. 하지만 혼잡한 대도시인 만큼 몇 가지 주의 사항이 있다. 오토바이를 이용한 날치기 사고를 가장 주의해야 한다. 가방과 카메라는 항상 몸에 지니고, 본인의 최우선 관심 대상으로 둘 것. 무언가를 부주의하게 들고 다니면 날치기의 표적이 되기 쉽다. 특히 씨클로를 타고 가면서 사진 찍을 때 방심하지 않도록 주의해야 한다.
물건을 팔거나 구걸하는 아이들, 재래시장, 혼잡한 시내버스에서 소매치기도 조심해야 한다. 야간에는 오토바이 뒤에 여자를 태우고 다니며 유혹하는 사기단도 있다. 혹시나 했다가 낭패를 당하니 애초부터 관심을 보이지 말자.
횡단보도가 있지만 잘 지켜지지 않기 때문에 길을 건널 때도 안전에 유의해야 한다. 오토바이가 무섭다고 도로로 뛰어 들어가면 사고의 위험이 있으

❛ 알아두세요 ❜ 호찌민시의 주소 읽는 법

호찌민시의 거리는 번지수가 일정하게 정해져 있어서 주소만 있으면 찾기 쉽습니다. 택시를 탈 때 업소 명칭을 알려주기보다는 주소를 적어서 보여주면 금방 찾아간답니다. 하지만 주요 도로에서 연결되는 비좁은 골목들은 번지수만 가지고 찾기 힘든데요. 예를 들어 241/4 Phạm Ngũ Lão, Quận 1이라고 적혀 있다면, 1군에 속한 팜응우라오 거리 241번지 골목(Hẻm 241 Phạm Ngũ Lão)에 있는 네 번째 집이라는

의미입니다. 큰길에서 목적지가 보이지 않기 때문에, 팜응우라오 241번지를 먼저 찾아서 그 옆에 있는 미로 같이 생긴 골목 안쪽으로 들어가야 합니다. 좁은 골목은 '헴 Hẻm'이라 표기됩니다.

니, 오토바이 진행 방향을 살피면서 천천히 길을 건너도록 하자.

지리 파악하기

베트남 최대 도시이자 직할시인 호찌민시는 동해 (남중국해)부터 캄보디아 국경 인근까지 넓은 지역에 걸쳐 있다. 꾸찌와 껀저도 호찌민시에 속해 있다. 행정구역은 모두 19개 군(Quận)과 5개 현(Huyện)으로 구분된다. 1군부터 12군까지가 도시에 해당한다. 특히 1군과 3군은 호찌민시의 핵심 구역으로 과거 '사이공 Sài Gòn'으로 불렸던 지역이다. 호텔과 레스토랑을 포함해 볼거리가 몰려 있다. '쩌런 Chợ Lớn'으로 불리는 5군은 차이나 타운을 형성한다. 사이공 강 건너편은 2군 Quận 2(영어로 District 2, 줄여서 D2라고도 쓴다)에 해당된다. 호찌민시가 발전하면서 새롭게 개발되는 지역으로 강변을 끼고 고층 아파트들이 들어서고 있다. 2군 중에서도 타오디엔 Thảo Điền 지역은 외국인이 많이 거주하는 곳으로 국제 학교와 영어 유치원도 어렵지 않게 볼 수 있다.

여행자 시설이 몰려 있는 곳은 1군에 속하는 팜 응우라오 거리 Đường Phạm Ngũ Lão, 데탐 거리 Đường Đề Thám, 부이비엔 거리 Đường Bùi Viện이다. 저렴한 숙소와 여행사로 인해 호찌민시에서 외국인들이 가장 많이 몰린다.

여행자 거리와 가까운 곳에 벤탄 시장 Chợ Bến Thành이 있고, 동커이 거리 Đường Đồng Khởi를 따라 코친차이나 시절에 프랑스가 건설한 콜로니얼 건물이 가득하다. 동커이 거리 남단은 사이공 강 Sông Sài Gòn이 흐른다. 시내 중심가인 레 러이 Lê Lợi 거리는 지하철 공사로 인해 매우 혼잡하다.

호찌민시 전경

호찌민 시내 중심가

Access

호찌민시 가는 방법

베트남 최대 도시답게 항공과 기차, 버스 등 다양한 교통이 발달해 있다. 한국에서 국제선이 취항한다.

항공

베트남에서 가장 분주한 호찌민시 공항의 정식 명칭은 떤썬녓 국제공항 Tan Son Nhat International Airport(Sân Bay Quốc Tế Tân Sơn Nhất)이다. 국내선 청사와 국제선 청사로 구분되어 있다. 국내선은 하노이, 다낭, 하이퐁, 후에(훼), 냐짱, 달랏, 푸꿕을 포함해 전국 도시로 취항한다. 국적기인 베트남항공과 저가 항공사인 비엣젯항공, 뱀부항공에서 국내선을 취항한다.

베트남항공

국제선은 인접한 동남아시아 국가(방콕, 싱가포르, 쿠알라룸푸르, 프놈펜, 씨엠리업, 위앙짠)를 포함해 중국과 홍콩, 일본, 파리, 런던, 모스크바, 시드니, LA 등으로 취항한다. 방콕을 포함한 주변 국가로 갈 때는 에어아시아를 이용하면 저렴하다.

국제선은 베트남항공, 비엣젯항공, 대한항공, 아시아나항공, 제주항공, 티웨이항공에서 인천↔호찌민시(사이공) 노선을 매일 운항한다. 일부 항공사는 부산↔호찌민시(사이공) 노선도 취항한다. 호찌민시 국제공항(떤선녓 국제공항)은 국제선 청사가 크지 않아서 입국 절차가 간편하다. 비행기에서 내려 '도착 Arrival' 안내판을 따라가면 입국 심사장(국제선 청사 2층)이 나온다. 입국 카드를 쓸 필요가 없고 여권만 제시하면 된다. 입국 스탬프가 찍히면 1층으로 내려가 수화물을 찾으면 된다. 세관 검사(특별히 신고할 게 없으면 그냥 걸어나가면 된다)를 마치면 모든 입국 절차는 끝난다. 입국장(공항 1층)에서 환전소와 SIM 카드 판매 데스크가 있다. SIM 카드에 관한 내용은 P.60 참고.

떤선녓 국제공항 출국장

베트남항공 www.vietnamairlines.com
비엣젯항공 www.vietjetair.com
대한항공 www.koreanair.com
아시아나항공 www.flyasiana.com
제주항공 www.jejuair.net
티웨이항공 www.twayair.com

공항에서 시내로 들어가기

떤선녓 국제공항은 호찌민 시내에서 북서쪽으로 7㎞ 떨어져 있다. 시내와 가깝기 때문에 시내로 가는 방법도 간단하다. 택시, 공항버스, 시내버스가 시내와 여행자 거리를 연결한다. 시내까지는 교통

체증을 감안해 1시간 정도 예상하면 된다.

①택시

공항 청사를 나와서(청사를 등지고) 진행 방향 왼쪽으로 가면 택시 탑승장이 있다. 택시 스탠드 Taxi Stand라고 적혀 있으며, 차례를 기다려 택시를 탑승하면 된다. 택시 기사들이 다가와 호객 행위를 하는 경우 사설 택시일 확률이 높다. 비나선 택시(흰색) Vina Sun 또는 마이린 택시(초록색) Mai Linh가 안전하다. 빈패스트 Vin Fast(베트남 전기 차 회사)에서 운영하는 싼에스엠 택시 Xanh SM Taxi도 믿을 만하다. 시내 중심가와 여행자 거리(팜응우라오 거리)까지 16만~20만 VND 정도 예상하면 된다. 택시를 탈 때는 영어가 잘 통하지 않기 때문에 목적지 주소(번지수)를 보여주는 게 좋다.

②공항버스

공항버스 109번

호찌민시 공항(떤선녓 국제공항)에서 시내까지 공항버스가 운영된다. 팬데믹 이전에는 3개 노선이 있었으나 현재는 한 개 노선만 운영하고 있다. 공항 청사를 나와서 정면에 보이는 차도를 하나 건너면, 공항버스 타는 곳이 있다. 현재 운행 중인 공항버스는 109번으로 벤탄 시장을 지나 여행자 숙소가 밀집한 팜응우라오 거리까지 간다. 일반 시내버스에 비해 정차하는 곳이 적은데, 호찌민 시내(종점)까지 30분 정도 걸린다. 단, 배차 시간이 길기 때문에 오래 기다려야 하는 경우도 있다. 공항버스를 운영하는 곳은 베트남의 대표적인 버스 회사인 프엉짱 Xe Buýt Phương Trang(FUTA)이다. 빨간색의 자그마한 미니버스(미니밴)로 109라는 숫자보다 호찌민 시내(사이공)에서 떤선녓 공항을 오간다는 글자 Xe Buýt Sài Gòn↔Sân

Bay Tân Sơn Nhất가 더 선명하게 적혀 있다. 차량 자체가 작기 때문에 큰 짐을 들고 탈 경우 추가 요금을 받는다. 10㎏ 이상 되는 트렁크를 실을 경우 한 사람의 표를 추가로 사야 한다. 참고로 공항에서 출발하는 72-1번 공항버스는 시외버스로 붕따우 Vũng Tàu까지 운행된다.

• 공항버스 109번

운영 05:45~23:40(40분 간격)
요금 1만 5,000 VND
노선 떤썬녓 공항 국제선 청사 Ga Quốc Tế Tân Sơn Nhất→국내선 청사 Ga Quốc Nội→쯔엉썬 거리 Trường Sơn→쩐꿕호안 거리 Trần Quốc Hoàn→호앙반투 거리 Hoàng Văn Thụ→응우옌반쪼이 거리 Nguyễn Văn Trỗi→남키코이응이아 거리 Nam Kỳ Khởi Nghĩa→함응이 거리 Hàm Nghi→벤탄 버스 정류장 Trạm Bến Thành→팜응우라오 거리 Phạm Ngũ Lão→9월 23일 공원 Công Viên 23/9

• 공항버스 72-1번

운영 06:00~21:00(약 1시간 간격)
요금 16만 VND
노선 떤썬녓 국제공항→국내선 청사→빈응이엠 사원 Chùa Vĩnh Nghiêm→디엔비엔푸 거리 Điện Biên Phủ→사이공 대교 Cầu Sài Gòn→싸로하노이 거리 Xa Lộ Hà Nội→붕따우 버스 터미널 Bến Xe Vũng Tàu

③시내버스(152번)

공항과 시내를 연결하는 시내버스는 152번 버스가 유일하다. 공항 청사를 나와서 차선을 하나 건너면, 공항버스 타는 곳 옆(진행 방향으로 오른쪽)에서 출발한다. 버스 노선은 떤썬녓 공항 국제선 청사→떤썬녓 공항 국내선 청사→벤탄 버스 환승 센터(함응이 거리) Trạm Trung Chuyển Xe Buýt Bến Thành(đường Hàm Nghi)→쩐흥다오 거리 Trần Hưng Đạo→로안 플라자 Thảo Loan Plaza 방향으로 운행된다. 팜응우라오 거리로 갈 경우 함응이 거리에 있는 벤탄 버스 환승 센터(Map P.97-E4)에 내리면 된다. 버스 요금(편도)은 5,000VND이며, 수하물이 있으면 추가로 5,000VND을 내야 한다. 운행 시간은 05:30~18:30까지로 밤에 도착하면 이용이 불가능하다.

호찌민시 시내에서 공항 가기

택시를 타고 가는 방법이 가장 편리하다. 묵고 있는 숙소에 문의하면 택시를 불러준다. 여행자 숙소가 몰려 있는 팜응우라오 거리에서 공항으로 갈 때는 109번 공항버스를 이용하면 된다. 팜응우라오 거리 남쪽의 9월 23일 공원 Công Viên 23/9, Ga Hành Khách Xe Buýt Sài Gòn(Map P.102-B2)에서 출발해 벤탄 버스 환승 센터(Map P.97-E4)를 경유해 공항으로 간다. 시내버스(152번)를 탈 경우 벤탄 버스 환승 센터를 이용하면 된다.

> **기차**

호찌민시의 기차역은 호찌민 역이 아니라 사이공역 Sai Gon Train Station(Ga Sài Gòn)이다. 도시의 옛 이름을 기차역명으로 사용한다. 사이공 역은 3군에 있다. 베트남을 종단하는 통일열차가 출발하는 곳으로 하노이까지 총 1,726㎞를 달린다. 야간열차 침대칸은 표를 구하기가 어려우므로 미리 예약을 해두자.

사이공 역
주소 1 Nguyễn Thông, Quận 3 **전화** 028-3931-8952 **홈페이지** www.vr.com.vn

152번 시내버스

통일 열차가 출발하는 사이공 역

버스

호찌민시의 메인 버스 터미널은 미엔동 버스 터미널 Bến Xe Miền Đông이다. 달랏(30만 VND), 냐짱(28만~32만 VND), 다낭(40만~45만 VND), 후에(42만~48만 VND)를 포함해 호찌민시 북쪽에 있는 모든 도시로 버스가 운행한다. 그만큼 터미널이 크고 복잡하다.

미엔떠이 버스 터미널 Bến Xe Miền Tây은 호찌민시 남부 지방으로 버스가 출발한다. 벤쩨(10만 VND), 미토(6만~7만 VND), 껀터(18만 VND), 쩌우독(21만 VND), 달랏(30만 VND), 무이네(22만 VND), 냐짱(28만 VND)을 포함해 남부 지역의 도시로 버스가 운행한다. 버스 터미널 두 곳 모두 시내 중심가에서 멀리 떨어져 있어 오가기 불편하다. 여행자 거리에서 출발하는 오픈 투어 버스가 시설도 좋고 편리해서 외국인은 물론 현지인들도 오픈 투어 버스를 선호한다.

버스 터미널 예매 창구

미엔동 버스 터미널
주소 292 Đinh Bộ Lĩnh, Quận Bình Thạnh
전화 028-3899-1607
홈페이지 www.benxemiendong.com.vn
미엔떠이 버스 터미널
주소 395 Kinh Dương Vương, Quận Bình Tân
전화 028-3875-2953
홈페이지 www.bxmt.com.vn

오픈 투어 버스

베트남의 주요 도시에 정차하고, 여행자들이 선호하는 호텔 주변에서 버스가 출발하기 때문에 편리하다. 카페를 겸한 여행사에서 외국인을 태우기 위해 시작되었던 오픈 투어 버스는 베트남의 주요 버스 회사들도 참여하면서 버스 시설이 한결 좋아졌다. 이동 구간에 따라 좌석 버스와 침대 버스(슬

여행자 거리에서 출발하는 오픈 투어 버스

리핑 버스)로 구분된다. 침대버스는 일반 침대버스(44인승, 34인승)보다 VIP 침대버스(18인승, 22인승)가 시설이 좋은 만큼 요금이 비싸다. 예약할 때 버스의 종류와 침대 좌석칸 위치를 미리 지정할 수 있다.

호찌민시→무이네 1일 2회(07:30, 19:30, 편도 19만~26만 VND), 호찌민시→냐짱 1일 2회(07:30, 19:30, 편도 28만~35만 VND) 출발하며, 호찌민시→달랏은 매시간(편도 30만~35만 VND) 운행된다. 출발 시간과 요금은 여행사마다 조금씩 차이가 난다.

신 투어리스트(데탐 거리)

베트남의 대표적인 여행사로 전국적인 네트워크를 갖추고 있다. 호찌민시에서 출발하는 오픈 투어 버스도 외국인 여행자들에게 인기 있다. 여행자 거리인 데탐 거리(주소 246 Đề Thám)에서 버스가 출발하기 때문에 편리하다. 무이네(1일 3회, 07:30, 08:00, 22:30 출발), 달랏(1일 2회, 07:30, 21:00 출발), 냐짱(1일 2회, 07:30, 22:30 출발)으로 갈 때 이용하면 된다. 버스 터미널이 아니라 해당 도시에 있는 신 투어리스 사무실에 승객을 내려준다.

프엉짱 버스(팜응우라오 거리)

대형 버스 회사인 프엉짱 Phương Trang 버스는 팜응우라오 거리에 사무실(주소 205 Phạm Ngũ Lão, 홈페이지 www.futabus.vn, Map P.102-A1)을 운영한다. 무이네(1일 10회, 06:30~23:00, 편도 17만 VND), 달랏(1일 28회, 01:00~24:00, 편도

프엉짱 버스 예약 사무실

반쎄오46A
Bánh Xèo 46A

쩐흥다오 사원
Chùa Trần Hưng Đạo

응옥호앙 사원(玉皇殿)
Chùa Ngọc Hoàng

꽌 94
Quán 94

레반땀 공원
Công Viên Lê Văn Tám

역사 박물관
Bảo Tàng Lịch Sử

호찌민 작전 박물관
Bảo Tàng Chiến Dịch Hồ Chí Minh

동·식물원 입구

사이공 동·식물원
Thảo Cầm Viên Sài Gòn

뚜레쥬르

HTV(방송국)

중국 영사관

꽌넴
Quán Nem

페트로 베트남 타워
Petro Vietnam Tower

사이공 트레이드 센터
Saigong Trade Center

소피텔 사이공 플라자
Sofitel Saigon Plaza

Centec Tower

미국 영사관   영국 영사관

프랑스 영사관

하이바쯩 & 레탄똔 거리 주변 P.98

꿉 마트
Co.op Mart

금호 아시아나 플라자

다이아몬드 플라자
Diamond Plaza

르 메르디앙
Le Meridien

전쟁 박물관
Bảo Tàng Chứng Tích Chiến Tranh

노트르담 성당

✉ 중앙 우체국

롯데 레전드 호텔
Lotte Legend Hotel

수상 인형극
Golden Dragon Water
Puppet Theatre

통일궁 입구

빈콤 센터
Vincom Center

파크 하얏트 사이공
Park Hyatt Saigon

콘티넨털 호텔
Hotel Cotinental

통일궁
Dinh Độc Lập
(Dinh Thống Nhất)

인민위원회 청사

오페라하우스(시민극장)

시민 문화 공원
Công Viên Văn Hoá

호찌민시 박물관
Bảo Tàng Thành Phố Hồ Chí Minh

렉스 호텔
Rex Hotel

동커이 & 레러이 거리 주변 P.100

한국 영사관
Lãnh Sự Quán Hàn Quốc

쩐흥다오 동상

마리암만 힌두 사원
Chùa Bà Mariamman

사이공 센터
Saigon Center

1군
Quận 1

뉴월드 호텔

벤탄 시장
Chợ Bến Thành

사이공 스퀘어
Saigon Square

벤탄 지하철역

벤탄 버스 환승 센터

맥도널드

미술 박물관
Bảo Tàng Mỹ Thuật

뚜레쥬르

Ben Thanh Tower

호찌민 박물관
Bảo Tàng Hồ Chí Minh

전씬 시장
Chợ Dân Sinh

하이바쯩 & 레탄똔 거리 주변

1

0   50   100m

PHỞ 24
쭝응우옌 레전드

Nguyễn Văn Chiêm

레주언 거리 Lê Duẩn

Lavenue Crown(공사 중)

금호 아시아나 플라자
Kumho Asiana Plaza

엠 플라자
M Plaza

2

롯데 백화점
다이아몬드 플라자
Diamond Plaza

VP 은행
스타벅스 커피

인터콘티넨털 호텔
Intercontinental
Hotel

Nguyễn Du

하이바쯩 거리

응우옌주 거리

북 스트리트
Book Street

Nguyễn Văn Bình

하일랜드 커피
Highland Coffee

Hai Bà Trưng

중앙 우체국
Bưu Điện Trung Tâm

노트르담 성당
Nhà Thờ Đức Bà

루남 도르
Runam d'Or

Hàn Thuyên

스타벅스 커피

프로파간다
Propaganda

오 파크 카페
Au Parc Cafe

한투옌 거리

시티 투어 버스
타는 곳

메종 마루(지점)
My Banh Mi

성모 마리아 상

3

메트로폴리탄 빌딩
The Metropolitan

동커이 거리 Đồng Khởi

본촌 치킨
본가(한식당)

MK Restaurant

병원 International SOS

파스텔 인 사이공
Pastel Inn Saigon

Nguyễn Du

꽁 카페 Cộng Cà Phê

43 스페셜티 커피

빈콤 센터
Vincom Center

Lê Thàn

시크릿 가든
Secret Garden

나항응온
Nhà Hàng Ngon

Tuk Tuk
Thai Bistro

파스퇴르 거리
Pasteur

라오스 영사관

팍슨 사이
Parkson Sai

퍼 24
Phở 24

응우예우두 거리

KEB Hana Bank

4

Nam Kỳ Khởi Nghĩa

Lý Tự Trọng

레탄똔 거리

레탄똔 거리

인민위원회 청사
Trụ Sở Ủy Ban Nhân Dân TP. HCM

유니언 스퀘
Union Squa

호찌민 동상

러시
Lush

카르멘 바
Carmen Bar

Chu Mạnh Trinh

Lý Tự Trọng

피자 포피스
Pizza 4P's

CJ빌딩

똔득탕 거리
Tôn Đức Thắng

실버랜드 사쿄 호텔
Silverland Sakyo Hotel

꽌 부이
Quán Bụi

응오반남 거리
Ngô Văn Năm

리딴똥 거리

노퍽 맨션
Norfolk Mansion

사이공 스카이 가든
Saigon Sky Garden

Laang Sai Gon Central

만다린
Mandarine

병원
Bệnh Viện Nhi Đồng 2

랭커스터(서비스 아파트)
The Lancaster

레탄똔 거리

소피아 호텔
Sophia Hotel

실버랜드
Silver Land
Heart of Darkness

7 Bridges Brewing Co.

르 메르디앙
Le Meridien

밤발라(지점)
hamballa

Pasteur Street Brewing Co.
(레탄똔 지점)

프랑스 문화 센터
(IDEAF)

뤼진
L'Usine

5KU Station

타이반롱 거리

가마골(한식당)

sisine

Skewers

체리 호텔 Cherry Hotel

May Hotel

Paragon Saigon Hotel

캐피털 플레이스(빌딩)
Capital Place

롯데 레전드 호텔
Lotte Legend Hotel

띠싹 거리

엘 가우초(스테이크)
El Gaucho

넛하 3
Nhất Hạ 3

Thái Văn Lung

리파이너리 The Refinery

호아뚝
Hoa Túc

Cao Bá Quát

Thi Sách

Nguyễn Siêu

Hai Bà Trưng

Rico Taco

파크 하얏트 사이공
Park Hyatt Saigon

Northern Hotel Saigon

Aquari Hotel

Silverland Jolie Hotel

똔득탕 거리
Tôn Đức Thắng

경복궁(한식당)

쑤 사이공
Xu Saigon

털 호텔
Cotinental

오페라하우스(시민극장)

Bông Sen 2 Hotel

안남 고메 마켓
Annam Gourmet Market

사이공 사이 공바
Saigon Saigon Bar

까라벨 호텔
Caravelle Hotel

Đồng Du

스타벅스

똔득탕 박물관
Bảo Tàng Tôn Đức Thắng

99

A — Pasteur — B — 레탄똔 거리 Lê Thánh Tôn — C

인민위원회 청사
Trụ Sở Ủy Ban Nhân Dân TP. HCM

● **유니언 스퀘어**
Union Square

1

● **호찌민시 박물관**
Bảo Tàng Thành Phố Hồ Chí Minh

● **호찌민 동상**

■ **렉스 호텔**
Rex Hotel
● **루프톱 가든**
Rooftop Garden

Nam Kỳ Khởi Nghĩa

리뜨쫑 거리 Lý Tự Trọng

Pasteur Street
Brewing Company ●

● **하일랜드 커피**

노퍽 호텔 **올드 컴퍼스 카페** ●
Norfolk Hotel
퍼 민 ●
Phở Minh

● **껨박당**
Kem Bạch Đằng

리버티 센트럴 사이공 시티포인트 호텔 ●
Liberty Central Saigon Citypoint Hotel

Nguyễn Trung Trực

Barbecue Garden ●

2

남자오(남야오)
Quán Nam Giao

● **사이공 에코 크래프트**

응우옌쭝쯕 거리

● **벱메인**
Bếp Mẹ In

힌두 사원
Subramaniam
Swamy Temple

사이공 센터
Saigon Center

1군
Quận 1

● **마마 퍼**
Mama Phở

● **리버티 센트럴 호텔**
Liberty Central Hotel

El Gaucho ●

파스터르 거리

● **스시 월드**
Sushi World

뜬텃티엡 거리

Lưu Văn Lang

● **다카시마야 백화점**
Takashimaya

● **사이공 키치**
Saigon Kitsch

Phan Bội Châu

레러이 거리
Lê Lợi

● **사이공 스퀘어**
Saigon Square

Huỳnh Thúc K

3

● **벤탄 시장**
Chợ Bến Thành

● **OKKIO Cafe**

● **벤탄 시장 정문**

✚ **병원**
Bệnh Viện Đa Khoa Sài Gòn

● **하일랜드 커피**

후인툭캉 거리

Pasteur

Ⓢ **VIETCOM**

🚌 **벤탄 버스 환승 센터**

함응이 거리
Hàm Nghi

Zion Sky Lounge ●

4

■ **최고집**
Choi Go Jip

● **Quê Hương Liberty 2**

Ⓢ **Vietin**

남끼코이응이아 거리

Nam Kỳ Khởi Nghĩa

● **파드마드 플레르**
Padma de Fleur

Lê Thị Hồng Gấm

푸득찐 거리
Phó Đức Chính

박물관 입구

Nguyễn Thái Bình

100

● **미술 박물관**
Bảo Tàng Mỹ thuật

A — B — C

Attractions

호찌민시의 볼거리들은 콜로니얼 건물과 박물관이다. 레러이 거리와 동커이 거리에 코친차이나 시절에 건설된 역사적인 건물들이 많다. 베트남의 현대사를 한눈에 알아볼 수 있는 통일궁, 전쟁 박물관, 호찌민시 박물관, 역사 박물관도 놓치기 아까운 볼거리다. 복잡하긴 하지만 벤탄 시장과 쩌런(차이나타운)도 호찌민시의 다양함을 더한다. 호찌민시가 베트남의 첫 여행지라면 도로를 가득 메워 흘러가는 오토바이 행렬이 가장 인상적인 장면으로 기억될 것이다.

1군 · 3군(사이공)

호찌민시의 시내 중심가를 이루는 곳으로 옛 '사이공'에 해당된다. 프랑스령 인도차이나 시절의 수도가 있었던 곳인 만큼 콜로니얼 건축물이 가득하다. 통일 이후 베트남의 역사를 보여주는 다양한 박물관도 있다. 참고로 1군(郡)은 베트남어로 '꿘 못 Quận 1(약자로 Q.1)', 영어로 '디스트릭트 1 District 1(약자로 Dist. 1)'이라고 표기한다.

Map P.97-D3

통일궁
★★★★
Independence Palace(Reunification Palace)
Dinh Độc Lập(Dinh Thống Nhất)

주소 135 Nam Kỳ Khởi Nghĩa, Quận 1 **전화** 028-3822-3652 **홈페이지** www.independencepalace.gov.vn **운영** 매일 08:00~15:30 **요금** 4만 VND(통일궁+별관 전시실 6만 5,000 VND, 오디오 가이드 9만 VND 별도) **가는 방법** 남끼커이응이아 거리와 레주언 거리가 만나는 삼거리에 매표소가 있다.

호찌민시에서 가장 큰 볼거리자 베트남의 현대사에서 빼놓을 수 없는 공간이다. 통일궁의 역사는 프랑스 식민지배 시대인 1868년으로 거슬러 올라간다. 노로돔 궁전 Norodom Palace이라고 불렸으며 1954년까지 프랑스 코친차이나 총독의 관저로 쓰였다. 프랑스가 퇴각하고 베트남이 분단되면서 1956년부터 남부 베트남 대통령의 관저와 집무실로 쓰이며 대통령궁 Presidential Palace이란 이름을 얻게 된다. 대통령궁에 처음으로 머문 사

람은 초대 남부 베트남 대통령인 응오딘지엠(吳廷琰) Ngô Đình Diệm(임기 1955년 10월 26일~1963년 11월 2일)이다.

베트남 현대사의 상징 통일궁

통일궁 내부의 대통령 집무실

대통령궁(통일궁)이 함락되면서 전쟁은 끝났다.

미군 작전본부로 쓰였던 지하 벙커

1962년에는 자국(남부 베트남) 공군 장교들에 의한 대통령 암살 시도가 있었다. 전투기를 이용해 폭격을 가해 대통령궁 절반이 내려앉았으나 암살 시도는 불발로 끝났다. 응오딘지엠 대통령은 기존의 건물을 부수고 대통령궁을 재건축하면서 요새화하기 시작했다. 대통령궁이 재건축되는 동안 추가 암살 시도를 염려한 응오딘지엠은 현재의 호찌민시 박물관 지하에 만든 벙커에서 생활했다고 한다. 하지만 1963년에 군부 쿠데타로 실각해 도피하던 도중 쩌런(차이나타운)의 짜땀 교회(P.121)에서 살해되었다. 결국 응오딘지엠은 대통령궁의 완공을 목격하지 못했다.

대통령궁이 재건축된 것은 1966년이다. 풍수지리 사상에 따라 건설했다고 하는데 전체적인 건물 구조는 '흥(興)'자를 형상화했다. 하지만 대통령궁은 베트남 전쟁의 막바지에 남부 베트남의 대통령이 수시로 교체되면서 비운의 주인공이 되었다. 남부 베트남의 대통령은 10년 동안 9번이나 교체되었으며, 마지막 대통령인 즈엉반민 Dương Văn Minh(임기 1975년 4월 28일~4월 30일)은 대통령궁에 겨우 3일간 머물렀을 뿐이다.

대통령궁은 1975년 4월 30일 10시 45분부로 '통일궁'이 된다. 북부 베트남군의 탱크가 철문을 밀고 들어오며 사이공이 함락(베트남 통일)되었기 때문이다. 아무런 저항도 없이 점령한 북부 베트남군은 대통령궁에 붉은 깃발을 게양하며 베트남이 사회주의로 통일되었음을 알렸다. 당시 통일궁 옥상의 헬리포트에서 마지막 미군 헬기가 다급하게 철수하는 상황은 외신을 타고 전 세계에 알려지기도 했다.

현재 통일궁 내부는 주인 없는 건물로 남아 관광객들을 맞는다. 통일궁 정문을 들어서면 정원 오른쪽 나무 그늘 아래 2대의 탱크가 놓여 있다. 1975년 4월 30일 통일궁을 진격해 들어왔던 북부

베트남군의 탱크를 전시한 것이다. 통일궁의 본관은 4층과 지하 벙커로 이루어져 있다. 대통령 집무실, 국무 회의실, 외국 대사 접견실, 외빈 접견실, 대통령 응접실, 부대통령 응접실, 대통령 침실을 포함한 관저, 영화관, 연회실 등 100여 개의 방으로 이루어졌다.

1층 정중앙에 있는 대통령 집무실은 주요 정책을 논하고 국서를 결재하던 곳이다. 마치 왕궁의 집무실처럼 나전칠기를 이용한 대형 벽화를 만들어 놓아 근엄한 분위기를 풍긴다. 4층에는 연회실이 있고, 옥상에는 헬리포트와 헬기도 전시되어 있다. 통일궁 옥상에서 내려다보이는 시내 방향으로 곧게 뻗은 도로는 레주언 거리이다. 레주언 Lê Đuân(1907~1986년)은 베트남 통일 이후 1대 공산당 서기장을 지냈던 인물이다.

통일궁의 4층까지 견학했으면 계단을 이용해 지하 벙커로 내려간다. 요새화된 지하 벙커는 베트남 전쟁 기간 동안 미군의 작전 본부로 쓰였다. 전시에서 사용하던 작전 상황실, 지휘통제실, 통신실, 암호 해독실, 주방 등이 빼곡히 들어서 있다. 지하 벙커를 지나면 출구로 나오기 전에 특별 전시실이 있다. 대통령궁이 함락되던 장면을 포함해 흑백 사진으로 당시 상황을 설명해준다.

통일궁은 개별적으로 관람해도 되고 한국어로 된 오디오 가이드를 대여해 둘러봐도 된다. 가이드 투어는 영어, 프랑스어, 일본어, 중국어로 진행된다. 한 팀이 25명 정도로 움직이기 때문에 사람들이 모일 때까지 기다려야 한다.

참고로 주요 국제 행사나 외국 대통령의 접견 같은 국가 행사가 통일궁에서 열린다. APEC 국제회의와 베트남의 WTO 가입 조인식이 열리기도 했다. 특별 행사가 있을 때면 통일궁 일부 관람이 통제된다.

르네상스 양식의 호찌민시 박물관

Map P.97-E3, Map P.100-A1

호찌민시 박물관 ★★★
Ho Chi Minh City Museum
Bảo Tàng Thành Phố Hồ Chí Minh

주소 65 Lý Tự Trong, Quận 1 **전화** 028-3829-9741, 028-3829-8250 **홈페이지** www.hcmc-museum. edu.vn **운영** 매일 08:00~17:00 **요금** 3만 VND (사진 촬영 2만 VND 별도) **가는 방법** 리뜨쫑 거리와 남끼커이응이아 거리가 만나는 사거리 코너에 있다. 벤탄 시장에서 도보 8분.

도리아 양식의 주랑이 인상적인 르네상스 양식의 건축물이다. 1890년에 프랑스 식민지배 정부 시기에 건설되었다. 코친차이나에서 생산한 물건을 전시하기 위해 만든 상업 박물관이었으나, 시대를 거듭하며 건물의 용도가 다양하게 변경되었다. 건물의 역사는 프랑스가 사이공을 건설한 시기부터 베트남이 통일된 이후 호찌민시로 개명되기까지의 역사가 고스란히 녹아 있다. 프랑스 통치 시기에는 인도차이나 총독부 건물로 사용되었고, 남북이 분단되어 있던 시기에는 남부 베트남 응오딘지엠 대통령의 비밀 은신처로 쓰였다. 1975년 베트남이 통일되면서 베트남 고등법원으로 쓰였고, 1978년부터는 혁명 박물관으로 용도가 변경되었다. 1999년에 호찌민시 박물관으로 개명해 오늘에 이르고 있다. 박물관은 사이공부터 호찌민시에 이르기까지 300년간의 역사적인 자료가 전시되어 있다. 1층은 사이공의 초기 역사에 관한 내용에 초점을 맞추어 오래된 지도와 문서, 흑백 사진 등을 전시하고 있다. 2층은 프랑스 식민지배에 저항해 독립을 이루는 과정, 베트남 공산당의 활동 사항, 1945년에 있었던 8월 혁명, 그리고 1975년의 사이공 함락(베트남 통일)에 관한 내용이 주를 이룬다. 박물관 안뜰에는 베트남 전쟁 때 사용했던 구소련제 탱크와 미군 전투기, 대공화기가 전시되어 있다. 1962년 대통령궁(현재의 통일궁)을 폭격했을 때 남부 베트남군 조종사들이 몰았던 전투기도 전시되어 눈길을 끈다. 참고로 응오딘지엠 대통령이 피신해 있던 지하 벙커는 일반에게 공개되지 않는다.

오늘날 호찌민시 박물관은 베트남 허니문 커플들로 인해 독특한 풍경을 자아낸다. 이국적인 건물을 배경 삼아 웨딩 사진을 촬영하는 커플들을 심심치 않게 볼 수 있다.

웨딩 촬영을 하는 베트남 커플

독립과 관련된 내용이 가득한 호찌민시 박물관 전시실

전쟁 박물관 내부 전시실

베트남 전쟁의 진실을 들려주는 전쟁 박물관

Map P.97-D2

전쟁 박물관 ★★★★
War Remnants Museum
Bảo Tàng Chứng Tích Chiến Tranh

주소 28 Võ Văn Tần, Quận 3 전화 028-3930-6664 홈페이지 www.baotangchungtich chientranh.vn 운영 매일 07:30~17:30 요금 4만 VND 가는 방법 보반떤 거리 28번지에 있다. 통일궁에서 북쪽으로 도보 10분.

베트남 사람들은 '베트남 전쟁'이라 부르지 않고, '미국 전쟁'이라고 부른다. 전쟁 박물관은 베트남 사람들이 바라본 미국 전쟁에 관한 역사적인 기록을 전시한다. 미국에 의해 자행된 전쟁이 어떻게 포장됐는지, 미국 영화를 통해 베트남 전쟁이 얼마나 왜곡됐는지를 생각하게 만든다. 때문에 호찌민시에서 딱 하나의 박물관을 봐야 한다면 주저하지 말고 전쟁 박물관을 가면 된다.

전쟁 박물관은 미국 정보부 건물로 쓰였던 곳으로 1975년 베트남 통일 이후에 박물관으로 용도를 변경했다. 베트남과 미국이 수교(1995년)하기 전까지는 '미국 전쟁 범죄 박물관 Museum of American War Crimes'이라는 무시무시한 이름을 쓰기도 했다. 미국 전쟁 범죄 박물관이던 시절에는 철저한 반미(反美) 사상을 바탕으로 전쟁의 참상을 알리는 데 주력했다. 과거에 비해 전시된 사진들의 내용은 상당히 순화되었으나, 여전히 무거운 주제를 다루고 있다. 하지만 평화에 대한 메시지도 잊지 않고 전하고 있다.

3층 건물에 들어선 전시실에는 흑백 사진들이 걸려 있는데, 그 어떤 자료 화면보다도 강렬한 인상을 준다. '미국 전쟁'의 참상과 고엽제 피해자 상황

을 보여주는 전시실, 종군 사진기자들이 찍은 사진, 전쟁 때 사용되었던 무기(소총과 기관총), 전쟁 관련 데이터들이 일목요연하게 전시되어 있다. 전쟁의 진실을 알리는 교육적인 내용이 많아서 엄숙한 분위기다. 사진 설명을 일일이 읽어가면서 박물관 전시물을 관람하는 관객들로 인해 몰입도가 매우 높다.

박물관 야외에는 전투기와 탱크를 포함한 대형화기들이 전시되어 있다. 꼰썬 섬 Con Son Island(Đảo Côn Sơn)에 있던 감옥도 재현해놓았다. 프랑스 식민지배 시절 베트남 독립투사를 투옥시키고(독립투사를 처형하던 단두대가 눈길을 끈다), '베트남 전쟁' 중에는 비엣꽁(베트콩) 전쟁 포로를 가두었던 곳이다. 수감자들이 극심한 고문에 시달려 내는 비명소리 때문에 '호랑이 우리 Tiger cages'라는 별명을 얻기도 했다. 참고로 베트남 총리를 지냈던 팜반동(范文同) Phạm Văn Đồng(1906~2000년)과 노벨 평화상 수상자로 선정되었으나 수상을 거부해 유명해졌던 레득토(黎德壽) Lê Đức Thọ(1911~1990년) 등이 꼰썬 섬에 정치범으로 수용되어 있었다.

꼰썬 섬의 감옥에서 사용하던 단두대

Map P.97-E3, Map P.100-C1

인민위원회 청사 ★★★★
Ho Chi Minh City People's Committee Head Office
Trụ Sở Ủy Ban Nhân Dân Thành Phố Hồ Chí Minh

주소 Đường Lê Thánh Tôn & Đường Nguyễn Huệ, Quận 1 **운영** 24시간(내부 입장 불가) **가는 방법** 벤탄 시장에서 레러이 거리 방향으로 도보 5분. 렉스 호텔 옆에 있다.

호찌민시를 상징하는 아이콘 같은 건물이지만 아이러니하게도 프랑스 식민지배 시기에 건설되었다. 1902년부터 6년에 걸쳐 완성한 사이공(코친차이나 수도)의 '오텔드빌 Hôtel de Ville', 즉 시청이다. 파리 시청도 오텔드빌이라고 부르는 것에서 알 수 있듯이 파리 시청과 비슷한 구조다. 시계가 장식된 스티플(건물의 정면을 멋들어지게 보이기 위해 세운 높은 탑), 아치형 창문과 발코니, 박공을 장식한 조각상들까지 전형적인 콜로니얼 건축 양식을 띠고 있다. 파리 시청보다 규모도 작고 웅장한 맛도 떨어지지만 베트남에 남아 있는 가장 우아한 프랑스 건물로 평가받는다.

1975년 베트남이 통일된 후부터 호찌민시 인민위원회 청사, 즉 호찌민시 시청으로 사용되고 있다. 베트남 공산당이 사용하는 정부 건물답게 건물 꼭대기에 베트남 국기가 펄럭인다. 일반인들의 출입은 금지되지만 호찌민시를 방문한 사람들이 기념사진을 찍는 명소다. 야간에도 조명을 밝히기 때문에 분위기가 좋다.

건물 앞에는 광장을 만들고 호찌민 동상을 세웠다. 광장 확장 공사를 진행하면서 호찌민 동상을 새롭게 제작했다. 과거에는 '박 호(호 아저씨) Bác Hồ'라고 적힌, 아이를 안고 있는 인자한 모습의 호찌민 동상이 있었는데, 현재는 민중을 향해 손을 들고 있는 '쭈띡 호찌민(호찌민 주석) Chủ Tịch Hồ Chí Minh' 동상이 세워져 있다.

Map P.101-E2

카페 아파트 ★★★☆
The Cafe Apartment

주소 42 Nguyễn Huệ, Quận 1 **운영** 08:00~22:00 **가는 방법** 응우옌후에 거리 42번지에 있다. 오래된 엘리베이터가 운영되는데 이용료 3,000 VND을 받는다.

오래된 아파트 건물에 카페들이 밀집해 있다고 해서 카페 아파트로 불린다. 1950년대에 건설된 이곳은 베트남 전쟁 당시 미국 정부 공무원들과 미군 장교들의 숙소로 사용됐다고 한다. 한눈에 보기에도 허름한 아파트를 옛 모습 그대로 보존해 빈티지한 분위기를 자아낸다. 총 9층 건물에 카페와 찻집, 공방, 부티크 숍들이 하나둘 채워지면서 힙 플레이스가 되었다.

참고로 카페 아파트 앞쪽으로 응우옌후에에 워킹 스트리트 Nguyen Hue Walking Street가 길게 이어진다. 시내 중심가에서 보기 드문 보행자 거리로 사이공 강까지 도로가 이어진다. 전체 길이는 약 900m로 콜로니얼 건물과 현대적인 빌딩이 대비를 이룬다.

기념사진 찍기 좋은 인민위원회 청사

카페 아파트

인민위원회 청사

동커이 거리
Dong Khoi Street
Đường Đồng Khởi ★★★

주소 Đường Đồng Khởi, Quận 1 **가는 방법** 벤탄 시장에서 도보 10분.

코친차이나의 수도였던 사이공의 중심에 있었던 거리다. 사이공 강에서 시작해 노트르담 성당까지 이어지는 630m의 거리를 따라 오페라하우스(시민극장), 중앙 우체국, 콘티넨털 호텔(P.164), 마제스틱 호텔(P.165), 그랜드 호텔(P.165) 같은 우아한 콜로니얼 건축물이 가득하다. 현재는 호찌민시를 대표하는 쇼핑가로 변모해 부티크 숍과 갤러리들이 들어서 있다.

참고로 프랑스 통치 시대에는 뤼 카티나 Rue Catinat(Catinat Street)라고 불렸다. 카티나는 루이 14세 때 프랑스 군사령관이었던 니콜라 카티나 Nicolas Catinat(1637~1712년)의 이름이다. '동커이'는 1975년 베트남 통일 이후 새롭게 붙여진 이름이다. 응오딘지엠 정권에 대항해 일어났던 저항운동으로 '일제히 봉기하다'라는 뜻이다.

노트르담 성당 앞에서 이어지는 동커이 거리

콜로니얼 건물이 남아 있는 동커이 거리

사이공 센트럴 모스크 (무술만 모스크)
Saigon Central Mosque(Musulman Mosque) ★☆

주소 66 Đồng Du, Quận 1 **운영** 04:30~21:30 **요금** 무료 **가는 방법** 쉐라톤 사이공 호텔 옆의 동주 거리 66번지에 있다.

호찌민시 중심의 동주 거리에 있는 모스크(이슬람 사원)다. 남인도에서 이주한 무슬림들이 1935년 건설했다. 호찌민시에 있는 12개 모스크 중에서도 중심이 되는 곳이다. 자미아 알 무스리민 모스크 Jamia Al Muslimin Mosque라고 불린다. 무슬림 신자가 아니라도 방문이 가능하며, 종교 시설인 만큼 노출이 심한 옷을 삼가자.

오페라하우스(시민극장)
Opera House(Municipal Theater)
Nhà Hát Lớn Thành Phố Hồ Chí Minh ★★★

주소 Công Trường Lam Sơn(Lam Son Square), Quận 1 **전화** 028-3823-4999 **운영** 24시간(내부 입장 불가) **가는 방법** 동커이 거리의 콘티넨털 호텔과 까라벨 호텔 사이에 있다.

코친차이나 시절인 1900년에 프랑스 식민정부가 건설한 오페라하우스로 1,800석 규모를 자랑한다. 프랑스 건축가가 디자인한 고딕 양식의 건물로 기본 구조는 파리의 오페라하우스(팔레 가르니에 Palais Garnier)를 모델로 했다. 건물 중앙의 아

사이공 센트럴 모스크

치형 돔은 파리 시립미술관(프티 팔레 Petit Palais)을 모방해 만들었다. 건축에 사용된 난간, 치장, 조각 장식들은 프랑스에서 모두 공수되었다고 한다. 사이공 탄생 300주년인 1998년에 보수 공사를 실시해 완벽하게 복원되었다.

베트남의 대표적인 행위 예술 극단인 룬 프로덕션 Lune Productions(홈페이지 www.luneproduction.com)의 무용극이 이곳에서 공연된다. 공연은 베트남의 과거와 현재를 대비해 보여주는 아오 쇼 A O Show, 산악지역 소수민족의 생활상을 주제로 한 테다 Teh Dar, 베트남 남부 지방의 농경문화를 주제로 한 더 미스트 The Myst 세 가지로 구성된다. 대나무 곡예와 아크로바트, 서커스, 현대 무용이 생동감 넘치게 이어진다. 공연은 비정기적으로 운영되는데 홈페이지와 여행사를 통해 예약(일반석 70만 VND, VIP석 160만 VND)이 가능하다.

룬 프로덕션의 창작 무용극 아오 쇼 ©A O Show

오페라 하우스와 동커이 거리의 호텔들

오페라하우스

노트르담 성당
★★★☆
Notre Dame Cathedral
Nhà Thờ Đức Bà Sài Gòn

주소 1 Công Xã Paris, Quận 1 운영 월~토요일 08:00~11:00, 15:00~16:00 휴무 일요일 요금 무료 가는 방법 동커이 거리와 응우옌주 거리가 만나는 삼거리에 있다. 인민위원회 청사에서 도보 10분.

오텔드빌(인민위원회 청사), 오페라하우스, 중앙우체국과 더불어 호찌민시를 대표하는 콜로니얼 건축물이다. 프랑스가 코친차이나의 수도로 사이공을 건설하며 만든 종교적인 건물이다. 사이공에 가톨릭 교회가 최초로 들어선 것은 1865년이다. 하지만 규모가 너무 작다는 이유로 코친차이나 총독의 승인 아래 1877년부터 1883년에 걸쳐 노트르담 성당을 새롭게 건설했다.

붉은색 벽돌을 이용해 만든 전형적인 로마네스크 양식의 로마 가톨릭 교회로 두 개의 첨탑이 좌우 대칭을 이루고 있다. 6개의 동종이 걸려 있는 첨탑은 58m 높이다. 유럽의 로마 가톨릭 교회 느낌을 제대로 살리기 위해 건축 자재로 쓰인 붉은색 벽돌은 프랑스 마르세유 Marseille에서, 성당 내부를 장식한 스테인드글라스 창문은 샤르트르 Chartres에서 수입해 왔다고 한다.

성당 내부는 길이 133m, 폭 35m, 높이 21m로 1,200명이 동시에 미사를 볼 수 있다. 성당 앞 작은 광장에 성모 마리아 상이 세워져 있다. 미사는 평일 2회(05:30, 17:00), 일요일 7회(05:30, 06:30, 07:30, 09:30, 16:00, 17:15, 18:30) 열린다.

노트르담 성당

중앙 우체국 ★★★
Central Post Office
Bưu Điện Thành Phố Hồ Chí Minh

표와 엽서를 판매하는 기념품 상점도 있다.

호찌민 초상화가 걸려있는 중앙 우체국 내부

주소 2 Công Xã Paris, Quận 1 전화 028-3829-6555 운영 매일 07:00~19:00 요금 무료 가는 방법 노트르담 성당을 바라보고 오른쪽에 있다.

베트남에서 가장 큰 우체국이다. 프랑스 식민정부가 1891년에 건설한 콜로니얼 양식의 건축물이다. 에펠탑을 건설한 귀스타브 에펠 Gustav Eiffel(1832~1923년)이 설계했다. 높다란 천장에 아치형 출입문과 창문을 간직한 전형적인 고딕 양식을 취하고 있다. 아치형 창문 아래에는 전신과 전기 발전에 공헌한 사람들의 이름을 적어놓았다. 중앙 우체국을 들어서면 아치형 건물 내부가 고스란히 모습을 드러낸다. 정면에는 호찌민 사진이 걸려 있다. 벽면에는 코친차이나 시대(1892년)의 사이공 지도와 프랑스령 캄보디아까지 연결되었던 1936년도의 전신망이 그려져 있다. 우체국 창구와 전화 부스가 옛 모습 그대로 운영 중이며, 우

콜로니얼 건축물의 아름다움을 간직한 중앙 우체국

❝알아두세요❞ 호찌민시의 역사

호찌민시의 역사는 그리 길지 않습니다. 크메르 제국(오늘날의 캄보디아)의 영토였다가 베트남의 땅이 된 것은 1698년의 일입니다. 이때는 자딘(야딘) Gia Định이라는 지명으로 불렸는데요, 베트남 전국을 통일(1802년)한 응우옌 왕조의 초대 황제는 남쪽의 자딘과 북쪽의 탕롱(오늘날의 하노이)에서 한 자씩을 따서 스스로를 '자롱(야롱)'이라 칭했다고 합니다. 하지만 자딘은 머지않아 프랑스의 지배를 받으며, 사이공으로 개명되었습니다. 베트남을 침략한 프랑스는 1859년에 사이공을 점령하고, 1862년부터 남부 베트남 지방을 '코친차이나'라고 칭하며 사이공을 수도로 삼았습니다. 베트남 중부 · 북부는 물론 캄보디아와 라오스까지 점령해 프랑스령 인도차이나를 통치하는 동안에도 사이공이 수도(1887~1901년) 역할을 하며 비약적인 발전을 하게 되었죠. 이때 파리를 모방해 도시를 건설했기 때문에 '동양의 파리'라는 별명을 얻게 되었습니다.

베트남이 남북으로 분단된 시기에는 남부 베트남의 수도로 그 지위를 유지했지만, 사이공이 함락(1975년 4월 30일)되면서 통일된 베트남 사회주의 공화국의 수도는 하노이가 됩니다. 그 다음해인 1976년부터 민족의 영웅인 호찌민의 이름을 따서 호찌민시로 개명해 오늘에 이르고 있습니다. 현재의 사이공은 호찌민시 시내 일부를 의미하지만, 베트남 남부 지방 사람들에게 사이공은 호찌민시 그 자체를 의미합니다. 기차역은 여전히 사이공 역으로 불리고, 남부 지방을 오가는 버스에는 사이공이라고 선명하게 목적지를 표기해두고 있을 정도입니다. 참고로 호찌민시는 베트남어로 Thành Phố Hồ Chí Minh을 줄여서 TP. HCM, 영어로는 Ho Chi Minh City를 줄여서 HCMC라고 쓰기도 합니다.

마리암만 힌두 사원의 중앙 신전

Map P.97-D4

마리암만 힌두 사원 ★★
Mariamman Hindu Temple
Chùa Bà Mariamman

주소 45 Trương Định, Quận 1 운영 매일 07:00~ 19:00 요금 무료 가는 방법 벤탄 시장 북문을 등 지고 레탄똔 거리를 따라 왼쪽으로 도보 5분.

마리암만 힌두 사원의 고푸라(탑문)

남인도 출신의 타밀나두 상인들이 19세기에 건설 한 힌두교 사원이다. 전 형적인 남인도 사원으로 고푸라 Gopura가 사원 입구를 장식하고 있다. 탑처럼 생긴 고푸라에 는 화려한 색으로 치장 한 힌두 신들이 조각되 어 있다. 사원 내부의 중 앙 신전에는 힌두 여신 인 마리암만을 모시고 있다. 마리암만은 남인도의 수호여신이자 질병과 비를 관장하는 여신이다. 풍 요와 다산을 가져다주고, 병을 낮게 해준다는 속 설 때문에 베트남 사람들도 많이 찾아온다.

Map P.97-E3

벤탄 시장(쩌 벤탄) ★★★★
Ben Thanh Market
Chợ Bến Thành

주소 Đường Lê Lợi & Đường Lê Lai & Đường Trần Hưng Đạo, Quận 1 운영 매일 06:00~ 18:00 요금 무료 가는 방법 여행자 거리인 데탐 거리에서 쩐흥다오 거리 또는 레라이 거리를 따라 도보 10분. 벤탄 시장은 4개의 출입문이 있으며, 정문은 레러이 거리에 있다.

호찌민시를 대표하는 재래시장으로 시내 중심가 에 있다. 시계탑이 인상적인 건물로 1912년 프랑스 정부 시절에 문을 연 이래 120년 동안 변함없는 인기를 누리고 있다. 상점들이 빼곡히 들어선 시 장에는 식료품과 엽서까지 없는 게 없다. 의류, 가 방, 티셔츠, 그릇, 나전칠기, 액세서리, 기념품, 커 피까지 한 자리에서 거래된다. 베트남 현지인들의 생활에 필요한 저렴한 물건들이 대부분으로, 유명 브랜드의 '짝퉁'도 쉽게 눈에 띈다. 정찰제가 아니 라 흥정을 해야 하므로, 처음 본 물건부터 사지 말 고 몇 군데 물건값을 확인하면서 가격을 알아보 자. 상점의 아주머니들이 계산기를 들이대며 원하 는 가격을 누르라고 한다. 시장 내부는 통로가 좁 고 사람들이 많기 때문에 소매치기에 유의해야 한 다. 벤탄 내부에 식당들도 많다. 쇼핑하다가 간단 하게 한끼 식사를 해결할 수 있다.

벤탄 시장

호찌민시의 대표적인 재래시장 벤탄 시장

바이텍스코 파이낸셜 타워
★ ★ ★
Bitexco Financial Tower
& 사이공 스카이 덱
Saigon Sky Deck

주소 2 Hải Triều, Quận 1 전화 028-3915-6156 홈페이지 www.bitexcofinancialtower.com 운영 매일 09:30~21:30 요금 24만 VND(사이공 스카이 덱) 가는 방법 함응이 거리와 호뚱머우 거리가 만나는 삼거리에 스카이 덱 매표소가 있다.

호찌민시의 현재를 보여주는 상징적인 건물이다. 2010년 11월에 오픈한 262m 높이의 68층 건물이다. 베트남의 국화인 연꽃 모양을 현대적인 디자인으로 형상화했다. 뉴욕 출신의 건축가가 설계했다. 금융 센터로 건설해 상업 시설이 입주해 있다. 49층 전망대(높이 178m)에는 사이공 스카이 덱(전화 028-3915-6868, 홈페이지 www. saigonskydeck.com)이 있다. 사이공 강을 포함해 호찌민시 시내가 360도 파노라마로 펼쳐진다. 전용 엘리베이터를 타고 올라간다. 매표소는 함응이 거리와 가까운 호뚱머우 거리 (주소 36 Hồ Tùng Mậu)에 있다.

스카이 덱에서 바라본 풍경

미술 박물관
★ ★
Fine Arts Museum
Bảo Tàng Mỹ Thuật

주소 97A Phó Đức Chính, Quận 1 전화 028-3829-4441 홈페이지 www.baotangmythua ttphcm.vn 운영 매일 08:00~17:00 요금 3만 VND 가는 방법 벤탄 버스 정류장에서 남쪽으로 이어지는 포득찐 거리 방향으로 도보 5분.

1987년부터 운영 중인 박물관으로 두 동의 건물로 구분된다. 중국풍이 가미된 콜로니얼 양식의 3층 건물이다. 베트남 남부 화가들의 작품을 주로 전시한다. 베트남의 독립 투쟁과 사회주의 혁명에 관한 내용부터 현대 미술까지 시대별로 구분해 베트남 회화를 소개하고 있다. 나전칠기 기법을 이용한 회화와 유화가 눈길을 끈다. 별관은 도자기, 불상, 전통 판화와 외국 작가들의 그림 등을 전시하는 특별 전시관으로 운영된다.

미술 박물관에 전시된 베트남 현대 미술

바이텍스코 파이낸셜 타워

미술 박물관

역사 박물관 ★★★
History Museum
Bảo Tàng Lịch sử

주소 2 Nguyễn Bỉnh Khiêm, Quận 1 **전화** 028–3829–8146 **홈페이지** www.baotanglichsuvn.com **운영** 화~일요일 08:00~11:30, 13:00~17:00 **휴무** 월요일 **요금** 3만 VND(사진 촬영 4만 VND 별도) **가는 방법** 응우옌빈키엠 거리 2번지에 있다. 사이공 동·식물원 옆에 있다.

하노이에 있는 역사 박물관(P.402)과 비슷하지만 아무래도 베트남 남부에 관한 역사를 더 자세히 소개하고 있다. 1956년부터 사이공 국립 박물관으로 쓰이다가 통일 이후 1975년부터 역사 박물관으로 변모했다. 박물관의 외관은 불교 사원을 형상화해 만들었다. 박물관 내부는 연대기순으로 베트남 역사 자료를 전시한다. 크게 중국으로부터 독립 투쟁(1~10세기), 리 왕조(11~13세기), 쩐 왕조(13~14세기), 레 왕조(15~18세기), 떠이썬 왕조(18세기), 응우옌 왕조(19~20세기 중반)까지 6개 시대로 구분해놓았다.

베트남 중남부 지방에 들어섰던 힌두 문명인 참파 왕국(P.294)에서 만든 힌두 조각상, 메콩 델타 지역의 옥에오 Oc Eo 유적, 14세기부터 사용된 무기 전시실, 아시아 각국에서 수집된 도자기 전시실도 있다. 베트남의 다양한 소수민족의 생활상(사진, 전통복장, 전통가옥, 생활도구)과 응우옌 왕조의 유물(전통복장, 왕실용품, 생활용품)

역사 박물관

베트남의 역사가 시대별로 일목요연하게 정리되어 있다

전시실도 빼놓지 말고 봐야 한다.

역사 박물관 내부에는 수상 인형극(P.441 참고) 공연장도 있다. 1일 2회 공연(10:30, 14:30)을 원칙으로 하고 있지만, 관객이 없을 경우 공연이 늦게 시작하기도 한다. 박물관 입장료와 별도로 추가 요금(10만 VND)을 받는다.

참고로 역사 박물관 옆으로 사이공 동·식물원 Thảo Cầm Viên Sài Gòn(Map P.97-F1, 주소 2 Nguyễn Bỉnh Khiêm, 홈페이지 www.saigonzoo.net, 운영 07:00~18:30, 요금 6만 VND)이 있다. 1864년에 개장했으며 500여 종의 동물과 250여 종의 식물, 1,800여 그루의 나무가 동·식물원을 메우고 있다.

호찌민 박물관 ★★
Ho Chi Minh Museum
Bảo Tàng Hồ Chí Minh

주소 1 Nguyễn Tất Thành, Quận 4 **전화** 028–3825–5740 **운영** 화~일요일 07:30~11:30, 13:30~17:00 **휴무** 월요일 **요금** 1만 VND **가는 방법** 사이공 강변도로 남쪽에서 칸호이 다리(Cầu Khánh Hội)를 건너면 왼쪽에 호찌민 박물관이 있다.

호찌민시(市)가 아니라 인물 호찌민에 초점을 맞춘 박물관이다. 사이공을 중심으로 한 호찌민의 혁명 활동에 관한 내용과 호찌민이 사용하던 물건

민족의 영웅 호찌민

들이 전시되어 있다. 하노이에 있는 호찌민 박물관(P.413)에 비해 전시물 수는 적다.

호찌민 박물관은 원래 사이공을 드나드는 선박이 정박하던 냐롱 부두 Nha Long Wharf(Bến Nhà Rồng)였다. 중국과 유럽 양식을 가미해

호찌민의 생애를 기록한 호찌민 박물관

만든 건물로 '냐롱'은 용의 집이라는 뜻이다. 호찌민은 1911년에 이곳에서 프랑스 증기선을 타고 요리사 보조로 일하며 미국을 거쳐 유럽으로 들어가게 된다. 박물관 앞마당에는 호찌민 동상이 세워져 있다. 사이공 강을 바라보고 있는 젊은 시절의 호찌민 동상 앞으로 펼쳐진 오늘날의 호찌민시 도심. 세상이 어떻게 변했는지를 방증한다.

호찌민 박물관 앞의 거리 이름인 응우옌떳탄(阮必成) Nguyễn Tất Thành은 호찌민이 10살 때부터 사용하던 이름이다. 베트남의 주요 도시에 유명 인사들의 이름을 거리 이름으로 사용하는 것과 달리 호찌민이라는 이름은 거리 이름에는 사용하지 않는다. 다만, 베트남이 통일된 이후에 그의 업적을 기려 사이공을 호찌민시 Thành Phố Hồ Chí Minh로 개명했다.

피토 박물관

Map P.94-C3

★★★☆

Fito Museum

Bảo Tàng Y Học Cổ Truyền Việt Nam

주소 41 Hoàng Dư Khương, Quận 10 전화 028-3864-2430 홈페이지 www.fitomuseum.com.vn 운영 08:30~17:00 요금 18만 VND(학생 9만 VND) 가는 방법 시내 중심가에서 떨어진 10군의 호앙즈크엉 거리 41번지에 있다.

베트남의 제약회사인 피토 Fito Pharma에서 운영하는 사설 박물관이다. 베트남 의학에서 주요 업적을 남긴 인물과 의학 서적, 의학 도구, 각종 허브와 약재 등 베트남의 고전 의학 관련 내용을 총 5층 건물에 나눠 전시한다. 약재를 다루던 칼, 작두, 그라인더, 저울, 약을 달이던 약탕기, 약재를 담던 항아리 등 3,000여 점이 일목요연하게 정리

피토 박물관 입구

되어 있다. 한의학과도 비슷해 한국 관광객은 별다른 설명 없이도 이해할 수 있는 전시물들이 많다. 박물관 직원의 안내를 받아 관람하면 된다.

떤딘 교회(핑크 성당)

Map P.96-C1

★★★

Tân Định Church

Nhà Thờ Tân Định

주소 289 Hai Bà Trưng, Quận 3 전화 028-3829-0093 홈페이지 www.giaoxutandinh.net 운영 07:00~11:00, 14:00~17:00 요금 무료 가는 방법 3군의 하이바쯩 거리 289번지에 있다.

프랑스 식민정부에서 1876년에 건설한 가톨릭 교회다. 복잡한 하이바쯩 거리에서도 핑크색 외벽의 건물이 단연 눈에 띈다. 관광객들 사이에서는 호찌민시에서 가장 아름다운 교회로 알려져 있다. 로마네스크와 고딕 양식을 결합한 건축물로, 정면에 보이는 60m 높이의 첨탑이 눈길을 끈다. 현재 내부 입장은 불가하나 담벼락에 앉아서 기념사진 찍는 관광객을 어렵지 않게 볼 수 있다.

떤딘 교회

응옥호앙 사원(玉皇殿) ★★
Jade Emperor Pagoda
Chùa Ngọc Hoàng

주소 73 Mai Thị Lựu, Quận 3 운영 매일 07:00~18:00 요금 무료 가는 방법 시내 중심가에서 조금 떨어진 마이티르우 거리에 있다. 벤탄 시장에서 택시로 10분.

베트남에 정착한 중국 광둥성 상인들이 1909년 만든 향우회관이다. 화교들이 건설한 향우회관이 쩌런(차이나타운)에 몰려 있는 것과 달리 응옥호앙 사원은 호찌민시 시내에 있다. 친목 도모와 조상들에게 제사를 지내기 위해 만든 향우회관에 옥황상제를 모신 법당을 함께 만들어 도교 사원의 기능을 함께 한다. 여느 향우회관처럼 정원을 꾸민 외원(外苑)과 사원으로 공간이 구분된다.

사원은 기와지붕을 얹은 전형적인 중국 양식이다. 본당에는 옥황상제를 중심으로 관음보살(觀音菩薩)과 현천상제(玄天上帝)를 모신 사당을 함께 만들었다. 4m 크기의 청룡대장군(靑龍大將軍)과 복호대장군(伏虎大將軍)을 포함해 도교·불교 불상

옥황상제를 모신 응옥호앙 사원

응옥호앙 사원 입구

들이 가득하다. 무섭게 생긴 도교 신들과 어둑한 실내, 자욱한 향 냄새가 어우러져 분위기가 묘하다. 옥황상제를 모신 본당 왼쪽에는 성황(城隍)을 모신 사당이 있다. 도시의 수호신이자 영혼의 판결관인 성황을 모신 사당답게 벽면에는 지옥에서 범죄자들을 판결하고 벌을 내리는 다양한 목판 조각으로 채워져 있다.

참고로 1975년 사회주의로 베트남이 통일된 후에는 프억하이뜨(복해사 福海寺) Phước Hải Tự라는 새로운 이름을 얻었다. 붉은색이 인상적인 사원 출입문의 현판에는 '옥황전(玉皇殿)'이라고 적혀 있다.

수상 인형극 ★★☆
Golden Dragon Water Puppet Theatre
Nhà Hát Múa Rối Nước Rồng Vàng

주소 55B Nguyễn Thị Minh Khai, Quận 1 전화 028-3930-2196 홈페이지 www.goldendragon waterpuppet.com 공연 시간 매일 18:30 요금 30만 VND 가는 방법 따오단 공원 Công Viên Tao Đàn 옆의 응우옌티민카이 거리에 입구가 있다. 벤탄 시장에서 도보 15분. 통일궁에서 도보 10분.

수상 인형극 Múa Rối Nước(P.441 참고)은 베트남 북부에서 유래했기에, 수상 인형극을 보려면 으레 하노이를 가야 하는 것으로 여겨졌다. 하지만 호찌민시에 유입되는 관광객이 모두 하노이까지 여행하는 건 아니다. 이를 해소하기 위해 호찌민시에 상설 수상 인형극장이 생겼다. 실내 공연장에서 전통악기 연주와 다양한 주제로 수상 인형극이 펼쳐진다. 공연 시간은 약 45분이다. 코로나 팬데믹 이후 주 4회만 공연하고 있다.

골든 드래곤 수상 인형극장

북 스트리트
Đường Sách

Map P.98-B2

★★☆

주소 Đường Nguyễn Văn Bình, Quận 1 운영 08:00~21:00 가는 방법 노트르담 성당 오른쪽, 중앙 우체국 북쪽의 응우옌반빈 거리에 있다.

1군 시내 중심가에 있는 자그마한 거리. 145m 길이의 가로수 길을 따라 20여 개 서점과 북 카페가 들어서 있다. 베트남어로 된 책과 잡지가 대부분이지만 엽서와 문구를 파는 곳도 있다. 중앙 우체국이 가까우니 산책 겸 다녀오자.

작럼 사원
Chùa Giác Lâm

Map P.94-A3

★★★

주소 565 Lac Long Quân, Phường 10, Quận Tân Bình 운영 05:00~12:00, 14:00~20:00 요금 무료 가는 방법 시내 중심가(벤탄 시장)에서 서쪽으로 7㎞ 떨어져 있다.

호찌민시에서 가장 오래된 사원으로 1744년에 건설됐다. 한자로 쓰면 각림사 覺林寺가 된다. 1953년 스리랑카에서 전해진 보리수나무를 중심으로 정원을 조성해 차분한 분위

작럼 사원

북 스트리트

기다. 대웅전은 기와를 올린 단층 건물로 사원 규모에 비해 아담하다. 오히려 사원 입구에 있는 바오탑싸러이(보탑사리寶塔舍利) Bảo Tháp Xá Lợi가 눈길을 끈다. 부처의 사리를 모시기 위해 만든 32m 높이의 7층탑이다. 1990년대에 만들어져 고색창연한 느낌은 없다.

랜드마크 81
Landmark 81

Map P.95-F2

★★★☆

주소 720 Điện Biên Phủ, Phường 22, Quận Bình Thạnh 홈페이지 www.landmark81skyview. com 영업 08:30~23:00(매표 마감 22:00) 요금 전망대 입장료 30만 VND, 전망대 콤보 티켓 48만 VND 가는 방법 시내 중심가(벤탄 시장)에서 북동쪽으로 6㎞ 떨어져 있다. 전망대 매표소는 빈콤 센터가 있는 지하 1층에 있다.

베트남에서 가장 높은 건물로 2018년에 건설됐다. 베트남 빈 그룹에서 건설한 461m 높이의 81층짜리 건물이다. 빈콤 센터(쇼핑몰), 아이스링크, 시네마, 고급 레지던스, 빈펄 랜드마크 81 호텔, 스카이뷰(전망대) Landmark Sky View가 들어서 있다.

랜드마크 81

주변에 아파트 단지와 공원(빈홈 센트럴 파크) Vinhomes Central Park까지 조성되어 있다. 전망대는 79~81층까지 3개 층으로 이루어졌다. 전망대 대신 블랭크 라운지(P.149)를 방문해도 된다.

전망대에서 바라본 호찌민시 풍경

쩌런(차이나타운) Chợ Lớn(China Town)

중국 남방에서 이주한 화교들이 정착해 형성된 지역이다. '쩌'는 시장, '런'은 크다라는 뜻으로 화교들이 상권을 이룬 지역을 보고 '쩌런'이라고 불렀다. 현재는 호찌민 광역시의 5군 Quận 5에 해당한다. 화교들이 건설한 향우회관과 사당, 불교·도교 사원이 가득하다. 호찌민시 최대 규모를 자랑하는 빈떠이 시장을 포함해 곳곳에서 중국스러운 물건(도장, 원단, 제기 용품, 한약재, 장식품 등)이 대량으로 거래된다. 여느 나라 차이나타운과 마찬가지로 복잡하고 분주하다. 쩌런 여행은 빈떠이 시장에서 시작해 짜땀 교회→프억안 회관→온랑 회관→티엔허우 사원→응이아안 회관 순서로 돌아보자.

Map P.122-A1

빈떠이 시장 ★★★
Binh Tay Market
Chợ Bình Tây

주소 57A Tháp Mười, Quận 6 전화 028-3855-6130 홈페이지 www.chobinhtay.gov.vn 운영 매일 06:00~18:00 가는 방법 5군과 6군의 경계를 이루는 탑므어이 거리에 있다. 쩌런 버스 터미널 Bến Xe Chợ Lớn에서 도보 5분.

쩌런(차이나타운)의 중앙시장으로 1826년부터 시장이 형성되었다. 호찌민시에서 규모가 가장 큰 재래시장이다. 1928년 화재로 인해 새롭게 건설

복잡하게 얽혀 있는 빈떠이 시장 내부

중앙 정원을 감싸고 있는 빈떠이 시장

했기 때문에 쩌런 머이 Chợ Lớn Mới(쩌런의 새로운 시장이라는 뜻)라고 불리기도 한다. 시장 입구는 콜로니얼 양식을 띠고 있지만 시장 내부는 중국 가옥의 안뜰처럼 정원을 만들었다. 정원 정중앙에는 빈떠이 시장을 만든 중국 상인 꽉담 Quách Đàm(1863~1927년) 동상도 세웠다.

빈떠이 시장은 중앙 정원을 둘러싼 4각형 구조로 이루어진 2층 규모의 상설 시장이다. 2,400여 개의 상점이 빼곡히 들어서 있다. 달걀, 사탕, 식료품, 미용 용품, 주방 용품, 의류, 가방, 신발, 커피, 기념품까지 다양한 물건이 거래된다. 도매 형태로 운영되지만 외국인이라면 물건을 사기 전에 반드시 흥정해야 한다. 가이드를 동반한 단체 관광객이 찾아오기도 하지만 벤탄 시장에 비하면 외국인들의 발길은 적다. 때문에 현지인들의 삶을 좀 더 가까이서 지켜볼 수 있다. 사람이 많고 혼잡한 곳이므로 소매치기에 주의해야 한다.

Map P.122-A1

짜땀 교회 Cha Tam Church ★★
Nhà Thờ Cha Tam(Nhà Thờ Thánh Phanxicô Xaviê)

주소 25 Học Lạc, Quận 5 전화 028-3829-8914 요금 무료 가는 방법 쩌런 버스 터미널(시내버스 정류장)에서 북쪽 방향에 있는 혹락 거리 방향으로 도보 5분.

1902년 건설된 고딕 양식의 가톨릭 교회다. 차이나타운에 만든 성당답게 한자로 천주당(天主堂)이라고 쓰여 있다. 노란색의 파스텔톤 건물로 시

계탑이 있는 첩탑이 인상적이다. 출입문 왼쪽에는 짜땀 교회를 건설한 프랑수아 사비에 탐 아수 François Xavier Tam Assou(1855~1934년) 신부 동상을 세웠다.

짜땀 교회는 건축적인 특징보다는 베트남 현대사와 관련해 중요한 장소이다. 1963년에 응오딘지엠 대통령(P.107 통일궁 참고)의 형제가 쿠데타로 실각하면서 은신했던 곳이다. 1963년 11월 1일 짜땀 교회로 숨어든 대통령 일행은 단 하루 만에 쿠데타 지지 세력에 체포되어 사이공으로 회송되던 길에 처형되었다.

짜땀 교회

Map P.122-B1

티엔허우 사원(天后廟) ★★☆
Thien Hau Pagoda
Chùa Bà Thiên Hậu
Tuệ Thành Hội Quán

주소 710 Nguyễn Trãi, Quận 5 전화 028-3855-5322 운영 매일 06:00~17:30 요금 무료 가는 방법 쩌런 버스 터미널(시내버스 정류장) 북쪽에 있는 짜땀 교회를 지나 응우옌짜이 거리를 따라 800m. 현판에는 수성회관(穗城會館)이란 뜻으로 뚜에탄 호이꽌 Tuệ Thành Hội Quán이라고 적혀 있다.

쩌런에 정착한 화교들이 최초로 만든 향우회관으로 1760년에 건설했다. 중국 광둥성(廣東省) 상인들이 바다를 건너와 사이공에 정착하며 만들었다. 현판에는 수성회관(穗城會館) Tuệ Thành Hội

티엔허우 사원

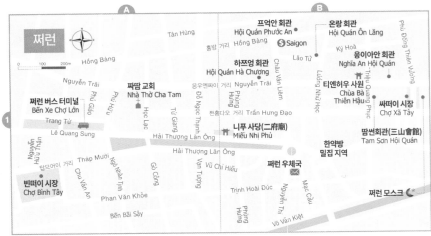

Quán이라고만 적혀 있다. 화교들의 친목도모를 위한 향우회관과 조상들에게 제사를 지내는 사당 역할도 겸한다. 본당에는 안전한 항해를 관장하는 바다의 여신인 티엔허우 Thiên Hậu(天后聖母)를 모시고 있다.

중국 남방 사람들에게 신앙의 대상인 티엔허우는 풍요로움도 상징하기 때문에 화교들이 끊임없이 찾아와 향을 피우며 복을 기원한다. 현재는 광둥성 사람뿐만 아니라 푸젠성, 하이난성, 타이완, 동남아시아 화교들까지 많은 중국인들이 찾는다. 그들이 소원을 빌며 걸어놓은 나선형 향이 천장에 가득하다. 사원 입구에는 사천왕상이 조각되어 있고, 지붕과 내벽의 상단부에는 정교한 석조 조각을 장식했다. 도교 신들과 〈삼국지〉에 등장하는 관우, 19세기 해상 무역이 활발했던 풍요로운 중국 도시에 관해 묘사하고 있다.

사원에서 복을 기원하는 화교들

Map P.122-B1

온랑 회관(溫陵會館) ★★
Quan Am Pagoda
Hội Quán Ôn Lăng(Chùa Ôn Lăng)

주소 12 Lão Tử, Quận 5 **운영** 매일 06:00~17:30 **요금** 무료 **가는 방법** 쩌우반리엠 거리 Châu Văn Liêm와 응우옌짜이 거리 사거리에서 한 블록 북쪽에 있는 라오뜨 거리 Lão Tử에 있다. 쩌런 버스 터미널(시내버스 정류장)에서 도보 15분.

티엔허우 사원과 더불어 쩌런에서 오래된 사원으로 손꼽힌다. 쩌런에 정착한 화교(주로 푸젠성 상인)들에 의해 1816년에 건설되었다. 본당에는 다른 향우회관과 마찬가지로 티엔허우 Thiên Hậu(天后聖母)를 모시고 있다. 하지만 본당 뒤쪽으로 돌

바다의 여신으로 여겨지는 티엔허우

아 들어가면 자비로운 모습의 대자대비 관세음보살(大慈大悲 觀世音菩薩)을 볼 수 있다. 석가모니, 아미타불, 미륵불, 문수보살, 보현보살, 옥황상제, 관성대제(관우), 성황대제를 비롯해 다양한 불교와 도교 신을 함께 모신다.

온랑 회관

대자대비관세음보살 위에는 해불양파(海不揚波)라고 적혀 있는데, 바다에 파도가 일지 않는다는 뜻으로 태평성대를 의미한다. 관세음보살을 본존불로 모시고 있어 쭈아꽌엄(관음사, 觀音寺) Chùa Quan Âm이라고 불린다.

Map P.122-B1

응이아안 회관(義安會館) ★★
Hội Quán Nghĩa An

주소 678 Nguyễn Trãi, Quận 5 **운영** 매일 05:00~18:00 **요금** 무료 **가는 방법** 티엔허우 사원을 바라보고 오른쪽으로 응우옌짜이 거리를 따라 도보 5분.

차오저우(潮州) 출신의 화교들이 친목도모를 위

응이아안 회관

관우를 모신 사당

화려하게 장식한 응이아안 회관 내부

주소 184 Hồng Bàng, Quận 5 **운영** 매일 06:00~18:00 **요금** 무료 **가는 방법** 홍방 거리와 쩌우반리엠 거리 Đường Châu Văn Liêm가 만나는 사거리에 있는 사이공 은행 Sai Gon Bank 맞은편에 있다. 쩌런 버스 티미널에서 도보 15분.

중국 푸젠성(福建省) 출신의 화교들이 1902년에 만든 향우 회관이다. 관우를 모신 사당으로 현판에는 미에우꽌데(관제묘, 關帝廟) Miếu Quan Đế라고 더 크게 적혀 있다. 본당 정중앙에 관우 사당을 만들었고, 그 옆으로 티엔허우 사당이 있다. 응이아안 회관과 마찬가지로 화교들이 장거리 여행을 떠나기 전에 이곳을 찾아와 행운을 기원한다.

해 1866년에 만든 향우회관이다. 향우회관 내부에 관우를 모신 제단을 만들면서 사당으로 변모했다. 화교(중국과 베트남을 드나들던 중국 상인)은 이곳에서 관우 장군의 용맹함과 충성심, 덕망에 경의를 표함과 동시에 자신들의 항해가 안전하길 기원했던 곳이다. 무신(武神)으로 추앙받는 관우는 중국 남방의 상인들에게는 재력의 신으로 여겨진다고 한다.

참고로 관우(關羽, 162?~220년)의 베트남식 발음은 꽌부 Quan Vũ이며, 관우를 높여 부른 관공(關公)의 베트남식 발음은 꽌꽁 Quan Công이다. 베트남에서 관우를 모신 사당은 미에우꽌꽁 Miếu Quan Công(관공묘, 關公廟)이라고 부른다. 화교들은 미에우꽌데(관제묘, 關帝廟) Miếu Quan Đế라고 부르기를 선호한다.

Map P.122-B1

하쯔엉 회관(霞漳會館) ★★
Hội Quán Hà Chương

주소 802 Nguyễn Trãi, Quận 5 **운영** 매일 06:00~18:00 **요금** 무료 **가는 방법** 쩌런 버스 터미널(시내버스 정류장) 북쪽에 있는 짜땀 교회를 지나서 응우옌짜이 거리를 따라 500m.

중국 푸젠성 출신의 화교들이 건설한 향우회관이다. 티엔허우를 본당 정중앙에 모시고 있다. 벽면에는 거대한 파도에 휩쓸리는 상인들을 구해주는 티엔허우가 장식되어 있다.

입구에 들어서서 왼쪽에 모신 관우 사당에는 적토마를 함께 세웠다. 내부 벽면에 양각 기법으로 조각한 그림들이 볼 만하다. 용이 휘감고 있는 석주 기둥은 중국에서 직접 만들어 베트남으로 공수해 왔다고 한다.

Map P.122-B1

프억안 회관(福安會館) ★★
Hội Quán Phước An(Miếu Quan Đế)

관제묘라고 불리는 프억안 회관

하쯔엉 회관의 벽화

호찌민시 주변 볼거리

호찌민시 주변에도 다양한 볼거리가 있다. 가장 큰 볼거리는 베트남 전쟁과 연관된 꾸찌 터널이다. 베트남에서만 볼 수 있는 독특한 종교인 까오다이교 사원이 있는 떠이닌과 유네스코에서 생태보호구역으로 지정된 껀저도 독특한 볼거리를 제공한다. 세 곳 모두 교통이 불편해 1일 투어(P.93)를 이용하는 게 일반적이다. 메콩 델타에 관한 내용은 미토 & 벤쩨(P.167, P.171), 빈롱(P.177), 껀터(P.184), 쩌우독(P.193)에서 별도로 다룬다.

꾸찌 터널(꾸찌 땅굴) ★★★★
Cu Chi Tunnels
Địa Đạo Củ Chi

Map P.126-A1

주소 Huyện Củ Chi, Thành Phố Hồ Chí Minh **전화** 028-3794-8823, 028-3794-6442 **홈페이지** www.cuchitunnel.org.vn **운영** 매일 07:00~17:00 **요금** 12만 5,000 VND **가는 방법** 호찌민시에서 북서쪽(캄보디아 국경 방향)으로 50~65㎞ 떨어져 있다. 대중교통이 불편해서 호찌민시에서 투어를 이용해 다녀온다. 반나절 투어로 다녀올 수 있는데 차량과 가이드가 포함된 투어 요금은 US$13~15(입장료 · 점심식사 불포함)이다. 3~4명이 소그룹으로 개별 투어를 신청하면 US$45~60. 꾸찌 터널과 인접한 까오다이교 사원을 함께 둘러보는 1일 투어(US$25~30)가 더 인기다.

꾸찌 일대에 지하로 연결된 땅굴을 꾸찌 터널이라고 부른다. 베트남 전쟁과 베트남의 통일(사이공 함락)로 이어지는 일련의 현대사에 있어 매우 상징적인 공간으로 베트남을 방문한 여행자들이라면 빼놓지 않고 들른다. 꾸찌 터널은 1940년대부터 건설되었다. 프랑스로부터 독립 투쟁을 벌이던 비엣민(베트민) Việt Minh(베트남 독립동맹회 越南獨立同盟會 Việt Nam Độc Lập Đồng Minh Hội를 줄여서 부르는 말. 한국에서는 '월맹 越盟'이라고 부르기도 한다. 호찌민이 이끄는 베트남 공산당과 민족주의 세력이 연합한 反프랑스 동맹이다)이 땅굴을 파기 시작했다. 프랑스로부터 독립을 이루었지만 1954년에 베트남이 남북으로 분단되고, 미국이 인도차이나 전쟁에 참전하면서 독립전쟁은 베

트남 전쟁(항미 전쟁)으로 전쟁의 성격이 바뀐다. 1960년대부터 꾸찌 터널은 사이공(오늘날의 호찌민시) 함락을 위한 군사 거점으로 중요성이 부각되었다. 비엣꽁(베트콩) Việt Cộng(남베트남 민족해방전선의 인민 해방군을 의미한다. 미국은 베트남 공산당을 뜻하는 '비엣남 꽁싼 Việt Nam Cộng Sản'을 줄여서 비엣꽁이라고 불렀다)의 주둔지가 되면서 꾸찌 터널의 규모가 엄청나게 확장되었다. 비엣꽁은 미국과 협력한 남부 베트남 정권을 무너뜨리기 위해 게릴라 작전을 수행했는데, 낮에는 꾸찌 터널 안에 숨어 있거나 농민으로 돌아가 농사를 짓다가 밤이 되면 비엣꽁으로 변모해 기습전투를 감행했던 것. 특히 1968년의 구정 대공세에 관한 작전 계획을 수립하고 총 공격을 감행하

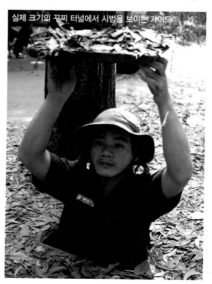

실제 크기의 꾸찌 터널에서 시범을 보이는 가이드

며 혁혁한 공을 세웠다.

꾸찌 터널의 존재를 발견한 미군은 지상군 투입과
더불어 대대적인 공습을 감행했지만 별다른 효과
를 거두지 못했다. 터널 랫츠 Tunnel Rats라 불렸
던 특수 부대를 양성시켜 땅굴 진입 작전을 수행
했고, 실탄 사격 자유지역을 선포해 움직이는 모든
것에 대한 실탄 사격을 허용하기도 했다. 화염방사
기와 고엽제 살포에도 불구하고 좁고 미로처럼 얽
힌 꾸찌 터널의 전모를 파악해 낼 수는 없었다. 결
국 B-52 전투기 동원은 융단 폭격을 감행해 터널
을 파괴하는 작전으로 변경된다. 1966년 1월에 실
시된 크림프 작전 Operation Crimp 동안에는 무려
30톤의 폭탄이 투하되기도 했다. 하지만 미군의
공습이 강화될수록 꾸찌 터널은 더욱 견고해졌다.
지하 3층 규모인 10m까지 파 내려갔고, 꾸찌 터널
의 규모도 사이공 주변에서 캄보디아 국경 지대
까지 지속적으로 확장되었다. 전체 길이를 합치면
250km나 된다. 온전히 사람의 힘으로 파서 만든 꾸
찌 터널은 폭 0.5m, 높이 1m 정도로 사람 한 명이
웅크린 채로 지나다닐 수 있는 협소한 구조다. 터널
내부에는 작전 상황실, 회의실, 병원, 극장, 무기 저
장고는 물론 침실과 부엌까지 만들어 지하에서 모

든 생활이 이루어지도록 했다. 터널 입구는 철저한
위장을 했고, 부비 트랩이나 철침을 설치한 함정을
파서 미군이 진입하지 못하도록 장애물을 만들기도
했다. 부엌에서 요리하는 동안 연기가 분산되어 밖
으로 빠져나가도록 위장과 보안에도 신경을 썼다.
꾸찌 터널은 비엣꽁뿐만 아니라 북부 베트남군에
게도 중요한 거점이 되었다. 베트남 중부에서 시
작된 호치민 트레일(북부 베트남군 군사 보급로를
포함한 공격 루트 P.373 참고)의 종착점이 바로 꾸
찌 터널이었던 것. 꾸찌 터널에 은신하며 게릴라
작전에 참여한 인원은 약 1만 8,000명이며, 그중
3분의 2가 전쟁 동안 사망했다고 한다.

관광객을 위해 넓게 만든 벤딘 터널

벤딘 터널(벤딘 땅굴) ★★★★
Ben Dinh Tunnels
Địa Đạo Bến Đinh

꾸찌 터널은 총 7개의 지하 터널로 구분된다. 그중 벤딘 터널과 벤즈억 터널 Ben Duoc Tunnels(Địa Đạo Bến Dược)은 역사 공원처럼 만들어 일반에게 개방하고 있다. 호찌민시에서 출발한 1일 투어는 상대적으로 가까운 벤딘 터널을 방문한다(호찌민시에서 50km 떨어져 있다).

벤딘 터널에 도착하면 가장 먼저 비디오를 시청한다. 꾸찌 터널의 역사를 설명하는 흑백 영상인데 (전쟁에 승리한) 사회주의 공화국 베트남의 정치 선전을 위한 내용들로 이루어져 있다. 영화 상영이 끝나면 꾸찌 터널의 모형도와 단면도, 지도 등을 통한 가이드의 설명을 듣는다. 특히 사이공 주변 지도에는 비엣꽁이 점령한 지역과 남부 베트남군과 미군의 주둔지가 각기 다른 색으로 표시되어, 사이공 함락과 사이공 방어를 위해 양측이 벌였던 전쟁 상황을 쉽게 이해할 수 있다.

비디오 상영이 끝나면 가이드와 함께 땅굴을 견학하게 된다. 실제 크기의 땅굴 입구를 확인하고, 땅굴 내부에 직접 들어가 현장 체험을 하는 순서이다. 비엣꽁들이 지하에서 생활하면서 먹었던 전투 식량도 맛보게 해준다. 관광객들을 위해 만든 땅굴은 원래 땅굴보다 넓게 만들어서 다니기 쉽게 했지만, 갑갑한 지하 터널은 숨이 막힐 정도로 덥고 습하다. 폐쇄 공포가 느껴질 정도인데 얼마나 열악한 상황에서 전투를 수행했는지 금방 수긍이 간다. 100m 정도 견학용 땅굴을 만들었는데, 출구를 여러 개 만들어 중간에 빠져 나올 수도 있다. 땅굴 내부를 들어갔다 나오면 옷이 금방 더러워지므로 명품 옷이나 하얀 옷이 아닌 색깔이 들어간 간편한 옷을 입고 가는 게 좋다.

땅굴 주변에는 미군이 B-52 전투기에서 투하했던 폭탄들과 대전차 지뢰를 밟아 부서진 M-41 탱크, 게릴라 작전을 수행하던 비엣꽁과 북부 베트남군 인형 모형을 볼 수 있다. 유명 관광지답게 관광객을 위한 실탄 사격장도 있다. AK-47, M16, 카빈 소총, M60 기관총을 포함한 다양한 총을 쏴 볼 수 있다. 실탄은 한 발에 6만 VND인데, 보통 10발을 기본으로 한다. 전쟁을 상품화한 것 같아 씁쓸한 느낌도 들지만, 실탄 사격에 흥미를 느끼는 외국인이 많다. 꾸찌 터널에서 일하는 안내원들의 유니폼은 다름 아닌 비엣꽁들이 입었던 복장이다.

Map P.126-A1

떠이닌 ★★★
Tây Ninh

주소 Huyện Hòa Thành, Tây Ninh 요금 무료 가는 방법 호찌민시에서 북서쪽으로 96km 떨어져 있다. 대중교통이 불편해서 호찌민시에서 투어를 이용해 다녀온다. 꾸찌 터널과 함께 1일 투어(US$25~30)로 다녀오면 된다.

캄보디아와 국경을 접하고 있는 떠이닌 성(省)의 성도이다. 도시 자체의 볼거리보다는 까오다이교(高台道) Đạo Cao Đài 사원 때문에 관광객들이 많이 찾는다. 까오다이교는 베트남 남부 지방에서 볼 수 있는 독특한 종교인데, 까오다이교 총본산 Tòa Thánh Tây Ninh이 떠이닌에 있다. 까오다이교 사원은 떠이닌 시내에서 동쪽으로 4km 떨어져 있으며, 1933~1955년에 걸쳐 세워졌다.

사원 정면에 첨탑을 세워 천주교 성당을 닮았으나 지붕과 장식은 동양적인 색채가 가미되었다. 첨탑 사이의 지붕 꼭대기에는 미륵불상을 올려놓아 종

꾸찌 터널 모형

꾸찌 터널에 전시된 미군 탱크

교적으로 불교 사원의 색채가 강하다. 하지만 벽면에 다양한 신들을 조각해 힌두 사원을 모방했고, 타일을 이용해 로코코 양식의 모자이크로 장식해 태양빛을 받으면 반짝거린다.

7층 누각의 첨탑과 3층 건물로 이루어진 사원 내부는 웅장한 기둥이 지붕을 받치고 있다. 연꽃 기단 위에 올린 석조 기둥은 화려한 색으로 용을 조각했다. 푸른색의 천장은 천상 세계를 상징한다. 온갖 종교를 융합해 만든 까오다이교 사원답게 부처와 예수, 무함마드, 공자, 현장(당나라 시대의 고승. 삼국지의 주인공인 삼장법사로 더 많이 알려졌다), 율리우스 카이사르 등 다양한 조각상을 만들어 놓았다. 까오다이교에서 3대 성인으로 여기는 쑨원 孫文(중국의 혁명가)과 응우옌빈키엠 Nguyễn Bỉnh Khiêm(16세기 베트남 시인), 빅토르 위고가 사이좋게 박애공평(博愛公平)이라고 글을 쓰고 있는 벽화도 있다.

까오다이 사원의 중앙에는 '천안(天眼) Divine Eye'이 새겨진 둥근 원(지구본처럼 생겼다)이 있다. 천안은 까오다이교에서 신의 존재를 상징하는 것으로, 인류 구원의 날에 '천안'이 나타난다고 여긴다. 구름과 별들이 함께 치장되어 있어 천국이 구현된 모습을 보여준다. '천안'은 중앙 제단뿐만 아니라 사원 곳곳에 장식되어 있다. 창문에는 삼각형 장식 안에 '천안'을 그려 넣었다. 까오다이교 사원이나 신도들의 집에도 '천안'이 새겨져 있다.

사원 내부는 신발을 벗고 들어가야 한다. 남자는 오른쪽 출입문, 여자는 왼쪽 출입문을 이용하게 되어 있다. 남녀를 구분하는 것은 유교 사상에 입각했다. 종교 행사는 매일 4회(06:00, 12:00, 18:00, 24:00) 열린다. 남성 연주자에 맞추어 여성 성가대가 복음을 전파하고, 주교가 설교를 진행하는 형식이다. 예배에 참여하는 신도들은 아오자이를 입는다. 아오자이의 색깔은 특정 종교를 상징한다. 노란색은 불교, 파란색은 도교, 빨간색은 유교를 상징하는데 각 종교를 두루 수행해야 하는 종교 지도자들이 입는 옷이다. 일반 신도들은 도복처럼 생긴 흰색 아오자이를 입는다. 모든 색을 흡수하는 흰색은 여러 종교가 혼재한 까오다이교를 상징하는 색이다.

호찌민시에서 출발한 투어는 일반적으로 12시 예배 시간에 맞춰 도착한다. 예배 시간에는 사원 내부를 서성이면 안 되고 2층 베란다에서 조용히 종교 행사를 참관해야 한다.

Travel Plus+ 까오다이교(高台道) Cao Daism / Đạo Cao Đài

1926년에 태동한 신흥종교입니다. 신의 계시를 받은 응오반찌에우 Ngô Văn Chiêu(1878~1932, 세례명인 응오민찌에우 Ngô Minh Chiêu로 알려지기도 했다)가 창시했죠. 프랑스의 인도차이나 지배가 막바지에 이르렀던 무렵 민족주의 성향을 띤 인사들이 참여해 만든 종교입니다. 프랑스로부터의 베트남 독립 운동, 일본 제국주의에 대한 무력 투쟁, 응오딘지엠 대통령이 집권한 남부 베트남에 대한 반정부 운동을 전개하며 세력을 확장해 나갔습니다. 하지만 베트남 공산당에 대해 강한 거부반응을 보였던 탓에 1975년 사회주의 통일 이후에는 종교 활동이 금지되기도 했습니다. 현재는 베트남 중·남부 지방에 걸쳐 약 3~4백만 명의 신자가 있습니다. 까오다이교 총본산이 위치한 떠이닌 지방은 인구의 70%가 까오다이교 신자라고 합니다.

'까오다이(高台) Cao Đài'는 높은 곳이라는 뜻입니다. 신이 통치하는 정신적으로 높은 곳, 즉 천국을 의미하죠. 까오다이교는 불교, 도교, 유교, 그리스도교, 이슬람교가 융합되어 독특한 형태를 띱니다. 기본적으로 불교의 윤회 사상을 바탕에 두고 있어 금욕, 살생 금지, 선행과 자비로운 삶을 실행에 옮깁니다. 금주, 절도 행위 금지, 한 달에 10일 이상의 채식 수행을 중요한 교리로 여기며, 유교의 충효 사상도 중요한 덕목입니다. 종교적인 시스템은 그리스도교와 유사해 교황, 추기경, 주교 등으로 성직자를 구분합니다. 예배 시간을 정해 종교 행사에 참여하도록 한 것은 이슬람교를 닮았습니다. 이슬람교와 달리 하루 5번이 아닌 4번 예배를 봅니다. 최소 하루에 한 번은 집에서라도 종교 의식을 행할 것을 의무화하고 있습니다.

껀저
Cần Giờ ★★★

주소 Huyện Cần Giờ, Thành Phố Hồ Chí Minh **요금** 6만 VND(보트 요금 별도) **가는 방법** 호찌민 시내에서 남동쪽으로 55㎞ 떨어져 있다. 대중 교통으로 갈 수 없기 때문에 호찌민시에서 투어 (US$30~35)를 이용해 다녀온다.

껀저는 호찌민 직할시에 포함된 지역이다. 사이 공 강의 지류인 동나이 강 Dong Nai River(Sông Đồng Nai)과 롱따우 강 Long Tau River(Sông Lòng Tàu)이 동해(남중국해)로 빠져나가면서 거대 한 늪지대를 이룬다. 7만 5,000헥타르에 이르는 늪 지대는 맹그로브 숲으로 뒤덮여 있다. 200여 종의 식물과 50여 종의 꽃, 700여 종의 비척추동물, 40 여 종의 척추동물, 137종의 어류가 서식하고 있다. 베트남 전쟁 동안 미군의 공습과 고엽제 살포로 인 해 맹그로브 숲이 대부분 소실되었다가 베트남 통 일 이후 지역 주민과 정부의 노력으로 옛 모습을 회복했다. 껀저 맹그로브 숲 Can Gio Mangrove Forest(Lâm Viên Cần Giờ)은 2000년부터 유네스 코에서 생태보호구역으로 지정해 보호하고 있다. 생태보호구역은 껀저 박물관 Can Gio Museum(B áo Tàng Cần Giờ), 증싹 게릴라 기지 Rung Sac Guerilla Base(Căn Cứ Rừng Sác), 조류 서식지, 야생 원숭이 서식지, 악어 농장 등 다양한 볼거리 도 다양하다. 야생 원숭이는 100여 마리가 서식하

는데, 동물원처럼 우리에 갇혀 있는 게 아니고 사 나운 편이니 먹이를 줄 때 너무 가까이서 장난치 지 말도록 하자.

껀저에서 가장 큰 볼거리는 증싹 게릴라 기지 다. 모터가 달린 보트를 타고 맹그로브 숲을 지나 기 때문에 풍경이 독특하다. 증싹 게릴라 기지는 1966년부터 1975년까지 비엣꽁(베트콩) 게릴라 유 격대가 주둔하던 곳이다. 껀저 일대는 베트남 전 쟁 때 미군의 해상 보급로가 있었다. 하루 30여 척의 미군 선박이 롱따우 강을 드나들며 사이공으 로 군수 물자를 수송했다고 한다. 비엣꽁은 맹그 로브 숲과 강에서 잠복해 있다가 미군 수송선과 유조 창고를 습격했고, 미군은 이에 대한 반격으 로 고엽제를 살포했다.

사이공 함락(베트남 통일)을 위해 게릴라 작전을 수행하던 꾸찌 터널이 '지하 거점'이었다면, 증싹 은 '수중 거점'이었다고 보면 된다. 현재는 증싹 게 릴라 기지를 역사공원처럼 꾸몄다. 가이드의 안내 를 따라 작전 상황실, 무기 창고, 의복실, 방공호 등을 둘러보게 된다. 당시 전투 상황을 보여주는 관련 비디오도 상영해준다.

껀저는 대중교통이 없기 때문에 호찌민시에서 출 발하는 1일 투어를 이용해야 한다. 꾸찌 터널에 비 해 인기는 덜하지만 생태 관광은 물론 역사 관광 지로도 손색없다. 현지인들과 함께 여객선을 타고 사이공 강을 건너기도 하고, 해산물 시장도 방문 한다. 또한 해변 레스토랑에서의 점심식사와 고급 리조트 수영 이용시간까지 포함되어 투어 일정이 알차다.

까오다이교 3대 성인을 그린 벽화

신의 존재를 상징하는 천안(天眼)

정오 예배에 참여한 까오다이교 신도들

까오다이교 총본산

껀저 맹그로브 숲

증싹 게릴라 기지의 비엣꽁 모형

껀저를 가려면 사이공 강을 건너야 한다

Restaurant

호찌민시에서는 베트남 레스토랑을 탐방하는 것도 하나의 재미다. 담백하고 건강한 식단을 보유한 베트남 음식들이 호찌민시라는 발전한 도시와 어울려 모던하고 다양해진다. 길거리 노점이나 껌빈전(밥집) 또는 퍼빈전(쌀국숫집)도 흔하고, 콜로니얼 건물을 레스토랑으로 사용하는 근사한 곳도 많다. 프랑스의 영향을 받아 카페 문화도 발달해 동서양의 음식 문화가 균형을 이룬다.

여행자 거리 주변 식당

팜응우라오 거리, 데탐 거리, 부이비엔 거리에는 여행자 숙소와 더불어 외국인 여행자들이 부담 없이 드나들 수 있는 카페와 레스토랑이 즐비하다. 정통 베트남 요리보다는 파스타와 피자를 함께 요리하는 캐주얼한 레스토랑이 많다.

퍼 꾸인(퍼 뀐) Phở Quỳnh   ★★★

Map P.102-B2 주소 323 Phạm Ngũ Lão, Quận 1 전화 028-3836-8515 영업 24시간 메뉴 영어, 베트남어 예산 8만~9만 VND 가는 방법 팜응우라오 거리와 도꽝더우 Đỗ Quang Đẩu 거리가 만나는 삼거리 코너에 있다.

팜응우라오 거리에서 인기 있는 쌀국수 식당이다. 소고기 쌀국수인 '퍼보 Phở Bò'를 전문으로 한다. 퍼보 찐 Phở Bò Chín(삶은 소고기 편육을 올린 쌀국수)과 퍼보 따이 Phở Bò Tái(살짝 데친 소고기를 올린 쌀국수)로 구분된다. 토마토와 소고기 스튜에 쌀국수를 넣은 '퍼보코 Phở Bò Khô'를 포함해 모두 7종류의 쌀국수를 맛볼 수 있다.

분짜 145 부이비엔   ★★★
Bun Chả 145 Bui Viện

Map P.102-B2 주소 145 Bùi Viện, Quận 1 전화 028-3837-3474 홈페이지 www.buncha 145.restaurantwebx.com 영업 10:30~21:00 메뉴 영어, 베트남어 예산 분짜 6만 VND 가는 방법 부이비엔 거리 145번지에 있다.

'분짜'는 음식 이름을, '145 부이비엔'은 주소를 의미한다. 아담하지만 깔끔하게 꾸민 레스토랑으로, 여행자 거리(부이비엔)에 있어 외국인에게 인기 있다. 분짜는 하노이(베트남 북부)를 대표하는 음식이다. '분(가는 면발의 생면 쌀국수)'과 '짜(숯불에 구운 고기)'를 함께 먹는다. 넴잔 Nem Rán(베트남 북부 지방 스프링 롤)과 꼬치구이를 추가로 곁들여도 된다.

센트럴 마켓 푸트 코트   ★★★
Central Market

Map P.102-A1 주소 4 Phạm Ngũ Lão(Tầng Hầm Khu B, Công Viên 23 Tháng 9), Quận 1 홈페이지 www.facebook.com/centralmarket23,9 영업 10:00~22:00 메뉴 영어, 베트남어 예산 8만~30만 VND 가는 방법 팜응우라오 거리의 센트럴 마켓 Central Market 내부에 있다.

센스 마켓 Sense Market에서 센트럴 마켓으로 간판이 바뀌면서 푸드코트도 리모델링했다. 공식 명칭은 소호 타운 푸드코트 Soho Town Food Court 다. 여행자 거리와 가까워 접근성이 좋다. 반지하 구조이지만 에어컨 시설이 잘 갖춰져 있어 시원하다. 베트남 요리를 비롯해 태국 · 홍콩 · 인도 음식점까지 다양한 아시아 음식 전문점이 입점해 있다. 음식 값이 저렴하고 찾는 사람이 많아 활기찬 분위기다.

꽌 응온 Quán Ngon ★★★

Map P.102-B1 **주소** 209 Đề Thám, Quận 1 **홈페이지** www.facebook.com/bunchaquanngon **영업** 09:00~22:00 **메뉴** 영어, 한국어, 베트남어 **예산** 7만~9만 VND **가는 방법** 데탐 거리 209번지에 있다.

여행자 거리에 있는 아담한 베트남 음식점. 에어컨 시설과 청결함 덕분에 여행자들의 사랑을 받는다. 분짜 Bún Chả(숯불 돼지고기+쌀국수 생면)와 분넴잔 Bún Nem Rán(스프링 롤+쌀국수 생면) 같은 간단한 북부지방(하노이) 음식을 요리한다. 채소와 느억맘 소스를 대나무 소반에 함께 내어준다. 영어도 잘 통하고, 한국어 메뉴판도 구비되어 있다.

아시안 키친 ★★★
Nhà Hàng Asian Kitchen

Map P.102-A1 **주소** 185/8 Phạm Ngũ Lão, Quận 1 **전화** 028-3836-7397 **영업** 08:00~23:00 **메뉴** 영어 **예산** 7만~10만 VND **가는 방법** 팜응우라오 거리 185번지에 해당하는 미니 호텔 골목에 있다. 부이비엔 거리 40번 골목 Hẻm 40 Bùi Viện으로 들어가도 된다.

여행자 거리 뒷골목에 있는 외국인 여행자들을 위한 투어리스트 식당이다. 아담한 여행자 식당으로 다른 곳과 달리 아시아 음식에 치중한다. 베트남 음식을 메인으로 해서 태국 음식과 일본 음식을 요리한다. 메인 요리를 주문하면 밥을 함께 주기 때문에 경제적이다. 팜응우라오 거리에서 연결되는 미니 호텔 골목 안쪽에 있어서 찾기 힘들다. 같은 골목에 있는 아시안 키친 호텔 Asian Kitchen Hotel과 혼동하지 말 것.

홈 사이공 레스토랑 ★★★☆
Home Saigon Restaurant

Map P.102-A1 **주소** 185/28 Phạm Ngũ Lão, Quận 1 **홈페이지** www.homesaigon.info **영업** 09:00~22:30 **메뉴** 영어, 베트남어 **예산** 18만~32만 VND(+8% Tax) **가는 방법** 팜응우라오 거리 185번지 골목 안쪽에 있다. 부이비엔 거리 40번지 골목을 들어가도 된다.

여행자 거리에 있는 베트남 레스토랑이다. 깔끔한 에어컨 시설로 외국 여행자들이 좋아할 만한 분위기다. 치킨 치즈 볼, 스프링 롤, 볶음밥, 치킨 카레, 그릴드 치킨, 분짜, 껌떰 Cơm Tấm, 보빗뗏 Bò Bít Tết 등 관광객이 접하기 무난한 베트남 음식을 요리한다. 주변 식당에 비하면 음식 가격은 비싸다.

끼에우바오 ★★★☆
Bún Thịt Nướng Kiều Bảo

Map P.102-B1 **주소** 139 Đề Thám, Quận 1 영

분짜 145 부이비엔

퍼 꾸인

센트럴 마켓 푸드 코트

꽌 응온

홈 사이공 레스토랑

끼에우바오

업 11:00~21:00 **메뉴** 영어, 베트남어 **예산** 3만
VND **가는 방법** 데탐 거리 139번지에 있다.
분팃느엉(돼지고기구이를 올린 일종의 비빔국수)
을 요리하는 로컬 식당이다. 여행자 거리와 가깝
지만 관광객보다는 현지인들이 많이 찾아온다. 가
볍게 식사하기 좋은 곳으로 저렴한 요금이 매력
적이다. 메뉴는 한 가지인데 돼지고기구이만 넣을
건지, 스프링 롤을 첨가할 건지 선택하면 된다. 에
어컨 없는 로컬 식당으로 청결함은 기대하지 말
것. 식당 한쪽에 오토바이 주차 공간이 있다.

리틀 하노이 에그 커피 ★★★★
Little Ha Noi Egg Coffee

①본점 Map P.102-A1 ②지점 Map P.102-A2
주소 ①본점 119/5 Yersin, Quận 1 ②지점 212
Lê Lai, Quận 1 **전화** 0904-522-339 **홈페이지**
www.littlehanoieggcoffee.vn **영업** 08:00~22:00
메뉴 영어 **예산** 에그 커피 4만 VND, 브런치 10만
~12만 VND **가는 방법** ①예름생 본점은 예르생
거리 119번지 골목 안쪽으로 들어가면 된다. ②레
라이 지점은 레라이 거리 212번지에 있다.
여행자 거리 주변에서 패나 인기 있는 로컬 커
피 숍. 하노이에서 즐겨 마시는 에그 커피 Egg
Coffee를 전문으로 한다. 장소를 이전했는데, 인
기가 높아지면서 두 개의 분점을 운영한다. 예르
생 본점은 골목 안쪽에 숨겨져 있고, 레라이 지점
은 자그마한 입구에서 건물 3층까지 올라가야한
다. 두 곳 모두 다락방처럼 은밀하고 아늑하다. 토
스트 위주의 간단한
브런치 메뉴도 즐길
수 있다.

리틀 하노이 에그 커피

하일랜드 커피 ★★★
Highland Coffee

Map P.102-A1 **주소** 187 Phạm Ngũ Lão, Quận 1
홈페이지 www.highlandscoffee.com.vn **영업** 매
일 07:00~23:00 **메뉴** 영어, 베트남어 **예산** 4만~
7만 VND **가는 방법** 팜응우라오 거리와 데탐 거리
가 교차하는 사거리 코너에 있다.
베트남 주요 도시에서 볼 수 있는 하일랜드 커피
가 여행자 거리까지 진출했다. 베트남 커피 외에
다양한 커피와 음료를 제공한다. 에어컨 시설이라
버스 기다리며 시간 때우기 좋다. 오페라하우스,
다이아몬드 플라자, 사이공 센터를 포함해 시내
곳곳에 체인점이 있다.

냐항 진끼 ★★★☆
Nhà Hàng Dìn Ký

Map P.102-A2 **주소** 137C Nguyễn Trãi,
Quận 1 **전화** 028-3925-3119 **홈페이지** www.
dinkynguyentrai.com.vn **영업** 07:00~24:00 **메
뉴** 영어, 베트남어, 중국어 **예산** 10만~49만 VND
가는 방법 여행자 거리와 가까운 응우옌짜이 거리
137번지에 있다. 팜응우라오 거리에서 도보 10분.
여행자 거리와 가까운 곳에 위치한 중국 · 베트남
음식점이다. 외국인 관광객보다 현지인들에게 더
잘 알려진 식당이다. 1990년부터 영업을 시작했으
며 에어컨 시설로 규모가 큰 편이다. 웬만한 볶음
요리부터 해산물과 전골 요리까지 다양한 음식을
요리한다. 딤섬과 쌀국수 조리대가 입구에 설치되
어 있고, 식당 내부에는 해산물을 담아둔 수조가
있다. 돼지고기, 닭고기, 생선 요리 이외에 샥스핀,
장어, 전골요리까지 메뉴가 다양하다.

하일랜드 커피

냐항 진끼

카페 & 아이스크림

프랑스의 통치를 받았기 때문에 카페와 베이커리가 발달해 있다. 콜로니얼 건물을 카페로 개조한 곳들은 도심에서 편안한 휴식을 제공해준다. 더위를 식히거나 간단한 식사를 겸해 들르면 좋다.

꽁 카페 Cộng Cà Phê ★★★☆

Map P.102-B1, Map P.97-E4 주소 93 Yersin, Quận 1 홈페이지 www.congcaphe.com 영업 07:00~23:00 메뉴 영어, 베트남어 예산 4만~6만 VND 가는 방법 예르생 거리 93번지에 있다. 여행자 거리(데탐 거리)에서 500m, 미술 박물관에서 450m 떨어져 있다.

베트남의 대표적인 커피 체인점이다. 하노이에서 시작해 호찌민시까지 영역을 확장했다. 사회주의 모티브를 현대적으로 재해석해 빈티지하게 꾸몄다. 베트남 커피와 코코넛 커피를 포함해 다양한 커피와 차를 만든다. 여행자 거리와 비교적 가까운 예르생 지점은 2층 건물로 규모도 크고, 도로 옆 나무 그늘 아래에도 의자가 놓여 있어 사람 구경하며 시간 보내기 좋다.

시내 중심가에는 리뜨쫑 지점(주소 26 Lý Tự Trọng, Quận 1. Map P.98-C3)은 위치가 좋고, 하이바쯩 지점은 떤딘 교회(핑크 성당)가 내려다보여 관광객들이 많이 찾아오는 편이다.

쯩응우옌 레전드
Trung Nguyên Legend ★★★☆

Map P.98-A1 주소 7 Nguyễn Văn Chiêm, Quận 1 홈페이지 www.trungnguyenlegend.com 영업 07:00~21:00 메뉴 영어, 베트남어 예산 커피 6만

~9만 5,000 VND. 레전드 커피 17만 VND 가는 방법 다이아몬드 플라자 뒤쪽의 응우옌반찌엠 거리 7번지에 있다.

베트남을 대표하는 커피 브랜드 '쯩응우옌 커피'에서 운영한다. 베트남 커피를 고급화한 브랜드로 유명하다. 필터에 내려주는 블랙커피(까페 덴 Cà Phê Đen)와 연유를 넣은 밀크 커피(까페 쓰어 Cà Phê Sữa)를 기본으로 한다. 원두 등급을 구분해 가격을 다르게 책정했는데, 숫자가 높을수록 원두가 좋고 가격도 비싸다. 최상급 원두는 레전드 커피 Legend Coffee라고 칭했다. 응우옌반찌엠 지점은 실내외 공간이 넓고 여유롭다. 일부 구역은 모래를 바닥에 깔아놓기도 했다. 동커이 거리를 포함해 시내 곳곳에 체인점이 있으니 숙소와 가까운 곳을 이용하면 된다.

카페 아파트
The Cafe Apartments ★★★

Map P.101-E2 주소 42 Nguyễn Huệ, Quận 1 영업 08:00~22:00 메뉴 영어, 베트남어 예산 커피 5만~8만 VND 가는 방법 응우옌후에 거리 42번지에 있다.

시내 한복판(응우옌후에 거리)에 있는 허름하고 오래된 아파트 건물을 임대해 카페로 사용한다. 베트남 젊은이들이 즐겨 찾는 곳으로 특별할 건 없지만, 비싸지 않은 커피 값에 시내 풍경을 감상

쯩응우옌 레전드

꽁 카페 예르생 지점

카페 아파트

할 수 있다. 카페 사이공 어이 Cà phê Sài Gòn Ơi와 굿 데이즈 Good Days Tea & Coffee가 인기 있다. 최근에 입점한 아라비카 커피 % Arabica Coffee(Arabica Ho Chi Minh City)는 일본 카페 체인점으로 아메리카노와 라테를 마실 수 있다. 참고로 건물 입구에서 엘리베이터를 탈 경우 이용료(3,000 VND)을 내야 한다.

오키오 카페(동커이 지점) ★★★☆
Okkio Caffe Tự Do

Map P.101-D1 주소 2F Art Arcade, 151 Đồng Khởi, Quận 1 홈페이지 www.okkiocaffe.com 영업 07:30~22:00 메뉴 영어, 베트남어 예산 6만~10만 VND 가는 방법 동커이 거리 151번지에 있는 아트 아케이드 Art Arcade 건물 2층에 있다.

베트남 젊은이들에게 유독 인기 있는 카페. 아트 아케이드 지점은 빈티지한 감성과 모던한 카페가 대비를 이룬다. 그림 파는 상점을 지나 어둑한 건물 안쪽으로 들어가서 허름한 계단을 올라가야지만 카페를 만날 수 있다. 벤탄 시장과 가까운 레러이 거리 본점 Okkio Caffe Lê Lợi은 접근성이 좋다. 타오디엔 지점(2군) Okkio Caffe Thảo Diền은 홍콩 분위기로 꾸몄다. 카페 주인장이 왕가위 감독의 팬이라고 한다. 6개 지점이 있는데 각기 다른 색채로 디자인해 둘러보는 재미가 있다.

수 카페 Soo Kafe ★★★☆

Map P.97-E3 주소 35 Phan Chu Trinh, Quận 1 전화 www.sookafe.com 메뉴 영어 예산 4만~7만 VND 가는 방법 벤탄 시장 오른쪽 도로에 해당하는 판쭈찐 거리 35번지에 있다. 입구에서 건물 2층(실제로는 건물 3층)으로 올라가면 된다.

벤탄 시장 왼쪽에 있는 북 카페 스타일의 커피숍이다. 히든 엘리펀트 북스 & 커피 Hidden Elephant Books & Coffee를 리모델링해 새롭게 꾸몄는데, 한쪽 벽면의 책이 가득 진열된 서고는 그대로 남겨두었다. 베트남 커피, 에스프레소, 핸드 브루, 콜드 브루까지 전문 커피숍답게 다양한 방식으로 커피를 만들어 준다. 원두는 직접 로스팅해 사용한다.

라까프 Lacàph ★★★★

Map P.97-E4 주소 2F, 220 Nguyễn Công Trứ, Quận 1 홈페이지 www.lacaph.com 영업 09:30~17:30 메뉴 영어 예산 6만~10만 VND 가는 방법 응우옌꽁쯔 220번지 2층에 있다. 미술 박물관에서 250m 떨어져 있다.

핀 드립(핸드 드립)을 이용한 스페셜 커피가 훌륭한 카페. 입구는 작지만 계단을 올라 카페에 들어서면 에어컨 시설의 모던한 카페가 반긴다. 에스프레소 바와 굿즈를 판매하는 공간으로 구분되어 있다. 양질의 커피 원두를 지속적으로 공급받기 위해 커피 농장을 직접 관리한다. 로스팅 회사를 겸하고 있으며 커피 만드는 과정을 배울 수 있는 워크숍도 운영한다.

43 스페셜티 커피 ★★★★
XLIII Specialty Coffee

Map P.98-A3 주소 178a Pasteur, Quận 1 전화 0799-343-943 홈페이지 www.xliiicoffee.com 영업 08:00~21:00 메뉴 영어 예산 12만 5,000 VND 가는 방법 파스퇴르(빠스떠) 거리 178번지에 있다.

다낭에서 잘 나가는 스페셜티 커피 전문점이 사이공(호찌민시)에서 지점을 열었다. 흑백을 이용한 미니멀한 디자인과 힙한 디자인이 모던한 감성과 잘 어울리는 곳이다. 페루, 엘살바도르, 파나마, 케냐, 에티오피아 등 다양한 수입 원두를 이용해 직접 브랜딩하고 로스팅해 커피를 만든다. 커피 종류는 Shot(에스프레소 머신에서 추출한 커피), Filter(필터를 이용한 드립 커피), Milkbase(우유가 들어간 밀크 커피)로 구분된다.

올드 컴퍼스 카페 ★★★☆
The Old Compass Cafe

Map P.100-B2 주소 63/11 Pasteur, Quận 1(next to Liberty Central Saigon City Point Hotel) 전화 028-3823-2969 홈페이지 www.oldcompasscafe.com 영업 09:00~21:00 메뉴 영어 예산 커피 6만~7만 VND. 메인 요리 11만~25만 VND 가는 방법 파스퇴르(빠스떠) 거리 63

번지 골목 안쪽에 있다. 골목 안쪽의 아파트 입구에서 계단으로 3층까지 올라가면 된다. 리버티 센트럴 사이공 시티 포인트 호텔 Liberty Central Saigon City Point Hotel을 바라보고 오른쪽에 보이는 첫 번째 건물이 파스퇴르 거리 63번지다.

1960년대에 지어진 오래된 아파트의 한 층을 빈티지한 카페로 꾸몄다. 아파트 입구에서부터 계단을 오르는 동안 '이곳에 정말 카페가 있기는 할까?'라는 의구심이 들지만, 일단 문을 열고 들어서면 아늑한 분위기에 매료된다. 공간 그 자체로 사이공(호찌민시의 옛 이름)의 옛 향수를 자극한다. 커피와 브런치 메뉴도 깔끔하고, 점심시간에는 세트 메뉴로 베트남 음식을 제공한다. 바를 겸하고 있어 일반 맥주와 와인, 수제 맥주까지 구비하고 있다.

워크숍 The Workshop ★★★★

Map P.101-E3 주소 27 Ngô Đức Kế, Quận 1 전화 028-3824-6801 홈페이지 www.facebook.com/the.workshop.coffee 영업 08:00~21:00 메뉴 영어 예산 커피 7만~18만 VND 가는 방법 동커이 거리와 응오득께 거리가 만나는 사거리 코너에 위치한 아그리 은행 Agri Bank 건물 2층이다. 카페 입구는 응오득께 거리 27번지에 있다.

호찌민시 시내에서 핫한 카페. 프랑스 식민지배 시절에 건설된 아파트 건물을 커피숍으로 새 단장했다. 높은 천장과 커다란 창문을 이용해 인더스트리얼하게 디자인했다. 매장에 로스터를 보유하고 있어 직접 로스팅한 신선한 원두를 제공한다.

에스프레소를 기본으로 핸드 드립(Pourover), 프렌치 프레스, 사이폰 커피까지 다양한 추출 방식의 커피를 맛볼 수 있다. 커피바를 중앙에 배치해 바리스타가 커피 만드는 모습을 관찰할 수 있다.

라 비엣 커피 Là Việt Coffee ★★★★

Map P.97-D1 주소 191 Hai Bà Trưng, Quận 3 전화 0889-209-977 홈페이지 www.laviet.coffee 영업 07:00~22:00 메뉴 영어, 베트남어 예산 4만 5,000~6만 VND 가는 방법 3군에 있는 하이바쯩 거리 191번지 골목 안쪽으로 50m.

달랏에 커피 농장과 카페를 함께 운영하는 라 비엣 커피(P.254)의 호찌민시 분점이다. 커피 산지와 가깝기 때문에 원두 자체가 신선하다. 매장에서 바리스타가 원두를 직접 로스팅하고 다양한 방식으로 커피를 내려준다. 골목 안쪽에 있어 주변이 조용하고, 3층 규모로 내부도 널찍하다. 현지인들 사이에서 더 많이 알려진 곳이지만 영어도 잘 통하고 직원들이 친절한 편이다.

메종 마루 Maison Marou ★★★★

Map P.97-E4 주소 167 Calmette, Quận 1 전화 0873-005-010 홈페이지 www.maisonmarou.com 영업 09:00~ 22:00 메뉴 영어 예산 초콜릿 드링크 6

라 비엣 커피

오키오카페

수 카페

라까프

워크숍

올드 컴퍼스 카페

43 스페셜티 커피

만~10만 VND, 디저트 8만~15만 VND **가는 방법** 미술 박물관에서 한 블록 남쪽에 있는 깔멧 거리 167번지에 있다.

베트남 수제 초콜릿 브랜드로 유명한 마루 초코릿 Marou Faiseurs de Chocolat(홈페이지 www.marouchocolate.com)에서 운영한다. 초콜릿 숍과 프렌치 카페를 접목했는데, 매장에서 직접 초콜릿을 만들기 때문에 진하고 달콤한 향이 침샘을 자극한다. 커피에 곁들여 에끌레어, 마카롱, 타르트, 초콜릿 무스 같은 디저트를 즐기기 좋다. 선물용 초콜릿도 다양하게 구비하고 있다. 벤탄 시장은 물론 여행자 거리와도 가깝다.

뤼진 L'Usine ★★★☆

Map P.99-D2 **주소** 19 Lê Thánh Tôn, Quận 1 **전화** 028-3822-7188 **홈페이지** www.lusinespace.com **영업** 08:00~21:30 **예산** 음료 7만~11만 VND, 식사 16만~29만 VND(+10% Tax) **가는 방법** 레탄톤 거리 19번지에 있다.

한마디로 요즘 잘나가는 카페다. 트렌디함이 잔뜩 묻어나는 모던한 카페로 브런치 레스토랑을 겸한다. 아보카도 토스트, 에그 베네딕트, 리코타 팬케이크, 수제 버거, 파스타, 볶음밥, 볶음면까지 다양한 음식을 요리한다. 커피뿐만 아니라 맥주, 칵테일, 디저트까지 잘 갖추어져 있다. '뤼진'은 프랑스어로 공장이라는 뜻인데, 직접 디자인한 의류와 소품을 판매하는 부티크 숍을 함께 운영한다. 호찌민시에만 5개 지점을 운영하고 있다.

런닝 빈 Running Bean ★★★☆

Map P.101-D3 **주소** 115 Hồ Tùng Mậu, Quận 1 **전화** 028-3915-0055 **홈페이지** www.facebook.com/therunningbeansg **영업** 08:00~22:00 **메뉴** 영어, 베트남어 **예산** 커피 6만~8만 VND, 식사 10만~19만 VND(+10% Tax) **가는 방법** 호뚱머우 거리 115번지에 있다. 바이텍스코 파이낸셜 타워에서 북쪽으로 250m.

시내 중심가에 있는 현대적인 커피숍으로 브런치 카페를 겸한다. 층고가 높은 실내는 벽돌과 통유리를 이용해 시원하게 꾸몄다. 야외 테이블까지 갖추고 있는데, 모던한 인테리어만큼이나 젊고 밝은 분위기다. 전문 커피숍답게 베트남 커피와 에스프레소, 콜드 브루까지 다양한 커피를 만들어낸다. 샐러드, 샌드위치, 스파게티, 잉글리시 브랙퍼스트, 스무디 볼, 스위트 와플까지 메인 요리와 디저트도 다양하다. 참고로 막티부어이 거리에 지점 The Running Bean Mạc Thị Bưởi(주소 33 Mạc Thị Bưởi)을 운영한다.

빈티지 엠포리움 ★★★☆
The Vintage Emporium

Map P.97-E1 **주소** 95 Nguyễn Văn Thủ, Quận 1 **전화** 0904-413-148 **홈페이지** www.facebook.com/VintageSGN **영업** 08:00~21:00 **메뉴** 영어 **예산** 커피·음료 6만~8만 VND, 메인 요리 15만~30만 VND **가는 방법** 응우옌반투 거리 95번지에 있다. 벤탄 시장에서 택시로 5~10분.

빈티지한 감성의 카페를 겸한 레스토랑. 커피 한 잔을 마셔도 괜찮지만, 많은 이들이 브런치를 즐기기 위해 이곳을 찾는다. 올데이 브렉퍼스트 All Day Breakfast라고 해서 시간제한 없이 브런치 메뉴를 제공한다. 베이컨, 아보카도, 오믈렛, 펠라펠, 에그 베네딕트, 프렌치토스트, 바게트, 샐러드 등 다양한 메뉴를 갖추고 있다. 시내 중심가에서 살짝 벗어나 있지만 일부러 찾아올 만큼 인기 있다.

메종 마루

러닝 빈

빈티지 엠포리움

베트남 · 아시안 레스토랑

호찌민시는 베트남에서 음식 문화가 가장 발달한 도시다. 풍족한 식재료를 바탕으로 음식이 발달해 레스토랑도 많다. 경제 성장을 바탕으로 모던한 레스토랑들이 속속 문을 열어 음식 마니아들을 즐겁게 한다. 베트남 레스토랑 이외에 한국·일본·중국·태국·인도 음식점도 어렵지 않게 찾을 수 있다.

퍼 호아(和粉) Phở Hòa ★★★☆

Map P.96-C1 주소 260C Pasteur, Quận 3 전화 028-3829-7943 영업 07:00~22:00 메뉴 영어, 베트남어 예산 9만~11만 VND 가는 방법 3군 (Quận 3)에 속한 파스퇴르(빠스떠) 거리 260번지에 있다. 시내 중심가에서 걸어가긴 멀다. 벤탄 시장에서 택시로 5~10분.

긴 역사와 전통을 자랑하는 쌀국수 식당으로 오랜 기간 사랑받아왔다. 거리 이름을 붙여 퍼 호아 빠스떠 Phở Hòa Pasteur로 불린다. 평범한 식당이지만 쌀국수 한 그릇 맛보려고 일부러 찾는 단골이 많다. 외국인 관광객에게도 인기 있다. 1층은 선풍기 시설이라 덥고, 2층은 에어컨이 갖춰져 있다. 추가되는 고명에 따라 각기 다른 10여 종류의 소고기 쌀국수(퍼 보 Phở Bò)가 있다. 사진이 들어간 메뉴판을 보고 주문하면 된다. 보통 사이즈(Tô Thường)와 큰 사이즈(To Lớn) 중 선택할 수 있다. 꽈배기 모양의 튀긴 빵(Bánh Quẩy)과 물수건은 별도로 가격을 받는다.

퍼 레 Phở Lệ ★★★★

Map P.94-C4 주소 413 Nguyễn Trãi, Quận 5 전화 028-3923-4008 홈페이지 www.phole.vn 영업 06:00~24:00 메뉴 영어, 베트남어, 중국어

예산 9만~10만 VND 가는 방법 쩌런 초입에 해당하는 응우옌짜이 거리 413번지에 있다. 시내에서 택시로 10~15분.

차이나타운 초입에 있는 쌀국수 식당이다. 1970년에 처음 문을 열었는데, 오랜 역사만큼 쌀국수 맛집으로 유명하다. 퍼 보(소고기 쌀국수)의 육수는 푹 우려내 진하고 기름진 편이다. 따이 Tái(생고기), 남 Nam(삶은 양지고기 편육), 비엔 Viên(둥근 미트볼) 등 고명으로 올리는 소고기 종류에 따라 메뉴가 구분된다. 분점과 구분하기 위해 거리 이름을 붙여 퍼 레 응우옌짜이 Phở Lệ Nguyễn Trãi라 부른다.

퍼 민 Phở Minh ★★★☆

Map P.100-B2 주소 63/6 Pasteur, Quận 1 영업 06:30~10:00 메뉴 영어, 베트남어 예산 7만~9만 VND 가는 방법 파스퇴르(빠스떠) 거리 63번지 골목 안쪽에 있다. 골목이 작아서 입구를 유심히 살펴야 한다.

시내 중심가 골목 안쪽에 있는 오래된 쌀국수 식당이다. 무심코 지나친다면 결코 찾을 수 없는 곳으로 1945년부터 대를 이어가며 쌀국수만 만들어낸다. 아침 시간에만 잠깐 문을 여는데, 준비한 육수가 동나면 식당도 문을 닫는다. 동네 사람들의 아침을 책임지는 소박한 곳으로 미쉐린 가이드에

퍼 호아

퍼 레

퍼 2000

선정됐다. 덕분에 영어 메뉴판이 생겼다.

퍼 저우 Phở Dậu　　　　　★★★☆

Map P.96-B1 **주소** Cư Xá 288, Hẻm 288 Nam Ki Khởi Nghĩa, Quận 3 **전화** 028-3846-5866 **영업** 05:00~13:00 **메뉴** 베트남어 **예산** 9만~10만 VND **가는 방법** 남끼코이응이아 거리 288번지 골목 안쪽으로 50m 들어간 끝자락에 있다. 시내에서 택시로 10~15분.

60년 넘는 역사를 간직한 식당으로 시내 중심가에서 조금 떨어져 있다. 골목 안쪽에 있는데도 규모가 제법 크다. 슴슴한 맛의 북부 지방 쌀국수를 요리한다. 기름기가 적고 맑은 육수의 소고기 쌀국수를 맛볼 수 있다. 양파 절임을 입맛에 맞게 첨가해 먹으면 된다. 숙주와 허브 같은 곁들임 채소는 제공되지 않는다. 아침시간에만 문을 여는데 항상 현지인들로 붐빈다.

퍼 2000 Phở 2000　　　　　★★★

Map P.97-E3 **주소** 210 Lê Thánh Tôn, Quận 1 **전화** 079-943-002 **홈페이지** www.pho2000.vn **영업** 07:00~21:00 **메뉴** 영어, 베트남어 **예산** 쌀국수 10만~13만 VND **가는 방법** 벤탄 시장 후문과 가까운 레탄똔 거리 210번지, 아반티 부티크 호텔 Avanti Boutique Hotel 1층에 있다.

호찌민시에서 인기 있는 쌀국수 레스토랑 중의 한 곳이다. 2000년부터 영업을 시작했다. 빌 클린턴이 미국 대통령 시절에 베트남을 방문해 이곳에서 쌀국수를 시식하면서 유명세를 타기 시작했다. '퍼 포 더 프레지던트(대통령을 위한 쌀국수) Pho For The President'라고 홍보한 덕분에 외국 관광객에게 많이 알려져 있다. 퍼보(소고기 쌀국수) Phở

Bò를 메인으로 요리한다. 새로운 곳으로 이전하면서 깔끔한 카페 분위기 레스토랑으로 변모했지만, 내부에는 여전히 빌 클린턴 사진이 자랑스럽게 걸려있다.

퍼 24 Phở 24　　　　　★★★

Map P.98-B4 **주소** 158D Pasteur, Quận 1 **전화** 028-3521-8518 **홈페이지** www.pho24.com.vn **영업** 07:00~24:00 **메뉴** 영어, 베트남어 **예산** 7만~10만 VND **가는 방법** 통일궁으로 가는 길에 있는 파스퇴르 거리 158번지에 있다. 나항 응온(레스토랑) Nha Hang Ngon 옆에 있다.

베트남의 대표적인 쌀국수 체인점이다. 쌀국수를 패스트푸드 체인점처럼 만들어 선풍적인 인기를 얻었다. 쌀국수 맛도 어느 곳을 가나 정형화되어 있다. 스프링 롤과 디저트, 음료를 곁들인 콤보 메뉴도 있다. 시설 좋은 쌀국수 가게가 많이 생기면서 예전에 비해 인기가 시들하다. 호찌민시 시내에만 11개의 체인점을 운영한다.

퍼 훙 Phở Hùng　　　　　★★★☆

Map P.102-B2 **주소** 243 Nguyễn Trãi, Quận 1 **전화** 028-3838-5089 **영업** 06:00~15:00 **메뉴** 영어, 한국어, 중국어, 베트남어 **예산** 7만~10만 VND **가는 방법** 응우옌짜이 거리 243번지에 있다. 여행자 거리(데탐 거리)에서 남서쪽으로 800m. 타이빈 시장 Thái Bình Market에서 남쪽으로 250m 떨어져 있다.

외국 여행자들한테는 아직 생소하지만, 호찌민시(사이공) 사람들에게는 잘 알려진 쌀국수 식당이다. 소고기를 푹 고아 육수를 낸 '퍼 보'를 전문으로 한다. 고명으로 올라가는 소고기 종류에 따라

퍼 저우　퍼 민　퍼 24

20여 가지 쌀국수로 구분되는데, 메뉴판에 한국어까지 설명이 잘 되어 있어 주문하는데 어렵지 않다. 여러 종류의 소고기가 들어간 스페셜 메뉴를 원한다면 '퍼 훙 닥비엣' Phở Hùng Đặc Biệt을 주문하면 된다. 두 개 지점이 있는데 응우옌짜이 거리 본점이 여행자 거리와 가깝다.

퍼 베트남 Phở Việt Nam ★★★☆

Map P.97-D4 주소 14 Phạm Hồng Thái, Quận 1 영업 06:00~15:00 홈페이지 www.phovietnam. vn 메뉴 영어, 베트남어 예산 7만~10만 가는 방법 팜홍타이 거리 14번지에 있다. 벤탄 시장에서 250m 떨어져 있다.

베트남 쌀국수라는 간판을 달고 있는 곳. 호찌민시 여러 곳에 지점을 운영하며 프랜차이즈 쌀국수 식당처럼 운영되고 있다. 직접 만든 쌀국수 면을 칼로 자르는 옛 방식을 고집한다. 소고기 쌀국수를 전문으로 하는데, 소고기 종류를 선택해 주문하면 된다. 시그니처 메뉴는 뚝배기 쌀국수 Phở Thố Đá. 뚝배기 담긴 육수에 소고기와 쌀국수를 넣어서 먹는다. 본점은 3군 쩐꿕또안 거리(주소 66 Trần Quốc Toản)에 있다.

마마 퍼 Mama Phở ★★★☆

Map P.100-A2 주소 134 Lê Thánh Tôn, Quận 1 홈페이지 www.mamapho.vn 영업 08:00~22:00 메뉴 영어, 베트남어 예산 10만~20만 VND(+15% Tax) 가는 방법 벤탄 시장 뒤쪽의 레탄똔 거리 134번지에 있다.

벤탄 시장 옆에 있는 쌀국수 식당이라 위치가 좋다. 로컬 식당과 달리 에어컨 시설로 쾌적하게 꾸민 것이 장점이다. 오픈 키친으로 되어 있어 청결하게 조리한다. 18시간 우려낸 육수를 이용해 쌀국수를 만들어 준다. 퍼싸오(볶음 쌀국수) Phở Xào를 포함해 면 요리를 함께 요리한다.

퍼미엔가 끼동 ★★★☆
Phở Miến Gà Kỳ Đồng

Map P.96-B2 주소 14/5Bis Kỳ Đồng, Quận 3 전

화 028-3843-5630 영업 06:00~22:00 메뉴 베트남어 예산 5만 5,000~6만 5,000VND 가는 방법 3군의 끼동 거리 14번지 골목에 있다. 벤탄 시장에서 북쪽으로 2.5km 떨어져 있다.

호찌민시에서 유명한 닭고기 쌀국수 식당이다. 시내 중심가를 벗어난 골목 안쪽이라 위치는 불편하다. 50년 넘도록 장사하는 곳으로 진하게 우려낸 닭고기 육수와 쌀국수 면이 잘 어우러진다. '퍼' Phở(일반적으로 쓰이는 넓적한 쌀국수)와 '미엔' Miến(당면처럼 얇은 면) 중에 하나를 선택하면 된다. 스몰 사이즈(Tô Nhỏ)와 빅 사이즈(Tô Lớn)로 구분해 가격을 다르게 받는다.

벤탄 시장 노점 ★★★
Ben Thanh Market Food Stalls

Map P.100-A3 주소 Đường Lê Lợi & Đường Trần Hưng Đạo, Quận 1 영업 매일 06:00~18:00 메뉴 영어, 베트남어 예산 6만~8만 VND 가는 방법 레러이 거리에 있는 벤탄 시장 내부에 있다.

벤탄 시장 내부에 식당가가 있다. 수십여 개의 간이 식당들이 들어서 있다. 쌀국수와 스프링 롤 같은 간단한 식사가 가능하다. 같은 쌀국수 식당이라도 퍼 Phở, 분보 Bún Bò, 후띠에우 Hủ Tiếu 등으로 구분해 면 요리는 다양하다. '쩨 Chè'와 '신또 Sinh Tố' 같은 차가운 디저트도 있으니 더위를 식혀도 된다.

반미 후인호아 ★★★☆
Bánh Mì Huỳnh Hoa

Map P.97-D4, Map P.102-A1 주소 26 Lê Thi Riêng, Quận 1 전화 028-3925-0885 홈페이지 www.banhmihuynhhoa.vn 영업 06:00~22:00 메뉴 베트남어 예산 6만 8,000VND 가는 방법 레티지엥 거리 26번지에 있다.

반미(바게트 샌드위치) 맛집으로 현지인들에게 인기 있다. 1989년부터 영업 중인 곳으로 배달 앱 기사들까지 몰려 항상 분주하다. 테이크아웃해가는 사람이 많지만 앉아서 식사할 수 있는 자그마한 식당도 함께 운영하고 있다. 반미는 한 종류라서 몇 개 살 것인지만 정하면 된다. 직접 만든 파테 Pate(고기와 지방을 이용해 만든 소스로 잼처

럼 바게트에 발라준다)와 마요네즈, 다양한 햄과 돼지고기, 채소를 넣어 두툼하게 만든다.

뉴란 Như Lan ★★★☆

Map P.101-E4 **주소** 64∼68 Hàm Nghi, Quận 1 **전화** 028-3829-2590 **영업** 매일 07:30∼23:00 **메뉴** 영어, 베트남어 **예산** 6만∼7만 VND **가는 방법** 함응이 거리와 호뚱머우 Hồ Tùng Mậu 거리가 만나는 삼거리 코너에 있다.

로컬 음식점으로 호찌민시 시내에 있어 편리하다. 1968년부터 같은 자리를 지키고 있다. 철제 의자가 놓인 평범한 분위기이지만 활기가 넘친다. 가볍게 식사할 수 있는 밥과 면 종류의 베트남 음식이 많다. 과일 셰이크와 반미(바게트 샌드위치)도 인기 메뉴다. 직접 만든 빵과 햄을 포함해 식료품을 함께 판매한다.

반미 바후인(마담 윈) ★★★☆
Bánh Mì Bà Huynh(Madam Win)

Map P.102-B2 **주소** 197A Nguyễn Trãi, Quận 1 **홈페이지** www.banhmibahuynh.vn **영업** 06:00∼22:00 **메뉴** 영어, 베트남어 **예산** 5만 5,000∼7만 VND **가는 방법** 응우옌짜이 거리 197번지에 있다.

여행자 거리(팜응우라오 거리)와 가까운 반미(바

게트 샌드위치) 식당이다. 40년 넘는 역사를 간직하고 있는데, 주문 포장까지 밀려 인기를 실감할 수 있다. 파테, 햄, 오이, 고추, 쪽파, 고수 등을 넣어 베트남식 바게트 샌드위치를 만든다. 모든 재료를 다 넣은 하우스 스페셜을 주문하면 된다. 로컬 식당치고는 비싼 편인데, 그만큼 두툼하게 만들어 준다. 주문할 때 영어 소통도 가능하다.

반미 362 Bánh Mì 362 ★★★☆

Map P.97-E2 **주소** 25 Trần Cao Vân **홈페이지** www.banhmi362.com **영업** 06:30∼20:30 **메뉴** 영어, 베트남어 **예산** 4만∼6만 VND **가는 방법** 쩐까오번 거리 25번지에 있다. 노트르담 성당에서 북쪽으로 750m 떨어져 있다.

에어컨을 갖춘 자그마한 카페 스타일의 반미(바게트 샌드위치) 식당이다. 패스트푸드 체인점 형태로 호찌민 시내에 여러 개 지점을 운영한다. 반미 종류가 다양하며, 향신료 첨가 여부는 주문할 때 선택하면 된다. 길거리 노점에 비해 청결한 것이 장점으로 가격도 저렴하다.

벤응에 스트리트 푸드 ★★★☆
Ben Nghe Street Food

Map P.97-E3 **주소** 134 Nam Kỳ Khởi Nghĩa, Quận 1 **영업** 09:00∼24:00 **메뉴** 영어, 베트남어

퍼 훙

퍼 베트남

퍼미엔가 끼동

반미 후인호아

반미 바후인(마담 윈)

뉴란

예산 9만~32만 VND **가는 방법** 남끼코이응이아 거리 134번지에 있다. 통일궁에서 200m 떨어져 있다.

통일궁과 가까운 시내 중심가에 있는 관광객을 위한 푸드코트. 팬데믹 이전에 있었던 벤탄 스트리트 푸드 마켓 Bến Thành Street Food Market이 새로운 장소로 옮기고 간판을 바꿔 달았다. 20여 개의 노점 식당이 들어서 있는데, 노천에 만들었기 때문에 에어컨이 없어서 덥다. 베트남·태국·인도 음식부터 반미(바게트 샌드위치), 피자, 바비큐, 시푸드까지 다양한 음식을 한자리에서 즐길 수 있다. 맛집은 아니지만 분위기는 흥겹다.

반쎄오 46A
Bánh Xèo 46A
★★★

Map P.97-D1 **주소** 46A Đinh Công Tráng, Quận 1 **전화** 028-3824-1110 **영업** 10:00~14:00, 16:00~21:00 **메뉴** 베트남어 **예산** 11만~18만 VND **가는 방법** 1군(Quận 1) 끝자락에 해당하는 딘꽁짱 거리 46번지에 있다.

베트남식 팬케이크인 '반쎄오' Bánh Xèo가 유명한 로컬 레스토랑이다. 골목에 테이블을 내놓고 영업하는 서민 식당이다. 새우와 콩나물을 넣어 즉석에서 만들어 주는 반쎄오가 바삭하다. 기본적인 베트남 음식을 함께 요리한다. 현지인들로 항상 북적댄다.

남자오(남야오) 레스토랑
Nam Giao Restaurant / Quán Nam Giao
★★★☆

Map P.100-A2 **주소** 136/15 Lê Thánh Tôn, Quận 1 **전화** 028-3825-0261 **홈페이지** www.namgiao.com **영업** 08:00~21:00 **메뉴** 영어, 베

트남어 **예산** 7만~9만 VND **가는 방법** 벤탄 시장 후문에서 연결되는 레탄똔 거리에 있다. 레탄똔 거리 136번지 골목 안쪽으로 들어가면 된다.

호찌민시(사이공) 사람들에게 인기 있는 후에(훼) 음식점이다. 벤탄 시장과 가깝고 음식 값도 저렴해 현지인들로 항상 붐빈다. 분보후에 Bún Bò Huế, 넴루이 Nem Lụi, 반베오 Bánh Bèo, 반코아이 Bánh Khoái, 껌헨 Cơm Hến, 껌센 Cơm Sen을 포함해 아기자기한 후에 음식(P.359 참고)을 맛볼 수 있다. 분 넴루이 Bún Nem Lụi, 분팃느엉 Bún Thịt Nướng 같은 고기 비빔국수는 간단한 한 끼 식사로도 좋다. 골목 안쪽에 있어 찾기 어려운 단점이 있다.

벱메인 Bếp Mẹ Ìn
★★★☆

Map P.100-A2 **주소** 136/9 Lê Thánh Tôn, Quận 1 **전화** 028-3824-4666 **홈페이지** www.bepmein.com **영업** 11:00~22:30 **메뉴** 영어, 베트남어 **예산** 12만~23만 VND **가는 방법** 벤탄 시장 앞쪽의 레탄똔 거리 136번지 골목 안쪽에 있다. 좁은 골목 안쪽으로 들어가면 골목 끝에서 오른쪽에 있다.

골목 안쪽에 숨어 있어 찾기 어려운 단점이 있으나, 혼잡한 도로를 벗어나 느긋한 식사를 즐기기엔 더없이 좋다. 베트남 가정에서 즐겨먹는 대중적인 메뉴를 선보이는 이곳은 뚝뚝과 벽화를 이용

벱메인

반쎄오 46A

벤응에 스트리트 푸드

남자오(남야오) 레스토랑

해 레트로한 분위기로 정감 있게 꾸몄다. 같은 골목에 있는 남자오 레스토랑 Nam Giao이 현지인들로 북적인다면, 이곳은 외국인 관광객들에게 인기가 높은 곳이다.

덴롱 Đèn Lồng　　　★★★☆

Map P.102-A2 주소 130 Nguyễn Trãi, Quận 1 전화 090-994-9183 홈페이지 www.denlongrestaurant.com 영업 10:00~22:00 메뉴 영어, 베트남어 예산 메인 요리 10만~18만 VND(+10% Tax) 가는 방법 여행자 거리와 가까운 응우옌짜이 거리 130번지에 있다.

여행자 거리와 가까워 외국인들이 즐겨 찾는 베트남 레스토랑이다. 규모는 크지 않지만 에어컨 시설을 갖춰 쾌적하다. 실내는 홍등을 달아 동양적인 정취가 느껴진다. 베트남 가정식을 요리하는데 음식이 깔끔하고 신선하며 플레이팅에도 정성을 들였다. 외국인 입맛에 맞게 매운맛을 조절하고 향신료를 적당히 사용한 것이 특징이다. 직원들이 친절하며 영어 소통에도 문제가 없다.

파드마 드 플레르　　★★★★
Padma de Fleur

Map P.100-C4 주소 89/12 Hàm Nghi, Quận 1 전화 0835-131-535 홈페이지 www.padmadefleur.vn 영업 09:00~18:00 메뉴 영어, 베트남어 예산 음료 7만~10만 VND, 메인 요리 14만~22만 VND 가는 방법 함응이 거리 89번지 골목 안쪽으로 들어가면 된다. 벤탄 시장에서 500m 떨어져 있다.

플로리스트가 운영하는 카페로 꽃집을 겸한다. 향기로운 꽃과 식물이 가득하다. 베트남 커피와 과

일 주스, 목테일(알코올 없는 칵테일)을 판매한다. 목테일은 차와 열대 과일을 이용해 만든다. 주문한 음료는 예쁜 꽃장식이 올려져 나온다. 식사도 가능한데 메뉴는 제한적이며 계절에 따라 달라진다. 건강한 가정식 요리로, 그날의 정해진 세트 메뉴가 점심시간(11:30~14:00)에 제공된다.

프로파간다 Propaganda　　★★★☆

Map P.98-A3 주소 21 Hàn Thuyên, Quận 1 전화 028-3822-9048 홈페이지 www.propagandabistros.com 영업 07:30~22:30 메뉴 영어, 베트남어 예산 맥주·칵테일 9만~16만 VND, 메인 요리 15만~24만 VND(+15% Tax) 가는 방법 노트르담 성당과 통일궁 사이에 있는 한투옌 거리에 있다.

밝고 경쾌한 느낌의 트렌디한 레스토랑이다. 사회주의 정치 선전(프로파간다) 포스터를 벽화와 인테리어로 치장해 눈길을 끈다. 높은 천장과 스타일리시한 테이블도 젊은 감각과 잘 어울린다. 베트남 음식을 산뜻하게 요리해 부담 없이 즐길 수 있다. 건강하고 청결한 음식에 중점을 둔다. 외국 여행자들에게 인기 있는 곳으로 수제 맥주와 칵테일도 다양하게 구비되어 있다.

프로파간다

파드마 드 플레르

덴롱

시크릿 가든 Secret Garden ★★★★

Map P.98-B4 주소 158 Pasteur, Quận 1 전화 0909-904-621 홈페이지 www.facebook. com/secretgarden158pasteur 영업 11:00~22:00 메뉴 영어, 베트남어 예산 12만~30만 VND(+10% Tax) 가는 방법 냐항 응온(레스토랑)을 바라보고 오른쪽에 있는 파스퇴르(빠스떠) 거리 158번지 골목(Hẻm 158 Pasteur)으로 50m 정도 들어간다.

시내 중심가에 있는 오래된 아파트 꼭대기에 있다. 5층까지 계단을 걸어 올라가야 한다. 옥상을 개조해 비밀스러운 야외 정원처럼 꾸몄다. 베트남 요리를 즐기며 여유로운 시간을 보낼 수 있다. 메뉴는 많지 않지만 음식이 정갈하다. 벤탄 시장, 미술 박물관과 가까운 깔멧 거리에 지점 Secret Garden 131 Calmette을 운영한다. 여행자 거리에 머물 경우 상대적으로 가까운 이곳을 찾아가면 된다.

냐항 응온 ★★★☆
Ngon Restaurant(Nhà Hàng Ngon)

Map P.98-A4 주소 160 Pasteur, Quận 1 전화 028-3827-7131 영업 매일 08:00~23:00 메뉴 영어, 베트남어 예산 12만~48만 VND 가는 방법 라오스 영사관 맞은편의 파스퇴르(빠스떠) 거리 160

번지에 있다.

'냐항'은 레스토랑, '응온'은 맛있다는 뜻이다. 흥겨운 분위기에 맛있는 음식, 저렴한 요금으로 폭발적인 인기를 누리는 곳이다. 프렌치 빌라를 레스토랑으로 꾸며 분위기가 좋다. 베트남에서 흔하게 먹을 수 있는 전국의 대중적인 음식들을 모두 요리한다. 야외 마당에 마련된 조리대에서 음식을 직접 만든다. '꽌 안 응온 Quán Ăn Ngon'으로 불리기도 하므로 혼동하지 말 것. 현재는 두 개의 레스토랑으로 분리돼 서로 경쟁하고 있다. 번지수를 확인하고 찾아가면 된다.

꽌 부이 Quán Bụi ★★★☆

Map P.99-F2 주소 17 Ngô Văn Năm, Quận 1 전화 028-3829-1515 홈페이지 www.quanbui.vn 영업 09:00~23:00 메뉴 영어, 베트남어 예산 14만~42만 VND(+15% Tax) 가는 방법 레탄똔 거리 17번지 골목 안쪽으로 50m 들어간다.

호찌민시에서 잘 알려진 베트남 레스토랑이다. 오래되고 유명한 레스토랑답게 가정식 베트남 요리를 맛볼 수 있다. 시설은 현대적인 분위기로 단장해 쾌적하다. 카페 분위기를 내는 아늑한 1층과 에어컨 시설의 2층, 정원처럼 꾸민 옥상의 테라스까지 취향에 따라 자리를 선택할 수 있다.

시크릿 가든

냐항 응온

꽌 부이

꽌넴

뱁꾸온 반쎄오 세트

2군에 해당하는 타오디엔 지역에 분점인 꽌부이 가든 Quán Bụi Garden(주소 55A Ngô Quang Huy, Thảo Điền, Quận 2, Map P.103–B1)을 운영한다. 넓은 정원을 이용해 식물원처럼 꾸며 본점에 비해 한결 여유롭다.

꽌넴 Quán Nem ★★★☆

Map P.97–E1 주소 15E Nguyễn Thị Minh Khai, Quận 1 전화 028-6299-1478 홈페이지 www.quannem.com.vn 영업 10:00~22:00 메뉴 영어, 한국어, 중국어, 베트남어 예산 9만 VND 가는 방법 응우옌티민카이 거리 15번지에 있다. 역사 박물관에서 600m. 노트르담 성당에서 1km 떨어져 있다.

스프링 롤은 남쪽에서는 '짜조', 북쪽에서는 '넴'으로 부르는데 간판에서 알 수 있듯이 베트남 북부(하노이 지방) 음식을 요리한다. 현지인은 물론 관광객에게 인기 있는 곳으로 CNN에 소개되면서 유명해졌다. 메인 요리로 북부 음식인 분짜 Bún Chả를 요리한다. 게살을 다져넣어 두툼하게 만든 넴꾸아비엔 Nem Cua Biển이 시그니처 메뉴다.

벱꾸온 Bếp Cuốn Sài Gòn ★★★★

Map P.96–C3 주소 76 Võ Văn Tần, Quận 3 전화 093-5581-589 홈페이지 www.facebook.com/bepcuonsaigon 영업 10:30~22:00 메뉴 영어, 한국어, 베트남어 예산 단품 11만~17만, 콤보(2인용) 26만 VND 가는 방법 보반떤 거리 76번지에 있다. 전쟁 박물관에서 400m 떨어져 있다.

전쟁 박물관과 가까운 3군 지역에서 관광객이 편하게 식사할 수 있는 베트남 레스토랑이다. 파스

텔 톤의 3층 건물로 라탄 전등을 달아 동남아시아스러운 느낌을 배가시켰다. '벱'은 키친, '꾸온'은 둥글게 말아서 만드는 월남쌈 종류를 통칭하는 음식 이름이다. 반쎄오, 짜조, 보룩락, 파인애플 볶음밥을 포함해 대중적인 음식을 요리한다. 밥과 달걀 프라이, 두부튀김, 돼지고기조림 등으로 이루어진 콤보(세트) 메뉴는 2인용으로 제공된다.

샴발라 Shamballa ★★★★

Map P.102–B1, Map P.97–E4 주소 17–19 Trịnh Văn Cấn, Quận 1 전화 0917-876-788 홈페이지 www.theshamballa.com 영업 10:00~22:00 메뉴 영어, 베트남어 예산 12만~28만 VND(+15% Tax) 가는 방법 찐반껀 거리 17번지에 있다. 여행자 거리(데탐 거리)에서 동쪽으로 350m, 벤탄 시장에서 남쪽으로 800m.

여느 레스토랑과 비교해 규모나 인지도에서 손색이 없는 채식 전문 베트남 음식점이다. 프렌치 콜로니얼 건물을 개조한 곳으로 불교적인 색채를 가미해 인테리어를 꾸몄다. 베트남식 샐러드, 월남쌈, 쌀국수, 볶음밥, 연잎 밥, 채소볶음, 반쎄오, 분더우, 넴루이, 전골요리까지 다양하다. 고기만 없다뿐이지 베트남 중부와 북부 음식까지 골고루 요리하며 세트 메뉴도 갖추고 있다. 시내 중심가인 리뜨쫑 거리에 지점(주소 31 Lý Tự Trọng, Quận 1, Map P.99–D2)을 운영한다.

라이스 필드 Rice Field ★★★☆

Map P.101–D3 주소 2F, 75–77 Hồ Tùng Mậu, Quận 1 전화 0906-938-636 홈페이지 www.facebook.com/ricefieldrestaurant 영업

샴발라

라이스 필드

10:00~22:00 **메뉴** 영어, 베트남어 **예산** 메인 요리 17만~30만 VND(+15% Tax) **가는 방법** 호똥머우 거리 75번지 건물 2층에 있다. 바이텍스코 파이낸셜 타워에서 북쪽으로 80m.

시내 중심가에 있는 정통 베트남 음식점이다. 분위기 좋은 곳에서 정갈한 베트남 음식을 즐길 수 있다. 가정식 베트남 요리 Homecooked Vietnamese Cuisine를 표방한다. 베트남식 샐러드, 스프링 롤, 돼지고기 요리, 해산물 요리, 볶음 요리, 찌개, 전골요리까지 다양하다. 실내와 야외(옥상) 공간으로 구분되어 있는데 목재 테이블과 나무 바닥, 함석, 대나무 등을 이용해 옛 정취를 살려 복고풍으로 꾸몄다.

루남 비스트로(동커이 지점) ★★★☆
Runam Bistro

Map P.101-F3 **주소** 2 Đồng Khởi, Quận 1 **전화** 028-3823-0262 **홈페이지** www.caferunam. com **영업** 08:00~22:00 **메뉴** 영어, 베트남어 **예산** 음료 12만~18만 VND, 메인 요리 25만~55만 VND(+15% Tax) **가는 방법** 사이공 강과 만나는 동커이 거리 초입에 있다.

고급스러운 카페로 잘 알려진 카페 루남 Cafe Runam에서 운영하는 레스토랑. 트렌디한 느낌의 인테리어 덕에 분위기가 좋다. 그 만큼 가격은 비

싸다. 직접 로스팅한 커피와 다양한 음료를 제공하며 케이크와 디저트를 함께 곁들여 먹기 좋다. 오후 시간(오후 2시~5시)에는 애프터눈 티 세트도 즐길 수 있다. 식사 메뉴로는 베트남 음식과 스파게티, 스테이크 등이 있다. 노트르담 성당 옆에는 루남 도르 Runam d'Or(주소 3 Công Xã Paris, Map P.98-A3)를 운영한다.

디마이 레스토랑 Di Mai Restaurant ★★★☆

Map P.97-E4 **주소** 136-138 Lê Thị Hồng Gấm, Quận 1 **전화** 028-3821-7786 **홈페이지** www. nhahangdimai.com **영업** 10:00~21:00 **메뉴** 영어, 베트남어 **예산** 메인 요리 13만~38만 VND(+10% Tax) **가는 방법** 레티홍겸 거리 136번지, 벤탄 타워 Ben Thanh Tower 1층에 있다.

여행자 거리는 물론 벤탄 시장과도 가까운 곳에 있는 고급 레스토랑. 매장은 화려한 색감과 패턴의 타일로 스타일리시하게 꾸며져 있다. 베트남 전통 음식을 현대적으로 재해석한 메뉴를 선보이는데, 길거리 음식부터 가정식 요리까지 메뉴의 폭이 넓다. 아침 시간에는 음료가 포함된 저렴한 콤보 메뉴를 제공한다. 오픈 키친을 통해 활기찬 주방 모습을 엿볼 수 있다.

베트남 하우스 Vietnam House ★★★☆

Map P.101-E2 **주소** 93-95 Đồng Khởi, Quận 1 **전화** 028-3822-2226 **홈페이지** www.vietnam housesaigon.com **영업** 매일 11:30~14:30, 17:00~22:00 **메뉴** 영어, 베트남어 **예산** 메인 요리 28만~98만 VND(+15% Tax) **가는 방법** 동커이 거리와 막티브어이 거리가 교차하는 사거리 코너에 있다.

루남 비스트로 동커이 지점

디마이 레스토랑

베트남 하우스

동커이 거리에 있는 유명한 베트남 음식점이다. 콜로니얼 양식의 프렌치 빌라를 레스토랑으로 사용한다. 리모델링해 트렌디한 분위기로 변모했다. 베트남 북부에서 남부 요리까지 다양한 베트남 음식을 맛볼 수 있다. 세트 메뉴도 잘 갖추어져 있다. 베트남 공예품과 민속용품도 전시되어 있고, 저녁 시간에는 전통악기도 연주해준다. 외국인 관광객이 많이 방문한다.

호아뚝 Hoa Túc ★★★☆

Map P.99-D3 **주소** 74/7 Hai Bà Trưng, Quận 1 **전화** 028-3825-1676 **홈페이지** www.hoatuc. com **영업** 11:00~23:00 **메뉴** 영어, 베트남어, 일본어 **예산** 18만~39만 VND(+15% Tax) **가는 방법** 파크 하얏트 호텔을 바라보고 왼쪽 거리인 하이바쯩 거리 74번지에 있다. 아치형 출입문 안쪽으로 들어가면 된다.

외국인을 상대하는 고급스러운 베트남 레스토랑이다. 현대적인 감각을 가미해 음식을 요리하기 때문에, 음식이 깔끔하고 보기 좋다. '호아뚝'은 아편의 재료인 양귀비꽃을 뜻한다. 프랑스 통치시절에 아편 정제공장으로 사용되던 곳을 스타일리시한 레스토랑으로 개조했다. 실내와 야외로 구분되어 있다. 월~금요일 점심시간에는 런치 세트 메뉴(28만 VND)를 제공한다. 3군에 지점(주소 6 Ngô Thời Nhiệm)을 운영하는데, 독립된 프렌치 빌라 건물이라서 분위기가 좋다.

훔 Hum ★★★★
Nhà Hàng Chay Hum

Map P.97-D2 **주소** 32 Võ Văn Tần, Quận 3 **전화** 028-3930-3819 **홈페이지** www.hum

vietnam.com **영업** 화~일 10:00~22:00 **휴무** 월요일 **메뉴** 영어, 베트남어 **예산** 14만~24만 VND(+15% Tax) **가는 방법** 전쟁 박물관 정문을 바라보고 왼쪽으로 60m 떨어져 있다.

고기를 즐겨먹는 베트남에서 흔치 않은 베지테리안(채식) 전문 식당이다. 채소와 과일, 꽃, 면을 이용한 건강한 음식을 요리한다. 팟타이(볶음 국수)와 볶음밥도 고기를 사용하지 않는다. 메인 요리는 두부와 버섯을 이용한 음식이 많다. 레스토랑 내부는 연꽃, 불상, 동양화 등으로 인테리어를 장식해 동양적인 색채를 가미했다.

2군에 해당하는 타오디엔 지역에 분점(주소 32 Đường Số 10, Thảo Điền, Quận 2, Map P.103-B1)을 운영한다. 넓은 야외 정원을 갖고 있어 본점에 비해 한결 여유롭다.

쑤 사이공(쑤 레스토랑 라운지) ★★★☆
Xu Saigon(Xu Restaurant Lounge)

Map P.99-E4 **주소** 71~75 Hai Bà Trưng, Quận 1 **전화** 028-3824-8468 **홈페이지** www.xusaigon. com **영업** 매일 11:30~14:30, 17:30~23:30 **메뉴** 영어, 베트남어 **예산** 메인 요리 26만~68만 VND, 디너 세트 100만 VND(+15% Tax) **가는 방법** 파크 하얏트 호텔을 바라보고 남쪽으로 도보 3분. 하이바쯩 거리 71번지에 있다.

'울트라-모던'한 고급 레스토랑이다. 베트남 음식을 모티브로 퓨전 요리를 선보인다. 음식의 주재료와 조리 방법은 베트남 전통을 따르지만 드레싱과 샐러드를 곁들여 유럽 스타일로 재구성한 요리다. 메뉴도 주기적으로 바뀌는데 생선과 해산물, 스테이크가 메인 요리를 이룬다. 와인 바를 겸하는 쑤 라운지 Xu Lounge를 함께 운영한다. 저녁 시간에는 미리 예약하고 가는 게 좋다.

호아뚝

훔

꾹각꽌(꾹객꽌) Cục Gạch Quán ★★★☆

Map P.95-F1 주소 10 Đặng Tất, Quận 1 전화
028-3848-0144 홈페이지 www.cucgachquan.
com.vn 영업 09:00~23:00 메뉴 영어, 베트남어
예산 9만~22만 VND 가는 방법 떤딘 성당 Nhà
Thờ Tân Định과 떤딘 시장 Chợ Tân Định을 지
나서 당떳 거리 10번지에 있다. 1군 끝자락이라서
택시를 타고 가는 게 좋다.
조용한 주택가 골목에 있는 가정집을 근사하게 개
조한 레스토랑이다. 넝쿨이 우거진 외벽과 나무
대문을 열고 들어서면 호젓한 중정과 빈티지한 느
낌의 레스토랑을 마주하게 된다. 베트남 느낌 물
씬 나는 식기에 베트남 가정식을 내준다. 안젤리
나 졸리와 브래드 피트가 방문하면서 유명해졌다.
시내에서 떨어져 있으며, 예약하고 가는 게 좋다.

더 덱 사이공 The Deck Saigon ★★★★

Map P.103-B1 주소 38 Nguyễn Ư Dĩ, Thảo
Điền, Quận 2 전화 028-3744-6632 홈페이지
www.thedecksaigon.com 영업 08:00~23:00 메
뉴 영어 예산 브런치 23만~35만 VND, 메인 요리
45만~210만 VND(+5% Tax) 가는 방법 사이공 강
건너편에 해당하는 2군 지역 타오디엔에 있다. 타
오디엔 거리 Thảo Điền→쩐응옥지엔 거리 Trần

Ngọc Diện→응우옌으지 거리 Nguyễn Ư Dĩ를
따라 골목 안으로 들어가야 한다.
서양인이 많이 거주하는 타오디엔에서 가장 유명
한 레스토랑이다. 고급 빌라가 가득 들어선 지역
에 자리한 격식 있는 레스토랑으로 사이공 강을
끼고 있어 분위기도 좋다. 테라스를 통해 강변을
감상할 수 있는데, 특히 해지는 시간의 풍경이 매
력적이다. 메뉴는 달랏 채소, 푸꿕 해산물, 호주 와
규 등의 식재료를 활용한 시푸드, 스테이크 요리
가 메인이다. 아침시간(08:00~11:00)에는 브런치
메뉴를 이용할 수 있고, 저녁시간에는 예약하고
가는 게 좋다.

홈 사이공 Home Saigon ★★★☆
(Home Vietnamese Restaurant)

Map P.96-C2 주소 216/4 Điện Biên Phủ, Quận
3 홈페이지 www.homevietnameserestaurants.
com 영업 11:00~23:30 메뉴 영어, 베트남어 예산
메인 요리 28만~95만 VND(+15% Tax) 가는 방법
디엔비엔푸 거리 216번지 골목에 있다. 전쟁 박물
관에서 북쪽으로 500m 떨어져 있다.
고급 베트남 레스토랑으로 인기 있는 곳이다. 하
노이와 호이안에 이어 호찌민시에도 지점을 냈다.
마당이 딸린 프렌치 빌라를 레스토랑으로 사용한
다. 육류와 해산물 위주의 메인 요리는 각 지역에
서 생산된 신선한 식재료를 이용해 요리한다. 저
녁시간에 와인을 곁들인 정찬을 즐길 수 있다. 분
위기에 걸맞게 친절한 서비스를 받을 수 있다.

마담 람 Madame Lam ★★★★

Map P.103-B1 주소 10 Trần Ngọc Diện, Thảo
Điền, Quận 2 영업 10:30~22:00 홈페이지

꾹각꽌

더 덱 사이공

탄두르

www.facebook.com/MadameLamRestaurant **메뉴** 영어, 베트남어 **예산** 메인 요리 22만~50만 VND(+17% Tax) **가는 방법** 타오디엔(2군)의 쩐응옥지엔 거리 10번지에 있다.

타오디엔(2군)에 있는 고급 베트남 레스토랑이다. 같은 지역에 있는 꽌부이 가든 Quán Bụi Garden 이 대중적이라면, 마담 람은 트렌디한 느낌을 준다. 레스토랑 자체도 목조 가옥의 멋을 살려 유럽풍으로 꾸몄다. 베트남 음식도 현대적인 감각으로 요리한다. 지역마다 특색 있는 베트남 음식을 만들기 위해 현지 식재료와 향신료를 사용한다.

블랭크 라운지(랜드마크 81) ★★★☆
Blank Lounge

Map P.95-F2 **주소** 75F, Landmark 81, 208 Nguyễn Hữu Cảnh, Quận Bình Thạnh **홈페이지** www.blank-lounge.com **영업** 09:30~24:00 **메뉴** 영어, 베트남어 **예산** 커피 18만 VND, 칵테일 28만~33만 VND(+15% Tax) **가는 방법** 빈펄 랜드마크 81 호텔 입구(1층)에서 안내를 받아 호텔 로비(48층)로 간 다음, 전용 엘리베이터로 갈아타고 75층에 올라가면 된다.

호찌민시에 가장 높은 건물인 랜드마크 81(P.120)에 있는 라운지 레스토랑이다. 75~76층에 있어 주변 경관을 감상하기 좋다. 아침시간부터 문을 여는데, 분위기에 걸맞게 가격은 비싸다. 커피 한 잔만 마시고 내려올 경우 스카이뷰(전망대) 입장료보다 저렴하다. 저녁시간에는 예약하고 가는 게 좋다.

탄두르 Tandoor ★★★☆

Map P.101-E3 **주소** 39 Ngô Đức Kế, Quận 1 **전화** 028-3930-4839, 028-3930-2468 **홈페이지** www.facebook.com/tandoor.hcmc **영업** 10:30~14:30, 17:00~23:00 **메뉴** 영어, 베트남어 **예산** 12만~29만 VND(+10% Tax) **가는 방법** 시내 중심가의 응오득께 거리 39번지에 있다.

베트남에서 잘 알려진 인도 음식점으로, 하노이에 지점이 있다. 인도인 주인장과 요리사들이 직접 운영하며, 탄두르(화덕을 이용한 인도 음식을 탄두르라고 부른다)라는 식당 이름과 무굴 양식의 아치형 창문이 인도 분위기를 느끼게 해준다. 탄두리 치킨 Tandoori Chicken, 치킨 티카 Chicken Tikka 같은 화덕 요리도 부담 없이 즐길 수 있다. 커리 Curry 또는 마살라 Masala와 난 Nan을 곁들이면 무난하다.

뚝뚝 타이 비스트로 ★★★☆
Tuk Tuk Thai Bistro

Map P.98-B4 **주소** 38 Lý Tự Trọng, Quận 1, **전화** 028-3823-1188 **홈페이지** www.tuktukthaibistro.com **영업** 10:00~22:00 **메뉴** 영어, 베트남어 **예산** 13만~32만 VND **가는 방법** 리뜨쫑 거리 38번지에 있다.

베트남 요리와 비슷한 듯 다른 태국 음식점이다. 방콕 태생의 태국인 셰프가 요리한다. 팟타이 Pad Thai(태국식 볶음국수), 쏨땀 Som Tam(매콤한 파파야 샐러드), 똠얌꿍 Tom Yam Goong(매콤시큼한 새우찌개), 느아양 Nua Yaang(타마린드 소스를 이용한 소고기 그릴 구이) 같은 향신료가 어우러진 태국 음식을 맛볼 수 있다. 응오 터이니엠 골목(주소 29 Ngô Thời Nhiệm, Quận 3, Map P.96-C2)에 2호점을 운영한다. 참고로 뚝뚝은 태국에서 흔히 볼 수 있는 삼륜차 택시를 의미한다.

뚝뚝 타이 비스트로

마담 람

블랭크 라운지(랜드마크 81)

이탈리아 · 프랑스 레스토랑

호찌민시는 베트남의 다른 도시에 비해 인구가 많고 경제 수준이 높다 보니 레스토랑과 요리도 다양하다. 프랑스의 식민 지배를 받았던 영향 때문인지 프렌치 레스토랑도 제법 있는 편이다.

오 파크 카페 Au Parc Cafe ★★★☆

Map P.98-A3 주소 23 Hàn Thuyên, Quận 1 전화 028-3829-2772 홈페이지 www.facebook. com/auparc.saigon 영업 07:30~22:30 메뉴 영어 예산 메인 요리 22만~50만 VND(+15% Tax) 가는 방법 통일궁과 노트르담 성당 중간에 있는 한투옌 거리에 있다. 프로파간다(레스토랑) Propaganda 옆에 있다.

콜로니얼 건물의 운치와 공원 풍경이 잘 어울리는 아담한 카페다. 편안함이 가득한 공간으로 1층은 비스트로 분위기의 전형적인 카페, 2층은 갤러리처럼 화사하게 꾸몄다.

메인 메뉴는 스테이크, 파스타, 케밥과 같은 지중해 요리다. 빵과 파스타는 홈메이드로 직접 만들어 사용하고 샌드위치와 브런치 종류도 다양하다. 통일궁과 노트르담 성당이 가까워 외국인 관광객들이 즐겨 찾는다. 카페 앞으로는 도심에서 보기 드문 자그마한 공원이 있어 풍경을 즐기며 여유로운 시간을 갖기 더없이 좋다.

피자 포피스 Pizza 4P's ★★★★

Map P.99-E1 주소 8/15 Lê Thánh Tôn, Quận 1 전화 028-3622-0500 홈페이지 www.pizza4ps. com 영업 11:00~23:00 메뉴 영어, 일본어, 베트남어 예산 18만~39만 VND(+10% Tax) 가는 방법 레탄똔 거리 초입에 있는 CJ 빌딩 옆 골목 안쪽으로 50m 들어간다. 골목 끝 삼거리에서 좌회전하면 된다.

일본 사람이 운영하는 피자집이다. 4P는 네 개의 P라는 의미로 'Platform of Personal Pizza for

Peace'라는 뜻이다. 화덕에 장작을 이용해 피자를 만드는 것이 특징이다. 마르게리타 Margherita 같은 정통 나폴리 피자를 포함해 데리야끼 치킨 피자 Teriyaki Chicken Pizza, 연어 사시미 피자 Salmon Sashimi Pizza 같은 일본 음식을 가미한 퓨전 피자도 맛볼 수 있다. 다양한 피자를 동시에 맛보고 싶다면 두 종류의 피자를 '반반 Half Half'으로 구성해 주문하면 된다.

벤탄 시장과 가까운 투코아후언 거리 8번지(주소 8 Thủ Khoa Huân, Map P.97-E3)에 2호점을 열었다. 사이공 센터(다카시마야 백화점) Saigon Centre 6층에 3호점(주소 65 Lê Lợi, Map P.100-B3)을 오픈했다. 시내 중심가의 대형 백화점에 입점해 드나들기 편리하다.

차오 벨라 Ciao Bella ★★★☆

Map P.101-E1 주소 11 Đông Du, Quận 1 전화 028-3822-3329 홈페이지 www.ciaobella vietnam.com 영업 10:00~23:00 메뉴 영어, 이탈리아어 예산 17만~46만 VND 가는 방법 시내 중심가인 동주 거리에 있다.

시내 중심가에 있는 이탈리아 음식점이다. 드나들기 편리한 위치 덕분에 호찌민시에 거주하는 외국

피자 포피스(사이공 센터 지점)

인과 관광객 모두에게 인기 있다. 실내 장식은 호사스럽지 않고 포근한 느낌을 준다. 아담한 규모라 종업원들도 친절하고 서비스도 좋다. 무엇보다 피자, 파스타, 라자냐, 티라미수 같은 이탈리아 음식 맛이 괜찮다. 손님이 많아서 저녁 시간에는 예약하고 가는 게 좋다.

리파이너리 The Refinery ★★★☆

Map P.99-D3 주소 74 Hai Bà Trưng, Quận 1 전화 028-3823-0509 홈페이지 www.therefinerysaigon.com 영업 11:00~23:00 메뉴 영어 예산 29만~69만 VND 가는 방법 파크 하얏트 호텔을 바라보고 왼쪽 거리인 하이바쫑 거리 74번지에 있다. 아치형 출입문 안쪽으로 들어가면 된다.

프랑스령 인도차이나 시절에 사용되던 아편 정제 공장을 레스토랑으로 개조했다. 아치형 창문이 인상적인 콜로니얼 양식의 실내와 야외 정원으로 구분되어 있다. 건물의 독특한 역사보다는 베트남 음식에 지친 유럽 여행자들이 서양 음식을 맛보기 위해 찾는다. 메인 요리는 프랑스 음식과 이탈리아 음식이다. 다양한 와인을 보유하고 있어 와인 바 Wine Bar를 겸한다. '리파이너리'는 정제 공장을 뜻한다.

퀸스 Quince Saigon ★★★☆

Map P.97-E4 주소 37 Ký Con, Quận 1 전화 028-3821-8661 홈페이지 www.quincesaigon.com 영업 17:30~23:00 메뉴 영어 예산 80만~160만 VND(+13% Tax) 가는 방법 끼꼰 거리 37번지에 있다. 벤탄 시장에서 900m, 미술 박물관에서 500m 떨어져 있다.

방콕에 본점을 두고 있는 트렌디한 레스토랑이다. 유럽인이 운영하는 곳으로 지중해 음식을 요리한

다. 스파이시 살몬(노리 타코), 화이트 트러플 페투치네(파스타), 오리 가슴살, 바비큐 럽스터, 와규 립아이 스테이크 등을 메인으로 요리한다. 오픈 치킨으로 주방에서 조리하는 모습도 볼 수 있다.

메콩 머천트 Mekong Merchant ★★★☆

Map P.103-B1 주소 23 Đường Thảo Điền, Thảo Điền, Quận 2 전화 028-3744-7000 홈페이지 www.mekongmerchant.com 영업 07:00~23:00 메뉴 영어 예산 15만~65만 VND(+5% Tax) 가는 방법 2군에 해당하는 타오디엔 거리 23번지에 있다.

타오디엔 지역에서 외국인(서양인)들을 위한 원조 레스토랑에 해당하는 곳이다. 타오디엔이 오늘날처럼 유명해지기 전부터 터를 잡고 영업하고 있다. 넓은 안마당을 중심으로 에어컨 룸까지 있어 아침·점심·저녁시간에 따라 각기 다른 분위기를 연출한다. 브런치, 피자, 스테이크, 와인까지 메뉴가 다양하다.

브릭스 The Brix ★★★☆

Map P.103-B1 주소 26 Trần Ngọc Diện, Thảo Điền, Quận 2 홈페이지 www.facebook.com/thebrixsaigon 영업 11:00~24:00 메뉴 영어 예산 브런치 20만~34만 VND, 메인 요리 32만~120만 VND(+8% Tax) 가는 방법 타오디엔의 쩐응옥지엔 거리 26번지에 있다.

타오디엔(2군)에 있는 라운지 형태의 레스토랑이다. 붉은 벽돌로 성벽을 쌓듯이 만든 외벽과 달리 수영장을 갖춘 널찍한 야외 공간은 동남아시아 휴양지 느낌을 준다. 낮에는 브런치 메뉴 위주로 구성되고, 저녁에는 시푸드와 스테이크를 메인으로 요리한다. 맥주, 와인, 칵테일도 다양하다.

퀸스

메콩 머천트

브릭스

Nightlife

더운 동남아시아에 속한 도시라서 상대적으로 시원한 밤이 더욱 활기 넘친다. 오토바이가 넘쳐나고 도시는 야경을 밝혀 낮과는 다른 분위기다. 특히 콜로니얼 건물이 가득한 레러이 거리와 동커이 거리 일대가 밤에 분위기가 좋다. 여행자 거리인 데탐 거리와 부이비엔 거리에는 도로까지 테이블을 점령한 투어리스트 카페에서 밤늦도록 맥주를 마시는 외국인 여행자들이 흔하다.

부이비엔 워킹 스트리트 ★★★☆
Bui Vien Walking Street

Map P.102-B1 주소 71~89 Bùi Viện, Quận 1 영업 18:00~23:00 메뉴 영어, 베트남어 예산 병맥주 2만~3만 VND 가는 방법 부이비엔 거리 초입에 해당하는 고2 바 Go2 Bar부터 워킹 스트리트가 이어진다.

부이비엔 거리는 미니 호텔이 가득한 여행자 거리다. 외국 여행자들이 몰리는 곳으로 저녁 시간이 되면 노점 형태의 맥주집이 거리에 등장한다. 해가 지면 길거리에 플라스틱 의자(일명 '목욕탕 의자')가 놓이고 거리는 사람들로 금방 채워진다. 특히 부이비엔 거리 중간에 맥주 노점이 많이 생기는 편이다. 주말(토·일요일 19:00~02:00)에는 보행자 전용 도로인 워킹 스트리트 Bui Vien Walking Street(Phố Đi Bộ Bùi Viện)로 변모하는데, 이때 차량과 오토바이 출입이 통제된다.

맥주 노점 이외에도 바 Bar와 펍 Pub이 가득하다. 스포츠 중계를 틀어주거나 클럽을 운영해 관광객을 끌어 모은다. 과거에 비해 클럽이 많아지고 베트남 젊은이들까지 찾아오면서 소란스럽기까지 하다. 고2 바 Go2 Bar를 시작으로 볼케이노 바 Volcano Bar, 로스트 인 사이공 Lost In Saigon,

오션 바 Ocean Bar, 사하라 Sahara, 스테이션 스포츠 바 Station Sport Bar, 헤어 오브 더 덕 Hair Of The Dog이 유명하다. 특별할 것도 없지만 자리 값 덕분에 술값이 비싼 편이다. 펍에서는 맥주 한 병에 4만~8만 VND 정도 받는다.

파스퇴르 스트리트 브루잉 컴퍼니 ★★★★
Pasteur Street Brewing Company

Map P.100-B2 주소 144 Pasteur, Quận 1 전화 028-7300-7375 홈페이지 www.pasteurstreet. com 영업 11:00~23:00 메뉴 영어, 베트남어 예산 작은 잔(175㎖) 5만~6만 VND, 큰 잔(620㎖) 11만~16만 VND(+10% Tax) 가는 방법 파스퇴르 거리 144번지 골목 안으로 들어가면 간판 지나서 골목 오른쪽에 있다.

베트남에서 흔치 않게 수제 맥주 Craft Beer를 제조하는 곳이다. 미국인이 운영하는 곳으로 70여 종의 맥주를 제조한다. 미국 홉과 유럽 몰트(맥아)를 이용하며, 열대 과일을 첨가한 독특한 맥주도 있다. 당일 만든 수제 맥주를 제공하기 때문에, 판매되는 맥주는 조금씩 변동된다. 6종류의 맥주를 시음해 볼 수 있는 샘플링 플라이트 Sampling Flight(28만 5,000VND)가 있다. 식사 메뉴로 수제

부이비엔 워킹 스트리트

펍과 노점 맥주집이 몰려 있는 부이비엔 거리

버거, 잠발라야(잼발레이아) Jambalaya, 내슈빌 핫 치킨 Nashville Hot Chicken이 인기가 있다. 찾아가기 어려운 단점이 있지만, 자그마한 실내는 여행자들로 흥거운 분위기다. 이곳에서 만든 맥주는 호찌민시에 있는 40여 곳의 레스토랑에 제공된다. 인기를 반영하듯 지점을 속속 오픈하고 있다. 현재 호찌민시에만 5개 지점을 운영한다. 시내 중심가와 가까운 레탄똔 지점(주소 26A Lê Thánh Tôn, Quận 1, Map P.99-E2)과 응오 터이니엠 지점(주소 23A Ngô Thời Nhiệm, Quận 3, Map P.96-C2)은 규모도 크고 접근성도 좋다.

이스트 웨스트 브루잉 컴퍼니 ★★★★
East West Brewing Co.

Map P.97-D3 **주소** 181-185 Lý Tự Trọng, Quận 1 **전화** 091-3060-728 **홈페이지** www.eastwestbrewing.vn **영업** 11:00~24:00 **메뉴** 영어, 베트남어 **예산** 맥주(330㎖) 10만~12만 VND(+15% Tax) **가는 방법** 리뜨쫑 거리 181번지에 있다. 벤탄 시장에서 북쪽으로 한 블록 떨어져 있다.

호찌민시에 유행처럼 번지고 있는 수제 맥주 제조 공장의 업그레이드 버전이다. 야외 테라스와 높은 천장, 대형 통유리로 된 실내는 여느 고급 레스토랑을 연상시킨다. 바 뒤편으로는 거대한 맥주 양조 통이 진열되어 있고, 탭에서 신선한 수제 맥주를 즉석에서 뽑아준다. 이스트 웨스트 페일 에일 East West Pale Ale(IBU 32, 알코올 6%), 파 이스트 아이피에이 Far East IPA(IBU 54, 알코올 6.7%), 사이공 로제 Saigon Rosé(IBU 12, 알코올 3%)를 포함해 8종류의 수제 맥주를 상시 제조한다. 다양한 맥주를 시음해보고 싶다면 킹스 플라이트

King's Flight(47만 5,000 VND+10% Tax)를 주문하면 된다. 작은 잔(160㎖)에 10종류의 맥주를 담아준다.

브로마 낫 어 바 ★★★☆
Broma Not A Bar

Map P.101-E3 **주소** 41 Nguyễn Huệ, Quận 1 **전화** 028-3823-6838 **홈페이지** www.facebook.com/bromabar **영업** 17:30~02:00 **메뉴** 영어, 베트남어 **예산** 맥주·칵테일 11만~20만 VND **가는 방법** 응우옌후에 거리 41번지에 있다. 푹롱 커피 Phúc Long Coffee를 바라보고 오른쪽에 있는 계단으로 올라가면 된다.

시내 중심가의 오래된 콜로니얼 건물 옥상에 만든 루프톱 바. 외국인에게도 잘 알려진 곳으로 캐주얼한 분위기다. 맥주, 칵테일, 와인을 마시며 밤 풍경을 구경하기 좋다. 벨기에·독일 맥주도 판매한다. 3~4층 높이에서 응우옌후에 광장과 도심 풍경을 감상할 수 있다. 어쿠스틱 또는 재즈 음악을 라이브로 연주하거나, 주말에 DJ를 초빙해 파티를 열기도 한다.

바나나 마마 ★★★★
Banana Mama Rooftop Bar

Map P.102-B2 **주소** 10F, WMC Tower, 102 Cống Quỳnh, Quận 1 **전화** 0782-356-137 **홈페이지** www.bananamamabar.com **영업** 화~일 16:00~01:00 **휴무** 월요일 **메뉴** 영어 **예산** 맥주·칵테일 12만~24만 VND, 수제 버거 16만~20만 VND **가는 방법** 여행자 거리 남쪽의 꽁꾸인 거리

파스퇴르 스트리트 브루잉 컴퍼니

이스트 웨스트 브루잉 컴퍼니

브로마 낫 어 바

102번지에 있는 WMC 타워 10층에 있다.

여행자 거리와 가까운 편안한 분위기의 칵테일
바. 규모는 작지만 야외 공간을 목재 테라스 형태
로 꾸몄다. 밝은 컬러의 의자와 테이블, 소파, 파
라솔이 어우러져 해변 라운지를 연상케 한다. 시
그니처 칵테일은 열대 과일을 이용한 칵테일이 많
다. 수제 맥주와 진토닉, 위스키, 와인도 골고루 구
비하고 있다.

프렌치프라이, 치즈 볼, 프라이드 치킨 같은 사이
드 메뉴를 곁들이면 된다. 출출하다면 메인 요리
에 해당하는 수제 버거를 주문하면 된다. 해질녘
에는 도심 풍경을 감상하기 좋지만, 밤이 깊어지
면 클럽처럼 변모한다. 외국인 관광객이 많이 찾
아온다.

하트 오브 다크니스 ★★★★
Heart of Darkness

Map P.99-D2 **주소** 31 Lý Tự Trọng, Quận 1 **홈
페이지** www.heartofdarknessbrewery.com **영
업** 12:00~24:00 **메뉴** 영어 **예산** 맥주 10만~16만
VND, 메인 요리 15만~39만 VND(+15% Tax) **가
는 방법** 리뜨쫑 거리 31번지에 있다.

호찌민시에서 인기 있는 수제 맥줏집 중의 한
곳이다. 2016년부터 양조장을 운영하고 있는
데, 여러 차례 아시아 맥주 캠피언쉽 Asia Beer
Championship에서 수상한 경력도 보유하고 있다.
리뜨쫑 지점은 캐주얼한 분위기로 친구들과 어울
려 맥주 한 잔하기 좋다. 10여 종의 시원한 수제
맥주를 탭에서 직접 뽑아준다. 맥주잔은 크기에
따라 스몰, 스탠더드, 핀트로 구분된다. 타코, 치킨
윙, 피시 & 칩스, 수제 버거 등 맥주와 어울리는
음식도 요리한다.

세븐 브리지 브루잉 컴퍼니 7 ★★★☆
Bridges Brewing Co. Saigon Taproom

Map P.99-E2 **주소** 15b/12 Lê Thánh Tôn, Quận
1 **전화** 0977-326-478 **홈페이지** www.facebook.
com/7bridgessaigon **영업** 11:00~24:00 **메뉴** 영
어 **예산** 수제 맥주 9만~14만 VND **가는 방법** 레
탄똔 거리 15번지에 있다.

다낭의 대표적인 수제 맥주 브루어리로 호찌민시
(사이공)에 지점을 열었다. 외국인(특히 일본인)
들이 많이 머무는 지역으로 주변에 경쟁 업체에
서 운영하는 수제 맥줏집도 어렵지 않게 볼 수 있
다. 규모가 크진 않지만 3층 건물로 야외 테라스,
보틀 숍, 칵테일 바로 공간을 구분했다. 임페리얼
IPA Imperial IPA(알코올 9%)를 포함한 20여 종의
수제 맥주를 탭에서 뽑아준다. 플라이트 4 Flight
4(24만 5,000 VND)와 플라이트 7 Flight 7(41만
5,000 VND)는 샘플러 메뉴라 다양한 종류의 맥주
를 조금씩 맛볼 수 있다. 메인 요리로 버거와 피자
를 요리한다.

어쿠스틱 바 Acoustic Bar ★★★☆

Map P.96-C2 **주소** 6E1 Hẻm 6 Ngô Thời Nhiệm,
Quận 3 **전화** 0816-777-773 **영업** 18:30~24:00
메뉴 영어, 베트남어 **예산** 맥주 15만 VND **가는 방
법** 전쟁 박물관 뒤쪽의 응오 터이니엠 6번지 골목
안쪽에 있다.

베트남 젊은이들에게 인기 있는 라이브 카페. 밴
드가 밤 9시부터 라이브 음악을 연주한다. 어쿠스
틱부터 록까지 팝을 주로 연주한다. 대화보다는
음악에 집중하는 분위기다. 소극장처럼 무대를 중
심으로 의자와 테이블이 놓여 있다. 주말에는 사
람이 많아서 서서 술 마시며 음악 드는 사람도 많
다. 실내 흡연이 가능한 곳이므로 비흡연자들은
참고할 것.

카르멘 바 Carmen Bar ★★★

Map P.99-E1 **주소** 8 Lý Tự Trọng, Quận 1
전화 028-3829-7699 **영업** 18:00~02:00 **메뉴**
영어 **예산** 맥주 · 칵테일 10만~20만 VND, 메인
요리 16만~55만 VND(+15% Tax) **가는 방법** 시내
중심가와 가까운 리뜨쫑 거리 8번지에 있다.

호찌민시에서 조금은 색다른 라틴풍의 바. 라이브
밴드가 플라멩코와 살사, 라틴 음악을 연주한다.
붉은 벽돌과 나무를 이용해 와인 셀러(저장고)처
럼 만든 실내가 아늑하다. 와인 통을 테이블로 사
용한다. 어둑한 조명을 촛불을 밝혀 로맨틱한 느
낌을 준다. 2층에는 바 bar, 옥상에는 야외 테이블

이 놓여 있다. 라이브 밴드는 베트남과 필리핀 밴드로 구성되어 있다. 음악은 밤 9시부터 연주된다.

루프톱 가든(렉스 호텔)
Rooftop Garden(Rex Hotel) ★★★

Map P.100-C1 주소 141 Nguyễn Huệ, Quận 1 전화 028-3829-2185 홈페이지 www.rexhotel vietnam.com 영업 매일 16:00~23:00 메뉴 영어, 베트남어 예산 15만~30만 VND(+15% Tax) 가는 방법 인민위원회 청사 옆에 있는 렉스 호텔 5층에 있다.

베트남 전쟁 때 미군이 외신 기자들에게 전쟁 관련 브리핑을 하던 곳이다. 매일 오후 5시에 브리핑이 있었는데, 전쟁의 진실을 은폐하려는 내용이 많아서 '5시에 하는 어리석은 짓 Five O'Clock Follies'이라는 비아냥거림을 듣기도 했다. 고급 호텔에서 운영하지만 역사적인 장소를 그대로 보존해 별다른 치장 없이 야외 레스토랑으로 꾸몄다. 식사보다는 맥주 한잔하면서 밤바람을 쐬기 좋다. 저녁 8시 30분부터는 라이브 밴드가 음악을 연주한다. 현재는 관광객들을 위한 장소가 되면서 특별함이 퇴색됐다.

레벨 23(쉐라톤 호텔)
Level 23 ★★★☆

Map P.101-D1 주소 88 Đồng Khởi, Quận 1 전화 028-3827-2828 홈페이지 www.level23 saigon.com/en/ 영업 매일 16:00~24:00 메뉴 영어 예산 16만~35만 VND(+15% Tax) 가는 방법 동커이 거리의 쉐라톤 사이공 호텔 23층에 있다.

쉐라톤 호텔에서 운영하는 라운지다. 쉐라톤 호텔에 걸맞은 세련되고 시크한 분위기다. 다른 호텔보다 월등히 높은 위치에서 내려다보는 전망이 일품이다. 탁 트인 전망을 볼 수 있는 야외 테이블은 칵테일이나 와인을 마시며 담소를 나누기 좋다.

소셜 클럽(호텔 데 아트 사이공 루프톱)
Social Club ★★★☆

Map P.97-E2 주소 24F, Hotel Des Arts Saigon, 76-78 Nguyễn Thị Minh Khai, Quận 3 전화 028-3989-8888 홈페이지 www.hoteldesart ssaigon.com 영업 17:00~24:00 메뉴 영어 예산 맥주·위스키 16만~39만 VND, 메인 요리 18만~50만 VND(+15% Tax) 가는 방법 응우옌티민카이 거리 76번지. 호텔 데 아트 사이공 건물 23층과 24층에 있다. 루프톱은 엘리베이터를 타고 23층에 내려서 계단을 올라가야 한다.

트렌디한 디자인이 돋보이는 호텔 데 아트 사이공 Hotel Des Arts Saigon에서 운영한다. 23층은 라운지 레스토랑, 24층은 야외 루프톱으로 운영된다. 수영장인 인티니티 풀 옆으로 루프톱이 위치해 스타일리시하다. 공원과 회색 빌딩이 어우러진 이색적인 도시 풍경을 감상할 수 있다. 칵테일과 와인, 위스키까지 다양한 주류를 구비하고 있다. 낮 시간에도 문을 열지만, 주로 호텔 투숙객들이 이용한다. 해피 아워(17:00~20:00)에는 술값이 50% 할인되며, 밤이 깊어지면 디제잉하는 클럽으로 변모하면서 분위기가 고조된다.

스리 Shri ★★★☆

Map P.97-E2 주소 23F, Centec Tower, 72-74 Nguyễn Thị Minh Khai, Quận 3 전화 028-3827-9631 홈페이지 www.shri.vn 영업 15:00~23:00 메뉴 영어, 베트남어 예산 칵테일 19만~28만 VND, 메인 요리 38만~95만 VND, 스테이크 110만~180만 VND(+15% Tax) 가는 방법 응우옌티민카이 거리 72번지에 있는 센텍 타워 Centec Tower 23층에 있다.

분위기 만큼이나 비싼 루프톱 레스토랑이다. 클럽으로 변모하는 다른 루프톱에 비해 차분하게 시간 보내기 좋은 곳이다. 저녁시간에는 은은한 조명과 주변 야경이 어우러져 분위기가 좋다. 23층 야외 테라스에 바 테이블이 있어 시내 전망을 감상할 수 있으며, 바로 옆 건물에 있는 소셜 클럽(P.155)까지 보인다.

일몰을 감상하고 싶다면 음료가 25% 할인되는 해피 아워(월~금 16:00~19:00) 시간을 이용하면 된다. 메인 요리는 파스타, 그릴, 스테이크가 주를 이룬다.

칠 스카이 바 Chill Sky Bar ★★★☆

Map P.102-A1, Map P.97-D4 **주소** 26F & 27F, AB Tower, 76A Lê Lai, Quận 1 **전화** 0938-822-838 **홈페이지** www.chillsaigon.com **영업** 17:30~02:00 **메뉴** 영어, 베트남어 **예산** 맥주·칵테일 18만~32만 VND(저녁 9시 이후 입장료 30만 VND), 메인 요리 55만~95만 VND(+15% Tax) **가는 방법** 레라이 거리 & 응우옌타이혹 거리 교차로 코너에 있다. 뉴 월드 호텔 옆에 있는 AB 타워 건물 꼭대기 층으로 올라가면 된다.

호찌민시에서 가장 호사스러운 '스카이 바'. 루프톱(옥상) 야외 공간을 럭셔리하게 꾸몄다. 둥근 모양의 바(조명을 통해 색이 바뀐다)가 가장 자리에 위치해 있다. 시내 중심가의 26층 옥상에서 내려다보는 탁 트인 사이공 경관이 일품. 일몰 시간에 맞추어 가면 좋다. 해피 아워(17:30~20:00)에는 술값이 할인된다. 대신 저녁 9시 이후에는 1층에서 입장료(30만 VND)를 내야 한다. 밤 10시 30분부터는 클럽처럼 변모해 파티 분위기가 연출된다. 기본적인 드레스 코드를 지켜야 한다(반바지나 슬리퍼 차림은 안 된다).

에어 사이공 Air Saigon ★★★☆

Map P.97-E4 **주소** Rooftop 22F, Ben Thanh Tower, 136-138 Lê Thi Hồng Gấm, Quận 1 **전화** 0936-933-833 **홈페이지** www.airsaigon.vn **영업** 화~일 17:30~01:00 **휴무** 월요일 **메뉴** 영어, 베트남어 **예산** 맥주·칵테일 18만~32만 VND(+15% Tax) **가는 방법** 레티홍검 거리 136번지, 벤탄 타워 22층에 있다.

에어 360 스카이 바 Air 360 Sky Bar의 새로운 이름이다. 인접한 칠 스카이 바의 자매 업소쯤 되는 곳으로, 코로나 팬데믹 이후 시설을 재정비해 오픈했다. 야외 루프 톱 테라스, 칵테일 바, 야외 수영장, 실내 라운지 등으로 층과 공간이 구분되어 있다.

밤 9시가 넘으면 디제이가 음악을 틀고 레이저 조명이 켜지면서 파티 분위기가 무르익는다. 해질 무렵에는 해피 아워 시간(17:30~20:30)으로 술값이 할인된다. 벤탄 시장 방면의 시내 중심가 야경을 감상할 수 있다. 다른 루프톱에 비해 여행자 거리와 가깝다.

스리

소셜 클럽

칠 스카이 바　ⓒChill Sky Bar

렉스 호텔 루프톱 가든

Shopping

현지인들은 물론 관광객에게도 가장 인기 있는 곳은 벤탄 시장(P.115)이다. 호찌민시에서 쇼핑 스트리트는 벤탄 시장에서 이어지는 레러이 거리와 동커리 거리에 몰려 있다. 루이비통과 페라가모를 비롯한 명품 매장과 대형 쇼핑몰, 독특한 디자이너 부티크 숍까지 집중되어 있다. 인기 쇼핑 아이템 중의 하나인 베트남 커피는 쭝응우옌 커피나 하일랜드 커피 매장에서 직접 구입할 수 있다.

꼽 마트 Co.op Mart ★★★
Siêu Thị Co.op Mart

Map P.97-D2 주소 168 Nguyễn Đình Chiểu, Quận 3 전화 028-3930-1384 홈페이지 www. co-opmart.com.vn 영업 매일 08:00~22:00 가는 방법 응우옌딘찌에우 & 남끼커이응이아 사거리에 있다. 노트르담 성당에서 도보 15분.

베트남 주요 도시에 지점을 운영하는 대형 할인 매장이다. 식료품과 생필품이 대량으로 거래된다. 커피, 과일, 과자, 유제품, 향신료, 미용 용품, 의류, 맥주, 와인 등을 정찰제로 구입할 수 있다. 김치를 포함한 반찬도 구입 가능하다. 일반 슈퍼마켓보다 저렴하게 살 수 있다.

사이공 스퀘어 Saigon Square ★★★
Trung Tâm Thương Mại Sài Gòn Square

Map P.100-B3 주소 77-89 Nam Kỳ Khởi Nghĩa, Quận 1 홈페이지 www.saigon-square.com 영업 매일 09:00~21:00 가는 방법 레러이 & 남끼커이응이아 사거리 코너에 있다. 벤탄 시장에서 도보 5분.

저렴한 의류와 가방, 선글라스, 신발, 시계, 액세서리를 판매하는 쇼핑몰이다. 명품 브랜드가 가득한데 모든 물건은 '짝퉁'이다. 비교적 제품 상태가 좋

은 키플링 가방은 한국인 여행자들에게 유독 인기가 높다. 휴대폰과 CD, DVD도 구입할 수 있다. 소규모 상점들이 다닥다닥 붙어 있지만 에어컨 시설이라 재래시장보다 쾌적하다. 가격이 붙어 있다 하더라도 흥정은 기본이다.

다이아몬드 플라자(롯데 백화점) ★★★
Diamond Plaza

Map P.98-A2 주소 34 Lê Duẩn, Quận 1 전화 028-3822-5500, 028-3825-7750 홈페이지 www.diamondplaza.com.vn 영업 매일 09:30~21:00 가는 방법 노트르담 성당 뒤쪽에 있다.

호찌민시에 등장한 현대적인 백화점의 효시로 한국 업체에서 건설해 한국 사람들에게도 잘 알려져 있다. 1층의 화장품과 향수를 시작으로 여성 의류, 남성 의류, 캐주얼, 액세서리, 가전제품까지 층별로 판매하는 품목이 구분되어 있다. 대형 영화관과

사이공 키치

다이아몬드 플라자

빈콤 센터

꼽 마트

레스토랑도 입점해 있다. 4층에 푸드 코트를 운영한다. 백화점 바로 옆으로는 주상복합단지인 다이아몬드 플라자 Diamond Plaza가 들어서 있다.

빈콤 센터 Vincom Center ★★★☆

Map P.98-C3 주소 72 Lê Thánh Tôn, Quận 1 홈페이지 www.vincomcenter-hcm.com 영업 매일 09:00~22:00 가는 방법 동커이 거리에 있는 오페라하우스와 노트르담 성당 중간에 위치해 있다.

2010년 6월에 문을 연 주상복합 단지이다. 쇼핑몰은 6층 규모로 가구, 홈 데코, 패션, 의류, 액세서리, 보석, 신발, 핸드백, 스포츠 용품, 아동 용품 매장이 층별로 입점해 있다. 갭 Gap, 망고 Mango, 자라 Zara, 찰스 & 키스 Charles & Keith, 액세서라이즈 Accessorize를 포함해 패션 · 의류 매장이 많다. 지하 2층~3층에 대규모 식당가가 형성되어 있다. 베이커리, 카페, 한식당, 패스트푸드까지 다양하다.

사이공 센터(다카시마야 백화점) ★★★★
Saigon Centre

Map P.100-C2 주소 65 Lê Lợi, Quận 1 전화 028-3829-4888 홈페이지 www.shopping. saigoncentre.com.vn 영업 09:30~21:30 가는 방법 레러이 거리 65번지에 있다. 사이공 스퀘어(쇼핑몰) 맞은편.

2016년 시내 중심가에 오픈한 주상복합단지로, 쇼핑몰과 레지던스가 합쳐진 고층 빌딩이다. 지하 1~2층은 식품 코너, 지상 1~4층은 쇼핑몰, 5~6층은 식당가로 이루어져 있다. 쇼핑몰은 일본계 백화점인 다카시마야 Takashimaya에서 운영한다. 여느 백화점과 마찬가지로 향수 · 화장품 코너를 시작으로 층별로 여성 패션, 남성 패션, 가정용품 매장이 들어서 있다. 6층에는 야외 휴식 공간을 만들어 공원처럼 꾸몄는데, 이곳에서 레러이 거리를 포함한 시내 풍경을 감상할 수 있다.

센트럴 마켓 Central Market ★★★☆

Map P.102-A1 주소 4 Phạm Ngũ Lão, Quận 1 홈페이지 www.centralmarket.com.vn 영업 10:00~22:00 가는 방법 팜응우라오 거리 4번지에 있다.

여행자 거리(팜응우라오 거리)와 가까운 쇼핑몰. 공원 한쪽에 지하 형태로 만들었다. 에어컨 시설로 푸드 코트(P.131)가 함께 들어서 있다. 사이공스퀘어(P.157)와 비슷한데 규모는 작다. 현지인들을 위한 저렴한 의류, 속옷, 신발, 가방, 지갑, 시계 등을 판매한다. 유명 브랜드의 짝퉁 제품들로 가격표가 붙어 있으며 다른 쇼핑몰에 비해 조금 더 저렴하게 구입이 가능하다. 마그넷, 라탄 가방, 에코 백 등 기념품을 판매하는 상점도 몇 곳이 있다.

사이공 에코 크래프트 ★★★☆
Saigon Eco Craft

Map P.100-B2 주소 36 Lê Lợi, Quận 1 영업 08:00~22:00 홈페이지 www.saigonecocraft. com 가는 방법 레러이 거리 36번지에 있다.

시내 중심가인 레러이 거리에 있는 기념품 상점이다. 베트남 전국에서 생산된 수공예품을 판매하는데, 기념품으로 적합한 물건이 많다. 마그넷, 열쇠고리, 엽서, 수저, 젓가락 세트, 칠기 제품, 머그잔, 접시, 그릇, 쿠션 커버, 에코 백, 토트백, 동전 지갑, 수첩까지 다양한 물건이 전시되어 있다. 매장은 작은 편으로 같은 거리에 두 개 매장을 운영한다.

사이공 키치 ★★★
Saigon Kitsch

Map P.100-C3 주소 43 Tôn Thất Thiệp, Quận 1 전화 028-3821-8019 홈페이지 www.dogmavietnam. com 영업 매일 09:00~20:00 가는 방법 똔텃티엡 거리 43번지에 있다.

베트남 공산당의 사회주의 선전 포스터를 재해석한 강렬한 색상의 디자인들이 눈길을 끄는 곳이다. 이미 퇴색해버린 사회주의의 향기를 모던한 팝 아트로 재창조해 제품마다 위트가 넘친다. 티셔츠, 핸드백, 파우치, 모자, 머그컵, 열쇠고리, 수첩, 메모지 같은 소품들이 많다.

Hotel

저렴한 호텔들은 팜응우라오 Phạm Ngũ Lão, 데탐 Đề Thám, 부이비엔 Bùi Viện 거리에 몰려 있다. 3성급 호텔들은 벤탄 시장 주변과 시내 중심가에 골고루 분포되어 있다. 콜로니얼 양식으로 만든 일류 호텔들에서는 역사의 한 장면을 직접 체험할 수 있어, 호찌민시에서는 호텔을 선택하는 것도 여행의 재미가 된다.

미니 호텔(팜응우라오 · 데탐 · 부이비엔 거리 주변)

호찌민시의 여행자 거리에 저렴한 숙소가 많다. 시내 중심가인 1군에 속해 있다. 경제적인 호텔과 오픈 투어 버스를 운영하는 여행사 사무실이 밀집해 있어 외국인 여행자들의 아지트 역할을 해준다. 대부분 베트남 가족이 운영하는 미니 호텔로 객실 15개 내외의 소규모 호텔이다. 폭이 좁고 안쪽으로 기다란 건물 형태로 대부분 층마다 객실 3개씩 들어서 있다. 도로 쪽 방은 발코니가 있어서 넓은 편이나 도로 소음에 취약하고, 중간에 있는 방은 작고 창문이 없어 어둑한 곳도 많다. 안쪽에 있는 방은 전망은 별로지만 창문이 있고 조용하다. 엘리베이터가 없어 계단을 올라 다녀야 하는 불편을 감수해야 한다.

저렴한 숙소들은 오토바이 한 대 지날 정도로 좁은 골목 안쪽에 숨어 있어 찾기 어렵다. 택시를 탈 때 숙소 이름보다 주소를 보여주면 길 찾기가 한결 쉬워진다. 물론 비좁은 골목 안쪽까지 택시가 들어가진 못한다(호찌민시의 주소 읽는 법 P.88 참고). 대부분의 숙소에서 와이파이(Wi-Fi)를 무료로 제공하고, 바게트와 커피로 이루어진 간단한 아침을 제공하는 곳도 있다. 경제 성장을 동반한 인플레이션과 임대료 상승으로 시설에 비해 방 값이 비싼 편이다.

팜응우라오 거리 241번지 미니 호텔 골목 ★★★
Hẻm 241 Phạm Ngũ Lão

Map P.102-B1 주소 Hẻm 241 Phạm Ngũ Lão, Quận 1 가는 방법 엘리오스 호텔 Elios Hotel과 리버티 호텔 사이공 파크뷰 Liberty Hotel Saigon Parkview 중간에 있는 팜응우라오 거리 241번지 골목 Hẻm 241 Phạm Ngũ Lão으로 들어가면 된다. 여행자 거리 중에서도 저렴한 미니 호텔이 몰려 있는 골목이다. 오토바이 한 대 지나다닐 정도의 좁고 어둑한 골목 안쪽에 10여 개의 게스트하우스가 있다. 대부분 엘리베이터는 없고, 저렴한 방은 창문도 없다. 가격은 작은 방이 US$12~14, 넓은 방이 US$20~24 정도로 예상하면 된다. 좁은 골목에 있어 찾기 어려울 수 있으나 조용한 분위기에서 휴식하기에는 더없이 좋다.

비칸 게스트하우스 Vy Khanh Guesthouse(주소 241/11/6 Phạm Ngũ Lão, 주소 028-3837-3551, 홈페이지 www.vykhanh-guesthouse.com), 마이 홈 게스트하우스 My Home Guest House (주소 241/43 Phạm Ngũ Lão, 전화 0919-991-604), 서니 게스트하우스 Sunny Guest House(주소 241/33 Phạm Ngũ Lão, 전화 028- 3836-1978), 지엡안 게스트하우스 Diep Anh Guesthouse(주소 241/31 Phạm Ngũ Lão, 주소 028-3836-7920)가 인기 있다.

롱 호스텔 Long Hostel ★★★

Map P.102-B2 주소 373/10 Phạm Ngũ Lão, Quận 1 전화 028-3836-0184 요금 도미토리 US$8, 더블 US$20~22(에어컨, 개인욕실, TV, 냉장고, 아침식사) 가는 방법 팜응우라오 거리 373번지 골목 Hẻm 373 Phạm Ngũ Lão 안쪽에 있

다. 팜응우라오 거리 남쪽에 있는 타이빈 시장 Chợ Thái Bình 옆 골목으로 들어간다.

시장통이라 입구는 어수선하지만, 데탐 거리에 비해 조용한 골목에 있어 차분하다. 객실은 평범한 수준이며, 창문이 없는 방도 있다. 하지만 가족적인 분위기와 친절함으로 인해 인기가 높아 방을 구하기가 힘든 편이다. 아침식사를 제공한다.

킴 호텔 Kim Hotel　　★★★☆

Map P.102-B1 주소 40/18 Bùi Viện, Quận 1 전화 028-3836-7495 홈페이지 www.kimhotel.com 요금 더블 US$20~26(에어컨, 개인욕실, TV, 냉장고) 가는 방법 데탐 거리에서 한 블록 북쪽에 있는 부이비엔 거리 40번지 골목 Hẻm 40 Bùi Viện에 있다.

저렴한 여행자 숙소가 몰려 있는 부이비엔 40번지 골목에 있다. 주변의 숙소와 비슷한 미니호텔로 베트남 가족이 운영한다. 층마다 객실이 몇 개씩 밖에 없으며, 객실 위치에 따라 방 크기도 다르다. 골목을 향해 있는 발코니 딸린 방이 그나마 넓은 편이다. TV, 냉장고, 안전금고 등 기본적인 객실 설비와 엘리베이터를 갖추고 있다.

화이트 게스트하우스　　★★★☆
The White Guest House

Map P.102-B2 주소 26/5 Đỗ Quang Đẩu, Quận

건물이 밀집해있는 여행자 거리 전경

데탐 거리

1 요금 더블 US$27~33(에어컨, 개인욕실, TV, 냉장고) 가는 방법 도꽝더우 거리 65번지 골목 안쪽에 있다.

여행자 거리 남쪽의 도꽝더우 거리에 있는 여행자 숙소. 게스트하우스라기 보다는 미니 호텔에 가깝다. 건물 외벽을 하얀색 페인트로 칠한 것이 특징이다. 객실과 욕실을 리모델링해서 깨끗하다. 객실은 작은 편으로 침대, 옷장, 작은 냉장고 하나가 들어갈 정도다. TV는 벽면에 걸려 있다. 전형적인 미니 호텔로 객실 위치에 따라 방 크기가 조금씩 달라진다. 엘리베이터도 없다. 골목 안쪽에 있어서 메인 도로에 있는 숙소보다 상대적으로 조용하다.

엘리오스 호텔　　★★★☆
Elios Hotel

Map P.102-B1 주소 233 Phạm Ngũ Lão, Quận 1 전화 028-3838-5584~5 홈페이지 www.elioshotel.vn 요금 스탠더드 US$53(에어컨, 개인욕실, TV, 냉장고, 아침식사), 슈피리어 US$66~76 가는 방법 팜응우라오 거리 233번지에 있다.

팜응우라오 거리에 있는 3성급 호텔이다. 90개 객실을 보유해 주변의 미니 호텔에 비해 규모도 월등히 크다. 창문이 없는 스탠더드 룸보다 슈피리어 룸의 시설이 좋다. 뷔페식 아침식사를 제공하며 레스토랑의 경관이 좋다. 수영장은 없고, 피트니스와 회의실을 갖추고 있다.

리버티 호텔 사이공 그린 뷰　　★★★☆
Liberty Hotel Saigon Greenview

Map P.102-A1 주소 187 Phạm Ngũ Lão,

Quân 1 **전화** 028-3836-9522 **홈페이지** www.libertysaigongreenview.com **요금** 더블 US$43~57(에어컨, 개인욕실, TV, 냉장고, 아침식사) **가는 방법** 팜응우라오 거리 187번지, 하일랜드 커피 옆에 있다.

여행자 거리인 팜응우라오 거리에서 제법 규모가 큰 3성급 호텔이다. 리버티 호텔 체인 중의 한 곳

으로 메인 도로에 있어 위치가 좋다. 오래된 호텔이긴 하지만 지속적인 리모델링을 통해 객실 상태를 잘 유지하고 있다. 객실은 20~24㎡ 크기로 넓진 않다. 도로를 끼고 있는 방들은 공원이 보여 전망이 좋다. 뷔페 아침 식사가 포함된다. 같은 거리에 있는 리버티 호텔 사이공 파크 뷰 Liberty Hotel Saigon Parkview도 시설이 비슷하다.

고급 호텔

시내 중심가에서 3성급 호텔과 4성급 호텔들이 가득하다. 객실 50개 안쪽의 중급 호텔들로 수영장은 없는 곳이 많다. 미니 호텔과 마찬가지로 폭이 좁고 안쪽으로 기다란 건물 형태라 객실 위치에 따라 방 크기가 다르다(3성급 호텔이라도 창문이 없는 호텔도 있다). 전체적으로 방 값에 비해 객실이 작은 편이다. 에이 & 엠 호텔 A & Em Hotel, 리버티 호텔 Liberty Hotel, 실버랜드 호텔 Silverland Hotel, 리버티 센트럴 Liberty Central 같은 유명한 호텔들은 인접한 곳에 여러 개의 호텔들을 운영하기 때문에, 호텔 이름뿐만 아니라 주소까지 확인해야 한다. 아무래도 벤탄 시장 주변의 호텔들이 관광하기 편리하다.

럭셔리 호텔들은 시내 중심가인 응우옌후에 거리, 동커이 거리, 강변 도로(똔득탕 거리)에 몰려 있다. 코친차이나 시절에 건설된 콜로니얼 호텔들이 많아 분위기가 좋다. 쉐라톤 호텔, 니코 호텔, 노보텔, 풀만 호텔, 하얏트 호텔, 인터콘티넨탈 호텔 같은 국제적인 호텔 체인도 어렵지 않게 찾아볼 수 있다.

사누바 호텔
Sanouva Hotel　★★★☆

Map P.97-E3 **주소** 175~177 Lý Tự Trọng, Quân 1 **전화** 028-3827-5275 **홈페이지** www.sanouvahotel. com **요금** 스탠더드 US$56, 프리미엄 더블 US$65~70 **가는 방법** 벤탄 시장 후문(북문)에서, 한 블록 떨어진 리뜨쯩 거리 175~177번지에 있다.

시내 중심가에 있는 3성급 호텔이다. 현대적인 시설로 타일이 깔린 객실과 욕실이 산뜻하다. 객실은 LCD TV, 냉장고, 안전금고, 전기 포트, 헤어드라이어까지 기본적인 호텔 설비를 모두 갖추고 있다. 개인욕실은 화장실과 샤워 부스가 구분되어있다. 창문을 통해 태양이 들이 때문에 자연 채광도 좋다. 객실 크기는 보통이다. 방음이 약한 것이 흠이라면 흠이다. 기본적인 아침식사가 포함된다(레스토랑은 작다). 수영장은 없다.

실버랜드 사쿄 호텔
Silverland Sakyo Hotel　★★★★

Map P.99-E1 **주소** 10 Lê Thánh Tôn, Quân 1 **전화** 028-3829-5295 **홈페이지** www. silverlandhotels.com **요금** 더블 US$105~125, 프리미어 US$140~160 **가는 방법** 레탄똔 거리 10번지에 있다.

호찌민시 시내에만 6개 호텔을 운영하는 실버랜드 호텔 체인 중의 한 곳이다. 실버랜드 사쿄 호텔은 4성급 호텔로 일본인 상점과 레스토랑이 즐비한 레탄똔 거리에 위치해 있다. 주변 분위기를 반영하듯 일본식 디자인을 살짝 가미해 인테리어를 꾸몄다. 객실이 나무 바닥이라 깔끔하다. 침실과 욕실이 개방형으로 되어 있고, 침대도 대부분 더블 침대로 구성되어 있다. 방 값에 비해 객실은 작은 편으로, 창문이 없는 방도 있으니 체크인 전에

확인할 것. 루프 톱에 아담한 수영장이 있다. 벤탄 시장 주변의 숙소를 선호한다면 실러랜드 옌 호텔 Silverland Yen Hotel(주소 73-75 Thủ Khoa Huân)을 이용하면 된다.

아우락 샤르네르 호텔 ★★★★
Au Lac Charner Hotel

Map P.101-D3 주소 87-89 Hồ Tùng Mậu, Quận 1 전화 028-3915-6666 홈페이지 www. aulachotel.vn 요금 딜럭스 US$120~140, 프리미어 US$145~160 가는 방법 사이공 스카이 덱 입구(매표소)와 가까운 호똥머우 거리 87번지에 있다.

실버랜드 호텔 계열에서 아우락 호텔로 간판이 바뀌었다. 시내 중심가에 있는 4성급 호텔로 관광다니기 편리하다. 실내는 화이트 톤으로 부티크 호텔처럼 화사하게 꾸몄는데, 일부 객실은 오래된 느낌이 난다. 도로를 끼고 있는 창문 넓은 방이 가장 좋고, 딜럭스 룸은 창문이 없으니 예약할 때 참고하자. 옥상에 마련된 야외 수영장이 매력적이다. 오후 시간에는 애프터눈 티를 무료로 즐길 수 있다.

퓨전 스위트 사이공 ★★★★
Fusion Suites Saigon

Map P.96-C3 주소 3-5 Sương Nguyệt Anh, Quận 1 전화 028-3925-7257 홈페이지 www. saigon.fusion-suites.com 요금 스위트 더블 US$153~183, 코너 스위트 US$250~280 가는 방법 1군 쓰엉응우옛안 거리 3번지에 있다.

주로 해변이 아름다운 도시들에서 리조트를 운영하면서 인기를 얻고 있는 호텔 그룹 퓨전 스위트의 호찌민시 지점이다. 4성급의 부티크 호텔로 자연적인 정취를 살리면서도 세련되게 꾸몄다. 벽과 천장을 원목으로 덧대 아늑하고 편안한 느낌을 준다. 높은 층의 객실 일수록 탁트인 전망이 일품이다. 동급의 호텔들과 비교해 객실 크기는 비슷하나 수영장이 없는 게 아쉽다. 시내 중심가에서 살짝 빗겨나 있지만 관광하는 데 불편함을 느낄 정도는 아니다.

리버티 센트럴 사이공 리버사이드 ★★★★
Liberty Central Saigon Riverside

Map P.101-F2 주소 17 Tôn Đức Thắng, Quận 1 전화 028-3827-1717 홈페이지 www. libertycentralsaigonriverside.com 요금 딜럭스 US$135, 프리미엄 리버 뷰 US$160 가는 방법 강변도로(떤득탕 거리)에 있는 르네상스 리버사이드 호텔 옆에 있다.

리버티 호텔에서 운영하는 4성급 호텔로 사이공 강변에 있다. 객실은 나무 바닥과 목재를 이용해 차분하게 꾸몄다. 개인욕실은 통유리로 되어 있다. 방 값에 비해 객실 크기는 작은 편이다(호찌민시에 있는 호텔들이 대부분 그렇다). 딜럭스 룸에서는 호텔 뒤쪽의 도시 전망이, 프리미어 리버 뷰 룸에서는 강변 전망이 보인다. 옥상에 야외 수영장이 있다. 동커이 거리와 가깝고, 관광하기에도 위치가 괜찮다. 모두 170개 객실을 운영한다.

호텔 데 아트 사이공 ★★★★☆
Hotel des Arts Saigon

Map P.97-E2 주소 76-78 Nguyễn Thị Minh Khai, Quận 3 전화 028-3989-8888 요금 딜럭스 US$190~240 가는 방법 응우옌티민카이 거리 76번지에 있다.

프랑스 호텔 그룹 아코르에서 운영하는 5성급 호텔이다. 부티크 호텔을 표방하며, 트렌디하면서도 고급스러운 디자인을 선보인다. 객실은 나무 바닥과 빈티지한 소품으로 포근한 느낌을 주고, 욕실은 대리석으로 꾸며 매끈하고도 시원스럽다. 객실 크기는 30㎡로 넓진 않다. 루프 톱에 야외 수영장이 있다.

윈저 플라자 호텔 ★★★★☆
Windsor Plaza Hotel

Map P.94-C4 주소 18 An Dương Vương, Quận 5 전화 028-3833-6688 홈페이지 www. windsorplazahotel.com 요금 딜럭스 US$120, 이그제큐티브 딜럭스 US$160, 주니어 스위트 US$190 가는 방법 5군(Quận 5) 초입에 있는 안

동 시장 Chợ An Đông 옆에 있다. 벤탄 시장에서 택시로 10~15분.

시내 중심가에서 살짝 떨어진 5군에 있다. 관광이 목적이라면 시내 중심가에 위치한 호텔에 비해 이동이 불편하지만, 동일한 가격대의 경쟁 호텔에 비해 시설이 좋다. 25층으로 이루어진 대형 호텔로 405개 객실을 보유하고 있다. 주변에 높은 건물이 없어서 객실과 수영장에서 내려다보는 전망이 훌륭하다. 동커이 거리까지 무료 셔틀 버스를 운영하고 있어 관광이나 쇼핑하는 데 크게 불편하지 않다.

리버티 센트럴 사이공 시티포인트 호텔 ★★★★
Liberty Central Saigon Citypoint Hotel

Map P.100-B2 주소 59 Pasteur, Quận 1 전화 028-3822-5678 홈페이지 www.libertycentral saigoncitypoint.com 요금 딜럭스 더블 US$137, 프리미어 시티 뷰 US$150, 시그니처 시티 뷰 US$196 가는 방법 파스퇴르 거리와 레러이 거리가 만나는 사거리 코너에 있는 껨박당(아이스크림) Kem Bạch Đằng 맞은편에 있다.

리버티 호텔에서 2014년에 오픈한 호텔이다. 18층 171개 객실로 이루어진 대형 호텔이다. 시내 중심가에 자리하고 있어 관광하기 편리하다. 객실은 전체적으로 작은 편이지만 신축한 호텔이라 시설이나 관리 상태가 좋다. 나무 바닥, 통유리로 이루어진 욕실, LCD TV까지 객실은 현대적인 시설로 꾸몄다. 22㎡ 크기의 딜럭스 룸은 낮은 층(6~10층)에 있다. 프리미어 시티 뷰 룸과 시그니처 시티 뷰 룸은 높은 층에 자리하고 있다. 야외 수영장은 호텔 옥상에 있다.

렉스 호텔 Rex Hotel ★★★★

Map P.100-C1 주소 141 Nguyễn Huệ, Quận 1 전화 028-3829-2185 홈페이지 www.rexhotel saigon.com 요금 딜럭스 US$145, 스위트 US$210 가는 방법 레러이 & 응우옌후에 사거리에 위치해 있다. 인민위원회 청사를 바라보고 왼쪽에 있다.

프랑스가 통치하던 코친차이나 시대에 차고를 겸한 자동차 전시 판매장으로 만들어졌다. 여러 차례 증축되면서 영화관, 미국 문화센터, 미군 독신자 간부 숙소(B.O.Q.) 등으로 변모했고, 베트남 전쟁 동안 미군 정보부가 들어서면서 미군 장교들이 작전 브리핑을 받기 위해 드나들던 곳이다. 1990년 대대적인 보수 공사를 통해 렉스 호텔로

역사의 일부분이 되어버린 렉스 호텔

콜로니얼 양식의 콘티넨털 호텔

쉐라톤 호텔 리셉션

오페라 하우스 옆에 있는 까라벨 호텔

탄생했다. 2010년에는 신관을 추가로 오픈하면서 수영장을 갖춘 대형 호텔로 변모했다. 1층에는 명품 매장이 입점해 있다.

콘티넨털 호텔 Continental Hotel ★★★☆

Map P.101-D1 주소 132~134 Đồng Khởi, Quận 1 전화 028-3829-9201 홈페이지 www.continentalsaigon.com 요금 딜럭스 가든 US$142, 딜럭스 시티 뷰 US$152 가는 방법 동커이 거리에 있는 오페라하우스를 바라보고 왼쪽에 있다.

사이공의 대표적인 콜로니얼 양식의 호텔이다. 1880년에 오픈한 역사와 전통을 간직한 호텔로 아치형 창문과 발코니가 인상적이다. 영국 소설가 그레이엄 그린 Graham Greene의 1950년대 소설 〈콰이어트 아메리칸 The Quiet American〉의 배경이 되었던 곳이며, 카트린느 드뇌브 주연의 영화 〈인도차이나 Indochine〉에 등장하기도 했다. 국영 회사인 '사이공 투어리스트'에서 운영하는데, 안타깝게도 호텔의 명성에 걸맞지 않게 관리 상태는 별로다. 오래된 느낌이 강하게 든다.

뉴 월드 호텔 ★★★★
New World Hotel

Map P.97-D4 주소 76 Lê Lai, Quận 1 전화 028-3822-8888 홈페이지 www.saigon.newworldhotels.com 요금 슈피리어 US$150, 딜럭스 US$175, 원 베드 룸 스위트 US$275 가는 방법 벤탄 시장 정문을 바라보고 왼쪽(레라이 거리)으로 400m.

시내 중심가에 있는 5성급 호텔이다. 이 호화로운 호텔은 533개의 객실을 운영하며 규모가 큰 수영장을 갖추고 있다. 벤탄 시장과 가까워 관광과 쇼핑을 즐기기도 편리한 위치다. 최근에는 오래된 객실을 순차적으로 리모델링하면서 시설을 업그레이드하고 있다.

롯데 레전드 호텔 ★★★★☆
Lotte Legend Hotel

Map P.99-F3 주소 2A~4A Tôn Đức Thắng, Quận 1 전화 028-3823-3333 홈페이지 www.lottehotel.com/saigon 요금 딜럭스 시티 뷰 US$150, 딜럭스 리버 뷰 US$165 가는 방법 쩐흥다오 동상이 있는 메린 광장 Mê Linh Square에서 강변 도로를 따라 북쪽으로 150m 떨어져 있다.

사이공 강변에 있는 럭셔리 호텔로, 롯데 호텔에서 운영한다. 주변의 콜로니얼 호텔들과 달리 모던한 시설로 이루어졌다. 객실은 물론 레스토랑과 수영장 등 부대시설까지 세심하게 신경을 쓴 흔적이 느껴진다. 딜럭스 룸이 37㎡로 동급 호텔에 비해 넓다. 한국어 가능한 직원이 상주하고 있다.

노보텔 사이공 센터 호텔 ★★★★
Novotel Saigon Centre Hotel

Map P.97-D2 주소 167 Hai Bà Trưng, Quận 3 전화 028-3822-4866 홈페이지 www.novotel-saigon-centre.com 요금 슈피리어 US$155, 딜럭스 US$180 가는 방법 1군과 3군 경계에 있는 하이바쯩 거리에 있다.

전 세계적인 호텔망을 구축한 노보텔에서 운영한다. 야외 수영장을 갖춘 4성급 호텔이다. 객실 바닥에는 카펫이 깔려 있으며 현대적인 시설로 스마트하게 꾸몄다. 자체 제작한 목욕 용품까지 깔끔하게 정리되어 있다. 건물 외관은 평범하지만 통유리로 되어있어 객실에서 시원스러운 느낌을 받는다. 모두 247개 객실로 흡연실과 금연실로 구분해 운영한다. '사이공 센트럴'이라는 이름과 달리 시내 중심가에서 살짝 비켜나 있다. 시내 중심가까지 택시로 5분, 걸어서 20분 정도 걸린다.

풀만 사이공 센터 ★★★★☆
Pullman Saigon Centre

Map P.95-D4 주소 148 Trần Hưng Đạo, Quận 1 전화 028-3838-8686 홈페이지 www.pullman-saigon-centre.com 요금 슈피리어 US$155, 딜럭스 US$175 가는 방법 쩐흥다오 거리와 응우옌 끄찐 Nguyễn Cư Trinh 거리가 만나는 삼거리에 있다.

프랑스 호텔 체인인 풀만 호텔의 사이공 지점이다. 306개의 객실을 보유한 대형 호텔로 현대적인 디자인으로 꾸몄다. 객실 창문은 통유리로 되어 있어 객실에서 보는 전망도 좋다. 객실 크기는 35㎡ 크기로 무난하다. 딜럭스 룸은 욕조가 침대 옆에 놓여 있어 독특하다. 부대시설로 수영장과 피트니스, 스파 시설을 갖추고 있다. 호텔 규모에 비해 수영장은 작은 편이다. 국제적인 호텔 중에 상대적으로 여행자 거리(팜응우라오)와 가깝다.

니코 호텔
Nikko Hotel
★ ★ ★ ★ ★

Map P.95-D3 주소 235 Nguyễn Văn Cừ, Quận 1 전화 028-3925-7777 홈페이지 www.hotelnikkosaigon.com.vn 요금 딜럭스 US$161, 딜럭스 프리미엄 US$173, 클럽 딜럭스 US$215 가는 방법 1군 끝자락에 있는 응우옌반끄 거리에 있다.

일본의 유명한 호텔 그룹인 니코에서 운영한다. 334개의 객실을 보유한 전형적인 5성급 호텔이다. 객실은 40㎡ 크기의 딜럭스 룸을 기본으로 한다(당연히 높은 층일수록 전망이 좋다). 넓은 객실은 은은한 색으로 인테리어를 꾸며 포근한 느낌을 준다. 야외 수영장, 피트니스 센터, 비즈니스 센터, 스파 & 마사지까지 부대시설도 잘 갖춰져 있다. 친절한 서비스와 현대적인 시설로 인해 투숙객의 만족도가 높다. 1군에 속해 있지만 시내 중심가에서 떨어져 있다. 주요 볼거리들을 걸어 다닐 만한 거리는 아니다.

마제스틱 호텔
Majestic Hotel
★ ★ ★ ★ ☆

Map P.101-F3 주소 1 Đồng Khởi, Quận 1 전화 028-3829-5517 홈페이지 www.majesticsaigon.com 요금 슈피리어 US$180, 딜럭스 US$220, 스위트 US$ 300~450 가는 방법 동커이 거리 남단의 강변 도로에 있다.

콘티넨털 호텔과 더불어 사이공을 대표하는 콜로니얼 건축 양식의 호텔이다. 1925년에 문을 열었으며, 지속적인 리노베이션을 통해 객실은 산뜻함을 유지하고 있다. 원형을 그대로 유지한 아트 데코 스타일의 호텔 외관은 우아함을 상징하고, 로비의 샹들리에와 스테인드글라스 창문, 나선형 계단은 중후함을 느끼게 해준다. 객실에 둘러싸인 안마당의 야외 수영장은 아늑하다.

그랜드 호텔
Grand Hotel
★ ★ ★ ★

Map P.101-F2 주소 8 Đồng Khởi, Quận 1 전화 028-3823-0163 홈페이지 www.hotelgrandsaigon.com 요금 슈피리어 US$ 180, 딜럭스 US$230 가는 방법 동커이 거리 남단에 있다.

콘티넨털 호텔이나 마제스틱 호텔과 자웅을 겨루는 콜로니얼 호텔이다. 1930년에 문을 열었다. 유럽의 고성처럼 생긴 기다란 돔 모양의 호텔 외관과 발코니, 높은 천장이 어울려 클래식한 느낌이다. 호텔 건설 당시부터 사용되는 철제 엘리베이터가 아직도 운행되고 있어 멋을 더해준다. 1995년에 신관을 오픈했는데도 역사를 간직한 올드 윙의 딜럭스 룸이 더욱 분위기가 넘치고 인기 있다.

까라벨 호텔
Caravelle Hotel
★ ★ ★ ★ ☆

Map P.101-D1 주소 19 Công Trường Lam Sơn(Lam Son Square), Quận 1 전화 028-3823-4999 홈페이지 www.caravellehotel.com 요금 딜럭스 US$240~280, 프리미엄 딜럭스 US$340 가는 방법 동커이 거리에 있는 오페라하우스를 바라보고 오른쪽에 있다.

시내 중심가에 있는 현대적인 럭셔리 호텔이다. 1959년 크리스마스 이브에 문을 열었으며, 1998년에 24층 높이의 신관을 증축했다. 통유리로 반짝이는 매끄러운 호텔 외관에 걸맞은 스타일리시한 객실을 운영한다. 고층일수록 전망과 시설이 좋다. 참고로 베트남 전쟁 기간 중에는 AP, NBC, ABS, CBS, 뉴욕 타임스, 워싱턴 포스트를 포함한 언론사들의 종군 기자들이 대거 체류했던 곳으로, 북부 베트남군의 폭격이 이루어지기도 했다. 올드 윙에 있는 스페셜 스위트 룸(610호)은 실제로 폭탄이 떨어졌던 곳이라고도 한다. 까라벨은 프랑스가 개발해 에어프랑스에서 최초로 운행한 항공기의 이름이다.

쉐라톤 사이공 호텔　★★★★★
Sheraton Saigon Hotel

Map P.101-D1 **주소** 88 Đông Khởi, Quận 1 **전화** 028-3827-2828 **홈페이지** www.sheratonsaigon. com **요금** 딜럭스 US$250~320, 그랜드 타워 스튜디오 US$360 **가는 방법** 동커이 거리의 까라벨 호텔 옆에 있다.

'쉐라톤'이라는 간판 하나만으로 충분히 5성급 럭셔리 호텔의 기대를 충족시켜준다. 아기자기함보다는 웅장함이 느껴지는 국제적인 호텔다운 면모를 여지없이 보여준다. 딜럭스와 스위트 룸으로 이루어진 470개의 객실을 보유하고 있다. 16개의 회의실을 갖춘 비즈니스 센터와 수영장과 스파를 포함한 레저 시설, 호찌민 시내가 시원스레 내려다보이는 와인 바를 겸한 스카이라운지까지 완벽하다.

노퍽 맨션　★★★★☆
Norfolk Mansion

Map P.99-D2 **주소** 17~21 Lý Tự Trọng, Quận 1 **전화** 028-3822-6111 **홈페이지** www.mansion. thenorfolkgroup.com **요금** 스튜디오 US$146, 투 베드 룸 아파트 US$215, 스리 베드 룸 아파트 US$335 **가는 방법** 시내 중심가의 리뜨쫑 거리 17번지에 있다. 같은 거리에 있는 노퍽 호텔 Norfolk Hotel과 혼동하지 말자.

시내 중심가에 있는 아파트 형태의 호텔이다. 일반 호텔과 달리 거실과 주방, 식탁, 조리 기구, 세탁기까지 기본적인 시설이 잘 갖춰져 있다. 두 개의 침실과 욕실, 하나의 거실로 이루어진 투 베드 룸 형태라 가족 여행객들에게 편리하다. 아침식사가 포함되며 수영장과 피트니스, 사우나 시설을 무료로 이용할 수 있다. 오래된 호텔이라 트렌디한 멋은 떨어지지만, 관리 상태가 좋아 오랫동안 인기를 누리고 있다.

벤탄 시장과 가까운 곳에 있는 노퍽 호텔 Norfolk Hotel(주소 117 Lê Thánh Tôn, 전화 028-3829-5368, 홈페이지 www.norfolkhotel.com.vn, Map P.100-B2)도 인기 있다.

소피텔 사이공 플라자　★★★★☆
Sofitel Saigon Plaza

Map P.97-F2 **주소** 17 Lê Duẩn, Quận 1 **전화** 028-3824-1555 **홈페이지** www.sofitel.com **요금** 슈피리어 US$208, 럭셔리 룸 US$242 **가는 방법** 다이아몬드 플라자에서 레주언 거리를 따라 600m 떨어져 있다.

프랑스 호텔 그룹인 아코르 Accor에서 운영하는 럭셔리 호텔이다. 1999년에 문을 열었는데, 2012년에 새롭게 리노베이션 했기 때문에 고급스러움은 변함이 없다. 객실은 흰색과 보라색을 이용해 모던하고 우아하게 꾸몄다. 푹신한 침대와 이불, 베개까지 포근한 잠자리를 제공해 준다.

객실은 30㎡ 크기로 낮은 층(4~12층)은 슈피리어 룸으로, 높은 층(14~17층)은 럭셔리 룸으로 구분했다. 럭셔리 룸은 전망뿐만 아니라 개인욕실 시설이 슈피리어 룸에 비해 좋다. 옥상에 야외 수영장을 만들었으며, 피트니스 센터, 스파, 레스토랑과 라운지 바까지 부대시설도 훌륭하다.

파크 하얏트 사이공　★★★★★
Park Hyatt Saigon

Map P.99-D4 **주소** 2 Lam Son Square, Quận 1 **전화** 028-3824-1234 **홈페이지** www. saigon.park.hyatt.com **요금** 스탠더드 파크 트윈 US$280~330 딜럭스 트윈 US$396 **가는 방법** 오페라 하우스 뒤쪽에 있다.

호찌민 시내 한복판에 있는 럭셔리 호텔이다. 호텔의 규모와 시설, 서비스에 있어서 자타가 공인하는 최고 수준의 호텔이다. 새롭게 건축한 건물임에도 불구하고 주변의 건물들과 조화를 이루기 위해 콜로니얼 건축으로 만들어 분위기가 좋다.

건물 외관은 아이보리 색으로 우아하며, 객실은 중후한 느낌이지만 현대적인 시설을 갖추고 있다. 스탠더드 룸은 34㎡, 딜럭스 룸은 46㎡로 객실에서 시내 또는 호텔 수영장이 보인다. 야외 수영장, 피트니스, 스파, 요리 강습 등 다양한 부대시설을 운영한다. 국제적인 호텔로 명성에 걸맞은 서비스를 제공한다.

Mỹ Tho

미토

      미토는 띠엔장 Tiền Giang과 동일시된다. 띠엔장은 전강(前江)이라는 뜻으로 메콩 강의 본류를 의미한다. 띠엔장 성(省)의 성도인 미토는 광활한 띠엔장(메콩 강)이 도시 앞을 흐른다. 미토는 메콩 델타의 관문으로 여겨지는 도시로 호찌민시(사이공)와 가깝다. 호찌민시에서 차로 2시간 거리이지만 도시의 번잡함 대신 강변의 여유로움이 느껴진다. 과거부터 화교들이 정착하며 상업이 발달했고, 해산물과 농산물이 풍족하게 거래된다.

      미토 앞을 흐르는 메콩 강은 넓은 강폭 사이로 지류들이 흐르며 섬들이 형성되어 있다. 지면과 맞닿아 있는 나지막한 섬들은 열대 과일 농장, 코코넛 농장들로 인해 전원 풍경을 체험하기 좋다. 호찌민시에서 출발한 투어가 대부분 미토를 방문한다. 하지만 스치고 지나는 여행자들이 대부분이라 도시는 지극히 차분하다. 미토는 빌딩을 보러 오는 게 아니라 메콩 강을 느끼러 오기 때문에 도시에 발을 들이지 않더라도 섭섭할 이유는 없다.

인구 27만 0,740명 | 행정구역 띠엔장 성 Tỉnh Tiền Giang 미토 시 Thành Phố Mỹ Tho | 면적 81㎢ | 시외국번 0273

여행사 · 보트 투어

메콩 강과 접하고 있는 도시임에도 불구하고 여행사는 많지 않다. 대부분의 단체 투어가 호찌민시에서 출발하기 때문이다. 미토에서 출발하는 투어는 호텔에 문의하거나 투어리스트 보트 선착장 Bến Tàu Du Lịch Mỹ Tho을 이용하면 된다. 국영 여행사인 띠엔장 투어리스트 Tien Giang Tourist(홈페이지 www.tiengiangtourist.com)와 미토 투어리스(홈페이지 www.dulichtiengiang.com.vn)에서 투어를 관할한다. 보트 투어(3~4시간)는 보트의 크기에 따라 40만~60만 VND이다. 호찌민시에서 출발하는 메콩 델타 투어에 관한 내용은 P.174 참고.

지리 파악하기

메콩 강(띠엔장)을 중심으로 도시가 발달해 있다. 메콩 강변을 따라 동서로 연결된 4월 30일 거리 Đường 30 Tháng 4(30/4 Street)에 여행자들에게 필요한 모든 시설이 밀집해 있다고 해도 과언이 아니다. 투어리스트 보트 선착장을 비롯해 주요 호텔들이 위치한다. 강변 도로 동쪽 끝에는 바오딘 강 Bao Dinh River(Sông Bảo Định)과 만나는 코너에 응우옌흐으후언 동상 Tượng Đài Nguyễn Hữu Huân을 세운 작은 공원을 만들었다.

Access

미토 가는 방법

미토 버스 터미널은 띠엔장 버스 터미널(벤쎄 띠엔장) Bến Xe Tiền Giang로 불린다. 미토에서 출발하는 버스는 제한적이다. 미토→호찌민시(미엔떠이 터미널 Miền Tây) 버스가 04:00~18:30까지 30분 간격으로 출발하는데, 완행버스를 운행하기 때문에 불편하다. 편도 요금은 6만~7만 VND으로 2시간 정도 소요된다.
미토→벤쎄는 시내버스(운행시간 05:00~18:30, 편도 요금 1만 5,000VND)를 타면 되는데, 미토(띠엔장) 버스 터미널→락미에우교 Cầu Rạch Miễu→벤쎄 버스 터미널 Bến Xe Bến Tre→벤쎄 시장 Chợ Bến Tre을 왕복 운행한다.
미토 버스 터미널에서 시내까지는 4㎞ 떨어져 있다. 택시로 시내까지 5만 VND 정도 예상하면 된다. 미토에서 벤쎄까지는 16㎞, 호찌민시까지는 70㎞, 껀터까지는 96㎞ 떨어져 있다.
참고로 껀터를 갈 경우 강 건너에 있는 벤쎄 버스 터미널을 이용해도 된다. 벤쎄→껀터 버스는 08:30~13:00까지 한 시간 간격으로 출발하고 편도 요금은 8만 5,000~10만 VND이다.

미토(띠엔장) 버스 터미널

벤쎄 버스 터미널

도시보다 메콩 강을 흐르는 지류에 형성된 섬들이 큰 볼거리다. 미토에 머물게 된다면 빈짱 사원을 다녀오면 된다. 대부분 보트 투어를 이용해 미토를 여행한 다음 호찌민시로 돌아가거나 껀터로 이동한다.

Map P.170

미토 시장 ★
My Tho Market
Chợ Mỹ Tho

주소 Đường Nguyễn Huệ & Đường Trưng Trắc **영업** 매일 06:00~18:00 **요금** 무료 **가는 방법** 응우옌흐으후언 동상에서 강변(쯩짝 거리)을 따라 북쪽으로 도보 6분.

미토의 중앙 시장이다. 상설 재래시장으로 강변과 접해 있다. 시장 내부와 주변 도로까지 물건을 내놓고 장사하는 상인들로 북적인다. 생필품뿐만 아니라 생선과 건어물이 다양하게 거래된다.

미토 시장

미토와 벤쩨를 가르는 메콩 강

Map P.170

빈짱 사원(永長寺) ★★
Vinh Trang Pagoda
Chùa Vĩnh Tràng

주소 60 Nguyễn Trung Trực **운영** 매일 09:00~11:30, 13:30~17:00 **요금** 무료 **가는 방법** 미토 시장에서 동쪽으로 1㎞ 떨어져 있다. 응우옌짜이 거리를 따라 다리를 건너 동쪽으로 400m 더 가면 나오는 삼거리에서 좌회전해서 200m 들어간다.

1849년에 건설된 불교 사원이다. 얼핏 보면 콜로니얼 양식의 건물 같지만 자세히 보면 도자기로 치장해 중국적인 색채를 가미했다. 일반적인 불교 사원과 달리 아치형 창문과 주랑으로 이루어진 사원 정면의 길이가 70m나 된다. 대웅전에는 60여 개의 불상을 모시고 있다. 일주문을 들어서면 넓은 정원에 나무와 분재로 조경을 꾸며 평온한 분위기가 느껴진다. 대웅전 앞에는 대형 관음보살상이 세워져 있다.

빈짱 사원의 대웅전

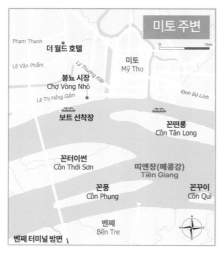

미토 주변

Pham Thanh
더 월드 호텔
Lê Văn Phẩm
미토
Mỹ Tho
Lý Thường Kiệt
봉뇨 시장
Chợ Vòng Nhỏ
Lê Thị Hồng Gấm
Đinh Bộ Lĩnh
보트 선착장
꼰떤롱
Côn Tân Long
꼰터이썬
Côn Thới Sơn
띠엔장(메콩강)
Tiền Giang
꼰풍
Côn Phụng
꼰꾸이
Côn Qui
벤쩨
Bến Tre
벤쩨 터미널 방면

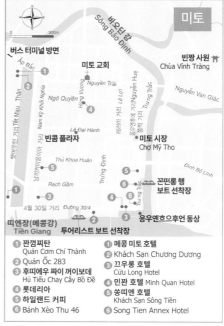

미토

바오딘 강
Sông Bảo Định
버스 터미널 방면
Ấp Bắc
미토 교회
빈짱 사원
Chùa Vĩnh Tràng
Nguyễn Trãi
Nguyễn Van Giác
Hùng Vương
Nam Kỳ Khởi Nghĩa
Ngô Quyền
Nguyễn Huệ
Trưng Trắc
Lê Lợi
Lê Đại Hành
빈콤 플라자
미토 시장
Chợ Mỹ Tho
Thủ Khoa Huân
Trương Định
Đinh Bộ Lĩnh
Rạch Gầm
꼰떤롱 행
보트 선착장
응우옌흐으후언 동상
4월 30일 거리 Đường 30/4
띠엔장(메콩강)
Tiền Giang
투어리스트 보트 선착장

① 꽌껌찌탄
Quán Cơm Chí Thành
② Quán Ốc 283
③ 후띠에우 짜이 꺼이보데
Hủ Tiếu Chay Cây Bồ Đề
④ 롯데리아
⑤ 하일랜드 커피
⑥ Bánh Xèo Thu 46

① 메콩 미토 호텔
Khách Sạn Chương Dương
② 끄우롱 호텔
Cửu Long Hotel
③ 민꽌 호텔 Minh Quan Hotel
⑤ 쏭띠엔 호텔
Khách Sạn Sông Tiền
⑥ Song Tien Annex Hotel

● 식당 ● 숙소

메콩 강의 섬들 ★★★★

미토 앞을 흐르는 메콩 강에는 섬들이 형성되어
있다. 꼰떤롱 Côn Tân Long(Dragon Island), 꼰
터이썬 Côn Thới Sơn(Unicorn Island), 꼰풍 Côn
Phụng(Phoenix Island), 꼰꾸이 Côn Qui(Tortoise
Island)로 메콩 델타의 전원 풍경을 체험하기 위해
미토를 방문한 보트 투어가 들르는 곳이다.

가장 큰 섬은 꼰터이썬이다. 코코넛이 가득한 섬
으로 2008년에 완공된 총 길이 2,868m의 락미에

우교 Rach Mieu Bridge(Cầu Rạch Miễu)가 섬 위
를 지난다.

미토 시내에서 가장 가까운 섬은 꼰떤롱이다. 롱
안(열대 과일)을 재배하는 과수원이 가득한 섬으
로 미토 시내에서 페리가 수시로 운행된다. 꼰

메콩 강과 락미에우교

과일 농장에서의 전통 악기 연주

강변에 형성된 벤쩨 시내

학교 운동장으로 쓰이는 벤쩨 박물관

메콩 강 지류를 여행하는 보트 투어

미토와 벤쩨 사이를 흐르는 메콩 강

풍은 코코넛 몽크 Coconut Monk(3년간 코코넛과 코코넛 주스만 먹으며 수행해서 붙여진 이름) 때문에 유명하다. 베트남어로는 '옹 다오즈아 Ông Đạo Dừa'라고 불린다. 본명은 응우옌탄남 Nguyễn Thành Nam(1909~1990년)으로 프랑스에서 유학했으며, 베트남 사회주의 정부에 의해 투옥되기도 했다. 불교와 기독교를 융합한 그의 가르침을 따르는 신도들에 의해 다오즈아 Đạo Dừa(다오는 '도 道', 즈아는 코코넛을 의미한다)라는 종교가 탄생했다. 수상가옥처럼 강 위에 사원을 건설해 놓았는데, 지붕도 없이 원형 플랫폼으로 이루어져 사원에는 용이 휘감고 있는 기둥만이 하늘을 향해 세워져 있다. 꼰풍은 미토가 아닌 벤쩨에 속해 있다.

벤쩨
Bến Tre ★★☆

주소 Tỉnh Bến Tre, Thành Phố Bến Tre **가는 방법** 벤쩨 시내에서 띠엔장(미토) 버스 터미널까지 시내버스(1번)가 운행된다. 벤쩨 시장 Chợ Bến Tre→동커이 공원 Công Viên Đồng Khởi→꿉 마트 Co.op Mart→벤쩨 버스 터미널 Bến Xe Bến Tre→락미에우교 Cầu Rạch Miễu→띠엔장(미토) 버스 터미널(미토)을 왕복한다.

띠엔장(메콩 강) 하류에 형성된 지역으로 미토에서 강을 건너면 벤쩨가 나온다. 벤쩨 성(省)의 성도이지만 인구 14만 명의 도시로 아담하다. 강변 도로가 깔끔하게 정리되어 있고, 인공 호수와 어우러져 평온하지만 특별히 볼거리가 있는 곳은 아니다. 대부분의 여행자들은 호찌민시에서 출발해 미토와 벤쩨를 투어로 다녀가기 때문에, 벤쩨를 기억하지 못하는 사람이 많다. 실제로 투어는 벤쩨 시내를 방문하지 않고 메콩 강에 있는 꼰풍 Cồn Phụng(Phoenix Island)을 들른다.

관광객이 적은 벤쩨는 강변 도로를 어슬렁거리며 관광객에게 친절하거나 혹은 무관심한 베트남 사람들을 만날 수 있는 도시다. 미토에서 벤쩨까지 락미에우교 Rach Mieu Bridge(Cầu Rạch Miễu)가 개통되면서 교통이 수월해졌다.

Restaurant

메콩 델타 지방답게 '후띠에우 Hủ Tiếu(쌀국수)' 식당이 흔하다. 베트남 사람들에게 인기 있는 곳은 남끼 커이응이아 거리 Đường Nam Kỳ Khởi Nghĩa에 있다. 저녁때가 되면 투어리스트 보트 선착장 주변에 자그마한 야시장이 들어선다. 강변에는 음료 노점이 많아서 시원한 강바람을 쏘이며 더위를 식히기 좋다.

후띠에우 짜이 꺼이보데 ★★★☆
Hủ Tiếu Chay Cây Bồ Đề

Map P.170 주소 24 Nam Kỳ Khởi Nghĩa 전화 0273-3883-528 영업 07:00~21:00 메뉴 영어, 베트남어 예산 3만~4만 VND 가는 방법 남끼코이응이아 거리 24번지에 있다.

현지인들 사이에서 맛집으로 통하는 채식 전문 식당이다. 볶음국수, 볶음밥, 두부 · 버섯볶음 등 채식 메뉴를 다양하게 갖추었는데, 특히 대표 메뉴인 '후띠에우' 종류가 다양하다. 저렴한 가격에 비해 음식 양도 많은 편이다.

반쎄오 투 46 Bánh Xèo Thu 46 ★★★

Map P.170 주소 11 Trưng Trắc 홈페이지 www.facebook.com/banhxeothu46 영업 08:00~22:00 메뉴 베트남어 예산 7만 VND 가는 방법 강변도로와 가까운 쯩짝 거리 11번지에 있다.

강변도로 인근에 있는 반쎄오 Bánh Xèo 식당이다. 큼직한 반쎄오에 허브와 채소를 듬뿍 내준다. 넴느엉 Nem Nướng과 숯불 생선구이도 함께 요리해 준다. 아담한 로컬 식당으로 간단하게 식사하기 좋다. 외국 관광객도 종종 찾지만, 영어는 잘 통하지 않는다.

Travel Plus+ 미토에 가면 맛봐야 할 특산 요리

후띠에우 Hủ Tiếu

베트남에서 쌀국수 하면 흔히 '퍼'를 의미하지만 메콩 델타 지방에서는 쌀국수 하면 '후띠에우'를 의미합니다(후띠우 Hủ Tiu라고 발음하기도 해요). '퍼'와 비슷해 보이지만 건면을 사용하기 때문에 쌀국수 면발이 투명하고 쫄깃한 것이 특징입니다. 화교의 영향을 받은 캄보디아 또는 태국 쌀국수와 비슷하다고 생각하면 되는데요. 육수는 일반적으로 돼지 뼈를 이용해 만들고, 생선 소스를 사용하지 않는 것이 특징입니다. 베트남 사람들은 북부 지방과 구분하기 위해 후띠에우 남방 Hủ Tiếu Nam Vang 이라고 부르기도 합니다. 베트남 사람들에게 베트남의 남방은 사이공(호찌민시)이 아니라 베트남의 남쪽인 캄보디아(또는 프놈펜)를 의미합니다.

까 따이뜨엉 찌엔 쑤 Cá Tai Tượng Chiên Xù

미토 주변의 메콩 강에서 많이 잡히는 생선을 이용한 튀김 요리입니다. '까 따이뜨엉'은 버들붕어과의 민물고기로 생김새가 코끼리 귀처럼 생겼다고 해서 붙여진 이름입니다. 생선 모양 그대로 튀긴 '까 따이뜨엉 찌엔쑤'는 부드러운 생선살로 인해 고급 음식으로 취급하는데요. 생선이 크기 때문에 받침대에 받쳐서 생선 모양 그대로 내오는 것이 특징입니다.

Hotel HOTEL

미토의 호텔

미토의 호텔들은 대부분 강변을 끼고 있다. 고급 호텔은 많지 않고 에어컨 시설의 중급 호텔들이 대부분이다. 호찌민시에서 출발한 메콩 델타 투어객들이 머무는 곳이 아니라 외국인 여행자들은 많지 않다.

민꽌 호텔 Minh Quan Hotel ★★★

Map P.170 주소 69 Đường 30 Tháng 4 전화 0273-3979-979 요금 더블 45만~60만 VND(에어컨, 개인욕실, TV, 냉장고, 아침식사) 가는 방법 강변 도로 동쪽에 있다.

강변에 있는 전형적인 미니 호텔이다. 6층짜리 건물로 객실의 위치에 따라 시설 차이가 난다. 도로를 끼고 있는 발코니 딸린 방의 전망이 좋다. 꼭대기 층에 있는 레스토랑에서 간단한 아침식사를 제공한다.

메콩 미토 호텔 ★★★☆
Mekong My Tho Hotel

Map P.170 주소 1A, Tết Mậu Thân 전화 0273-3887-777 홈페이지 www.mekongmythohotel.net. vn 요금 트윈 US$50~60(에어컨, 개인욕실, TV, 냉장고, 아침식사) 가는 방법 뗏머우투언 거리 1번지에 있다.

미토에서 보기 드문 4성급 대형 호텔로 야외 수영장까지 갖추고 있다. 총 9층 건물로 114개 객실을 운영하는데, 시설도 깨끗하다. 카펫 깔린 객실은 테이블, 소파 등 가구까지 잘 갖추고 있다. 또한 객실에서 메콩 강 일부를 볼 수 있다. 루프 톱에 테라스 카페를 운영하고 조식으로 뷔페 식 식사가 제공된다.

쏭띠엔 호텔 ★★☆
Khách Sạn Sông Tiền

Map P.170 주소 101 Trưng Trắc 전화 0273-3872-009 홈페이지 www.tiengiangtourist.com 요금 트윈 US$22~30(에어컨, 개인욕실, TV, 냉장고, 아침식사) 가는 방법 응우옌흐으후언 동상에

서 미토 시장 방향으로 도보 5분.

메콩 강이 아니라 바오딘 강과 접해 있는 호텔이다. 객실은 평범하고 에어컨 시설이 되어있다. 높은 층의 객실이 전망이 좋다. 아침식사를 빼면 방값이 할인된다. 단체 관광객이 즐겨 묵는다. 인접한 곳에 쏭띠엔 아넥스 호텔 Song Tien Annex Hotel(주소 31 Thiên Hộ Dương, 전화 0273-3977-883)을 함께 운영하고 있다.

더 월드 호텔 The World Hotel ★★★

Map P.170 주소 306c Lý Thường Kiệt 전화 0273-3888-866 요금 더블 US$16~25(에어컨, TV, 냉장고) 가는 방법 시내 중심가에서 2km 떨어진 리트엉끼엣 거리 306번지에 있다.

시내 중심가에서 떨어져 있지만 가격 대비 시설이 좋다. 다만 골목 안쪽에 있어 찾기 어려운 게 단점이다. 객실이 넓고 깨끗하며, 개인욕실에는 욕조도 갖춰져 있다. 주변에 높은 건물이 없어서 동네 풍경도 한눈에 보인다. 외국인이 많이 묵는 호텔이 아니라 영어는 잘 통하지 않지만 직원들이 친절하니 걱정은 말자.

끄우롱 호텔 Cửu Long Hotel ★★★☆

Map P.170 주소 81~83 Đường 30/4(Đường 30 Tháng 4) 전화 0273-6266-666 요금 더블 US$35~40(에어컨, 개인욕실, TV, 냉장고, 아침식사) 가는 방법 강변도로 오른쪽에 있다.

강변도로에 새로이 생긴 곳으로 베트남 지방 소도시에서 접할 수 있는 전형적인 중급 호텔이다. 3성급 수준이라 수영장은 없으나, 객실에 발코니가 딸려 있고 메콩 강이 내려다보인다. 아침식사가 기본으로 제공된다.

메콩 델타 투어

● 메콩 강 Mekong River

티베트에서 발원해 중국 윈난성, 미얀마, 라오스, 태국, 캄보디아, 베트남을 거쳐 남중국해까지 4,180㎞를 흐른다. 세계에서 12번째로 긴 강으로 나라마다 부르는 이름도 제각각이다. 메콩은 태국어인 '매콩'에서 유래했으며, 중국에서는 란창강(瀾滄江), 베트남에서는 쏭끄으롱(九龍江) Sông Cửu Long이라고 부른다. 끄으롱은 구룡(九龍)을 뜻한다. 베트남을 흐르는 메콩 강은 200~250㎞로 강줄기가 여러 갈래로 갈라지면서 흐르는 강물이 마치 아홉 마리의 용이 꿈틀거리는 것 같다하여 붙인 이름이다.

메콩 강은 캄보디아의 수도인 프놈펜 앞을 지나며 크게 두 갈래로 갈라진다. 오른쪽(앞쪽)으로 흐르는 강은 메콩 강의 큰 물줄기로 베트남에서는 전강(前江)이라 하여 띠엔장 Tiền Giang(또는 Sông Tiền)이라고 부른다. 띠엔장은 메콩 델타의 6개 성(동탑 Đồng Tháp, 안장 An Giang, 띠엔장 Tiền Giang, 빈롱 Vĩnh Long, 벤쩨 Bến Tre, 짜빈 Trà Vinh)을 관통하며 여러 개의 지류로 갈라져 동해(남중국해)로 흘러들어간다.

프놈펜에서 갈라진 메콩 강의 왼쪽(뒤쪽) 강물은 바싹 강 Bassac River이 된다. 베트남에서는 후강(後江)이라 하여 허우장 Hậu Giang(또는 Sông Hậu)이라 부른다. 캄보디아–베트남 국경과 인접한 쩌우독 Châu Đốc을 지나 롱쑤옌 Long Xuyên, 껀터 Cần Thơ, 쏙짱 Sóc Trăng을 거쳐 동해(남중국해)로 유입된다.

베트남 남부의 메콩 강 유역의 곡창 지대는 메콩 델타 Mekong Delta, 즉 메콩 삼각주라고 부른다. 메콩 강의 베트남 이름을 따서 끄으롱 델타(Đồng Bằng Sông Cửu Long)라고 표기하는 경우도 있다. 메콩 델타의 평균 해발은 2m로 평판한 지형이다. 메콩 강 하류의 수위 조절은 똔레쌉 Tonle Sap(동남아시아에서 가장 큰 담수호)에 의해 자연적으로 이루어진다. 우기 때 강물이 늘어나면 캄보디아 내륙에 있는 호수로 메콩 강 강물이 역류해 흘러들기 때문이다.

● 메콩 델타 투어

메콩 델타는 대중교통보다는 투어가 저렴하고 편리하다. 버스를 타고 특정한 도시로 이동하는 건 어렵지 않지만 필요할 때마다 보트를 대여하려면 시간과 경비가 많이 들게 마련이다. 이런 어려움은 호찌민시에 있는 여행사에서 출발하는 메콩 투어에서 해결해준다. 투어는 짧게 1일 투어부터 길게는 2박 3일 일정으로 진행된다. 베트남을 거쳐 캄보디아까지

횡단하는 여행자들을 위해 프놈펜까지 가는 상품도 있어서 편리하다. 요금은 인원과 호텔, 보트의 종류, 식사 내용에 따라 다양하다. 코로나 팬데믹 이후 투어가 소규모로 진행되면서 요금이 인상되고 있다. 저렴한 투어들은 선풍기 방을 사용하니 예약할 때 호텔 수준과 포함 내용을 확인해두자. 아래 요금은 단체 투어를 기준으로 한 1인 요금이다. 호찌민시에 있는 여행사는 P.93 참고.

꾸찌 터널+메콩 델타 1일 투어(US$30~35)
호찌민시 ➡ 꾸찌 터널 ➡ 미토 ➡ 호찌민시
시간이 빠듯한 여행자를 위한 맞춤 투어. 오전에 꾸찌 터널을 방문하고 오후에는 미토에 들러 쪽배를 타고 메콩 강 지류를 둘러본다. 오후 6시경에 호찌민시로 돌아온다.

미토 1일 투어(US$19~25)
호찌민시 ➡ 미토 ➡ 벤쩨 ➡ 호찌민시
메콩 델타의 맛보기 투어로 인기가 높다. 호찌민시에서 차로 2시간 거리인 미토로 이동해서 메콩 강에 형성된 네 개의 섬을 둘러본다. 꼰떤롱 Cồn Tân Long(Dragon Island), 꼰터이썬 Cồn Thới Sơn(Unicorn Island), 꼰풍 Cồn Phụng(Phoenix Island), 꼰꾸이 Cồn Qui(Tortoise Island) 섬을 방문해 코코넛 캔디, 벌꿀 농장, 열대 과일 농장을 들른다. 호찌민시로 다시 돌아와야 하는 일정이어서 메콩 델타의 풍족함을 제대로 느끼기에는 부족하다. 노 젓는 쪽배 타는 재미에 위안을 삼자.

빈롱 1일 투어(30~45)
호찌민시 ➡ 까이베 수상시장 ➡ 빈롱 ➡ 호찌민시
껀터에 있는 수상시장을 가려면 1박 2일이 소요되기 때문에, 이를 대신해 당일치기로 갔다올 수 있는 까이베 수상시장을 방문하는 코스다. 메콩 강의 섬들 지류로 연결되기 때문에 보트를 타고 이동하며 열대 과일 농장과 수공예품 마을을 들른다. 미토에 비해 멀기 때문에 일정이 빠듯하다. 빈롱은 홈스테이가 가능한 곳이라 1박 2일 일정이 더 어울리는 투어다.

미토 & 껀터 1박 2일 투어(US$70~90)
호찌민시 ➡ 미토 ➡ 벤쩨 ➡ 껀터 ➡ 호찌민시
메콩 델타를 둘러보는 가장 기본적인 일정이다. 메콩 강
유람과 수상시장. 메콩 강변의 도시를 골고루 체험할 수
있다. 첫날은 벤쩨를 거쳐 껀터에서 1박 한다. 둘째날은
까이랑 수상시장을 방문하고 미토를 거쳐 호찌민시로 돌
아온다.

쩌우독 & 프놈펜 1박 2일 투어(US$75~90)
호찌민시 ➡ 까이베 수상시장 ➡ 빈롱 ➡ 롱쑤옌 ➡ 쩌우독 ➡ 프놈펜
1박 2일 일정으로 메콩 델타를 거쳐 캄보디아로 빠져나가는 투어다. 이동 거리에 비해 시간이 많
지 않기 때문에 껀터를 들르지 않는다. 첫날은 까이베 수상시장을 방문하고 빈롱에서 롱쑤옌까지
차로 이동한 다음, 보트로 갈아타고 쩌우독까지 크루즈를 즐긴다. 둘째날은 오전에 노 젓는 배
를 타고 쩌우독 주변의 수상가옥 마을을 방문하고, 보트를 이용해 캄보디아 국경으로 이동한다.
프놈펜까지 스피드 보트를 타거나, 중간에 버스로 갈아타느냐에 따라 요금이 달라진다. 캄보디아
비자 수수료(US$30)는 별도다.

껀터 & 쩌우독 2박 3일 투어(US$85~125)
호찌민시 ➡ 미토 ➡ 벤쩨 ➡ 껀터 ➡ 롱쑤옌 ➡ 쩌우독 ➡ 호찌민시
메콩 델타의 주요 도시를 모두 둘러보는 투어다. 첫날은 미토에서 벤쩨
를 거쳐 껀터까지 이동한다. 둘째날은 까이랑 수상시장을 방문하고 롱쑤
옌을 거쳐 쩌우독까지 이동한다. 셋째날은 쩌우독 주변의 수상가옥 마을,
무슬림 마을, 쌈산을 여행하고 호찌민시로 돌아온다. 미토와 벤쩨 대신
까이베와 빈롱을 방문하는 2박 3일 투어도 가능하다.

메콩 델타 횡단 2박 3일 투어(US$110~145)
호찌민시 ➡ 미토 ➡ 벤쩨 ➡ 껀터 ➡ 롱쑤옌 ➡ 쩌우독 ➡ 프놈펜
껀터 & 쩌우독 2박 3일 투어와 흡사하지만, 셋째날 오후에 캄보디
아로 이동한다. 프놈펜까지 가는 보트의 종류에 따라 요금이 달라진
다. 캄보디아 비자 수수료(US$30)는 불포함이다.

Vĩnh Long

빈롱

강을 끼고 형성된 전형적인 메콩 델타 도시다. 빈롱은 빈롱 성(省)의 성도로 띠엔장(메콩 강)에서 갈라진 꼬찌엔 강 Co Chien River(Sông Cổ Chiên)이 도시 북쪽을 흐른다. 호찌민시에서 1일 투어로 미토를 많이 다녀가지만, 빈롱 또한 투어가 발달해 외국인들이 지속적으로 유입된다. 미토보다 멀긴 하지만 도시 분위기가 좋고 강변의 재래시장도 흥겨운 분위기라 활기가 넘친다. 강변을 걷다보면 자연스레 풍요롭다는 느낌을 받게 된다. 풍족함 때문인지 외국인에게 친절하며 바가지요금도 흔치 않다. 빈롱을 한자로 풀면 오래도록 풍성하다는 뜻의 '영룡 永隆'이 된다.

까이베 수상시장, 메콩 강에 형성된 섬들 사이를 흐르는 미로처럼 연결된 수로, 열대 과일 농장까지 메콩 델타 분위기가 물씬 풍긴다. 보트 투어와 연계해 자전거를 타고 여행하기 좋다. 도시를 벗어난 전원에서의 홈스테이는 메콩 델타의 전원과 일상생활을 체험할 수도 있다. 개별적으로 얼마든지 여행이 가능하다. 호찌민시에서 출발하는 투어를 이용해 스쳐가지 말고, 하루 정도 머물며 메콩 델타 사람들과 어울려보자.

인구 21만 3,252명 | 행정구역 빈롱 성 Tinh Vĩnh Long 빈롱 시 Thành Phố Vĩnh Long | 면적 48㎢
시외국번 0270

Information

은행 · 환전

호앙타이히에우 거리 Đường Hoàng Thái Hiểu 에 비엣콤 은행, 비엣인 은행, ACB 은행이 지점을 운영하고, 2월 3일 거리에는 사콤 은행이 있다.

여행사 · 보트 투어

빈롱에서 투어를 주관하는 회사는 끄으롱 투어리스트 Cửu Long Tourist이다. 끄으롱 호텔 1층에 사무실을 운영한다. 까이베 수상시장(약 3시간 소요)을 다녀오는 보트 요금은 US$25, 주변 섬들을 함께 둘러보는 4시간짜리 투어는 US$30이다. 선착장 주변에서 개별적으로 보트를 흥정할 경우 US$20 정도에 투어가 가능하다. 호찌민시에서 출

발하는 메콩 델타 투어는 P.174 참고.

끄으롱 투어리스트
주소 Đường 1 Tháng 5(1/5 Street)
전화 0270-3823-616, 0270-3823-529
홈페이지 www.cuulongtourist.com

빈롱 시내에 있는 시내버스 터미널

Access

새롭게 이전한 빈롱 버스 터미널 Bến Xe Vĩnh Long은 시내 중심가에서 3km 떨어진 1A번 국도에 있다. 노선은 호찌민시(미엔떠이 버스터미널)와 껀터로 한정되어 있다. 호찌민시까지는 오전 4시 30분부터 오후 4시 30분까지 운행되며, 편도 요금은 12만 VND이다. 프엉짱 버스(홈페이지 www.futabus.vn)와 마이린 버스(홈페이지 www.

mailinhexpress.vn) 두 개 회사에서 운행하는데, 시설이 좋은 프엉짱 버스가 인기 있다.

껀터로 갈 때는 시내버스 Xe Buýt를 타도 된다. 시내에 있는 구 버스 터미널에서 출발한다. 오전 5시 30분부터 30~40분 간격으로 운행되며, 편도 요금은 2만 3,000VND이다. 껀터까지는 33km 떨어져 있다.

Transportation

빈롱 시내는 크지 않기 때문에 걸어 다닐 만하다. 강 건너에 있는 안빈은 선착장에서 페리를 타고 간다(편도 요금 2,000VND).

안빈 지역은 홈스테이 숙소에서 자전거를 빌려 둘러보면 좋다. 까이베 수상시장은 보트 투어로 다녀와야 한다.

빈롱의 볼거리도 역시나 메콩 강이다. 풍족함이 느껴지는 도시는 강변을 거닐며 시장을 보는 것만으로도 충분하다. 보트를 타고 까이베 수상시장을 다녀오거나, 자전거를 타고 안빈을 여행하는 것이 빈롱의 하이라이트이다.

Map P.180-B1

빈롱 시장 ★★
Vinh Long Market
Chợ Vĩnh Long

주소 Đường Hùng Vương **운영** 매일 06:00~20:00 **가는 방법** 강변 도로와 가까운 흥브엉 거리 일대에 시장이 형성된다.

도시 규모에 비해 시장이 크다. 상설 시장과 주변 도로를 가득 점령한 상인들로 인해 흥겹다. 메콩 강에서 잡힌 생선과 곡창지대에서 생산된 쌀, 과일, 채소가 가득해 풍요로운 느낌이다. 때문에 싱싱한 과일과 채소를 저렴하게 구입할 수 있다. 강변과 접해 있으므로 메콩 강 주변을 거닐다 들르면 된다.

Map P.180-B1

티엔허우 사원(天后廟) ★
Thien Hau Pagoda
Chùa Thiên Hậu

주소 64 Đường 30 Tháng 4(30/4 Street) **운영** 매일 06:00~17:00 **요금** 무료 **가는 방법** 4월 30일 거리에 있는 인민위원회 청사(시청) 맞은편에 있다.

빈롱에 정착한 화교들이 건설한 향우회관이다. 티엔허우를 모신 사당을 만들면서 사원 기능을 함께 수행하고 있다. 티엔허우는 중국 남방에서 추앙받는 인물로 안전한 항해를 돕는 바다의 여신이다. 사당 내부에는 티엔허우와 함께 관음보살, 관우

동상을 모시고 있다. 호찌민시 쩌런이나 호이안에 있는 향우회관과 동일한 구조이다.

입구에는 '빈롱시 화인회 永隆市華人會'라고 적혀 있고, 사원 입구 현판에는 '광진회관 廣肇會館'이라고 적혀 있다.

형상 분주한 빈롱 시장

메콩 투어에 참여한 투어리스트 보트

티엔허우 사원

빈롱

식당 ● 쇼핑 ● 숙소

반탄미에우(文聖廟) ★
Văn Thánh Miếu

주소 Đường Trần Phú 요금 무료 가는 방법 빈롱 시내에서 남쪽으로 4㎞ 떨어져 있다.

문성(文聖)은 '문(文)'을 완성한 공자를 의미하며, 문성묘는 공자를 모신 사당이다. 유교 전통이 강했던 북부 베트남에 비해 유교 문화가 크게 영향을 미치지 못한 남부 베트남에 만든 공자 사당이라 독특한 느낌이다. 하노이에 있는 문묘(P.407)와 동일한 개념이지만 규모는 현저하게 작다. 공원처럼 만든 부지에 사당 하나가 세워져 있을 뿐이다. 찾는 사람이 거의 없어 쓸쓸하다.

안빈 An Bình ★★★☆

주소 Huyện Long Hồ, Xã An Bình 가는 방법 또 티후인 거리 Đường Tô Thị Huỳnh에 있는 안빈행 선착장 Bến Phá An Bình에서 보트로 5분.

안빈은 메콩 강의 지류에 의해 생긴 섬으로 빈롱에서 가장 가까운 곳이다. 까이베–빈롱 투어에 참여하면 들르는 곳 가운데 하나다. 빈롱 시내에서 페리가 연결되기 때문에 투어가 아니어도 쉽게 방문할 수 있다.

페리에 자전거를 싣고 강을 건너서 과수원이 가득한 길을 따라 천천히 둘러보면 된다. 안빈 선착장 바로 앞에 있는 띠엔쩌우 사원(仙洲寺) Tien Chau

반탄미에우(문성묘)

강 건너에 있는 안빈 마을 입구

Pagoda(Chùa Tiên Châu)부터 콜로니얼 양식의 교회, 수로에 의해 얽히고설킨 길과 전원 풍경, 친절한 현지인들을 만날 수 있다. 전원생활을 만끽하고 싶다면 홈스테이(P.183)를 해도 된다.

자전거 타기 좋은 곳, 안빈

까이베 수상시장 ★★★☆
Cai Be Floating Market
Chợ Nổi Cái Bè

주소 Huyện Cái Bè, Tỉnh Tiền Giang **가는 방법** 빈롱에서 보트로 1시간.

까이베는 메콩 강에 형성되는 수상시장 때문에 유명한 마을이다. 호찌민시에서 껀터(P.184)까지 갈 만한 시간적 여유가 없을 경우 그 대안이 되는 곳이다. 보트에 물건을 가득 싣고 강 위에서 상거래가 이루어진다. 새벽 5시부터 저녁때까지 수상시장이 형성되지만 아무래도 아침시간이 활기차다. 강변에 가톨릭 교회가 있어서 분위기가 이국적이다.

행정구역 상으로는 띠엔장 성에 속해 있지만, 미토보다는 빈롱이 더 가깝다. 호찌민시에서 출발하는 투어에 관한 자세한 내용은 P.174 참고.

가톨릭 교회와 수상시장이 어우러지는 까이베 수상시장

Restaurant

빈롱의 레스토랑

도시 규모에 비해 대단한 레스토랑은 보기 힘들다. 소규모 서민식당이 대부분이며, 저렴한 식사는 빈롱시장의 노점에서 해결할 수 있다.

메오우 키친 ★★★☆
Mèo Ú Kitchen

Map P.180-B1 **주소** 60 Mậu Thân **전화** 0270-2220-168 **홈페이지** www.facebook.com/Bepmeou **영업** 07:00~22:00 **메뉴** 영어. 베트남어 **예산** 6만~9만 VND **가는 방법** 시내 중심가에서 남서쪽으로 2.6km 떨어진 머우턴 거리 60번지

에 있다.

현지 젊은이들에게 인기 있는 카페를 겸한 레스토랑이다. 넓은 야외 공간과 냉방 시설을 갖춰 쾌적한 환경을 유지하는 덕이다. 볶음밥, 비빔밥, 떡볶이, 닭고기덮밥, 라멘, 데리야키 치킨, 오코노미야키 같은 한국·일본 음식을 요리한다. 장사가 잘돼서 확장 이전했는데, 시내 외곽으로 옮겨서 오가기 불편해졌다.

카페 호아낭
Cafe Hoa Nang ★★☆

Map P.180-A1 주소 Đường 1 Tháng 5(1/5 Street) & Đường Phan Bội Châu 전화 0270-3826-747 영업 매일 08:00~22:00 메뉴 영어, 베트남어 예산 커피 1만 4,000~2만 4,000 VND 가는 방법 투어리스트 보트 선착장 옆의 강변 도로 코너에 있다.

메콩 강변에 있는 카페다. 강변을 끼고 있어 시원스럽다. 위치가 좋아 자릿값이 비쌀 것 같지만 커피 값은 일반 카페와 동일하다. 저녁때가 되면 강변 도로에 노천 카페가 속속 문을 연다.

프엉투이 레스토랑
Phuong Thuy Restaurant
Nhà Hàng Phương Thuỷ ★★★

Map P.180-A1 주소 1 Phan Bội Châu 전화 0270-3824-786 영업 매일 10:00~23:00 메뉴 영어, 베트남어 예산 10만~25만 VND 가는 방법 끄으롱 호텔 맞은편의 투어리스트 보트 선착장 옆

에 있다.

메콩 강변에 있는 대형 레스토랑이다. 전형적인 투어리스트 레스토랑으로 다양한 베트남 음식을 요리한다. 단체 여행객들이 즐겨 찾기 때문에 북적거린다. 강변의 한적한 풍경을 즐기려면 바쁜 시간을 피해야 한다. 아침 시간에는 끄으롱 호텔 투숙객들의 조식 뷔페로 운영된다.

냐항 쏭띠엔
Song Tien Floating Restaurant
Tàu Nhà Hàng Sông Tiền ★★★

Map P.180-A1 주소 Tô Thị Huỳnh & Trưng Nữ Vương 전화 0270-2470-477 영업 매일 10:00~22:00 메뉴 영어, 베트남어 예산 메인 요리 10만~26만 VND 가는 방법 또티후인 거리와 쯩느브엉 거리가 만나는 강변에 있다.

메콩 강변에 있는 수상 레스토랑이다. 3층으로 이루어진 대형 선박을 레스토랑으로 개조했다. 보트에 앉아서 식사할 수 있다. 특히 해질 때 갑판에서 바라다보는 풍경이 아름답다. 방대한 베트남 음식을 요리하는데, 해산물 요리가 많다.

Hotel 🏨 HOTEL

미토와 벤쩨에 비해 여행자들을 위한 숙박 시설이 다양하다. 빈롱의 호텔들은 강변이 아닌 시내 중심가에 있어 특별한 전망은 없지만 저렴하고 깨끗하다. 강 건너에 있는 안빈은 메콩 델타에서 홈스테이 체험을 해볼 수도 있는 곳으로 메콩 강에 형성된 섬에서 친절한 현지인들과 시간을 보내게 된다. 빈롱 시내와 가깝기 때문에 투어가 아니더라도 홈스테이가 가능하다. 가정집에 머물긴 하지만 게스트하우스 분위기로 시설은 기본적이다.

민쿠에 호텔
Minh Khuê Hotel ★★★☆

Map P.180-A1 주소 38 Trưng Nữ Vương 전화 0270-3826-688 홈페이지 www.facebook.com/minhkhuehotel 요금 더블 35만~50만 VND 가는 방법 쯩느브엉 거리 38번지에 있다. 같은 거리에 있는 응우롱 호텔 Ngũ Long Hotel을 바라보고

왼쪽에 있다.

시내에 있는 미니 호텔이다. 객실은 위치에 조금씩 다르지만 대체적으로 넓고 깨끗하다. 도로 쪽 방들은 발코니도 딸려 있다. 모든 객실은 TV, 냉장고, 개인 욕실 등 기본적인 시설을 갖추고 있다. 꿉 마트가 가까워 편리하고, 메콩 강과도 200m 떨어져 있다. 시내 중심가에 있는 비슷한 가격대의 호텔 중에 그나마 가성비가 괜찮은 곳이다.

끄으롱 호텔 Cuu Long Hotel ★★★
Khách Sạn Cửu Long

Map P.180-A1 **주소** Đường 1 Tháng 5(1/5 Street) **전화** 0270-3823-656 **요금** 트윈 44만~58만 VND(에어컨, 개인욕실, TV, 냉장고, 아침 식사) **가는 방법** 강변 도로(또티후인 거리)에 있는 투어리스트 보트 선착장 맞은편에 있다.

메콩 강변에 있는 2성급 호텔이다. 빈롱의 대표적인 중급 호텔로 단체 투어 팀이 즐겨 묵는다. 강변에 있어 지리적으로 편리할 뿐 특별함은 없다. 객실이 넓은 편으로 구관보다는 신관의 시설이 좋다. 정부에서 운영하는 호텔로 끄으롱 투어리스트를 함께 운영한다.

사이공 빈롱 호텔 ★★★★
Khách Sạn Sài Gòn Vĩnh Long

Map P.180-A1 **주소** 2 Trưng Nữ Vương **전화** 0270-3879-988, 0270-3879-989 **홈페이지** www.saigonvinhlonghotel.com **요금** 슈피리어 US$54, 딜럭스 US$65(에어컨, 개인욕실, TV, 냉장고, 아침식사) **가는 방법** 강변과 가까운 쯩느엉 거리 2번지에 있다.

전국 주요 도시에 호텔을 운영하는 사이공 호텔의 빈롱 지점이다. 2018년도에 지어진 4성급 호텔로 수영장을 갖추고 있다. 슈피리어 룸은 시티 뷰, 그랜드 딜럭스 룸은 리버 뷰이니 객실 크기와 전망을 고려해 예약하자. 시내 중심가라 관광하기도 편리하다.

남탄 홈스테이 ★★★
Nam Thanh Homestay

주소 172/9 Bình Lương, An Bình **전화** 0270-3858-883 **요금** 더블 US$14~17(선풍기, 공동욕실, 아침 식사) **가는 방법** 안빈 선착장 앞에 있는 띠엔쩌우 사원(Chùa Tiên Châu)을 바라보고 왼쪽 길로 300m 떨어져 있다. 미리 전화하면 선착장으로 픽업 나온다.

안빈 선착장에서 가장 가까운 홈스테이이다. 친절한 베트남 가족이 운영하며 정원과 과수원이 주변에 가득하다. 객실은 침대와 모기장이 설치돼 있으며 욕실은 공동으로 사용해야 한다. 에어컨을 사용할 경우 US$4를 추가로 받는다. 정원에 해먹을 설치하고 휴식 공간으로 꾸몄다. 조식을 기본 포함하며, 저녁 식사는 원할 경우 미리 주문해야 한다. 쿠킹 클래스(요금 15만 VND)를 별도로 운영하는데, 총 6가지 음식을 만들어보고 저녁식사를 해결할 수도 있다. 수상 시장을 방문하는 보트 투어도 운영한다.

응옥프엉 홈스테이 ★★★☆
Ngoc Phuong Homestay

주소 118C/10 Bình Lương, An Bình **전화** 0703-950-857, 090-9201-828 **요금** 더블 US$15~18(선풍기, 공동욕실, 아침식사), 방갈로 US$24(선풍기, 개인욕실, 아침식사) **가는방법** 강 건너 안빈 선착장에서 도보 10분. 남탄 홈스테이를 지나 응옥쌍 홈스테이에 못 미쳐서 중간에 있다.

베트남 가족이 운영하는 홈스테이 분위기의 게스트하우스. 안빈 선착장과 가까워 편리하다. 객실은 선풍기에 침대, 모기장, 공동욕실까지 주변의 홈스테이와 비슷한 구조지만, 독립된 방갈로가 있어 시설이 좀 더 좋다. 조식이 기본 제공되지만 저녁 식사는 별도 요금을 받는다. 자전거를 무료로 사용할 수 있다. 인접한 응옥쌍 홈스테이 Ngoc Sang Homestay를 함께 운영한다.

바린 홈스테이 ★★★☆
Ba Linh Homestay

주소 112/8 An Thanh, An Bình **전화** 0270-3858-683 **홈페이지** www.facebook.com/BaLinhHomestay **요금** 더블 US$16~18(선풍기, 공동욕실, 아침식사), 더블 US$20~22달러(선풍기, 개인욕실, 아침식사) **가는 방법** 메콩 강 건너편 안빈 선착장에서 동쪽으로 3km 떨어져 있다.

메콩 강을 건너면 있는 안빈 지역의 홈스테이 숙소. 선착장에서 조금 떨어져 있어 오가기 불편하지만 다른 홈스테이에 비해 시설이 좋다. 숙소는 방이 연속해 있는 롱 하우스 형태의 단층 목조 건물이다. 객실 내부는 타일과 벽돌을 이용해 아늑하게 꾸몄고, 개별 욕실을 마련했다.

Cần Thơ

껀터

　　메콩 델타 최대의 도시로 베트남 남부의 수도 역할을 한다. 메콩 델타의 중심부에 자리한 지리적인 이점을 바탕으로 상업의 중심지로 성장했다. 베트남에 있는 다섯 개의 직할시 중의 하나로 승격했으며 지속적인 인구 유입으로 인해 다낭을 제치고 4대 도시로 성장했다. 인구 100만 도시라고는 하지만 여전히 중소도시 분위기가 느껴진다. 호찌민시에 비해 도심은 번잡하지 않다. 메콩 강줄기인 허우장 Hậu Giang(바싹 강 Bassac River)에 연해 형성된 도시라 풍요롭다.

　　껀터의 볼거리는 주변의 수상시장이다. 메콩 델타에서 가장 큰 규모를 자랑하는 까이랑 수상시장 Cai Rang Floating Market(Chợ Nổi Cái Răng)이 6㎞ 거리에 있다. 쪽배를 저어 강을 건너는 현지인의 모습. 좌판을 벌인 상인들로 가득한 시장통의 북적거림. 강변 도로를 따라 이어진 여유로운 풍경도 괜찮다. 여행자들에게는 메콩 델타 여행의 '허브 도시'로 인식된다. 투어에 참여했다면 호찌민시로 돌아가든 캄보디아로 넘어가든 상관없이 껀터에서 하루를 보내야 하기 때문이다. 껀터 대교 Can Tho Bridge(Cầu Cần Thơ)가 완성되면서 여행이 한결 수월해졌다.

인구 156만 9,301명 | 행정구역 껀터 직할시 Thành Phố Cần Thơ | 면적 1,408㎢ | 시외국번 0292

여행사 · 보트 투어

껀터 지역 투어를 총괄하는 여행사는 껀터 투어리스트 Can Tho Tourist이다. 까이랑 수상시장만 방문하는 3시간짜리 보트 투어는 US$30, 퐁디엔 수상시장까지 방문하는 5시간짜리 투어는 US$40~50이다. 게스트하우스와 호텔에서도 투어 예약이 가능한데, 저렴한 단체 투어는 US$20~25 정도 예상하면 된다.

닌끼에우 투어리스트 선착장 Bến Tàu Du Lịch

껀터 투어리스트 보트 선착장

Ninh Kiều 주변에서 개별적으로 보트를 섭외할 경우 1시간에 US$5 정도에 흥정이 가능하다. 수상시장을 제대로 보려면 아침 일찍 출발해야 한다. 호찌민시에서 출발하는 투어는 P.174 참고.

껀터 투어리스트
주소 10 Hai Bà Trưng
전화 0292-3821-854, 0292-3824-221
홈페이지 www.canthotourist.vn

지리 파악하기

껀터의 메인 도로는 시내 중심가를 가로지르는 다이로호아빈(호아빈 대로) Đại Lộ Hòa Bình이다. 강변 도로를 따라 껀터 시장, 보트 선착장, 닌끼에우 공원 Công Viên Ninh Kiều이 가지런히 들어서 있다. 닌끼에우 공원에 있는 호찌민 동상은 껀터의 랜드마크 역할을 해준다. 여행자들이 선호하는 호텔과 레스토랑은 강변 도로인 하이바쯩 거리 Đường Hai Bà Trưng에 몰려 있다.

Access

껀터 가는 방법

호찌민시(미엔떠이 버스 터미널)는 물론 메콩 델타의 모든 도시를 연결하기 때문에 교통이 편리하다. 호찌민시와 주변 도시로 가는 버스는 시 외곽에 있는 껀터 중앙 버스 터미널을 이용해야 한다.

항공

공식 명칭은 껀터 국제공항 Can Tho International Airport(Sân Bay Quốc Tế Cần Thơ)이다. 호찌민시와 가까워 항공 노선은 많지 않다. 국내선은 베트남항공과 비엣젯항공에서 푸꾸, 냐짱, 다낭, 하노이 노선을 취항한다. 국제선은 비엣젯 항공에서 껀터↔인천 구간을 주 3회 운항하고, 에어아시아에서 껀터↔방콕 노선을 매일 취항한다. 공항에서 시내까지는 11㎞ 떨어져 있다. 공항버스는 없고 택시(편도 요금 15만~20만 VND)를 타고 시내까지 이동해야 한다.

껀터 국제공항
주소 179B LêHồng Phong, TP. Cần Thơ
전화 0292-3844-301
홈페이지 www.vietnamairport.vn/canthoairport

껀터 국제공항

버스

껀터에는 버스 터미널이 두 곳 있다. 하나는 장거리 버스가 출발하는 곳으로 1A번 국도(Quốc Lộ 1A)에 있는 껀터 중앙 버스 터미널 Bến Xe Khách Trung Tâm Thành Phố Cần Thơ이다. 버스 시설도 좋고 운행 편수도 가장 많은 프엉짱 버스 Phương Trang(홈페이지 www.futabus.vn)를 이용할 수 있고, 호찌민시(1시간 간격 수시 운행, 4~5시간 소요, 편도 요금 16만~18만 VND), 쩌우독(06:00~20:00 1일 11회 운행, 4시간 소요, 편도 요금 17만 VND), 달랏(07:00, 12:00, 20:00 1일 3회 운행, 11~12시간 소요, 편도 요금 43만 VND)행버스가 출발한다. 시내에서 터미널까지 5~6㎞ 떨어져 있는데, 미니밴으로 무료 픽업 서비스를 제공한다. 버스표는 시내에 있는 호텔이나 여행사에서 예약하면 된다. 반대로 껀터 터미널에서 시내로 들어갈 때도 프엉짱 버스에서 운영하는 무료

껀터 중앙 버스 터미널의 프엉짱 버스 대합실

미니밴을 이용하면 된다. 탄브어이 버스 Thành Bưởi는 달랏(08:00, 10:00, 1일 2회, 편도 요금 42만 VND)을 갈 때 이용해 볼만하다.

다른 하나는 시내와 가까운 버스 터미널(91B 버스 터미널) Bến Xe Khách Cần Thơ(Bến Xe 91B)로 응우옌반린 거리(주소 36 Nguyễn Văn Linh)에 있다. 껀터 근교를 오가는 완행버스 터미널로 이용되는데, 껀터→빈롱행 시내버스(편도 요금 2만 3,000VND)를 이곳에서 타면 된다. 껀터 대교를 거쳐 빈롱 시내에 있는 버스 터미널까지 운행된다 (P.178 참고).

Best Course

껀터 추천 코스

껀터에서 가장 중요한 볼거리는 수상시장이다. 아침 일찍 까이랑 수상시장을 다녀온 다음, 오후에 껀터 시내를 둘러보면 된다. 강변 도로를 따라 껀터 시장부터 광둥 회관까지 도보로 여행한다.

까이랑 수상시장
P.189

보트 50분

보트 50분

껀터 투어리스트
보트 선착장

보트 50분

껀터

start!

껀터 시장
P.188

도보 1분

도보 5분

호찌민 동상 P.188

도보 1분

광둥 회관
P.188

껀터

쌍토이 호수
Hồ Xáng Thối

0 100 200m

루아넵 레스토랑 방면

빅토리아 껀터 리조트
Victoria Can Tho Resort

인민위원회 청사

군사 박물관
Bảo Tàng Quân Khu 9

껀터 박물관
Bảo Tàng Cần Thơ

센스 시티
Sense City

흥딘 사원(興定寺)
Hưng Đính Tự

광둥 회관

호찌민 동상
껀터 투어리스트
Cần Thơ Tourist

무니랑시아람 사원

펏혹 사원
Chùa Phật Học

보트 선착장

병원
Bệnh Viện Đa Khoa

껀터 시장
Chợ Cần Thơ

버스터미널, 쉐라톤 껀터 방면

안락 시장
Chợ An Lạc

까이랑 수상시장,
퐁디엔 수상시장

Hậu Giang(Bassac River)

- ① 남도 레스토랑 A2
  Nam Do Restraurant
- ② 꽌껌 16 Quán Cơm 16 A2
- ③ Helios' Cocktail B1
- ④ 싸오홈 레스토랑 B2
  Sao Hom Restraurant
- ⑤ 프엉남 Phương Nam,
  메콩 레스토랑(메콩 인) B1
  Mekong Restaurant B1
- ⑥ 하일랜드 커피 B1
- ⑦ 카페 로터스 Cafe Lotus B1
- ⑧ 레스칼 레스토랑 B2

- ① 탄하 게스트하우스 A2
  Thanh Hà Guest House
- ② 루비 CT 호텔 B2
  Ruby CT Hotel
- ③ 후이호앙 호텔 B2
  Huy Hoang Hotel
- ④ 호텔 31 Hotel 31 B2
- ⑤ 낌런 호텔 A2
  Khách Sạn Kim Lân
- ⑥ 사이공 껀터 호텔 B2
  Saigon Can Tho Hotel
- ⑦ 닌끼에우 2 A1
  Ninh Kiều 2

- ⑧ 남보 부티크 호텔 B2
  Nam Bo Boutique Hotel
- ⑨ 떠이호 호텔 B2
  Tây Hồ Hotel
- ⑩ 인터내셔널 호텔 B1
  International Hotel
- ⑪ 낌터 호텔 B1
  Khách Sạn Kim Thơ
- ⑫ TTC 호텔 TTC Hotel B1
- ⑬ 닌끼에우 호텔 B1
  Ninh Kiều Hotel
- ⑭ 탄투이 호텔 B2
  Thanh Thuy Hotel

- ⑮ 낌롱 호텔 B2
  Kim Long Hotel
- ⑯ 허우장 호텔 A2
  Hậu Giang Hotel
- ⑰ 웨스트 호텔 B2
  West Hotel
- ⑱ 라이트하우스 B2
  The Lighthouse
- ⑲ Mekong 69 Hostel B1
- ⑳ Midmost Boutique Hostel A1

● 식당   ● 쇼핑   ● 숙소

메콩 델타 최대의 수상시장인 까이랑 수상시장. 판매하는 물건을 장대에 걸어서 식별하도록 했다.

도시 자체는 대단한 볼거리가 없고, 인접한 수상시장이 볼 만하다. 남는 시간에 강변을 거닐며 광둥 회관과 호찌민 동상 앞에서 기념사진을 찍으면 된다.

Map P.187-B2

호찌민 동상 ★★
Statue Of Ho Chi Minh
Tượng Đài Hồ Chí Minh

주소 Đường Hai Bà Trưng **운영** 24시간 **요금** 무료 **가는 방법** 강변의 닌끼에우 공원에 있다.

메콩 강변의 작은 공원에 세운 호찌민 동상이다. 껀터의 이정표 역할을 해준다. 은색으로 칠해져 있던 '호 아저씨' 동상은 오즈의 마법사를 연상케 했는데, 황동색으로 옷을 갈아입으면서 근사해졌다. 기념사진을 찍거나 공원에 휴식하러 오는 사람들이 대부분이다.

Map P.187-B1

광둥 회관(廣東會館) ★★
Guangdong Assembly Hall(Ong Pagoda)
Hội Quán Quảng Đông(Chùa Ông)

주소 32 Hai Bà Trưng **운영** 매일 07:00~18:00 **요금** 무료 **가는 방법** 강변 도로의 호찌민 동상 맞은편에 있다.

껀터에 정착한 광둥성 상인들이 지역민의 친목 도모를 위해 만든 향우회관이다. 1896년에 건설했다. 현판에는 광둥회관이 아니라 '광진회관(廣肇會館)'이라고 적혀 있다. 관우 동상과 티엔허우 동상을 함께 모시고 있어 사당과 사원의 역할을 함

께 수행한다. 본당 정중앙에 관성대제(關聖大帝)를 모시고 있는데, 관성대제는 도교에서 관우를 신격화한 것이다. 관우는 용맹함의 상징과 더불어 재력의 신으로 여겨지기 때문에 해상 교역을 하던 중국 상인들에게 신성시된다. 티엔허우(天后聖母) Thiên Hậu는 중국 남방에서 신성시되는 여신으로 바다의 안전한 항해를 관장한다.

천장은 소원을 빌며 걸어 둔 스프링 모양의 향으로 가득 채워져 있다. 관우 사당이라는 의미로 꽌꽁미에우(關公廟) Quan Công Miếu라고 불리기도 한다. 꽌꽁은 관우를 높여 부르는 관공(關公)의 베트남식 발음이다.

Map P.187-B2

껀터 시장 ★★
Can Tho Market
Chợ Cần Thơ

주소 71 Hai Bà Trưng **운영** 매일 08:00~20:00 **가는 방법** 강변의 닌끼에우 투어리스트 보트 선착장 Bến Tàu Du Lịch Ninh Kiều 옆에 있다.

호찌민시의 벤탄 시장과 더불어 100년 이상의 역사를 자랑한다. 하지만 현대적인 시설로 재탄생하면서 매력은 없어지고, 규격화된 관광객을 위한 시장으로 전락했다. 근사한 외관으로 단장한 상설 시장 내부는 깔끔하지만 의류와 기념품을 판매하는 시장이라서 특별한 재미는 없다. 시장 앞의 강변 도로에 상인들이 좌판을 펼치고 물건을 파는 모습이 시장통의 정겨움으로 남아 있다.

광둥 회관

껀터 시장

껀터 박물관 ★
Can Tho Museum
Bảo Tàng Cần Thơ

주소 1 Đại Lộ Hòa Bình **전화** 0292-3813-890
운영 화~목요일 08:00~11:00, 14:00~17:00,
토·일요일 08:00~11:00, 18:30~21:00 **휴무**
월·금요일 **요금** 무료 **가는 방법** 다이로호아빈(호
아빈 대로)에 있는 중앙 우체국 맞은편에 있다.

껀터 시와 메콩 델타에 관한 내용으로 꾸며진 박
물관이다. 껀터 일대에서 출토된 유물과 의상, 화
교와 크메르족의 생활상, 껀터 지방에 일어났던
독립 투쟁에 관한 내용이 주를 이룬다. 껀터 박물
관 맞은편에 군사 박물관 Bảo Tàng Quân Khu 9
이 있다. 베트남 전쟁 동안 사용된 무기와 격추된
미군 헬기 등을 전시하고 있다.

퐁디엔 수상시장 ★★
Phong Dien Floating Market
Chợ Nổi Phong Điền

주소 Huyện Phong Điền, Thành Phố Cần Thơ
운영 매일 05:00~12:00 **가는 방법** 껀터 시내에서
남서쪽으로 20㎞ 떨어져 있다.

껀터 시 퐁디엔 현(縣)에 형성되는 수상시장. 껀터
시내에서 멀리 떨어져 있고 까이랑 수상시장에 비
해 규모도 작다. 이른 아침에 가장 활기를 띤다.

무니랑시아람 사원 ★★
Munirangsyaram Pagoda
Chùa Munirangsyaram

주소 36 Đại Lộ Hòa Bình **운영** 매일 06:00~18:00
요금 무료 **가는 방법** 호찌민 동상에서 도보 10분.

남방 불교를 믿는 크메르(오늘날의 캄보디아) 사
원이다. 껀터에 거주하는 크메르족(캄보디아 사람
들 중에 일부는 베트남에서 소수민족으로 생활한
다)이 1946년에 건설했다.
사원의 규모는 작지만 사원 치장이 화려하다. 크
메르 양식의 법당은 첨탑 모양으로 석가모니 불상
을 모시고 있다.

까이랑 수상시장 ★★★☆
Cai Rang Floating Market
Chợ Nổi Cái Răng

주소 Quận Cái Răng, Thành Phố Cần Thơ **운
영** 매일 04:00~12:00 **요금** 무료 **가는 방법** 껀터
시내에서 남쪽으로 6㎞ 떨어져 있다. 보트로 40~
50분 걸린다.

메콩 델타 일대에서 가장 큰 수상시장이자 베트남
을 대표하는 수상시장이다. 메콩 강 위에 떠 있는
거대한 재래시장으로 생각하면 된다. 메콩 델타의
비옥한 땅에서 재배된 다양한 쌀과 채소, 과일, 식
물, 생선이 거래된다. 일종의 도매시장으로 목조
선박에 물건을 가득 싣고 와서 배 위에서 직접 거
래가 이루어진다. 소매상들은 나룻배를 타고 와서
필요한 만큼 물건을 구입해 간다.
새벽 4시부터 보트들이 집결하기 때문에 아침 일
찍 방문해야 수상시장을 제대로 경험할 수 있다.
참고로 도로가 포장되어 있어 차나 오토바이를 타
고 가도 되지만, 보트를 타고 가야 제맛이 난다.

껀터 박물관

크메르 사원인 무니랑시아람 사원

아침부터 분주한 까이랑 수상시장

189

도시 규모가 크기 때문에 레스토랑이 다양하다. 메콩 델타에서 외국 여행자들이 많이 찾는 도시라 영어가 통하는 레스토랑도 흔하다. 강변 도로에 외국인들이 선호하는 레스토랑이 많다.

프엉남 Phương Nam ★★★

Map P.187-B1 주소 48 Hai Bà Trưng 전화 0292-3812-077 영업 07:00~23:00 메뉴 영어, 베트남어 예산 9만~18만 VND 가는 방법 강변도로에 광둥 회관을 바라보고 왼쪽에 있다. 메콩 인 Meking Inn과 붙어 있다.

강변 도로에 있는 레스토랑들과 마찬가지로 외국인 여행자들을 주 고객으로 한다. 쌀국수를 비롯해 다양한 베트남 음식과 전골 요리, 피자, 스테이크까지 메뉴가 다양하다. 무더운 오후에 시원한 맥주 마시며 거리 풍경을 바라보기 좋다. 바로 옆에 있는 메콩 레스토랑 Quán Cơm Mekong(Mekong 1965)도 분위기가 비슷하다.

꽌껌 16 Quán Cơm 16 ★★☆

Map P.187-A2 주소 52 Nguyễn Thái Học 전화 0292-3827-326 영업 매일 10:00~22:00 예산 7만~12만 VND 가는 방법 응우옌타이혹 거리의 브으언 사원 Chùa Bửu Ân 오른쪽에 있다.

베트남 사람들에게 인기 있는 레스토랑이다. 위치를 이전해 규모가 더 커졌고, 에어컨도 갖추고 있다. 강변의 투어리스트 레스토랑에 비해 번잡한 분위기이지만 음식맛이 좋고 저렴하다. 생선과 채소 볶음, 전골 요리 등 메뉴는 많지 않지만 음식이 알차다.

카페 로터스 Café Lotus ★★★

Map P.187-B1 주소 2 Hai Bà Trưng 홈페이지 www.facebook.com/cafelotusninhkieu 영업 06:00~23:00 메뉴 영어, 베트남어 예산 커피 3만~5만 VND, 식사 7만~10만 VND 가는 방법 강변도로 끝자락에 있는 닌끼에우 호텔 옆에 있다.

강변 도로 끝자락에 위치한 야외 카페. 인공 분수대가 설치된 대형 카페로 강변 풍경을 감상할 수 있다. 커다란 나무 그늘 아래 테이블이 놓여 공원에 있는 듯한 느낌을 준다. 반미(바게트 샌드위치), 보빗뗏(소고기 스테이크), 쌀국수, 볶음밥 등 기본적인 식사도 가능하다.

루아넵 Nhà Hàng Lúa Nếp ★★★☆

Map P.187-B1 주소 Lúa Nếp Resort, Khu Bãi Bồi, Phường Cái Khế, Quận Ninh Kiều 전화 0292-3676-979 영업 07:00~23:00 메뉴 영어, 베트남어 예산 12만~36만 VND 가는 방법 껀터시 동쪽 끝자락 메콩 강변에 있다. 껀터 박물관에서 동쪽으로 1.7km 떨어져 있다.

시내 중심가에서 조금 떨어져 있지만 분위기 좋은 강변 식당이다. 메콩 강을 끼고 있는 루아넵 리조트에서 운영하는데, 해변 리조트 분위기로 근사하게 꾸몄다. 야외 정원과 연꽃 연못이 어우러져 자연적인 정취를 더한다. 베트남 단체 관광객이 많이 찾아오는데, 아이들을 위한 놀이공간도 마련되어 있다. 다양한 베트남 음식과 해산물을 요리한다.

레스칼 레스토랑
L'escale Restaurant ★★★☆

Map P.187-B2 주소 4F Nam Bộ Boutique Hotel, 1 Ngô Quyền 전화 0903-936-301, 0292-3819-139 홈페이지 www.facebook.com/Lescaleskygardenlounge 영업 14:00~23:00 메뉴 영어, 베트남어 예산 19만~49만 VND 가는 방법 응오꾸옌 거리와 하이바쯩 거리가 만나는 남보 부티크 호텔 4F에 있다.

강변을 끼고 있는 남보 부티크 호텔에서 운영하는 프랑스 음식점이다. 호텔 4F 옥상에 있는데 스카이 가든과 라운지를 겸하고 있다. 정통 프랑스 레스토랑이기보다는 외국 관광객이 선호하는 유럽 음식점에 가깝다. 스테이크와 시푸드를 메인으로 요리한다. 1층에는 베트남 음식점인 남보 레스토랑 Nam Bo Restaurant을 운영한다.

싸오홈 레스토랑 ★★★
Sao Hom Restaurant

Map P.187-B2 **주소** Nhà Lồng Chợ Cần Thơ,

Đường Hai Bà Trưng **전화** 0292-3815-616 **영업** 매일 06:00~23:00 **메뉴** 영어, 베트남어 **예산** 10만~25만 VND **가는 방법** 껀터 시장 내부에 있다. 껀터 시장 내부에 있어 번잡할 것 같으나 개방형 공간으로 꾸며 깔끔하다. 높은 천장과 깔끔한 세팅, 아오자이를 입은 종업원까지 정갈하다. 베트남 음식부터 스테이크까지 메뉴가 다양하다. 무엇보다 신선한 해산물 요리가 인기 있다.

Hotel

껀터의 호텔

메콩 델타의 수도답게 도시 규모에 걸맞는 호텔들이 많다. 아직까지는 오래된 중급 호텔들이 대부분이다. 호찌민시에서 출발한 메콩 투어도 껀터에서 1박하기 때문에 여행자 숙소도 많다.

탄하 게스트하우스 ★★★
Thanh Hà Guest House(Nhà Nghỉ Thanh Hà)

Map P.187-A2 **주소** 118/14 Phan Đình Phùng **전화** 091-8183-522 **홈페이지** www.mshaguesthouse.wordpress.com **요금** 더블 US$13~15(에어컨, 개인욕실, TV) **가는 방법** 판딘풍 거리 118번지 골목 안쪽에 있다.
6개 객실을 운영하는 게스트하우스. 주인장의 이름을 따서 미스 하 게스트하우스 Ms Ha Guest House로 불리기도 한다. 타일이 깔린 자그마한 객실에는 창문과 TV, 에어컨, 온수 샤워 가능한 개인욕실이 딸려 있다. 선풍기만 사용하면 방 값이 할인된다. 친절한 베트남 가족이 운영한다.

낌롱 호텔 Kim Long Hotel ★★★

Map P.187-B2 **주소** 9 Châu Văn Liêm **전화** 0292-3899-909 **홈페이지** www.kimlonghotel.com.vn **요금** 더블 US$18~24(에어컨, 개인욕실, TV, 냉장고, 아침식사), 3인실 US$30 **가는 방법** 껀터 시장에서 100m 떨어진 쩌우반리엠 거리 9번

지에 있다.
시내 중심가에 있는 미니 호텔이다. 더블 룸은 창문의 유무와 객실의 위치에 따라 요금이 다르다. 도로를 끼고 있는 방들이 창문도 있고 시설이 좋다. 주변의 여행자 숙소에 비해 깨끗하다. 옥상에 야외 테라스를 만들어 휴식 공간으로 활용한다.

루비 CT 호텔 Ruby CT Hotel ★★★

Map P.187-B2 **주소** 34 Nguyễn An Ninh **전화** 0292-3912-777 **요금** 스탠더드 더블 US$15, 슈피리어 더블 US$20, 딜럭스 더블 US$25(에어컨, 개인욕실, TV, 냉장고) **가는 방법** 응우옌안닌 거리 34번지. 동아 은행 Dong A Bank 왼쪽.
시내 중심가에 있는 미니 호텔이다. 엘리베이터는 없고 타일이 깔린 객실이 깔끔하다. TV와 냉장고, 온수 샤워 가능한 개인욕실까지 기본적인 시설을 갖추고 있다. 건물 안쪽 방보다 도로와 접한 방(딜럭스 룸)이 창문이 크고 채광이 좋다. 1층의 저렴한 방(스탠더드 룸)은 창문이 없다. 직원이 친절하고 영어로 소통이 가능하다.

낌터 호텔 Kim Thơ Hotel ★★★☆

Map P.187-B1 주소 1 Ngô Gia Tự 전화 0292-2227-979, 0292-3817-517 홈페이지 www.kimtho.com 요금 스탠더드 US$40~45, 슈피리어 US$55~65 가는 방법 강변 도로 북쪽에서 연결되는 응오자뜨 거리에 있다.

강변과 연해 있는 3성급 호텔이다. 다른 호텔에 비해 상대적으로 조용한 위치에 있다. 객실은 나무 바닥을 깔아 깔끔하다. 객실은 위치에 따라 시내가 보이거나 메콩 강이 보인다. 리버 뷰를 원하면 슈피리어 룸을 선택해야 한다.

라이트하우스 The Lighthouse ★★★★

Map P.187-B2 주소 120 Hai Bà Trưng 전화 0292-3819-994 요금 더블 US$68~76, 발코니 더블 US$86(에어컨, 개인욕실, TV, 냉장고) 가는 방법 보트 선착장 앞쪽의 하이바쭝 거리 & 보반떤 거리가 만나는 삼거리 코너에 있다.

보트 선착장과 인접한 중심가에 있는 숙소로 2019년 리모델링해 깨끗하다. 객실은 50㎡ 크기로 원목 가구를 이용해 편안하게 꾸몄다. 객실에는 소파와 테이블이 별도로 갖추어져 있고 개인 욕실은 샤워부스가 설치되어 있다. 발코니가 딸린 방은 침실과 거실이 구분되어 있고, 발코니에서 메콩 강도 바라보인다.

쉐라톤 껀터 Sheraton Can Tho ★★★★☆

Map P.187-A2 주소 209 Đường 30 Tháng 4 전화 0292-3761-888 홈페이지 www.marriott.com/en-us/hotels/vcasi-sheraton-can-tho 요금 딜럭스 시티 뷰 US$90~95, 딜럭스 리버 뷰 US$120~145 가는 방법 껀터 시장과 보트 선착장에서 서쪽으로 2km 떨어져 있다.

국제적인 체인을 갖춘 쉐라톤 호텔의 껀터 지점이다. 강변에 신축한 고층 빌딩으로 객실 전망이 좋다. 특히 메콩 강 전망을 볼 수 있는 리버 뷰가 훌륭하다. 5성급 호텔에 어울리는 현대적인 시설의 객실을 갖췄다. 야외 수영장과 조식 뷔페까지 부대시설도 다양하다.

남보 부티크 호텔 ★★★★
Nam Bo Boutique Hotel

Map P.187-B2 주소 1 Ngo Quyen 전화 0292-3819-138 홈페이지 www.nambocantho.com 요금 메인 스위트 US$120~140, 코너 스위트 US$155 가는 방법 호찌민 동상에서 도보 1분.

강변 도로에 위치한 콜로니얼 양식의 호텔이다. 객실은 모두 9개로 거실과 부엌을 갖춘 스위트 룸으로 꾸몄다. 현대적 인테리어에 객실이 밝고 전망도 좋다. 코너 스위트 룸에서의 전망이 가장 좋다. 남보 Nam Bo와 레스칼 L'Escale 두 개의 레스토랑을 함께 운영한다. 수영장이 없는 게 단점이다.

TTC 호텔 TTC Hotel ★★★★

Map P.187-B1 주소 2 Hai Bà Trưng 전화 0292-3812-210 홈페이지 www.ttccantho.com 요금 딜럭스 시티 뷰 US$55, 딜럭스 리버 뷰 US$65~80(에어컨, 개인욕실, TV, 냉장고, 아침식사) 가는 방법 강변 도로 오른쪽의 하이바쭝 거리 2번지에 있다.

강변 도로에 있는 대형 호텔이다. 4성급 호텔이라고 광고하지만 3성급 수준으로 수영장을 갖추고 있다. 10층 건물로 107개 객실을 갖추고 있다. 메콩 강이 보이는 리버 뷰 객실이 시설이 좋다. 골프 호텔 Golf Hotel에서 TTC 호텔로 간판이 바뀌면서 객실을 리노베이션했다.

빅토리아 껀터 리조트 ★★★★★
Victoria Can Tho Resort

Map P.187-B1 주소 92 Cái Khế 전화 0292-3810-111 홈페이지 www.victoriahotels-asia.com 요금 슈피리어 US$165~200, 딜럭스 US$220~250 가는 방법 강변 도로 북동쪽 끝에서 연결되는 다리를 건너면 된다.

빅토리아 리조트에서 만든 곳답게 콜로니얼 건물을 호텔로 사용한다. 객실은 천연 목재와 실크를 이용해 꾸며 아늑하다. 강변에 있으나 시내에서 살짝 떨어져 있어 차분하다. 야외 수영장과 정원, 테니스 코트 등 레저 시설도 훌륭하다.

Châu Đốc

쩌우독

    캄보디아와 국경을 접하고 있는 안장 성(省) Tình An Giang에 있는 작은 도시다. 여행자들에게는 성도인 롱쑤옌 Long Xuyên보다 쩌우독이 거점 도시 역할을 해준다. 베트남과 캄보디아를 오가는 횡단 루트의 중요한 길목에 있기 때문이다. 호찌민시→미토→빈롱→껀터로 이어지는 메콩 델타 투어는 쩌우독을 거쳐 프놈펜으로 빠져나가게 되어 있다. 두 나라를 오가는 외국인들의 유입이 잦기 때문에 변방지역이지만 여행자들을 위한 시설도 많다.

    쩌우독은 허우장 Hậu Giang(바싹 강 Bassac River)에 연해 형성된 도시다. 시장에서 느껴지는 풍족함과 분주함은 여느 메콩 델타 도시와 닮아 있고, 강 위에 형성된 수상가옥 마을은 독특한 볼거리를 제공한다. 국경지역이라 베트남ㆍ캄보디아ㆍ화교 문화가 어울려 있고 소수민족인 참족까지 더해져 종교와 문화가 접목되어 있다. 국경을 통과할 생각이 없더라도 쌈 산에 올라 메콩 델타의 평야지대와 캄보디아 땅을 구경해보자. 수평선 가득 펼쳐지는 풍경이 일품이다.

인구 16만 1,547명 | 행정구역 안장 성 Tình An Giang 쩌우독 시 Xã Châu Đốc | 면적 99.95㎢ |
시외국번 0296

Information

은행 · 환전 · 우체국

보데다오짱(菩提道場) Bồ Đề Đạo Tràng 공원 옆에 있는 사콤 은행 Sacom Bank이 가장 편리한 위치다. 중앙

시내 중심가에 있는 쩌우독 시장

우체국(주소 2 Lê Lợi)은 쩌우푸 사원 옆의 레러이 거리에 있다.

여행사 · 보트 투어

대부분의 호텔에서 기본적인 여행사 업무를 대행해 준다. 메콩 델타 투어는 물론 캄보디아 프놈펜까지 가는 보트 티켓도 예약이 가능하다. 쩌우독 주변의 수상 가옥과 참족 마을(쩌우장)을 방문하는 보트 투어(3~4시간)는 US$10~25. 호찌민시에서 출발하는 투어는 P.174 참고.

Access

안장 성의 끝자락으로 캄보디아 국경과 접하고 있지만 교통은 나쁘지 않다. 껀터, 호찌민시뿐만 아니라 캄보디아 프놈펜까지 대중교통이 연결된다.

버스

프엉짱 버스 사무실

껀터와 호찌민시까지 버스가 수시로 오가고, 캄보디아 프놈펜까지 보트가 연결된다. 버스 터미널은 시내에서 동쪽으로 3㎞ 떨어져 있지만, 터미널까지 가지 않아도 시내에 있는 버스 회사들의 사무실에서 예약 및 탑승이 가능하다.

껀터 또는 호찌민시까지는 에어컨 버스를 운영하는 프엉짱 버스 Phương Trang가 편리하다. 쩌우독→껀터는 매일 15회(06:00~20:00) 출발한

다. 편도 요금은 12만 VND으로 4시간 정도 소요된다. 쩌우독→호찌민시(미엔떠이 버스 터미널)는 07:00~23:00까지 1시간 간격으로 출발한다. 편도 요금은 21만 VND으로 6~7시간 정도 걸린다.

프엉짱 버스
주소 95 Nguyễn Hữu Cảnh
전화 0296–3565–888

보트

프놈펜 Phnom Penh까지 가는 보트는 하루 2회 출발한다. 익스프레스 보트(편도 US$32~45)는 오전 8시에 출발해 오후 1시에 도착한다. 슬로 보트(편도 US$15~20)는 오전 7시에 출발해 오후 5시 무렵에 도착한다. 슬로 보트는 캄보디아 국경을 통과한 다음 보트를 타고 니악룽 Neak Loung까지 가서 버스로 갈아타고 프놈펜으로 간다. 캄보디아 비자 수수료(US$30)는 보트 요금에 포함되지 않으므로 별도로 내야 한다.

쩌우독

A
- ① Pozaa Tea & Coffee A2
- ② 바이봉 Bay Bong A1
- ③ 쯔엉번 Trương Vân A2
- ④ Boke Station A1

● 식당 ● 숙소

B
- ① 투언 러이 호텔 Thuận Lợi Hotel A1
- ② 하이쩌우 호텔 Khách Sạn Hải Châu A1
- ③ Homestay Khoa Chaudoc A2
- ④ 쭝응우엔 호텔 Trung Nguyen Hotel A1

- ⑤ 쏭싸오 호텔 Song Sao Hotel A2
- ⑥ Đông Bào Hotel A2
- ⑦ 다이러이 호텔 Khách Sạn Đại Lợi A2
- ⑧ 훙끄엉 호텔 Hùng Cường A2

Map labels:
- Nguyễn Đình Chiểu
- Sương Nguyễn Anh
- Đồng Đa
- Bạch Đằng
- Chi Lăng
- Quang Trung
- Nguyễn Hữu Cảnh
- Thủ Khoa Nghĩa
- Phan Văn Vàng
- 보데다오짱 공원 Bồ Đề Đạo Tràng
- Thủ Khoa Huân
- 쌈 산(6km) 방면
- Sacom
- 쩌우독 시장 Chợ Châu Đốc
- 쩌우푸 사원 Đình Châu Phú
- Trần Hưng Đạo
- Lê Công Thành
- Nguyễn Văn Thoại
- 프엉짱 버스 사무실
- Phan Đình Phùng
- Hùng Vương
- Phan Văn Vàng
- Trung Nữ Vương
- Thủ Khoa Huân
- Lê Lợi
- 쩌우장 Châu Giang
- 하우장(바싹강) Hậu Giang(Bassac River)
- 빅토리아 쩌우독 호텔 Victoria Châu Đốc
- 쩌우장 보트 선착장(200m), 머레이 게스트하우스(700m), 버스 터미널(3km) 방면

메콩 강의 수상가옥 마을

쩌우독 시내에는 쩌우독 시장이 있고, 허우장에는 수상가옥이 가득하다. 수상가옥 마을은 노 젓는 쪽배를 타고 가야 제맛을 느낄 수 있다. 강 건너에 있는 쩌우장에는 무슬림이 생활하는 참족 마을이 있다.

쩌우독 ★★
Châu Đốc

허우장(바싹 강)과 쩌우독 시장 Chau Doc Market (Chợ Châu Đốc)을 제외하면 시내 볼거리는 많지 않다. 쩌우독 시장은 중앙시장답게 다양한 물건들을 판다. 도시 자체가 시장을 중심으로 형성되었다고 해도 과언이 아닐 정도로 상권이 집중되어 있다. 상설 시장 내부는 의류와 생필품을 판매하고, 시장 주변의 도로에서는 채소, 과일, 해산물, 건어물, 젓갈이 대량으로 거래된다.

시장과 가까운 쩌우푸 사원(忠義祠) Chau Phu Temple(Đình Châu Phú)은 토아이응옥허우(瑞玉侯) Thoại Ngọc Hầu(1761~1829년)를 기리기 위해 1926년에 건설되었다. 토아이응옥허우는 응우옌 왕조 시대에 무관으로 이름을 날렸던 인물로, 쩌우독에서 하띠엔(캄보디아 국경) Hà Tiên까지 운하를 건설하기도 했다. 본명은 응우옌반토아이(阮文瑞) Nguyễn Văn Thoại이며, 사원 앞의 도로 이름과 동일하기도 하다.

쩌우장 ★★
Châu Giang

허우장 건너편(빅토리아 쩌우독 호텔 맞은편)에 있는 마을이다. 소수민족인 참족이 거주한다. 종교적으로 이슬람교를 믿기 때문에 베트남에서는 흔치 않은 모스크(이슬람 사원)를 볼 수 있다. 두 개의 모스크가 있는데, 선착장과 가까운 곳이 쩌우장 모스크 Chau Giang Mosque(Thánh Đường Hồi Giáo Châu Giang)이다. 원형 돔과 아치형 출입문, 예배 시간을 알리는 첨탑이 들어선 전형적인 이슬람 사원이다. 1750년에 건설된 무바락 모스크 Mubarak Mosque(Thánh Đường Hồi Giáo Mubarak)는 베트남에서 오래된 모스크 중의 하나로 약 1,000명의 신자들이 찾아와 예배를 본다. 쩌우장까지는 페리가 수시로 오간다. 강변 도로(레러이 거리)를 따라 오른쪽(동쪽)으로 가다보면 빅토리아 쩌우독 호텔을 지나서 메콩 레스토랑 옆에 있는 쩌우장 선착장 Bến Phá Châu Giang에서 페리(편도 요금 2,000VND)를 타고 강을 건넌다. 강 건너 선착장 앞에 있는 첫 번째 삼거리에서 우회전해 50m를 가면 쩌우장 모스크가 나온다. 무바락 모스크는 쩌우장 모스크에서 오른쪽으로 1.5㎞ 떨어져 있다.

쩌우독 시장

쩌우푸 사원

쩌우장 선착장

무바락 모스크

쩌우독 주변 볼거리

쌈 산과 주변 사원들이 볼 만하다. 쌈 산 정상에서 보이는 풍경이 압권이다. 쩌우독 시내에서 가깝기 때문에 쎄옴(오토바이) 또는 택시를 타고 다녀오면 된다. 응우옌반토아이 거리 Đường Nguyễn Văn Thoại를 따라 직진하면 쌈 산 입구에 있는 떠이안 사원에 닿는다.

쌈 산 ★★★
Sam Mountain
Núi Sam

쩌우독 시내에서 남서쪽으로 6㎞ 떨어져 있다. 메콩 델타 지역에서 가장 높은 산이다. 해발 고도는 284m에 불과하지만 메콩 델타의 평야 지대에 우뚝 솟아올라 있기 때문에 신성시된다. 캄보디아 국경지대라 군사적으로 중요했을 뿐만 아니라 풍년을 기원하는 현지인들에 의해 사원과 사당이 건설되며 종교적으로도 중요하다.

현지인들(특히 화교들)에게는 가족의 건강과 사업의 번창, 부와 복을 기원하는 장소이지만, 외국인들에게는 주변 경관을 보기 위한 장소로 사랑받는다. 쌈 산 정상에 오르면 수평선 가득히 펼쳐지는 곡창지대가 360° 파노라마로 거침없이 펼쳐진다. 날이 좋으면 쩌우독 시내는 물론 캄보디아까지 시원스럽게 보인다.

쌈 산을 오르는 길은 두 가지다. 떠이안 사원 옆으로 올라가는 산길과 쌈 산 뒤쪽으로 돌아 들어가는 포장도로다. 포장도로를 따라 오토바이를 타고 올라가서, 산길로 걸어 내려오는 것이 가장 좋은 방법이다. 산길을 걸어 내려오는 동안 작흐엉 사원(覺香古寺) Giác Hương Cổ Tự, 작응우옌 사원(覺源寺) Giác Nguyên Tự(사원 내부 벽화로 염라대왕의 심판과 지옥도가 그려져 있다), 탁브으 사원(石寶寺) Chùa Thạch Bửu(산신을 모신 사원), 미에우꽌탄(關聖廟) Miếu Quan Thánh(관우 위패를 모신 사당)을 지나게 된다.

쌈 산 정상에서 바라본 메콩 델타

떠이안 사원(西安寺) ★★
Tay An Pagoda
Chùa Tây An

쌈 산 입구에 있는 불교 사원이다. 안장 성(省) 도지사에 의해 1847년에 건설되었다. 캄보디아 국경지대, 즉 사이공(호찌민시) 서부 지방이 안정되기를 바란다는 의미로 '떠이안(西安)'이라고 칭했다(쩌우독 일대는 과거 크메르 제국의 영토였으며, 응우옌 왕조에 의해 19세기 초에 베트남 땅에 편입되었다). 국경 지대에 건설한 사원이라 참족, 크메르족, 화교, 베트남 문화가 융합되어 있다. 일주문은 전형적인 불교 사원, 사원의 외벽을 치장한 신들의 조각은 힌두 사원, 원형의 돔을 올린 지붕은 이슬람 사원을 닮았다. 떠이안 사원은 화려한 색으로 치장한 조각들이 눈길을 끈다. 사원 내부는 석가모니 불상과 관음보살을 포함해 200여 개의 불상을 안치했다.

바쭈아쓰 사당(主處聖廟) ★★
Ba Chua Xu Temple(Temple of Lady Xu)
Miếu Bà Chúa Xứ(Chúa Xứ)

남부 베트남 사람들에게 풍요의 여신으로 여겨지는 '쓰' 여인을 모신 사당이다. 전설에 따르면 6세기에 만들어진 '쓰' 여인상이 쌈 산 정상에 있었다고 한다. 1800년대에 쓰 여인상이 재발견되었고, 현지 주민들이 1820년에 여인상을 모신 작은 사당을 건설했다.

그 후 '쓰' 여인상 덕분에 크메르(캄보디아)와 싸얌(태국)의 침입을 물리칠 수 있었다는 전설이 더해지면서 신앙의 대상으로 변모한다. 국가의 수호신이기에 개인의 보호와 건강을 챙겨줌은 물론 풍

바쭈아쓰 사당

년과 부를 가져다주고 사업을 번창하게 해준다는 믿음까지 생겨난 것이다. 덕분에 순례자들이 밀려 들면서 사당의 규모가 계속해서 증축되었다. 현재 (1972년 증축)는 4층 지붕으로 이루어진 대형 사당 으로 변모했다. 사원의 전체적인 모양은 국(國)자 를 형상화했다고 한다. 매년 음력 4월 23~27일에 는 불상을 물로 씻기고 옷을 갈아입히는 종교 축 제가 열린다.

프억디엔 사원(福田寺) ★
Phuoc Dien Pagoda
Chùa Phước Điền

프억디엔 사원

쌈 산 남서쪽에 있는 사원이다. 동굴 사원이라는 뜻으로 '쭈아 항 Chùa Hang'이라고도 한다. 사이 공에 살던 레티터 Lê Thị Thơ(1818~1899년)라는

여인이 동굴에서 수행했던 것이 시초다.
1937년 동굴 앞쪽으로 사원을 신축했고, 현재는 대웅전과 승방, 탑으로 이뤄진 대형 사원으로 변 모했다. 사원 입구부터 대웅전까지 계단이 연결되 며, 대웅전 뒤쪽에 관음보살을 모신 동굴이 있다.

Restaurant
쩌우독의 레스토랑

쯔엉번 Trương Vân ★★☆

Map P.195-A2 주소 15 Quang Trung 전화 0296-866-567 영업 08:00~22:00 메뉴 영어, 베트남어 예산 9만~16만 VND 가는 방법 꽝쭝 거 리 15번지에 있다.
시내 중심가에 있는 평범한 식당으로 쩌우독 시장 과도 가깝다. 고기 · 생선 · 새우를 이용한 볶음 요 리가 주 메뉴다. 영어 메뉴를 갖추고 있다.

보케 스테이션 Boke Station ★★★☆

Map P.195-A1 주소 1 Phan Đình Phùng 전화 0858-208-908 홈페이지 www.bokestation.com 영업 07:00~22:00 메뉴 영어, 베트남어 예산 커피 2만~4만 VND 가는 방법 쩌우독 시장에서 두 블록 떨어진 판딘풍 거리 1번지에 있다.

시장 주변의 오래된 건물을 카페로 꾸며 빈티지한 분위기를 자아낸다. 메뉴는 달짝지근한 베트남 커 피부터 커피 머신을 이용한 에스프레소까지 다양 하다. 맥주 바를 겸하는데, 수입 맥주와 수제 맥주 를 판매한다.

포자 Pozaa Tea & Coffee ★★★

Map P.195-A2 주소 266 Thủ Khoa Nghĩa 영업 07:30~22:00 메뉴 영어, 베트남어 예산 음료 2만 ~5만 VND 가는 방법 투코아응이아 거리 266번 지에 있다.
거리 풍경 바라보며 시간 보내기 좋은 카페. 3층 건물로 규모가 크며 에어컨 시설로 쾌적하다. 커 피, 버블 티, 과일 주스까지 다양한 음료를 제공한 다. 아이스크림, 케이크, 피자 같은 식사와 디저트 메뉴도 있다.

Hotel

메콩 델타를 거쳐 캄보디아로 가는 외국 여행자들 덕분에 호텔이 제법 있다. 무난한 에어컨 시설의 호텔이 시내 중심가에 있다.

쭝응우옌 호텔 Trung Nguyen Hotel ★ ★ ★

Map P.195-A1 주소 86 Bạch Đằng 전화 0296-3561-561 홈페이지 www.trungnguyenhotel.com.vn 요금 더블 US$17~20(에어컨, 개인욕실, TV, 냉장고, 아침식사) 가는 방법 쩌우독 시장과 연한 박당 거리와 꽝쭝 거리 교차로 코너에 있다.

에어컨 시설의 여행자 숙소로 인기가 높다. 타일이 깔린 깨끗한 객실과 욕실을 갖추고 있다. 쩌우독 시장 코너에 있어서 발코니에서 시장과 거리 풍경이 내려다보인다. 엘리베이터는 없다. 시내 중심가라 드나들기도 편리하다.

하이쩌우 호텔 Hai Chau Hotel ★ ★ ★
Khách Sạn Hải Châu

Map P.195-A1 주소 61 Thượng Đăng Lễ 전화 0296-6220-066 홈페이지 www.haichauhotel.com 요금 더블 US$18~20(에어컨, 개인욕실, TV, 냉장고), 트윈 US$25 가는 방법 트엉당레 거리 & 꽝쭝 거리 삼거리 코너에 있다.

엘리베이터를 갖춘 중급 호텔이다. 깔끔한 에어컨 시설의 숙소로 개인욕실에는 샤워 부스가 있다. 쩌우독 시장은 물론 강변과도 가까운 위치이지만 거리가 북적대지 않고 조용하다.

훙끄엉 호텔 Hùng Cường Hotel ★ ★ ★ ☆

Map P.195-A2 주소 96 Đống Đa 전화 0296-3568-111 홈페이지 www.hungcuonghotel.vn 요금 더블 25~30달러(에어컨, 개인욕실, TV, 냉장고, 아침식사) 가는 방법 사콤 은행 Sacom Bank 에서 50m 떨어진 동다 거리 96번지에 있다.

시내 중심가에 있는 중급 호텔이다. 같은 이름의 버스 회사에서 운영한다. 객실 위치에 따라 창문 크기와 전망이 다른데, 도로 쪽 방들이 발코니가 딸려 있고 전망도 좋다. 엘리베이터를 갖추고 있으며 아침 식사도 포함된다. 주변의 비슷한 가격대 숙소에 비해 시설이 좋은 편이라 합리적인 선택지로 꼽힌다.

머레이 게스트하우스 ★ ★ ★ ☆
Murray Guest House

Map P.195-B2 주소 11~15 Trương Định 전화 0296-3562-108 홈페이지 www.murrayguesthouse.com 요금 더블 US$32~36(에어컨, 개인욕실, TV, 냉장고, 아침식사) 가는 방법 쩌우독 시내에서 동쪽으로 1㎞ 떨어져 있다. 강변 도로를 따라 가다가 쩌우장 보트 선착장 지나서 쯔엉딘 거리로 들어가면 된다.

호주-베트남 부부가 운영하는 게스트 하우스. 가구와 테이블까지 갖춘 중급 호텔에 가깝다. 객실은 타일이 깔려 있으며 넓고 깨끗하다. 창문도 넓고 개인 욕실도 청결하다. 객실이 10개뿐이라 가족적이며 친절하다. 자전거도 무료로 대여해준다.

빅토리아 쩌우독 호텔 ★ ★ ★ ★ ☆
Victoria Chau Doc Hotel

Map P.195-B2 주소 1 Lê Lợi 전화 0296-3865-010 홈페이지 www.victoriahotels.asia 요금 슈피리어 US$130~156, 딜럭스 US$150~190 가는 방법 쩌우독 시내로 진입하는 레러이 거리 초입에 있다.

5성급 호텔인 빅토리아 호텔에서 운영하는 곳으로, 쩌우독 시내에서 가장 좋은 호텔이다. 콜로니얼 양식으로 지어진 건물은 메콩 강을 끼고 있어 전망도 좋다. 객실은 나무 바닥과 원목 가구가 고풍스러운 느낌을 준다. 야외 수영장을 갖추고 있다.

Mũi Né

무이네

베트남 남부에서 잘 알려진 해변 리조트 마을이다. 판티엣 Phan Thiết에 속한 작은 마을이지만 호찌민시(사이공)와 가까워 주말 여행지로도 인기가 높다(평상시에는 러시아 관광객들이 많다). 호찌민시에서 불과 218㎞ 떨어져 있어 반나절이면 도착 가능한 곳이다. 무이네는 12㎞에 이르는 기다란 모래해변과 야자수가 어우러진다. 최근 들어 개발의 붐을 타고 리조트들이 속속 건설되고 있지만 해변이 워낙 길기 때문에 북적대는 느낌은 들지 않는다.

무이네를 감싸고 있는 바다는 환상적인 색은 아니다(유명세에 비해 바다는 너무도 평범하다). 바닷가 풍경을 감상하며 단순히 쉬어가는 곳이었다면 크게 주목받지 못했을 것이다. 하지만 동남아시아에서 보기 힘든 모래언덕이 펼쳐지며 이국적인 풍경을 선사한다. '사막 여행'을 꿈꾸는 여행자들에게 그 궁금증을 조금이나마 해소해준다. 해변의 동쪽 끝은 관광산업의 영향을 전혀 받지 않은 어촌 마을로 정겨움이 묻어난다.

인구 2만 6,412명 | 행정구역 빈투언 성 Tỉnh Bình Thuận, 판티엣 시 Thành Phố Phan Thiết, 무이네 Mũi Né | 시외국번 0252

은행 · 환전

해변을 끼고 있는 마을이라 은행 시설이 미비하다. 주요 호텔과 리조트에 24시간 운영되는 ATM을 이용하면 된다.

여행사 · 투어

신 투어리스트를 포함해 주요 여행사와 버스 회사에서 사무실을 운영한다. 모든 숙소에서 여행 업무를 대행하므로, 굳이 여행사를 찾아갈 필요는 없다. 무이네에서 인기 있는 투어는 일명 '사막 투어 Sand Dune Tour'로 샌드 듄(모래 언덕)을 방문한다. 어촌 마을(피싱 빌리지)와 쑤오이 띠엔(요정의 시냇물)이 포함된다. 보통 오후에 출발해 일몰까지 반나절 일정으로 진행된다. 일출을 보기 위해 새벽(04:30)에 출발하는 투어도 있다. 여행사 투어는 참가 인원의 규모에 따라 US$8~10, 지프차를 빌릴 경우 US$30~45 정도이다.

신 투어리스트 The Sinh Tourist
주소 144 Nguyễn Đình Chiểu
전화 0252-3847-542
홈페이지 www.thesinhtourist.vn

신 투어리스트 사무실

프엉짱 버스 Phương Trang(FUTA Bus Lines)
주소 20 Huỳnh Thúc Kháng
전화 0252-3743-113
홈페이지 www.futabus.vn

프엉짱 버스 사무실

여행 시기

베트남 남부에 위치해 우기와 건기로 날씨가 구분된다. 우기는 5~10월까지, 건기는 11~4월까지이다. 평균 기온은 28℃이며, 3~5월이 가장 덥다(낮 기온 34℃). 여행하기 좋은 시기는 건기인데, 이때는 성수기로 구분해 호텔들이 방 값을 인상한다.

지리 파악하기

무이네는 해변 도로 하나가 길의 전부로 706번 국도가 해변을 따라 길게 이어진다. 해변 도로의 서쪽은 응우옌딘찌에우 거리 Đường Nguyễn Đình Chiểu, 동쪽은 후인툭캉 거리 Đường Huỳnh Thúc Kháng로 불린다. 해변 중심가에 해당하는 응우옌딘찌에우 거리에 고급 리조트가 많고, 어촌 마을 정취가 남아 있는 후인툭캉 거리에는 저렴한 호텔이 많은 편이다. 해변 도로가 워낙 길고 특별한 이정표가 없기 때문에 번지수보다는 리조트를 확인하고 위치를 파악하는 게 좋다.

미아 리조트 앞에 있는 '11㎞' 거리 표식부터 신 투어리스트(무이네 리조트) 앞에 있는 '16㎞' 거리 표식까지가 리조트들이 몰려 있다. 프억티엔 사원 Chùa Phước Thiện 맞은편은 보케 스트리트 Bo Ke Street(베트남어로 제방을 뜻하는 버께 Bờ Kè에서 유래)로 알려진 해산물 노점 식당 거리가 있다. 신 투어리스트 사무실을 지나면 분위기가 확연히 달라져 한적해진다.

해산물 식당이 몰려 있는 보케 스트리트 Bo Ke Street

무이네에서 20km 떨어진 판티엣이 가장 가까운 도시지만, 판티엣을 거치지 않고 무이네까지 직행할 수 있다. 호찌민시(사이공)에서 출발하는 오픈 투어 버스가 무이네까지 운행된다. 외국인 여행자들뿐만 아니라 현지인들도 오픈 투어 버스를 이용한다. 오픈 투어 버스는 예약한 해당 여행사까지 운행하기 때문에 버스마다 종점이 다르다. 호찌민시에서 무이네까지는 버스로 5~6시간 거리다. 판티엣 시내에서 무이네까지는 시내버스가 수시로 오간다.

기차

인접한 도시인 판티엣에 기차역 Pahn Thiet Station(Ga Phan Thiết)이 있다. 호찌민시(사이공)→하노이를 오가는 통일열차는 정차하지 않고, 호찌민시(사이공)→판티엣 특별열차만이 정차한다. 1일 1회 왕복하며 낮 시간에만 운행된다. 야간열차는 현재 운행 중단된 상태다. 편도 요금은 에어컨 좌석 19만~28만 VND이다. 두 도시는 187km 떨어져 있다. 기차로 4시간 걸리기 때문에 교통체증이 있는 버스를 이용하는 것 보다 빠르다.

판티엣 기차역에서 무이네 해변까지 15~20km 떨어져 있다. 판티엣 기차역에서 출발하는 빨간색 9번 시내버스가 무이네 해변을 지난다. 편도 요금은 4만 VND이다. 택시를 타고 갈 경우 숙소 위치에 따라 30만~40만 VND 정도 예상하면 된다.

판티엣 기차역

오픈 투어 버스

무이네를 갈 때 가장 편리한 교통편이다. 호찌민시의 여행자 거리에서 오픈 투어 버스가 출발한다. 버스 회사마다 호찌민시→무이네→냐짱 노선을 1일 3~4편(07:00, 11:00, 14:00, 20:00 출발) 운행한다. 무이네까지의 편도 요금은 20만~28만 VND이다. 호찌민시→무이네 구간을 가장 많이 운영하는 프엉짱 버스는 오전 9시부터 새벽 1시까지 1일 15회 운행되며, 편도 요금은 17만 VND이다.

무이네에서는 호찌민시, 냐짱, 달랏으로 오픈 투어 버스가 출발한다. 호찌민시까지는 버스 회사마다 4~5회(08:30, 11:00, 13:30, 15:00, 01:00) 출발한다. 달랏까지는 1일 2회(07:00, 13:00 출발, 편도 26만~30만 VND) 운행하며 약 5~6시간 걸린다. 냐짱까지는 호찌민시에서 출발한 버스가 무이네를 들러서 가기 때문에 버스가 오후 1시 30분과 새벽 1시에 출발(편도 22만~28만 VND)한다. 침대버스가 운행되는데, 냐짱까지 6시간 소요된다. 버스표 예약은 여행사나 버스 회사가 아니더라도 묵고 있는 숙소에서 가능하다. 버스 요금은 회사마다 조금씩 차이가 나며, 침대 버스의 요금이 더 비싸다. 참고로 숙소들을 돌아다니며 손님들을 태우기 때문에 출발 시간은 잘 지켜지지 않는다.

야자수가 길게 늘어선 무이네 해변 도로

호찌민시(사이공)–판티엣 기차

노선(편명)	출발→도착
호찌민시→판티엣(SPT2)	06:45→10:40
판티엣→호찌민시(SPT1)	13:10→17:10

Transportation

판티엣에서 무이네까지 시내버스가 오전 5시부터 오후 8시까지 수시로 운행된다. 판티엣→무이네→해변 도로→쑤오이 띠엔 입구→어촌 마을→옐로 샌드 듄→혼럼 Hòn Rơm 노선을 왕복한다.

1번 버스는 판티엣 버스터미널을 출발해 꿉 마트 Co.op Mart를 경유하며, 9번 버스는 판티엣 기차역을 출발해 롯데 마트 Lotte Mart를 경유해 무이네 해변으로 향한다. 시내버스는 20~30분 간격으로 운행되며, 해변도로 아무데서나 기다렸다가 지나는 버스를 세워서 타면 된다. 편도 요금은 거리에 따라 8,000~2만 VND이다.

오토바이 대여는 하루 15만~25만 VND, 자전거 대여는 하루 4만~5만 VND 정도에 가능하다. 도로가 좁고 길이 울퉁불퉁해서 오토바이 탈 때는 안전에 각별히 유의해야 한다.

롯데마트와 판티엣 기차역을 오가는 9번 버스

판티엣을 오갈 때 유용한 시내버스

무이네 개념도

① 꺼이방 레스토랑 Nhà Hàng Cây Bàng
② 샌들 레스토랑 Sandals
③ 선셋 온 더 비치
④ 시푸드 바비큐 레스토랑(버께 거리) Seafood BBQ Restaurant(Bờ Kè)
⑤ 못낭 Một Nắng
⑥ 맘스 키친(한식당)
⑦ 루부 Lu Bu
⑧ 동부이 푸드코트 Dong Vui Food Court
⑨ 파인애플 무이네

① 빅토리아 판티엣 리조트 Victoria Phan Thiet Resort
② 클리프 리조트 The Cliff Resort
③ 아난타라 무이네 리조트 Anantara Mui Ne Resort
④ Cat Sen Auberge
⑤ Havana Resort
⑥ 랑 가든 방갈로 Rang Garden Bungalow
⑦ 하이엔 리조트 Hai Yen Resort
⑧ 비바 리조트 Viva Resort
⑨ 호앙낌 골든 리조트 Hoang Kim Golden Resort
호앙찌에우(다이너스티) 리조트 Hoàng Triều(Dynasty) Resort
⑩ 무이네 리조트 Mui Ne Resort

⑪ 그레이스 부티크 리조트 Grace Boutique Resort
⑫ 미뇬 호텔 Mi Nhon(Mignon)
⑬ Wanderlust Hotel
⑭ 리틀 무이네 코티지스 Little Mui Ne Cottages
⑮ 무이네 드 센추리 리조트 Muine de Century Resort
⑯ 하이어우(시걸) 리조트 Hải Âu(Seagull) Resort
⑰ 민안 게스트하우스 Minh Anh Guest House
지엠리엔 게스트하우스 Diem Lien Guest House
쑤언안 게스트하우스 Xuân Anh Guest House
⑱ Mường Thanh Holiday Mui Ne Hotel
⑲ 타이호아 리조트 Thái Hòa Resort
⑳ 카나리 비치 리조트 Canary Beach Resort

Best Course

모래언덕이 아름답게 보이는 시간에 맞춰야 하기 때문에 오전에는 화이트 샌드 듄, 오후에는 옐로 샌드 듄을 다녀오는 게 좋다. 새벽 일찍 출발해 화이트 샌드 듄에서 일출을 보고 오면 더욱 좋다. 일정을 여유롭게 잡고 싶다면 오전과 오후로 나눠서 이틀 동안에 다녀와도 된다. 중간에 해변이나 리조트 수영장에서 휴식하면 된다.

start!

무이네 해변 P.206

지프차 40분

화이트 샌드 듄 P.207

지프차 30분

어촌 마을 (피싱 빌리지) P.206

지프차 10분

오토바이 15분

쑤오이 띠엔 (요정의 시냇물) P.206

오토바이 5분

옐로 샌드 듄 P.207

무이네 해변(휴식) P.206

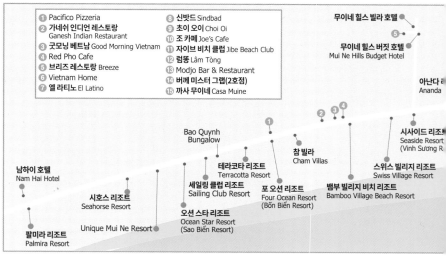

① Pacifico Pizzeria
② 가네쉬 인디언 레스토랑 Ganesh Indian Restaurant
③ 굿모닝 베트남 Good Morning Vietnam
④ Red Pho Cafe
⑤ 브리즈 레스토랑 Breeze
⑥ Vietnam Home
⑦ 엘 라티노 El Latino
⑧ 신밧드 Sindbad
⑨ 초이 오이 Choi Oi
⑩ 조 카페 Joe's Cafe
⑪ 자이브 비치 클럽 Jibe Beach Club
⑫ 럼똥 Lâm Tòng
⑬ Modjo Bar & Restaurant
⑭ 버께 미스터 그랩(2호점)
⑮ 까사 무이네 Casa Muine

무이네 힐스 빌라 호텔

무이네 힐스 버짓 호텔 Mui Ne Hills Budget Hotel

아난다 ? Ananda

Bao Quynh Bungalow

참 빌라 Cham Villas

시사이드 리조트 Seaside Resort (Vinh Sương R

남하이 호텔 Nam Hai Hotel

테라코타 리조트 Terracotta Resort

스위스 빌리지 리조트 Swiss Village Resort

세일링 클럽 리조트 Sailing Club Resort

시호스 리조트 Seahorse Resort

포 오션 리조트 Four Ocean Resort (Bốn Biển Resort)

뱀부 빌리지 비치 리조트 Bamboo Village Beach Resort

오션 스타 리조트 Ocean Star Resort (Sao Biển Resort)

Unique Mui Ne Resort

팔미라 리조트 Palmira Resort

● 관광 ● 식당 ● 숙소

Attractions

무이네는 해변에서 휴식하며 시간 보내기 좋지만, 주변에 사진 찍기 좋은 명소들도 많다. 사막을 연상케 하는 모래언덕과 일몰 때의 어촌 마을 풍경은 감미롭다.

무이네 해변

12km에 이르는 무이네 해안선

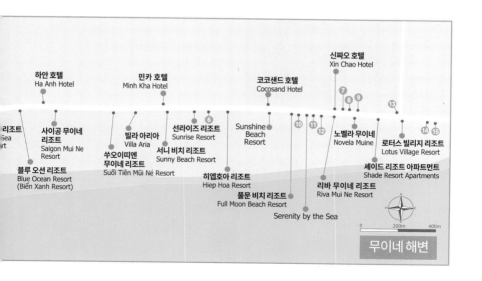

신짜오 호텔
Xin Chao Hotel

하안 호텔
Ha Anh Hotel

민카 호텔
Minh Kha Hotel

코코샌드 호텔
Cocosand Hotel

리조트
Sea
rt

사이공 무이네
리조트
Saigon Mui Ne
Resort

빌라 아리아
Villa Aria

선라이즈 리조트
Sunrise Resort

Sunshine
Beach
Resort

노벨라 무이네
Novela Muine

로터스 빌리지 리조트
Lotus Village Resort

쑤오이띠엔
무이네 리조트
Suối Tiên Mũi Né Resort

서니 비치 리조트
Sunny Beach Resort

블루 오션 리조트
Blue Ocean Resort
(Biển Xanh Resort)

셰이드 리조트 아파트먼트
Shade Resort Apartments

히엡호아 리조트
Hiep Hoa Resort

리바 무이네 리조트
Riva Mui Ne Resort

풀문 비치 리조트
Full Moon Beach Resort

Serenity by the Sea

0   200m   400m

무이네 해변

무이네 해변
Mui Ne Beach
Bãi Biển Mũi Né

★★★

12km에 이르는 기다란 해변이다. 옥빛 바다는 아
니지만 모래해변과 야자수 그늘 아래서 휴식하며
시간 보내기 좋다. 대체적으로 해변 쪽에는 리조
트가, 해변 도로 건너편에는 레스토랑과 상점이
들어서 있다. 고급 리조트들이 들어선 해변 서쪽
(판티엣에서 진입하는 방향)이 수질이 좋은 편이
고, 해변 동쪽 끝은 둥근 만(灣)을 이루며 수많은
어선들이 정박해 있는 어촌 마을과 만난다.

어촌 마을(피싱 빌리지)
Fishing Village
Làng Chài

★★☆

무이네 해변 동쪽 끝에 형성된 현지인 마을로 대
부분 어업에 종사한다. 바닷가에 형형색색으로 칠
한 선박들이 정박해 있어 화려한 느낌을 선사한
다. 마을 입구의 언덕에서 바다가 내려다보이며,
계단을 통해 바닷가까지 내려갈 수도 있다.

노을 지는 오후의 어촌 마을

어촌 마을(피싱 빌리지)

베트남 음식에 꼭 필요한
느억맘 Nước Mắm

무이네는 생선 소스
인 '느억맘' 생산지로
유명합니다. 신선하
고 작은 생선을 양질
의 소금과 강한 태양
을 이용해 한 달 이상
절이기 때문에 맛이
좋다고 합니다. 어촌
마을을 걷다가 젓갈
냄새가 진동하는 곳
들이 있으면 느억맘 공장이라고 생각하면 됩
니다. 젓갈을 만들기 위해 커다란 항아리를 모
아두었기 때문에 쉽게 눈에 띕니다. 플라스틱
용기에 담아서 판매하니, 현장에서 직접 구매
도 가능합니다.

배가 들어오는 아침에는 역동적인 어촌 마을의 풍
경을, 노을이 지는 오후에는 낭만적인 풍경을 제
공한다.

쑤오이 띠엔(요정의 시냇물)
Fairy Stream
Suối Tiên

★★☆

요금 무료 **가는 방법** 해변 도로 동쪽의 하이허우
(시걸) 리조트 Hài Âu(Seagull) Resort를 지나면
작은 다리(Càu Rang)가 나온다. 다리를 건너기
전 오른쪽에 진입로가 있다.

묘한 풍경에 매료되는 요정의 시냇물

잔잔한 시냇물이 흐르는 쑤오이띠엔

무이네 해변 중간에서 이어지는 협곡으로 시냇물이 협곡 옆을 흐른다. 단단한 모래흙이 비와 침식 작용에 의해 생겨났는데, 붉은 흙과 모래, 하얀색 석회암이 함께 어우러져 풍경이 독특하다.

협곡 옆을 흐르는 시냇물은 발목 정도 깊이로 얕은 편이다. 20~30분 정도 지류를 거슬러 올라가며 풍경을 감상하면 된다. 맨발로 시냇물을 걸어 다녀야 하므로 샌들이나 슬리퍼를 신는 게 좋다. 운동화를 신었을 경우 입구에서 신발을 맡기라고 한다거나, 가이드를 해준다는 사람은 나중에 비용을 요구하니 주의해야 한다.

년간 진행되어 생겼다. 무이네 주변에는 두 개의 모래언덕이 있는데, 어촌 마을과 가까운 곳이 옐로 샌드 듄이다. 규모는 작지만 모래언덕과 바다가 어우러진다. 오후가 되면 태양빛으로 인해 모래언덕이 붉게 물든다. 그래서 레드 샌드 듄 Red Sand Dune으로 불리기도 한다.

사진을 찍기 위해 찾아오는 관광객들이 많기 때문에, 이를 노리는 장사치 동네 아이들도 많다. 플라스틱으로 된 널빤지를 들고 따라 다니며 모래언덕의 경사면에서 미끄럼을 타라는 것인데, 아이들의 상술이 보통이 아니다. '샌드 슬라이딩 sand-sliding'을 탈 경우 아이들에게 소지품을 맡기지 말고 반드시 본인이 휴대해야 한다. 분실 사고가 여러 차례 발생했다.

옐로 샌드 듄(레드 샌드 듄) ★★★
Yellow Sand Dune
Đồi Cát Vàng

요금 무료 **가는 방법** 어촌 마을을 지나서 북쪽으로 5km를 더 가야 한다. 시내버스, 자전거, 오토바이 또는 투어를 이용하면 된다.

해변 리조트에서 그리 멀지 않은 곳에 사막에서나 볼 수 있는 모래언덕이 형성되어 있다. 건조해진 해변과 모래의 유입, 그리고 침식 작용이 수백

화이트 샌드 듄 ★★★★
White Sand Dune
Đồi Cát Trắng

요금 1만 5,000VND **가는 방법** 무이네 북동쪽으로 40km 떨어져 있다. 무이네에서 차로 약 40분.

베트남에서 강수량이 가장 적고 건조한 지역이다. 무이네 해변에서 멀리 떨어져 있지만 제대로 된 사막 풍경을 연출한다. 모래언덕의 규모가 크고, 경사도 높다. 모래언덕 주변에는 호수가 형성되어

사진만 잘 찍으면 완전히 사막같은 옐로 샌드 듄

옐로 샌드 듄에서는 바다가 보인다

KHU DU LỊCH SINH THÁI
BÀU TRẮNG
WHITE SAND DUNES

화이트 샌드 듄 가는 길

모래 언덕 옆으로 청명한 호수가 보인다

고운 모래로 이루어
화이트 샌드 듄

있는데, 사막을 둘러싼 오아시스처럼 느껴진다.
하얀 호수라는 뜻인 바우짱 Bàu Trắng(White
Lake)에는 연꽃이 피어 있기 때문에 바우쎈(연꽃
호수) Bàu Sen(Lotus Lake)이라는 애칭이 있다.
화이트 샌드 듄까지 가는 동안 해안선을 지나기
때문에 길이 아름답고, 황량한 비포장도로까지 펼
쳐져 오지에 온 것 같은 착각도 불러일으킨다. 모
래언덕이 제 빛을 발하는 일출 또는 일몰 시간에
맞춰 가면 더욱 좋다(일출 때가 사람이 적어 제대
로 된 사막 느낌이 든다).
지프차를 이용한 투어로 방문하는 게 일반적이다.
모래언덕 입구에서 ATV(4륜 오토바이)를 타고 모
래 언덕을 오를 수도 있다. 2명이 함께 타는데 60
만 VND을 받는다. 관광객이 몰려들면서 낙타를
데려다 놓고 돈(20만 VND)을 받고 태워주기도 한
다. 모래가 뜨겁지 않은 아침 시간이라면 맨 발로
모래 언덕을 걸어가 보는 것도 나쁘지 않다.

사막을 연상케 하는 화이트 샌드 듄

Activity

무이네의 즐길 거리

무이네의 즐길거리는 뭐니 뭐니 해도 화이트 샌드
듄을 방문하는 사구(모래언덕)투어다. 지프차를 타
고 두 개의 모래언덕을 방문하는 투어로 반나절
일정으로 진행된다(P.201 참고).
무이네에서는 해양스포츠도 즐길 수 있다. 바닷속
이 훌륭한 곳이 아니라 스쿠버다이빙이나 스노클
링이 발달하지는 못했고, 액티브한 윈드서핑 Wind
Surfing과 카이트서핑 Kite Surfing(또는 카이트보
딩 Kiteboarding)이 유명하다. 카이트서핑은 바람
을 이용해 파도를 타는 해양스포츠로 서핑과 패러
글라이딩을 접목한 형태다.
11월부터 4월까지가 윈드서핑과 카이트서핑에 적
합한 계절이다. 12~1월은 바람이 가장 세게 불고
파도가 높아 카이트 서핑의 피크 시즌으로 여겨
진다. 강습은 2시간 초보자 코스 US$100~120, 5
시간 기본 코스가 US$250~300이다. 장비 대여
와 교육은 자이브 Jibe's, 베트남 카이트보딩 스쿨
Vietnam Kiteboarding School, C2 스카이 카이트

센터 C2 Sky Kite Center에서 가능하다.
자이브
홈페이지 www.jibesbeachclub.com
베트남 카이트보딩 스쿨
홈페이지 www.vietnamkiteboardingschool.com
C2 스카이 카이트 센터
홈페이지 www.c2skykitecenter.com
세일링 클럽 카이트 스쿨
홈페이지 www.sailingclubkiteschool.com

바람과 파도를 이용하는 카이트서핑

Restaurant

해변 도로가 길기 때문에 특정 지역에 레스토랑이 발달하지 않고, 해변을 따라 길게 식당들이 늘어서 있다. 대도시와 달리 에어컨 시설의 건물보다는 도로 쪽에 개방형으로 만든 자연친화적인 레스토랑이 많다. 뜨내기 관광객들을 상대하기 때문에 특별히 잘하거나 못하는 곳이 없이 비슷한 메뉴와 비슷한 음식을 내놓는다. '버께' Bờ Kè 지역(프억티엔 사원 맞은편의 방파제 도로)에 시푸드 레스토랑이 밀집해 있다.

시푸드 바비큐 레스토랑(버께) ★★★☆
Seafood BBQ Restaurants(Bờ Kè)
Bo Ke Street

Map P.203-A1 **주소** Đường Nguyễn Đình Chiểu **영업** 매일 17:00~23:00 **메뉴** 영어, 베트남어, 러시아어 **예산** 12만~35만 VND **가는 방법** 프억티엔 사원 Chùa Phước Thiện 맞은편의 해변 도로에 있다. 리조트들이 몰려 있는 해변 중심가에서 동쪽 끝자락에 있어서 걸어가긴 멀다.

리조트들이 들어서지 않은 한적한 해변 도로에 있는 저렴한 식당이다. 바닷가를 끼고 있으며 20여 개의 식당이 길게 늘어서 있다. 비슷한 분위기로 해산물과 베트남 음식을 요리한다. 하이싼 버께 Hải Sản Bờ Kè(방파제 해산물이란 뜻)라고 간판을 달고 장사한다. 대부분 저녁에 문을 열지만, 점심식사가 가능한 곳도 있다. 버께 Bờ Kè는 제방(일종의 방파제)을 의미한다. 영어로 보케 스트리트 Bo Ke Street라고 알려졌다.

초이 오이 Choi Oi ★★★

Map P.205 **주소** 137 Nguyễn Đình Chiểu **전화** 0252-3741-428 **홈페이지** www.facebook.com/choioirestaurant **영업** 08:30~19:30 **메뉴** 영어 **예산** 7만~9만 VND **가는 방법** 해변도로(응우옌딘찌에우 거리)의 노벨라 무이네 리조트 Novela Mũi Né Resort 맞은편. 레후인 호텔 Lê Huỳnh Hotel 옆에 있다.

외국인 관광객을 상대하는 베트남 음식점이다. 바다가 보이지는 않지만 자연친화적인 정취를 살려 꾸몄다. 쌀국수, 볶음밥, 스프링 롤, 반쎄오, 분팃느

엉, 바게트 샌드위치를 포함해 가볍게 식사하기 좋은 음식들이 많다. 두부를 이용한 채식 메뉴도 갖추고 있다. 향신료를 적절히 사용해 외국인 입맛에 부담스럽지 않도록 요리한다.

굿 모닝 베트남 ★★★☆
Good Morning Vietnam

Map P.204 **주소** 57A Nguyễn Đình Chiểu **전화** 0252-3847-585 **홈페이지** www.facebook.com/gmnvietnam **영업** 09:00~22:30 **메뉴** 영어 **예산** 16만~34만 VND **가는 방법** 참 빌라(리조트) Cham Villas 맞은편의 가네쉬 인디언 레스토랑 Ganesh Indian Restaurant 옆에 있다.

베트남 주요 도시에서 볼 수 있는 이탈리아 음식점 체인이다. 이탈리아 출신 주방장이 직접 만든 홈메이드 파스타와 피자, 라자냐를 맛볼 수 있다. 특히 바삭한 화덕 피자가 인기 있다. 고추와 라임을 듬뿍 넣은 쌀국수가 질렸다거나, 와인 한잔 곁들여 지중해 음식을 맛보고 싶다면 들를 만하다.

가네쉬 인디언 레스토랑 ★★★☆
Ganesh Indian Restaurant

Map P.204 **주소** 57 Nguyễn Đình Chiểu **전화** 0252-3741-330 **홈페이지** www.ganesh.vn **영업** 11:00~22:00 **메뉴** 영어 **예산** 메인 요리 12만~35만 VND **가는 방법** 참 빌라(리조트) Cham Villas 맞은편의 굿모닝 베트남(이탈리아 레스토랑) Good Morning Vietnam 옆.

외국인 여행자들에게 인기 있는 인도 음식점이다. 인도 주인장이 운영한다. 카레와 마살라, 탄두리

를 포함해 다양한 인도 음식을 요리해 낸다. 세트 메뉴처럼 여러 가지 인도 음식을 접시에서 담아주는 탈리 Thali도 있다.

신밧드(신밧드 케밥) Sindbad ★★★☆

Map P.205 주소 133 Nguyễn Đình Chiểu 전화 0837-228-813 홈페이지 www.sindbad.vn 영업 11:00~23:00 메뉴 영어, 한국어 예산 7만~12만 VND 가는 방법 노벨라 무이네(리조트) Novella Mui Ne 맞은편의 응우옌딘찌에우 거리 133번지에 있다.

도로변에 자리한 아담한 레스토랑이다. 중동 음식과 지중해 음식을 부담 없는 가격에 맛볼 수 있어 외국 여행자들에게 인기 있다. 허무스 Hummus(콩을 으깨서 올리브 오일과 함께 찍어 먹는 디핑 소스), 샤왈마 Shawarma(닭고기와 허무스를 넣어 만든 랩), 도너 케밥 Donner Kebab(피타 브레드를 이용한 샌드위치), 그릭 샐러드 Greek Salad(페타 치즈와 올리브 오일을 넣은 샐러드)가 이곳의 인기 메뉴다. 고기를 좋아한다면 시시 케밥 Shish kebab(중동식 소고기 꼬치구이)과 시시 타욱 Shish Taouk(닭고기 꼬치구이)도 괜찮다.

버께 미스터 그랩(2호점) Bờ Kè Mr. Crab(Branch No.2) ★★★★

Map P.205 주소 112 Nguyễn Đình Chiểu 영업 09:00~23:00 전화 0972-267-736 메뉴 영어, 한국어, 베트남어 메뉴 메인 요리 18만~28만 VND 가는 방법 로터스 빌리지 리조트 지나서 응우옌딘찌에우 거리 112번지에 있다.

무이네 해변도로에서 오랫동안 인기를 얻고 있는 해산물 레스토랑이다. 시푸드 바비큐 레스토랑이 몰려 있는 버께(보케 스트리트)에 두 개의 레스토랑을 운영한다. 1호점보다 2호점인 무이네 중심가와 가까워 접근성이 좋은 편이다. 도로 쪽에서 바닷가까지 개방형 형태로 만들어 로컬 레스토랑 분위기가 느껴진다. 당연히 현지인도 많이 찾는다. 신선한 해산물부터 채소볶음, 볶음면, 볶음국수까지 메뉴가 다양하다.

조 카페 Joe's Cafe ★★★☆

Map P.205 주소 86 Nguyễn Đình Chiểu 전화 0252-3847-177 홈페이지 www.joescafemuine.com 영업 매일 07:00~24:00 메뉴 영어 예산 커피 · 맥주 5만~12만 VND, 메인 요리 15만~49만 VND 가는 방법 세레니티 바이 더 시(호텔) Serenity By The Sea 옆의 조 카페 & 가든 리조트 Joe's Cafe & Garden Resort 내부에 있다.

무이네에서 오랫동안 인기를 얻고 있는 카페를 겸한 레스토랑이다. 26종류의 수입 맥주와 40종류의 수입 와인도 보유하고 있다. 수제 맥주와 칵테일도 다양하다. 샌드위치, 파스타, 스테이크를 메인 음식으로 요리한다. 저녁에는 라이브 음악을 연주한다.

까사 무이네 Casa Muine ★★★★

Map P.205 주소 116C Nguyễn Đình Chiểu 홈페이지 www.facebook.com/casamuine 영업 10:00~23:00 메뉴 영어, 베트남어 예산 13만~32만 VND 가는 방법 해산물 식당이 몰려 있는 '버께' 거리 초입에 있다.

주변의 로컬 식당과 확연히 다른 분위기의 모던한 레스토랑이다. 바다를 접하고 있으며 개방형으로 꾸몄는데, 바다를 보며 식사하기 좋다. 가리비, 맛조개, 새우, 랍스터까지 다양한 시푸드를 즐길 수 있다. 수족관에서 해산물을 고르고 무게를 재서 가격을 정하면 된다.

맘스키친 Mom's Kitchen ★★★☆

Map P.203-B1 주소 277 Nguyễn Đình Chiểu 전화 0901-397-369 홈페이지 www.facebook.com/shogilee 영업 10:00~14:00, 16:00~21:30 메뉴 한국어, 영어 예산 16만~50만 VND 가는 방법 해변 서쪽에 있는 신 투어리스트에서 동쪽으로 550m 떨어져 있다.

무이네에서 한국 음식이 그립다면 이곳을 찾아가면 된다. 에어컨 시설의 넓고 쾌적한 식당이다. 김치찌개, 순두부찌개, 된장찌개, 돌솥비빔밥, 갈비탕, 소고기 국밥, 떡볶이 같은 기본적인 식사 메뉴부터 낙지볶음, 제육볶음, 오삼볶음, 불고기전골, 해물파전, 삼겹살까지 다양하다. 기본적인 반찬을 제공해 주며, 배달도 가능하다. 자그마한 카페도 함께 운영하고 있다.

선셋 온 더 비치
Sunset On The Beach ★★★☆

Map P.203-A1 주소 120 Nguyễn Đình Chiểu 영업 07:00~22:30 메뉴 영어, 베트남어 예산 커피 3만~6만 VND, 식사 9만~16만 VND 가는 방법 보께 거리 초입. 프억티엔 사원에서 100m 떨어져 있다.

보께 거리 초입에 있는 카페를 겸한 레스토랑이다. 바다를 감상하며 시간을 보내기 좋은 곳이다. 특히 해 지는 시간에 아름답다. 반미(바게트 샌드위치), 팬케이크, 볶음면, 볶음밥, 오징어튀김, 스프링 롤, 반쎄오 등 가볍게 식사하기 좋은 음식을 요리한다.

못낭
Một Nắng Seafood Restaurant ★★★☆

Map P.203-A1 주소 122 Nguyễn Đình Chiểu 전화 0928-419-988 홈페이지 www.facebook.com/mot.nang.restaurant 영업 09:00~24:00 메뉴 영어, 베트남어 예산 시푸드 19만~75만 VND 가는 방법 보께(버께) 스트리트 지나서 동쪽으로 250m 더 가면 해변에 있다.

해변 중심가에서는 떨어져 있지만, 해변을 끼고 있는 분위기 좋은 시푸드 레스토랑이다. 해산물 구이를 메인으로 요리한다. 무게에 따라 정가가 정해져 있어 가격 흥정할 필요가 없다. 여러 종류의 해산물을 한 접시에 담아주는 콤보 세트 메뉴를 주문하면 편리하다. 소시지, 고기 바비큐, 베트남 음식까지 다양하게 요리한다. 샌드위치와 면 요리 위주의 간단한 아침식사도 가능하다. 주말 저녁에는 라이브 음악을 연주해주기도 한다.

모조 바 & 레스토랑
Modjo Bar & Restaurant ★★★★

Map P.205 주소 139 Nguyễn Đình Chiểu 전화

0918-189-014 홈페이지 www.facebook.com/modjo.muine 영업 11:00~23:00 메뉴 영어 예산 24만~38만 VND 가는 방법 로터스 빌리지 리조트 맞은편의 응우옌딘찌에우 Nguyễn Đình Chiểu & 응우옌떤딘 Nguyễn Tấn Đình 거리가 만나는 삼거리 코너에 있다.

스위스 사람이 운영하는 곳으로, 스위스 · 프랑스 음식을 선보인다. 스위스 치즈 퐁뒤 Swiss Cheese Fondue, 라클렛 치즈 Raclette Cheese, 치즈 플래터 Cheese Platter와 같은 시그니처 치즈 요리에, 핫 스톤 스트립로인 스테이크 Hot Stone Striploin Steak, 앙트르코트 Entrecôte, 파스타 Pasta, 타르티플레트 Tartiflette와 같은 요리를 메인으로 선보인다. 칵테일 바도 함께 운영하며, 도로 옆 야외 공간이지만 쾌적하고 여유롭게 식사하기 좋다.

동부이 푸드코트
Dong Vui Food Court ★★★☆
Nhà hàng Đông Vui

Map P.203-B1 주소 246 Nguyễn Đình Chiểu 홈페이지 www.facebook.com/DongVuiMuiNe 영업 12:00~23:00 메뉴 영어, 베트남어 예산 9만~20만 VND 가는 방법 함띠엔 시장 지나서 250m. 응우옌찌에우 거리 246번지에 있다.

함띠엔 시장 근처에 형성된 여행자 타깃의 푸드 코트로 17개의 식당이 한데 모여 있다. 베트남 음식은 물론 시푸드 · 바비큐 · 인도 · 태국 · 멕시코 · 이탈리아 · 그리스 요리 등을 다양하게 즐길 수 있다. 볶음 요리 전문점 서핑 버드 웍 Surfing Bird's WOK과 채식 요리 전문인 엘 카페 El Cafe 가 특히 유명하다. 에어컨 없는 야외 공간이라 점심보다는 저녁때 사람이 많다. 입점해 있는 식당마다 영업시간이 다르다. 해변 중심가에서 멀리 떨어져 있어 오가기 불편한 점이 하나 아쉽다.

루부(카페 루부) Lu Bu ★★★☆

Map P.203-B1 주소 321b Nguyễn Đình Chiểu 전화 0252-3743-045 홈페이지 www.cafelubu.business.site 영업 07:00~22:00 메뉴 영어, 베트

남어 예산 음료 2만~3만 VND, 메인 요리 4만~9만 5,000 VND 가는 방법 함띠엔 시장 Chợ Hàm Tiến에서 150m 떨어진 응우옌딘찌에우 거리 321번지에 있다.

야외 정원이 있는 로컬 카페로 함띠엔 시장과도 가깝다. 해변과는 떨어져 있지만 녹음 가득한 정원에서 휴식과 여유를 즐기기 좋다. 커피와 과일 셰이크가 저렴하고 기본 식사 메뉴로는 보네 Bò Né(철판 소고기 구이+달걀 프라이), 치킨 커리, 바나나 팬케이크가 인기 있다. 해변 중심가에서 벗어나 있어 접근성은 떨어진다.

시간의 풍경이 아름답다. 야외 공간이라 덥기 때문에, 해 지는 시간부터 사람들이 많아진다. 저녁에는 야외무대에서 라이브 음악을 연주한다. 오전에는 브런치, 점심과 저녁에는 볶음밥, 버거, 스파게티 위주로 요리한다. 식사보다는 커피나 칵테일(맥주) 마시며 시간 보내기 좋다.

샌들 레스토랑 Sandals Restaurant ★★★★

Map P.203-A1 주소 Sailing Club Resort, 24 Nguyen Dinh Chieu 전화 0252-3847-440 홈페이지 www.miamuine.com 영업 10:30~22:00 메뉴 영어, 베트남어 예산 25만~79만 VND(+15% Tax) 가는 방법 해변 도로 서쪽(무이네 초입)에 있는 세일링 클럽 리조트 Sailing Club Resort 내부에 있다.

무이네의 대표적인 고급 리조트인 세일링 클럽 리조트(P.214)에서 운영한다. 해변을 끼고 있으며 수영장과 어우러진 자연 친화적인 리조트 조경 덕분에 분위기가 좋다. 베트남 음식과 이탈리아·지중해 음식을 요리하는 퓨전 레스토랑이다. 무이네의 다른 레스토랑에 비해 음식 값은 비싸지만 종업원들의 서비스는 좋다.

파인애플 무이네 Pineapple Mũi Né ★★★☆

Map P.203-B1 주소 4/1 Huỳnh Thúc Kháng 전화 0862-251-294 영업 08:30~23:30 메뉴 영어 예산 커피 5만~7만 VND, 맥주 4만~8만 VND, 칵테일 15만 VND, 식사 11만~14만 VND 가는 방법 해변 동쪽에 있는 함띠엔 시장에서 동쪽으로 600m. 무이네 중심가에서 멀찌감치 떨어져 있는 한적한 해변에 있는 레스토랑으로 카페와 비치 바를 겸한다. 야자수 가득한 모래 해변에 쿠션이 놓여 있어, 널브러져 바다 풍경을 감상하기 좋다. 특히 일몰

Hotel HOTEL

무이네 초입에 해당하는 해변 서쪽에 고급 리조트들이 많고, 뒤쪽(동쪽)으로 갈수록 저렴한 숙소가 많아진다. 해변을 끼고 있는 곳은 수영장을 갖춘 리조트가, 내륙도로에는 평범한 콘크리트 건물의 저렴한 호텔이 들어서 있다. 해변 중심가에 멀리 떨어진 '쑤오이 띠엔' 지나서 어촌 마을 방향으로 저렴한 게스트하우스들로 채워지고 있다. 비수기에는 US$20~30에도 수영장을 갖춘 숙소에서 숙박이 가능하다. 오픈 투어 버스가 원하는 리조트에 내려주기도 하므로, 예약한 곳이 있으면 기사에게 미리 알려주자. 버스 회사 사무실이 있는 종점까지 직행하는 여행사도 많아, 타고 가는 버스의 종점이 어디쯤인지 미리 확인해두는 게 좋다.

히엡호아 리조트 Hiep Hoa Resort ★★★☆

Map P.205 주소 80 Nguyễn Đình Chiều 전화 0252-3847-262 요금 더블 US$35~40(에어컨, 개인욕실, TV, 냉장고) 가는 방법 선샤인 비치 리조트 Sun Shine Beach Resort 옆에 있다.

인기 여행자 숙소 중의 하나다. 해변을 끼고 있는 숙소 가운데 방값이 저렴하다. 파란색 페인트를 칠한 2층 건물과 해변과 접한 단층 방갈로로 구분된다. 객실은 단순하지만 넓고 깨끗하다. 침대에 모기장이 설치되어 있다. 객실마다 발코니가 딸려 있다. 수영장과 야자수 정원이 있어 평화롭다.

민카 호텔 Minh Kha Hotel ★★★

Map P.205 주소 109A Nguyễn Đình Chiểu 전화 0252-3741-255 홈페이지 www.minhkhahotel. com 요금 비수기 US$13, 성수기 US$15~20(에어컨, 개인욕실, TV, 냉장고) 가는 방법 해변 도로의 서니 비치 리조트 맞은편에 있다.

해변이 아닌 내륙 도로에 있는 저렴한 숙소. 콘크리트 건물로 가격에 비해 객실이 넓고 깨끗하다. 층마다 공동으로 사용할 수 있는 발코니도 넓다. 장기 투숙자들이 많은 편이다. 베트남 가족이 운영한다. 리셉션은 따로 없고 입구에 있는 민카 레스토랑에 문의하면 된다.

코코샌드 호텔 Cocosand Hotel ★★★

Map P.205 주소 119 Nguyễn Đình Chiểu 전화 012-7364-3446 홈페이지 www.cocosandhotel. com 요금 더블 US$18~24(에어컨, 개인욕실, TV, 냉장고) 가는 방법 히엡호아 리조트 Hiep Hoa Resort와 선샤인 비치 리조트 Sunshine Beach Resort 사이에 있는 내륙 도로에 있다.

평범한 콘크리트 건물로 게스트하우스에 가깝다. 해변이 아니라 내륙 도로에 있다. 객실은 타일이 깔려있으며 에어컨 시설로 TV와 냉장고를 갖추고 있다. 온수 샤워 가능한 개인 욕실이 딸린 기본적인 시설이다. 야자수 정원에 해먹을 매달아놓아 휴식할 수 있도록 했다. 베트남 가족이 운영하며 친절하다. 객실은 8개 뿐이다. 간판에는 베트남어인 '깟즈아 Cát Dừa'가 함께 적혀있다.

신짜오 호텔 Xin Chao Hotel ★★★

Map P.205 주소 129 Nguyễn Đình Chiểu 전화 0252-3743-086 홈페이지 www.xinchaohotel.

com 요금 비수기 더블 US$28~35(에어컨, 개인욕실, TV, 아침식사), 성수기 더블 US$35~45 가는 방법 리바 무이네 리조트 맞은편의 내륙도로에 있다.

해변을 끼고 있지 않지만 가격 대비 시설이 좋다. 수영장을 중심으로 객실이 들어서 있다. 객실과 욕실은 무난한 크기로 타일이 깔려 있다. 침구 상태도 좋고 비교적 새롭게 생긴 곳이라 깨끗한 편이다. 간단한 아침식사가 포함된다. 영국인과 베트남 부부가 운영한다. 객실에 냉장고가 없다. 레스토랑을 함께 운영한다.

미논 호텔 ★★★★
Mi Nhon(Mignon) Hotel

Map P.203-B1 주소 210/5 Nguyễn Đình Chiểu 전화 0252-6515-178 홈페이지 www. www.facebook.com/MiNhonMuineHotel 요금 더블 US$30~35, 딜럭스 US$40~45(에어컨, 개인욕실, TV, 냉장고) 가는 방법 함띠엔 시장 조금 못 미쳐서 응우옌딘찌에우 210번지 골목 안쪽으로 들어가면 된다.

해변 중심가에서는 멀리 떨어져 있지만 수영장을 갖춘 경제적인 호텔이다. 파스텔 톤의 호텔 건물이 수영장을 감싸고 있는데, 야자수와 식물이 가득해 열대 정원 느낌이 가득하다. 객실 또한 밝고 깨끗하며 수영장 쪽으로 발코니 또는 테라스가 딸려 있다. 아침 포함 여부는 선택할 수 있다. 소규모 숙소로 직원들이 친절한 것도 매력이다.

리바 무이네 리조트 ★★★☆
Riva Mui Ne Resort

Map P.205 주소 94 Nguyễn Đình Chiểu 전화 0252-3741-739 홈페이지 www.riva-resort.com 요금 더블 US$50~75(에어컨, 개인욕실, TV, 냉장고, 아침식사) 가는 방법 해변 도로 중간의 블루웨이브 리조트 Blue Waves(Tien Dat) Resort 옆에 있다.

파리 무이네 플라주 Paris Mui Ne Plage에서 간판을 바꾸어 달았다. 야외 수영장을 갖춘 중급 리조트다. 지중해 느낌을 살짝 가미한 복층 건물로 14

개 객실을 운영한다. 객실은 작은 편으로 침대에 모기장이 설치돼 있다. 수영장 주변으로는 비치 프런트 방갈로가 들어서 있다.

사이공 무이네 리조트 ★★★☆
Saigon Mui Ne Resort

Map P.205 주소 56-97 Nguyễn Đình Chiểu 전화 0252-3847-303 홈페이지 www.saigonmuineresort.com 요금 스탠더드 US$60~75, 슈피리어 US$80~110, 딜럭스 US$90~130 가는 방법 해변도로 중심가에 있는 블루 오션 리조트 Blue Ocean Resort 옆에 있다.

베트남의 주요도시에서 볼 수 있는 '사이공 호텔'에서 운영한다. 해변 중심가에 있어서 위치가 편리하다. 오래된 호텔이긴 하지만 4성급 호텔로 기본은 하는 호텔이다. 해변을 끼고 있으며 야외 정원과 수영장까지 갖춰 해변 리조트다운 시설을 자랑한다. 객실은 25㎡ 크기로 욕실에는 샤워 부스가 설치되어 있다. 스탠더드 룸은 힐 사이드(도로 건너편)에 있는 별관에 있어서, 수영장을 이용하려면 리조트 본관을 드나들어야 한다. 87개의 객실을 갖추고 있다.

블루 오션 리조트 ★★★★
Blue Ocean Resort

Map P.205 주소 54 Nguyễn Đình Chiểu 전화 0252-3847-322, 0252-3847-444 홈페이지 www.blueoceanresort.org 요금 스탠더드 US$85~115, 슈피리어 US$95~140, 가든 뷰 방갈로 US$120~180 가는 방법 해변 중심가에 있는 사이공 무이네 리조트 Saigon Mui Ne Resort 옆에 있다.

해변 중심가에 있는 4성급 리조트다. 객실은 수영장을 중심으로 정원에 넓게 분포되어 있다. 스탠더드 룸은 35㎡, 슈피리어는 47㎡ 크기로 넓은 편이다. 방갈로들은 단층 건물로 위치에 따라 가든 뷰 Garden View, 풀 뷰 Pool View, 시 뷰 Sea View로 구분된다. 객실은 발코니가 딸려 있다.

야외 수영장과 선 베드가 놓인 전용 해변은 물론이고, 정원에 정자까지 휴식 공간으로 만들어 두고 있다. 현지어로는 비엔싼 리조트 Biển Xanh Resort라고 불린다.

셰이드 리조트 아파트먼트 ★★★☆
Shades Resort Apartments

Map P.205 주소 98A Nguyễn Đình Chiểu 전화 0252-3743-237, 0252-3743-236 홈페이지 www.shadesmuine.com 요금 스튜디오 US$70~80, 원 베드 룸 슈피리어 US$100~115 가는 방법 해변 도로 중간의 로터스 빌리지 리조트 Lotus Village Resort 옆에 있다.

레지던스 형태의 리조트로 지중해풍의 하얀색 건물과 깨끗한 객실이 잘 어울린다. 객실은 위치에 따라 크기가 달라지는데, 객실마다 기본적으로 부엌과 주방 용품을 갖추고 있어 집처럼 편하게 지낼 수 있다. 야외 수영장을 갖추고 있으며, 해변과 접해 있다.

빌라 아리아 Villa Aria ★★★★☆

Map P.205 주소 60A Nguyễn Đình Chiểu 전화 0252-3741-660 홈페이지 www.villaariamuine.com 요금 가든 슈피리어 US$120~150, 가든 딜럭스 US$145~170, 시 뷰 딜럭스 US$160~190 가는 방법 해변 중심가의 쑤오이띠엔 무이네 리조트 Suoi Tien Mui Ne Resort와 써니 비치 리조트 Sunny Beach Resort 사이에 위치해 있다.

해변 중심가에 있는 아담한 리조트로 23개 객실을 운영한다. 잘 가꾸어진 정원과 수영장이 아늑함을 선사한다. 화이트 톤의 객실은 원목의 가구를 배치해 차분한 분위기다. 개인욕실은 샤워 부스가 설치되어 있다. 자연친화적인 객실 용품을 구비하고 있다. 객실에 딸려 있는 베란다(1층 객실) 또는 발코니(2층 객실)에서 보이는 정원 풍경도 평화롭다. 해변을 향해 있는 직사각형 수영장과 해변에는 놓인 데크 체어는 휴식하기 좋다.

세일링 클럽 리조트 ★★★★★
Sailing Club Resort

Map P.204 주소 24 Nguyễn Đình Chiểu 전화 0252-3847-440 홈페이지 www.sailingclubmuine.com 요금 사파 하우스 US$190, 슈피리어 가든 US$235, 딜럭스 가든 US$290 가는 방

법 해변 도로 서쪽의 오션 스타(싸오 비엔) 리조트 Ocean Star(Sao Biển) Resort 옆에 있다.

무이네에서 인기 있는 밝고 경쾌한 분위기의 부티크 리조트다. 과거 '미아 리조트 Mia Resort'에서 상호를 바꿨다. 주변의 조경과 방갈로는 자연적인 정취를 살렸으며, 객실 역시 목재와 대나무, 패브릭을 이용해 안락하게 꾸몄다. 전용 해변과 야외 수영장도 갖추고 있다. 모두 30개 객실을 운영하는데 4성급 리조트치고는 규모가 크지 않은 대신 서비스가 좋은 편이다. 스파, 레스토랑, 수영장, 해양 스포츠, 요리 강습까지 다양한 부대시설을 운영하는데, 특히 샌들 레스토랑 Sandals Restaurant이 유명하다.

테라코타 리조트 ★★★★★
Terracotta Resort

Map P.204 주소 28 Nguyễn Đình Chiểu 전화 0252-3847-610 홈페이지 www.terracottaresort. com 요금 딜럭스 룸 US$100, 방갈로 가든 뷰 US$125~145, 방갈로 시 뷰 US$165 가는 방법 해변 도로 서쪽의 미아 리조트 Mia Resort와 참 빌라 Cham Villas 사이에 있다.

테라코타와 도자기, 조각으로 리조트를 꾸며 즐거움이 가득하다. 야자수 가득한 리조트의 정원은 잔디가 잘 정돈되어 있고, 수영장은 해변과 접해 있다. 정원을 끼고 있는 단독 방갈로들이 조용하고 시설이 좋다.

참 빌라 ★★★★★
Cham Villas

Map P.204 주소 32 Nguyễn Đình Chiểu 전화 0252-3741-234 홈페이지 www.chamvillas.com 요금 가든 빌라 US$155~170, 비치 프런트 빌라 US$195~220 가는 방법 무이네 해변 도로 서쪽의 테라코타 리조트 Terracotta Resort와 뱀부 빌리지 비치 리조트 Bamboo Village Beach Resort 사이에 있다.

열대 해변과 정원에 조성된 4성급 리조트. 모두 21개의 독립된 빌라로 이루어진 부티크 리조트다. 정원 속에 빌라들이 여유롭게 배치되어 있다. 네 기둥

침대로 인해 객실은 로맨틱한 분위기를 연출한다. 야외 수영장도 예쁘고, 전용 해변도 갖추고 있어서 평화로움이 가득하다. 참은 힌두교를 믿던 참파 왕국을 뜻하며, 힌두 조각을 이용해 조경을 꾸몄다.

아난타라 무이네 리조트 ★★★★★
Anantara Mui Ne Resort

Map P.203-A1 주소 12A Nguyễn Đình Chiểu 전화 0252-3741-888 홈페이지 www.anantara. com 요금 프리미어 US$175~200, 딜럭스 US$190~220, 풀 빌라 US$300~360 가는 방법 무이네 해변 초입에 있다.

아시아 지역의 유명한 해변에서 볼 수 있는 럭셔리 리조트인 아난타라에서 운영한다. 5성급 리조트로 해변을 끼고 있다. 해변과 정원, 야외 수영장을 최대한 활용해 자연 친화적으로 건설했다. 객실은 발코니 포함 57㎡ 크기로 넓다. 개인 수영장이 딸린 풀 빌라 Pool Villa는 원 베드 룸과 투 베드 룸으로 구분된다. 풀 빌라는 네 기둥 침대를 비치해 로맨틱하게 꾸몄다. 럭셔리 리조트답게 야외 수영장은 물론 스파와 레스토랑까지 부대시설도 훌륭하다. 리조트에 숙박하면서 스파까지 받을 수 있는 패키지 프로그램으로 예약도 가능하다.

빅토리아 판티엣 비치 리조트 ★★★★★
Victoria Phan Thiet Beach Resort

Map P.203-A1 주소 Km 9, Phu Hai 전화 0252-3813-000 홈페이지 www.victoriahotels.asia 요금 가든 방갈로 US$140~210, 비치 프런트 방갈로 US$155~235, 오션 뷰 빌라 US$180~270 가는 방법 판티엣에서 무이네로 넘어가는 해변 초입에 있다.

베트남 주요 도시에 고급 리조트를 운영하는 빅토리아 리조트에서 운영한다. 객실은 71㎡ 크기의 비치 프런트 방갈로와 개인 수영장을 갖춘 144㎡ 크기의 풀 빌라로 구분된다. 무이네 해변 초입에 있어, 해변과 자연을 만끽할 수 있다(상대적으로 무이네 중심가를 드나들기에는 불편한 위치). 부대시설로는 전용 해변과 두 개의 수영장, 스파, 피트니스, 키즈 클럽을 갖췄다.

Nha Trang

냐짱(나트랑)

베트남에서 가장 유명한 해변 휴양지인 냐짱은 '베트남의 지중해'라는 애칭으로 불린다. 곱게 정비된 해안 도로를 따라 6㎞의 해변이 길게 이어지고, 바다에는 19개의 섬들이 펼쳐져 있다. 수려한 경관을 자랑하지만 '베트남'이라는 국가의 특성 때문인지 거대 자본에 의해 개발되지 않고 정겨운 '비치 타운' 분위기를 풍긴다. 해변을 끼고 조성된 공원은 시민들의 휴식 공간으로 자연친화적인 느낌이다.

냐짱은 도시를 중심으로 산들에 둘러싸여 아름다운 만(灣)을 이룬다. 무이네에 비해 규모가 큰데 볼거리와 놀거리가 적절히 조합된 편안한 도시이다. 해변에서의 휴식은 물론 주변 섬들을 돌며 흥겨운 시간을 보낼 수 있는 보트 투어와 머드 온천까지 놀거리가 다양하다. 과거에는 참파 왕국(P.294)의 영토였던 탓에 뽀나가 참 탑 같은 힌두 유적도 남아 있다. 대도시에 비해 한결 여유로운 사람들과 신선한 해산물, 해변 도시 특유의 파티 분위기가 어우러진다. 참고로 냐짱은 알파벳 표기 때문에 '나트랑'으로 알려지기도 했다.

인구 53만 5,000명 | **행정구역** 칸호아 성 Tình Khánh Hòa 냐짱 시 Thành Phố Nha Trang | **면적** 251㎢ | **시외국번** 0258

Information

여행사

여행자 숙소가 몰려 있는 비엣트 거리와 버스 회사 사무실이 몰려 있는 훙브엉 거리에 여행사가 많다. 보트 투어와 오픈 투어 버스는 모든 호텔에서 예약을 대행해준다.

· **신 투어리스트** www.thesinhtourist.vn
· **베나자** cafe.naver.com/mindy7857
· **나트랑 도깨비** cafe.naver.com/zzop

여행 시기

2~9월이 여행하기 좋은 시기이다. 여름인 7~8월은 덥고 습하지만 성수기에 해당된다. 겨울에는 몬순의 영향을 받아 10~12월은 비 내리는 날이 많고 바닷물도 차다. 11~2월은 낮 기온이 28℃를 넘지 않는다. 겨울에는 파도가 높아서 수영하기 힘들다.

Access

항공, 기차, 오픈 투어 버스가 냐짱을 경유하기 때문에 교통은 편리하다. 호찌민시와 호이안까지는 야간 침대 버스가 운행되며, 달랏과 무이네까지도 버스 연결이 수월하다. 호찌민시와 다낭은 기차와 항공이 모두 연결된다. 하노이까지는 거리가 멀어서 비행기를 이용하는 게 편하다. 달랏까지 205㎞, 호찌민시까지 441㎞, 하노이까지 1,278㎞ 떨어져 있다.

항공

냐짱 시내에 있는 공항은 더 이상 사용하지 않는다. 항공 수요가 늘어나면서 2009년에 깜란 국제공항 Cam Ranh International Airport(현지어로 Sân Bay Quốc Tế Cam Ranh 또는 Cảng Hàng Không Quốc Tế Cam Ranh)으로 모든 시설이 이전했다. 깜란 국제공항은 냐짱 시내에서 남쪽으로 35㎞ 떨어져 있다. 해안선을 끼고 있어 비행기가

뜨고 내릴 때 풍경이 아름답다. 참고로 깜란 국제공항의 도시 코드는 CXR로 표기한다.

한국에서 냐짱을 오가는 직항편은 대한항공, 아시아나항공, 제주항공, 티웨이항공, 비엣젯에서 매일 1~2회 취항한다. 냐짱까지 비행시간은 5시간 20분 정도 소요된다. 인천 출발 국제선은 대부분 밤 비행기라서 냐짱에 늦게 도착하는 편이다. 국내선은 베트남항공, 비엣젯 항공, 뱀부항공에서

바다와 접해 있는 냐짱 시내

냐짱 해변의 여름

호찌민시(사이공), 하노이, 다낭, 하이퐁 노선을 운항한다.

냐짱(깜란) 국제공항

주소 Nguyễn Tất Thành, TP. Cam Ranh
전화 0258-3989-913
홈페이지 www.nhatrangairport.com

공항에서 시내로 이동하기

깜란 국제공항은 냐짱 시내에서 35km 떨어져 있어 교통이 불편하다. 공항에서 시내로 가려면 택시를 타거나 공항버스 Airport Bus를 타면 된다. 택시 요금은 시내까지(공항에서 40km 이내 거리 기준) 35만 VND(5인승 기준) 또는 40만 VND(7인승 기준)을 받는다. 냐짱 주변의 리조트에 묵는다면, 리조트에서 운영하는 픽업 서비스 신청해도 된다(호텔 예약할 때 추가 요금을 내면 된다). 해안도로를 따라 냐짱까지 40~50분 소요된다.

공항버스(Bus Đất Mới)는 깜란 공항→바이다이 Bãi Dài→쏭로 Sông Lô(Diamond Bay)→호앙지에우 거리 Hoàng Diệu→냐짱 시내→쩐푸 거리 Trần Phú→쩐꽝카이 거리 Trần Quang Khải→응우옌티엔투엇 거리 Nguyễn Thiện Thuật→쩐흥다오 거리 Trần Hưng Đạo→예르생 거리 Yersin를 오간다. 국제선 청사를 나오면 3번과 4번 게이트 사이트에 노란색 공항버스 타는 곳(Đất Mới Airport Bus라고 적혀 있다)이 있다. 06:00~21:30 까지 45분 간격으로 출발하며 편도 요금은 6만 5,000 VND이다. 공항버스 종점은 예르생 거리 10 번지(주소 10 Yersin, Map P.221-A2)에 있다. 냐짱 시내→공항은 04:30~19:30까지 30분 간격으로 출발한다. 구글 검색은 bus dat moi nha trang 또는 new land bus nha trang으로 하면 된다.

공항버스

전화 0966-282-385(공항), 0966-282-388(냐짱)
홈페이지 www.busdatmoi.com

기차

호찌민시(사이공)와 하노이를 오가는 통일열차가 냐짱 기차역을 통과한다. 냐짱→호찌민시 노선은 특급열차를 포함해 하루 11편이 운행되며, 냐짱→다낭→후에(훼)→하노이 노선도 하루 6편이 운행된다. 호찌민시까지는 6인실 침대칸 Nằm Cứng(Hard Sleeper) 요금이 45만~52만 VND, 4인실 침대칸 Nằm Mềm(Soft Sleeper)이 65만~74만 VND이다. 호찌민시까지는 이동 시간을 고려해 기차들이 밤 시간에 몰려 있다. 야간 기차 침대칸을 이용해 다음 날 아침에 도착하면 편리하다.

다낭까지는 6인실 침대칸 46만~64만 VND, 4인실 침대칸 72만 VND이다. 다낭까지도 밤기차를 이용하면 이동 시간과 숙박비를 아낄 수 있다. 참고로 호이안까지는 기차가 연결되지 않기 때문에 오픈투어 버스를 이용하는 게 좋다. 기차 출발 시간에 대한 정보는 베트남 현지 교통정보 P.54 참고.

냐짱 기차역 Nha Trang Train Station(Ga Nha Trang)은 냐짱 성당과 가까운 타이응우옌 거리에 있다.

냐짱 기차역

주소 17 Thái Nguyên
전화 0258-3822-113

버스

냐짱 북부 버스 터미널 Bến Xe Phía Bắc Nha Trang과 냐짱 남부 버스 터미널 Bến Xe Phía Nam Nha Trang 두 곳이 있다. 대부분의 장거리

공항 버스

냐짱 기차역

버스는 남부 버스 터미널에서 출발한다. 2015년에 시 외곽으로 이전해 드나들기 불편해졌다. 냐짱 기차역에서 서쪽으로 6㎞ 떨어져 있다.

시내에 별도의 사무실을 운영하는 프엉짱 버스(푸타 버스라인) Phương Trang(Futa Bus Lines)를 탈 경우 버스 터미널까지 갈 필요는 없다. 호찌민시 미엔동 버스 터미널(편도 28만 VND), 달랏(17만 VND), 다낭(27만 VND)으로 버스가 운행된다. 달랏으로 갈 경우 1일 6회(07:30, 09:30, 11:00, 13:00, 14:30, 16:30) 출발하기 때문에 오픈 투어 버스에 비해 유용하다. 미리 예약하면 숙소에서 무료로 픽업해 주지만, 종점인 달랏 버스 터미널에서 내려야 하는 단점이 있다.

프엉짱 버스
주소 176 Trần Quý Cáp
전화 0258-3812-812
홈페이지 www.futabus.vn

프엉짱 버스 냐짱 사무실

오픈 투어 버스

시내에 있는 여행사에서 버스가 출발하기 때문에 편리하다. 호찌민시까지는 야간 침대 버스(편도 28만~35만 VND, VIP 버스 48만 VND)가 1일 2회 출발한다. 호찌민시행 오픈 투어 버스들은 무이네를 경유 한다. 냐짱→무이네는 오전 07:30에 출발하는 버스를 이용하면 된다(편도 25만 VND).

냐짱→호이안 구간은 오후 7시에 야간 침대 버스(편도 38만 VND)가 출발한다. 냐짱→달랏 구간은 1일 2회(07:30, 13:00) 출발하며, 편도 요금은 22만~25만 VND이다. 달랏까지는 4시간 거리로 가깝다. 장거리 이동할 경우 타게 되는 침대 버스(슬리핑 버스)는 일반 침대버스(44인승, 34인승)와 VIP 침대버스(18인승, 22인승)로 구분된다. 버스 회사마다 버스 종류와 요금이 다르기 때문에, 예약할 때 미리 확인 할 것.

신 투어리스트에서 운행하는 오픈 투어 버스

Transportation

시내 교통

관광지를 돌아다닐 때는 택시 또는 그랩 Grab을 이용하면 된다. 시내에서 웬만한 거리는 10만 VND 정도에 갈 수 있다. 시내버스는 모두 6개 노선이 있다. 유용한 노선은 4번 버스다. 혼쎈 Hòn Xện→팜반동 거리(혼쫑) Phạm Văn Đồng(Hòn Chồng)→뽀나가 참 탑 Tháp Bà→냐짱 시내→쩐푸 거리 Trần Phú→꺼우다 선착장 Cầu Đá→빈펄랜드 정류장 Bến Xe Buýt Vinpearl을 왕복한다. 푸타 버스라인 FUTA Bus Lines에서 운행하는 05-2번 버스도 냐짱 시내를 거쳐 빈펄랜드 정류장까지 간다. 편도 요금은 거리에 따라 7,000~9,000 VND이다. 05:10~19:01까지 15분 간격으로 운행된다. 오토바이 대여료는 하루 10만~14만 VND이다.

시내버스

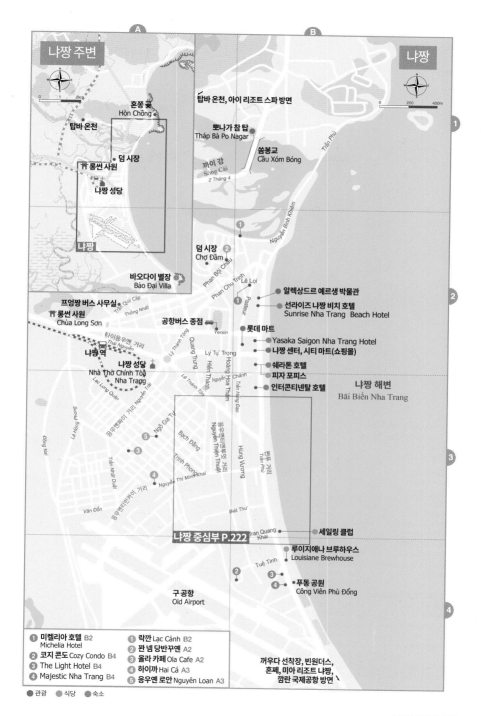

냐짱 주변

A

B

냐짱

0 1 2km

0 200 400m

혼쫑 곶
Hòn Chồng

탑바 온천

덤 시장

롱썬 사원

냐짱 성당

냐짱

탑바 온천, 아이 리조트 스파 방면

뽀나가 참 탑
Tháp Bà Po Nagar

쏨봉교
Cầu Xóm Bóng

까이 강
Sông Cái
2 Tháng 4

Trần Phú

Nguyễn Bỉnh Khiêm

바오다이 별장
Bảo Đại Villa

프엉짱 버스 사무실
Trần Quý Cáp
Thống Nhất

롱썬 사원
Chùa Long Sơn

타이응우옌 거리
Thái Nguyễn

냐짱역
Lạc Long Quân

냐짱 성당
Nhà Thờ Chính Tòa
Nha Trang

Lê Hồng Phong

Đồng Nai

Trần Nhật Duật

Vân Đồn

응우옌럽옥 거리

덤 시장
Chợ Đầm

Phan Bội Châu

Phan Chu Trinh

Lê Lợi

Pasteur

공항버스 종점

Yersin

Lý Thánh Tôn

Quang Trung

Lý Tự Trọng

Hiến Thành

Lê Thành Tôn

Nguyễn Hoa Thám

Ngô Gia Tự

Bạch Đằng

Trịnh Phong

Nguyễn Thị Minh Khai

응우옌티엔투옛 거리
Nguyễn Thiện Thuật

Hùng Vương

Biệt Thự

Trần Quang Khải

Tuệ Tĩnh

구 공항
Old Airport

알렉상드르 예르생 박물관

선라이즈 냐짱 비치 호텔
Sunrise Nha Trang Beach Hotel

롯데 마트

Yasaka Saigon Nha Trang Hotel

냐짱 센터, 시티 마트(쇼핑몰)

쉐라톤 호텔

피자 포피스

인터콘티넨탈 호텔

냐짱 해변
Bãi Biển Nha Trang

Trần Hưng Đạo

병음 거리
Trần Phú

세일링 클럽

루이지애나 브루하우스
Louisiane Brewhouse

푸동 공원
Công Viên Phù Đồng

냐짱 중심부 P.222

**꺼우다 선착장, 빈원더스,
혼쩨, 미아 리조트 냐짱,
깜란 국제공항 방면**

① **미켈리아 호텔** B2
Michelia Hotel
② **코지 콘도** Cozy Condo B4
③ **The Light Hotel** B4
④ **Majestic Nha Trang** B4

① **락깐** Lạc Cảnh B2
② **꽌 넴 당반꾸옌** A2
③ **올라 카페** Ola Cafe A2
④ **하이까** Hai Cá A3
⑤ **응우옌 로안** Nguyên Loan A3

● 관광　● 식당　● 숙소

냐짱(나트랑) 221

냐짱 중심부

0 250 500m

쏨머이 시장 Chợ Xóm Mới

퍼 홍 Phở Hồng

퍼 한푹 Phở Hạnh Phúc

Isena Hotel

멜리아 빈펄
빈콤 플라자
하일랜드 커피

인터콘티넨탈 호텔
코스타 시푸드

코스타 The Costa
루남 비스트로 Runam Bistro

하바나 냐짱 호텔
스카이라이트 360 스카이 덱
스카이라이트 루프톱 비치 클

냐짱 로지 호텔
Nha Trang Lodge Hot

VNPT

V Hotel

Potique Hotel

Hyatt Regency
AB Central Square

연꽃 탑
Tháp Trầm Hương

CCCP 커피

야시장
Nguyễn Thị

컨벤션 센터
Trung Tâm Hội Nghị

꽁 카페

노보텔 Novotel

므엉탄 럭셔리 냐짱
Mường Thanh Luxury

Citadines Bayfront

VK 병원

마담 프엉

신 투어리스트

Biệt Thự

Biệt Thự

세일링
Sailing

놈놈 레스토랑
Nôm Nôm

Tuệ Tĩnh

1 Happy Beach(Beach Bar) B1
2 Mi Jack Bar A2
3 Cheers Sports Pub B3

1 나벱 냐짱 Nhà Bếp A1
2 안토이 Ăn Thôi A1
3 쏨머이 가든 A1
4 만 레스토랑 A2
5 바또이 Bà Tôi A2
6 곡 하노이 Góc Hà Nội A2
7 브이 프루트 V Fruit A2
8 알파카 홈스타일 카페 A1
9 반미 판 Bánh Mì Phan A2
10 그릭 키친 Greek Kitchen A2
11 퍼펙트 리얼리티 B2
12 라냐 Là Nhà A2
13 리빙 바비큐(리빙 콜렉티브) A2
14 퍼 박당(쌀국수) A2
15 목 해산물 식당 A2
16 짜오마오 Chào Mào A2
17 Galangal B3
18 믹스 그릴 레스토랑 B2

7 레갈리아 골드 호텔 A2
8 버고 호텔 Virgo Hotel A2
9 Nhi Phi Hotel B3
10 골든 시 호텔(호앙하이 호텔) B3
11 아시아 파라다이스 호텔 B3
12 Legend Sea Hotel B3
13 리버티 센트럴 냐짱 호텔 B3
14 포세이돈 호텔 B3
15 Golden Rain Hotel B3
16 Apus Hotel B3
17 안호아 호텔 An Hoa Hotel B3
18 하쯤 호텔 Hà Trầm Hotel B3
19 아론 호텔 Aaron Hotel B3
20 아주라 골드 호텔 B3
21 Vinpearl Beachfront Condotel B3
22 Star City Hotel B3
23 Alana Nha Trang Beach Hotel B3

1 모조 인 부티크 B2
2 Green World Hotel B2
3 Trần Viễn Đông Hotel B1
4 레스 참 호텔 Le's Cham A2
5 Galina Hotel B2
6 ibis Styles B2

● 식당 ● 쇼핑 ● 엔터테인먼트 ● 숙소

Best Course

해변에서 시간을 보내다가 볼거리 한두 곳을 다녀오면 된다. 주변 섬들을 둘러보는 보트 투어에 추가로 1일을 투자해 2박 3일 일정으로 구성하면 좋다.

start!

택시 5분

냐짱 해변 P.223

냐짱 성당 P.225

택시 3분

혼쫑 곶 P.228

택시 10분

롱썬 사원 P.224

택시 5분

뽀나가 참 탑 P.226

탑바 온천 P.227

택시 5분

Attractions

냐짱 최대의 볼거리는 해변 그 자체다. 비교적 선선한 아침저녁에는 현지인들도 많이 찾는다. 해변 이외에 힌두 사원인 뽀나가 참 탑과 불교 사원인 롱썬 사원이 볼 만하다.

Map P.221

냐짱 해변
★★★
Nha Trang Beach
Bãi Biển Nha Trang

주소 Đường Trần Phú 운영 24시간 요금 무료
가는 방법 쩐푸 거리를 따라 해변이 길게 이어진다.

해안 도로를 따라 길게 이어진 6㎞의 모래해변이다. 기다란 해변을 따라 공원을 만들었으며, 레스토랑과 카페도 많아서 바다를 바라보며 휴식하기좋다. 호텔과 리조트들은 해변 도로 안쪽에 건설해 해변 휴양지치고는 차분한 느낌을 준다. 냐짱 해변은 다른 지역에 비해 상대적으로 비가 적게 내리며 연중 평균 수온 25℃를 유지한다.

냐짱 해변

스카이라이트 360 스카이 덱
Skylight 360 Sky Deck ★★★

스카이 덱 전망대에서 바라 본 냐짱 해변과 주변 섬들

주소 38 Trần Phú **전화** 0258-3528-988 **홈페이지** skylightnhatrang.com **운영** 17:30~01:00 **요금** 20만 VND(음료 한 잔 포함) **가는 방법** 하나바 냐짱 호텔 43층에 있다.

해변 도로 정중앙에 있는 프리미어 하바나 호텔에서 운영하는 스카이 덱. 43층 높이의 야외에 등대 모양의 조형물을 만들어 360° 방향으로 전망을 볼 수 있도록 했다. 냐짱 해변과 도시, 주변 산들까지 풍경이 시원스럽게 펼쳐진다. 코로나 팬데믹 이후 낮 시간에 운영하는 전망대는 문을 열지 않고, 저녁 시간에만 루프톱 비치 클럽(P.235 참고)으로 운영되고 있다.

Map P.221-A2

덤 시장(쩌 덤)
Dam Market
Chợ Đầm ★★

주소 Đường Nguyễn Công Trứ **운영** 매일 06:00~ 18:00 **요금** 무료 **가는 방법** 여행자 숙소 밀집 지역에서 북쪽으로 1.5km 떨어져 있다.

1964년부터 운영 중인 냐짱에서 가장 큰 재래시장이다. 원형으로 이루어진 2층 건물로 생필품, 채

덤 시장(쩌 덤)

소, 과일, 향신료, 육류, 건어물, 의류, 원단, 잡화, 기념품 가게가 가득 들어서 있다. 시장 주변 도로에 과일 상점들이 가득하며 노점 형태의 식당들이 많아서 저렴하게 식사도 할 수 있다.

Map P.221-A2

롱썬 사원(隆山寺)
Long Son Pagoda Chùa Long Sơn ★★★

주소 22 Đường 23 Tháng 10 **운영** 매일 08:00~ 17:00 **요금** 무료 **가는 방법** 냐짱 기차역에서 서쪽으로 400m 떨어져 있다.

냐짱에서 최대 규모를 자랑하는 불교 사원이다. 반(反)프랑스 운동을 주도했던 승려 틱응오찌 Thích Ngộ Chí가 1889년에 건설했다. 사원은 본래 냐짱 북쪽의 언덕에 만들었으나 1900년 태풍으로 사원이 피해를 입자 안전을 고려해 현재 위치에 재건축했다. 그 후 1940년, 1971년, 1975년 여러 차례에 걸쳐 복원과 증축이 이루어졌다. 대웅전은 2층 팔작지붕으로 이루어진 전형적인 베트남 양식이다.

롱썬 사원에서 가장 큰 볼거리는 연꽃 대좌 위에 모신 대형 불상이다. 대웅

롱썬 사원의 대형 불상

전 뒤쪽의 언덕 정상에 세운 하얀색의 불상은 냐짱 시내에서 보일 정도로 규모가 크다. 불상은 1963년에 건설되었으며, 14m 크기의 기단 위에 24m 크기의 좌불상을 세웠다.

롱썬 사원의 대웅전

냐짱 성당 ★★★
Nha Trang Cathedral
Nhà Thờ Chính Tòa Nha Trang

Map P.221-A2

주소 31 Thái Nguyên **운영** 월~토 08:00~11:00, 14:00~16:00 **요금** 무료 **가는 방법** 타이응우옌 거리와 응우옌짜이 거리가 만나는 로터리에 있다. 냐짱 기차역에서 동쪽으로 400m 떨어져 있다.

1934년에 완성된 고딕 양식의 가톨릭 성당이다. 성당 정면을 장식한 시계탑이 인상적인 건물이다. 38m 높이의 스티플(성당 정면을 장식한 첨탑)에는 세 개의 커다란 종이 있는데, 프랑스에서 직접 만들어 가져온 것이라고 한다. 성당 내부에는 스테인드글라스로 장식한 유리창이 남아 있다. 베트남 사람들은 언덕 위의 성당이라는 뜻으로 '냐터누이 Nhà Thờ Núi'라고 부른다. 관광지라기보다 종교 시설이기 때문에 기본적인 예의를 지키는 게 좋다. 미사가 열리는 일요일은 관광객의 출입이 제한되고, 평일에도 미사 시간에는 방문이 제한된다. 단체 관광객이 밀려들면서 입장료 아닌 입장료를 받기 시작했다. 입구에서 관리원들이 기부금 형식으로 입장료를 요구한다. 일반적으로 1~2만 VND을 내라고 하기 때문에 잔돈을 준비해 두는 게 좋다.

알렉상드르 예르생 박물관 ★★
Alexandre Yersin Museum
Bảo Tàng Alexandre Yersin

Map P.221-B2

주소 8~10 Trần Phú **전화** 0258-3822-355 **운영** 월~금요일 08:00~11:00, 14:00~16:30 **휴무**

토 · 일요일 **요금** 2만 VND **가는 방법** 쩐푸 거리에 있는 선라이즈 냐짱 비치 호텔 오른쪽에 있는 파스퇴르 연구소 Pasteur Institute(Viện Pasteur) 내부에 있다.

스위스 태생의 프랑스 세균학자 알렉상드르 예르생 Alexandre Yersin을 기념하는 박물관이다. 1863년 스위스 로잔 근처의 오본 Aubonne에서 태어난 예르생은 루이 파스퇴르 Louis Pasteur의 제자로 프랑스 파스퇴르 연구소에서 박테리아 연구에 참여했다. 프랑스 국적을 취득한 후에는 1890년부터 프랑스가 점령한 인도차이나로 건너가 베트남과 홍콩을 오가며 의료 지원활동과 질병을 연구하던 차에 페스트균을 개발하게 되었다. 1893년에는 베트남 중부 고원을 탐사하며 달랏을 발견했고, 1902년에 하노이에 의과대학을 설립했다. 1903년부터는 냐짱으로 돌아와 파스퇴르 연구소에서 연구 활동을 지속하다가 1943년 79세의 나이로 냐짱에서 생을 마감했다.

예르생 박물관은 그가 냐짱에 머무르는 동안 연구 활동을 한 파스퇴르 연구소의 연구실이 위치했던 곳이다. 연구실에서 사용하던 장비들과 책상, 책 등이 전시되어 있다. 프랑스의 통치를 받았는데도 베트남에서 인정해주는 프랑스인이 예르생 박사다. 그의 이름을 딴 거리 이름은 베트남 주요 도시에서 볼 수 있다.

예르생 박물관 내부

냐짱 성당 입구

고딕 양식의 냐짱 성당

뽀나가 참 탑
Po Nagar Cham Tower
Tháp Bà Po Nagar

★★★☆

주소 Đường 2 Tháng 4 운영 매일 07:00~17:30 요금 3만 VND 가는 방법 냐짱 시내에서 북쪽으로 2㎞ 떨어져 있다. 4월 2일 거리(Đường 2 Tháng 4)를 따라 북쪽으로 가다가 쏨봉교 Xom Bong Bridge(Cầu Xóm Bóng)를 건너서 왼쪽에 있다. 시내 버스(4번)를 타고 가도 된다.

힌두교를 믿었던 참파 왕국(P.294)에서 건설한 유적이다. '뽀나가'는 참파 왕국에 농사짓는 방법을 최초로 전래한 '티엔이아나 Thiên Y A Na' 여인인데, 세월이 흐르면서 땅의 여신으로 추앙받았다. 뽀나가 참 탑은 7~12세기에 걸쳐 완성된 참족이 건설한 힌두 유적이다(당시 냐짱 일대는 참파 왕국의 영토로 카우타라 Khauthara라는 지명을 사용했다). 3단으로 층을 구분해 가장 위쪽에 사원과 탑을 세웠다. 힌두교에서는 우주의 중심이자 신들이 사는 메루산을 형상화하기 위해 지면보다 높은

뽀나가 참 탑의 탑찐 중앙 성소에 모신 힌두 여신 우마

참파 왕국에서 건설한 뽀나가 참 탑

곳에 힌두 사원을 건축하는 것이 일반적이다. 원래는 목조 건물로 만들어졌는데 744년 자바 왕국 Java Kingdom(오늘날의 인도네시아)의 침입을 받아 파괴되었다. 그 후 사암으로 만든 붉은 벽돌을 쌓아 첨탑 형태로 변모했다.

500㎡의 넓이에 모두 8개의 건축물을 세웠는데 현재는 4개 탑만 남아 있다. 힌두 사원답게 탑들은 해가 뜨는 방향인 동쪽을 향해 출입문을 냈다. 4개의 탑 중에서 가장 크고 중요한 건물은 탑찐 Tháp Chính(정면에서 봤을 때 오른쪽에 있는 탑)이다. 높이 25m의 힌두 신전으로 817년에 재건축된 것이다. 시바 Siva(힌두교 3대 신 중의 하나로 파괴와 재창조라는 막강한 힘을 갖고 있다)를 위한 신전답게 탑 내부의 중앙 성소에 링가 Linga(시바를 상징하는 남근 모양의 둥근 기둥)를 세웠으나 크메르 제국 Khmer(오늘날의 캄보디아)과의 전쟁에 패하면서 약탈당했고, 현재는 힌두 여신 우마 Uma를 모시고 있다. '우마'는 뽀나가의 화신으로 시바의 부인이기도 하다. 탑찐 출입문 상단의 상인방에는 팔이 4개인 시바가 조각되어 있다. 난디 Nandi(시바가 타고 다니는 흰 소) 위에서 춤추고 있는 듯한 모습이다.

탑찐 옆에 있는 탑남 Tháp Nam(정면에서 봤을 때 중앙에 있는 탑)은 20m 크기로 피라미드 형태이다. 12세기에 복원되었으며 주변 탑들에 비해 부조 조각은 미약하다. 탑남 오른쪽에는 자그마한 탑동남 Tháp Đồng Nam(정면에서 봤을 때 왼쪽에 있는 탑)이 있다.

탑찐 뒤쪽에는 탑찐과 비슷한 구조로 만든 탑떠이박 Tháp Tây Bắc이 있는데, 시바의 아들이자 지혜의 신으로 여겨지는 가네쉬 Ganesh(코끼리 머리를 하고 있으며 '가네샤'라고도 한다)에게 헌정된 신전이다. 탑떠이박 왼쪽에는 뽀나가 참 탑에서 발굴된 석조 조각과 링가를 보관한 작은 박물관이 있다.

참고로 베트남 사람들은 여인의 탑이라는 뜻으로 '탑 바 Tháp Bà'라고 부른다. 영어 명칭은 참족이 건설한 탑과 구분하기 위해 '뽀나가 참 타워 Po Nagar Cham Tower'로 표기한다.

냐짱 주변에는 섬들이 많다. 일반적으로 1일 보트 투어를 이용해 4개 섬을 다녀온다. 탑바 온천에서 온천을 즐기며 휴식하거나 아동을 동반할 경우 빈원더스에서 시간을 보내도 좋다.

탑바 온천
Map P.221-A1 ★★★☆
Thap Ba Hot Spring Center
Suối Khoáng Nóng Tháp Bà

머드 온천을 즐길 수 있는 탑바 온천

탑바 온천 인공 폭포

주소 15 Ngoc Sơn, Phường Ngoc Hiêp **전화** 0258-3837-205 **홈페이지** www.tambunthapba. vn **운영** 매일 07:30~17:30 **요금** 수영장 12만 VND(아동 6만 VND), 수영장+머드온천 26만 VND(아동 13만 VND) **가는 방법** 냐짱 북서쪽으로 5km 떨어져 있다. 뽀나가 참 탑 입구를 지나서 북쪽으로 80m를 더 가면 나오는 첫 번째 골목길에서 좌회전해 2.5km를 더 들어간다. 입구에 'Tắm Bùn-Mud Bath'라고 간판이 적혀 있다. 냐짱 시내에서 택시를 이용할 경우 탑바 온천까지 10만 ~15만 VND 정도 예상하면 된다.

탑바(뽀나가 참 탑)와 가까운 곳에 있는 온천이다.

온천탕과 머드 온천, 야외 수영장, 스팀 사우나, 마사지 시설을 갖추고 있다. 가장 인기 있는 곳은 머드 온천으로 따듯한 진흙 온천 속에 몸을 담그고 있으면 피곤함이 저절로 풀린다. 머드 온천의 온도는 약 40℃를 유지한다. 염화나트륨 성분이 함유된 머드는 관절염과 류머티즘 치료에도 좋다고 한다. 머드 온천이 끝나면 진흙을 몸에 바르고 태양 아래서 진흙이 딱딱하게 굳어지기를 기다렸다가 온천수를 이용해 진흙을 씻어내면 보습 효과가 높아진다. 탑바 온천은 시설마다 별도의 이용료를 내야 한다. 가장 기본적인 시설인 온천 수영장과 온천수로 만든 폭포만 이용할 경우 12만 VND(아동 6만 VND)이다. 레스토랑과 휴식 공간도 있어서 반나절 정도 일정으로 여유 있게 다녀오면 된다. 수영복과 수건을 챙겨 가면 좋다.

아이 리조트 스파(머드 온천)
Map P.221-A1 ★★★☆
I-Resort Spa

주소 Tổ 19, Thôn Xuân Ngoc **홈페이지** www. i-resort.vn **운영** 08:00~17:30(매표 마감 16:30) **요금** 머드 온천(6~10인용) 26만 VND, 머드 온천(3~5인용) 30만 VND, 머드 온천(1~2인용) 35만 VND **가는 방법** 냐짱 시내에서 6~7km 떨어져 있다.

©I-Resort Spa Nha Trang

냐짱 주변에서 가장 인기 있는 머드 온천이다. 2헥타르(약 6,000평) 크기로 수영장과 야자수를 이용해 열대 지방의 리조트처럼 꾸몄다. 여러 개의 온천탕(수영장)은 성인용과 아동용으로 구분되어 있으며, 머드 온천은 500명이 동시에 사용할 수 있다. 규모와 더불어 방문객도 많아서 성수기에는 하루 3,000명이 다녀간다고 한다. 입장료는 사용하는 시설에 따라 달라진다. 온천탕(수영장)과 워터 파크만 이용하는 기본요금은 17만 VND(아동 8만 VND)이다. 머드 온천은 인원수에 따라 요금이 달라진다. 20분 정도 머드 온천을 먼저 한 다음, 폭포수와 노천 수영장에서 물놀이를 즐기면 된다. 수건과 수영복 대여, 사물함 사용은 입장료에 포함된다.

Map P.221-A1

혼쫑 곶 ★★
Hon Chong Promontory
Hòn Chồng

주소 Đường Phạm Văn Đồng 운영 매일 07:00~18:00 요금 3만 VND 가는 방법 냐짱 시내에서 북쪽으로 5㎞로 떨어져 있다. 냐짱에서 해변 도로를 따라 북쪽으로 직진하면 된다.

냐짱 북쪽에 있는 자그마한 곶이다. 해안선과 독특한 모양의 바위들이 어우러져 풍경이 아름답다. 바다를 향하고 있는 거대한 바위는 5개의 톱니 모양처럼 생겼는데, 전설에 따르면 거인이 남긴 손가락 자국이라고 한다. 혼쫑 서쪽으로는 꼬띠엔 산 Co Tien Mountain(Núi Cô Tiên)이 보인다. 꼬띠엔 산은 누워서 하늘을 보고 있는 여인의 모습

풍경이 아름다운 혼쫑 곶

혼쫑 곶 옆으로 해변이 길게 이어진다

을 하고 있다. 혼쫑의 전설과 연관해 거인과 사랑에 빠졌던 여인이 사랑을 이루지 못해 멀리서 남자를 바라보고 있는 것이라고 한다.
혼쫑이 남편 바위라는 뜻이라고 하니, 베트남 사람들이 믿는 전설은 그럴싸하다. 혼쫑 곶 주변 언덕에 야외 카페가 있으므로 풍경을 감상하며 쉬어가기 좋다.

혼쩨 & 빈원더스 ★★★☆
Hòn Tre(Bamboo Island) & Vin Wonders

꺼우다 선착장에서 정면으로 보이는 섬으로 냐짱 주변 섬 중에서 가장 큰 섬이다. 섬 북서쪽의 해변과 해안선에는 럭셔리 리조트인 빈펄 리조트(P.238)와 대규모 놀이 공원인 빈원더스 Vin Wonders(홈페이지 www.vinwonders.com)가 들어서 있다. 빈원더

빈원더스에서 운영하는 케이블카

각종 테마 시설로 꾸며진 빈원더스

빈원더스가 들어선 혼쩨

꺼우다 선착장에서 출발하는 보트

스는 일종의 테마 파크로 20만㎡ 면적에 걸쳐 해변과 워터 파크, 동물원, 수족관, 놀이기구, 레스토랑이 들어서 있다.

빈원더스까지는 꺼우다 선착장 남쪽에 있는 전용 선착장에서 보트를 타고 가야 한다. 빈원더스 1일 종합 이용권은 80만 VND(아동 60만 VND)이다. 빈펄 리조트에 묵을 경우 빈원더스를 무료로 이용할 수 있다. 참고로 섬을 연결하던 케이블카는 현재 운행 중단 중이다.

꺼우다
Cầu Đá　　　　　　　　　　　　　　　★

냐짱에서 남쪽으로 5㎞ 떨어져 있다. 냐짱 주변 섬을 오가는 보트가 출발하는 선착장 Cảng Cầu Đá(Cau Da Port)이 위치한 곳이다. 정기 여객선이 드나드는 섬은 혼미에우 Hòn Miễu가 유일하다. 혼땀 Hòn Tằm, 혼못 Hòn Một, 혼문 Hòn Mun

을 포함한 나머지 섬들은 보트 투어(P.229 참고)를 이용해 방문하는 게 편하다.

선착장 입구에는 해양학 박물관 National Oceanographic Museum(현지어 Bảo Tàng Hải Dương Học, 주소 1 Cầu Đá, 전화 0258-359-0037, 운영 07:00~18:00, 입장료 4만 VND)이 있다.

혼땀
Hòn Tằm　　　　　　　　　　　　★★★

냐짱에서 남동쪽으로 7㎞ 떨어져 있는 섬이다. 투이낌썬섬 Thuy Kim Son Island(Đảo Thủy Kim Sơn)으로도 알려져 있다. 섬의 모양이 누에처럼 생겼다고 해서 흔히들 '혼땀'이라고 부른다. 영어로 실크웜 아일랜드 Silkworm Island라고 표기하기도 한다. 기다란 모래 해변을 갖고 있으며, 다른 섬들과 달리 해양 스포츠 시설이 발달했다. 낮 시간에는 투어 보트들이 많이 찾아온다.

Travel Plus+　파티가 어우러지는 냐짱 보트 투어

냐짱을 방문한 여행자들에게 가장 인기 있는 여행 상품이 바로 주변 섬 네 곳을 방문하는 보트 투어입니다. '마마린 Mama Linh'에 의해 시작된 보트 투어는 현재 냐짱의 모든 여행사와 호텔에서 상품을 판매할 정도로 유명합니다. 보트 투어는 꺼우다 선착장 Bến Tàu Cầu Đá을 출발해 혼문 Hòn Mun, 혼못 Hòn Một, 혼땀 Hòn Tằm, 혼미에우 Hòn Miễu 섬들을 방문하는데, 스노클링과 파티가 어우러진답니다. 바다 위에 와인을 띄워놓고 수영을 하게 한다든지 배 위에서 노래를 부르며 춤을 추는 등, 다양한 국적의 여행자들이 어울려 흥겨운 시간을 보내게 됩니다.

투어 요금은 US$19~25로 저렴합니다. 참여 인원과 코스(방문하는 섬)에 따라 요금이 달라지는데, 입장료 포함 여부를 미리 확인해 두어야 합니다. 스피드 보트를 이용해 소규모로 진행되는 1일 투어는 US$40~49 정도 예상하면 됩니다. 시워킹 90만 VND, 패러세일링 75만 VND, 제트 스키 75만 VND 등 해양 스포츠는 별도 요금을 내고 이용해야 합니다.

섬 내부에는 자연친화적으로 만든 메흐 페흘르 혼
땀 리조트 Mer Perle Hon Tam Resort(홈페이지
www.hontamresort.vn)가 있다.

스노쿨링을 즐길 수 있는 냐짱 주변의 섬들

냐짱 주변 섬들은 보트 투어로 다녀오면 된다

Restaurant

바다를 끼고 있어 시푸드 레스토랑이 흔하다. 저녁 때가 되면 신선한 해산물을 진열해놓고 바비큐를 해주
는 곳이 많다. 한국 여행자들이 선호하는 맛집은 CCCP 커피 주변에 몰려 있고, 외국 여행자들을 위한 레
스토랑과 술집은 응우옌티엔투엇 거리 Nguyễn Thiên Thuật에 많다. 에어컨 시설의 카페를 찾을 경우
아이스드 커피 Iced Coffee, 하일랜드 커피 Highlands Coffee, 꽁 카페 Cộng Cà Phê를 이용하면 된다.

응우옌 로안 ★★★
Nguyên Loan

Map P.221-A3 주소 123 Ngô Gia Tư 전화
0258-3515-634 영업 06:00~22:30 메뉴 영어,
중국어, 베트남어 예산 4만 VND 가는 방법 응오
자뜨 & 찐퐁 Ngô Gia Tư & Trinh Phong 사거리
코너에 있다.
현지인들에게 유명한 식당으로, 쌀국수에 어묵(짜
까 Chả Cá) 고명을 얹어 내는 것이 대표 메뉴다.
두툼한 면발을 넣은 반깐짜까 Bánh Canh Chả
Cá 또는 가는 면발을 넣은 분짜까 Bún Chả Cá
중에 선택할 수 있다. 테이블에 놓인 고추, 라임,
허브 등은 입맛에 맞게 첨가해 먹으면 된다. 내부
는 로컬 식당답게 허름하지만 소박한 맛이 있다.
음식 이름을 붙여서 '분까 응우옌 로안 Bún Cá
Nguyên Loan'이라는 상호로 불리기도 한다.

퍼 한푹(하잉푹) ★★★☆
Phở Hạnh Phúc

Map P.222-A1 주소 19 Ngô Gia Tư 홈페이지
www.facebook.com/phohanhphuc 영업 06:00
~21:00 메뉴 영어, 한국어, 베트남어 예산 6만
~15만 VND 가는 방법 쏨머이 시장에서 200m 떨
어진 응오자뜨 거리 19번지에 있다.
쌀국수를 선보이는 로컬 식당. 오픈 키친이라 비
교적 청결하고 정갈한 만듦새를 선보인다. 진한
육수의 소고기 쌀국수가 대표 메뉴인데, 고명으로
들어가는 고기를 선택해 주문하면 된다. 최고의
인기 메뉴는 뚝배기 쌀국수인 '퍼 토 다' Phở Thổ
Đá다. 고명과 쌀국수를 접시에 따로 내어주기 때
문에, 뚝배기에 한데 넣어 먹는 방식이다. 쌀국수
가 금방 식지 않아서 오랫동안 깊은 맛을 낸다. 상
호의 '한푹(하잉푹)'은 행복이라는 뜻이다.

하이까 Hai Cá ★★★☆

Map P.221-A3 **주소** 156 Nguyễn Thị Minh Khai **영업** 06:00~21:30 **메뉴** 영어, 한국어, 베트남어 **예산** 5만 5,000 VND **가는 방법** 응우옌티민카이 거리 156번지에 있다.

냐짱에서 현지인들에게 인기 있는 분짜목 Bún Chả Mực 식당이다. 분(소면처럼 생긴 얇은 쌀국수)+짜목(오징어어묵), 즉 오징어어묵 쌀국수를 만든다. 맑고 시원한 육수 덕분에 한국인의 입맛에도 잘 맞는다. 다진 고추를 넣으면 해장으로도 좋다. 생선어묵과 오징어어묵을 함께 넣은 분짜까짜목 Bún Chả Cá, Chả Mực도 있다. 영어는 잘 통하지 않지만 주인장이 친절하다. 메뉴판에 적힌 번호를 보고 주문하면 된다. 인접한 곳에 2호점을 함께 운영하고 있다.

반미 판 Bánh Mì Phan ★★★★

Map P.222-A2 **주소** 164 Bạch Đằng **전화** 0372-776-778 **홈페이지** www.facebook.com/banhmiphannhatrang **영업** 07:00~20:30 **메뉴** 영어, 한국어, 러시아어, 베트남어 **예산** 3만~4만 VND **가는 방법** 박당 거리 164번지에 있다.

냐짱 시내에서 관광객들에게 인기 있는 반미 식당이다. 테이크아웃 형태의 자그마한 식당으로 내부에 테이블이 몇 개 있다. 손님이 많고 회전율이 좋아서 바게트 빵과 음식 재료가 신선하다. 치킨, 미트볼구이, 소고기 치즈, 삼겹살 BBQ, 모차렐라 치즈와 버섯(채식 메뉴), 파인애플 두부조림(비건 메뉴) 등 외국인 입맛에 맞춘 반미를 만들어 준다. 테이크아웃할 때 봉지에 물티슈까지 챙겨주는 센스도 돋보인다.

곡 하노이 Góc Hà Nội ★★★☆

Map P.222-A2 **주소** 142 Bạch Đằng **전화** 0258-3511-522 **영업** 07:00~14:00, 16:30~22:00 **메뉴** 영어, 베트남어, 러시아어 **예산** 10만~22만 VND **가는 방법** 박당 거리 142번지에 있다. 해변에서 응우옌티민카이 거리→또히엔탄 거리 Tô Hiến Thành→박당 거리 방향으로 이동하

면 된다.

'하노이 코너'라는 뜻으로 차분한 주택가 거리에 있다. 에어컨은 없지만 야외 테라스에 테이블이 놓여있고 여유롭다. 냄잔 Nem Rán, 분짜 Bún Chả 같은 북부 음식(P.418 참고)을 맛볼 수 있다. 아침 시간에는 쌀국수 위주의 간단한 메뉴를, 저녁 시간에는 해산물을 포함한 다양한 베트남 음식을 제공한다. 여행자 숙소 밀집 지역의 번잡함을 벗어나 베트남 전통 요리를 경험하기 좋다.

목 해산물 식당(목 시푸드) ★★★★
Hải Sản Mộc Quán

Map P.222-A2 **주소** 74 Hồng Bàng **전화** 0934-981-180 **영업** 10:30~22:30 **메뉴** 영어, 한국어, 베트남어 **예산** 12만~34만 VND **가는 방법** 홍방 거리 74번지에 있다.

다낭에서 유명한 시푸드 레스토랑의 냐짱 지점이다. 바다를 끼고 있지는 않지만 신선한 해산물을 적당한 가격에 즐길 수 있는 것이 장점이다. 다양한 해산물을 직접 눈으로 확인하고 무게를 달아서 요리를 부탁하면 된다. 모닝글로리볶음, 맛조개볶음, 볶음면, 볶음밥, 소고기 팽이버섯 구이 같은 기본적인 요리도 다양하다. 한국 관광객에게 워낙 인기 있는 곳이라 한국어 메뉴판도 구비하고 있다.

마담 프엉 ★★★☆
Madam Phuong

Map P.222-B3 **주소** 34F Nguyễn Thiện Thuật **전화** 0903-891-267 **영업** 11:00~22:00 **메뉴** 영어, 한국어, 베트남어 **예산** 12만~22만 VND(+5% Tax) **가는 방법** 갤리엇 호텔 Galliot Hotel 맞은편, 응우옌티엔투엇 거리 34번지에 있다.

냐짱에서 분위기 좋은 베트남식 레스토랑으로 손꼽힌다. 퍼 Phở(쌀국수), 분보남보 Bún Bò Nam Bộ(소고기 볶음 비빔국수), 보라롯 Bò Lá Lốt(깻잎 소고기 말이), 보룩락 Bò Lúc Lắc(소고기 스테이크 볶음), 넴루이 Nem Lụi(베트남 돼지고기 꼬치), 짜오똠 Chạo Tôm(새우 숯불구이) 등 관광객 입맛에 잘 맞는 대중적인 베트남 음식을 요리한

다. 한국어 메뉴도 갖추고 있어 주문할 때 편리하다.

바또이 ★★★★
Tiệm Cơm Bà Tôi

Map P.222-A2 **주소** 68/4 Đống Đa **전화** 0258-3515-118 **홈페이지** www.facebook.com/tiemcom.batoi **영업** 10:00~14:00, 17:00~21:00 **메뉴** 영어, 한국어, 베트남어 **예산** 단품 9만~16만 VND, 세트 **메뉴** 18만~26만 VND **가는 방법** 동다 거리 68번지에 있다.

베트남 할머니의 맛 Vietnamese Grandma's Taste이라고 광고하는 식당이다. 전통 가옥 느낌을 살린 건물과 푸릇푸릇한 식물, 컬러풀한 색감이 어우러진 인테리어가 예쁘다. 근사한 가정집에서 식사하는 분위기로 베트남 가정식을 보기 좋게 요리해 준다. 밥, 국, 조림, 채소볶음으로 구성된 세트 메뉴도 있다.

만 레스토랑 ★★★★
Mạn Restaurant

Map P.222-A2 **주소** 47 Đống Đa **영업** 10:30~21:00 **예산** 메인 요리 9만~19만 VND, 세트 **메뉴** 30만~41만 VND **가는 방법** 동다 거리 47번지에 있다.

베트남 가정식 요리를 맛볼 수 있는 곳이다. 신축한 콘크리트 건물이지만 목조 가옥의 느낌을 가미해 고풍스럽게 꾸몄다. 주변의 유명 베트남 레스토랑에 비해 전통을 강조한 분위기가 느껴진다. 두부튀김, 새우볶음, 레몬그라스 칠리 닭고기볶음, 캐러멜라이즈드 돼지갈비, 생선조림 등 밥과 어울리는 음식이 많다. 세트 메뉴도 있으므로 인원에 따라 선택하면 된다.

라냐 Là Nhà ★★★★

Map P.222-A2 **주소** 102 Hồng Bàng **전화** 0258-2477-377 **홈페이지** www.facebook.com/lanharestaurant **영업** 06:30~21:00 **메뉴** 영어, 한국어, 베트남어 **예산** 메인 요리 12만~32만 VND

가는 **방법** 향봉 거리 102번지에 있다.

한쪽은 붉은색 벽돌, 한쪽은 통유리를 이용해 식물원처럼 꾸민 매력적인 레스토랑이다. 층고 높은 건물과 푸른 식물이 주는 공간이 여유롭게 느껴진다. 두부 요리, 생선 요리, 돼지고기볶음 등 가정식 베트남 요리를 고급스럽게 요리한다. 관광객이 좋아하는 쌀국수, 반쎄오, 분팃느엉, 분짜, 넴느엉도 요리해 준다.

안토이 Ăn Thôi ★★★★

Map P.222-A1 **주소** 3 Ngô Đức Kế **영업** 10:30~22:00 **메뉴** 영어, 한국어, 베트남어 **예산** 9만~16만 VND **가는 방법** 응오득께 거리 3번지에 있다. 해변에서 800m 떨어져 있다.

유독 한국 관광객이 많이 찾는 곳으로 부담 없는 베트남 음식을 맛볼 수 있다. 붉은 벽돌 건물에 시원한 에어컨 시설로 테이블 세팅도 깔끔하다. 쌀국수, 미꽝, 반쎄오, 분짜, 짜조(스프링 롤), 고이꾸온(월남쌈), 넴루이, 해산물 볶음면, 파인애플 볶음밥, 새우볶음, 모닝글로리볶음 등 실패할 확률이 작은 음식들로 채워져 있다. 한국어 메뉴판도 구비하고 있어 주문하기 어렵지 않다.

쏨머이 가든 ★★★★
Xóm Mới Garden

Map P.222-A1 **주소** 144 Võ Trứ **홈페이지** www.xommoigarden.com **영업** 10:30~22:00 **메뉴** 영어, 한국어, 베트남어 **예산** 메인 요리 15만~25만 VND **가는 방법** 보쯔 거리 144번지에 있다.

쏨머이 시장과 가까운 곳에 1,500㎡ 크기로 만든 가든 형태의 레스토랑이다. 벱메인(베트남 음식점) Bếp Mẹ Ìn, 인어이(바비큐 식당) BBQ Ìn Ơi, 퍼믕(쌀국수 식당) Phở Mừng), 오 반미(바게트 샌드위치) Ồ! Bánh Mì), 라핀 (카페) Laphin으로 이루어진 다섯 개 레스토랑이 하나의 커뮤니티를 이룬다. 베트남 요리는 반쎄오, 짜조(스프링 롤), 넴느엉, 분짜를 메인으로 요리한다. 코코넛 볶음밥, 돼지갈비조림, 새우 요리 등 한국 관광객에 입맛에 맞는 음식이 많다.

짜오마오 Chào Mào ★★★★

Map P.222-A2 주소 166 Mê Linh 전화 0258-3510-959 홈페이지 www.instagram.com/chaomao.vn 영업 11:00~21:00 메뉴 영어, 한국어, 베트남어 예산 베트남 요리 9만~19만 VND, 럽스터 65만 VND 가는 방법 메린(메링) 거리 166번지에 있다.

파스텔 톤의 노란색 건물과 홍등(랜턴)이 눈길을 끄는 베트남 레스토랑이다. 한국 관광객이 즐겨 찾는 레스토랑 중 한 곳이다. 분짜, 짜조(스프링롤), 반쎄오, 미꽝, 모닝글로리볶음, 맛조개 모닝글로리볶음, 꿍파오 소스 닭튀김, 달걀 새우 볶음밥, 마늘 새우볶음 등 베트남 음식을 처음 접하는 사람도 쉽게 접근할 수 있다. 식당 입구에 있는 수족관에서 보듯 해산물을 이용한 음식이 많은 편이다.

알파카 홈스타일 카페 ★★★☆
Alpaca Homestyle Cafe

Map P.222-A1 주소 10/1B Nguyễn Thiện Thuật 전화 0988-698-068 홈페이지 www.facebook.com/alpacanhatrang 영업 08:30~21:30 메뉴 영어 예산 커피 6만 VND, 메인 요리 12만~32만 VND 가는 방법 응우옌티엔투엇 거리 10번지에 있다.

캐주얼한 분위기의 레스토랑으로, 포근한 가정집처럼 아기자기하게 꾸몄다. 뇨키 & 파스타, 샐러드, 멕시코 음식, 크레페 같은 외국 관광객을 겨냥한 브런치 메뉴를 제공한다. 아메리카노, 드립 커피, 콜드 브루를 포함, 커피 종류도 다양하다. 달랏에서 재배한 원두를 공수해 신선한 커피 맛을 자랑한다.

꽁 카페 Cộng Cà Phê ★★★☆

Map P.222-A2 주소 97 Nguyễn Thiện Thuật 홈페이지 www.congcaphe.com 영업 07:30~23:00 메뉴 영어, 한국어, 베트남어 예산 4만~6만 VND 가는 방법 응우옌티엔투엇 거리 97번지에 있다.

베트남 주요 도시에 체인점을 둔 유명 커피숍이다. 사회주의 모티브를 현대적으로 재해석해 매장을 빈티지하게 꾸민 것이 특징이다. 부담 없는 커피 값에 에어컨 시설까지 갖추고 있어 한국 관광객들에게 유독 인기 있다. 인기를 반영하듯 응우옌깐 거리(주소 23 Nguyễn Chánh)에 분점을 열었다.

CCCP 커피 ★★★★
CCCP Coffee

Map P.222-A2 주소 ①1호점 22 Tô Hiến Thành ②2호점 112 Hồng Bàng 홈페이지 www.facebook.com/CCCP.Coffee.NhaTrang 영업 06:00~23:00 메뉴 영어, 한국어, 베트남어 예산 2만~5만 VND 가는 방법 1호점은 또히엔탄 거리 22번지, 2호점은 홍방 거리 112번지에 있다.

현지인들이 즐겨 찾던 동네 카페였으나 냐짱이 확장되면서 현재는 관광객들도 즐겨 찾는 카페로 변모했다. 길거리 모퉁이에 있어 위치도 좋다. CCCP는 소비에트 사회주의 공화국, 즉 소련(오늘날의 러시아)을 뜻한다. 동네 구경하기 좋은 야외 테이블과 시원한 에어컨 시설의 실내로 구성되어 있다. 인접한 곳에 두 개 지점을 운영하는데, 2호점이 더 크고 분위기도 좋다. 한국 관광객에게도 유명한데, 코코넛 커피가 인기 있다.

퍼펙트 리얼리티 ★★★★
Perfect Reality

Map P.222-B2 주소 11/9 Nguyễn Thiện Thuật 홈페이지 www.instagram.com/perfectrealitycoffee 영업 07:00~23:00 메뉴 영어, 베트남어 예산 2만~3만 6,000VND 가는 방법 응우옌티엔투엇 거리 11번지 골목 안쪽에 있다.

냐짱 시내에 있지만 골목 안쪽에 숨겨져 있어 모르는 사람이 많다. 노출 콘크리트와 컬러감 가득한 함석판, 은은한 조명을 이용해 감각적으로 인테리어를 꾸몄다. 아담한 정원과 2층의 여유로운 좌석, 발코니까지 매력적이다. 에어컨이 없는 것을 제외하면 웬만한 카페보다 분위기가 좋다. 커피 맛과 분위기에 비해 커피 값이 저렴하다.

올라 카페 Ola Cafe ★★★☆

Map P.221-A3 주소 31 Nguyễn Hữu Huân 영업 07:30~22:00 메뉴 영어, 베트남어 예산 3만5,000~6만 VND 가는 방법 응우옌흐우후언 거리 31번지에 있다. 해변에서 1.5㎞ 떨어져 있다.

인스타 감성의 카페로 사진 찍기 좋은 곳이다. 시내 중심가에 조금 떨어져 있지만 독특한 건축 디자인 때문에 일부러 찾아오는 사람이 많다. 지중해풍으로 꾸민 핑크색 카페는 동굴을 연상시킨다. 커피보다 상큼한 열대 과일을 이용한 음료가 많다. 한국 관광객이 좋아하는 코코넛 커피는 기본.

그릭 키친 Greek Kitchen ★★★☆

Map P.222-A2 주소 53/2 Nguyễn Thiện Thuật 영업 10:30~23:00 메뉴 영어 예산 5만5,000~16만 VND 가는 방법 응우옌티엔투엇 거리 53번지 골목 안쪽에 있다.

냐짱에서 유명한 세 곳의 그리스 음식점 중에 상대적으로 아담하다. 골목 안쪽에 있는 단칸짜리 레스토랑으로 에어컨 없는 개방형으로 되어 있다. 지극히 외국 여행자들을 겨냥한 곳으로 영어가 통하고 친절하다. 수블라키 Souvlaki(마리네이드한 고기를 꼬챙이에 꽂아 구운 음식)를 메인으로 요리한다. 피타 브레드에 고기와 상추, 토마토, 감자 튀김을 넣어 만든 수블라키 피타 랩 Souvlaki Pita Wrap(케밥과 비슷한 음식)이 인기 있다. 그릭 샐러드 Greek Salad를 추가하면 된다.

놈놈 레스토랑 Nôm Nôm Restaurant ★★★☆

Map P.222-B3 주소 73/16 Trần Quang Khải 홈페이지 www.nomnomnhatrang.com 영업 09:00~23:00 메뉴 영어, 한국어, 러시아어, 베트남어 예산 10만~38만 VND 가는 방법 쩐꽝카이 거리에 있는 포세이돈 호텔 맞은편 골목 안쪽으로 100m. 같은 건물에 여러 개의 레스토랑이 있는데 엘리베이터를 타고 3층 또는 4층으로 올라가면 된다.

부담 없이 편하게 다양한 음식을 한자리에서 즐길 수 있는 퓨전 레스토랑이다. 정통 이탈리아 레스토랑은 아니지만 피자와 파스타를 메인으로 요리한다. 플라잉 누들 Flying Noodle, 똠얌꿍 Tom Yum Soup, 팟타이 Pad Thai, 락사 Laksa를 포함해 다양한 아시아 음식도 요리한다.

피자 포피스 Pizza 4P's Nha Trang ★★★★

Map P.221-B2 주소 1F, Sheraton Hotel, 28 Trần Phú 전화 1900-6043 홈페이지 www.pizza4ps.com 영업 11:00~23:00 메뉴 영어, 베트남어 예산 19만~42만 VND(+10% Tax) 가는 방법 쩐푸 거리(해변 도로) 28번지 쉐라톤 호텔 1층에 있다.

호찌민시(사이공)에 본점이 있는데, 인기에 힘입어 하노이와 다낭을 거쳐 냐짱까지 체인점을 오픈했다. 오픈 키친에서는 피자 굽는 커다란 화덕이 보이고, 야외 테이블에서는 길 건너 바다가 보인다. 직접 만든 치즈와 현지에서 재배한 신선한 식재료를 사용해 동양인 입맛에 맞춘 피자를 선보여 호평을 얻고 있다. 두 종류의 피자를 반반(하프 & 하프)으로 주문하면 한 번에 두 가지 피자를 맛볼 수 있다. 파스타를 포함한 기본적인 이탈리아 음식도 요리한다.

믹스 그릭 레스토랑 Mix Greek Restaurant ★★★☆

Map P.222-B2 주소 181 Nguyễn Thiện Thuật 전화 0359-459-197 홈페이지 www.facebook.com/mixrestaurant.nhatrang 영업 11:00~21:30(휴무 수요일) 메뉴 영어, 한국어, 베트남어 예산 메인 요리 13만~22만 VND. 믹스 플래터(2인용) 49만~61만 VND 가는 방법 응우옌티엔투엇 거리 181번지에 있다.

외국 관광객에게 사랑받는 그리스 음식점이다. 그릭 샐러드 Greek Salad, 수블라키 Souvlaki, 무사카 Mousaka 등을 맛 볼 수 있다. 스파게티와 해산물, 지중해 음식도 함께 요리한다. 2~3인용 세트 메뉴인 믹스 플래터 Mix Plates가 푸짐해 인기가 있다. 믹스 미트 Mix Meat, 믹스 시푸드 Mix Seafood, 믹스 믹스 Mix Mix(고기+해산물) 등 세트 메뉴가 다양하다.

세일링 클럽 Sailing Club ★★★★

Map P.222-B3 주소 72~74 Trần Phú 전화 0258-3524-628 홈페이지 www.sailingclub nhatrang.com 영업 매일 07:30~02:00 메뉴 영어, 한국어, 베트남어 예산 맥주·칵테일 10만~19만 VND, 메인 요리 29만~75만 VND(+15% Tax) 가는 방법 쩐푸 거리와 쩐꽝카이 거리가 만나는 삼거리와 접한 해변에 있다.

해변을 접하고 있는 냐짱의 명소다. 탁 트인 바다를 바라보며 야외에서 근사하게 식사를 즐기기 좋다. 2,400㎡의 넓은 부지에 3개의 레스토랑과 비치 라운지가 들어서 있다. 쎈 Sen에서는 베트남 요리를, 타지마할 Taj Mahal에서는 인도 요리를, 샌들 Sandals에서는 피자, 파스타, 스테이크를 판매해 다양한 요리를 즐길 수 있다. 아침형 인간이라면 바다를 벗 삼아 커피와 함께 차분하게 아침 식사를 즐겨도 된다. 밤 9시가 넘으면 클럽으로 변모하면서 분위기가 고조된다. 해변에서 불 쇼 Fire Dance를 보여주기도 한다. 저녁 7시부터는 입장료 20만 VND(맥주 1병 포함)을 내야 한다.

루이지애나 브루하우스 ★★★☆
Louisiane Brewhouse

Map P.221-B4 주소 29 Trần Phú 전화 0258-3521-948, 0258-3521-831 홈페이지 www. louisianebrewhouse.com.vn 영업 매일 07:00~24:00 메뉴 영어 예산 맥주(300㎖) 6만 VND, 맥주(1ℓ) 15만 VND, 메인 요리 20만~49만 VND (+15% Tax) 가는 방법 쩐푸 거리의 세일링 클럽 남쪽에 있다.

세일링 클럽과 더불어 냐짱 해변에 있는 대형 레스토랑이다. 브루하우스라는 이름처럼 생맥주를 직접 만들어 판매한다. 필스너 Pilsner, 다크 라거 Dark Larger, 에일 Ale을 포함해 7종류의 맥주가 있다. 테이스팅 트레이 Tasting Tray는 4종류의 생맥주를 한꺼번에 시음해볼 수 있다. 식사 메뉴는 베트남 요리, 시푸드, 스테이크, 피자, 파스타, 페이스트리까지 다양하다. 해변을 끼고 있으며 야외 수영장도 있다. 저녁 시간에는 라이브 밴드가 음악을 연주한다.

리빙 바비큐(리빙 콜렉티브) ★★★☆
LIVIN Barbecue

Map P.222-A2 주소 5 Ngô Thời Nhiệm 전화 091-8638-349 홈페이지 www.livinbbq.com 영업 08:00~23:00(휴무 수요일) 메뉴 영어, 베트남어 예산 메인 요리 21만~80만 VND 가는 방법 응오 터이 니엠 5번지에 있다.

리빙 콜렉티브 LIVIN Collective의 새로운 이름이다. 새로운 장소로 이전하면서 간판도 바뀌었다. 바비큐, 스테이크, 수제 버거와 샌드위치를 메인으로 요리한다. 아메리칸 스타일 바비큐는 돼지갈비, 소갈비, 치킨 윙, 소시지 등으로 다양하다. 여러 명이 함께 먹을 수 있는 플래터 Patter는 2~6인용으로 제공된다. 점심시간에는 수제 버거 등 가벼운 음식이 인기 있다. 수제 맥주를 곁들여 식사하면 된다.

스카이라이트 루프톱 비치 클럽 ★★★☆
Skylight Rooftop Beach Club

Map P.222-B1 주소 38 Trần Phú 전화 0258-3528-988 홈페이지 www.skylightnhatrang. com 영업 화~일요일 17:30~01:00 휴무 월요일 입장료 20만 VND(음료 1잔 포함) 예산 맥주·칵테일 10만~22만 VND, 메인 요리 19만~35만 VND(+15% Tax) 가는 방법 하나바 냐짱 호텔 43층에 있다. 호텔 로비 안쪽에 있는 전용 엘리베이터를 타면 된다.

프리미어 하바나 호텔 43층에 있는 루프 톱 라운지. 호텔 꼭대기에 만든 스카이라운지 형태의 클럽이다. 냐짱 해변과 시내 풍경을 감상하며 맥주·칵테일을 즐길 수 있다. 풍경을 감상하고 싶다면 해지는 시간에 맞춰 가면 된다. 해가 지고 밤이 깊어지면 클럽으로 변모한다. 수영장도 있어서 풀 파티 Pool Party를 개최하기도 한다. 이벤트는 홈페이지를 통해 수시로 공지하고 있다. 1층에서 입장료를 내고 전용 엘리베이터를 타고 올라가면 된다. 기본적인 드레스 코드를 지킬 것.

Nightlife

여행자 숙소가 몰려 있는 비엣트 거리, 응우옌티엔투엇 거리, 쩐꽝카이 거리에 레스토랑을 겸하는 술집이 몰려 있다. 저렴한 맥주를 벗 삼아 해변 도시의 밤을 보내려는 외국인들로 가득하다. 아무래도 유럽 여행자들이 주고객이다. 라이브 음악을 연주하거나 각종 게임, 스포츠 방송을 보여주며 사람들을 끌어 모은다. 참고로 '버킷 Bucket'이라고 적힌 양동이 칵테일(빨대로 빨아 마신다)은 보드카 또는 독한 양주를 혼합하기 때문에 쉽게 취한다. 치어스 스포츠 펍 Cheers Sports Pub(주소 56 Nguyễn Thiện Thuật, Map P.222-B3)과 미잭 바 Mi Jack Bar(주소 109 Hồng Bàng, Map P.222-A2)가 인기 있다. 해변의 비치 클럽인 세일링 클럽 Sailing Club(P.235 참고)도 명성이 자자하다.

Shopping

재래시장과 야시장은 물론 대형 마트까지 들어서 있다. 대형 마트는 빈콤 플라자와 롯데 마트를 이용하면 된다.

냐짱 야시장　　　　　★★★
Night Market / Chợ Đêm

Map P.222-B2 주소 Nguyễn Thi, Trần Phú 운영 18:00~22:00 가는 방법 쩐푸 거리 Trần Phú와 훙브엉 거리 Hùng Vương를 연결하는 응우옌티 Nguyễn Thi 골목에 야시장이 형성된다.

냐짱 중심가의 200m 남짓한 작은 도로에 형성된 야시장이다. 옷과 기념품을 판매하는 노점이 길 양옆으로 들어서 있다. 말린 과일, 견과류, 커피, 라탄 가방, 티셔츠, 반바지, 원피스, 모자, 신발, 크록스 등을 판매한다. 가격은 흥정해야 한다. 음식

을 파는 노점이 없어서 흥거운 야시장 분위기는 아니다.

롯데 마트(골드코스트 지점)　　★★★☆
Lotte Mart Nha Trang Gold Coast

Map P.221-B2 주소 1 Trần Hưng Đạo 홈페이지 www.lottemart.com.vn 영업 08:00~22:00 가는 방법 쩐흥다오 거리 1번지 골드코스트 쇼핑몰 3~4층에 있다.

냐짱에 롯데 마트가 두 곳 있는데, 해변과 가까운 지점이다. 단독 매장이 아니고 골드코스트 쇼핑몰 3~4층에 롯데 마트가 입점해 있다. 3층은 음료, 주류, 식료품, 과일, 라면, 과자, 말린 과일, 베이커

리, 푸드 코트, 4층은 주방용품, 청소용품, 세제, 화장품, 치약, 커피를 판매한다. 귀국하기 전에 쇼핑하러 온 한국 관광객들이 많다.

Hotel

쉐라톤과 노보텔을 비롯해 고급 호텔들은 해변 도로인 쩐푸 거리 Đường Trần Phú를 끼고 있다. 여행자 숙소가 몰려 있는 곳은 비엣트 거리 Đường Biệt Thự, 홍브엉 거리 Đường Hùng Vương, 응우옌티엔투엇 거리 Đường Nguyễn Thiện Thuật, 쩐꽝카이 거리 Đường Trần Quang Khải 일대이다. 베트남 최고의 해변 도시라고는 하지만 아직까지는 저렴한 숙소들이 많이 남아 있다. 특히 해변도로에서 이어지는 쩐푸 거리 64번지 골목 Hẻm 64 Trần Phú에 저렴한 미니 호텔이 몰려 있다.

모조 인 부티크 ★★★★
Mojzo Inn Boutique

Map P.222-B2 주소 65/7 Nguyễn Thiện Thuật 전화 0357-751-188 홈페이지 www.facebook.com/Mojzolnn 요금 더블 US$16~25(에어컨, 개인 욕실, TV, 냉장고) 가는 방법 응우옌티엔투엇 거리 65번지 골목 안쪽에 있다. 빨간색 간판에 Mojzo Inn이라고 적혀 있다.

냐짱에게 인기 있는 여행자 숙소다. 가성비가 좋은 호텔로 알려져 있는데, 객실이 넓고 욕실도 깨끗하다. TV, 냉장고, 전기포트, 안전금고까지 객실 시설도 잘 갖추어져 있다. 시내 중심가의 골목 안쪽에 있는데, 아무래도 위층 방들이 채광이 좋고 답답한 느낌이 들지 않는다. 여행자에게 필요한 다양한 업무도 친절하게 해결해 준다.

아주라 골드 호텔 Azura Gold Hotel ★★★★

Map P.222-B3 주소 64/2 Trần Phú 전화 0258-3525-008 홈페이지 www.azuragold.com 요금 더블 US$16~22, 시 뷰 US$26~32(에어컨, 개인 욕실, TV, 냉장고) 가는 방법 쩐푸 거리 64번지 골목 Hẻm 64 Trần Phú 안쪽에 있다.

해변과 가까우면서 저렴한 숙소가 몰려 있는 쩐푸 거리 64번지 골목에 있다. 전형적인 미니호텔이지만 신축 건물이라 다른 곳보다 깨끗하고 시설이 좋다. 객실 위치에 따라 방 크기와 시설이 조금씩 다르다. 창문이 없는 방도 있고, 발코니가 딸려 있거나 바다가 보이는 방도 있다. 모두 29개 객실을 운영한다. 옥상에 자그마한 수영장도 있다. 가성비도 좋고 친절해 인기가 있다.

레스 참 호텔 Le's Cham Hotel ★★★★

Map P.222-A2 주소 87 Bạch Đằng 전화 0258-6297-979 홈페이지 www.lescham.com 요금 트윈 US$35~40, 트윈 발코니 US$45~55(에어컨, 개인욕실, TV, 냉장고, 아침식사) 가는 방법 박당 거리 87번지에 있다.

해변과는 조금 떨어져 있지만 가성비 좋은 호텔이다. 2019년에 신축한 호텔이라 객실 상태도 양호하다. 도로 쪽 방들은 발코니가 딸려 있는데, 높은 층일수록 방도 크고 전망도 좋아진다. 객실은 벽면 TV, 냉장고, 안전금고 등 기본적인 어메니티를 구비하고 있다. 21층 건물로 꼭대기 층에 작지만 피트니스와 루프 톱 수영장이 있다.

레갈리아 골드 호텔 ★★★★
Regalia Gold Hotel

Map P.222-A2 주소 39~41 Nguyễn Thị Minh Khai 전화 0258-3599-999 홈페이지 www.regaliagoldhotel.com 요금 슈피리어 US$56, 디럭스 더블 US$70, 디럭스 시뷰 US$85~95 가는 방법 해변에서 500m 떨어진 응우옌티민카이 거리 39번지에 있다.

661개 객실을 운영하는 대형 호텔. 호텔 간판에 별 다섯 개가 찍혀 있지만 4성급 정도 되는 가성비 좋은 호텔이다. 해변을 끼고 있지는 않지만 시내 중심가는 물론 해변과의 접근성이 좋다. 40층 건물로 루프톱에 수영장이 있다. 슈피리어 룸은 25㎡ 크기로 평범한 구조다. 객실은 높은 층일수록 전망이 좋아진다. 조식 뷔페가 제공된다.

멜리아 빈펄
Melia Vinpearl Nha Trang Empire

★★★★☆

Map P.222-A1 주소 46 Lê Thánh Tôn 전화 0258-3599-888 홈페이지 www.melia.com 요금 딜럭스 US$95~110, 스위트 US$115~140 가는 방법 해변에서 250m 떨어진 레탄똔 거리 46번지에 있다.

빈펄 콘도텔 엠파이어 Vinpearl Condotel Empire 를 멜리아 호텔에서 인수하면서 호텔 이름이 바뀌었다. 쇼핑몰(빈콤 플라자)과 호텔이 합쳐진 주상복합 형태의 5성급 호텔이다. 객실 1,200여 개의 초대형 규모를 자랑한다. 32㎡ 크기의 딜럭스 룸과 43㎡ 크기의 스위트 룸으로 구분된다. 시내 중심부에 있는 고층 건물이라 객실에서의 전망이 좋다. 수영장, 스파, 피트니스, 키즈 클럽까지 부대시설도 알차게 갖춰져 있다.

리버티 센트럴 냐짱 호텔
Liberty Central Nha Trang Hotel

★★★★

Map P.222-B3 주소 9 Biệt Thự 전화 0258-3529-555 홈페이지 www.libertycentralnhatrang.com 요금 딜럭스 US$75, 프리미어 US$85, 이그제큐티브 US$95 가는 방법 비엣트 거리와 훙브엉 거리 사거리 코너에 있다.

호찌민시(사이공)에서 인기 있는 4성급 호텔인 리버티 센트럴에서 운영한다. 여행 편의 시설이 몰려 있는 중심가에 있어 편리하다. 푹신한 침대, LCD TV, 미니 바, 커피포트, 안전금고, 헤어드라이어, 목욕용품까지 잘 갖추어져 있다. 일반 객실은 27㎡ 크기로 넓지 않다. 이그제큐티브 클럽 룸은 침대 옆에 욕조가 추가로 놓여 있으며, 높은 층에 있어서 전망도 좋다. 야외 수영장을 갖추고 있다. 해변에 호텔 투숙객 전용 파라솔과 데크 체어를 설치해두고 있다.

하바나 냐짱 호텔
Havana Nha Trang Hotel

★★★★

Map P.222-B1 주소 38 Trần Phú 전화 0258-3889-999 홈페이지 www.havanahotel.vn 요금 딜럭스 US$100~124, 클럽 스위트 US$150~172 가는 방법 해변 도로 중심부에 있는 냐짱 로지 호텔과 인터콘티넨탈 호텔 사이에 있다.

2013년에 완공된 초대형 호텔로 850개 객실을 운영한다. 해변도로 중앙에 있는 41층 건물이라 객실에서 전망이 좋다. 객실이 넓은 편으로 40㎡ 크기의 딜럭스 룸을 기본으로 한다. 시티 뷰와 오션 뷰로 구분되는데, 가능하면 바다가 보이는 오션 뷰를 얻도록 하자. 같은 5성급이라고는 하지만 쉐라톤 호텔, 인터콘티넨탈 호텔에 비해 수준은 떨어진다(동급 호텔에 비해 방 값은 저렴하다).

므엉탄 럭셔리 냐짱
Mường Thanh Luxury Nha Trang

★★★☆

Map P.222-B2 주소 60 Trần Phú 전화 0258-3898-888 홈페이지 www.luxurynhatrang.muongthanh.com 요금 딜럭스 US$95~110, 딜럭스 오션 뷰 US$130 가는 방법 해변 도로(쩐푸 거리) 한복판에 해당하는 쩐푸 거리 60번지에 있다.

베트남의 주요 도시에서 볼 수 있는 4성급 호텔인 므엉탄 호텔에서 운영한다. 해변 도로(쩐푸 거리)에 있는 고층 건물이라 객실에서의 전망이 좋다(발코니는 없다). 객실은 카펫이 깔려 있어 평범한 호텔 인테리어로 꾸몄다. 객실 위치에 따라 전망과 방 크기가 다르다. 32㎡ 크기의 시티 뷰 City View 보다 40㎡ 크기의 오션 뷰 Ocean View가 방도 넓고 전망도 좋다. 방음 시설은 약한 편이다. 야외 수영장을 갖추고 있다. 모두 459개 객실을 운영하는 대형 호텔이라 세심한 서비스를 기대하긴 어렵다. 단체 관광객이 즐겨 묵는다. 같은 호텔에서 운영하는 므엉탄 그랜드 냐짱과 혼동하지 말 것.

노보텔 Novotel

★★★★

Map P.222-B2 주소 50 Trần Phú 전화 0258-6256-900 홈페이지 www.novotelnhatrang.com 요금 스탠더드 US$120~150, 딜럭스 US$170~185 가는 방법 해변 도로인 쩐푸 거리 중간에 있다.

해변 도로 중앙에 있는 국제적인 호텔 체인이다. 바다를 조망할 수 있는 최적의 위치와 주변 상권을 드나들 수 있는 편리한 위치, 체계적인 서비스를 제공한다. 호텔 외관은 복고풍으로 박스처럼 생겼는데, 객실과 설비는 고급 호텔답게 현대적이다. 18층 건물로 154개의 객실을 운영하는데, 규모에 비해 수영장이 작다.

선라이즈 냐짱 비치 호텔 ★★★★
Sunrise Nha Trang Beach Hotel

Map P.221-B2 주소 12~14 Trần Phú 전화 0258-3820-999 홈페이지 www.sunrisenhatrang.com.vn 요금 슈피리어 US$115~140, 딜럭스 US$130~175 가는 방법 해변 도로 북쪽의 파스티르 연구소 옆에 있다.

해변 도로에서 금방 눈에 띄는 대형 호텔이다. 대리석과 석주 기둥을 이용해 웅장한 유럽풍의 건물로 호텔을 꾸몄다. 5성급 호텔로 대부분의 객실에서 바다가 보인다. 가장 높은 층인 10층에는 스위트 룸이 있다.

쉐라톤 호텔 ★★★★☆
Sheraton Hotel

Map P.221-B2 주소 26~28 Trần Phú 전화 0258-3880-000 홈페이지 www.sheratonnhatrang.com 요금 딜럭스 US$160~185, 프리미엄 딜럭스 US$190~230 가는 방법 해변 도로 중심부에 있는 냐짱 센터 옆에 있다.

냐짱 해변 도로에 가장 먼저 오픈한 세계적인 5성급 호텔 체인이다. 국제적인 공신력을 갖춘 럭셔리한 호텔인 '쉐라톤'에서 운영한다. 한적한 해변의 리조트가 아니라 도시에 접할 수 있는 고층 건물로 284개의 객실을 보유하고 있다. 스파와 피트니스, 클럽 라운지, 대형 회의실까지 전형적인 호텔 구조로 이루어졌다.

도회적인 느낌의 호텔 외관만큼이나 객실 시설도 현대적이다. 객실에서(측면으로) 바다 전망을 볼 수 있어서 좋다. 딜럭스 룸은 33㎡ 크기로 여느 5성급 호텔과 비슷하다. 객실에 발코니가 딸려 있다. 6층의 야외 수영장과 28층 옥상의 앨티튜드 바 Altitude Bar에서 바라보면 풍경도 일품이다.

빈펄 냐짱 리조트 ★★★★
Vinpearl Nha Trang Resort

주소 Đảo Hòn Tre, Vĩnh Nguyên 전화 0258-3598-222 홈페이지 http://vinpearl.com/nha-trang-resort/ 요금 딜럭스 시 뷰 US$180, 그랜드 딜럭스 시 뷰 US$240 가는 방법 냐짱 앞 바다의 혼쩨 섬 Đảo Hòn Tre(Bamboo Island)에 있다. 리조트 전용 선착장에서 전용 스피드 보트로 20분.

베트남의 대표적인 리조트 회사인 빈펄에서 운영한다. 혼쩨 섬 내부에 만든 초대형 리조트로 전용 해변과 485개의 객실을 갖추고 있다. 리조트 내에 동남아시아 최대의 야외 수영장을 갖추고 있으며 규모와 시설면에서 냐짱의 여느 호텔들보다 뛰어나다. 섬 안에 위치해 있기 때문에 유흥보다는 휴양을 목적으로 온전한 휴식을 취하기 좋은 곳이다. 보트를 타고 드나들어야 하기 때문에 접근성은 떨어진다.

미아 리조트 냐짱 ★★★★★
Mia Resort Nha Trang

주소 Nguyễn Tất Thành, Cam Hải Đông, Cam Lâm 전화 0258-3989-666 홈페이지 www.mianhatrang.com 요금 트윈 가든 뷰 US$260~280, 가든 빌라 US$340~380, 풀 빌라(비치 프런트) US$490 가는 방법 깜란 국제공항과 냐짱 시내 중간에 있다. 냐짱 시내에서 12km, 깜란 공항에서 18km 떨어져 있다.

야자수 가득한 잔디 정원에서 해변까지 자연을 최대한 활용해 건설한 자연 친화적인 리조트다. 5성급 리조트답게 넓고 현대적인 객실과 전용 해변을 갖추고 있다. 콘도, 빌라, 스위트로 구분되며 모두 50개의 객실을 운영한다.

프라이버시를 강조한 빌라는 단독 주택에 정원을 끌어들인 개념으로 설계했다. 바다와 접해 있는 비치프론트 빌라는 개인 수영장까지 갖춘 풀 빌라로 꾸몄다. 냐짱 시내에서 멀리 떨어져 있어, 유흥이나 관광보다 조용한 휴식을 원하는 연인이나 가족들에게 어울린다. 냐짱 시내까지 무료 셔틀 버스를 운행한다.

달랏

베트남의 대표적인 고원(高原) 도시다. 코친차이나를 통치하던 프랑스 식민정부에 의해 '힐 스테이션'으로 개발되었다. 해발 1,500m의 고원지대의 선선한 기후는 프랑스인들에게 더없이 좋은 환경을 제공해주었다. 1897년 알렉상드르 예르생 Alexandre Yersin(P.225)에 의해 달랏이 발견되었고(그전에도 지금도 변함없이 원주민인 산악 민족들이 생활하고 있다), 1907년 최초로 호텔이 건설되면서 휴양지로 변모하기 시작했다. 유럽인들이 부를 과시하듯 유럽풍의 빌라와 살레를 경쟁적으로 건축했는데, 1930년대는 달랏 인구의 20%가 프랑스인으로 채워졌다고 한다.

달랏은 쑤언흐엉 호수 Xuan Huong Lake(Hồ Xuân Hương)를 중심으로 도시가 형성되어 있다. 고원의 구릉지대 특유의 청명함과 시원한 공기가 어울려 상쾌함을 선사한다. 외국인보다는 베트남(특히 호찌민시) 사람들의 신혼 여행지로 각광받고 있다(기념사진 찍기 좋은 장소에 다소 유치한 조형물을 만들어 놓았다). 대단한 볼거리가 있는 것은 아니지만 더위에 지친 여행자들에게도 '여행 중 휴식'을 선사해주는 곳이다. 명상적인 분위기 탓인지 달랏 주변에는 불교 사원이 많고, 호수와 폭포도 즐비해 자연경관을 즐기며 시간을 보내기 좋다.

인구 40만 6,105명 | 행정구역 럼동 성 Tỉnh Lâm Đồng 달랏 시 Thành Phố Đà Lạt | 면적 394㎢ | 시외국번 0263

Information

여행에 유용한 정보

은행 · 환전 · 우체국

호아빈 광장 Khu Hòa Bình 옆에 있는 사콤 은
행 Sacom Bank, 달랏 시장과 인접한 비엣콤 은
행 Vietcom Bank, 쑤언흐엉 호수 옆에 있는 비엣
인 은행 Vietin Bank을 포함해 시내 곳곳에 은행
과 ATM이 설치되어 있다. 쩐푸 거리에 있는 중앙
우체국은 에펠탑을 흉내내 만든 통신탑 때문에 쉽
게 눈에 띈다. 쑤언흐엉 호수 앞 로터리에도 우체
국이 있다.

중앙 우체국
주소 2 Trần Phú **전화** 0263-3822-586

기후

해발 1,500m의 고원에 위치한 달랏은 베트남의
일반적인 기후와 달리 연중 선선한 기온을 유지
한다. 평균 기온은 18~25℃를 유지하며 여름에도
30℃를 넘지 않는다. 겨울에는 영상 7℃까지 내려
가기 때문에 쌀쌀하다. 날씨 변화가 심하므로 여
름에도 긴 옷을 챙겨가는 게 좋다. 6~11월까지는

비가 자주 내리기 때문에 비교적 청명한 1~4월이
여행하기 좋다. 하지만 뗏(베트남 설 연휴)과 여름
휴가 때는 베트남 사람들이 밀려들어 성수기이다.

여행사 · 투어

여행자 숙소가 몰려 있는 판딘풍 거리 Đường
Phan Đình Phùng와 쯔엉꽁딘 거리 Đường
Trương Công Định에 여행사가 많이 있다. 여행
사가 아니더라도 대부분의 숙소에서 투어를 예약
할 수 있다. 예약한 곳에서 픽업해주기 때문에 편
리하다.
달랏 시티 투어는 US$10~15, 커피 농장을 포함한
달랏 외곽 지역 투어는 US$18~25 정도 한다. 랑
비앙 산 트레킹 Lang Biang Mountain Trekking,
정글 트레킹 Jungle Trekking, 산악자전거
Mountain Biking 등과 연계한 투어도 있다. 1일 트
레킹은 US$30~35 정도 예상하면 된다. 자유롭게
움직이고 싶다면 '이지 라이더'(P.249)와 동행해
달랏 주변을 여행하면 된다.

달랏 버스 터미널

호아빈 광장 뒤쪽의 시내버스 정류장

청명한 고원도시 달랏

고지대답게 구름이 낮게 깔린 달랏 풍경

Access

기차 노선이 없고, 항공도 제한적이기 때문에 버스가 가장 편리하다. 산길을 돌아 올라가야 하므로 거리에 비해 이동시간이 길다. 호찌민시(사이공), 무이네, 냐짱에서 버스를 타는 게 가장 편리한 방법이다.

항공

달랏 공항의 정식 명칭은 리엔크엉 공항 Lien Khuong Airport(Sân Bay Liên Khương)으로 시내에서 남쪽으로 30㎞ 떨어져 있다. 베트남 항공과 비엣젯 항공에서 국내선을 운항하고 있다. 호찌민시(사이공), 하노이, 다낭, 후에(훼) 노선을 취항한다. 한국에서 출발하는 국제선도 있는데 비엣젯 항공에서 인천↔달랏 직항 노선을 주 4회 운항한다. 공항버스는 빨간색의 프엉짱 버스 Công Ty Phương Trang Đà Lạt↔Sân Bay Liên Khương에서 운행한다. 05:30~19:30까지 1시간 간격으로 출발하며, 편도 요금은 5만 VND이다. 택시를 탈 경우 시내까지 25만~30만 VND 정도 예상하면 된다.

버스

호찌민시에서 달랏을 갈 때는 프엉짱 버스 Phương Trang(홈페이지 www.futabus.vn)가 편리하다. 오전 5시부터 밤 12시까지 매일 23회 운행되며 요금은 30만 VND. 달랏까지 6~7시간 걸리기 때문에 밤에는 침대버스가 운행된다. 프엉짱 버스의 종점은 달랏 버스 터미널 Bến Xe Liên Tỉnh Đà Lạt이다. 달랏 버스 터미널은 쑤언흐엉 호수에서 남쪽으로 4㎞ 떨어져 있다. 냐짱에서 달랏 가는 방법은 P.220 참고.

달랏에서는 호찌민시, 껀터, 하노이, 냐짱, 다낭, 후에(훼)를 포함해 중부 고원(부온마투옷 Buôn Ma Thuột, 꼰뚬 Kon Tum) 지역으로 버스가 운행된다. 달랏→호찌민시 노선은 오전 5시부터 새벽 1시까지 수시로 출발한다(편도 요금 30만 VND). 달랏→냐짱 구간은 오전 6시부터 오후 6시까지 운행된다(편도 요금 17만 VND). 껀터까지 직행하는 버스는 1일 2회(07:00, 20:00) 운행하며 편도 요금은 43만 VND이다. 껀터까지는 11시간이나 걸리기 때문에 밤 버스가 편하다. 참고로 무이네까지 직행 버스가 없어서 여행사의 오픈 투어 버스를 타야 한다.

오픈 투어 버스

오픈 투어 버스는 터미널까지 갈 필요 없이 시내에서 있는 여행사나 숙소에서 픽업해주기 때문에 편리하다. 달랏→호찌민시(08:00, 21:30 출발, 편도 30만~35만 VND), 달랏→무이네(07:30, 13:00 출발, 편도 30만 VND), 달랏→냐짱(07:30, 13:00 출발, 편도 22만~25만 VND) 세 개 노선이 운행된다.

Transportation

산악지형이라 도로의 굴곡이 심하다. 쎄옴(오토바이 택시) 또는 택시를 이용하는 게 편하다. 자전거는 산악자전거로 빌릴 것. 여행자 숙소가 몰려 있는 판딘풍 거리에서 달랏 시장과 쑤언흐엉 호수까지는 걸어 다녀도 무방하다. 시내버스는 모두 5개 노선이 운행된다. 1번은 다딴라 폭포와 쁘렌 폭포, 3번은 버스 터미널, 6번은 짜이맛 Trại Mát을 지난다. 운행 시간은 05:30~18:30까지(30분 간격)다. 기본 요금은 7,000VND. 달랏 시내에서 출발할 때는 호아빈 광장(쿠 호아빈 Khu Hòa Bình) 뒤쪽의 시내버스 정류장 Bến Xe Tùng Nghĩa Cũ(Map P.244)에서 버스를 기다리면 된다.

달랏

달랏 중심부 P.244

바오다이 황제 여름 궁전 방면

바오다이 1 궁전, 짜매맷 방면

버스 터미널, 케이블카, 다딴라 폭포 방면

관광 ● **식당** ● **쇼핑** ● **숙소**

1 르 샬레 달랏 Le Chalet Dalat A2
2 미르크 Mirk A2
3 브이 카페 V Cafe A1
4 Thanh Thuỷ(Blue Water Cafe) A2
5 비앙 달랏 가든 레스토랑 A1
6 Nhà Hàng Thuỷ Tạ A2
7 넴느엉 포엉 Nem Nướng Phượng B2
8 스틸 카페 Still Cafe B2
9 라 비엣 카피 Là Việt Coffee A1
10 아티스트 앨리 레스토랑 La Việt A1
11 켐 풍 Kem Phung A1
12 틴타오 Thanh Thảo A1
13 퍼 하이으 Phở Hiếu A1
14 헤이라 칵테일 바 Heyla Cocktail Bar A2

1 티엔안 호텔 Thiên An Hotel A1
2 Golf Valley Hotel A1
3 Dream Luxury Hotel A1
4 달랏 그린 시티 호텔 A1
   Dalat Green City Hotel
5 마이 드림 호텔 My Dream Hotel A1
6 드림 호텔 Dreams Hotel A1
7 River Prince Hotel A2
8 Sandals Camellia Hotel A2
9 코지 눅 호스텔 Cozy Nook Hostel A2
10 빌라 핑크 하우스 Villa Pink House A2
11 탕러이 1 호텔 Khách Sạn Thắng Lợi 1 A2
12 사이공 달랏 호텔 Saigon Dalat Hotel A2
13 삼미 호텔 Sammy Hotel A2
14 뒤 파그 호텔 Du Parc Hotel A2
15 Dalat Palace Heritage Hotel A2
16 Kings Hotel A2
17 쭝깡 호텔 Trung Cang Hotel A2
18 모엉탄 호텔 Mường Thanh Hotel A2
19 Thanh Thuỷ(Blue Water) Hotel A2

Attractions

달랏의 볼거리는 유적지나 박물관이 아니라 자연 그 자체다. 선선한 기후를 즐기면 된다. 지대가 높기 때문에 날씨 변화가 심하지만 청명한 날에는 파란 하늘과 구름만으로도 시원함을 선사한다.

Map P.243-B2

쑤언흐엉 호수(春香湖) ★★
Xuan Huong Lake
Hô Xuân Hương

주소 Trần Quốc Toản 운영 24시간 요금 무료
가는 방법 달랏 시장에서 도보 5분.
달랏 고원 중심부에 자리한 쑤언흐엉 호수는 달랏의 상징적인 존재이다. 1919년에 댐을 건설하면서 만든 초승달 모양의 인공 호수로 총 둘레는 7km이다. 베트남의 여류 시인이 호수의 아름다움을 '쑤언흐엉(春香)–봄의 향기' 같다고 노래하면서

붙여진 이름이다. 호수 주변으로 공원과 카페가 많아서 평온한 시간을 보내기 좋다. 호수에서는 보트를 타거나, 웨딩 사진을 촬영하는 현지인들도 눈에 띈다.

달랏의 상징인 쑤언흐엉 호수

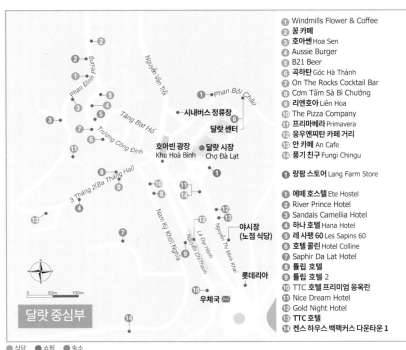

① Windmills Flower & Coffee
② 꽁 카페
③ 호아쎈 Hoa Sen
④ Aussie Burger
⑤ B21 Beer
⑥ 곡하탄 Góc Hà Thành
⑦ On The Rocks Cocktail Bar
⑧ Cơm Tấm Sà Bì Chưởng
⑨ 리엔호아 Liên Hoa
⑩ The Pizza Company
⑪ 프리마베라 Primavera
⑫ 응우옌찌탄 카페 거리
⑬ 안 카페 An Cafe
⑭ 풍기 친구 Fungi Chingu

① 랑팜 스토어 Lang Farm Store

① 에떼 호스텔 Ete Hostel
② River Prince Hotel
③ Sandals Camellia Hotel
④ 하나 호텔 Hana Hotel
⑤ 레 사팽 60 Les Sapins 60
⑥ 호텔 콜린 Hotel Colline
⑦ Saphir Da Lat Hotel
⑧ 튤립 호텔
⑨ 튤립 호텔 2
⑩ TTC 호텔 프리미엄 응옥란
⑪ Nice Dream Hotel
⑫ Gold Night Hotel
⑬ TTC호텔
⑭ 켄스 하우스 백팩커스 다운타운 1

시내버스 정류장
달랏 센터
호아빈 광장
Khu Hoà Bình
달랏 시장
Chợ Đà Lạt
야시장
(노점 식당)
롯데리아
우체국

Phan Bội Châu
Nguyễn Văn Trỗi
Phan Đình
Phùng
Tăng Bạt Hổ
Trương Công Định
3 Tháng 2(Ba Tháng Hai)
Nam Kỳ Khởi Nghĩa
Lê Đại Hành
Nguyễn Chí Thanh
Nguyễn Thị Minh Khai

0   50m   100m

달랏 중심부

● 식당 ● 쇼핑 ● 숙소

달랏 시장
Dalat Market
Chợ Đà Lạt
★★★★

주소 Đường Nguyễn Thị Minh Khai **운영** 매일 06:00~20:00 **요금** 무료 **가는 방법** 시내 중심가에 있다. 호아빈 광장에서 계단이 연결된다.

달랏 시내 중심가에 있는 상설 시장이다. 1,000여 개의 상점이 들어선 달랏 시장은 현지인들의 삶을 가까이서 지켜보기 좋은 장소다. 생활에 필요한 물건과 식료품은 물론 달랏에서 재배한 다양한 채소와 꽃, 과일, 와인을 판매한다. 기념품과 저렴한 겨울옷도 구입할 수 있다. 달랏의 선선한 기후 덕분에 시장 주변에는 딸기, 감, 고구마, 아보카도, 아티초크 Artichoke(베트남어로 '아띠쏘 Atiso'라고 부른다)를 판매하는 상인들이 흔하게 보인다.

저녁이 되면 시장 주변에 노점이 가득하다

아티초크

아보카도

달랏의 이정표 역할을 하는 달랏 시장

달랏 성당
Dalat Cathedral
Nhà Thờ Chính Tòa Đà Lạt
★★★

주소 Đường Trần Phú **전화** 0263-3821-421 **요금** 무료 **가는 방법** 쩐푸 거리에 있는 중앙 우체국에서 100m 떨어져 있다.

베트남 중부 고원에서 가장 큰 가톨릭 성당이다. 달랏에 거주하는 프랑스 사람들의 종교 행사를 위해 1931년부터 1942년에 걸쳐 건설되었다. 프랑스 식민통치 막바지에 건설해 완공하기까지 시간이 오래 걸렸다. 전형적인 고딕 양식으로 성당의 정면을 장식한 47m 높이의 스티플(성당 정면을 장식한 첨탑)이 눈길을 끈다. 성당 내부에는 프랑스에서 직접 만들어 온 스테인드글라스 장식이 남아 있다. 미사는 평일 2회(05:15, 17:10), 토요일 1회(17:15), 일요일 5회(05:15, 07:15, 08:30, 16:00, 18:00) 열린다.

달랏 성당

항응아 크레이지 하우스
Hang Nga Crazy House
Biệt Thự Hằng Nga

★★★

주소 3 Huỳnh Thúc Kháng **전화** 0263-3822-070 **홈페이지** www.crazyhouse.vn **운영** 매일 08:30~17:00 **요금** 6만 VND **가는 방법** 쩐푸 거리에 있는 삼미 호텔 Sammy Hotel 앞 삼거리에서 레홍퐁 Lê Hồng Phong 거리 방향으로 150m 올라간다. 후인툭캉 Huỳnh Thúc Kháng 거리와 만나는 삼거리에 있다.

베트남의 가우디를 표방하는 건축가 당비엣응아 Đặng Việt Nga가 만든 갤러리를 겸한 호텔이다. 1940년에 태어나 옛 소련 모스크바 대학교에서 건축학을 공부하고 돌아와 1990년부터 건설한 건물이다. 콘크리트를 이용해 만든 비현실적인 건물 모양새가 독특하여 '크레이지 하우스'라고 불린다. 전체적으로 나무 모양을 형상화했으며, 방마다 다른 콘셉트로 꾸몄다. 계단과 사다리, 터널로 방들이 연결되고 방에는 콘크리트로 만든 동물들(캥거루, 호랑이, 곰)을 장식해 다소 엽기적인 느낌도 든다. 잠을 자러 오는 사람보다는 호기심 삼아 찾아오는 관광객이 더 많다.

참고로 당비엣응아는 본인 스스로를 '항응아 Hằng Nga'라고 부르는데, '달의 자매'라는 뜻이다. 베트남의 유명 정치가 집안의 딸인 그녀의

항응아가 건축한 크레이지 하우스

아버지 쯔엉찐 Trường Chinh(본명은 당쑤언쿠 Đặng Xuân Khu, 1907~1988년)은 호찌민과 함께 독립 운동을 이끌었던 인물로 베트남 통일 후 공산당 당서기장을 지냈다.

바오다이 황제 여름 궁전
Bao Dai's Summer Palace
Dinh Bảo Đại(Dinh 3)

★★

주소 1 Triệu Việt Vương **운영** 매일 07:00~11:00, 13:30~16:00 **요금** 4만 VND **가는 방법** 쩐푸 Trần Phú 거리에 있는 삼미 호텔 Sammy Hotel 앞 삼거리에서 레홍퐁 Lê Hồng Phong 거리 방향으로 올라간다. 항응아 크레이지 하우스가 보이면 방향을 틀지 말고 레홍퐁 거리를 따라 800m 더 올라가면 찌에우비엣브엉 Triệu Việt Vương 거리에 있다.

응우옌 왕조의 마지막 황제였던 바오다이 황제 Bảo Đại(재위 1926~1945년, P.366)의 여름 궁전이다. 바오다이 황제가 달랏에 건설한 세 번째 궁전이라 바오다이 3 궁전으로 불리기도 한다. 1933년에 건설한 아트 데코 양식의 빌라 건물이다. 모두 25개의 방으로 이루어졌다. 1층에는 황제가 사용하던 집무실과 응접실이 있고, 2층에는 연회실,

침실, 다이닝 룸과 왕비와 왕자들의 침실이 있다. 궁전 내부를 관람하려면 입구에 비치된 덧양말을 신어야 한다. 황제 복장을 입고 기념사진을 촬영할 수도 있다.

바오다이 황제 초상화

바오다이 황제 여름 궁전

달랏 기차역
★★★★
Da Lat Railway Station(Crémaillère Railway Station) | Ga Đà Lạt

주소 1 Quang Trung 전화 091-5388-667 운영 매일 06:30~17:00 요금 5,000VND 가는 방법 쑤 언흐엉 호수 북동쪽의 꽝쯩 Quang Trung 거리와 응우옌짜이 Nguyễn Trãi 거리가 만나는 교차로에 있다.

프랑스 통치 시절인 1938년에 건설된 기차역이다. 콜로니얼 양식을 가미한 아트 데코 양식의 건물로 베트남에서 가장 아름다운 기차역으로 평가받고 있다. 베트남 정부에서 국가 문화유산으로 지정해 보호하고 있으며, 스테인드글라스 창문과 티켓 판매 창구를 포함한 기차역 전체가 잘 보존되어 있다. 기차역 내부에는 오래된 증기 기관차가 남아 있다.
달랏 역을 오가던 기차는 1964년까지 운행되었으나 베트남 전쟁 동안 비엣꽁(베트콩)의 공격을 받

아트 데코 양식의 달랏 기차역

달랏 역에서 출발하는 관광 열차

아 철도가 파괴된 이후에는 운행이 중단되었다. 현재는 8km 떨어진 짜이맛 Trai Mát 역까지만 관광열차를 운행하고 있다. 짜이맛 역에서 40분 정도 시간이 주어지는데, 린프억 사원(靈福寺) Chùa Linh Phước(P.250)을 둘러보면 된다. 관광열차는 하루 4회(07:25, 09:30, 11:55, 15:00) 왕복 운행된다. 왕복 요금은 13만 VND(VIP석 15만 VND)이다. 종점인 짜이맛까지 약 30분 정도 소요된다. 승차 인원이 15명 이하일 경우 기차 운행이 취소된다. 기차 시간은 종종 변경되므로 미리 확인해 두는 게 좋다.

Travel Plus +

탑참–달랏 철도
Thap Cham–Da Lat Railway(Đường Sắt Tháp Chàm-Đà Lạt)

달랏을 이해하려면 먼저 힐 스테이션 Hill Station을 알아야 합니다. 아시아에 식민지를 건설한 유럽 제국들은 혹독한 더위를 견뎌내기 힘들었답니다. 그래서 더위를 피할 수 있고 공기도 깨끗한 고원을 찾아 피서지 개념의 도시를 건설하게 됩니다. 일부 도시들 중에는 여름 동안 수도 역할을 할 수 있도록 정치 · 행정 도시 기능을 함께 갖춘 곳도 있습니다. 이런 도시들을 힐 스테이션(원래는 구릉지대에 만든 정부군의 피서용 주둔지를 의미한다)이라고 부릅니다.
베트남을 점령한 프랑스는 코친차이나의 수도인 사이공 주변에 힐 스테이션을 건설할 만한 마땅한 곳이 없었기 때문에 중부 고원인 달랏을 개발하게 된 것입니다. 달랏의 개발과 더불어 달랏을 드나들 수 있는 빠른 교통편이 절실하게 필요했는데, 이에 대한 대안으로 철도를 건설하게 됩니다. 하지만 중부 고원의 산악지역을 관통해야 했기 때문에 철도 건설에는 많은 어려움이 따랐습니다. 스웨덴에서 철도 건설 전문가를 초빙해 철도를 건설했다고 합니다. 5개의 터널을 만들었고 급경사 지역을 기차가 오르내리는 동안 미끄럼을 방지하기 위해 지그재그 철도와 톱니바퀴식 철도가 놓이게 됩니다. 덕분에 84km 구간의 철도를 건설하는 데 무려 30년이 걸렸다고 합니다. 철도는 해발 32m의 판랑 Phan Rang 역을 출발해 해발 1,514m인 짬한 Tram Hanh 역과 해발 1,550m에 있는 짜이맛 Trai Mát 역을 지납니다. 1903년부터 공사를 시작해 1932년에 완공되었으며 베트남 전쟁 이후 철도가 파괴되어 열차 운행이 중단되었죠.

바오다이 1 궁전 ★★☆
Bao Dai 1 Palace
Dinh 1 Bảo Đại

Map P.243-B2 **주소** Trần Quang Diệu, Đà Lạt
운영 07:00~17:00 **요금** 9만 VND(아동 5만 VND)
가는 방법 시내 중심가에서 동쪽으로 4㎞ 떨어져
있다. 훙브엉 거리 Hùng Vương에서 연결되는
쩐꽝지에우 거리 Trần Quang Diệu 끝까지 들어
가면 된다. 입구에 King Palace Dinh 1 Đà Lạt이
라고 적혀 있다.

베트남의 마지막 황제였던 바오다이 황제(P.366)
가 사용했던 궁전 중의 한 곳이다. 1929에 건설한
콜로니얼 양식의 건축물로 해발 1,500m의 소나무

가득한 언덕에 위치해 경치가 좋다. 2층의 건물은
12개의 방으로 이루어져 있는데 접견실, 집무실,
왕과 왕비의 침실 등 그 면면을 엿볼 수 있다. 당
시 역사를 보여주는 흑백 사진도 관광객들의 이해
를 돕는다. 내부는 덧신을 신고 들어가야 하며 본
관 뒤쪽으로는 정원과 헬기 착륙장이 있다. 바오
다이 황제 여름 궁전(P.246)과 혼동하지 말 것.

바오다이 1 궁전

달랏 주변 볼거리

달랏 주변에도 수려한 자연경관이 가득하다. 아름다운 자연과 어우러진 사원과 공원, 유원지가 많
다. 단체 투어에 참여하거나 '이지 라이더'와 함께 오토바이를 타고 여행하는 게 효율적이다.

다딴라 폭포 ★★★
Datanla Falls
Thác Đatanla

주소 Đường 3 Tháng 4, Quốc Lộ 20 **전화**
0263-3831-804 **운영** 매일 07:30~16:30 **요금** 5
만 VND **가는 방법** 달랏 시내에서 20번 국도를 따
라 남쪽으로 7㎞ 떨어져 있다. 호아빈 광장 뒤편
의 시내버스 정류장에서 시내버스 1번(편도 요금
1만 VND)을 타도된다. 1번 시내버스는 달랏 Đà
Lạt→버스 터미널→다딴라 폭포→쁘렌 폭포 Thác
Prenn→득쫑 Đức Trong까지 운행된다.

달랏 시내에서 비교적 가까운 곳에 있는 폭포다.
다딴라는 코호족 언어인 '다땀냐 Da Tam Nha'
에서 온 것으로 '물잎'이라는 뜻이다. 소나무 숲
으로 둘러싸인 폭포는 2단으로 구분되며 총 길이

는 350m이다. 폭포 입구에서 15분 정도 걸어 내
려가면 폭포가 나온다. 관광객을 위한 롤러코스
터가 운행되는데, 기존에 운영되던 레일바이크(편
도 6만 VND, 왕복 10만 VND)와 새로이 만든 알파
인 코스터 Datanla New Alpine Coaster(왕복 25
만 VND)가 있다. 알파인코스터는 2,400m 길이를
시속 10~20㎞로 내려가기 때문에 스릴을 느낄 수
있다.

다딴라 폭포

쭉럼 선원(竹林禪院) ★★★

Truc Lam Pagoda
Thiền Viện Trúc Lâm

주소 Đường Trúc Lâm Yên Tử **전화** 0263-351-0612 **운영** 매일 06:00~18:00 **요금** 무료 **가는 방법** 달랏에서 남쪽으로 6㎞ 떨어져 있다. 오토바이를 이용할 경우 다딴라 폭포 인근의 삼거리에서 우회전해 2㎞를 더 가면 된다. 달랏 버스 터미널 남쪽에서 쭉럼 선원까지 직선거리로 2.3㎞를 케이블카가 왕복한다.

쭉럼 선원 아래로 보이는 뚜옌람 호수

산사 분위기를 풍기는 쭉럼 선원

1993년에 건설된 사원이지만 달랏 일대에서 가장 큰 규모를 자랑한다. 베트남 최대의 선원(禪院)으로 100여 명의 승려가 수행 중이다. 해발 1,300m의 산 위에 있어 명상적인 느낌의 산사(山寺) 분위기를 풍긴다. 대웅전과 종루, 동종과 정원도 볼 만하다. 사원 주변으로 경관이 수려한데, 특히 사원 아래로 보이는 뚜옌람 호수(宣林湖) Tuyen Lam Lake(Hồ Tuyền Lâm)와 어우러진 풍경이 아름답다. 사원에서 호수까지 길이 연결되며, 호수에서는 보트 유람이 가능하다. 종교적인 공간이므로 반바지나 노출이 심한 옷을 입으면 출입이 제한된다. 쭉럼 선원까지는 케이블카가 운영된다. 산 길을 돌아가는 것보다 빠르고 풍경도 감상할 수 있다. 케이블카 타는 곳은 달랏 버스 터미널과 가깝다. 버스 터미널을 지나자마자 왼쪽으로 '깝쩨오 달랏 Cáp Treo Đà Lạt'이라고 안내판이 세워져 있다. 케이블카는 오전 7시~11시 30분, 오후 1시 30분~4시 30분까지 운행된다. 편도 요금은 10만 VND, 왕복 요금은 12만 VND이다.

Travel Plus+ 유쾌한 아저씨, 이지 라이더 Easy Rider

오토바이를 이용해 가이드를 해주는 아저씨들에게 '이지 라이더'라는 별명이 생겼습니다. 정겨운 영어를 구사하는 유쾌한 아저씨들로 구성된 이지 라이더는 일정한 여행사에 소속되어 있습니다. 유니폼을 입고 있으며 신원이 확인되기 때문에 길거리에서 만나는 정체불명의 쎄옴(오토바이 택시) 아저씨들에 비해 안전합니다. 달랏은 물론 중부 산악 고원 지대를 여행할 수 있는 든든한 오토바이는 기본입니다. 정

해진 투어 프로그램에 따라 움직이지만 개인적인 취향에 따라 얼마든지 변경이 가능합니다. 요금은 단체로 움직이는 1일 투어에 비해 비싸며, 달랏 주변 지역을 여행할 경우 거리에 따라 US$25~35입니다.

오리지널 이지 라이더 베트남 **홈페이지** www.vietnameasyridertours.com
이지 라이더 클럽 **홈페이지** www.dalat-easyrider.com.vn
달랏 이지 라이더 **홈페이지** www.dalat-easyrider.com

린프억 사원(靈福寺)

★★★

Linh Phuoc Pagoda
Chùa Linh Phước

주소 120 Tự Phước, Trại Mát 운영 매일 08:00~
17:00. 요금 무료 가는 방법 달랏에서 북동쪽으로
8km 떨어진 짜이맛 Trại Mát에 있다. 달랏 기차역
에서 출발하는 관광 열차를 타거나 택시로 다녀오
면 된다. 짜이맛 기차역 Trai Mat Station(Ga Trai
Mát)에서 400m 떨어져 있다. 관광 열차 출발 시
간은 P.247 참고.

짜이맛에 있는 불교 사원이다. 1952년에 건설된
사원으로 1990년에 증축하면서 화려한 사원으로
변모했다. 대웅전은 27m 높이로 겹겹이 지붕과 탑
을 쌓아 올렸으며, 도자기와 유리 공예를 이용해
치장을 했기 때문에 화려함이 눈길을 끈다. 대웅
전을 받치고 있는 12개의 기둥에는 용을 장식했으
며, 내부에는 붓다의 일대기를 기록한 벽화를 그
렸다. 대웅전 오른쪽 정원에는 극락정토를 묘사한
미니어처를 조경처럼 꾸며놓았다.
대웅전 앞쪽에는 36m 높이의 7층 석탑을 세웠다.
석탑 내부에는 베트남에서 가장 큰 종(鐘)이 있는

베트남 최대의 종을 보관한
7층 석탑

데 무게 8.5톤(길이 4.3m, 너비 2.3m)이라고 한다.
석탑 앞으로는 대형 관음보살을 세웠다. 7층 석탑
아래에는 염라대왕의 심판과 지옥의 모습을 형상
화한 지하 공간도 있다.

다프억 까오다이 사원

★★

Da Phuoc Cao Dai Temple
Thánh Thất Đa Phước

주소 Trại Mát 요금 무료 가는 방법 짜이맛 기차
역에서 남동쪽으로 600m 떨어져 있다.

린프억 사원 뒤쪽으로 보이는 산 중턱에 있는 사
원이다. 달랏에 있는 까오다이교 사원이란 의미로
탄텃 달랏 Thánh Thất Đà Lạt이라고 불리기도
한다. 까오다이교(高台道) Đạo Cao Đài는 베트남
남부에서 흥했던 종교로서 산악 지역에 설립된 사
원이라 이채롭다.

대웅전 뒤쪽으로 다프억 까오다이 사원이 보인다

린프억 사원

다프억 까오다이 사원이 최초로 건설된 것은 1938년이다. 가톨릭 선교사들이 그러했던 것처럼 까오다이교도 달랏 지방까지 선교사를 보내 신흥 종교(까오다이교는 1926년에 태동했다)를 전파했다고 한다. 베트남이 공산화되기 전인 1975년에는 이곳에 6,500명의 신자가 있었다고 전해진다. 현재의 모습은 2010년 7월에 완공된 것으로 두 개의 첨탑으로 이루어진 건축 양식은 다른 까오다이 사원과 동일하다. 5층 누각의 첨탑은 높이 18m다. 까오다이교에 관한 내용은 P.128 참고.

랑비앙 산 입구

다프억 까오다이 사원

랑비앙산 정상에서 바라 본 풍경

달랏을 감싸고 있는 랑비앙 산

짜이맛 주변 풍경

랑비앙 산 ★★★★
Lang Biang Mountain
Núi Lang Biang

주소 Huyện Lạc Dương 전화 0263-3839-088 요금 5만 VND 가는 방법 달랏↔락즈엉 Lạc Dương 노선의 버스가 랑비앙 산 입구까지 운행된다. 붉은 색의 푸타 버스라인 FUTA Busline(프엉짱 버스에서 운영한다) 버스가 운행된다. 호아빈 광장(쿠 호아빈 Khu Hòa Bình) 뒤쪽에 있는 버스 정류장(Map P.244)에서 버스를 기다리면 된다. 약 1시간 간격으로 출발하며 편도 요금은 2만 VND이다. 돌아오는 막차는 오후 5시 경에 있다. 오후에 출발할 경우 버스 시간을 반드시 확인해 놓을 것. 참고로 시내버스 정류장에 모든 버스들이 들어왔다 돌아나가기 때문에 반드시 목적지를 확인하고 타야한다. 택시를 탈 경우 15만 VND 정도 예상하면 된다.

달랏 일대에서 가장 높은 산으로 달랏 시내 뒤편에 병풍처럼 서 있는 산이다. 화산 폭발로 인해 형성된 다섯 개의 봉우리로 이루어졌다. 두 개의 봉우리가 다른 곳보다 높으며, 최고 해발고도는 2,167m이다. 두 개의 봉우리는 동쪽에 있는 것이 여성인 '랑', 서쪽에 있는 것이 남성인 '비앙'으로 서로 사랑하던 연인 사이라고 한다. 적대적인 관계였던 두 소수민족끼리 사랑에 빠졌기 때문에 사랑을 이루지 못하고 죽음을 맞이했다는 전설이 전해진다. 매표소에서 정상까지 걸어간다면 3~4시간 정도 예상하면 된다. 트레킹이 목적이 아니라면 매표소 앞에서 출발하는 지프차를 이용하면 편리하다. 해발 1,950m까지 차를 타고 올라갈 수 있다. 지프차는 6명 탑승 기준으로 왕복 요금 72만 VND(1인 합승 요금 12만 VND)를 받는다. 참고로 랑비앙 산 초입에는 소수민족 마을인 랏 마을 Lat Village이 있다. 달랏이란 지명의 어원이 된 '랏'족을 포함해 4개 소수민족 6,000여 명이 생활하고 있다.

Activity

달랏에서 가장 인기 있는 액티비티는 캐니어닝(캐녀닝) Canyoning이다. 캐니언(협곡) canyon에 ing를 합성한 캐니어닝은 밧줄을 이용해 암벽을 하강하는 '앱자일링 Abseiling(현수 하강 또는 라펠 하강이라고 불린다)'을 응용한 투어다.

캐니어닝의 특징은 협곡으로 떨어지는 폭포에서 암벽 하강을 체험할 수 있다는 것이다. 15~18m 높이의 일반 암벽에서 기초를 배우고, 마지막으로 15~25m 높이의 폭포에서 앱자일링을 하게 된다. 11m 높이의 폭포에서 점프하기(다이빙)와 폭포수를 따라 미끄럼타기(슬라이딩)도 포함된다.

1일 투어는 일반적으로 2회 일반 하강+1회 폭포 하강으로 이루어진다. 초보자도 누구나 참여할 수 있는데, 기본적인 안전 수칙을 교육 받아야한다. 투어 요금(점심 식사 포함)은 인원과 코스에 따라 달라진다. 일반적인 투어는 US$50 정도, 전문적

인 하강을 배울 경우 US$70~85까지 인상되기도 한다. 투어 예약은 여행사뿐만 아니라 숙소에서도 가능하다.

Restaurant

사람들이 많이 모이는 호아빈 광장 주변과 판딘풍 거리에 레스토랑이 많다. 달랏에서 직접 재배된 채소와 과일을 이용한 음식이 많고, 날씨 덕분인지 전골 요리도 인기가 높다.

퍼 히에우 Phở Hiếu ★★★☆

Map P.243-A1 주소 103 Nguyễn Văn Trỗi 전화 0971-257-848 영업 06:00~20:00 메뉴 영어, 한국어, 베트남어 예산 5만~9만 VND 가는 방법 린 썬 싸원 입구 맞은편. 응우옌반쪼이 거리 103번지에 있다.

1979년부터 영업 중인 쌀국수 식당. 현지인들이 즐겨 찾는 곳으로 '퍼 보'(소고기 쌀국수)를 전문으로 한다. 테이블이 몇 개 없는 작은 식당이지만 인기가 많아서 도로에도 테이블이 놓여 있다. 큰 그릇 Tô Lớn과 작은 그릇 Tô Nhỏ으로 구분해 주문하면 된다. 스페셜 메뉴로는 일종의 뚝배기 쌀국수인 '퍼 토 다' Phở Thố Đá가 있다. 최근 '나 혼자 산다'에 등장하면서 한국어 메뉴판까지 구비되어 있다.

야시장(쩌 뎀 달랏) Chợ Đêm Đà Lạt ★★★

Map P.244 주소 Đường Nguyễn Thị Minh Khai 영업 16:00~22:00 메뉴 베트남어 예산 7만~10만 VND 가는 방법 달랏 시장 앞쪽에 있는 TTC 호텔 주변에 형성된다.

달랏 시장 앞의 도로에 형성되는 노점 형태의 레스토랑이다. 일종의 야시장으로 오후 늦게부터 문을 연다. 밥과 쌀국수 식당을 기본으로 러우(전골 요리)와 해산물 바비큐 식당까지 음식이 다양하다. 시장 앞 로터리와 시장 옆 계단에도 노점이 들어서 활기 넘친다.

탄타오 ★★★
Thanh Thảo(Kem Bơ Thanh Thảo)

Map P.243-A1 주소 76 Nguyễn Văn Trỗi 영업 07:00~22:00 메뉴 베트남어 예산 2만~4만 VND 가는 방법 응우옌반쪼이 거리 76번지에 있다.

달랏에서 인기 있는 디저트 전문점이다. 오토바이를 몰고 찾아온 현지인들로 항상 북적댄다. 아보카도 아이스크림(껨 버)이 유명해 껨 버 탄타오 Kem Bơ Thanh Thảo라고 불리기도 한다. 베트남식 빙수인 쩨 Chè, 캐러멜 푸딩인 반프란 Bánh Flan 같은 저렴한 디저트를 함께 곁들여도 좋다. 조금 더 깔끔한 매장을 원한다면 같은 거리에 있는 껨 풍 Kem Phụng(Map P.243-A1, 주소 97A Nguyễn Văn Trỗi, 예산 3만~4만 VND)을 추천한다.

윈드밀 플라워 & 커피 ★★★
Windmills Flower & Coffee

Map P.244 주소 133 Phan Đình Phùng 전화 0263-3540-806 홈페이지 www.facebook.com/Windmills.vn 영업 08:00~22:30 메뉴 영어, 베트남어 예산 4만~5만 VND 가는 방법 여행자 숙소가 몰려 있는 판딘풍 거리에 있다. 리버 프린스 호텔 River Prince Hotel을 바라보고 왼쪽에 있다.

목재와 꽃을 이용해 실내를 장식해 아늑하다. 현지에서 재배한 원두를 사용하지만 에스프레소 머신을 이용해 커피를 뽑는다. 달랏 대학교 학생들이 일하기 때문에 분위기가 젊다. 과일 스무디와 상큼한 소다. 달달한 케이크를 즐기며 잠시 쉬어가기 좋다.

안 카페 An Cafe ★★★☆

Map P.244 주소 63 Đường 3 Tháng 2 전화 097-5735-521 홈페이지 www.ancafe.vn 영업 07:00~22:00 예산 커피 4만~6만 VND, 식사 6

만~12만 VND 가는 방법 호아빈 광장에서 바탕하이 거리 Đường 3 Tháng 2 방향으로 400m.

테라스 형태의 카페로 원목과 화분을 이용해 예쁘게 꾸며 사진 찍기도 좋다. 경사진 길 위에 있어 도로 풍경을 감상하며 커피를 마실 수 있다. 스프링 롤, 갈릭 브레드, 샐러드, 쌀국수, 볶음밥 같은 간단한 식사도 가능하다. 관광객에게 알려지면서 외국인도 많이 찾아온다.

라 비엣 커피 Là Việt Coffee   ★★★★

Map P.243-A1 주소 200 Nguyễn Công Trứ 전화 0263-3981-189, 096-6592-942 홈페이지 www.facebook.com/coffeelaviet 영업 08:00~21:30 메뉴 영어, 베트남어 예산 커피 4만~6만 VND, 식사 9만~22만 VND 가는 방법 시내에서 조금 떨어진 응우옌꽁쯔 거리 200번지에 있다.

베트남에서 커피 산지로 유명한 달랏 분위기를 제대로 느낄 수 있는 카페. 겉에서 보면 공장처럼 생겼는데 실제로 커피 공장의 일부를 카페로 사용한다. 직접 재배한 원두를 로스팅하며, 다양한 추출 방식(에스프레소, 핸드 드립, 프렌치 프레스, 사이폰, 콜드 브루)으로 커피를 내려준다. 실내가 여유롭고 직원들이 친절하며 커피 맛도 좋고 저렴하다. 공장 한편에서는 직원들이 커피 생두를 고르고 있고, 투어에 참여한 사람들이 커피에 대한 수업을 듣는다. 1일 코스로 운영되는 커피 투어를 직접 운영한다.

머크 Mirk   ★★★★

Map P.243-A2 주소 7 Lý Tự Trọng 전화 0398-938-949 영업 08:15~21:30 메뉴 영어, 베트남어 예산 4만~7만 VND 가는 방법 리뜨쫑 거리 7번지에 있다.

달랏 시내 중심가에서 멀지 않지만 한적한 뒷골목에 있다. 철판이 계단처럼 깔려 있는 진입로와 살짝 틈이 벌어져 있는 입구를 들어서면 숨겨진 정원처럼 꾸며진 아담한 카페가 나온다. 힙한 감성이 가득한 카페로 어둑하면서도 레트로한 분위기다. 시멘트 바닥에 철제 테이블이 듬성듬성 놓여 있다. 에스프레소, 아메리카노, 콜드브루, 라테, 박

씨우, 아포가토까지 다양한 커피를 맛 볼 수 있다. 추천메뉴는 머스트 트라이 Must Try라고 적혀있다.

리엔호아 Lien Hoa   ★★★

Map P.244 주소 15~19 Đường 3 Tháng 2 전화 0263-3837-303 영업 매일 08:00~21:00 메뉴 영어, 베트남어 예산 4만~10만 VND 가는 방법 바탕하이 거리 Đường 3 Tháng 2(Đường 3/2)에 있는 튤립 호텔 맞은편에 있다.

달랏에서 유명한 베이커리 겸 레스토랑이다. 1층은 베이커리, 2층은 레스토랑으로 운영된다. 베이커리에서 직접 만드는 반미(바게트 샌드위치) Bánh Mì가 유명해 항상 현지인들도 북적댄다. 퍼(쌀국수) Phở, 빗뗏(소고기 스테이크) Bít Tết, 보네(소고기 철판구이) Bò Né, 러우(전골 요리) Lẩu까지 다양한 베트남 음식을 함께 요리한다. 비싸지 않은 가격에 무난하게 음식을 즐길 수 있다.

껌떰 싸비쯔엉
Cơm Tấm Sà Bì Chưởng   ★★★☆

Map P.244 주소 1F, Nam Kỳ Khởi Nghĩa 홈페이지 www.facebook.com/SaBiChuongbyBrothers 영업 08:00~20:00 메뉴 영어, 베트남 예산 6만 5,000~9만 5,000VND 가는 방법 남끼코이응이아 거리에 있는 서울 식당 Seoul과 같은 건물 2층에 있다.

껌떰 Cơm Tấm은 과거 상품성이 없는 부서진 쌀로 밥을 만들어 반찬과 함께 먹은 것에서 유래했다. 영어로 브로큰 라이스 Broken Rice라고 쓰는 것도 이런 이유에서다. 남부 지방에 즐겨 먹는 음식인데, 양념 돼지고기구이를 올린 껌쓰언 Cơm Sườn이 가장 유명하다. 간단하게 식사하기 좋은 곳으로 베트남 음식이지만 한국인에게도 익숙한 맛이다.

넴느엉 프엉
Nem Nướng Phượng   ★★★☆

Map P.243-B2 주소 23A Nguyễn Trãi 홈페이지

www.nemnuongphuong.com **영업** 10:00~21:00 **메뉴** 베트남어 **예산** 5만 5,000VND **가는 방법** 달랏 기차역 앞쪽의 응우옌짜이 거리 23번지에 있다.

간판에서 알 수 있는 넴느엉 식당이다. 로컬 식당이지만 3층 건물로 규모가 크다. 넴느엉은 다진 돼지고기를 소시지처럼 길쭉하게 만들어 고치에 꽂아 숯불에 구운 음식이다. 라이스페이퍼와 각종 채소를 함께 싸서 소스에 찍어 먹으면 된다. 장사가 잘 되는 식당답게 입구에서 넴느엉을 연신 굽느라 바쁘다. 메뉴는 넴느엉 딱 한 가지. 1인분씩 시키면 된다. 한국 관광객도 많이 찾는 곳으로 기차역 주변에서 식사하기 좋은 곳이다. 시내 중심가와 가까운 응우옌반끄 거리에 2호점(주소 13 Nguyễn Văn Cừ)을 운영한다.

르 샬레 달랏 Le Chalet Dalat ★★★

Map P.243-A2 주소 6 Huỳnh Thúc Kháng **전화** 0263-3828-866 **홈페이지** www.facebook.com/lechaletDalat4 **영업** 07:00~21:00 **메뉴** 영어, 베트남어 **예산** 9만~19만 VND **가는 방법** 항응아 크레이지 하우스 맞은편, 후인툭캉 거리 6번지에 있다.

달랏의 인기 관광지인 항응아 크레이지 하우스 맞은 편에 있어 외국인 관광객이 많이 찾는다. 차분한 정원과 건강한 식단 덕분에 인기 있다. 메뉴는 베트남 음식부터 서양 음식까지 골고루 갖췄다. 달랏에서 재배한 신선한 채소를 사용한다는 점이 매력적이다. 여느 식당에 비해 양도 많은 편이다.

곡하탄 Góc Hà Thành ★★★

Map P.244 주소 53 Trương Công Định **전화** 0263-3553-369 **영업** 11:00~21:30 **메뉴** 영어, 베트남어 **예산** 9만~20만 VND **가는 방법** 호아빈 광장에서 연결되는 쯔엉꽁딘 거리 53번지에 있다.

여행자 숙소가 몰려 있는 도로변에 있는 아담한 레스토랑이다. 대나무를 이용해 테이블과 의자를 만들어 깔끔한 느낌을 준다. 쌀국수, 샌드위치, 스프링 롤, 볶음밥, 볶음 국수를 기본으로 넴느엉 Nem Nướng, 코코넛 카레 Coconut Curry, 뚝배

기 요리 Clay Pot까지 다양하다. 영어가 잘 통하고 음식 맛이 외국인 입맛에 무난하다.

아티스트 앨리 레스토랑 ★★★
Artist Alley Restaurant

Map P.243-A1 주소 124/1 Phan Đình Phùng **전화** 0941-662-207 **홈페이지** www.facebook.com/painterbien **영업** 11:00~23:00 **메뉴** 영어, 베트남어 **예산** 11만~21만 VND **가는 방법** 민응우옌 2 호텔 Minh Nguyên 2 Hotel을 바라보고 오른쪽, 판딘풍 거리 124번지 골목 안쪽에 있다.

베트남 화가인 보찐비엔 Võ Trinh Biên이 운영한다. 화가가 운영하는 곳이라 갤러리처럼 그림이 걸려 있다. 베트남 음식을 메인으로 요리하지만 스테이크 같은 서양 음식도 판매하고 있다. 저녁에는 잔잔한 기타 음악을 라이브로 연주한다. 여러 차례 이전했지만 외국 관광객에게 여전히 인기 있는 레스토랑이다.

풍기 친구 Fungi Chingu ★★★

Map P.244 주소 1F Nice Dream Hotel, 1 Nguyễn Thị Minh Khai **홈페이지** www.facebook.com/fungichingu **영업** 11:00~13:30, 17:00~21:30 **메뉴** 영어, 베트남어 **예산** 고기 1인분(180g) 10만~32만 VND(+10% Tax) **가는 방법** 응우옌티민카이 거리 1번지에 있다. 달랏 시장 앞의 나이스 드림 호텔 Nice Dream Hotel 1층.

베트남에서 인기를 얻고 있는 한국식 바비큐 식당 Quán Nướng Hàn Quốc이다. 한국과 마찬가지로 테이블마다 불판이 놓여 있는데, 숯불에서 고기를 익혀 먹을 수 있다. 기본적인 반찬도 몇 가지 제공된다. 소고기보다는 삼겹살이 먹기에 무난하고 비빔밥, 김치찌개 같은 단품 메뉴도 있다. 단, 정통 한식당만큼의 퀄리티를 기대하지는 말 것.

프리마베라 Primavera ★★★★

Map P.244 주소 54/7 Phan Đình Phùng **전화** 0263-3582-018 **홈페이지** www.primaveradalat.com **영업** 12:00~22:00 **휴무** 월요일 **메뉴** 영어,

이탈리아어 **예산** 21만~38만 VND(+5% Tax) **가는 방법** 판딴풍 거리 54번지 골목을 따라 올라가면 된다.

이탈리아 사람이 운영하는 이탈리아 음식점이다. 골목 안쪽에 있는 아담한 레스토랑으로 이탈리아 가정식을 즐길 수 있다. 1층은 치즈와 수제 햄을 포함한 식료품을 판매하고, 2층에는 발코니를 포함해 테이블이 있다. 직접 만든 스파게티 면을 이용한 파스타와 화덕 피자, 리조토, 라자냐를 요리한다. 달랏에 머무는 외국인(유럽인)들의 사랑방 같은 역할을 하는 곳으로, 한국 관광객도 제법 찾아온다.

비앙 달랏 가든 레스토랑 ★★★☆
Biang Dalat Garden Restaurant

Map P.243-A1 **주소** 94 Lý Tự Trong **홈페이지** www.facebook.com/biangdalat **영업** 07:00~22:00 **메뉴** 영어, 베트남어 **예산** 메인 요리 26만~45만 VND. 스테이크 53만~165만 VND(+8% Tax) **가는 방법** 리뜨쫑 거리 95번지, 반얀 하우스(호텔) Banyan House 입구에 있다.

달랏 시내와 가깝지만 한적한 뒷골목에 있어 찾기 힘들다. 트렌디하게 꾸민 내부는 공간마다 각기 다른 느낌을 자아내고 넓은 마당은 도심의 소음을 잊게 해준다. 퓨전 베트남 요리도 있지만 메인 요리는 지중해 음식이다. 화덕에서 구운 피자는 물론 파스타, 가든 샐러드, 후무스, 시푸드, 양갈비, 스테이크를 맛 볼 수 있다. 한가한 시간에는 커피와 디저트로 한가한 시간을 보낼 수 있고, 낭만적인 저녁에는 와인이나 칵테일을 곁들일 수 있다. 밤 시간에는 주변 골목이 어두워 찾아가기 불편할 수 있다.

언 더 락 ★★★☆
On The Rocks Cocktail Bar

Map P.244 **주소** 69 Trương Công Định **홈페이지** www.ontherocks.vn **영업** 18:30~01:00 **메뉴** 영어. 베트남어 **예산** 칵테일 17만~26만 VND **가는 방법** 쯔엉꽁딘 거리 69번지에 있다.

2021년에 문을 연 칵테일 바로 느긋하게 저녁을 보내기 좋다. 실내는 어둑하지만 모던한 분위기로 달랏의 젊은이들 사이에서는 핫 플레이스로 통한다. 마티니, 진토닉, 마가리타, 피나콜라다, 싱가포르 슬링 같은 클래식한 칵테일 이외에 라벤더나 우롱차를 넣은 독특한 칵테일도 만든다. 개인적인 취향에 따라 칵테일을 제조하고 싶다면 비스포크 칵테일 Bespoke Cocktail을 주문하면 된다. 참고로 실내에서 흡연 가능하다.

Shopping

달랏의 쇼핑

관광객이라면 한번은 들르게 되는 달랏 시장(P.245 참고)이 쇼핑의 중심이 된다. 달랏 시장 앞에 있는 랑팜 스토어 Lang Farm Store(홈페이지 www.langfarmdalat.com)은 달랏 특산품을 정찰제로 판매한다. 제품의 품질도 좋아서 기념품 장만하기 좋다. 아티초크로 만든 차 Artichoke Tea(베트남어로 짜 아띠쏘 Trà Atisô), 달랏 와인, 달랏 커피, 딸기 잼, 자연광에 건조한 과일 등을 판매한다. 달랏 시내에 여러 개의 매장을 운영한다. 식료품과 생필품은 쑤언 흐엉 호수 옆에 있는 고 달랏(대형마트) GO! Đà Lạt(Big C Supermarket)을 이용하면 편리하다.

랑팜 스토어

럼비엔 광장에 있는 고 달랏(빅시)

Hotel

관광 도시인 달랏도 호텔들이 많다. 베트남 사람들이 많이 방문하는 곳으로 비슷한 시설의 미니 호텔이 가득하다. 선선한 기후 때문에 에어컨이 없는 호텔도 많다. 고급 호텔들은 난방을 위해 벽난로를 설치했다. 남끼코이응이아 거리 Nam Kỳ Khởi Nghĩa에는 미니 호텔이, 응우옌찌탄 거리 Nguyễn Chí Thanh에는 중급 호텔이 몰려 있다. 뗏(베트남 설날) 연휴와 성수기(6~8월)에는 숙소 요금을 인상한다.

에떼 달랏(에떼 호스텔) ★★★☆
ÉTÉ Dalat

Map P.244 주소 45 Phan Bội Châu 전화 0263-3822-985 홈페이지 www.facebook.com/ete.hostel 요금 도미토리 16만 VND, 더블 50만~75만 VND(선풍기, 개인욕실) 가는 방법 판보이쩌우 거리 45번지에 있다.

달랏 시장과 가까운 시내 중심가에 있는 여행자 숙소로 도미토리를 운영한다. 하얀색 건물과 객실, 녹색 식물이 어우러져 여성적인 취향이 가득하다. 객실은 시멘트 평상에 매트리스만 놓여 있는 심플한 구조. 도미토리는 공동욕실을 사용한다. 엘리베이터는 없다.

튤립 호텔 Tulip Hotel ★★★☆

Map P.244 주소 26-28 Đường 3 Tháng 2(Ba Tháng Hai) 전화 0263-3510-995, 0263-3510-996 홈페이지 www.tuliphotelgroup.com 요금 더블 US$26~30, 3인실 US$35~40(개인욕실, TV, 냉장고) 가는 방법 바탕하이 거리 Đường 3 Tháng 2(Đường 3/2)에 있는 리엔호아(레스토랑) 맞은편에 있다. 호아빈 광장에서 도보 3분.

30개 객실을 운영하는 중급 호텔로 시내 중심가에 있다. 주변의 미니 호텔보다 시설이 좋고 객실도 넓다. 객실은 타일이 깔려 있고, 욕실은 샤워 부스가 설치되어 있다. LCD TV, 냉장고, 전기포트, 헤어드라이어 등 기본적인 객실 설비를 갖추고 있다. 달랏의 호텔이 그러하듯 에어컨은 없다. 인접한 곳에 튤립 호텔 2(주소 14 Nguyen Chi Thanh)와 튤립 호텔 3(주소 57-59 Đường 3 Tháng 2)을 함께 운영한다. 세 곳 모두 깔끔하고

위치가 좋아서 인기 있다.

TTC 호텔 TTC Hotel ★★★

Map P.244 주소 4 Nguyễn Thị Minh Khai 전화 0263-3826-042 홈페이지 www.dalat.ttchotels.com 요금 슈피리어 US$55, 딜럭스 US$65 가는 방법 달랏 시장 앞의 응우옌티민카이 거리에 있다.

베트남 남부의 주요 도시에서 볼 수 있는 TTC 호텔에서 운영한다. 시내 중심가에 있으며 달랏 시장과 가까워 위치가 편리하다. 3성급 호텔로 베트남 단체 관광객이 즐겨 찾는다. 모두 78개 객실을 운영한다. 수영장은 없다.

TTC 호텔 프리미엄 응옥란 ★★★☆
TTC Hotel Premium Ngoc Lan

Map P.244 주소 42 Nguyễn Chí Thanh 전화 0263-3838-838 홈페이지 www.ngoclan.ttchotels.com 요금 슈피리어 US$75~80, 딜럭스 US$110, 주니어 스위트 US $140 가는 방법 쑤언흐엉 호수가 내려다보이는 응우옌찌탄 거리에 있다.

프랑스와 베트남의 느낌을 적절히 조합한 콜로니얼 양식의 대형 호텔이다. TTC 호텔에서 인수하면서 TTC 호텔 프리미엄 응옥란으로 상호가 변경됐다. 목재로 바닥을 장식한 객실, 화사한 색의 인테리어와 모던한 시설이 잘 어울린다. 객실 크기는 36㎡로 넓은 편이다. 시티 뷰보다는 레이크 뷰가 전망이 한결 좋다. 시내 중심가에 위치해 있어 이동이 편리하지만 주변 환경이 소란스럽다. 모두 91개 객실을 운영한다. 수영장은 없다.

호텔 콜린 Hotel Colline ★★★★

Map P.244 주소 10 Phan Bội Châu 전화 0263-3665-588 홈페이지 www.hotelcolline.com 요금 슈피리어 US$80, 딜럭스 US$95, 프리미어 US$105 가는 방법 달랏 시장 뒤편의 판보이쩌우 거리 10 번지에 있다. 달랏 센터 Dalat Center와 같은 건물. 마이카 콘도텔 Maika Condotel 옆에 있다.

달랏 시장 뒤쪽에 새로 생긴 4성급 호텔이다. 150 개 객실을 보유한 대형 호텔로 달랏 중심가에 있어서 위치가 좋다. 객실은 9개 등급으로 구분했는데, 객실의 위치에 따라 방 크기와 전망이 다르다. 아무래도 쑤언흐엉 호수가 내려다보이는 방이 전망이 좋다. 창가 쪽으로 쿠션 베드(윈도우 시트)도 놓여 있다. 슈피리어 룸은 창문이 없으니 참고할 것. 입지가 좋은 만큼 호텔 주변 소음이나 방음 시설이 취약한 것이 단점이다.

뒤 파크 호텔 Du Parc Hotel ★★★☆

Map P.243-A2 주소 7 Trần Phú 전화 0263-3825-777 홈페이지 www.dalathotelduparc.com 요금 스탠더드 US$50~55, 슈피리어 US$65~80 가는 방법 쩐푸 거리의 중앙 우체국과 가깝다.

콜로니얼 양식의 호텔이다. 1932년에 프랑스 식민 정부에서 건설한 호텔로 1997년에 리노베이션 했다. 호텔 외관과 로비, 오래된 엘리베이터가 호텔의 역사를 고스란히 보여준다. 나무 바닥과 목재 가구를 배치한 객실은 고풍스러운 느낌을 준다. 스탠더드 룸 18㎡, 슈피리어 룸 28㎡로 객실 크기는 작다. 호텔 간판이 머큐어 호텔 Mercure Hotel 과 노보텔 Novotel 등으로 여러 차례 바뀌었기 때문에 혼동하기 쉽다.

달랏 팰리스 헤리티지 호텔 Dalat Palace Heritage Hotel ★★★★☆

Map P.243-A2 주소 12 Trần Phú 전화 0263-3825-444 홈페이지 www.dalatpalacehotel.com 요금 슈피리어 US$180~200, 럭셔리 US$220~260 가는 방법 뒤 파크 호텔에서 쩐푸 거리를 따라 동쪽으로 200m 떨어져 있다.

1922년에 문을 연 콜로니얼 양식의 호텔로 역사와 전통이 가득하다. 드넓은 정원, 쑤언흐엉 호수가 내려다보이는 빼어난 전망까지 손색없다. 벽난로와 샹들리에, 500여 점의 유화 장식, 앤티크 가구·전화기·램프, 빅토리아 양식의 욕조까지 인도차이나에서 느낄 수 있는 유럽의 향기를 맘껏 누릴 수 있다. 슈피리어 룸은 30㎡로 평범한 크기, 럭셔리 룸은 44㎡로 넓다. 럭셔리 룸은 발코니 유무에 따라 방 값이 달라진다. 테니스 코트와 스파 시설을 운영한다. 고급 호텔임에도 불구하고 수영장이 없다. 현대적인 부티크 호텔을 선호한다면 어울리지 않을 수도 있다. 바오다이 황제의 여름 궁전으로 쓰였기 때문에 '달랏 궁전 Dalat Palace'이라는 애칭을 갖고 있다.

아나 만다라 빌라 Ana Mandara Villas ★★★★★

Map P.243-A2 주소 Đường Lê Lai 전화 0263-3555-888 홈페이지 www.anamandara-resort.com 요금 르 쁘띠 US$140, 빌라 US$155~190, 빌라 스튜디오 US$165~210 가는 방법 달랏 중심가에서 서쪽으로 3㎞ 떨어진 레라이 거리에 있다.

달랏에서 가장 좋은 숙소로 손꼽히는 곳이다. 베트남의 주요 해변에 럭셔리 리조트를 운영하는 '아나 만다라'에서 운영한다. 달랏이 개발되던 1920~1930년대에 프랑스 식민정부에서 건설했던 빌라를 그대로 보존해 리조트로 활용했다. 프랑스 관료들이 휴가를 즐기기 위해 만들었기 때문에 다분히 유럽 느낌으로 건축했다. 35에이커(4만 2,000평) 면적의 언덕에 자리한 빌라들은 '힐 스테이션'이란 느낌과 잘 어울린다. 소나무와 정원에 둘러싸인 17채의 독립 빌라는 각기 다른 모습으로 자연 속에서 여유롭게 흩어져 있다. 빌라와 빌라들은 유럽의 골목길처럼 돌담길을 만들었다. 빌라 룸(28㎡ 크기)은 프랑스 인도차이나 총독이 사용하던 건물에 있다. 야외 수영장(달랏에서 최초로 수영장을 만든 호텔이기도 하다), 피트니트 센터, 스파, 키즈 클럽, 요리 강습, 요가 강습 등 다양한 부대시설을 운영한다. 리조트의 공식 명칭은 아나 만다라 빌라 달랏 리조트 & 스파 Ana Mandara Villas Dalat Resort & Spa라고 적혀 있다.

베트남 주호

Hội An

호이안

호이안(會安)은 투본 강 Thu Bon River(Sông Thu Bồn)을 끼고 있는 작은 마을이지만, 15세기부터 국제 무역항으로 번성했던 곳이다. 바다의 실크로드를 지나던 아시아와 유럽 상인들이 드나들며 상업과 문화가 교류했다. 특히 중국·일본 상인들이 호이안에 정착하면서 동양적인 색채가 짙게 배어 있다. 목조 가옥이 가득하고, 이끼 낀 기와지붕과 한자 간판도 흔하다. 19세기에 들어서면 다낭으로 무역항을 이전하면서 호이안의 번영은 막을 내렸지만, 200년의 시간은 호이안을 낭만적인 마을로 변모하게 했다. 옛 모습을 그대로 간직한 마을이 고스란히 보존되어 있기 때문이다. 호이안의 올드 타운 전체가 유네스코 세계문화유산으로 지정되면서 가치를 인정받았다.

호이안은 작고 조용하다. 베트남에서 상상하기 힘든 자동차와 오토바이가 없는 거리가 존재한다. 호이안의 삶의 속도는 느리고, 전통·문화·건축·음식은 잘 보존되어 있다. 가옥들은 상점으로 변모해 공예품을 생산해 내고, 가정집을 개조한 레스토랑은 그 자체로 앤티크하다. 해가 지고 거리에 홍등이 밝혀지면 낭만적인 느낌이 최고조에 달한다. 인근에 해변까지 있어 여행지가 갖추어야 할 모든 덕목을 완비했다.

인구 15만 2,160명 | **행정구역** 꽝남 성 Tinh Quảng Nam 호이안 시 Thanh Phố Hội An | **면적** 61㎢ | **시외국번** 0235

Information

은행 · 환전

개발이 제한된 호이안이긴 하지만 은행 시설은 부족함이 없다. VP 은행, TP 은행, 비엣콤 은행, 사콤 은행, 테크콤 은행 등 베트남 주요 은행이 지점을 운영하고 있다.

우체국 · 병원

우체국 Bưu Điện Hội An은 쩐흥다오 거리에 있다. 우체국 옆에 있는 호이안 병원 Bệnh Viện Đa Khoa Hội An은 영어가 가능한 의사가 있다.

호이안 병원
주소 4 Trần Hưng Đạo
전화 0235-3914-660

투본 강변에 형성된 호이안 올드 타운

여행 시기

맑고 건조한 3~7월이 여행하기 좋다. 덥고 습하지만 8~10월까지도 붐빈다. 8월 말~10월까지는 태풍의 영향을 받는 날이 있고, 11~1월까지는 몬순의 영향으로 흐리고 비가 자주 내린다. 12~1월은 찬 기운이 북쪽에서 내려와 날씨가 쌀쌀하다.

여행사

올드 타운을 둘러보기 좋은 씨클로

전국적으로 네트워크를 갖춘 신 투어리스트(홈페이지 www.thesinhtourist. vn)가 유명하다. 굳이 여행사를 찾아가지 않더라도 모든 호텔과 게스트하우스에서 오픈 투어 버스와 미썬 투어(P.293 참고)를 예약할 수 있다. 호이안↔다낭을 왕복하는 셔틀버스와 투어는 다낭 소재 한인 여행사(P.299 참고)에서도 예약이 가능하다.

Access

베트남 중부 최대 도시인 다낭과 인접해 있지만 여행자들이 호이안을 더 선호하기 때문에 오픈 투어 버스가 활발하게 드나든다. 항공과 기차를 이용할 경우 다낭을 거쳐야 한다. 호이안에서 다낭까지는 35㎞ 떨어져 있다. 다낭에서 출발하는 교통편은 P.301 참고.

다낭 국제공항→호이안

호이안에는 공항이 없고, 인접한 대도시인 다낭에 공항이 있다. 다낭 국제공항에서 호이안까지 택시로 40분 정도 걸린다. 택시 요금은 40만 VND 정도 예상하면 된다. 호이안에서 다낭 국제공항으로 갈 때는 올 때보다 싸게 흥정하면 된다. 호텔에 문의하면 택시 또는 픽업 차량을 섭외해주기도 한다.

호이안에서는 다낭 국제공항까지 셔틀 버스(미니밴)도 운행된다. 하루 10회(06:00~21:00) 운영되며 편도 요금은 15만 VND이다. 여행사에서 예약하면 된다.

관우를 모신 꽌꽁 사당

전통 예술 공연장에서 볼 수 있는 압사라 댄스 ©이창환

던 적토마 동상도 만들어 놓았다. 호이안을 드나들던 중국 상인들이 찾아와 관우 장군의 용맹함과 충성심, 덕망에 경의를 표하며 자신들의 항해가 안전하기를 기원했다고 한다.

관우(關羽, 162?~220년)의 베트남식 발음은 꽌부 Quan Vũ, 관우를 높여 부른 관공(關公)의 베트남식 발음은 꽌꽁 Quan Công이다. 때문에 관우를 모신 사당이라 하여 베트남어로 꽌꽁미에우 Quan Công Miếu(關公廟)라고 불린다.

재래시장 풍경이 잘 남아 있는 호이안 시장

Map P.266-C4

전통 예술 공연장 ★★☆
Hoi An Traditional Art Performance House

주소 66 Bạch Đằng **전화** 0235-3861-159 **요금** 통합 입장권 **가는 방법** 강변도로에 해당하는 박당 거리 66번지에 있다.

호이안의 무형 문화재를 감상할 수 있는 전통 공연이 열린다. 전통 악기 연주, 압사라 댄스를 비롯한 무용, 민속놀이가 짤막하게 재연된다. 공연 시간은 30분 정도로 하루 2회(10:15, 15:15) 공연된다. 통합 입장권으로 관람이 가능하다.

Map P.267-D4

호이안 시장 ★★★
Hoi An Market
Chợ Hội An

주소 Đường Trần Phú & Đường Nguyễn Huệ & Đường Bạch Đằng **운영** 매일 05:00~20:00 **요금** 무료 **가는 방법** 꽌꽁 사당 맞은편으로 투본 강을 끼고 있다.

베트남 사람들의 삶이 여과 없이 투영되는 재래시장이다. 올드 타운 오른쪽에 있으며 투본 강과 접해 있다. 다양한 향신료와 과일이 눈과 코를 즐겁게 해주고, 저렴한 노점에서는 간단한 식사도 가능하다. 간단한 기념품들도 함께 판매한다. 일반 상점에 비해 가격이 저렴하긴 하지만 외국인에게 비싸게 부르므로 흥정은 필수다.

Map P.265-A2, Map P.266-B4

호이안 야시장 ★★★☆
Hoi An Night Market

주소 Đường Nguyễn Hoàng **운영** 17:00~23:00 **가는 방법** 올드 타운에서 투본 강 건너편에 있는 안호이 섬 응우옌호앙 거리에 있다.

투본 강 건너편 안호이 섬 지역에 형성되는 야시장이다. 매일 17:00부터 응우옌호앙 거리에 50여

호이안 야시장

개의 노점이 들어선다. 홍등(랜턴), 베트남 국기가 장식된 소품, 마그넷, 목각 인형, 야자나무로 만든 젓가락, 자개로 장식한 칠기 제품, 그릇을 판매한다. 재래시장의 기념품 가게에서 흔히 볼 수 있는 물건들이 대부분이다. 가격을 비싸게 부르기 때문에 흥정해야 한다. 홍등을 배경 삼아 기념사진 찍기도 좋다.

박물관
Museum

호이안의 역사와 문화와 관련된 박물관들이다. 박물관들은 규모가 작고, 전시 내용도 비슷하다. 통합 입장권을 사용하기 때문에 개인적인 취향에 따라 선택해 관람하면 된다.

Map P.266-B4

싸후인 문화 박물관 ★★☆
Museum of Sa Huynh Culture
Bảo Tàng Văn Hóa Sa Huỳnh

주소 149 Trần Phú 전화 0235-3861-535 운영 매일 08:00~17:00 요금 통합 입장권 가는 방법 내원교에서 도보 1분.

베트남 중부 지방에 있었던 철기 시대 문명인 싸후인 문화(BC 1000~AD 200년)를 소개하는 박물관이다. 싸후인은 참파 왕국(P.294)보다 훨씬 앞선 문명으로, 호이안이 무역항으로 성장하기 이전

의 고대 역사라고 보면 된다. 싸후인은 호이안 남쪽으로 160㎞ 떨어진 항구 도시로 현재까지 53개의 싸후인 유적이 발굴되었다. 이곳에서 출토된 토기, 항아리, 접시, 철기 도구, 청동 검 등 216점의 유물을 박물관에서 전시하고 있다. 2층은 베트남의 공산 혁명과 독립을 이루기까지의 전쟁 내용으로 꾸몄다.

Map P.266-C3

도자기 무역 박물관 ★★☆
Museum of Trade Ceramics
Bảo Tàng Gốm Sứ Mậu Dịch

주소 80 Trần Phú 전화 0235-3862-944 운영 매일 08:00~17:00 요금 통합 입장권 가는 방법 쩐푸 거리의 중화 회관에서 도보 1분.

호이안이 바다의 실크로드를 연결하던 무역항으로 번영했던 옛 모습을 고스란히 보여주는 박물관이다. 호이안 주변에서 발굴된 도자기와 1973년에 발견된 침몰선에서 인양된 도자기를 전시한다. 특히 13~17세기에 생산된 중국·일본·베트남·태국·아라비아를 오가던 고급스런 도자기들이 많다. 전통 목조 가옥을 개조한 박물관도 호이안의 풍경과 잘 어울린다.

Map P.266-C4

민속 박물관 ★★
Museum of Folklore
Bảo Tàng Văn Hóa Dân Gian

주소 33 Nguyễn Thái Học & 62 Bach Đằng 전화 0235-3910-948 운영 07:00~21:00 요금 통합 입장권 가는 방법 응우옌타이혹 Nguyễn Thái Học & 박당 Bach Đằng 사거리 코너. 응우옌타이혹 거리 33번지(정문)와 박당 거리 62번지(후문)에 2개의 출입구가 있다.

싸후인 문화 박물관

싸후인 유적에서 출토된 항아리

도자기 무역 박물관

목조 건물과 콜로니얼 양식이 혼재한 건물로, 150년이나 된 옛 건물이다. 폭 9m, 높이 57m의 복층 건물로 민속 문화와 관련한 500여 점의 전시물을 전시하고 있다. 농기구, 항아리, 바구니, 주전자, 조리 기구, 저울, 물레, 그물, 투망, 통발 등 농업과 어업 관련 물건이 대부분이다. 민속놀이와 도자기 · 목공예 전통 마을에 관한 전시실도 있다. 당시 사람들의 의복도 전시하고 있다.

Map P.266-C2

호이안 박물관 ★★
Hoi An Museum
Bảo Tàng Hội An

주소 10B Trần Hưng Đạo 전화 0235-3862-367 운영 07:30~17:00 요금 통합 입장권 가는 방법 쩐흥다오 거리 10번지에 있다. 쩐흥다오 Trần Hưng Đạo & 레러이 Lê Lợi & 응우옌쯔엉또 Nguyễn Trường Tộ 거리가 만나는 사거리 교차로에 있다.

역사 문화 박물관을 이전해 호이안 박물관으로 새단장했다. 3층 규모도 커지면서 기존의 역사 문화 박물관에 있던 전시물과 독립 투쟁(공산 혁명) 자료들을 추가로 전시하고 있다. 2층을 주 전시 공간으로 사용하는데, 참파 왕국부터 응우옌 왕조에 걸쳐 번영했던 호이안 사진과 지도, 도자기, 저울, 돛 등이 전시되어 있다. 각종 재래식 무기와 전쟁

민속 박물관

호이안 박물관

관련(독립 투쟁) 내용도 볼 수 있다. 방대한 역사를 간략하게 소개해 호이안의 역사와 문화를 전부 이해하기는 어렵다.

Map P.266-C4

전통 의학 박물관 ★★★
Museum of Traditional Medicine
Bảo Tàng Nghề Y Truyền Thống

주소 34 Nguyễn Thái Học 운영 08:00~17:00 요금 통합 입장권 가는 방법 응우옌타이혹 거리 34번지에 있다.

2019년에 개관한 박물관으로 오래된 목조 건물이 전통 의학 박물관과 잘 어울린다. 1층에는 모형을 통해 진맥하는 모습과 시침하는 장면, 한약방을 재현했다. 2층에는 약재를 다루던 칼, 작두, 그라인더, 저울, 약탕기, 약재를 담던 항아리 등을 전시하고 있다. 한의학과 비슷해 한국 관광객은 별다른 설명 없이도 이해할 수 있는 전시물이 많다.

고가(古家)
Old House

고가옥들은 중국과 일본 상인들이 호이안에 정착하면서 만들었기 때문에 베트남 · 중국 · 일본 양식이 혼재해 있다. 이끼낀 기와지붕과 대들보, 서까래, 한자가 적힌 현판까지 동양적인 정서가 물씬 풍긴다. 대부분의 고가옥들은 상점이나 레스토랑으로 용도가 변경되었지만, 부유한 중국 상인들이 건설한 일부 고가옥들은 원형을 보존시켜서 일반에게 공개하고 있다. 통합 입장권으로 방문이 가능하지만 대를 이어오며 가족들이 생활하는 곳

전통의학 박물관

떤끼 고가 후문

꽌탕 고가

떤끼 고가 정문

이므로 집주인들의 안내에 따르도록 하자.

Map P.266-B4

떤끼 고가(進記古家) ★★★
Tan Ky House
Nhà Cổ Tân Ký

주소 101 Nguyễn Thái Học 전화 0235-3861-474 운영 매일 08:00~12:00, 13:30~17:30 요금 통합 입장권 가는 방법 내원교에서 도보 4분.

좁고 기다란 구조의 2층 건물로 중국 상인이 18세기에 건설했다. 건설 당시에는 실크, 차, 목재, 계피, 한약재를 판매하던 상점으로 쓰였다. 출입문을 두 개 낸 것이 특징이다. 정문은 도로(응우옌타이혹 거리)를 향하고 있고, 후문은 투본 강(박당 거리)을 향하고 있다. 정문은 호이안에 거주하는 상인들이 들락거렸고, 후문은 정박한 배에 물건을 싣기 편리해 외국인 상인들이 즐겨 이용했다고 한다. 떤끼 고가는 베트남·중국·일본 가옥 양식이 절묘하게 조화를 이루는 건물로 평가받는다. 격자 모양으로 지붕을 받친 전형적인 베트남 건물이지만, 육각형 천장과 대들보, 세 겹의 서까래는 일본 건축 양식을 잘 보여준다. 나전 기법을 이용해 치장한 기둥이나 한자 간판, 자개 장식 등은 중국의

영향을 강하게 받았다. 안마당 벽면에는 중국적인 풍경산수 문양을 장식했고, 집안의 선조들에게 제사를 지내는 사당도 집안에 모셨다. 현재는 7대 후손들이 생활하고 있다. 2층은 집안 사람들이 생활하는 곳이니 출입을 삼가자.

Map P.266-C4

꽌탕 고가(均勝古家) ★★
Old House of Quan Thang
Nhà Cổ Quân Thắng

주소 77 Trần Phú 운영 매일 09:30~18:00 요금 통합 입장권 가는 방법 쩐푸 거리의 중화 회관에서 도보 1분.

중국 푸젠성 출신의 선장이었던 '꽌탕'이 호이안에 거주하기 위해 만든 가정집이다. 18세기에 건설된 고가옥으로 단층 건물이다. 좁고 기다란 베트남 가옥 형태를 취하면서도 건축 양식은 중국 양식을 따른다.
호이안의 다른 고가옥에 비해 규모는 작지만 건물 내부에 정성들여 만든 치장들이 눈길을 끈다. 안마당의 벽에 청자 도자기 파편을 이용해 조각을 만들었고, 들보, 서까래, 덧문, 난간동자까지 동양적인 감각을 살려 치장했다. 대대로 내려오는 고가 구도 건물 내부에 남아 있다. 현재는 꽌탕의 7대손이 생활하고 있다.

Map P.266-A4

풍흥 고가(馮興古家) ★★
Old House of Phun Hung
Nhà Cổ Phùng Hưng

주소 4 Nguyễn Thị Minh Khai 전화 0235-

풍흥 고가

쩐 사당 입구

3862-235 **운영** 매일 08:00~11:30, 13:30~17:00
요금 통합 입장권 **가는 방법** 내원교를 건너서 응
우옌티민카이 거리에 있다.

1780년에 중국 상인이 건설했다. 향과 향신료, 종
이, 소금, 실크, 계피, 도자기, 유리를 판매하던 상
점이라고 한다. 발코니를 갖춘 2층 목조 가옥이다.
1층과 2층은 계단 이외에 물건을 운반할 수 있도
록 사각형 구멍을 추가로 만든 것이 특징이다. 투
본 강이 범람해 홍수 피해가 빈번하자 이에 대한
대비책을 마련한 것이라고 한다. 정면 3칸짜리 중
국식 건물로 좁고 길게 생긴 베트남식 가옥과는
차이가 난다. 건물 내부는 80개의 목조 기둥이 받
치고 있다. 현재는 8대 후손들이 생활하고 있으며,
2층은 조상들의 위패를 모신 사당으로 사용된다.

쩐 사당(陳祠堂) ★★

Map P.266-C3

Tran Family Chapel
Nhà Thờ Cổ Tộc Trần

주소 21 Lê Lợi **전화** 0235-3861-723 **운영** 매일
08:00~17:00 **요금** 통합 입장권 **가는 방법** 레러이
거리와 판쩌우찐 거리가 만나는 사거리 코너에 위
치해 있다.

응우옌 왕조(P.365)의 1대 황제인 자롱 황제 시절
에 관리로 있던 쩐뜨냑 Trần Tứ Nhạc(1700년대
에 베트남으로 이주한 중국인의 후손)이 건설했
다. 1802년 사신단의 일원으로 중국에 가게 되면
서, 그가 조상들을 위해 집과 사당을 만들었다고
한다. 호이안의 다른 고가옥들과 달리 담벼락에
둘러싸여 있어 고위 관리의 집임을 암시한다.
베트남·중국·일본 양식이 조화를 이루는 목조

건물로 200여 년의 모습 그대로 보존되어 있다.
중앙에 정원을 만들고 조상들의 제사를 지내는 사
당과 가족이 생활하는 주거 공간을 건설했다. 나
무 기둥과 조각, 나전칠기 장식, 한자 간판, 걸개그
림 등 인테리어는 중국적인 색채가 강하다. 중국
에서 하사받은 골동품, 도자기, 그림, 검, 도장 등
다양한 유품과 족보, 생활 용품들이 진열되어 있
다. 사당(陳祠堂)에는 선조들의 위패나 초상화를
모시고 있다. 쩐씨 가문을 뜻하는 '陳'이 적힌 홍등
도 걸려 있다.

득안 고가(德安古家) ★★

Map P.266-B4

Duc An House
Nhà Cổ Đức An

주소 129 Trần Phú **운영** 매일 08:00~18:00
요금 통합 입장권 **가는 방법** 쩐푸 거리의 광동 회
관에서 도보 1분.

400년 이상 한곳에서 대를 이어오며 생활했던 중국
상인이 건설한 가옥으로, 현재의 고가옥은 1850년에
만든 것이다. 상점을 겸했던 고가옥은 호이안뿐만
아니라 베트남 중부 지방에서 꽤 유명했다고 한다.
베트남·중국 서적과 외국 정치 사상가들의 책까
지 보유하고 있어 당시 지식인들이 즐겨 찾던 곳
이었다.
프랑스가 베트남을 통치할 때는 호이안의 반(反)
프랑스 운동가들의 회동 장소로 쓰이기도 했다고
한다. 베트남 공산당 창당을 주도했던 인물 가운
데 한 사람인 까오홍란 Cao Hồng Lãnh(본명 판
템 Phan Thêm)이 살았던 집이기도 해서, 베트
남 유명 인사들도 많이 방문했다. 까오홍란의 공
산 혁명과 관련한 흑백 사진과 보응우옌잡 장군

득안 고가

(P.66)이 방문한 사진 등이 안마당의 휴식 공간을 따라 걸려 있다. 현재 집안을 이끄는 판응옥쩜 Phan Ngọc Trâm 씨가 집안을 안내해준다.

향우회관(鄉友會館)
Assembly Hall

호이안이 중국의 영향을 얼마나 많이 받았는지를 단적으로 보여주는 곳이다. 바다의 실크로드를 따라 해상 무역을 하던 중국 상인들이 호이안에 정착하며 고향 사람들끼리의 친목 도모를 위해 향우회관을 건설했다.

중국 남방은 지역마다 다른 언어를 썼고, 지금의 중국처럼 거대한 나라로 통일된 것도 아니어서 호이안에 정착한 화교들은 지방색이 강했다. 향우회관에 모여 안전한 항해를 기원하고 조상의 공덕을 기리며 제사를 지냈다고 한다.

향우회관은 건물뿐만 아니라 조경까지 중국적인 전통에 충실히 따라 건축했다. 기본적으로 패방과 출입문, 안마당, 정원, 본당, 사당을 갖춘 구조이다. 통합 입장권이 있어야 방문이 가능하며, 중화 회관과 하이난 회관은 자유롭게 드나들 수 있다.

Map P.266-C3

중화 회관(中華會館) ★★☆
Chinese All-Community Assembly Hall
Hội Quán Trung Hoa(Hội Quán Ngũ Bang)

주소 64 Trần Phú 운영 매일 08:00~18:00 요금 무료 가는 방법 호이안 시장에서 도보 4분.

1741년에 건설된 호이안 최초의 향우회관이다. 출신 지역을 구분하지 않고, 중국 상인 전체의 친목을 도모하기 위해 만들었다. 긴 항해로 인해 몸이 쇠약해진 중국 상인들에게 도움을 주고, 호이안에 친인척이 없던 중국 상인들에게 잠자리도 제공해주었다고 한다. 본당에는 바다의 안전한 항해와 풍요를 책임지는 여신인 티엔허우 Thiên Hậu(天后聖母)를 모시고 있다. 때문에 중화 회관의 본당은 천후궁(天后宮)이라 불린다. 베트남어로는 여신을 모신 사원이라 하여 '쭈아바 Chùa Bà'라고 부른다. 호이안에 정착한 화교 자녀들을 위한 학교를 건설하며 1928년부터 중화 회관으로 이름을 바꿨다.

Map P.266-C3

푸젠 회관(福建會館) ★★★☆
Fujian Assembly Hall
Hội Quán Phúc Kiến

주소 46 Trần Phú 전화 0235-3861-252 운영 매일 08:00~17:00 요금 통합 입장권 가는 방법 쩐푸 거리의 중화 회관에서 도보 1분.

호이안에 있는 향우회관 중에서 규모가 가장 크고 외국인이 가장 많이 방문하는 곳이다. 호이안에

호이안에 정착한 화교들 사진(중화 회관 내부)

중화 회관

푸젠성 향우회관을 건설한 것은 1690년이다. 명나라가 망해가던 시기에 베트남으로 이주한 푸젠성화교들이 친목을 도모하기 위해 건설했다. 그 후 1975년 새로운 건물들을 신축하며 증축했다.

향우회관의 출입문은 패방에 기와지붕을 얹은 형태이며 현판에 '복건회관 福建會館'이라고 쓰여 있다. 패방 안쪽에는 3개의 아치형 문으로 이루어진 또 다른 출입문이 있다. 2층 규모로 상단 현판에는 '금산사 金山寺', 하단 현판에는 '복건회관 福建會館'이라고 적혀 있다. 향우회관의 안뜰은 화분과 화석을 이용해 정원을 가꾸었고, 여러 가지 색의 도자기 파편으로 용, 봉황, 물고기, 거북이 조각을 곳곳에 장식했다.

본당에는 안전한 항해를 관할하는 바다의 여신 티엔허우 Thiên Hậu, 배가 이동하는 소리를 들을 수 있다는 투언퐁니 Thuận Phong Nhĩ, 먼 거리에 있는 배들을 관찰할 수 있다는 티엔리냔 Thiên Lý Nhãn을 모셨다. 벽면에는 티엔허우 여신이 침몰하는 배를 구해주는 그림이 그려져 있다. 호이안에 처음 도착했던 푸젠성 출신 6명의 선조들의 위패를 모신 사당도 별도로 모셨고, 실물을 20분

의 1로 축소해 만든 중국 선박 모형도 볼 수 있다.

Map P.266-B4

광둥 회관(廣東會館) ★★★☆
Guangdong(Cantonese) Assembly Hall
Hội Quán Quang Trieu(Hội Quán Quảng Đông)

주소 176 Trần Phú 전화 0235-3861-736 운영 매일 07:30~17:30 요금 통합 입장권 가는 방법 내원교에서 도보 3분.

광둥(廣東) 출신의 상인들이 1885년에 건설했다. 광둥 회관의 건물들은 각 부분을 중국에서 만든 다음에 호이안으로 옮겨와 완성시켰다고 한다. 패방에 기와지붕을 얹은 출입문은 붉은색과 핑크색을 이용한 화려한 치장이 눈길을 끈다. 출입문에는 '광진회관 廣肇會館'이라고 현판이 적혀 있다. 출입문에 들어서면 자운경해 慈雲鏡海와 호의가가 好義可嘉라고 적힌 두 개 현판이 보인다. 자운경해(자애로운 구름과 거울 같은 바다)는 평안한 바닷길을 소망하는 상인들의 마음을 담았고, 호의가가(의로움을 기리는 것을 칭찬할 만하다)는 화교들이 지향하는 삶을 의미한다. 안으로 들어가면 관우·유비·장비가 도원결의하는 벽화와 광둥

푸젠 회관 입구

광둥 회관

푸젠 회관 본당에 모신 티엔허우 동상

광둥 회관 출입문에 해당하는 패방

상인들의 사진이 걸려 있다. 안뜰에는 커다란 용 조각이 눈길을 끌고, 스프링 모양의 향이 매달려 있는 중앙 제단에는 백마와 적토마가 호위하고 있는 관우 동상이 모셔져 있다. 관우 동상 뒤에 적힌 '관성대제 關聖大帝'는 관우를 높여 부른 말이다. 관우 동상 왼쪽에는 티엔허우(天后) Thiên Hậu 동상도 함께 모셨다. 티엔허우 동상 옆에는 중국 선박 모형이 있는데, 안전 항해를 기원하는 의미로 일범순풍 一帆順風이라고 적혀 있다.

Map P.267-D3

하이난 회관(海南會館)　★★
Hainan Assembly Hall
Hội Quán Hải Nam

주소 10 Trần Phú 운영 매일 08:00~17:00 요금 무료 가는 방법 호이안 시장 앞에 있는 꽌꽁 사당에서 도보 1분.

하이난(중국 남서부에 있는 섬으로 현재 섬 전체가 중국 하이난 성에 속해 있다) 사람들이 1875년에 건설했다. 다른 향우회관과 마찬가지로 하이난 출신 화교들의 친목을 도모하고 선조들에게 제사를 지내기 위해 만들었다. 출입문의 현판에는 하이난 회관이 아니라 경부회관(瓊府會館)이라고 현판을 달았다. 본당인 소응전(昭應殿)에는 항해 도중 사망한 108명의 하이난 상인을 추모하는 제단을 만들었다. 1851년에 일어난 참사로 상인들이 타고 가던 세 척의 배가 뜨득 황제 시절의 베트남 해군(순시선)의 공격을 받고 침몰한 일이다. 당시 해군 함장은 짐을 가득 실은 선박이 해적선처럼 보여 공격했다고 한다. 사고에 대한 애도의 의미

로 뜨득 황제가 사망한 상인들을 성인으로 추대했다고 한다. 당시의 사건에 대한 기록이 향우회관 내부에 한자로 적혀 있다.

Map P.267-E3

차오저우 회관(潮州會館)　★★
Chaozhou Assembly Hall
Hội Quán Triều Châu

주소 362 Nguyễn Duy Hiệu 운영 매일 08:00~ 17:00 요금 통합 입장권 가는 방법 호이안 시장에서 도보 4분.

1752년에 건설한 향우회관이다. 해상 교통의 요지로 상업에 종사하며 자연스럽게 호이안까지 진출한 차오저우(潮州) 사람들이 건설했다. 기둥, 가래, 제단 등을 장식한 나무 조각이 눈길을 끈다. 하지만 푸젠 향우회관이나 광동 향우회관에 비하면 규모는 작다. 차오저우는 성(省)이 아닌 도시이기 때문에 호이안에 정착한 인구는 많지 않다. 과거에는 광동과 차오저우를 구분했지만, 현재는 차오저우 시(市)가 광동 성에 속해 있다. 관광객이 별로 없어 차분하게 둘러볼 수 있다.

Map P.265-A2

룬 퍼포밍 아트　★★★★
Lune Performing Art

주소 Dong Hiep Park(Công Viên Đồng Hiệp), Nguyễn Phúc Chu 전화 0124-518-1188 홈페이지 www.luneproduction.com 공연 시간 화·수·금·토·일요일 18:00 요금 일반석 70만 VND,

하이난 회관의 소응전

차오저우 회관

VIP석 160만 VND **가는 방법** 안호이 다리 건너편. 강변도로 끝자락의 동히엡 공원에 있다.

베트남의 대표적인 행위예술 극단, 룬 프로덕션 Lune Productions의 공연을 볼 수 있는 곳이다. 베트남 문화와 전통, 토착신앙, 생활상을 주제로 한 창작극을 선보인다. 공연은 배우들의 노래와 춤, 강렬한 몸짓으로 표현된다. 대나무 곡예와 아크로바트, 서커스, 현대 무용이 생동감 넘치게 어우러지고, 전통 타악기를 이용해 극의 긴장감을 고조시킨다. 산악지역에서 생활하는 소수민족의 생활상을 주제로 한 테다 Teh Dar, 베트남의 과거와 현재를 대비시킨 아오 쇼 A O Show를 포함해 모두 5개 공연이 있다. 작품은 로테이션으로 공연돼 시기에 따라 다르다.

Map P.265-B2

호이안 임프레션 테마파크 (호이안 메모리즈 쇼) ★★★☆
Hoi An Impression Theme Park
(Hoi An Memories Show)

주소 Đảo Ký Ức Hội An. Hoi An Memories Land **전화** 0909-621-295 **홈페이지** www. hoianmemoriesland.com **운영** 테마파크 16:00~

룬 퍼포밍 아트 공연장

Teh Dar ©Lune Productions

22:00, 메모리즈 쇼 공연 시간 20:00 **요금** 테마파크 **입장료** 5만 VND, 메모리즈 쇼(일반석) 60만~75만 VND, 메모리즈 쇼(VIP석) 120만 VND **가는 방법** 올드 타운(내원교) 남쪽으로 2㎞ 떨어진 호이안 메모리즈 랜드에 있다.

투본 강에 둘러싸인 작은 섬 전체를 리조트와 공연장으로 꾸민 문화·예술 테마파크. 10헥타르(약 3만평)에 이르는 면적에 탄찌엠 궁전(응우옌 왕조에서 건설한 궁전), 내원교, 베트남 사원, 중국 마을, 일본 마을 등을 재현해 놨다. 테마파크 곳곳에서 미니 쇼도 펼쳐지니 공연 시간과 장소를 미리 확인해두자. 본 공연에 해당하는 호이안 메모리즈 쇼는 매일 1회 공연된다. 호이안의 400년 역사를 주제로 꾸민 대형 공연으로 무대에 올라오는 인원만 500명에 달한다. 호이안과 과거 무역선을 재현한 세트장 자체가 빛과 소리와 어울러져 신비함을 선사한다. 전체 공연은 5막으로 구성된다. 다이비엣(베트남)의 후예쩐 공주 Princess Huyền Trân와 참파 왕국(당시 번영했던 힌두 왕국) 쩨먼 왕 Champa King Chế Mân과의 결혼식, 국제 무역항으로 번성하던 파이포 Faifo(당시의 호이안 지명)의 모습, 호이안을 배경으로 아오자이 공연까지 펼쳐진다. 메모리즈 쇼는 3,300명이 동시에 관람할 수 있는데, 관람석의 위치에 따라 에코, 하이, VIP로 구분된다. 야외 공연장이라 비 오는 날을 피해서 방문하는 게 좋다.

호이안 임프레션 테마파크

호이안 메모리즈 쇼 ©Hoi An Memories Show

호이안의 주변 볼거리

투본 강을 따라 근교로 나가면 강과 바다가 어우러져 농촌과 어촌 풍경이 절묘한 조화를 이룬다. 시골 공예 마을을 방문하는 에코 투어 Eco Tour 상품도 있다. 덥긴 하지만 자전거를 타고 돌아봐도 되고, 여행사 투어를 이용해 보트를 타고 주변 마을을 둘러봐도 된다. 열대 해변 정취가 있는 한적한 해변과 참파왕국의 흔적을 간직한 미썬 유적(P.292)까지 주변 볼거리도 풍성하다.

Map P.264-C1

꼬어다이 해변 Cua Dai Beach ★★★
Bãi Biển Cửa Đại

주소 Cua Dai Beach, Cửa Đại, Thành Phố Hội An 요금 무료 가는 방법 호이안에서 꼬어다이 거리 Đường Cửa Đại를 따라 동쪽으로 5㎞ 떨어져 있다.

호이안에서 가장 가까운 해변이다. 호이안에서 오른쪽 꼬어다이 거리를 따라 가면 한적한 해변이 나온다. 꼬어다이는 투본 강과 바다가 만나는 강 하구에 형성된 길이 3㎞에 이르는 해변으로, 해변 도로를 따라 고급 리조트가 들어서 있다. 아쉽게도 2004년부터 시작된 침식작용과 바다로 유입되는 강물 부실 관리, 높은 파도로 해변이 줄어들었다. 현재는 모래 유실을 막기 위해 거대한 모래 주머니로 둑을 쌓아 놓았다(중간 중간 바다로 내려가는 계단이 있다). 때문에 인접한 안방 해변으로 관광객을 빼앗겼다. 파도가 잔잔한 4~10월이 수영하기 적합하다. 우기에는 파도가 높으므로 주

해변의 침식으로 인해 볼품 없어진 꼬어다이 해변

한적한 해변이 매력적인 안방 해변

의해야 한다. 현지인들은 물놀이보단 야자수 그늘 아래서 더위를 식히며 휴식을 즐긴다.

Map P.264-B1

안방 해변 An Bang Beach ★★★★
Bãi Biển An Bàng

주소 An Bang Beach, Phường Cẩm An, Thành Phố Hội An 요금 무료 가는 방법 호이안 올드 타운에서 하이바쯩 거리 Đường Hai Bà Trưng를 따라 북동쪽으로 7㎞. 꼬어다이 해변에서 해변도로를 따라 북쪽으로 3㎞ 떨어져 있다. 해변 입구에 바이땀 안방 Bãi Tắm An Bàng 표지석이 있다.

꼬어다이 해변을 대신해 새롭게 뜨고 있는 해변이다. 4㎞에 이르는 근사한 모래해변이 이어진다. 건기(3~8월)가 해변을 즐기기 가장 좋은 시기로, 태양이 작열하는 열대 지방의 푸른 바다가 펼쳐진다. 낮에는 해변에 놓인 선베드를 점령한 외국인들을, 아침저녁에는 피서를 나온 현지인들을 많이 볼 수 있다. 우기에는 파도가 높아지는데, 9월부터 2월까지는 서핑을 배울 수 있다. 해안선 북쪽으로는 다낭을 감싸고 있는 썬짜 반도가 보이고, 해안선 앞으로는 8개의 작은 섬이 군도를 이루는 짬 군도 Cham Islands(Cù Lao Chàm)가 보인다.
곱고 기다란 해변에 비해 아직까진 개발이 덜 돼서 한적한 해변을 즐길 수 있다. 바 Bar를 겸하고

새롭게 뜨고 있는 안방 해변

있는 레스토랑은 자연적인 정취를 잘 살려 한가로
이 시간을 보내기 좋다.

Map P.264-C2

껌탄(코코넛 빌리지) ★★★
Cẩm Thanh(Coconut Village)

주소 Xã Cẩm Thanh, Thành Phố Hội An 요금
무료 가는 방법 호이안 올드 타운에서 동쪽(끄어
다이 해변 방향)으로 3~4㎞ 떨어져 있다.

올드 타운과 끄어다이 해변 사이에 있는 시골 마
을. 강과 바다가 만나는 하구에 있으며, 전체 면적
은 9.46㎢. 인구는 6,500명에 불과하다. 여러 개
의 지류로 갈라지는 강 하구와 울창한 야자수 숲
이 어우러져 독특한 풍경을 이룬다. 7헥타르에 이
르는 야자수 숲 때문에 껌탄 코코넛 빌리지 Cam
Thanh Coconut Village(Rừng Dừa Cẩm Thanh)
라고 불린다.
껌탄(코코넛 빌리지)은 생태 관광지(에코 투어)
로 알려져 있다. 바구니 배(대나무 쪽배) Bamboo
Basket Boat(Thuyền Thúng)를 타고 야자수 숲을
여행할 수 있다. 직접 흥정할 경우 바구니 배 한
대(2명 탑승) 기준으로 15만~20만 VND이 적당하
다. 40분 정도 노를 저어가며 풍경을 감상하는데,

흥을 돋우기 위해 한국 노래를 틀어 놓고 바구니
배를 돌리는 공연도 펼친다. 여행사 투어에 참여
할 경우 쿠킹 클래스(요리 강습)를 결합해 반나절
코스로 진행된다.

Map P.264-A2

껌낌(낌봉 목공예 마을) ★★☆
Cam Kim Island
Đảo Cẩm Kim

주소 Xã Cẩm Kim, Thành Phố Hội An 요금 무
료 가는 방법 호이안에서 투본 강 건너 남쪽으로
2㎞. 안호이 섬에 있는 리버 타운 호이안 리조트
앞쪽의 껌낌교 Cầu Cẩm Kim(Cam Kim Bridge)
를 건너면 된다.

투본 강에 있는 섬으로 올드 타운과 가깝다. 목공
예 마을인 낌봉 마을 때문에 유명해진 섬이다. 현
지인들은 낌봉 목공예 마을이라고 해서 '랑목 낌
봉 Làng Mộc Kim Bồng'이라고 부르기도 한다.
강과 어우러진 농촌 풍경을 볼 수 있는데, 여행자
들은 대부분 목공예 마을만 방문한다. 목공예 마
을은 선착장 바로 앞에 있어 찾기 쉽다. 과거 호
이안의 전통가옥에 사용했던 목조 기둥과 서까래,
장식들이 대부분 낌봉 마을의 장인들의 손을 거쳤
을 정도로 손재주가 좋다. 목공예는 15~18세기에
전성기를 이루고, 현재는 20여 개의 공방이 남아
있을 뿐이다. 목공예 마을을 제외하고는 관광객

낌봉 목공예 마을

이 없어서 평화로운 풍
경을 즐길 수 있다. 안호
이 섬에서 껌낌 섬을 연
결하는 껌낌교가 놓이면
서 오토바이와 자전거를
타고 섬을 드나들 수 있
다. 미썬 유적과 연계한
보트 투어(P.293)를 이용
해서 다녀와도 된다.

단체 투어가 방문하는 코코넛 빌리지

코코넛 빌리지에서 바구니 배 타기

껌낌 섬 선착장

관광지로 변모한 탄하 도자기 마을

Map P.264-A2

탄하 도자기 마을 ★★☆
Thanh Ha Pottery Village
Làng Gốm Thanh Hà

주소 Thanh Hà, Hội An, Quảng Nam **요금** 3만 5,000VND **가는 방법** 호이안 올드 타운에서 남서쪽으로 3㎞. 호이안 서쪽으로 연결되는 훙브엉 거리 Hùng Vương를 계속 따라가 탄하 시장 Chợ Thanh Hà 앞 삼거리에서 주이떤 거리 Duy Tân로 들어가면 도자기 마을 매표소가 나온다.

16세기부터 명맥을 이어온 도자기 마을이다. 번성했던 시절에는 벽돌, 타일, 항아리, 토기 제품 등 호이안 지역의 건축과 생활에 필요한 제품을 모두 이곳에서 생산했다. 현재는 10여개 공방만 남아 있는 시골 마을로 꽃병, 조각 장식, 동물 모양의 호각 등 기념품이 될 만한 것들을 만들어 판매하는데, 관광객이 찾아오면 물레를 돌려가며 도자기를 빚는 모습을 시연한다.

마을 입구 매표소 맞은편에 테라코타 파크 Terra Cotta Park Công Viên Đất Nung Thanh Hà가 있다. 일종의 도자기 박물관으로 관광하려면 별도의 입장료(운영 08:30~17:30, 요금 5만 VND)를 내 야한다. 타지마할, 오페라하우스, 콜로세움을 포함 해 세계적으로 유명한 건축물의 미니어처를 전시 하고 있다.

Map P.264-D2

빈원더스 남호이안 ★★★
Vin Wonders Nam Hội An

주소 Đường Ven Biển 129, Xã Bình Minh, Huyện Thăng Bình, Quảng Nam **전화**(핫라인) 1900-6677 **홈페이지** www.vinwonders.com **운영** 09:00~19:00 **요금** 성인 60만 VND, 어린이(키 100~140㎝) 45만 VND, 야간 입장(오후 3시 이후) 42만 VND **가는 방법** 호이안 올드 타운에서 남쪽으로 17km 떨어져 있다. 호이안 동남쪽의 끄어다이 대교를 건너서 남쪽으로 10km 더 내려간다. 택시를 탈 경우 호이안에서 20분. 택시 요금은 20만~25만VND 정도 예상하면 된다.

베트남을 대표하는 리조트 회사 빈펄에서 운영하는 62헥타르(약 19만평) 크기의 놀이 공원이다. 호이안 남쪽 해변에 들어선 초대형 리조트인 빈펄 리조트 & 골프 남 호이안 Vinpearl Resort & Golf Nam Hội An과 함께 조성했다.

빈원더스의 입구에 해당하는 하버 코너 Harbour Corner는 12척의 대형 선박을 만들어 항구를 재현했다. 입구를 들어서면 왼쪽에는 호이안 올드 타운, 오른쪽에는 유럽 건축물을 재현해 만든 거리가 길게 이어진다. 주요 시설은 크게 4개 구역으로 이뤄진다. 물놀이 테마파크인 워터 월드 Water World, 인공 수로를 따라 보트를 타고 이동하며 동물을 관찰할 수 있는 리버 사파리 River Safari, 베트남 전통 가옥을 재현해 만든 포크 아일랜드 Folk Island, 그리고 20여 종류의 놀이기구를 탈 수 있는 어드벤처 랜드 Adventure Land로 즐길 거리가 풍성하다.

빈원더스 남호이안 전경

리버 사파리

호이안에서 호이안 요리를 맛보지 않고서는 호이안 여행은 절대로 완성될 수 없습니다. 중국과 일본 상인들이 호이안에 정착한 만큼 음식 또한 중국과 일본의 영향을 받았습니다. 국수는 우동과 비슷하며, 튀김은 만두를 닮았습니다. 닭고기덮밥인 '껌가'는 간편하고 저렴합니다.

까오러우 Cao Lầu

일본의 영향을 받은 대표적인 음식으로 우동과 비슷하다. 베트남에서 흔한 쌀로 만든 국수이지만 면발이 두툼한 것이 특징이다. 철분 성분이 함유된 호이안 지방에만 나오는 특유한 우물물로 반죽을 하기 때문에 면발이 쫄깃하고 달콤한 맛을 낸다. 고명으로 돼지고기와 바삭한 쌀 과자 튀김, 채소, 허브를 넣어 면과 함께 비벼 먹으면 된다. 호이안 음식 중에 가장 유명하며, 조리 방법도 간편해 호이안 어디서나 손쉽게 맛볼 수 있다.

껌가 Cơm Gà

중국 남방의 영향을 받아 호이안에 전래된 닭고기덮밥이다. 푹 고아 낸 담백한 닭고기를 밥 위에 얹어 주는 치킨라이스 Chicken Rice. 닭고기를 삶은 육수로 밥을 하기 때문에 밥이 노란색을 띤다. 잘게 썬 파파야와 고추기름장을 적당히 넣어 밥과 함께 먹으면 된다. 유명 레스토랑보다는 노점에서 흔하게 볼 수 있다.

반바오반박(화이트 로즈) Bánh Bao Bánh Vạc(White Rose)

중국의 영향을 받아 만든 음식으로 만두와 비슷하다. 중국 남방의 영향을 받았으므로 '딤섬'처럼 만두피를 쌀로 만들어 얇고 투명하다. 다진 새우를 넣어 만든 반바오반박은 살짝 튀긴 마늘과 곁들여 간장 소스나 생선 소스에 찍어 먹는다. 하얀색 만두피와 붉은색 새우가 어울려 장미 모양을 하고 있기 때문에 '호아홍짱 Hoa Hồng Trắng'이라고 부른다. 영어로 '화이트 로즈 White Rose'라고 부른다.

호안탄(환탄) Hoành Thánh

'완탕'의 베트남식 발음이다. 호안탄은 일반적으로 '호안탄 찌엔 Hoành Thánh Chiên'이라고 해서 튀겨서 먹는다. 중국과 달리 완탕을 통째로 튀기는 게 아니라, 밀가루만 얇게 따로 튀기고 그 위에 새우나 다진 고기, 토마토, 양파를 요리해 얹는다. 매콤한 만둣국처럼 만든 '호안탄 느억 Hoành Thánh Nước'과 완탕 국수인 '호안탄 미 Hoành Thánh Mì'도 있다.

Restaurant

호이안 여기저기에 레스토랑들은 넘쳐난다. 전통가옥을 개조한 곳들이 많아서 별다른 인테리어를 꾸미지 않아도 분위기가 좋다. 투본 강을 사이에 두고 마주보고 있는 강변 도로에 있는 식당들은 저녁때가 되면 홍등을 밝혀 낭만적이다. 베트남 가족들이 생활하는 가정집의 일부를 식당으로 꾸민 곳도 많아 정성들인 가정식 요리를 맛볼 수 있다. 워낙 많은 관광객들이 오기 때문에 메뉴는 비슷하다.

반미 마담 칸 ★★★☆
Madam Khánh(The Bánh Mì Queen)

Map P.266-B2 **주소** 115 Trần Cao Vân **전화** 0510-3916-369 **영업** 07:00~19:00 **예산** 3만 VND **메뉴** 영어, 베트남어 **가는 방법** 쩐까오반 거리 115번지에 있다.

'마담 칸'이 35년 넘게 운영하는 반미(바게트 샌드위치) 전문점이다. 외관은 허름하지만 호이안에서 알아주는 반미 맛집 중 한 곳으로 통한다. 간판에는 반미의 여왕 The Bánh Mì Queen라고 적혀 있다. 그날 판매할 만큼의 식재료를 가장 신선한 상태로 준비하고 영업하는 곳이다.

반미 프엉 ★★★☆
Bánh Mì Phượng

Map P.267-D3 **주소** 2B Phan Châu Trinh **전화** 0905-743-773 **영업** 06:30~21:30 **메뉴** 영어, 베트남어 **예산** 3만 5,000 VND **가는 방법** 판쩌우찐 거리 2번지에 있다.

현지인들에게 유명한 '반미'(바게트 샌드위치) 식당이다. 소박한 서민식당으로 30년의 전통을 자랑한다. 저렴하고 맛이 좋아 외국인 여행자들에게도 입소문이 났다. 메뉴 중에는 모든 재료를 넣은 반미텁껌 Bánh Mì Thập Cẩm이 인기 있다. 점심시간에는 줄을 서서 주문해야 하는 경우가 흔하다.

껌린(깜른) Cơm Linh ★★★★

Map P.266-B4 **주소** 42 Phan Châu Trinh(Phan Chu Trinh) **전화** 0904-210-800 **홈페이지**
www.facebook.com/comlinhrestaurant **영업** 10:30~21:30 **메뉴** 영어, 베트남어 **예산** 8만~22만 VND **가는 방법** 판쩌우찐 거리 42번지에 있다.

호이안에서 인기 있는 로컬 레스토랑이다. 원래는 오리구이 Vit Quay와 치킨라이스 Cơm Gà를 전문으로 하던 곳인데, 외국 관광객이 많이 찾아오면서 쌀국수, 반쎄오, 분짜, 분넴, 까오러우 등 대중적인 음식을 함께 요리하고 있다. 오징어와 새우 등 해산물 요리까지 한 곳에서 다양한 베트남 음식을 즐길 수 있다. 식사시간에 붐비는 곳으로 저녁 시간에는 도로까지 테이블이 놓인다. 한국 관광객도 많이 찾는 곳으로 한국어 간판은 '깜른'이라고 적혀 있다.

포쓰아(포 슈아) Phố Xưa ★★★☆

Map P.266-C3 **주소** 35 Phan Châu Trinh **전화** 090-3112-237 **홈페이지** www.phoxuarestaurant. net **영업** 10:00~21:00 **메뉴** 영어, 베트남어 **예산** 5만~8만 VND **가는 방법** 판쩌우찐 거리 35번지에 있다.

아담하고 청결한 베트남 식당이다. 까오러우, 미꽝, 호안탄, 화이트 로즈 같은 호이안 음식을 거품 없는 가격에 맛볼 수 있다. 퍼 보(소고기 쌀국수) Phở Bò와 분짜(하노이에서 즐겨 먹는 국수+고기 구이) Bún Chả도 맛볼 수 있다. 음식 값이 저렴하기 때문에 부담 없이 식사하기 좋다.

강변에 분점에 해당하는 포 쓰아 리버사이드 레스토랑 Pho Xua Riverside Restaurant(주소 81 Trần Quang Khải)을 함께 운영한다. 한국어 간판으로 '포 슈아 강변(포 슈아 II)'라고 적혀 있다.

호로꽌 Hồ Lô Quán ★★★☆

Map P.266-B1 주소 20 Trần Cao Vân 전화 0901-132-369 영업 08:00~22:00 메뉴 영어, 베트남어 예산 8만~15만 VND 가는 방법 쩐까오번 거리 20번지에 있다.

올드 타운에서 조금 떨어진 조용한 골목에 있다. 가정집 1층을 식당으로 사용하는데, 규모는 작지만 에어컨 시설이라 쾌적하다. 까오러우, 스프링 롤, 쌀국수, 볶음 국수, 시푸드까지 메뉴가 다양하고 가성비가 좋은데다 주인장이 친절하다. 다만 주문이 밀리면 조리하는데 유난히 시간이 오래 걸리는 단점이 있다.

미스 리 Miss Ly ★★★☆

Map P.267-D3 주소 22 Nguyễn Huệ 전화 0235-3861-603 메뉴 영어, 베트남어 영업 매일 11:00~21:00 예산 8만~23만 VND 가는 방법 응우옌 후에 거리 22번지에 있다.

25년 넘도록 인기를 누리고 있는 전통 업소다. 인테리어는 살짝 업그레이드되었지만 여전히 캐주얼한 분위기이다. 인기 메뉴인 호안탄(완탕 튀김)을 시작으로 까오러우, 넴느엉, 스프링 롤, 파파야 샐러드 같은 부담 없는 베트남 음식이 주를 이룬다.

느 이터리 Nữ Eatery ★★★☆

Map P.266-A4 주소 10A Nguyễn Thị Minh Khai 전화 0129-5190-190 홈페이지 www.facebook.com/NuEateryHoiAn 영업 월~토요일 12:00~21:00 휴무 일요일 예산 10만 VND 메뉴 영어 가는 방법 내원교를 건너서 응우옌티민카이 거리에 있는 풍흥 고가를 지나자마자 오른쪽에 있는 작은 골목 안쪽으로 30m 들어간다.

골목 안쪽에 숨겨져 있는 아담한 레스토랑이다. 오래된 가정집을 개조해 빈티지한 느낌을 주었는데, 작고 예쁜 레스토랑으로 분위기가 좋다. 메인 요리는 누들, 라이스, 베지테리언 라이스 Vegetarian Rice, 샌드위치뿐이다. 베트남과 일본 음식을 접목시킨 퓨전 요리로 정갈하다. 음식 양은 적은 편이다. 주방이 개방되어 요리하는 모습

을 볼 수 있다.

가오 호이안 Gạo Hoi An ★★★★

Map P.266-C3 주소 47/10 Trần Hưng Đạo 전화 0901-865-504 영업 10:00~22:00 메뉴 영어, 한국어, 베트남어 예산 5만~8만 5,000VND 가는 방법 쩐흥다오 거리 47번지 골목 안쪽으로 100m 들어간다.

골목 안쪽에 있는 베트남 가족이 운영하는 식당. 에어컨은 없지만 친절하고 정성스럽게 요리해준다. 대표 메뉴인 완탕을 직접 만들어 사용하기 때문에 맛이 좋다. 호이안 전통 방식인 튀김 완탕 Hoành Thánh Chiên도 좋지만, 담백한 완탕 국수 Mỳ Nước가 일품이다. 한국어 메뉴판이 있어 주문하는 데 어렵지 않다.

리칭 아웃 티 하우스 ★★★★
Reaching Out Tea House

Map P.266-B4 주소 131 Trần Phú 전화 0235-3910-168 홈페이지 www.reachingoutvietnam.com 영업 08:00~20:00 메뉴 영어 예산 7만~14만 VND 가는 방법 쩐푸 거리에 있는 득안 고가 옆에 있다.

장애인들이 만든 수공예품 공방에서 운영하는 찻집이다. 베트남에서 차 마시는 게 특별할 건 없지만, '침묵의 미(美)'를 보여주는 리칭 아웃 티하우스에서의 시간은 특별하다. 청각 장애인을 고용해 찻집을 운영하기 때문이다. 테이블에 놓인 (영어가 적힌) 나무 블록을 주문서로 대신하면 된다. 목조 전통가옥의 운치와 건물 안쪽의 안마당에서 느끼는 조용함까지 몸과 마음이 치유되는 기분이 들게 한다. 공방에서 직접 만든 다기와 찻잔, 접시까지 예술적인 감각을 더했다.

핀 커피 Phin Coffee ★★★★

Map P.266-B3 주소 132/7 Trần Phú 홈페이지 www.phincoffeehoian.com 영업 08:00~22:00 메뉴 영어, 베트남어 예산 커피 4만 5,000~8만 VND 가는 방법 ①쩐푸 거리 132번지 골목 안쪽

끝에 있다. ②레러이 거리 60번지(60 Lê Lợi) 옆 골목으로 들어가도 된다.

골목 안쪽 깊숙이 숨어있는 카페다. 차들이 다닐 수 없는 골목 끝자락이라 조용하고, 넓은 정원과 녹색 식물들이 여유로움을 선사한다. 가게 이름인 '핀'은 베트남에서 커피를 내릴 때 쓰는 스테인리스 커피 필터를 뜻하는데, 커피를 주문하면 핀으로 즉석에서 드립 커피를 내려준다. 한국 여행자들이 좋아하는 코코넛 커피는 물론 크루아상, 토스트, 샌드위치, 과일+요거트 같은 디저트 메뉴도 있다.

파이포 커피 Faifo Coffee ★★★☆

Map P.266-B4 주소 130 Trần Phú 홈페이지 www. faifocoffee.vn/en 영업 07:00~21:00 메뉴 영어, 베트남어, 중국어 예산 커피 6만~8만 VND 가는 방법 올드 타운의 찐푸 거리 130번지에 있다.

베트남 커피를 직접 로스팅하기 때문에 숍 내부에 커피 향이 가득하다. 100년이 넘는 콜로니얼 건물을 카페로 사용해 운치 있다. 무엇보다 옥상을 개방해 호이안 올드 타운을 내려다보며 시간을 보낼 수 있다. 사진 찍기 좋은 루프 톱 카페로 알려져서 붐비는 편이다.

92 스테이션 92 Station ★★★☆

Map P.266-C4 주소 92 Trần Phú 전화 0905-063-199 영업 07:00~19:00 메뉴 영어, 베트남어 예산 5만~7만 VND 가는 방법 찐푸 거리 92번지에 있다.

올드 타운에 있는 루프톱 카페. 파이포 커피가 유명해지고 복잡해지면서 그에 대한 대안으로 떠오른 곳이다. 옥상을 포함해 4층 건물로 주변 건물보다 높다. 루프톱에 포토 존도 만들어 두고 있다. 커피 맛은 평범하다. 베트남어 간판은 Cửa Hàng 92라고 적혀 있다.

쩌우 키친 Châu Kitchen ★★★★

Map P.266-B4 주소 141 Trần Phú 전화 0903-529-377 홈페이지 www.facebook.com/Chaukitchenhoian 영업 09:00~22:00 메뉴 영어,

베트남어 예산 10만~26만 VND(+5% Tax) 가는 방법 찐푸 거리 141번지에 있다.

올드 타운에 있는 전통 가옥을 리모델링해 레스토랑으로 사용한다. 벽면을 장식한 그림과 색감 가득한 쿠션이 목조 가옥에 색과 멋을 더했다. 저녁 시간에는 안마당의 야외 테이블에 자리를 잡아도 괜찮다. 다분히 관광객을 겨냥한 곳으로 어느 한 가지 음식에 특화하지 않고, 누구나 즐길만한 베트남 음식을 골고루 요리한다.

호이안 하트 레스토랑 ★★★★
Hoi An Heart Restaurant

Map P.266-A4 주소 15 Nguyễn Thị Minh Khai 전화 0983-300-781 홈페이지 www.hoianheartrestaurant.com 영업 11:00~22:00 메뉴 영어, 한국어, 베트남어 예산 메인 요리 17만~22만 VND(+10% Tax) 가는 방법 내원교와 가까운 응우옌티민카이 거리 15번지에 있다.

내원교 옆쪽의 투본 강변에 있는 베트남 레스토랑이다. 현지어 간판은 흐엉비 호이안 Hương Vị Hội An이라고 적혀 있다. 접근성이 좋고 분위기가 좋아서 관광객에게 인기 있다. 파스텔 톤의 콜로니얼 양식 건물로 한쪽은 올드 타운이, 한쪽은 강변 풍경이 보인다. 호이안 전통 음식과 베트남 요리를 두루두루 맛볼 수 있다.

년 키친(니한 키친) Nhan's Kitchen ★★★☆

Map P.265-B2 주소 167 Trần Nhân Tông 전화 0905-186-867 영업 11:00~21:00 메뉴 영어, 베트남어 예산 10만~16만 VND 가는 방법 쩐년똥 거리 167번지에 있다. 내원교에서 동쪽으로 2.5㎞ 떨어져 있다.

관광지를 벗어난 한적한 도로에 있지만 입소문을 타고 유명해졌다. 한국 관광객에게는 '니한 키친'으로 알려지기도 했다. 분위기는 심플하지만 에어컨 시설의 실내와 야외 테이블로 구성되어 있다. 전형적인 투어리스트 레스토랑으로 호이안 요리, 베트남 요리, 피자까지 다양하게 구성돼 있다. 밥과 함께 식사하기 좋은 음식이 많아서 환영받는 곳이다.

오리비 레스토랑 Orivy ★★★☆

Map P.265-B2 주소 546 Cửa Đại 전화 0905-306-465 홈페이지 www.www.orivy.com 영업 11:00~21:30 메뉴 영어, 베트남어 예산 8만~12만 VND 가는 방법 올드 타운 오른쪽으로 연결되는 끄어다이 거리 546번지에 있다.

한국 여행자들에게도 잘 알려진 로컬 레스토랑이다. 팬데믹 이후 새로운 장소로 이전했는데, 도로변에 위치한 식당은 규모도 작아지고 분위기도 평범해졌다. 로컬 음식을 요리하는 곳답게 스프링롤, 쌀국수, 반쎄오, 치킨라이스, 호이안 3대 요리(까오러우, 호안탄, 화이트 로즈) 같은 대중적인 음식을 깔끔하게 요리한다. 생선과 해산물, 돼지고기, 소고기, 닭고기를 이용한 메인 요리와 곁들이면 된다. 주인장 부부가 친절한 것도 매력이다.

호아히엔 Hoa Hien ★★★☆

Map P.265-B2 주소 35 Trần Quang Khải 전화 0235-3939-668 홈페이지 www.hoahien restaurant.com 영업 09:00~21:00 메뉴 영어, 베트남어 예산 8만~18만VND 가는 방법 쩐꽝카이 거리 35번지에 있다. 강변도로인 후옌쩐꽁쭈아 거리 Huyền Trân Công Chúa에도 입구가 있다. 호이안 시장에서 동쪽으로 1.5㎞ 떨어져 있다.

올드 타운에서 조금 떨어진 강변에 있다. 한적한 동네 분위기와 강 풍경 덕분에 관광지를 벗어난 느낌을 준다. 마당과 정원에 둘러싸인 근사한 저택이라 더욱 여유롭다. 메뉴는 쌀국수, 까오러우, 미꽝, 분짜, 스프링 롤, 반쎄오, 넴루이, 껌숩푸(베트남식 비빔밥) Cơm Âm Phủ 등으로 가볍게 식사하기 좋은 단품이 많다.

모닝 글로리 오리지널 ★★★☆
Morning Glory Original

Map P.266-B4 주소 106 Nguyễn Thái Học 전화 0235-3241-555 홈페이지 www.tastevietnam. asia 영업 11:00~23:00 메뉴 영어, 베트남어 예산 11만~20만 VND 가는 방법 떤끼 고가 맞은편의 응우엔타이혹 거리 106번지에 있다.

호이안 올드 타운에서 가장 많이 알려진 베트남 음식점이다. 성수기에는 줄을 서서 차례를 기다릴 정도다. 올드 타운에 있는 2층짜리 콜로니얼 건물을 레스토랑으로 사용한다. 분위기와 음식 모두 세련됐다. 베트남에서 흔하게 볼 수 있는 음식을 좋은 재료를 사용해 깔끔하고 건강하게 요리하는 데 중점을 두고 있다. 참고로 투본 강 건너편에는 있는 모닝 글로리 시그니처 Morning Glory Signature와 비스 마켓 레스토랑 Vy's Market Restaurant을 함께 운영한다.

리틀 파이포 Little Faifo ★★★★

Map P.266-C4 주소 66 Nguyễn Thái Học 전화 0235-3917-444 홈페이지 www.littlefaifo.com 영업 09:00~22:00 메뉴 영어, 베트남어 예산 메인 요리 18만~30만 VND(+10% Tax) 가는 방법 응우엔타이혹 거리 66번지에 있다.

200년 넘는 역사를 가진 목조 가옥을 레스토랑으로 사용한다. 건물 자체를 문화유산으로 지정해 건설 당시의 모습을 온전히 보존하고 있다. 동양적인 정취가 가득한 건물을 스타일리시하게 꾸몄다. 베트남 음식을 메인으로 요리하는데, 관광객이 많이 찾는 곳답게 샌드위치, 피자, 스파게티 메뉴도 있다. 호이안에서 분위기 좋은 식당 중 하나로, 은은한 조명을 밝히는 저녁이면 분위기가 더 좋다.

하이 카페 레스토랑 ★★★☆
Hai Cafe Restaurant

Map P.266-B4 주소 98 Nguyễn Thái Học(정문) & 111 Trần Phú(후문) 전화 0235-3863-210 홈페이지 www.visithoian.com 영업 매일 08:00~22:00 메뉴 영어, 한국어, 베트남어 예산 11만~28만 VND 가는 방법 응우엔타이혹 거리의 떤끼 고가에서 도보 1분. 쩐푸 거리에도 입구가 있다.

올드 타운의 전통가옥을 레스토랑으로 사용해 분위기가 좋다. 응우엔타이혹 거리에서 보면 중국풍의 인테리어로 꾸민 레스토랑이 나오고, 쩐푸 거리에서 보면 야외 정원에 만든 카페가 나온다. 호이안 요리부터 바비큐, 시푸드, 바게트 샌드위치,

피자, 스파게티까지 메뉴는 다양하다.

림 다이닝 룸 Lim Dining Room ★★★★

Map P.266-B4 **주소** 96 Nguyễn Thái Học **전화** 0934-740-229 **홈페이지** www.limdiningroom. com **영업** 07:30~22:00 **메뉴** 영어 **예산** 메인 요리 26만~45만 VND. 테이스팅 메뉴(코스 요리) 82만 VND **가는 방법** 응우옌타이혹 거리 96번지에 있다.

올드 타운에 있는 매력적인 고가옥을 분위기 가득한 이탈리안 레스토랑으로 리모델링했다. 목조 건물 외관은 전혀 손대지 않아 예스러운 멋이 가득하다. 아무래도 은은한 조명이 비추는 저녁시간이 더욱 낭만적이다. 메뉴는 파자, 파스타, 뇨키, 피시 필렛, 치킨 브레스트, 비프스테이크로 간단하다. 식사와 어울리는 다양한 와인을 보유하고 있다.

세븐 브리지 ★★★☆
7 Bridges Hoi An Taproom

Map P.267-D3 **주소** 36 Trần Phú **전화** 0979-784-491 **홈페이지** www.facebook. com/7BridgesHoiAn **영업** 11:00~24:00 **메뉴** 영어 **예산** 맥주 9만~17만 VND **가는 방법** 쩐푸 거리 36번지에 있다.

수제 맥주 회사인 세븐 브리지 브루잉 컴퍼니에서 운영한다. 올드 타운 초입에 있는 목조 건물로 뒷마당을 겸한 야외 정원이 있는데, 별다른 치장 없이도 비어 가든이 된다. 20여 종의 수제 맥주를 판매하는데, 시원한 수제 맥주는 탭에서 직접 뽑아준다.

로빙 칠 하우스 ★★★☆
Roving Chill House

Map P.264-B1 **주소** Nguyễn Trãi Thanh Tây, Hội An **전화** 0708-123-045 **홈페이지** www. facebook.com/RovingChillhouseHoiAn **영업** 07:00~21:00 **메뉴** 영어. 베트남어 **예산** 커피 6만~14만 VND, 메인 요리 15만~35만 VND **가는 방법** 끄어다이 거리에서 안방 해변으로 넘어가는 시골길에 있다. 호이안 올드 타운에서 4km 떨어져 있다.

호이안 주변의 논 풍경을 감상할 수 있는 카페. 논밭을 끼고 야외에 만든 카페로 시골 풍경이 주는 편안함을 느낄 수 있다. 목재 테이블, 평상, 쿠션, 파라솔 등을 놓아 자연스러운 분위기를 극대화했다. 전원을 배경으로 사진 찍기 좋은 카페로 현지인들에게 인기 있다.

사운드 오브 사일런스 ★★★★
Sound Of Silence

Map P.264-B1 **주소** 40 Nguyễn Phan Vinh **전화** 0866-774-962 **영업** 07:00~19:00 **메뉴** 영어. 베트남어 **예산** 커피 4만~11만 VND **가는 방법** 안방 해변의 응우옌판빈 거리 40번지에 있다.

안방 해변에 있는 카페를 겸한 브런치 레스토랑이다. 벽돌과 티크 나무로 이루어진 가옥과 야자수 아래 놓인 야외 테이블이 분위기를 더한다. 해변에는 파라솔과 덱체어도 놓여 있어 열대 지방 분위기가 물씬 풍긴다. 파도 소리와 바닷바람을 느끼며 시간을 보내기 좋다. 베트남 커피와 핸드 드립 등 다양한 방법으로 커피를 만든다.

소울 키친 Soul Kitchen ★★★☆

Map P.264-B1 **주소** An Bang Beach **전화** 090-6440-320 **홈페이지** www.facebook.com/ soulkitchenlivemusic **영업** 08:00~23:00 **예산** 맥주 5만~9만 VND, 메인 요리 12만~20만 VND **메뉴** 영어 **가는 방법** 호이안 올드 타운에서 5km 떨어진 안방 해변에 있다. 바이떰 안방 Bãi Tắm An Bàng이라고 적힌 표지석이 있는 해변 입구에서 왼쪽(북쪽)으로 100m.

안방 해변과 접해 있는 해변의 레스토랑이다. 바다가 보이는 곳에 놓인 평상과 푹신한 쿠션, 잔디 위에 놓인 데크체어, 해변에 놓인 선베드에 자리를 잡고 널브러져 게으른 시간을 보내기 좋다. 카페, 레스토랑, 라운지, 바를 모두 겸하고 있다. 브런치를 즐겨도 되고, 베트남 커피나 맥주로 더위를 식혀도 되고, 칵테일 · 와인을 곁들여 저녁 식사를 해도 된다.

Hotel

여행자 숙소가 몰려 있는 곳은 하이바쯩 거리 Đường Hai Bà Trưng와 바찌에우 거리 Đường Bà Triệu 이다. 대부분의 숙소에서 올드 타운까지 걸어서 10분 거리로 가깝다. 고급 리조트들은 끄어다이 해변 Cửa Đại Beach을 끼고 있으며, 올드 타운을 살짝 벗어난 한적한 곳에는 수영장을 갖춘 3성급 호텔도 많다. 호이안에 오래 머문다면 끄어다이 거리(올드 타운과 끄어다이 해변 중간)에 있는 홈스테이를 이용하는 것도 나쁘지 않다.

호아미 2 호텔 ★★★
Hoa My 2 Hotel

Map P.265-A1 주소 44 Trần Cao Vân **전화** 090-5518-569, 090-5137-589 **홈페이지** www. hoamyhotelhoian.com.vn **요금** 더블 US$20~25, 3인실 US$27~30(에어컨, 개인욕실, TV, 냉장고, 아침식사) **가는 방법** 쩐까오번 거리 44번지에 있다.

올드 타운과 비교적 가까운 여행자 숙소. 조용한 골목에 있고 주변에 저렴한 식당도 많다. 객실과 욕실은 넓고 발코니 딸린 방도 있다. 자그마한 수영장도 있다. 계단 쪽으로 방문이 연결돼 바깥 소음이 들리는 게 단점이다. 아침식사는 간단한 뷔페로 제공된다. 엘리베이터는 없다.

란타나 부티크 호텔 ★★★★
Lantana Boutique Hotel

Map P.265-A2 주소 9 Thoại Ngọc Hầu **전화** 0235-3963-999 **홈페이지** www.lantanahoian. com **요금** 슈피리어 US$75~84, 디럭스 US$85~95, 수퍼브 디럭스 US$95~105 **가는 방법** 내원교 남쪽에서 투본 강과 안호이 섬을 연결하는 다리를 건너, 강변도로를 따라 오른쪽으로 450m.

투본 강변에 세운 콜로니얼 양식의 부티크 호텔로 호젓한 정취가 매력적이다. 순백의 벽, 푸른빛 타일을 바른 바닥으로 화사하게 꾸민 인테리어가 눈에 띈다. 총 37개 객실을 운영하는데, 객실 유형은 위치와 전망에 따라 3가지로 나뉜다. 강변을 끼고 있는 수퍼브 디럭스 룸은 널찍하고 전망이 좋다. 건물 뒤꼍에는 수영장과 선베드도 갖췄다.

록사나 리버 빌라 ★★★★
Roxana River Villa

Map P.265-B2 주소 60 Huyền Trân Công Chúa **전화** 0235-3862-679 **홈페이지** www. roxanarivervilla.com **요금** 트윈 US$35~40, 딜럭스 리버 뷰 US$50~60(에어컨, 개인욕실, TV, 냉장고, 아침식사) **가는 방법** 올드 타운 동쪽으로 연결되는 강변도로를 따라 후옌쩐꽁쭈아 거리 69번지에 있다. 호이안 시장까지 1.5km 떨어져 있다.

호이안 올드 타운에서 살짝 벗어난 강변에 있다. 3성급 호텔로 신축한 건물이라 깨끗하다. 고풍스런 느낌은 없지만 원목 가구, 패턴 타일, 흑백 사진을 걸어 객실을 쾌적하게 꾸몄다. 투본 강이 바라다 보이는 리버 뷰 룸은 발코니가 딸려 있다. 야외 수영장이 있고, 아침 식사도 제공된다. 자전거도 무료로 사용할 수 있다. 3층 건물로 엘리베이터는 없다. 소규모 호텔이라 직원들이 친절하다.

얼스 빌라 The Earth Villa ★★★★

Map P.265-B1 주소 380 Cửa Đại **전화** 0235-3926-777 **홈페이지** www.theearthvilla.com **요금** 더블 비수기 US$36~42, 더블 성수기 US$45~55 (에어컨, 개인욕실, TV, 냉장고, 아침식사) **가는 방법** 올드 타운에서 동쪽(끄어다이 해변 방향)으로 2km 떨어져 있다.

올드 타운에서 끄어다이 해변으로 가는 길에 있는 아담한 숙소다. 마당과 야외 수영장이 평화로운 분위기를 더해 준다. 복층으로 이루어진 빌라에 모두 9개 객실을 운영한다. 객실도 넓고 깨끗하다.

친절한 베트남 가족이 운영하며 홈스테이처럼 편안하다. 아침식사가 포함되며 자전거를 무료로 이용할 수 있다.

호이안 신세리티 호텔 ★★★★
Hoian Sincerity Hote

Map P.265-A1 **주소** 1 Lê Đình Thám **전화** 0235-3666-188 **홈페이지** www.hoiansincerity hotel.com **요금** 슈피리어 US$42, 딜럭스 US$52, 패밀리 US$65~76(에어컨, 개인욕실, TV, 냉장고, 아침식사) **가는 방법** 내원교(올드 타운)에서 북쪽으로 2km 떨어진 레딘탐 거리 1번지에 있다. 올드 타운 북쪽으로 하이바쯩 Hai Bà Trưng 거리를 따라 가다가 레딘탐 거리가 나오면 우회전해서 100m 들어간다.

올드 타운과 떨어져 있지만 가격 대비 시설이 좋고 친절해 인기 있다. 비교적 새롭게 생긴 호텔이라 시설이 깨끗하다. 넓은 야외 수영장도 갖추고 있다. 모든 객실은 넓은 창문과 발코니가 딸려 있다. 올드 타운과 안방 해변까지 무료 셔틀버스를 운영한다. 워낙 인기 숙소라 성수기엔 예약이 어렵다.

리버 타운 호이안 리조트 ★★★★☆
River Town Hoi An Resort

Map P.265-A2 **주소** 47 Thoai Ngọc Hầu **전화** 0235-3924-924 **홈페이지** www.rivertownhoian. com **요금** 그랜드 딜럭스 US$105, 3인실 US$140(에어컨, 개인욕실, TV, 냉장고, 아침식사) **가는 방법** 올드 타운 남쪽 안호이 섬 가장자리에 위치해 있다. 내원교까지 900m 떨어져 있다.

호이안 리버 타운 호텔에서 리버 타운 호이안 리조트로 간판이 바뀌었다. 4성급 호텔로 가격 대비 시설이 좋고, 무엇보다 친절한 직원과 서비스가 인상적이다. 웰컴 드링크를 시작으로 조식까지 정성스럽다. 객실 위치에 따라 수영장이나 투본 강이 보이는데, 높은 층의 전망이 좋다. 올드 타운에서 적당히 떨어져 있어 조용하다. 자전거를 무료로 사용할 수 있고, 해변까지 무료 셔틀 버스도 운영한다.

라 시에스타 리조트 ★★★★
La Siesta Resort

Map P.265-A2 **주소** 132 Hùng Vương **전화** 0235-3915-915 **홈페이지** www.lasiestaresorts. com **요금** 스탠더드 US$85, 딜럭스 US$100~135 **가는 방법** 내원교에서 서쪽으로 1.2km 떨어져 있다. 훙브엉 거리를 따라 서쪽으로 쭉 가면, 마을 끝자락에 호텔이 보인다.

야외 수영장과 정원을 갖춘 여유로운 3성급 호텔이다. 객실은 타일이 깔려 있으며 침구와 가구가 정갈하다. 스탠더드 룸은 28㎡ 크기로 넓진 않다. 딜럭스 룸은 발코니가 딸려 있어 한결 여유롭다. 부대시설도 다양하고 직원들도 친절해 인기 있다. 올드 타운에서 서쪽으로 마을 끝자락에 자리해 있다. 주변으로 논과 전원 풍경이 펼쳐진다. 올드 타운까지 걸어서 15분 정도 걸리며, 무료로 자전거를 빌려준다.

벨 마리나 리조트 ★★★★☆
Bel Marina Hoi An Resort

Map P.265-A2 **주소** 127 Nguyễn Phúc Tần **전화** 0235-3938-888 **홈페이지** www. belmarinahoian.com **요금** 프리미어 US$90, 디럭스 리버 뷰 US$159 **가는 방법** 안호이 섬 응우옌푹떤 거리 127번지에 있다. 호이안 야시장에서 500m 떨어져 있다.

올드 타운과 가까운 안호이 섬에 있는 5성급 리조트. 다리 하나만 건너면 올드 타운이기 때문에 관광과 휴식에 적합한 입지 조건을 갖추고 있다. 야외 수영장과 넓은 정원 덕분에 여유롭게 시간을 보내기 좋다. 투본 강을 끼고 있어 경관이 좋다. 객실은 신관과 구관으로 나뉜다.

알마니티 호이안 ★★★★☆
Almanity Hoi An

Map P.266-A1 **주소** 326 Lý Thường Kiệt **전화** 0235-3666-888 **홈페이지** www.almanityhoian. com **요금** 마이 스피릿 US$150~190, 마이 에너지 US$170~210 **가는 방법** 올드 타운 북쪽의 리

트엉끼엣 거리에 있다

고풍스러우면서도 트렌디한 느낌의 4성급 호텔이다. 비교적 최근에 생긴 호텔이라 시설이 깔끔하고 직원도 친절하다. 중앙에 야자수 가득한 열대지방의 정원과 야외 수영장을 배치해 여유로움을 배가 시켰다. 객실은 4가지 타입으로 구분된다. 마이 스피릿 My Spirit은 복층 구조로 되어 있고 마이 에너지 My Energy는 수영장 방향으로 발코니가 딸려 있다. 마이 하트 My Heart는 발코니에 자쿠지 욕조를 배치해 커플들에게 어울린다. 올드타운까지 걸어 다닐 만한 거리며, 주변에 호텔이나 상업시설이 적어 한적하다.

호텔 로열 호이안 엠갤러리 콜렉션 ★★★★☆
Hotel Royal Hoi An MGallery Collection

Map P.265-A2 주소 39 Đào Duy Từ 전화0235-3950-777 홈페이지 www.hotelroyal-hoian.com 요금 그랜드 딜럭스 US$145~165. 로열 딜럭스 US$185~225 가는 방법 내원교에서 서쪽으로 600m 떨어져 있다. 다오주이뜨 거리 Đào Duy Từ에 있는 리틀 레지던스 호텔 Little Residence Hotel 호텔 옆에 있다.

올드 타운에서 살짝 벗어난 투본 강변에 있다. 콜로니얼 양식의 호텔이다. 엠갤러리 콜렉션답게 스타일리시함을 강조했다. 동일한 패턴 모양의 타일, 색상을 강조한 가구와 소품, 흑백 사진을 장식한 인테리어까지 디자인에 신경 쓴 흔적이 곳곳에서 느껴진다. 40㎡ 크기의 그랜드 딜럭스 룸과 50㎡ 크기의 로열 딜럭스 룸으로 구분된다. 야외 수영장을 갖추고 있다. 뷔페로 제공되는 아침식사도 다양하다. 내원교까지는 도보로 10분 이내 거리다. 자전거를 무료로 빌려준다.

베이 리조트 호이안 ★★★★★
Bay Resort Hoi An

Map P.265-B2 주소 Cam Nam Riverside, Ven Sông Cẩm Nam 전화 0235-7307-999 홈페이지 www.bayresorthoian.com 요금 딜럭스 US$150. 프리미엄 US$230 가는 방법 투본 강 건너편의 껌남 섬에 있다. 올드 타운(호이안 시장)까지 500m

떨어져 있다.

투본 강을 끼고 있는 껌남 섬에 있는 5성급 리조트. 강변을 끼고 나지막한 건물들이 연속해 들어서 있다. 한적한 풍경과 고급스러운 리조트가 잘 어우러진다. 객실은 36㎡ 크기의 디럭스 리버 뷰 룸을 기준으로 한다. 도회적인 객실 디자인과 욕조를 갖춘 욕실까지 고급스럽다.

아난타라 호이안 리조트 ★★★★★
Anantara Hoi An Resort

Map P.267-F3 주소 1 Phạm Hồng Thái 전화 0235-3914-555 홈페이지 www.anantara.com/hoi-an 요금 딜럭스 US$210~250. 딜럭스 스위트 US$280~340 가는 방법 판보이쩌우 & 팜 홍타이 거리가 만나는 코너에 있다.

올드 타운과 가장 가까운 럭셔리 리조트이다. 투본 강변의 열대 정원에 리조트가 들어서 아늑하다. 아난타라 리조트에서 인수해 객실 설비가 월등히 좋아졌다. 객실의 발코니 유무와 전망(가든 뷰 Garden View와 리버 뷰 River View로 구분된다)에 따라 객실 등급을 매겼다. 전망이 좋은 딜럭스 리버 뷰 스위트는 객실 크기가 42㎡로 큼직하다. 야외 수영장과 스파 시설을 갖추고 있다.

빅토리아 호이안 비치 리조트 ★★★★★
Victoria Hoi An Beach Resort

Map P.264-C1 주소 Cua Dai Beach 전화 0235-3927-040 홈페이지 www.victoriahotels.asia 요금 리버 뷰 US$196. 가든 뷰 US$220. 딜럭스 US$245 가는 방법 호이안에서 동쪽으로 5km 떨어진 끄어다이 해변에 있다.

베트남을 포함해 동남아시아에 잘 알려진 빅토리아 리조트에서 운영한다. 콜로니얼 양식과 빈티지한 객실이 고급스럽다. 해변을 끼고 조성된 야외 정원과 수영장만으로도 럭셔리함을 잘 대변해 준다. 일반 객실은 34㎡이고, 리버 뷰와 가든 뷰로 나뉜다. 일반 객실로 이루어진 슈피리어 룸보다는 바다와 접한 빌라들이 시설이나 분위기 면에서 월등히 좋다.

Mỹ Sơn

미썬

호이안과 더불어 유네스코 세계문화유산으로 지정된 미썬은 참파 왕국의 종교 성지였던 곳이다. 인도차이나에서 가장 오랫동안 사람이 거주했던 유적지로 평가받는다. 4~14세기에 걸쳐 건설한 참파 왕국의 종교 성지로 두 개의 산에 둘러싸인 2㎢의 분지에 형성되었다. 참파 왕국은 베트남과 달리 불교가 아닌 힌두교를 믿었다. 바드라바르만 1세 Bhadravarman I(재위 380~413년) 때부터 미썬에 힌두 사원을 건설하기 시작해 10세기를 거치며 왕과 왕족들의 무덤까지 더해졌다. 라테라이트와 사암을 이용해 만든 힌두 사원들은 베트남의 불교 사원과는 전혀 다른 느낌이다. 붉은색을 띠는 사원의 외벽은 양각 기법으로 조각해 회랑을 만들어 예술적인 감각도 뛰어나다.

크메르 제국과의 숙명적인 패권 다툼에서 패하고, 다이비엣(베트남)에 복속되면서 참파 왕국은 역사 속에서 잊혀졌다. 그 후 인도차이나를 지배하던 프랑스 국립 극동 아시아 연구원(Ecole Française d'Extrême Orient)에 의해 1898년부터 본격적인 조사가 이루어졌다. 미썬 유적에서 모두 71개의 사원이 발굴되었으나, 현재는 20여 개 사원만 남아 있다. 울창한 정글 지대로 이루어진 미썬은 베트남 전쟁 기간 동안 비엣꽁(베트콩)의 야전 사령부가 있었던 곳이다. 미군 항공기의 무차별 폭격으로 상당수의 사원이 파괴되었다. 참고로 미썬은 미산(美山)이라는 뜻이다. '미 Mỹ'는 아름답다. '썬 Sơn'은 산을 의미한다.

Information

입장료

외국인 입장료는 15만 VND이다. 유적지는 매일 06:00부터 17:00까지 개방된다. 매표소에서 유적지 입구까지 운행하는 전동 카(카트)를 탈 수 있으며, 압사라 공연(참족 전통 무용)도 무료로 관람할 수 있다. 압사라 공연은 네 번(09:45, 10:45, 14:00, 15:30) 공연된다.

여행 정보

매표소 옆에 미썬 유적 안내 전시실이 있다. 참파 왕국을 중심으로 한 역사 개관을 살펴볼 수 있다. 지도와 연대표, 사진을 통해 참파 왕국에 대한 개요를 소개한다. 미썬 유적에서 가장 중요한 사원인 'A1' 단면도를 만들어 놓아, 전성기에 참파 건축이 어떠했는지 유추해볼 수 있다.

Access

투본 강을 이용해 미썬을 다녀오는 보트 투어

미썬은 오늘날의 꽝남 성(省) Tỉnh Quảng Nam 주이쑤옌 현(縣) Huyện Duy Xuyên에 속한 주이 푸 Duy Phú 마을에 있다. 다낭 남쪽으로 69km, 짜 끼에우 Trà Kiệu(참파 왕국의 최초 수도)에서 서쪽으로 28km, 호이안에서 서쪽으로 55km 떨어져 있다. 호이안에서 차로 1시간 거리이지만 대중교통이 미비하기 때문에 투어를 이용해 방문하는 것이 일반적이다.

반나절 일정으로 진행되는 투어는 대부분 차를 타고 갔다고 보트를 타고 돌아오는 일정으로 진행된다. 호이안으로 돌아올 때는 투본 강에서 보트를 타게 되는데, 점심 식사도 제공된다. 투어 요금은 40만~49만 VND으로, 오전 8시에 출발해 오후 2~3시에 투어가 끝난다. 건기에는 일출 시간에 맞추어 새벽 5시에 출발하는 선라이즈 투어 Sunrise Tour(20만~25만 VND)도 운영된다. 호이안의 모든 호텔에서 투어 예약이 가능하다. 커미션만 받고 여행사에 손님을 넘기는 곳이 많기 때문에 몇 군데 요금을 비교해보고 예약하는 것이 좋다. 투어 요금은 입장료가 포함되지 않는다.

Travel Plus+ 참파 왕국 Champa Kingdom

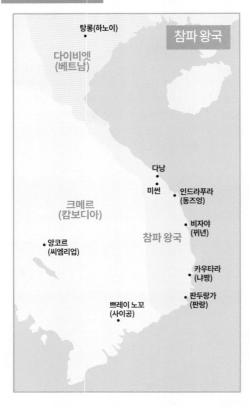

탕롱(하노이)

다이비엣
(베트남)

참파 왕국

크메르
(캄보디아)

다낭

미썬   인드라푸라
(동즈엉)

비자야
(�归년)

앙코르
(씨엠리업)   참파 왕국

카우타라
(나짱)

쁘레이 노꼬
(사이공)   판두랑가
(판랑)

베트남 중부와 남부 해안 지역에서 1200년 동안이나 존재했던 왕국입니다. 하지만 베트남에 더 이상 존재하지 않는 문명이기 때문에 참파 왕국은 생소한 이름이에요. 192년부터 오늘날의 '후에(훼)'를 중심으로 성장했는데, 중국 문서에 '린이 林邑'라고 기록되어 있습니다. 베트남 사람들은 베트남식 한자 발음에 따라 '럼업 Lâm Ấp'이라고 불렀습니다. 현재까지 발굴된 역사 기록에 따르면 바드라바르만 1세 BhadravarmanI(재위 380~413년)가 참파 왕국의 첫 번째 왕으로 여겨지며, 심하푸라 Simhapura(미썬 유적과 가까운 짜끼에우 Trà Kiệu)를 첫 번째 수도로 삼았다고 합니다. 참파 왕국은 북부에 있던 다이비엣 Đại Việt(베트남의 옛 이름)과 달리 중국 영향(불교, 유교, 한자)을 받은 게 아니라 인도에서 전래된 힌두교를 믿었습니다. 해상 무역을 통해 자바(인도네시아), 남인도와 교역했던 영향 때문입니다. 종교와 문화적으로 보면 내륙으로 국경을 맞대고 있던 크메르 제국과 유사한 힌두 왕국이었습니다.

참파 왕국은 7세기부터 12세기까지 중국과 인도를 연결하는 바다의 실크로드를 통해 번영을 누렸어요. 중국에서 출발한 뱃길은 베트남 중부의 해안 도시(오늘날의 호이안 Hội An과 �归년 Quy Nhơn)를 거쳐 아라비아 반도까지 이어졌습니다. 실크와 향신료, 도자기 등이 대량 거래되며 경제적인 안정을 누리게 되었죠. 특히 인드라푸라 Indrapura(미썬 유적과 가까운 동즈엉 Đồng Dương)에 수도를 두고 있었던 10세기와 비자야 Vijaya(오늘날의 깄년)에 수도를 두고 있었던 12세기에 가장 번성했습니다. 미썬에는 힌두 사원들이 대규모 건설되며 참파 문화도 꽃을 피웠습니다. 이 무렵 크메르 제국의 수도인 앙코르를 점령할 정도로 강성했어요. 하지만 크메르 제국의 자야바르만 7세 King Jayavarman VII(재위 1181~1218/1220?년)와의 전쟁에서 완패하면서 1225년까지 크메르 제국의 통치를 받기도 했지요. 13세기에 들어서는 다이비엣(베트남)과 참파 왕국의 전쟁이 빈번해졌으며, 레탄똥(P.64) 황제가 1471년에 참파 왕국의 마지막 수도였던 비자야 Vijaya를 정복했습니다. 이로써 참파 왕국은 독립국가로서의 지위를 상실하게 되었습니다. 응우옌 왕조가 베트남을 통일하며, 참족은 베트남의 소수민족으로 전락했어요. 왕족 후손들도 1832년을 끝으로 명맥이 끊어졌고요. 참족은 17세기 들어 이슬람으로 종교를 개종하였으며, 현재 약 8만 명의 인구가 베트남 남부(메콩 델타)와 캄보디아에서 흩어져 생활하고 있습니다.

Attractions

유네스코 세계문화유산으로 지정된 미썬 유적이 볼거리이다. 매표소를 지나 주차장까지 차를 타고 간 다음, 주차장부터 걸어서 유적을 관람하면 된다. 가장 먼저 보이는 '그룹 B' 유적부터 시계 반대방향으로 걸어가면 다시 주차장이 나온다. 미썬 유적은 역사적인 기록이 미비했기 때문에 '그룹 A'부터 '그룹 L'까지 인위적으로 유적군을 분류했다. 그룹 구분은 건축 양식이나 건설 시기가 아닌, 유적이 발견된 위치를 고려해 설정한 것이다. 각각의 구역마다 가장 중심이 되는 건물을 중심으로 번호를 붙여 유적을 구분한다. 즉 'A1'이 A그룹에서 가장 중요한 건물인 셈이다.

그룹 B · C · D　　★★★

미썬의 중앙 유적군에 해당하는 곳으로 상대적으로 많은 건물들이 남아 있다. 주차장에서 이어진 산길을 걸어 들어가면 미썬 유적에서 가장 먼저 만나게 되는 곳이다.

그룹 B의 중심이 되는 중앙 사원은 'B1'이다. 시바 Shiva(힌두교 3대 신 중 하나로 파괴와 재창조라는 막강한 힘을 갖고 있다)에게 헌정된 신전으로 미썬에 최초로 건설되었던 힌두 사원인 바드레스바라 Bhadresvara가 있던 자리다. 화재와 전란으로 파괴되면서 여러 차례 증축이 이루어졌으며, 현재 모습은 11세기에 건설된 것이다. 하지만 사암으로 만든 주춧돌을 제외하고는 모두 폐허가 되었다. 중앙 성소에는 시바를 상징하는 링가가 남아 있다.

회랑을 장식한 부조

그룹 B에서 눈여겨봐야 할 유적은 'B5'다. B5 유적은 'A1'과 같은 시기에 건설된 동일한 양식의 건물로 미썬 유적에서 원형을 가장 잘 보존한 곳이다. 중앙 사원(B1)에 딸려 있던 도서관(또는 장경고) 건물로 만들어져 규모는 작다. 측면에서 보면 새가 우아하게 날개를 펼친 듯한 모습이다(1층이 넓고 2층이 좁은 구조라서 말안장처럼 생겼다는 학자도 있다). 기단부를 둘러싼 회랑에는 힌두

미썬 유적

보존 상태가 양호한 B5 유적

그룹 B 힌두 유적

시바를 상징하는 링가

중앙 진입로(청배로)

신들을 조각해 놓았는데, 부조 조각상들은 참파 왕국의 정교한 건축 기술을 엿보게 한다. 9세기에 건설된 'B4' 유적은 벽면을 받치는 기둥을 일정한 양식의 패턴으로 치장해 사암 건축물의 멋을 더하고 있다.

그룹 B 유적 옆으로 그룹 C 유적이 있다. 그룹 C 유적은 다른 유적군과 달리 중앙 사원인 'C1' 유적이 남아 있다. 때문에 참파 왕국이 건설한 힌두 신전의 중앙 성소(까란)가 어떤 모양인지를 확인할 수 있다. 8세기에 건설된 힌두 신전으로 시바에게 헌정되었다. 기단부의 회랑을 장식한 부조 조각도 선명하다. 중앙 신전에 모셨던 시바 조각상을 포함해 이곳에서 발견된 유물들은 대부분 다낭의 참 박물관(P.312)에 전시되어 있다.

그룹 B와 그룹 C 앞으로 그룹 D가 위치한다. 'D1'과 'D2'는 무너져 내린 신전의 일부를 지붕을 덮어 박물관처럼 꾸몄다. 특히 'D2' 내부에 시바, 가루다 Garuda(비슈누가 타고 다니는 독수리), 압사라 Apsara(천상의 무희들) 같이 힌두 사원에서 볼 수 있는 중요한 부조들이 전시되어 있다. 그룹 D로

향하는 중앙 진입로는 석상들이 좌우에 일렬로 진열되어 있다. 참파 왕국의 왕들이 종교 행사를 할 때 신에게 다가가기 위해 몸과 마음을 정갈하게 했던 곳이라고 한다. 평상시에는 이곳에서 명상을 하거나 외국 사절단을 접견했다고 한다.

그룹 A

미썬 유적에서 가장 중요한 유적으로 여겨지는 곳이다. 그룹 A 유적에서 중앙 사원 역할을 했던 'A1'은 참파 문명이 절정을 이루었던 10세기에 건설되었다. 9세기 후반(875년)에는 인드라바르만 2세 Indravarman Ⅱ가 대승 불교를 받아들이며 수도인 인드라푸라 Indrapura(오늘날의 동즈엉 Đồng Dương)에 불교 사원을 건설하기 시작했는데, 이에 대한 반발로 힌두 신자들이 미썬에 최고 수준의 힌두 사원을 건설한 것이 'A1'이다. 고푸라(탑처럼 생긴 출입문)와 상인방, 중앙 성소로 연결되는 통로인 만다파, 힌두 신을 모신 중앙 성소('까란 Kalan'이라고 부른다)로 구성된다. 전체적으로 첨

탑 모양을 하고 있는데 정면에서 보면 연꽃 봉오리 모양을 닮았다고 한다.

'A1' 유적은 특이하게도 동쪽과 서쪽을 향해 출입문을 냈다. 힌두 사원들이 일반적으로 해가 뜨는 동쪽을 향해 출입문을 내는 것과 다른 구조다. 해가 지는 서쪽은 죽음과 연관된 것으로 중앙 신전의 서쪽 방향을 향해 참파 왕국 왕들의 무덤을 건설했을 것으로 여겨진다.

어쨌거나 'A1'의 실제 모습은 확인할 길이 없다. 1969년 8월 미군 B52 전투기의 폭격으로 인해 건물이 내려앉았다. 'A1'을 포함해 대부분의 유적들이 폐허로 남아 있다. 사원을 받치던 석조 기둥과 조각들만이 무성하게 자란 수풀들 사이에 가지런히 놓여 있을 뿐이다.

폐허가 된 A1 유적

그룹 E·F·G

미썬 유적 북쪽에 흩어져 있는 유적군이다. 8~11세기에 건설된 힌두 신전들로 중앙 유적군(그룹 B, C, D)에 비해 원형을 보존한 유적들이 별로 없어 폐허가 된 도시를 둘러보는 느낌이다. 그룹 E에는 힌두 사원 한 개와 산스크리트어가 적힌 비

그룹 E 힌두 유적

미썬에서 발굴된 압사라 부조

문이 남아 있다. 그룹 F 유적을 지나면 한적한 오솔길이 이어진다. 숲길을 따라가면 주차장으로 되돌아 나오게 된다. 그룹 G는 사원의 기단부를 장식한 회랑 일부가 남아 있는데, 복원을 이유로 출입을 금하고 있다.

Restaurant & Hotel

미썬의 레스토랑과 호텔

미썬은 사람이 살지 않는 폐허가 된 유적지다. 주차장 앞에 있는 간이식당과 매점을 제외하면 상업시설은 전무하다. 하지만 호이안과 가깝기 때문에 숙박과 식사에 대해 걱정할 필요는 없다. 모든 여행자들이 호이안에 머물면서 투어를 이용해 미썬을 방문한다. 볶음밥이나 볶음국수, 커피와 음료는 간이식당을 이용하면 된다.

Đà Nẵng

다낭

베트남 중부 지방 최대의 도시이자 베트남의 4대 도시(인구수는 하이퐁보다 적다)다. 전략적으로 중요한 위치에 있었던 다낭은 19세기부터 프랑스 식민정부에 의해 항구 도시로 개발되기 시작했다. 당시 '투란 Tourane'으로 불렸던 다낭은 바다의 실크로드가 지나던 호이안을 대신해 상업 중심지로 변모했다. 통킹만 사건을 핑계로 미군이 베트남에 가장 먼저 발을 들여놓은 곳도 다낭이다. 베트남 전쟁 동안 중부 전선 방어를 위한 대규모 미군 기지가 건설되었는데, 전쟁 동안에는 '북쪽의 사이공'으로 여겨졌을 정도다.

현재의 다낭도 변함없이 상업 도시로 번잡하지만 강과 바다를 끼고 있어 여유로운 분위기도 느껴진다. 도시를 흐르는 한 강 Han River(Sông Hàn)의 정취와 도시 동쪽의 미케 해변 My Khe Beach(Bãi Biển Mỹ Khê)이 곱게 단장하면서 '도시에서의 휴식'이 가능하다. 다낭 주변으로 유네스코 세계문화유산이 세 곳(호이안, 미썬, 후에)이나 있지만 다낭은 뚜렷한 관광 자원을 보유하고 있지 않다. 이를 만회하기 위해 대형 리조트를 건설하며 중부 베트남 여행의 거점이 되려는 노력을 기울이는 중이다. 한국에서 직항편이 취항하며 인기 여행지로 급부상했다. 경기도 다낭시라고 불릴 정도다.

인구 134만 6,876명 | **행정구역** 다낭 직할시 Thành Phố Đà Nẵng | **면적** 1,285㎢ | **시외국번** 0236

Information

총영사관

한국 교민이 증가하면서 다낭에도 영사관이 생겼다. 주 다낭 대한민국 총영사관 Tổng Lãnh Sự Hàn Quốc Tại Đà Nẵng(대표 전화 0236-356-6100, 긴급연락처 0931-120-404, 홈페이지 https://overseas.mofa.go.kr/vn-danang-ko/index.do)으로 여권, 재외국민 등록, 공증, 증명서 발급, 일반 민원 업무 등을 처리한다.

여행사

한국인이 운영하는 여행사에서 호텔 예약, 공항 픽업 서비스, 1일 투어 등 예약이 가능하다. 교통편은 전국적인 체인망을 갖춘 신 투어리스트가 유명하다.

신 투어리스트 www.thesinhtourist.vn
다낭 도끼비 cafe.naver.com/happyibook
다낭 고스트 cafe.naver.com/warcraftgamemap
다낭 보물창고 cafe.naver.com/grownman

기후

기후는 건기(4~8월)와 우기(9~3월)로 나뉜다. 가장 더운 시기는 6~8월로 평균 기온이 34°나 된다. 낮 최고 기온이 40°에 육박하는 경우도 있다. 우기(몬순 시즌)는 9월부터 시작된다. 10~11월에 가장 강우량이 많다. 우기이자 겨울(?)인 11~1월이 가장 선선하다. 이때는 낮 기온도 30°를 넘지 않고, 밤 평균 기온은 18~20°를 유지한다. 밤 기온이 영상 10° 밑으로 내려갈 때는 제법 쌀쌀하다. 우기가 끝나고 본격적으로 더워지기 전인 3~5월이 여행하기 좋다. 덥기는 하지만 7~8월도 성수기에 해당한다. 베트남의 여름 휴가철과 겹쳐 붐빈다. 해변에서 수영하기 좋은 시기는 5~8월이다.

다낭 국제공항

지리 파악하기

다낭은 한 강 Han River(Sông Hàn)을 사이에 두고 왼쪽에 형성된 도시다. 다낭 북쪽에는 다낭 만(灣) Da Nang Bay(Vịnh Đà Nẵng)을 이루는 동해(남중국해)가 있고, 동쪽에는 미케 해변 My Khe Beach(Bãi Biển Mỹ Khê)과 썬짜 반도 Son Tra Peninsula(Bán Đảo Sơn Trà)가 있다.

도시 중심을 흐르는 한 강을 끼고 강변 도로(박당 거리 Đường Bạch Đằng)가 남북으로 이어지고, 그 중심에는 한 시장(쩌 한) Han Market(Chợ Hàn)이 있다. 시내 중심가는 다낭시 정부청사 Da Nang Administrative Centre(Trung Tâm Hành Chính Thành Phố Đà Nẵng)를 이정표로 삼으면 된다. 길 건너에 있는 노보텔 Novotel이 있어 눈에 쉽게 띈다.

다낭시 정부 청사
(사진 왼쪽)와 노보텔
(사진 오른쪽)

한 강을 중심으로 형성된 다낭 시내

다낭 기차역

베트남 중부의 중심에 위치해 교통이 편리하다. 항공과 기차, 버스 모두 다낭을 통과한다. 한국에서도 다낭까지 직항편을 취항한다. 오픈 투어 버스는 다낭이 아닌 호이안(P.263)을 중심으로 운영된다.

항공

베트남항공에서 하노이, 호찌민시, 하이퐁, 냐짱, 달랏, 껀터를 포함해 주요 도시로 국내선을 운항한다. 저가 항공사인 뱀부항공과 비엣젯 항공은 다낭↔하노이, 다낭↔호찌민시 노선을 운항하는데, 베트남항공에 비해 요금이 저렴하다.

인천↔다낭 직항 노선은 베트남항공, 비엣젯항공, 대한항공, 아시아나항공, 제주항공, 진에어, 티웨이항공에서 모두 취항한다. 비행시간은 4시간 40분이다. 항공기 출발과 도착에 관한 정보는 공항 홈페이지(www.danangairportonline.com)에서 확인이 가능하다.

공항에서 시내로 들어가기

다낭 국제공항 Da Nang Airport(Sân Bay Đà Nẵng)은 시내에서 서쪽으로 2㎞ 떨어져 있다. 다낭 국제공항은 시내와 가까워 시내로 가는 방법도 간단하다. 공항버스는 존재하지 않고 택시(또는 그랩)를 이용하면 된다. 다낭 시내의 웬만한 호텔까지 10만~12만 VND, 미케 해변 리조트까지 17만~22만 VND, 응우한썬(마블 마운틴)까지 26만 VND, 호이안 올드 타운까지 40만 VND 정도 예상하면 된다. ①택시 타는 곳은 공항 청사를 나와서 차선 하나만 건너면 된다. 택시 기사 중에 미터기를 사용하지 않고 요금을 흥정하는 경우도 있으니 주의할 것. 베트남 화폐로 잔돈을 미리 챙겨서 타는 게 좋다. 공항 주차장 이용료가 있는데, 공항에서 나올 때는 톨비 1만~1만 5,000VND을 내야

공항 입국장을 나오면 택시 정류장이 보인다

한다. ②그랩을 이용할 경우 택시 승차장과 다른 별도의 픽업 장소로 가야 한다. 공항 밖으로 나와서 Ride App Pickup(승차 앱 픽업)이라고 적힌 안내판을 따라가면 전용 탑승장(Grab Car라고 적힌 초록색 그늘막)이 나온다.

기차

하노이↔호찌민시를 오가는 통일열차가 모두 다낭에 정차한다. 다낭→하노이 구간은 15~18시간 걸린다. 편도 요금은 6인실 침대칸 Nằm Cứng (Hard Sleeper) 76만~94만 VND, 4인실 침대칸 Nằm Mềm(Soft Sleeper) 96만~114만 VND이다. 다낭→호찌민시 구간은 16~19시간 걸린다. 편도 요금은 6인실 침대칸 74만~90만 VND, 4인실 침대칸 96만~101만 VND이다. 다낭→후에 구간은 매일 5회 출발하며, 편도 요금(에어컨 좌석)은 9만~12만 VND이다. 기차 출발 시간에 관한 자세한 정보는 P.54 참고. 다낭 기차역 Ga Đà Nẵng은 시내 중심가와 가까운 하이퐁 거리에 있다.

다낭 기차역
주소 202 Hải Phòng **전화** 0236-3750-666

버스

다낭 버스 터미널 Bến Xe Trung Tâm Đà Nẵng은 시내 중심가에서 서쪽으로 4~5㎞ 떨어져 있다. 전국 주요 도시를 연결하는 버스뿐만 아니라 국제버스도 운행된다. 하노이(편도 40만~46만 VND)와 냐짱(편도 27만 VND), 달랏(편도 34만 VND), 호찌민시(편도 50만~55만 VND) 노선은 침대 버스가 운행된다. 다낭↔냐짱 야간 침대 버스는 프엉짱 버스에서 1일 2회(22:00, 22:40) 운행한다. 냐짱까지 11시간 소요되며, 편도 요금은 27만 VND이다.

다낭 버스 터미널
주소 33 Điện Biên Phủ **전화** 0236-3821-625

여행자들이 다낭보다는 호이안을 선호하기 때문에 오픈 투어 버스는 발달하지 않았다. 호이안과 후에(훼)를 오가는 오픈 투어 버스들이 다낭을 잠시 들렸다 가기 때문이다. 다낭→호이안 구간은 매일 2회(10:30, 15:30) 출발하며 편도 요금은 15만 VND이다. 다낭→후에 구간도 매일 2회(08:45, 14:00) 운행되며 편도 요금은 20만 VND이다. 야간 침대 버스를 이용할 경우 호이안(P.263) 또는 후에(P.335)에서 버스를 갈아타야 한다.

다낭→호이안

다낭에서 호이안까지는 30km로 가깝다. ①택시를 타고 갈 경우 40~50분 정도면 도착이 가능하다. 택시 요금은 다낭 시내(또는 다낭 공항)에서 호이안 올드타운까지 35만~40만 VND 정도 예상하면 된다. 택시 호출은 그랩 Grab(베트남에서 가장 많이 이용하는 콜 택시 애플리케이션)을 이용하면 편리하다. ②당일치기로 다녀올 경우 호텔에서

운영하는 셔틀버스를 이용해도 된다. 호텔마다 출발 시간이 다르므로 미리 확인하고 예약해 두어야 한다. ③스파 업소에서 운영하는 차량을 이용하는 방법도 있다. 다낭→호이안을 오가는 픽업 서비스를 해주는 곳도 있으므로 예약할 때 미리 확인해 둘 것. ④여행사에서 운영하는 리무진 셔틀버스(06:00~21:00, 1일 10회 운행)는 다낭 공항→다낭 시내→호이안을 오가는데, 편도 요금은 15만 VND이다. ⑤코로나 팬데믹 이후 두 도시를 오가는 시내버스는 운행 중단된 상태다.

스파 업소에서 운영하는 셔틀버스

Transportation

시내 교통

다낭에서 택시를 잡는 것은 어렵지 않다. 모든 택시는 미터로 요금을 계산하지만, 외국인에게 바가지 씌우는 일도 비일비재하다. 전국적인 택시회사인 마이린 Mai Linh과 비나선 Vina Sun이 믿을 만하다. 전기 차를 사용하는 싼에스엠 택시 Xanh SM Taxi는 전용 애플리케이션으로 택시를 부를 수 있어 편리하다. 택시는 4인승과 7인승으로 구분되며, 회사나 차종에 따라 요금이 조금씩 다르다. 시내에서 가까운 거리를 돌아다닐 때는 6만 VND 내외, 시내에서 공항까지 10만 VND, 시내에

서 해변 리조트까지 10만~15만 VND 정도 예상하면 된다. 그랩 Grab(콜택시 애플리케이션)을 이용하면 원하는 장소에서 택시를 편리하게 부를 수 있다. 오토바이 택시(쎄옴)를 부를 수 있는 그랩 바이크 Grab Bike도 있는데, 오토바이 기사 뒤에 한 명만 탑승이 가능하다.

시내버스는 15개 노선이 다낭 주변 지역을 연결한다. 운행 시간은 노선에 따라 조금씩 다르지만 05:45~19:00까지 운행된다. 배차 간격은 15~30분으로 운행 편수는 많지 않다. 편도 요금은 8,000VND으로 저렴하다. 현금을 준비해 차장에게 돈을 내면 된다. 버스 노선은 스마트폰 무료 애플리케이션 'DanaBus'를 통해 확인할 수 있다.

택시를 부를 때는 그랩

다낭 시내버스

다낭 & 미케 해변

N

0   250   500m

린응 사원 방면 1

센째 리트리트

호앙사 군도 박물관
Nhà Trưng Bày Hoàng Sa

Hoàng Sa

(1단반까(당반까) 방면)

Lê Đức Thọ

Ngô Quyền

아트 인 파라다이스
Art in Paradise

Phạm Bằng
Bình Thuận

Chu Huy Mân

Khúc Hạo

Văn Đồn

Ngô Quyền

Trần Thành Tông

Đỗ Anh Hàn

Trần Thánh Tông

Tân Thanh Tông

골든 베이 다낭 호텔

Lê Đức Thọ

Nguyễn Trung Trực

Lê Văn Thứ

Nguyễn Đức An

Vương Thừa Vũ

Trần Quang Khải

퓨전 스위트 다낭 비치

포 포인트 바이 쉐라톤

미케 해변 Mỹ Khê

Võ Nguyên Giáp

Lê Thước

Đông Kinh Nghĩa Thục

Voco Ma Belle

래디슨 호텔

Loseby

Morrison

Wyndham Soleil

Phạm Văn Đồng

Đinh Nghệ

일라카르트 호텔

Trần Quang Khải

Lê Minh Trung

Lê Văn Quý

Lý Thánh Tông
Phạm Văn Đồng

Đinh Nghệ

Nguyễn ...

빈쯩 플라자

멜리아 반딸

Trần Hưng Đạo

Trần Hưng Đạo

투언프억교
Thuận Phước Bridge

Lê Văn Duyệt

한강 Sông Hàn

쏭한교
Sông Hàn Bridge

신투어리스트

Như Nguyệt

Xuân Diệu

Bạch Đằng

노보텔

Trần Phú

Lý Tự Trọng

다낭시
정부청사

다낭 박물관

힐튼 호텔

메리어트 호텔

Lê Duẩn

Phan Đình Phùng

Bạch Đằng

한 시장
(쩌 한)

Hùng Vương

다낭 성당

Trần Phú

Nguyễn Tất Thành

Bạch Đằng

Trần Phú

Nguyễn Du

Lý Thường Kiệt

3 Tháng 2

Lê Lợi

Đống Đa

Quang Trung

Phan Châu Trinh

Nguyễn Thị Minh Khai

Hải Phòng

까오다이교 사원

미술 박물관

Ngô Gia Tự

Triệu Nữ

Ông Ích Khiêm

Trần Cao Vân

다낭 기차역

다낭기차역

Lê Duẩn

Hùng Vương

꼰 시장
(쩌 꼰)

고다낭

GO! Đà Nẵng(Big C)

무양탄 덕셔리 다낭 호텔

DLG Hotel

Grand Tourane Hotel

Võ Nguyên Giáp

Võ Nguyên Giáp

프리미어 빌리지

인트엉
An Thượng

홍인 다낭
비치 리조트
푸라마 리조트

Võ Nguyên Giáp

느느억 해변

Lê Quang Đạo

Hoàng Kế Viêm

Ngô Thì Sĩ

Phan Tứ

Nguyễn Văn Thoại

Bà Huyện Thanh Quan

Trần Văn Dư

Hồ Xuân Hương

Lê Hữu Trác

Nguyễn Duy Hiệu

박미안 시장
Chợ Bắc Mỹ An

Hoài Thanh

Ngũ Hành Sơn

An Dương Vương

Phan Hành Sơn

응우헌씨,
호이안 방면

Lê Văn Hiến

Phạm Cự Lượng

Ngô Quyền

Phạm Hữu Kính

Chương Dương

Chương Dương

Vũ Văn Kiệt

Vũ Văn Dũng

Trần Quang Diệu

티엔썬교
Tiên Sơn Bridge

Hà Thị Thân

Trần Hưng Đạo

Lý Nam Đế

썬짜 야시장
Chợ Đêm Sơn Trà

Trần Hưng Đạo

썬티리교
Trần Thị Lý Bridge

Nguyễn Văn Linh

용교(용 다리)
Dragon Bridge

APEC 공원

참박물관

사랑의 다리

Vanda Hotel

2 Tháng 9

수언지에우 시내버스 터미널
Trạm Xe Buýt Xuân Diệu

그랜드 머큐어 다낭

롯데 마트

아시아 파크
(선 월드 다낭 원더스)

티엔썬 스포츠 센터
Tiên Sơn

Trung Nữ Vương

박화 거리

Nguyễn Văn Linh

Phan Châu Trình

Núi Thành

2 Tháng 9

헬리오 센터
Helio Center

헬리오 야시장
Chợ Đêm Helio

Hoàng Diệu

Nguyễn Hoàng

Lê Đình Lý

Trưng Nữ Vương

Núi Thành

Tiểu La

Duy Tân

참 사원

5군구 박물관

Duy Tân

30 Tháng 4

Lương Nhữ Học

Tô Hữu

Xô Viết Nghệ Tĩnh

Nguyễn Văn Linh

호안미 병원

Lê Đình Lý

Tiểu La

Duy Tân

Nguyễn Hữu Thọ

Nguyễn Hữu Thọ

관광 ● 식당 ● 쇼핑 ● 숙소

다낭 & 호이안 해변 리조트

N

0 1 2km

A

B

냐봉깐

인터콘티넨탈 리조트
Intercontinental Resort

썬짜 반도

단반꺼(딩반꺼)

띠엔싸 항구
Tien Sa Port

린응 사원

썬짜 리조트
Sơn Trà Resort

퓨전 스위트 다낭 비치
Fusion Suite Da Nang Beach

노보텔
Novotel

빈콤 플라자

다낭 기차역

알라카르트 호텔 A La Carte Hotel

다낭 성당

다낭 공항

다낭

프리미어 빌리지 Premier Village

그랜드 머큐어 다낭
Grand Mercure Danang

풀만 다낭 비치 리조트
Pullman Danang Beach Resort

롯데 마트

푸라마 리조트 Furama Resort

동해
Biển Đông

TIA 웰니스 리조트 TIA Wellness Resort
크라운 플라자 다낭 Crown Plaza Danang
Silver Shores International Resort
하얏트 리젠시 다낭 리조트 Hyatt Regency Danang Resort
다낭 메리어트 리조트 Danang Marriott Resort

응우한썬
(마블 마운틴)

멜리아 다낭 Melia Danang

Centara Sandy Beach Resort

Pulchra Resort

쉐라톤 다낭 리조트 Sheraton Danang Resort

오션 빌라 The Ocean Villas

Legend Danang Golf Club

나만 리트리트 Naman Retreat

르 메르디앙 리조트

신라 모노그램

Montgomerie Links
Golf Club

Grandvrio Ocean Resort

포 시즌스 더 남하이 리조트
Four Seasons The Nam Hai

Wyndham Hoi An

Boutique Hoi An Resort

팜 가든 리조트
Palm Garden Resort

빅토리아 호이안 비치 리조트
Victoria Hoi An Beach Resort

호이안

아난타라 호이안 리조트
Anantara Hoi An Resort

다낭 주변

0 10km

후에

랑꼬
Lăng Cô

하이번 고개
Đèo Hải Vân

썬짜 반도
Bán Đảo Sơn Trà

다낭

린응 사원

미케 해변
Bãi Biển Mỹ Khê

응우한썬
Ngũ Hành Sơn

논느억 해변
Bãi Biển Non Nước

바나 힐
Bà Nà Hills

끄어다이 해변
Bãi Biển Cửa Đại

호이안

미썬
Mỹ Sơn

빈원더스 남호이안 방면

● 관광 ● 쇼핑 ●

다낭

1 Grandvrio City B1
2 Magnolia Hotel B1
3 베이 캐피털 호텔 B1
4 멜리아 빈펄 B2
5 브릴리언트 호텔 B3
6 윙크 호텔 B3
7 반다 호텔 B3

1 마담 런(마담 란) B1
2 쭉럼비엔 Trúc Lâm Viên B1
3 흐엉박 Hương Bắc B1
4 루나 펍 Luna Pub B1
5 룩락 Luk Lak B2
6 버거 브로스(지점) B1
7 슬로 브리즈 커피 B1

3 Tháng 2
Hàn Mặc Tử

한강 Sông Hàn

Trần Quý Cáp
Lý Thường Kiệt
Nguyễn Chí Thanh
Nguyễn Du
Bạch Đằng
Trần Phú

유람선 선착장

노보텔

다낭시
정부 청사

Quang Trung

힐튼 호텔
메리어트 호텔

Cầu Sông Hàn
쏭한교

Quang Trung
다낭 병원
Bệnh Viện Đà Nẵng

까오다이교 사원

Trần Cao Vân
Hải Phòng

Lê Duẩn

다낭 기차역
Ga Đà Nẵng

미술 박물관

Lê Duẩn
Phan Đình Phùng

Hùng Vương
Nguyễn Thái Học

한 시장(쩌한)
Chợ Hàn

꼰 시장
Chợ Cồn

Hưng Vương

다낭 성당

고 다낭
GO! Đà Nẵng(Big C)

Lê Hồng Phong

Hoàng Văn Thụ
VTV(방송국)

팝럼 사원
Chùa Pháp Lâm

롱교(용 다리)
Cầu Rồng

Nguyễn Văn Linh

참 박물관
Bảo Tàng Điêu Khắc Chăm

반쎄오 바즈엉
Bánh Xèo Bà Dưỡng

땀바오 사원
Chùa Tam Bảo

Lê Quý Đôn
Petrolimex

다낭 공항
Sân Bay Đà Nẵng

쩐티리교
Cầu Trần Thị Lý

머이 시장
Chợ Mới

5군구 박물관
Bảo Tàng Khu 5 Đà Nẵng

관 식당 쇼핑 숙소 마사지&스파

305

다낭 시내

N

0 — 200m — 400m

버거 브로스(2호점)

응우옌주 거리 Nguyễn Du

러시아 영사관

Nguyễn Du

유람선 선착장

리뜨쫑 거리 Lý Tự Trọng

꽁안(경찰청) Công An

꽁 카페(3호점)

다낭시 정부 청사

노보텔 Novotel
스카이 바 36

다낭 박물관

Ba Đình

Lê Lai

베이 캐피털 호텔

광쯩 거리 Quang Trung

Quang Trung

Lê Thánh Tôn

Chùa Tân Ninh (사원)

힐튼 호텔

스타벅스

Hải Phòng

메리어트 호텔

쏭한
Song Han Bri

까오다이교 사원

Hải Phòng

레주언 거리 Lê Duẩn

우체국

미술 박물관

P.3(

Lê Duẩn

다낭 대학
Đại Học Đà Nẵng

Phan Đình Phùng

꽁 카페
Cong Cafe

Chi Lăng

Pasteur

Hùng Vương

Nguyễn Thái Học

한 시장(쩌 한)
Chợ Hàn

Hùng Vương

Phạm Hồng Thái

사누바 호텔

다낭 성당

Trần Bình Trọng

Trần Quốc Toản

① G8 Luxury Hotel A2
② 코지 다낭 부티크 호텔 B4

① 슬로 브리즈 커피 B1
② Soul Specialty Coffee B1
③ 룩락 Luk Lak B1
④ 퍼 29 Ph.ở 29 B1
⑤ Cơm Nhà Thị Tứ B1
⑥ 분짜까 109 B2
⑦ 아라 카페 Àla Cafe B2
⑧ 퍼 틴 Phở Thìn A2
⑨ 퍼 응옥 Phở Ngoc B2
⑩ Cơm Gà A.Hải B2
⑪ 쩨비엣 Tre Việt B2
⑫ 더 로컬 빈스(1호점) B2
⑬ 벱헨 Bến Hên B3
⑭ 쏨머이 가든 B4
⑮ 피자 포피스 B4
⑯ 남 하우스 카페 B4
⑰ 더 로컬 빈스(3호점) B4

① OQ 라운지 바 B1
② Makara Bar B3
③ 온 더 라디오 바 B3

Nguyễn Trãi

VP 은행

Thái Phiên

Lê Hồng Phong

Hoàng Văn Thụ

페바 초콜릿

Lê Đình Dương

VTV
(방송국)

Nguyễn Văn Linh

롱교(용 다리
Dragon Bridge

반다 호텔

참 박물관

벽화 거리

반쎄오 바즈엉

반미 바란

306

● 관광   ● 식당   ● 쇼핑   ● 엔터테인먼트   ● 숙소   ● 마사지 & 스파   → 일방 통행

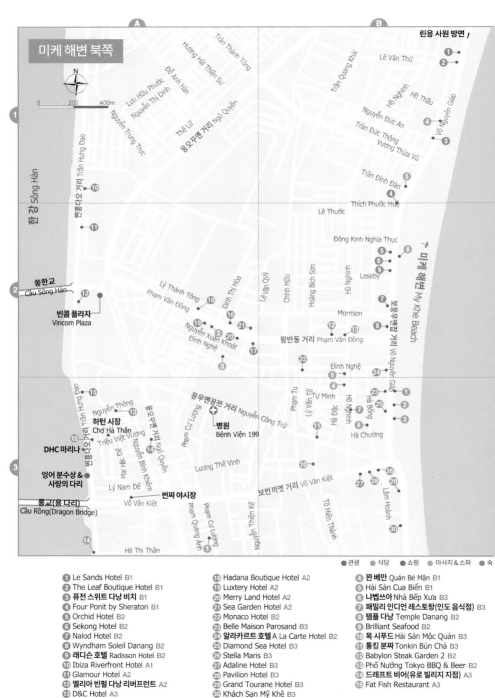

미케 해변 북쪽

린응 사원 방면

관광 · 식당 · 쇼핑 · 마사지&스파 · 숙

① Le Sands Hotel B1
② The Leaf Boutique Hotel B1
③ 퓨전 스위트 다낭 비치 B1
④ Four Ponit by Sheraton B1
⑤ Orchid Hotel B1
⑥ Sekong Hotel B2
⑦ Nalod Hotel B2
⑧ Wyndham Soleil Danang B2
⑨ 래디슨 호텔 Radisson Hotel B2
⑩ Ibiza Riverfront Hotel A1
⑪ Glamour Hotel A2
⑫ 멜리아 빈펄 다낭 리버프런트 A2
⑬ D&C Hotel A3
⑭ 므엉탄 호텔 Mường Thanh Hotel A3
⑮ Wink Hotel Danang Riverside A3
⑯ Adina Hotel A2
⑰ Nhu Minh Plaza Hotel B2

⑱ Hadana Boutique Hotel A2
⑲ Luxtery Hotel A2
⑳ Merry Land Hotel A2
㉑ Sea Garden Hotel A2
㉒ Monaco Hotel B2
㉓ Belle Maison Parosand B3
㉔ 알라카르트 호텔 A La Carte Hotel B2
㉕ Diamond Sea Hotel B3
㉖ Stella Maris B3
㉗ Adaline Hotel B3
㉘ Pavilion Hotel B3
㉙ Grand Tourane Hotel B3
㉚ Khách Sạn Mỹ Khê B3

① East West Brewing Co. B3
② Mad Platter B3
③ Esco Beach B3

④ 꽌 베만 Quán Bé Mặn B1
⑤ Hải Sản Cua Biển B1
⑥ 나벱쓰아 Nhà Bếp Xưa B3
⑦ 패밀리 인디언 레스토랑(인도 음식점) B3
⑧ 템플 다낭 Temple Danang B2
⑨ Brilliant Seafood B2
⑩ 목 시푸드 Hải Sản Mộc Quán B3
⑪ 통킹 분짜 Tonkin Bún Chả B2
⑫ Babylon Steak Garden 2 B2
⑬ Phở Nướng Tokyo BBQ & Beer B2
⑭ 드래프트 비어(유로 빌리지 지점) A3
⑮ Fat Fish Restaurant A3

① 퀸 스파 Queen Spa A3
② 노아 스파 Noah Spa A2
③ 럭셔리 허벌 스파 Luxury Herbal Spa A2
④ 흐엉짬 스파 Hương Tràm Spa B2

미케 해변 남쪽

龍(용 다리)
Rồng(Dragon Bridge)

Hà Thị Thân

한강
Sông Hàn

쩐티리교
Cầu Trần Thị Lý

다낭 경제대학
Trường Đại Học Kinh Tế
Đà Nẵng

박미안 시장
Chợ Bắc Mỹ An

바다 사원
Chùa Bà Đa

아시아 파크 (선 월드 다낭 원더스)

롯데 마트

띠엔썬교
Cầu Tiên Sơn

미케 해변 My Khe Beach

보응우옌잡 거리 Võ Nguyên Giáp

응우옌반쪼이 거리

An Thượng 29
An Thượng 30
An Thượng 34
An Thượng 15
An Thượng 9

병원
Bênh Viện Phục
Hồi Chức Năng

프리미어 빌리지
Premier Village
Danang Resort
Managed by Accor

풀만 다낭
비치 리조트
Pullman Danang
Beach Resort

푸라마 리조트
Furama Resort

푸라마 빌라
Furama Villa

호쑤언흐엉 거리

● 관광   ● 식당   ● 쇼핑   ● 마사지&스파   ● 숙소

309

Best Course

볼거리가 많지 않아서 반나절 정도면 충분하다. 다낭에서 묵게 된다면 참 박물관과 다낭 성당을 먼저 보고 미케 해변에서 시간을 보내면 된다. 택시를 이용해 응우한썬(마블 마운틴)을 들러서 호이안으로 이동하는 것도 가능하다. 바나 힐(P.320)을 다녀 올 경우 하루 정도 시간을 더 잡으면 된다.

1. 다낭 · 미케 해변 1일 코스

start!

쏭한교 P.311 — 도보 5분 → 한 강 강변 (박당 거리) P.311 — 도보 5분 → 한 시장(쩌 한) P.312 — 도보 5분 → 다낭 성당 P.311 — 택시 5분 → 참 박물관 P.312 — 도보 5분 → 롱교(드래곤 브리지) P.311 — 택시 20분 → 린응 사원 P.317 — 택시 10분 → 미케 해변 P.316 — 택시 5분 → 미케 해변 시푸드 레스토랑

2. 다낭 · 바나 힐 1일 코스

start!

다낭 — 택시 40분 → 바나 힐 케이블카 타는 곳 P.321 — 케이블 카 17분 → 바나 힐 P.320 — 택시 40분 → 다낭 — 택시 5분 → 마사지 — 도보 10분 → 한 강 강변(야경) P.311 — 도보 10분 → 롱교(드래곤 브리지) P.311 — 도보 5분 → 강변에서 저녁식사

Attractions

교통과 상업의 중심지라 도시 규모가 크지만 볼거리는 많지 않다. 다낭 최대의 볼거리는 다낭 성당과 참 박물관이다. 도심과 가까운 미케 해변은 말끔한 해변 도로와 함께 상쾌함을 선사한다. 저녁때가 되면 강변에서 야경을 보며 시간을 보내도 된다.

`Map P.302-B2`

한 강(汗江) ★★
Han River
Sông Hàn

주소 Đường Bạch Đằng **가는 방법** 강 서쪽은 박당 거리 Đường Bạch Đằng, 강 동쪽은 쩐흥다오 거리 Đường Trần Hưng Đạo가 길게 이어진다.

다낭의 중심은 도시를 남북으로 흐르는 '한 강'이다. 한 강을 기준으로 서쪽이 다낭 도심에 해당한다. 한 강을 건너 동쪽으로 2km를 가면 미케 해변 (P.316)이 나온다. 강변 도로인 박당 거리를 따라 산책로가 만들어져 있다. 해 질 무렵부터 시민들의 휴식처로 사랑받는다. 밤에는 강변의 빌딩과 다리까지 조명으로 치장돼 아름다운 야경이 펼쳐진다. 특별한 볼거리는 아니지만 한강에는 독특한 모양의 다리(교량)가 설치되어 있다. 그 중 교통량이 가장 많은 다리는 쏭한교 Cầu Sông Hàn(Han River Bridge)다. 시내 중심가에서 해변을 연결하는 다리로 총 길이는 487m다. 케이블로 다리를 지탱하는 사장교로 밤이 되면 다양한 색의 조명이 다리를 비춘다.

참 박물관 앞에 있는 롱교 Cầu Rồng는 용 모양의 조형물이 설치되어 있다. '롱'은 용(龍)을 뜻한다. 영어로 드래곤 브리지 Dragon Bridge라고 쓴다. 한국인 여행자들은 '용 다리'라고 부르기도 한다. 2013년에 완공된 길이 666m의 다리다. 쏭한

쏭한교 야경

교와 마찬가지로 밤에는 조명을 이용해 다양한 빛으로 다리가 변모한다. 주말(토 · 일요일) 21:00에는 용 머리에서 불을 뿜어내기도 한다.

`Map P.306-B3`

다낭 성당 ★★★★
Danang Cathedral
Nhà Thờ Con Gà

주소 156 Trần Phú **운영** 월~토 08:00~11:30, 13:30~16:30 **요금** 무료 **가는 방법** '쩌한'에서 쩐푸 거리 방향으로 도보 3분. 출입문은 성당 우측에 있다.

프랑스가 베트남을 식민 지배하던 시절에 건설된 가톨릭 성당이다. 프랑스 식민 지배 시절 다낭에 유일하게 건설된 성당이라고 한다. 1923년 프랑스 신부가 다낭에 거주하는 프랑스인들을 위해 건설했다. 핑크색 사암으로 만든 외관 때문에 눈에 잘 띈다. 70m 높이로 만든 스티플(성당 정면을 장식

용 다리로 불리는 롱교

다낭 성당

한 첨탑) 꼭대기에 달아놓은 수탉 모양의 풍향계 때문에 베트남 사람들은 수탉 성당이라는 뜻으로 '냐터 꼰가 Nhà Thờ Con Gà'라고 부른다. 아치형 돔 모양의 성당 내부에는 교회당 제단과 스테인드 글라스 유리 장식이 남아있다.

Map P.306-B3

한 시장(쩌 한) ★★★
Han Market
Chợ Hàn

주소 119 Trần Phú **운영** 06:00~18:00 **요금** 무료 **가는 방법** 정문은 쩐푸 거리에 있다. 강변 도로인 박당 거리를 통해서도 출입이 가능하다.

다낭 시내에 있는 재래시장이다. 한 강변에 있어서 한 시장(쩌 한)이라는 이름을 붙였다. 프랑스 식민통치 시절인 1940년대부터 지금까지 같은 자리를 지키고 있다. 1층에서는 식료품과 채소, 과일을 판매하고, 2층에는 의류와 신발, 화장품, 가정용품 매장이 들어서 있다. 시장 1층에는 노점 식당도 몰려 있다. 시장이 오래된 만큼 쾌적함은 기대하기 힘들다.

Map P.305-A3

꼰 시장(쩌 꼰) ★★☆
Con Market
Chợ Cồn

주소 318 Ông Ích Khiêm **운영** 08:00~20:00 **요금** 무료 **가는 방법** 옹익키엠 Ông Ích Khiêm & 훙브엉 Hùng Vương 사거리 코너에 있다.

1940년대에 형성되어, 1984년에 3층 규모의 현재 모습으로 새단장했다. 다낭 최대 규모의 시장으로 하루 1만 명 이상이 방문해 활기 넘치는 곳이다.

2,000여 개의 상점이 입점해 있다. 기념품보다 현지인들의 생활 물품들이 도매로 거래된다. 한 시장(쩌 한)에 비해 규모도 크고 상점이 붙어 있어서 시장 내부는 덥고 복잡하다. 한 시장에 비해 관광객의 발길이 적은 편이다.

Map P.305-B3, Map P.306-B4

참 박물관(참 조각 박물관) ★★★☆
Cham Museum
Bảo Tàng Điêu Khắc Chăm

주소 2 Đường 2 Tháng 9 & 1 Trưng Nữ Vương **전화** 0236-3470-114 **홈페이지** www.chammuseum.vn **운영** 매일 07:00~17:00 **요금** 6만 VND **가는 방법** 9월 2일 거리(Đường 2 Tháng 9) 와 쯩느브엉 거리가 교차하는 로터리에 있다.

다낭에서 가장 큰 볼거리로 참파 왕국(P.294)의 유물들을 전시한다. 베트남 중부 지방을 여행하려면 참파 왕국과 힌두교에 대한 이해가 필요한데, 이에 대한 갈증을 해소해주는 곳이다. 1898년 미썬 유적 Mỹ Sơn(P.292)이 재발견되면서 프랑스 국립 극동 아시아 연구원이 참파 유적 연구를 본격화했고, 미썬에서 발굴된 유물들을 보관하기 위해 1916년에 박물관이 문을 열었다. 그 후 1936년에 들어 짜끼에우 Trà Kiệu(참파 왕국 최초의 수도였던 심하푸라 Simhapura가 있던 곳으로 미썬에서 28㎞ 떨어져 있다)에서 유물이 대량으로 발굴되면서 오늘날과 같은 규모로 박물관이 확장되었다. 참 박물관은 콜로니얼 양식의 건물로 세계 최대 규모의 참파 유적 관련 박물관이다. 총 2,000여 점의 유물을 소장하고 있으며, 500여 점을 박물관에 전시 중이다. 전시실은 유물이 발굴된 지역의 지명을 따서 미썬 Mỹ Sơn(7~10세기), 짜끼에우 Trà Kiệu(7~12세기), 동즈엉 Đồng Dương(9~10세기), 탑만 Tháp Mẫn(11~14세기), 꽝찌 Quảng

쩐푸 거리에 있는 한 시장 정문

다낭 최대의 재래시장 꼰 시장

Tri(7~8세기), 꽝남 Quảng Na m(8~10세기), 꽝응아이 Quảng Ngãi(10~12세기), 빈딘 Bình Định(12~13세기)으로 구분해 놓았다.

참 박물관은 석조 조각과 부조들을 전시하기 때문에 석대를 만들어 그 위에 힌두 신들의 조각상을 올려놓았다. 참고로 부드러운 질감의 사암을 이용해 양각 기법으로 조각한 부조들은 힌두 사원의 회랑을 장식하던 일반적인 기법이다. 참파 왕국은 시바 Shiva(힌두교 3대 신 중 하나로 파괴와 재창조라는 막강한 힘을 갖고 있다. 시바 조각은 오른손에 삼지창을 들고 있고, 이마에 제3의 눈이 그려진 것이 특징이다)를 모신 신전을 많이 건설했기 때문에 시바 석상이 가장 많다. 시바의 상징인 링가 Linga(남성 성기 모양의 둥근 돌기둥. 보통 여성 성기 모양의 요니 Yoni 위에 링가를 세워 놓는다) 조각도 많다.

시바와 더불어 사랑받는 비슈누 Vishnu(힌두교에서 우주를 유지하는 신), 락슈미 Lakshmi(비슈누의 부인으로 풍요와 번영, 아름다움과 행운을 상징한다), 난디 Nandi(시바가 타고 다니는 흰 소), 가네쉬 Ganesh(지혜의 신, 시바의 아들로 코끼리 머리를 하고 있으며 '가네샤'라고도 한다), 가루다 Garuda(비슈누가 타고 다니는 독수리), 하누만 Hanuman(비슈누의 아바타인 라마를 돕는 원숭이 장군), 나가 Naga(힌두교와 불교 신화에 등장하는 뱀 모양의 신), 압사라 Apsara(천상의 무희들), 라마야나 Ramayana(힌두 서사시) 이야기를 묘사한 조각도 있다.

동즈엉 Đồng Dương 유물 전시실은 불교적인 색채가 강하다. 875년에 인드라바르만 2세

가 인드라푸라 Indrapura(오늘날의 동즈엉)에 새로운 왕조를 건설하며 대승 불교를 받아들였기 때문이다. 불교적인 색채가 가미된 조각들은 10세기 후반까지 제작되었는데, 비슈누 조각이 얼핏 보면 불상처럼 보이기도 한다.

Map P.306-B1

다낭 박물관 ★★☆
Museum of Danang
Bảo Tàng Đà Nẵng

주소 24 Trần Phú 전화 0236-3887-635 홈페이지 www.baotangdanang.vn 운영 08:00~11:30, 14:00~17:00 요금 2만 VND 가는 방법 쩐푸 24번지에 있다. 다낭시 정부 청사를 바라보고 왼쪽에 있다.

다낭의 역사를 일목요연하게 정리한 박물관이다. 총 3층 규모로, 전시 면적은 3,000㎡에 2,500여 점의 유물, 사진, 문서, 역사 자료를 전시하고 있다. 1층은 다낭의 역사를 보여주는 흑백 사진, 다낭의 자연과 지리, 사회·문화 관련 내용으로 꾸몄다. 2층에는 베트남 독립과 베트남 전쟁 관련 전시실이 있다. 응우옌 왕조 시절(19세기) 무기, 프

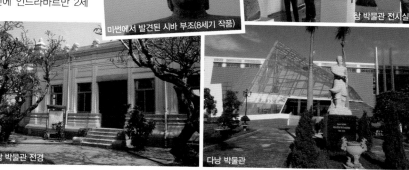

미썬에서 발견된 시바 부조(8세기 작품)

참 박물관 전시실

참 박물관 전경

다낭 박물관

랑스의 다낭 점령과 식민 통치, 독립 투쟁, 호찌민을 포함한 독립 운동가들의 사진, 8월 혁명과 베트남 독립 선언, 미국 해병대의 다낭 상륙, 베트남 전쟁 무기, 북부 베트남 군대의 다낭 점령, 다낭에 주둔했던 한국군 관련 내용, 미군의 인명 살상용 폭탄, 고엽제 피해자 사진 등을 전시하고 있다. 3층은 민속학과 소수 민족 관련 내용을 전시하고 있다.

Map P.306-A2

미술 박물관 ★★☆
Da Nang Fine Arts Museum
Bảo Tàng Mỹ Thuật Đà Nẵng

주소 78 Lê Duẩn 전화 0236-3865-356 홈페이지 www.dnfam.vn 운영 08:00~17:00 요금 2만 VND 가는 방법 레주언 거리 78번지에 있다.

2016년 12월 19일에 개관한 미술관이다. 다낭을 포함한 베트남 중부 지방 출신 작가들의 작품을 만나볼 수 있다. 총 3층 건물의 미술관 내에 약 400여 점의 작품을 소장하고 있다. 주 전시관인 2층에는 회화, 판화, 불상 등이 전시 중이며, 3층은 중부 고원에서 생활하는 산악 민족의 전통 의

미술 박물관

썬짜 야시장

상, 민속품, 목조 조각 등이 있어 그들의 생활상을 엿볼 수 있다. 하노이와 호찌민시에 있는 규모 큰 미술 박물관에 비해 전시 내용은 상대적으로 빈약하다.

Map P.303-C3

썬짜 야시장 ★★★☆
Son Tra Night Market
Chợ Đêm Sơn Trà

주소 Mai Hắc Đế & Lý Nam Đế 운영 18:00~24:00 요금 무료 가는 방법 롱교(용 다리) 건너편의 마이학데 거리와 리남데 거리에 야시장이 형성된다.

롱교(용 다리) 건너편에 형성되는 야시장이다. 시내 중심가와 가깝기 때문에 접근성이 좋다. 동남아시아에서 흔히 볼 수 있는 평범한 야시장으로 150여 개의 노점이 들어서 있다. 각종 옷과 신발, 가방, 모자, 선글라스, 인형, 잡화, 수공예품을 판매한다. 대부분 현지인의 실생활에 필요한 저렴한 물건을 팔지만, 관광객을 위한 기념품 상점도 있어서 구경 삼아 둘러보면 된다. 야시장의 또 다른 재미인 길거리 음식도 가득하다. 쌀국수, 꼬치, 해산물까지 다양한 먹거리를 즉석에서 요리해 준다. 노점 식당들은 호객 행위가 심한 편이다.

Map P.303-B4

헬리오 야시장 ★★★
Helio Night Market
Chợ Đêm Helio

주소 Khu Công Viên Đông Nam Đài Tưởng Niệm, Đường2/9(Đường 2 Tháng 9) 홈페이

외국 관광객도 많이 찾는 썬짜 야시장

지 www.facebook.com/heliocenter 운영 17:00~
22:30 요금 무료 가는 방법 선 월드 다낭 원더스(아
시아 파크) 옆 헬리오 센터 Helio Center에 있다.

헬리오 센터 옆의 야외 부지에 들어서는 상설 야
시장이다. 현지인들을 위한 저렴한 옷과 신발, 가
방, 잡화, 액세서리를 주로 판매한다. 중앙 무대에
서 라이브 밴드가 음악을 연주한다. 그 주변으로
맥주 노점과 먹거리 노점이 들어서 있다. 썬짜 야
시장에 비해 규모는 작지만 정리가 잘 되어 있고,
호객도 없는 편이다. 시내 중심가에서 떨어져 있
어 접근성은 떨어진다. 아무래도 주말에 찾아오는
사람이 많다.

Map P.305-B4

5군구 박물관(전쟁 박물관) ★★
Fifth Military Division Museum of Da Nang
Bảo Tàng Khu 5 Đà Nẵng

주소 3 Duy Tân 전화 0236-6251-268, 0236-
3615-982 운영 07:30~16:30 요금 6만 VND 가는
방법 다낭 중심가에서 남쪽에 있는 주이떤 거리 3
번지에 있다. 참 박물관에서 남쪽으로 2km 떨어져
있다.

헬리오 야시장

5군구 박물관

1977년 건설된 전쟁 박물관이다. 박물관은 4개 전
시 구역, 12개 전시실로 나뉜다. 베트남 전쟁뿐만
아니라 프랑스의 식민 지배에 저항했던 인도차이
나 전쟁까지 베트남의 오랜 독립 전쟁에 관해 소
개하고 있다. 베트남 전 지역이 아닌 다낭 중심의
5군구 지역과 관련된 전쟁 내용을 전시하고 있다.
대부분 흑백 사진의 군사 작전 지도를 함께 전시
해 놓았다. 박물관 앞 야외에는 베트남 전쟁 때 사
용했던 탱크와 비행기, 전차, 무기가 전시되어 있
고, 박물관 뒤쪽에는 호찌민 주석이 생을 마감할
때까지 생활하던 하노이의 호찌민 생가를 재현해
놓았다.

Map P.303-C3

잉어 분수상 ★★
Statue of Carp Becoming A Dragon
Cá Chép Hóa Rồng

주소 Trần Hưng Đạo 운영 10:00~22:00 요금 무
료 가는 방법 다낭 시내에서 롱교(드래곤 브리지)
를 건너서 강변과 접한 쩐흥다오 거리에 있다.

하얀색의 대리석을 깎아서 만든 동상은 높이
7.5m, 무게 200t에 달한다. 멀리서 보면 물고기 모
양인데, 자세히 보면 몸통은 물고기(잉어), 머리는
용으로 되어 있다. 그래서 현지어로 까쩹호아롱
Cá Chép Hóa Rồng(용으로 변한 잉어라는 뜻)이
다. 잉어 분수상 옆으로는 사랑의 다리 Bridge of
Love(Cầu Tàu Tình Yêu)가 있다. 하트 모양 붉은
색 조명이 달려있는 68m 길이의 조형물이다. 해
지는 시간에 사진 찍으러 관광객이 찾아온다.

잉어 분수상

아시아 파크(선 월드 다낭 원더스) ★★★
Asia Park(Sun World Danang Wonders)
Công Viên Châu Á

주소 1 Phan Đăng Lưu 전화 0911-305-568 홈
페이지 www.asiapark.sunworld.vn 운영 월~목
15:00~21:00, 금~일 15:00~22:00 요금 올 인 원
티켓 25만 VND(아동 10만 VND), 선 휠 대관람차
15만 VND 가는 방법 다낭 성당에서 남쪽으로 4km,
롯데마트에서 북쪽으로 500m 떨어져 있다.

88헥타르(약 26만 평) 규모로 2014년에 건설된 놀
이공원이다. 아시아 파크라는 거창한 이름과 달리
현재로서는 '선 휠 Sun Wheel' 대관람차가 가장
유명하다. 높이로는 세계 10대 대관람차에 꼽힌다.
115m 높이까지 회전하며 올라간다. 대관람차를 타
면 360°로 다낭 야경을 감상할 수 있다. 한 바퀴 도
는 데 15분 정도 소요된다. 회전목마, 회전그네, 바
이킹, 롤러코스터 같은 10종의 놀이기구가 있다. 낮
에는 무덥기 때문에 오후 늦게 문을 연다.

아시아 파크

다낭 시내와 가까운 미케 해변

다낭 시민의 휴식처 미케 해변

미케 해변 ★★★★
My Khe Beach
Bãi Biển Mỹ Khê

주소 Đường Võ Nguyên Giáp 요금 무료 가는
방법 다낭 시내에서 동쪽으로 3km, 호이안에서는
북쪽으로 24km 떨어져 있다. 다낭 시내에서 쏭한
교 Cầu Sông Hàn를 건너서 팜반동 거리 Đường
Phạm Văn Đồng를 따라 동쪽으로 2km를 더 가
면 된다.

다낭 시내와 가까운 해변이다. 9km에 이르는 곱고
부드러운 모래해변과 상쾌하게 정리된 해변 도로
가 이어진다. 미국 경제지 〈포브스 Forbes〉에 세
계 6대 해변으로 선정되기도 했다. 다낭 시내와
가깝고 한적해 다낭 시민들에게 인기 높은 휴식처
이다. 내륙도로에는 시푸드 바비큐 레스토랑도 많
고, 중급 호텔도 많아서 정겨운 분위기가 감돈다.
파도가 잔잔한 5~7월이 수영하기 적합하다. 파도
가 높아지는 9월 중반부터 12월까지는 서핑을 즐
길 수도 있다.

미케 해변은 미국에서 베트남 전쟁을 소재로 만
든 TV 시리즈에 등장하며 '차이나 비치 China
Beach'라고 알려지기도 했다. 다낭 시내 북쪽에
있는 남오 해변 Nam O Beach(Bãi Biển Nam Ô)
을 통해 1965년에 미국 해병대가 다낭 상륙작전을
감행했으며, 미케 해변은 전쟁 기간 동안 다낭에
주둔한 미군들의 휴양시설을 만들며 세상에 알려
졌다.

참고로 해변 도로는 보응우옌잡 거리 Đường Võ
Nguyên Giáp(1911~2013년)라고 부른다. 호찌
민과 더불어 베트남의 영웅으로 칭송받는 인물로
2013년 10월 4일 103세의 나이로 사망하면서 그
의 업적을 기리기 위해 거리 이름을 바꾸었다고
한다.

포브스가 선정한 세계 6대 해변, 미케 해변

린응 사원(靈應寺)
★★★☆

Linh Ung Pagoda
Chùa Linh Ứng

주소 Đường Hoàng Sa, Sơn Trà **운영** 08:00~
18:00 **요금** 무료 **가는 방법** 미케 해변 북쪽의 썬
짜 반도에 있다. 다낭 시내에서 10㎞ 떨어져 있다.
택시로 16만~20만 VND 정도 예상하면 된다.

다낭 북동쪽 해안선을 이루는 썬짜 반도 Sơn Trà
Peninsula(베트남어로 반다오 썬짜 Bán Đảo Sơn
Trà, 영어로 멍키 마운틴 Monkey Mountain이라고
부르기도 한다)에 있는 사원이다. 베트남 전쟁 때
폐허가 됐던 사원을 2004년부터 재건축해 6년만
인 2010년에 완공했다고 한다. 린응(한자로 영응
靈應)은 '신령이 영묘해서 사물에 응한다' 또는 '부
처와 보살의 감응(感應)'을 뜻한다. 전설에 따르면
사원 앞의 해변에서 불상을 발견한 어부가 지극한
정성을 표하자 관세음보살이 나타나 파도를 잔잔
하게 해줘 안전과 평화를 유지하도록 해줬다고 한
다(바다를 끼고 있는 베트남에서는 바다의 안전을
관장하는 신들을 많이 모신다).
린응 사원은 개발이 제한된 산 중턱에 있어 주변
경관이 좋다. 날이 좋으면 다낭 시내와 해안선이
시원스럽게 내려다보인다. 사원의 전체 면적은 12
헥타르(약 3만 6,000평)에 이른
다. 다섯 칸짜리 겹 지붕으로 이
루어진 대웅전 앞으로 18나한상
을 세웠다. 린응 사원의 가장 큰
볼거리는 대웅전 아래쪽에 있
는 해수관음상 Phật Quan Thế
Âm Bồ Tát(영어로 Goddess of
Mercy 또는 Lady Buddha)이
다. 연꽃 기단 위에 세워진 67m
높이의 관세음보살이 바다를 바
라보고 있다. 30층 높이의 건물

해수관음상

린응 사원 입구

과 맞먹는 규모의 해수관음상 내부에는 각기 다른
모양의 불상 21개를 모시고 있다.

딘반꺼(딩반꺼)
★★★☆

Đỉnh Bàn Cờ

주소 Đỉnh Bàn Cờ, Bán Đảo Sơn Trà **운영**
06:00~23:00 **요금** 무료(주차비 오토바이 4,000
VND, 자가용 또는 택시 5,000VND 별도) **가는 방
법** ①다낭 시내에서 10㎞ 떨어져 있다. 오토바이
를 이용하면 40분 정도 걸린다. 원칙적으로 수동
오토바이만 타고 올라갈 수 있다. 중간 검문소가
있는데, 자동 변속 오토바이는 이곳부터 올라갈
수 없도록 통제하고 있다. ②딘반꺼로 가는 가장
빠른 길은 썬짜 반도 서쪽 도로를 이용하는 것인
데, 상대적으로 경사가 적어 택시를 타고 올라갈
수 있다. 한 강 북쪽에 있는 투언프억교를 지나 옛
끼에우 거리 Yết Kiêu에서 연결되는 산길로 올라
가면 된다. 중간에 냐봉깐 Nhà Vọng Cảnh을 지
나 4.5㎞ 더 올라가면 딘반꺼에 닿는다.

썬짜 반도 정상 부근에 해당하는 해발 580m의 전

딘반꺼에서 내려다보이는 해안선 풍경

딘반꺼 정상

망대. 꼭대기란 뜻의 '딘'과 장기판이란 뜻의 '반꺼'가 합쳐진 말이다. 신선들이 내려와 장기를 두던 곳이라는 전설에서 유래했는데, 산꼭대기에 대형 장기판 모양의 석상을 만들어 놓았다. 전혀 개발이 안 된 자연 보호 구역이라 주변 풍경을 막힘 없이 파노라마로 볼 수 있다. 다낭 시내와 다낭을 감싼 해안선이 시원스럽게 내려다보인다. 정상 부근에 레이더 기지와 군사 시설도 남아 있다. 딘반꺼까지 도로가 포장되어 있긴 하지만 가파른 산길이라 대형 버스는 올라갈 수 없다. 현지인들은 오토바이를 몰고 오는데, 굽이굽이 산길이 이어지기 때문에 초보자는 오토바이 이용을 삼가는 게 좋다.

다낭 주변 볼거리

다낭 주변은 해안선과 산이 절묘하게 어우러진다. 다낭 북쪽의 하이번 언덕은 산길을 오르는 동안 수려한 경관이 펼쳐지고, 다낭 남쪽은 논느억 해변까지 한적한 해변이 반긴다. 석회암 바위산이 독특한 풍경을 이루는 응우한썬(마블 마운틴), 유네스코 세계문화유산으로 지정된 호이안(P.260)과 미썬(P.292)도 다낭과 가깝다. 프랑스 식민 정부에서 해발 1,500m의 고원에 만든 바나 힐은 선선한 기후와 이국적인 풍경을 감상할 수 있다.

Map P.304-A4

하이번 고개
★★★
Hải Vân Pass
Đèo Hải Vân

주소 Quốc Lộ 1A 운영 24시간 요금 무료 가는 방법 다낭 북쪽으로 30㎞ 떨어져 있다.

'하이 Hải'는 바다(海), '번 Vân'은 구름(雲)을 뜻하는 말로 운해에 싸여 있다고 하여 '하이번'이라고 불린다. 베트남 남북을 연결하는 1번 국도와 통일열차가 해발 496m 높이의 하이번 고개를 지나는데, 바다를 끼고 구불구불 이어진 산길을 오르다 보면 자연스레 신비스러운 기운을 느낄 수 있다.

하이번 고개의 매력은 무엇보다도 웅장한 전망이다. 남쪽으로는 다낭 일대의 해안선이 시원스럽게 이어지고, 북쪽으로는 랑꼬 Lăng Cô 해변(P.358)을 끼고 아름다운 풍경이 거침없이 펼쳐진다. 하지만 운해가 밀려오는 날이 많아 아름다운 해안선을 보려면 적당한 운도 필요하다. 고개 정상에는

하이번 고개 정상에 있는 요새

하이번 고개를 따라 아름다운 해안선 풍경이 펼쳐진다

하이번 고개를 넘는 기차

프랑스 식민지배 시절에 건설한 요새가 남아 있다. 베트남 전쟁 기간 중에 남부 베트남군이 방어 기지로 사용했다고 한다. 하이번 고개 주변은 산악지형으로 가장 높은 산은 해발 1,172m에 이른다.

2005년 6월에 하이번 터널 Hai Van Tunnel(Hầm Hải Vân)이 개통되면서 대부분의 차량이 터널을 통과하기 때문에 아름다운 경치를 보기는 힘들어졌다. 동남아시아에서 가장 긴 하이번 터널은 길이가 6.28㎞이다. 산길을 오르는 것보다 터널을 이용하면 이동 시간이 40분 단축된다. 수려한 경관을 보려면 오픈 투어 버스가 아니라 기차를 타야 한다. 단선 철도가 속도는 느리지만 해안선을 따라 기차가 이동하기 때문에 주변 경관을 맘껏 감상할 수 있다. 하이번 고개를 넘으면 랑꼬 해변 Lang Co Beach(P.358 참고)이 보인다.

Map P.304-A3

응우한썬(마블 마운틴) ★★★☆
Marble Mountain
Ngũ Hành Sơn

운영 매일 07:00~17:00 **요금** 4만 VND(엘리베이터 이용 1만 5,000VND 추가) **가는 방법** 다낭에서 남쪽으로 12km, 호이안에서 북쪽으로 20㎞ 떨어져 있다. 다낭 시내에서 택시를 탈 경우 20만

응우한썬(오행산)

사천왕상과 불상을 모신 후옌동 동굴

VND 정도에 예상하면 된다. 불편하지만 시내버스를 이용해도 된다. 에어컨 시설의 6번 시내버스(편도 요금 8,000VND)가 응우한썬 앞의 보응우옌잡 거리를 지난다. 05:45부터 18:00까지 45분 간격으로 운행된다. 자세한 버스 노선은 홈페이지 www.danangbus.vn/lo-trinh-tuyen.html 참고.

다낭과 호이안 중간에 있는 석회암으로 이루어진 다섯 개의 산이다. 해안과 접한 평지에 산들이 불쑥불쑥 솟아 있어 풍경이 독특하다. 대리석이 많아서 영어로 마블 마운틴 Marble Mountain이라고 불린다.

19세기 베트남을 통일하고 응우옌 왕조(P.365)를 창시한 자롱 황제가 이곳을 지나면서 응우한썬(오행산 五行山)이라고 칭했다고 한다. 각각의 산들은 우주를 구성하는 다섯 요소에서 착안하여 호아썬(火山) Hỏa Sơn, 투이썬(水山) Thuỷ Sơn, 목썬(木山) Mộc Sơn, 낌썬(金山) Kim Sơn, 터썬(土山) Thổ Sơn이라고 이름을 지었다.

다섯 개 산 중에서 가장 높은 산은 투이썬(해발 108m)이다. 세 개의 봉우리로 이루어졌으며 불교 사원과 동굴, 탑들이 곳곳에 산재해 있다. 투이썬 산자락의 오른쪽에는 린응 사원(靈應寺) Lin Ung Pagoda(Chùa Linh Ứng)이 있다. 엘리베이터가 있는 매표소 방향에서 계단을 이용해 산을 올라가면 가장 먼저 만나게 되는 곳이다. 자롱 황제(응우옌 왕조의 초대 황제) 때 최초로 만들어졌으나 여러 차례 재건축을 하면서 현재의 모습을 갖췄다. 일주문과 대웅전, 탑까지 갖춘 전형적인 불교 사원이다. 참고로 린응 사원은 썬짜 반도와 바나 힐에도 같은 이름의 사원이 있다. 투이썬 산자락 왼쪽에는 땀타이 사원 Tam Thai Pagoda(Chùa Tam Thai)이 있다. 1825년 민망 황제(응우옌 왕조의 2대 황제)가 건설했다. 사원 앞의 전망대에 서

응우한썬 정상에서 논느억 해변이 내려다보인다

면 논느억 해변을 포함한 주변 풍경이 시원스레 내려다보인다.

땀타이 사원 북서쪽에는 투이썬에서 가장 큰 동굴인 후옌콩 동굴 Huyen Khong Cave(Động Huyền Không)이 있다. 동굴 내부에 사원을 만들었기 때문에, 동굴로 들어가는 길목에 돌로 만든 일주문이 세워져 있다. 동굴을 호위하는 4천왕상이 입구를 지키며 서 있고, 석가모니 불상이 동굴 내부에 모셔져 있다. 동굴 내부로 빛이 들어오는데, 베트남 전쟁 때 미군의 폭격을 맞아 생긴 구멍이다. 참고로 다낭 일대를 조망할 수 있는 지형적인 이점 때문에 베트남 전쟁 때는 비엣꽁(베트콩)들이 이곳을 거점으로 게릴라 작전을 펼쳤다고 한다.

투이썬 입구 주차장 일대에는 대리석으로 만든 조각과 불상을 판매하는 상점이 몰려 있다. 응우한썬은 대리석 산지로 오래전부터 무덤에 쓰는 석비를 제작하는 마을로 유명했다고 한다.

Map P.304-A3

논느억 해변 ★★☆
Non Nuoc Beach
Bãi Biển Non Nước

운영 24시간 요금 무료 가는 방법 다낭에서 남쪽으로 12km, 호이안에서 북쪽으로 20km로 떨어진 응우한썬 동쪽에 있다.

논느억 해변

응우한썬에서 바라본 논느억 해변

응우한썬 앞에 있는 해변이다. 다낭에서 이어지는 30km의 기다란 해변 중의 하나로 미군들이 부르던 '차이나 비치'의 일부분이기도 하다. 논느억 해변은 5km의 해변이 길게 이어지며, 다른 해변에 비해 파도가 잔잔한 편이다. 최근 건설 붐을 타고 대형 리조트들이 경쟁적으로 문을 열면서 고급 해변 휴양지로 변모하고 있다. 다낭 메리어트 리조트, 쉐라톤 그랜드 다낭 리조트, 신라 모노그램, 하얏트 리젠시 다낭 리조트, 멜리아 다낭 비치 리조트 같은 대형 리조트가 해변에 가득하다.

Map P.304-A4

바나 힐 ★★★★
Ba Na Hills
Núi Bà Nà

주소 Thôn An Sơn, Xã Hoà Ninh, Huyện Hoà Vang, TP. Đà Nẵng 홈페이지 www.banahills.sunworld.vn 운영 08:00~22:00 요금 성인 90만 VND, 어린이(키 100~130cm) 75만 VND, 키 1m 이하의 어린이 무료(왕복 케이블카, 놀이동산 이용권 포함) 가는 방법 다낭에서 서쪽으로 45km 떨어져 있다. 바나 힐 초입에서 케이블카를 타고 올라가야 한다. 투어를 이용하거나 택시를 대절해서 다녀와야 한다. 택시 요금은 기본 4시간에 46만 VND이며, 1시간 초과하면 6만 VND씩 추가된다. 사설 택시(자가용)는 4인승 기준 왕복 요금은 60만~65만 VND이다. 여행사나 호텔에서 운영하는 셔틀버스(왕복 16만 VND)를 이용하는 방법도 있다.

1919년 프랑스 식민 정부에서 해발 1,400m에 건설한 힐 스테이션 Hill Station(P.247 참고)이다. 달랏(P.240)과 마찬가지로 프랑스 관료들이 혹독한 더위를 피하기 위해 건설한 산 위의 휴양지. 낮에도 20℃를 밑도는 날이 많아 선선하고 겨울에는 춥기까지 하다(날씨 변화가 심하므로 여름에도 긴 옷을 챙겨가자). 구릉지대에 도시를 건설한 달랏과 달리 산 위에 있기 때문에 주변 경관이 파노라마로 펼쳐진다. 참고로 안개가 자주 끼기 때문에 어느 정도 운이 따라야 한다. 3월~9월이 날씨가 가장 좋고, 겨울에 해당하는 11월~12월은 비가 자주 내린다.

바나 힐은 베트남의 독립선언(1945년) 이후 폐허가 된 채로 오랫동안 방치됐다가, 1998년부터 베트남 정부의 승인 하에 자연친화적인 휴양지로 개발되었다. 산길을 포장했을 뿐만 아니라 케이블카도 만들어 여행의 편의를 도모하고 있다. 현재는 유럽의 고성과 프랑스 마을을 연상시키는 대형 리조트. 판타지 파크(놀이 공원) Fantasy Park, 밀랍 인형 박물관 Wax Museum을 갖춘 관광지로 변모했다.

바나 힐에 올라가면 골든 브리지 Golden Bridge (Cầu Vàng)를 만나게 된다. 해발 1,414m에 만든 인공 다리로 총 길이는 150m이다. 손 모양의 조형물(거대한 신의 손을 형상화했다고 한다)이 금색 다리를 받치고 있는 형상이다. 해발 1,489m의 정상에는 바나 힐을 지키는 수호신을 모신 린쭈아 린뜨 사당(嶺主靈祠) Đền Lĩnh Chúa Linh Từ이 있다.

프랑스 식민정부에서 건설한 성당과 와인 저장고는 옛 모습 그대로 남아 있다. 디베이 와인 셀러 Debay Wine Cellar(Hầm Rượu Debay)라고 불리는 와인 저장고는 산을 파서 동굴처럼 만들었다. 7헥타르(약 2,000평) 규모의 유럽식 정원 '르 자뎅 다무르' Le Jardin D'amour도 조성되어 있다. 정원 옆쪽에는 린응 사원(靈應寺) Linh Ung Pagoda(Chùa Linh Ứng)이 있다. 2004년에 신축한 사원으로 27m 높이의 석가모니 불상이 볼만하다.

바나 힐을 가려면 케이블카(현지어로 깝쩨오 Cáp Treo)를 타야 한다. 총 길이 5,801m로 건설 당시(2009년)에는 세계에서 가장 긴 케이블카로 기네스북에 등재됐다고 한다. 현재는 세계에서 두 번째로 길다. 케이블카는 6개 노선이 있다. 시간 별로 다르게 운영되는데, 두 개 노선은 정상까지 직행하고 다른 노선은 중간에 케이블카를 갈아타야 한다. 일반적으로 호이안 역 Hội An Station→마르세유 역 Marseille Station에서 케이블카를 갈아 타고, 보르도 역 Bordeaux Station→루브르 역 Louvre Station으로 간다. 쑤오이머 역 Suối Mơ Station→바나 역 Bà Nà Station 노선을 이용 할 경우, 디베이 역 Debay Station에서 케이블카 를 갈아타고 모린 역 Morin Station까지 가게 된다. 독띠엔 역 Tóc Tiên Station↔랭도쉰드(인도차이나) 역 L'Indochine Station 노선은 직행 케이블카로 해발 1,368m까지 17분 만에 주파한다. 관광객이 늘어나면서 참파 역 Champa Station↔타이가 역 Taiga Station을 오가는 케이블카를 신설했다. 중간에 정차하지 않고 정상까지 직행한다.

골든 브리지

바나 힐 전경

©Ba Na Hills

비나 힐 케이블카

©Ba Na Hills

해발 1,400m에 건설한 바나 힐

©Ba Na Hills

Restaurant

베트남 5대 도시답게 레스토랑이 흔하다. 대도시가 주는 풍요로움을 다양한 레스토랑에서 느낄 수 있다. 현지인들을 위한 서민 식당과 쌀국수 식당이 많아 식사 걱정은 할 필요가 없다. 최근 들어 강변 도로인 박당 거리에 고급 레스토랑들이 하나둘씩 문을 열고 있다. 미케 해변에는 시푸드 레스토랑들이 경쟁적으로 영업 중이다.

반쎄오 바즈엉 ★★★☆
Bánh Xèo Bà Dưỡng

Map P.306-A4 **주소** K280/23 Hoàng Diệu **전화** 0236-3873-168 **영업** 09:30~21:00 **예산** 8만~10만 VND **메뉴** 영어, 베트남어 **가는 방법** 호앙지에우(황지에우) 거리 280번지 골목 Kiệt 280 Hoàng Diệu 안쪽으로 들어가면, 골목 끝에 있다.

골목 안쪽에 숨겨져 있는 허름한 서민 식당이지만 다낭을 대표하는 반쎄오 Bánh Xèo 음식점이다. 대표 메뉴인 반쎄오(강황을 넣은 쌀 반죽에 새우, 숙주, 채소를 넣고 만든 부침개)를 기본으로, 넴루이 Nem Lụi(다진 돼지고기를 길쭉한 모양으로 만든 꼬치구이)가 인기다. 같은 골목에 비슷한 레스토랑이 여러 곳 있는데, 원조 집을 찾으려면 골목 끝까지 들어가면 된다.

하노이 쓰아 Hà Nội Xưa ★★★☆

Map P.307-A4 **주소** 98 Yên Bái **전화** 0981-693-951 **홈페이지** www.facebook.com/bunchachaoba **영업** 08:00~14:00, 17:00~22:00 **메뉴** 베트남어 **예산** 5만 VND **가는 방법** 옌바이 거리 98번지에 있다.

'분짜 Bún Chả' 전문 식당이다. 분짜는 하노이를 중심으로 베트남 북부 지방에서 즐겨 먹는 대중적인 음식이다. 파파야를 잘게 썰어 넣은 느억맘 소스에 분 Bún(얇은 면발의 국수)과 짜 Chả(돼지고기 석쇠구이)를 찍어 먹으면 된다. 2010년부터 영업을 시작한 곳으로 간판에는 분짜 짜오 바-하노이 쓰아 Bún Chả Chào Bà-Hà Nội Xưa라고 적혀 있다.

껌떰 바랑 Cơm Tấm Bà Lang ★★★☆

Map P.307-A4 **주소** 120 Yên Bái **영업** 09:00~21:00 **메뉴** 영어, 한국어, 베트남어 **예산** 4만~8만 VND **가는 방법** 옌바이 거리 120번지에 있다.

다낭 시내에 있는 로컬 식당이다. 간단하게 식사하기 좋은 덮밥을 만들어준다. 껌떰 Cơm Tấm은 과거 상품성이 없는 부서진 쌀로 밥을 짓던 것에서 유래했다. 영어로 브로큰 라이스 Broken Rice라고 부르기도 한다. 껌떰 중에는 숯불에 구운 양념 돼지고기구이를 올린 껌 쓰언 Cơm Sườn이 가장 유명하다. 돼지고기구이 종류와 달걀 프라이 추가 여부를 선택해 주문하면 된다. 사진이 첨부된 한국어 메뉴판을 참고하면 된다. 베트남 음식이지만 한국인 입에도 익숙한 맛이다.

벱헨 Bến Hên ★★★★

Map P.306-B3 **주소** 47 Lê Hồng Phong **전화** 0935-337-705 **홈페이지** www.bephenrestaurant.com **영업** 09:00~15:00, 17:00~21:00 **메뉴** 영어, 베트남어 **예산** 메인 요리 8만~13만 VND **가 는 방법** 레홍퐁 거리 47번지에 있다.

베트남 가정식 요리를 맛볼 수 있는 곳이다. 에어컨은 없지만 타일이 깔린 오래된 콘크리트 건물은 낡았지만 아늑한 분위기를 풍기고, 곳곳에 걸려진 그림과 흑백 사진들이 옛 향수를 자극한다. 메뉴는 모닝글로리, 가지, 두부, 생선, 새우, 닭고기, 찌개 등으로 구성되어 있어 밥과 곁들여 식사하기 좋다. 영어 메뉴판에는 추천메뉴를 표시해 두고 있으니 참고하자.

Travel Plus+ 중남부 지방의 대표 쌀국수, 미꽝 Mì Quảng

미꽝은 베트남 중남부 지방의 대표적인 쌀국수 요리입니다. 미(Mì)는 면을 뜻하고, 꽝(Quảng)은 꽝남 Quảng Nam 성(省)을 의미하는데요. 현재는 다낭 자치주로 분리되었지만 한때 꽝남 성에 속해 있었기 때문에 미꽝이라고 하면 다낭과 꽝남에서 만드는 면 요리를 의미합니다. 미꽝의 특징은 두툼한 면발입니다. 강황(터메릭) 가루를 넣어 반죽하기 때문에 면발이 노란색을 띱니다. 일반 쌀국수와 달리 육수가 아닌 소스를 넣어 비며 먹는 비빔국수에 가까워요. 고명으로 새우, 땅콩, 쌀과자 튀김, 채소와 허브를 넣습니다.

43 스페셜티 커피(43 팩토리 커피) ★★★★
XLIII Specialty Coffee

Map P.309-B2 주소 422 Ngô Thị Sĩ 전화 0799-343-943 홈페이지 www.xliiicoffee.com 영업 07:00~22:30 메뉴 영어 예산 11만~37만 VND 가는 방법 안트엉 지역의 응오티씨 거리 422번지에 있다.

안트엉 지역에서 가장 유명한 커피 전문점이다. 간판을 바꿨지만 43 팩토리 커피로 알고 있는 사람들이 많다. 통유리로 멋을 낸 벽돌 건물에 인더스트리얼 인테리어가 커피 공장을 연상시킨다. 로스터리를 표방하고 있어 매장에서 직접 로스팅한다. 페루 · 케냐 · 에티오피아 · 콜롬비아 · 과테말라 원두를 이용한 커피를 맛볼 수 있다. 품질 좋은 원두를 사용하기 때문에 커피 값은 비싸다. 호이안에도 지점(주소 326 Lý Thường Kiệt, Hội An)을 운영하는데 알마티니 호이안 리조트 1층에 있다.

꽁 카페
Cong Cafe(Cộng Cà Phê) ★★★☆

Map P.307-B2 주소 98-96 Bạch Đằng 홈페이지 www.congcaphe.com 영업 08:00~23:00 메뉴 영어, 한국어, 베트남어 예산 4만~8만 VND 가는 방법 강변 도로에 해당하는 박당 거리 98번지에 있다.

베트남을 대표하는 커피 체인점 중의 한 곳이다.

사회주의 모티브를 현대적으로 재해석해 빈티지하게 꾸몄다. 군복을 개량한 유니폼과 멜라닌 컵에 담아주는 커피가 옛 향수를 자극한다. 달달하고 고소한 맛을 내는 코코넛 커피가 유명하다. 한국 관광객이 즐겨 찾는 곳으로 한국어 메뉴판도 구비하고 있다. 인기가 높아지면서 2호점(주소 39 Nguyễn Thái Học)과 3호점(주소 23 Lý Tự Trọng)을 추가로 오픈했다.

브루맨 커피 Brewman Coffee ★★★★

Map P.307-A4 주소 27A/21 Thái Phiên 전화 0967-359-292 홈페이지 www.facebook.com/BrewmanCoffeeConcept 영업 07:30~22:00 메뉴 영어, 베트남어 예산 커피 4만~6만 VND 가는 방법 타이엔 거리 27번지 골목 안쪽으로 들어간다. 골목 끝자락 왼쪽에 있다.

골목 안쪽에 숨겨져 있는 카페. 벽돌로 외벽을 쌓고 철체 프레임과 통유리를 이용해 스원스럽게 꾸몄다. 베트남 젊은이들이 카페와 편집 숍을 함께 운영하기 위해 스타트업 형태로 시작했다. 커피 메뉴는 크게 베트남 커피와 이탈리아 커피, 콜드브루가 있는데 주문 즉시 핸드 드립으로 내려준다.

퍼 29(리뜨쫑 지점) Phở 29 ★★★☆

Map P.306-B1 주소 2 Lý Tự Trọng 영업 06:00~24:00 메뉴 영어, 한국어, 베트남어 예산 5만~8만 VND 가는 방법 리뜨쫑 거리 2번지에 있다. 노보텔에서 150m 떨어져 있다.

다낭에서 인기 있는 쌀국수 식당 중 한 곳이다. 조그마한 로컬 식당에서 시작해 세 개 지점을 운영하는 식당으로 성장했다. 쌀국수는 소고기 쌀국수(퍼 보) Phở Bò가 유명하다. 와인 숙성 소고기 쌀국수 Phở Bò Sốt Vang, 스페셜 쌀국수(모둠 쌀국수) Phở Đặc Biệt도 있다. 쌀국수 면과 소고기 고명을 듬뿍 넣어주기 때문에 가성비가 좋다. 강 건너 쩐흥다오 거리(주소 503 Trần Hưng Đạo)에 지점을 운영한다.

퍼 틴 Phở Thìn ★★★☆

Map P.306-A2 **주소** 60 Pasteur **영업** 06:00~14:00, 17:00~21:00 **메뉴** 영어, 한국어, 베트남어 **예산** 6만~15만 VND **가는 방법** 파스퇴르(빠스떠) 거리 60번지에 있다. 한 시장(쩌 한)에서 900m 떨어져 있다.

하노이 유명 쌀국수 식당의 체인점이다. 간판에는 퍼 틴 13 로둑 Phở Thìn 13 Lò Đúc이라고 적혀 있는데, 다름 아닌 하노이 본점 주소를 함께 적은 것이다. 전통 소고기 쌀국수 Phở Tái Lăn Truyền Thống와 스페셜 쌀국수 Phở Tái Lăn Đặc Biệt가 인기 메뉴다. 한국 관광객은 매콤한 곱창 쌀국수 Phở Lòng Bò도 즐겨 먹는다. 한 강 건너편 응우옌반토아이 거리에 지점(주소 102 Nguyễn Văn Thoại)을 운영한다.

움 반미 Ùmm Banh Mi & Cafe ★★★★

Map P.309-B2 **주소** 179 Lê Quang Đạo **전화** 0772-221-282 **홈페이지** www.facebook.com/banhmiumm **영업** 07:00~22:00 **메뉴** 영어, 베트남어 **예산** 4만~7만 5.000VND **가는 방법** 안틍엉 지역의 레꽝다오 거리 179번지에 있다.

안틍엉 지역에서 가장 유명한 반미(바게트 샌드위치) 식당으로 카페를 겸한다. 그릴드 포크, 데리야키 치킨, 에그 베이컨 바게트, 비프 앤 치즈 바게트 같은 외국인의 입맛에 맞는 메뉴가 많다. 베트남식 바게트가 궁금하다면 트래디셔널 바게트 Traditional Baguette를 주문할 것. 주문할 때 고수를 포함한 향신료를 넣을지 말지를 미리 확인한

다. 직원들이 친절하고 영어 소통도 가능하다.

벱꿰 Bếp Quê ★★★★

Map P.307-B4 **주소** 187 Trần Phú **영업** 10:00~21:00 **메뉴** 영어, 한국어, 베트남어 **예산** 단품 9만~22만 VND, 콤보 세트(1인) 15만~20만 VND **가는 방법** 쩐푸 거리 187번지에 있다.

다낭 성당 주변에 있는 베트남 음식점이다. '벱'은 부엌(키친), '꿰'는 고향을 뜻한다. 상호에서 알 수 있듯 베트남 가정식 요리를 맛볼 수 있는 곳이다. 외국 관광객이 무난하게 즐길 수 있는 베트남 집밥을 제공한다고 생각하면 된다. 토마토소스 완자두부, 달걀 오믈렛, 가지 볶음, 모닝글로리볶음, 청경채 새우볶음, 새우 볶음밥, 돼지갈비조림 등 익숙한 음식들을 접할 수 있다. 간단하게 식사하고 싶다면 뚝배기 도가니 쌀국수 Phở Bát Đá를 추천한다.

안토이 Ăn Thôi ★★★★

Map P.307-B2 **주소** 114 Bạch Đằng **영업** 10:30~21:30 **메뉴** 영어, 한국어, 베트남어 **예산** 9만~25만 VND **가는 방법** 박당 거리 114번지에 있다.

강변 도로(박당 거리)에 있는 베트남 레스토랑이다. 유독 한국 관광객이 많이 찾는 곳으로 부담 없는 베트남 음식을 맛볼 수 있다. 아무래도 외국인을 상대하는 곳이나 보니 향신료를 적게 사용한다. 파스텔 톤의 복층 건물로 실내는 라탄 전등을 이용해 아늑하게 꾸몄다. 시원한 에어컨 시설로 테이블 세팅도 깔끔하다. 한국어 메뉴판도 구비하고 있어 주문하기 어렵지 않다. 시원한 생맥주나 과일 주스를 곁들여 식사하기 좋다.

쏨머이 가든(쏨모이 가든) ★★★★
Xóm Mới Garden

Map P.306-B4 **주소** 222 Trần Phú **전화** 0931-1951-004 **홈페이지** www.xommoigarden.com **영업** 10:30~22:00 **메뉴** 영어, 한국어, 베트남어 **예산** 메인 요리 16만~25만 VND, 바비큐 콤보 70만

VND **가는 방법** 쩐푸 거리 222번지에 있다. 다낭 성당에서 400m 떨어져 있다.

냐짱(나트랑)에서 유명한 베트남 음식점으로 다낭에 지점을 열었다. 이름처럼 가든(정원)을 간직한 레스토랑으로 복층 건물의 실내는 넓고 쾌적하다. 베트남 감성이 충만한 인테리어도 매력적이다. 다섯 개의 음식점이 하나의 커뮤니티를 이루기 때문에 다양한 음식을 한자리에서 즐길 수 있다. 베트남 음식은 넴느엉, 분짜, 반쎄오를 메인으로 요리한다. 바비큐와 시푸드를 이용한 세트 메뉴도 다양하다.

냐벱 쩌 한(냐벱 한시장) ★★★☆
Nhà Hàng Nhà Bếp Chợ Hàn

Map P.307-B2 **주소** 22 Hùng Vương **전화** 0236-3966-268 **영업** 09:00~21:00 **메뉴** 영어, 한국어, 베트남어 **예산** 메인 요리 11만~19만 VND, 세트 메뉴 16만~21만 VND **가는 방법** 한 시장(쩌 한) 오른쪽의 훙브엉 거리 22번지에 있다. 관광객들 사이에서 인기 있는 베트남 레스토랑이다. 한 시장(쩌 한) 바로 옆에 접근성이 좋고, 실내와 야외 공간으로 구성된 레스토랑도 깨끗하다. 베트남 음식 초보자에게 부담 없는 깔끔한 베트남 음식을 요리한다. 퍼보(소고기 쌀국수), 반쎄오, 분짜, 미꽝, 넴루이를 포함해 시푸드까지 다양한 베트남 음식을 한자리에서 맛볼 수 있다.

마담 런(마담 란) ★★★☆
Nhà Hàng Madame Lân

Map P.305-B1 **주소** 4 Bạch Đằng **전화** 0236-3616-226 **홈페이지** www.madamelan.vn **영업** 08:00~22:00 **메뉴** 영어, 한국어, 베트남어 **예산** 8만~46만 VND **가는 방법** 강변을 끼고 있는 박당 거리 초입(북쪽 끝)에 있다. 박당 거리와 쩐꾸이깝 거리 Trần Quý Cáp 사거리 코너에 있다. 다낭에서 유명한 베트남 음식 전문 레스토랑이다. 은은한 노란색의 콜로니얼 건물과 강변의 한적한 분위기가 어우러진다. 750석 규모의 대형 레스토랑으로 마당에도 테이블이 놓여 있다. 베트남 전국 각지의 주요한 음식을 골고루 요리한다. 미꽝

(다낭의 대표적인 국수) Mì Quảng을 포함한 다양한 쌀국수, 각종 볶음 요리, 고이(베트남식 샐러드) Gỏi, 러우(샤브샤브와 비슷한 전골 요리) Lẩu와 해산물까지 다양하다.

룩락 Luk Lak ★★★★

Map P.306-B1 **주소** 28 Bạch Đằng **전화** 0818-122-828 **홈페이지** www.danang.luklak.vn **영업** 07:00~20:30 **메뉴** 영어, 베트남어 **예산** 15만~38만 VND **가는 방법** 박당 거리 28번지에 있다. 소피텔 레전드 메트로폴(호텔)에서 25년간 근무했던 마담 빈 Madame Bình 셰프가 독립해 만든 고급 레스토랑이다. 강변 도로(박당 거리)에 있는 가정집 분위기의 3층 건물이다. 하노이의 대표적인 럭셔리 호텔에서 근무했던 경력을 살려 서구적인 베트남 음식을 요리한다. 신선한 식재료에 다양한 향신료, 허브 소스를 사용하는 것이 특징이다. 분짜와 넴(스프링 롤) 같은 대중적인 음식도 있지만 셰프만의 독특한 조리 기법으로 요리한 시그니처 메뉴도 많다. 점심 세트 메뉴도 잘 갖추고 있어 식사하기 좋다.

피자 포피스 Pizza 4P's ★★★★

Map P.306-B4 **주소** 8 Hoàng Văn Thụ **전화** 0283-6220-500 **홈페이지** www.pizza4ps.com **영업** 10:00~22:00(주문 마감 21:30) **메뉴** 영어, 한국어, 베트남어 **예산** 18만~42만 VND(+10% Tax) **가는 방법** 호앙반투 거리 8번지에 있다. 일본인이 운영하는 피자 전문 레스토랑이다. 널찍한 매장 한편으로는 오픈 키친을 통해 피자를 굽는 커다란 화덕이 보인다. 수제 치즈와 현지에서 재배한 신선한 식재료를 사용해 동양적 입맛에 맞춘 피자를 선보여 호평을 받고 있다. 두 종류의 피자를 '반반(Half & Half)'으로 주문할 수도 있으니 참고하자. 파스타 같은 단품 메뉴도 있다. 강변 도로(박당 거리)에 있는 인도차이나 리버사이드 타워에 2호점 Pizza 4P's Indochina(주소 74 Bạch Đằng)을 열었다. 수제 맥주를 판매하는 비어 포피스 Beer 4P's를 함께 운영한다.

티아고 레스토랑 ★★★☆
Thìa Gỗ Restaurant

Map P.309-B2 주소 53 Phan Thúc Duyên 전화 0236-3689-005 홈페이지 www.thiago restaurantdanang.com 영업 10:00~22:00 메뉴 영어, 한국어, 베트남어 예산 9만~14만 VND 가는 방법 한 강 건너편 판툭주옌 거리 53번지에 있다.

한 강 건너편의 조용한 주택가 골목에 있다. 가정집 같은 아늑한 분위기로 주택의 마당 한편에 식당을 운영한다. 반쎄오 Bánh Xèo(베트남식 부침개)와 짜조 Chả Giò(스프링롤)가 대표 메뉴다. 소고기볶음 비빔국수 분보남보 Bún Bò Nam Bộ, 남부식 소고기 쌀국수 퍼보남보(퍼 남) Phở Bò Nam Bộ(Phở Nam)도 요리한다. 외국인도 부담 없이 먹을 수 있는 맛에 가격대도 합리적이다.

껌냐린(껌냐링) Cơm Nhà Linh ★★★☆

Map P.309-B1 주소 35 An Thượng 26 전화 0962-068-987 홈페이지 www.comnhalinh.com 영업 10:00~22:00 메뉴 영어, 한국어, 베트남어 예산 8만~24만 VND 가는 방법 미케 해변과 가까운 안트엉 26번 거리에 있다.

안트엉 지역에 있는 베트남 가정식 전문점이다. 기와지붕을 얹은 아담한 목조 건물과 마당으로 이루어진 전통적인 분위기의 레스토랑이다. 주문이 고민된다면 세트 메뉴가 제격이다. 밥과 메인 요리, 채소 볶음, 찌개로 구성되는데 1인용, 2인용, 4인용, 6인용으로 인원에 맞게 나온다. 1인 기준 약 13만 VND 정도로 가격대도 합리적이다.

벱꾸온 Bếp Cuốn ★★★★

Map P.309-A1 주소 54 Nguyễn Văn Thoai 전화 0702-689-989 영업 10:30~21:00 메뉴 영어, 한국어, 베트남어 예산 단품 9만~17만 VND, 콤보(2인용) 23만 VND, 모듬 세트 47만 VND 가는 방법 미케 해변 방향으로 향하는 응우옌반토아이 거리 54번지에 있다.

전통과 현대적인 베트남 감성이 모두 묻어나는 베트남 레스토랑이다. '벱'은 키친, '꾸온'은 둥글게 말아서 만드는 월남쌈 종류를 통칭한다. 파스텔톤의 복층 건물로 야외 공간까지 있어 여유롭다. 주방은 개방형으로 되어 있고, 음식은 대나무 쟁반에 서빙해 준다. 콤보(세트) 메뉴 덕분에 다양한 베트남 음식을 한꺼번에 즐길 수 있다. 저녁 시간에는 붐비는 편이다.

버거 브로스 Burger Bro's ★★★☆

Map P.309-B2 주소 30 An Thượng 4(본점) 전화 0945-576-240(본점), 0931-921-231(2호점) 홈페이지 www.burgerbros.amebaownd.com 영업 11:00~14:00, 17:00~22:00 예산 9만~15만 VND 메뉴 영어 가는 방법 본점은 안트엉 4거리 30번지에 위치해 있다.

다낭에서 가장 유명한 수제 버거 전문점이다. 본점(1호점)은 미케 해변과 가까운 안트엉 거리에 있다. 2015년부터 영업 중인데, 육즙 가득한 패티가 들어간 버거로 유명세를 떨친다. 다낭 시내 응우옌찌탄 거리에 2호점(주소 4 Nguyễn Chí Thanh, Map P.306-B1)을 운영한다.

번마이(반마이) Vận May ★★★★

Map P.309-B3 주소 394 Võ Nguyên Giáp 전화 0392-937-751 영업 11:00~21:30 메뉴 영어, 한국어, 베트남어 예산 쌀국수 8만~15만 VND, 메인 요리 25만~38만 VND 가는 방법 미케 해변 남쪽의 보응우옌잡 거리 394번지에 있다.

미케 해변과 가까운 곳에 있는 베트남 레스토랑이다. 베트남 분위기가 느껴지는 노란색 3층 건물로 쾌적하다. 관광객이 좋아하는 분짜, 반쎄오, 넴루이, 모닝글로리볶음, 게살 볶음밥을 기본으로 요리한다. 메인 요리는 칠리 새우, 마늘 새우, 럽스터 위주의 해산물이다. 간단하게 식사하고 싶다면 쌀국수를 주문하면 된다.

목 시푸드 Moc Seafood ★★★★
Hải Sản Mộc Quán

Map P.308-B3 주소 26 Tô Hiến Thành 전화 0905-665-058 홈페이지 www.facebook.com/

mocseafood **영업** 10:30~23:00 **메뉴** 영어, 한국어, 일본어, 베트남어 **예산** 9만~34만 VND **가는 방법** 또히엔탄 거리 26번지에 있다.

현지인과 관광객 모두에게 인기 있는 해산물 레스토랑이다. 바다를 끼고 있지는 않지만 야외 정원 덕분에 베트남 지방 풍경을 느낄 수 있다. 널찍한 에어컨 시설의 실내 공간도 있어 단체 손님도 많이 찾아온다. 다양한 해산물을 직접 눈으로 확인하고 무게를 달아서 요리를 부탁하면 된다. 워낙 많은 사람들이 다녀가기 때문에 신선한 해산물이 매일 조달되는 것이 장점.

에스코 비치 Esco Beach ★★★★

Map P.308-B3 **주소** Lô 12 Võ Nguyên Giáp **전화** 0236-3955-668 **홈페이지** www.facebook.com/escobeachdanang **영업** 08:00~24:00 **메뉴** 영어, 베트남어 **예산** 맥주 · 칵테일 8만~17만 VND, 베트남 요리 15만~25만 VND, 메인 요리 24만~69만 VND **가는 방법** 미케 해변 도로에 해당하는 보응우옌잡 거리 12번지에 있다.

미케 해변을 끼고 있는 라운지 바를 겸한 레스토랑. 야외 수영장을 포함해 라운지 형태로 꾸몄기 때문에 열대 휴양지 느낌이 물씬 풍긴다. 피자, 파스타, 샌드위치, 버거, 스테이크를 메인으로 요리한다. 주말 저녁에는 (약식이긴 하지만) 불 쇼도 공연한다.

썬짜 리트리트 Son Tra Retreat ★★★★

Map P.302-D1 **주소** 11 Lê Văn Lương, Son Trà **전화** 0236-3919-188 **홈페이지** www.sontraretreat.vn **영업** 08:00~22:30 **메뉴** 영어, 베트남어 **예산** 칵테일 14만~19만 VND, 메인 요리 18만~65만 VND(+5% Tax) **가는 방법** 다낭 시내(한 시장)에서 8km, 미케 해변에서 북쪽으로 5km, 린응 사원에서 3km 떨어져 있다.

썬짜 반도 초입에 있는데 자연적인 정취가 주변 환경과 어우러진다. 고급 레스토랑을 표방하는 곳으로 가든 라운지, 레스토랑, 칵테일 바를 한 곳에서 즐길 수 있다. 베트남 음식부터 피자, 파스타, 연어 스테이크, 오리가슴살 요리, 포크립, 립아이 스테이크까지 메뉴가 다양하다. 다낭 시내에서 멀리 떨어져 있고, 해변 북쪽 끝자락에 있어 위치는 불편하다.

이스트 웨스트 브루잉 컴퍼니 East West Brewing Co. ★★★★

Map P.308-B3 **주소** 1A Võ Nguyên Giáp **전화** 0846-926-799 **홈페이지** www.eastwestbrewing.vn **영업** 09:00~22:00 **예산** 맥주(500㎖) 12만~15만 VND, 메인 요리 22만~69만 VND(+10% Tax) **가는 방법** 미케 해변 도로에 해당하는 보응우옌잡 거리 1번지에 있다.

미케 해변에 자리한 대형 수제 맥주 레스토랑이다. 층고 높은 건물과 야외 테라스에서는 바다를 바라보며 맥주 마시기 더없이 좋다. 여러 종류의 맥주를 시음해보고 싶다면 10종류의 맥주를 맛볼 수 있는 킹스 플라이트 King's Flight를 주문하면 된다. 수제 버거, 피자, 파스타 같은 식사 메뉴도 잘 갖추고 있다.

Shopping

다낭의 쇼핑

고 다낭(빅 시) GO! Đà Nẵng(Big C Supermarket) ★★★☆

Map P.305-A3 **주소** Vĩnh Trung Plaza, 255~257 Hùng Vương **전화** 0236-3666-000,

0236-3666-085 홈페이지 www.go-vietnam.vn
영업 08:00~22:00 가는 방법 꼰 시장(쩌 꼰) Con
Market(Chợ Cồn) 대각선 맞은편에 있다. 한 시장
(쩌 한)에서 1.5km 떨어져 있다.

다낭 시내에 있는 대형 할인 마트. 저가로 시장을
공략해 베트남뿐만 아니라 동남아시아에서 큰 인
기를 얻고 있다. 다낭 지점은 총 4층 규모로 2·3
층에 할인마트가 들어서 있다. 다양한 식료품과 식
자재, 생활용품, 과일, 맥주를 정찰제로 판매한다.
라면과 과자를 포함해 기본적인 한국 식품도 있다.

빈콤 플라자 Vincom Plaza ★★★
Trung Tâm Thương Mại Vincom

Map P.302-B2 주소 910 Ngô Quyền 전화
0236-3996-688 홈페이지 www.vincom.com.vn
영업 09:30~22:00 가는 방법 한 강 건너편의 응
오꾸옌 거리에 있다. 택시를 탈 경우 거리 이름을
함께 붙여서 빈콤 플라자 응오꾸옌 Vincom Plaza
Ngô Quyền이라고 말하면 된다.

베트남의 대표적인 쇼핑몰인 '빈콤'에서 운영한다.
현대적인 시설로 일반적인 백화점을 연상하면 된
다. 총 면적 4만 ㎡ 크기의 4층 건물이다. 패션, 의
류, 액세서리, 화장품, 가구, 인테리어 용품, 문구,
서점, 푸드 코트, 영화관(CGV), 키즈 카페, 아이스
링크까지 입점해 있다. 식료품과 생활용품 구입은
빈 마트 Vin Mart를 이용하면 된다.

롯데 마트 ★★★★
Lotte Mart

Map P.303-B4 주소 6 Nại Nam 전화 0236-
3551-333 홈페이지 www.lottemart.com.vn 영업
09:00~22:00 가는 방법 다낭 남쪽에 있는 띠엔
썬교 Tien Son Bridge(Cầu Tiên Sơn)와 인접해
있다. 아시아 파크(선 월드 다낭 원더스)에서 남쪽
으로 500m, 다낭 성당에서 남쪽으로 4km 떨어져
있다.

롯데마트의 베트남 네 번째 지점이다. 5층 규모이
며, 다낭에서 가장 큰 할인 매장이다. 1·2층은 화
장품, 의류, 신발, 액세서리 매장. 3·4층은 가정
용품과 식료품 매장. 5층은 키즈 클럽과 푸드코트
가 있다. 특히 4층에 식료품과 과자, 커피, 베트남
특산품이 대량으로 진열되어 있다. 한국 식품도
수입 판매한다.

Hotel

다낭의 호텔

관광에 중점을 둔다면 시내 중심가 호텔을 이용하고, 온전한 휴식을 원한다면 미케 해변이나 논느억 해변
에 있는 고급 럭셔리 리조트들을 이용하면 된다.

윙크 호텔 ★★★★
Wink Hotel Danang Centre

Map P.307-A4 주소 178 Trần Phú 전화 0236-
3831-999 홈페이지 www.wink-hotels.com 요
금 스탠더드 US$55, 프리미어 리버 뷰 US$65 가
는 방법 쩐푸 거리 178번지에 있다. 다낭 성당에서
200m 떨어져 있다.

시내 중심가에 있는 3성급 호텔로 관광하기 편리
한 위치다. 객실은 20㎡ 크기로 침대와 샤워 부스
로 이루어진 심플한 구조다. 20층 건물이라 객실
에서 전망이 좋다. 체크인 하는 로비와 조식이 제
공되는 레스토랑은 19층에 있다. 체크인 시간부
터 24시간 체류할 수 있다. 강 건너편에 있는 윙
크 호텔 다낭 리버사이드 Wink Hotel Danang
Riverside와 혼동하지 말 것.

코지 다낭 부티크 호텔
Cozy Danang Boutique Hotel ★★★★

Map P.306-B4 주소 37 Cô Giang 전화 0236-3658-666 홈페이지 www.cozydananghotel.com 요금 디럭스 US$65, 디럭스 리버 뷰 US$80 가는 방법 꼬장(꼬양) 거리 37번지에 있다. 롱교(용 다리)에서 400m. 다낭 성당에서 800m 떨어져 있다. 38개 객실을 운영하는 소규모 부티크 호텔로 직원들이 친절하다. 다낭 시내에 있지만 골목 안쪽에 있어 조용한 편. 폭이 좁고 높은 건물이라 높은 층의 객실일수록 전망도 좋고 채광도 좋다. 아침 식사가 포함되며, 9층 루프톱에 수영장이 있다.

사누바 호텔 Sanouva Hotel ★★★☆

Map P.306-B3 주소 68 Phan Chu Trin(Phan Châu Trinh) 전화 0236-3823-468 홈페이지 www.sanouvahotel.com 요금 딜럭스 US$55~68(에어컨, 개인욕실, TV, 냉장고, 아침식사). 패밀리 US$65~80, 시그니처 US$85~120 가는 방법 판쭈찐(판쩌우찐) 거리 68번지에 있다.

시내 중심가에 있는 3성급 호텔이다. 호텔 외관과 로비에서 보듯 현대적인 시설이다. 부티크 호텔 느낌을 가미해 인테리어를 꾸몄다. 객실은 나무 바닥이며 LCD TV가 설치되어 있다. 개인욕실과 객실이 통유리로 되어있다. 개인 욕실은 샤워부스가 있어서 편리하다. 수영장은 없다.

사티야 호텔 Satya Hotel ★★★★

Map P.307-B3 주소 155 Trần Phú 전화 0236-3588-999 홈페이지 www.satyadanang.com 요금 딜럭스 더블 US$70~79, 프리미어 더블 US$84~88(에어컨, 개인욕실, TV, 냉장고, 아침식사) 가는 방법 다낭 성당 맞은편. 쩐푸 거리 155번지에 있다.

가성비 좋은 4성급 호텔이다. 다낭 성당 맞은편에 있어 관광하기도 편리한 위치다. 최근 새롭게 리모델링을 마쳐 시설이 깔끔하다. 프리미어 룸은 발코니가 딸려 있다. 개인욕실이 반투명 유리로 되어 있으니 예약 시 참고하자. 자그마한 수영장이 있지

만 오래 머무르며 휴식하기는 무리일 수 있다.

반다 호텔 Vanda Hotel ★★★★

Map P.306-B4 주소 3 Nguyễn Văn Linh 전화 0236-3525-967, 0236-3525-969 홈페이지 www.vandahotel.vn 요금 슈피리어 US$74, 딜럭스 US$86 가는 방법 응우옌반린 거리 3번지에 있다. 참 박물관에서 150m, 롱교(용 다리)에서는 250m 떨어져 있다.

참 박물관과 롱교(용 다리)와 가까운 곳에 위치한 4성급 호텔. 전체적으로 깨끗하고 모던한 시설을 자랑한다. 객실은 나무 바닥으로 산뜻하며, 개인 욕실엔 샤워 부스가 설치돼 있다. 19층 건물로 주변에 높은 건물이 시야를 가리지 않아 객실에서 보는 전망이 좋다. 수영장을 갖추고 있다.

브릴리언트 호텔
Brilliant Hotel ★★★★

Map P.307-B3 주소 162 Bạch Đằng 전화 0236-3222-999 홈페이지 www.brillianthotel.vn 요금 슈피리어 US$82, 딜럭스 US$92, 주니어 스위트 US$110 가는 방법 강변 도로에서 한 시장(쩌한)을 등지고 오른쪽(남쪽)으로 150m.

한 강을 끼고 있는 박당 거리에 만든 고급 호텔이다. 객실 바닥에는 카펫이 깔려 있고, 욕실은 대리석이 깔려 있다. 대부분이 객실이 강변 전망을 갖고 있는데, 높은 층일수록 전망이 좋다. 호텔 규모에 비해 수영장은 작은 편이다. 102개 객실을 갖춘 대형 호텔이다.

노보텔(노보텔 다낭 프리미어)
Novotel ★★★★☆

Map P.306-B1 주소 36 Bạch Đằng 전화 0236-392-9999 홈페이지 www.novotel-danang-premier.com 요금 슈피리어 US$155, 이그제큐티브 US$185, 스위트 코너 US$285 가는 방법 강변도로인 박당 거리 36번지에 있다.

국제적인 호텔 체인인 노보텔에서 운영한다. 강변 도로(박당 거리)에 우뚝 솟아 있는 건물이 눈길을

끈다. 위치가 좋고 객실에서의 전망이 뛰어나다. 일반 객실에 해당하는 슈피리어 룸은 28㎡ 크기의 슈피리어 룸으로 넓진 않다. 침실과 거실, 두 개의 화장실로 이루어진 스위트 코너 룸은 넓은 통유리 창을 통해 시원스러운 전망이 펼쳐진다. 야외 수영장, 피트니스, 스파 시설을 갖추고 있다.

멜리아 빈펄 다낭 리버프런트 ★★★★
Melia Vinpearl Danang Riverfront

Map P.308-A2 주소 341 Trần Hưng Đạo 전화 0236-3642-888 홈페이지 www.melia. com 요금 딜럭스 US$85~95, 그랜드 프리미엄 US$115~140 가는 방법 강 건너편의 쩐흥다오 거리 341번지에 있다.

빈펄 콘도텔 리버프런트를 멜리아 호텔에서 인수하면서 멜리아 빈펄 다낭 리버프런트로 이름이 바뀌었다. 강변에 지어진 대형 호텔로 37층 건물에 864개 객실을 운영한다. 한 강이 내려다보여 객실 전망이 특히 좋다. 객실은 딜럭스 룸을 기본으로 하는데, 41㎡ 크기로 동급 호텔보다 객실이 넓다. 성인용 수영장과 아동용 수영장, 키즈 클럽도 있어 가족 여행객에도 적합하다.

아바타 호텔 Avatar Hotel ★★★★

Map P.309-B2 주소 Lô 120, An Thượng 2 전화 0236-3939-888 홈페이지 www.avatardanang. com 요금 슈피리어 US$70, 딜럭스 US$82 가는 방법 홀리데이 비치 호텔 뒤쪽 호앙께비엠 Hoàng Kế Viêm & 안트엉 2 삼거리 코너에 있다.

미케 해변과 가까운 안트엉 거리에 위치한 4성급 호텔이다. 18층 건물로 주변에 대형 호텔이 많지 않아 쉽게 눈에 띈다. 객실은 나무 바닥이라 깔끔하며 창문이 통유리로 되어 있어 탁 트인 느낌을 준다. 3층 수영장은 아담하며, 해변까지는 도보로 5분 정도 걸린다.

포 포인트 바이 쉐라톤 ★★★★☆
Four Points by Sheraton

Map P.302-D2 주소 118~120 Võ Nguyên

Giáp 전화 0236-3997-979 홈페이지 www. fourpointsdanang.com.vn 요금 슈피리어 US$122~140, 딜럭스 US$138~155, 파노라믹 US$148~160 가는 방법 미케 해변 북쪽의 보응우옌잡 거리 118번지에 있다. 다낭 공항에서 8㎞ 떨어져 있다.

미케 해변 북쪽에 있는 대형 호텔이다. 해변과 가까이 있지만 현대적인 시설과 모던한 감각으로 꾸미며 도시적인 느낌을 자아낸다. 객실은 낮은 층을 슈피리어, 중간 층은 딜럭스, 높은 층은 파노라믹으로 구분했다. 바다가 시원스럽게 보이는 오션 뷰 객실의 전망이 특히 훌륭하다. 36층에 야외 수영장과 루프톱 바가 있다.

알라카르트 호텔 ★★★★★
A La Carte Hotel

Map P.308-B2 주소 200 Võ Nguyên Giáp & Đình Nghệ 전화 0236-3959-555 홈페이지 www.alacartedanangbeach.com 요금 라이트 스튜디오 US$120~145, 딜라이트 오션 뷰 US$170~190 가는 방법 보응우옌잡 거리와 딘응에 거리가 만나는 삼거리에 있다. 다낭 시내까지 택시로 10분.

미케 해변에 자리한 대형 레지던스 호텔. 길 하나만 건너면 해변이기 때문에 객실에서 해변 풍경이 시원하게 펼쳐진다. 침실과 거실, 주방 구분이 없는 라이트스튜디오 Light Studio, 침실과 거실이 구분된 딜라이트 오션 뷰(4인실) Delight Ocean View로 구분된다. 주방 시설은 있지만 조리 도구나 식기는 별도로 대여해야 해서 실제로 요리하기는 어렵다. 옥상에 있는 수영장은 작은 편이다.

퓨전 스위트 다낭 비치 ★★★★☆
Fusion Suites Da Nang Beach

Map P.308-B1 주소 Đường Võ Nguyên Giáp, Sơn Trà, TP. Đà Nẵng 전화 0236-3919-777 홈페이지 www.danang.fusion-suites.com 요금 시크 스튜디오 룸 US$175, 오션 스위트 US$220 가는 방법 미케 해변 북쪽에 있다. 팜반동 거리와 해변이 만나는 삼거리에 북쪽으로 1.5㎞ 더 올라

간다.

해변 도로에 있는 레지던스 형태의 호텔이다. 일반 호텔과 달리 인덕션, 전자레인지, 냉장고, 식탁, 싱크대를 포함한 주방 시설을 갖추고 있다. 일반 객실에 해당하는 시크 스튜디오 Chic Studio는 37㎡ 크기로 바다와 시내 전망이 반반씩 보인다. 오션 스위트 Ocean Suite는 61㎡ 크기로 2층 침대가 놓인 작은 방이 별도로 있어 가족 단위 관광객에게 적합하다. 1회 무료 발 마사지와 요가 강습에 참여할 수 있다. 수영장은 길 건너 해변에 있다.

푸라마 리조트 Furama Resort ★★★★☆

Map P.309-B3 주소 Đường Võ Nguyên Giáp, Khuê Mỹ, Đà Nẵng 전화 0236-3847-888 홈페이지 www.furamavietnam.com 요금 가든 슈피리어 US$260~300, 라군 슈피리어 US$315~350, 오션 딜럭스 US$350~400 가는 방법 다낭 시내에서 8㎞ 떨어진 박미안 해변 Bac My An Beach (Bãi Biển Bắc Mỹ An)에 있다.

다낭에서 잘 알려진 리조트로 주변 바다와 리조트의 수영장, 석호(라군), 열대 정원이 그림처럼 어우러진다. 슈피리어 룸이 기본 객실인데 방 크기 40㎡, 발코니 크기 11㎡로 널찍하다. 가든 뷰, 라군 뷰, 오션 뷰로 구분해 전망에 따라 객실 등급이 달라진다. 리조트를 벗어나지 않고도 요가나 태극권, 스파, 쿠킹 클래스 등을 즐길 수 있다.

풀만 다낭 비치 리조트 ★★★★★
Pullman Danang Beach Resort

Map P.309-B3 주소 Đường Võ Nguyên Giáp, Khuê Mỹ, Đà Nẵng 전화 0236-3958-888 홈페이지 www.pullman-danang.com 요금 슈피리어 US$244~305, 딜럭스 US$256~320, 원 베드 룸 코티지 US$372~465 가는 방법 시내 중심가에서 8㎞ 떨어진 박미안 해변 Bac My An Beach(Bãi Biển Bắc MỹAn)에 있다. 다낭 공항에서 택시로 15분 정도 걸린다.

프랑스 호텔 그룹인 아코르 Accor에서 인수하면서 풀만 호텔로 이름이 변경됐다. 해변으로 향하게 만든 야외 수영장과 전용 해변, 스파까지 리조트다운

시설로 꾸며져 있다. 객실은 슈피리어 룸을 기본으로 객실에 발코니가 딸려 있다. 높은 층에 있는 객실을 딜럭스 룸으로 구분해두고 있다. 독립 빌라 형태로 만든 코티지 Cottage가 시설이 가장 좋다.

신라 모노그램 Shilla Monogram ★★★★★

Map P.304-A3 주소 Lạc Long Quân, Quảng Nam 전화 0235-6250-088 홈페이지 www.shillamonogram.com 요금 슈피리어 오션 뷰 US$185, 딜럭스 오션 뷰 US$225 객실 309실 가는 방법 응우한썬(마블 마운틴)에서 남쪽으로 6.5㎞ 떨어진 해변 도로에 있다. 다낭 시내(한 시장)까지 16㎞, 다낭 공항까지 18㎞ 떨어져 있다.

신라 호텔에서 운영하는 5성급 리조트. 다낭 시내에서 멀찌감치 떨어진 한적한 해변에 만든 대형 리조트로 호텔, 레지던스, 빌라로 구분되어 있다. 호텔 객실은 36㎡ 크기로 심플하고 아늑한 인테리어로 꾸몄다. 낮은 층은 슈피리어 룸, 높은 층은 딜럭스 룸이 위치하는데, 바다가 잘 보일수록 객실 등급도 높아진다. 한국 관광객이 많이 묵는다.

인터콘티넨탈 다낭 선 페닌슐라 리조트
(인터콘티넨탈 리조트)
Intercontinental Danang Sun
Peninsula Resort ★★★★★

Map P.304-B1 주소 Bãi Bắc, Sơn Trà Peninsula, Đà Nẵng 전화 0236-3938-888 홈페이지 www.danang.intercontinental.com 요금 클래식 오션 뷰 US$450, 테라스 스위트 오션 뷰 US$580 가는 방법 남중국해와 접해 있는 썬짜 반도 북쪽에 있다. 다낭 시내에서 13㎞, 다낭 공항에서 20㎞ 떨어져 있다.

산과 바다가 어우러진 자연 경관을 활용해 만들었다. 객실 주변은 숲 속이고, 객실 앞으로는 해변과 바다가 펼쳐진다. 객실은 트렌디한 디자인으로 꾸몄다. 기본 객실에 해당하는 클래식 룸은 70㎡ 크기로 널찍하며, 발코니에서 전망도 훌륭하다. 두 개의 수영장과 전용 해변, 스파 시설을 갖추고 있다. 도시에서 멀리 떨어진 썬짜 반도 Sơn Trà Peninsula에 있기 때문에 교통은 불편하다.

Huế

후에(훼)

후에는 고도(古都)라는 말이 참으로 잘 어울리는 도시다. 흐엉 강(香江) Huong River (Sông Hương)이 도시를 가르며 차분한 분위기를 연출하는 후에는 응우옌 왕조 Nguyễn Dynasty(1802~1945년)의 수도가 있었던 곳이다. 베트남을 최초로 통일한 베트남의 마지막 봉건 왕조였던 응우옌 왕조는 13명의 황제를 배출하며 19세기를 풍미했다. 성벽과 해자에 둘러싸인 구시가(시타델)가 그대로 남아 있고, 성문을 통과해 구시가에 들어서면 차분한 거리 사이로 옛 왕궁이 반긴다. 베트남 독립전쟁(인도차이나 전쟁과 베트남 전쟁)을 거치며 상당한 피해를 입기도 했지만 고즈넉한 분위기는 변함이 없다.

도시는 신시가와 구시가를 구분해 놓았는데 신시가도 개발의 속도는 느리다. 도시의 분주함은 흐엉 강의 시적인 분위기에 묻혀 있고, 바쁘게 움직이는 오토바이 사이로 옛 향수를 자극하며 씨클로가 흘러간다. 유네스코 세계문화유산으로 지정된 왕궁과 흐엉 강변의 황제릉이 다양한 볼거리를 제공하고, 고색창연한 사원까지 더해져 베트남의 역사와 문화가 고스란히 녹아 있다. 왕실이 있었던 곳답게 음식도 발달해 '후에 요리'도 여행의 맛을 더한다. 이런 이유로 후에를 '베트남의 문화 수도'라고 칭한다.

인구 45만 5,230명 | **행정구역** 트어티엔–후에 성 Tỉnh Thừa Thiên-Huế 후에 시 Thành Phố Huế | **면적** 84km² **시외국번** 0234

후에 페스티벌 Hue Festival

2000년부터 시작된 문화·예술·공연 행사이다. 2년 주기로 4월 말에 열린다. 단남자오에서 제를 올리는 모습, 왕궁의 특별 무대에서 전통 무용과 냐냑(궁중 음악)을 포함해 수공예·서예·요리 경연 등 후에의 역사 유적을 배경으로 다채로운 행사가 열린다. 베트남뿐만 아니라 20여 개국에서 공연예술단이 참가해 국제적인 행사로 변모하고 있다. 행사 일정과 내용은 홈페이지를 통해 살펴볼 수 있다.

홈페이지 www.huefestival.com

시티 투어 버스

주요 관광지를 둘러보는 2층 버스로 후에 신시가에서 출발해 구시가와 황제릉을 연결한다. 투어리스트 보트 선착장(레러이 거리)→동바 시장→시타델(응우옌 왕조의 왕궁 입구)→티엔무 사원→후에 기차역→뜨히에우 사원→뜨득 황제릉→카이딘 황제릉→단남자오→픽혹(레러이 거리)→투어리스트 보트 선착장을 순환한다. 운행 시간은 08:00~16:00까지 40분 간격으로 출발한다. 정해진 시간 동안 제한 없이 타고 내릴 수 있는데, 요금은 4시간 30만 VND, 24시간 43만 VND, 48시간 60만 VND이다.

지리 파악하기

흐엉 강을 사이에 두고 왼쪽이 구시가, 오른쪽이 신시가이다. 구시가는 응우옌 왕조의 왕궁이 있고 유네스코 세계문화유산으로 지정되어 개발이 제한되고 있다. 신시가와 구시가는 짱띠엔교 Trang Tien Bridge(Cầu Tràng Tiền)와 푸쑤언교 Phu Xuan Bridge(Cầu Phú Xuân)로 연결되어 있는데, 사이공 모린 호텔 앞 짱띠엔교를 이용하면 구시가로 쉽고 빠르게 이동할 수 있다.

신시가에 상업시설과 호텔, 레스토랑, 여행사가 몰려 있다. 빈콤 플라자 Vincom Plaza가 오픈하면서 백화점도 생겼다. 신시가의 중심 도로는 레러이 거리 Lê Lợi로 흐엉 강을 따라 강변으로 도로가 길게 이어진다. 여행자 편의 시설은 팜응우라오 거리 Phạm Ngũ Lão, 쭈반안 거리 Chu Văn An, 보티싸우 거리 Võ Thị Sáu에 밀집해 있다. 세 개의 도로가 연속 해 여행자 거리를 형성한다. 저녁 시간에는 차량 진입을 통제해 걸어 다니기 좋은 워킹 스트리트 Walking Street로 변모한다. 관광객이 즐겨 찾는 레스토랑과 펍이 이곳에 몰려 있다.

시티 투어 버스

구시가의 이정표와 같은 호텔 사이공 모린

구시가와 신시가를 구분하는 흐엉 강

Access

호찌민시와 하노이에서 항공편이 연결되고, 기차도 통과한다. 여행자들에게 편리한 오픈 투어 버스와 라오스를 드나드는 국제버스까지 교통편이 다양하다.

항공

후에 공항의 공식 명칭은 푸바이 공항 Phu Bai Airport(Sân Bay Phú Bài)으로 시내에서 남쪽으로 14㎞ 떨어져 있다. 베트남 항공, 비엣젯 항공, 뱀부항공에서 후에→하노이, 후에→호찌민시 노선을 운항한다. 공항에서 시내까지 택시 요금은 25만~30만 VND 정도 예상하면 된다. 베트남 항공에서 운영하는 셔틀버스(편도 5만 VND)는 베트남 항공 도착 시간에 맞춰 운행된다.

기차

후에 기차역

하노이→호찌민시를 오가는 통일열차가 모두 후에에 정차한다. 하노이까지 6인실 침대칸 Nằm Cứng(Hard Sleeper) 75만~97만 VND, 4인실 침대칸 Nằm Mềm(Soft Sleeper)은 110만 VND이다. 호찌민시(사이공)까지는 6인실 침대칸 83만~100만 VND, 4인실 침대칸 121만 VND이다. 후에→다낭 구간은 기차를 이용하면 해안선 풍경(P.318 하이번 고개 참고)을 덤으로 얻을 수 있다. 1일 7회 운행되며 에어컨 좌석칸 요금은 9만~12만 VND이다. 기차 출발 시간에 관한 자세한 정보는 P.54 참고.
후에 기차역 Ga Huế은 레러이 거리 남쪽 끝에 있으며 시내에서 1.5㎞ 떨어져 있다. 기차역을 바라보고 기차역 광장 왼쪽에 예매소를 별도로 운영한다.

후에 기차역

주소 2 Bùi Thị Xuân **전화** 0234-8221-750(예매)
운영 매일 07:00~11:30, 13:30~17:00

버스

피아남 버스 터미널

오픈 투어 버스가 워낙 잘되어 있어서 터미널에서 출발하는 현지 버스를 이용하는 외국인 여행자는 많지 않다. 후에에는 두 개의 버스 터미널이 있는데, 상당히 먼 거리를 두고 떨어져 있다. 후에 북쪽의 도시로 갈 때는 피아박 버스 터미널 Bến Xe Phía Bắc을 이용한다. 북부 터미널이라는 뜻이다. 동하 Đông Hà(8만 VND), 라오바오 Lao Bảo(15만 VND), 빈(빙) Vinh(26만~32만 VND)으로 버스가 운행된다. 후에 시내에서 북쪽으로 5㎞ 떨어져 있어 드나들기 불편하다.
후에 남쪽의 도시로 갈 때는 피아남 버스 터미널 Bến Xe Phía Nam을 이용한다. 남부 터미널이라는 뜻이다. 다낭(8만~10만 VND), 달랏(38만 VND), 냐짱(30만 VND), 호찌민시(46만 VND)로 버스가 운행된다. 후에 신시가에서 동쪽으로 2㎞ 떨어져 있으며 안끄우 시장 Chợ An Cựu과 가깝다.
피아남 버스 터미널에서는 라오스행 국제버스도 출발한다. 싸완나켓 Savannakhet까지는 매일 오전 8시에 출발하며 편도 요금은 40만 VND이다. 국제버스 표를 예약할 경우 반드시 여권을 지참해야 한다.

피아박 버스 터미널
주소 Phường An Hòa **전화** 0234-3522-716
피아남 버스 터미널
주소 97 An Dương Vương **전화** 0234-3823-817

오픈 투어 버스

유명 관광지라 오픈 투어 버스가 활발하게 운행된다. 여행사뿐만 아니라 숙소에서도 예약할 수 있다. 예약한 곳에서 버스 타는 곳까지 무료로 픽업해 준다. 후에→다낭→호이안 노선은 1일 2회 (07:30, 13:00) 출발한다. 낮에 이동하지만 좌석 버스가 아니라 침대 버스인 경우가 많다. 후에→

호이안 편도 요금은 18만~20만 VND이다. 리무진 버스(9인승 미니밴)를 이용할 경우 25만~28만 VND이다. 후에→하노이 구간은 야간 침대 버스가 운행된다. 17:30에 출발하며 요금은 35만~40만 VND이다.

다낭 또는 호이안에서 오픈 투어 버스로 후에를 방문할 경우 여행사에 따라 하차 장소가 다르다. 여행사 사무실 앞에 정차하기도 하지만, 푸쑤언교 (흐엉 강 건너편)를 건너 레주언 Lê Duẩn 거리 4번지에 있는 관광버스 주차장 Điểm Đỗ Xe Du Lịch Nguyễn Hoàng(Map P.337-D3)에서 내려주기도 한다.

Transportation

시내 교통

후에는 구시가와 신시가로 구분되며, 같은 지역 내에서는 걸어 다닐 만하다. 신시가에 쩡띠엔교를 건너면 구시가가 나오기 때문에 왕궁까지 걸어가는 여행자도 있다. 레러이 거리→쩡띠엔교→쩐흥다오 거리→트엉뜨문→구시가(시타델)→8월 23일 거리→깃발 탑→응오몬(왕궁 입구)으로 걸어가면 된다.

기차역에서 신시가의 여행자 숙소까지는 도보로 20분 정도 걸린다. 돈을 아껴야 한다면 어쩔 수 없지만 배낭을 메고 걸을만한 거리는 아니다. 기차역에서 숙소까지 이동은 예약한 호텔에 픽업을 부탁하는 것이 가장 편리하고 현명한 방법이다. 참고로 기차역 앞에 대기 중인 택시와 쎄옴(오토바이 택시)은 비싼 요금을 부르므로 주의하자. 택시를 탈 경우 5만 VND 정도에 웬만한

호텔까지 갈 수 있다.

씨클로와 쎄옴을 탈 경우 1km에 1만 VND 정도에 흥정하면 된다. 후에는 다른 도시에 비해 씨클로 타기 좋은 도시이지만 장거리를 이동할 때는 불편하다. 구시가에서 왕궁이나 동바 시장을 갈 때 타볼 만하다.

3~4명이 동시에 움직일 경우엔 택시가 가장 적합하다. 콜택시 애플리케이션인 그랩 Grab을 이용해도 된다. 그랩 카(자가용 택시) Grab Car와 그랩 바이크(오토바이 택시) Grab Bike로 구분해 호출하면 된다. 시간적인 구애를 받지 않는다면 자전거를 빌려서 구시가와 왕궁을 둘러보면 좋다.

쌴에스엠 택시

씨클로

현지인의 애용품인 오토바이

후에(훼)

A B C

N

0 200 400m

Đặng Tất

Tăng Bạt Hổ

Lương Ngọc Quyến

허우 문
Cửa Hậu

피아박 버스 터미널,
동하·DMZ 방면

안호아 문
Cửa An Hòa

탄종 거리
Thanh Giong

레쭝딘 거리
Lê Trung Đình

Dinh Tiên Hoà

타이피엔 거리
Thái Phiên

구시가(시타델)
Kinh Thành

Phùng Hưng

레반흐우
Lê Vă

깐떠이 문
Cửa Chánh Tây

레응옥헌 거리
Lê Ngọc Hân

호아빈몬(平和門)
Hoà Bình Mô

똔텃티엡 거리
Tôn Thất Thiệp

호앙지에우 거리
Hoàng Diệu

Nguyễn Trãi

Triệu Quang Phục

Thạch Hãn

Đặng Thái Thanh

레후언 거리
Lê Huân

응우옌 왕조의
Đạ

Yết Kiêu

레주언 거리
Lê Duẩn

Văn Xuân

Kim Long

쩐응우옌단 거리
Trần Nguyên Đán

응우옌끄찐 거리
Nguyễn Cư Trinh

쯔엉득 문(彰德門)
Cửa Chương Đức

호우 문
Cửa Hữu

레 자뎅
라 까람

Trần Nguyên Hãn

Đặng Trần Cô

껌롱 시장
Chợ Kim Long

옹익키엠 거리
Ông Ích Khiêm

짠남 문
Cửa Chánh

껌롱 거리 Kim Long

다비엔교
Cầu Đa Viên

336

티엔무 사원 방면

호꾸옌 방면

부이티쑤언 거리
Bùi Thị Xuân

후에 기차
Ga Hư

● 관광 ● 식당 ● 쇼핑 ● 숙소

후에(훼) 신시가

0 100 200m

꽌안 안뗌

Nguyễn Công Trứ

Bún Bò Thủy

응우옌꽁쯔 거리

푹꺼우 사원
Chùa Phúc Câu

Serene Palace Hotel

Võ Thị Sáu

The Times Hotel

흐엉장 호텔
Khách Sạn
Hương Giang

Chu Văn An

Nguyễn Thái Học

센추리 리버사이드 호텔
Century Riverside Hotel

팜응우라오 거리 Phạm Ngũ Lão

워킹 스트리트
로맨스 호텔
Little Italy

Đội Cung

빌라 후에
Villa Hue

전왕카이 거리
Trần Quang Khải

레꾸이돈 거리
Lê Quý Đôn

찐끼오빈 거리
Trần Cao Văn

벤응에 거리
Bến Nghé

Phó Đức Chính

투어리스트
보트 선착장
시티 투어 버스 타는 곳

레러이 거리
Lê Lợi

Alba Spa Hotel

꽁 카페

Tovo Hostel

리엔 호아
Lien Hoa

도서관
Thư Viện Tổng Hợp

Đống Đa

Eldora Hotel

BIDV

홍브엉 거리   Hùng Vương

빈콤 플라자
멜리아 빈펄 호텔

다케(일식당)
Ta-Ke

빈즈엉 1 호텔
(Sunny Hotel)

땅띠엔교
Cầu Tràng Tiền

임페리얼 호텔
Imperial Hotel

니나 카페
Nina's Cafe

호텔 사이공 모린
Hotel Saigon Morin

Trương

Hoàng Hoa Thám

Đinh

우체국

Nguyễn Tri Phương

성당

Hà Nội

Walking Street(Nguyễn Đình Chiểu)

VTV
(방송국)

후에 헤리티지 호텔
Hue Heritage Hotel

Lý Thường Kiệt

Phạm Hồng Thái

꽌 바호아
Quán Bà Hòa

분보후에
Bún Bò Huế

● 관광   ● 식당   ● 쇼핑   ● 엔터테인먼트   ● 숙소

Best Course

후에의 볼거리는 구시가에 있는 응우옌 왕조 왕궁과 흐엉 강변의 황제릉으로 나뉜다. 구시가의 볼거리는 걸어서 다닐 만하지만, 황제릉은 투어를 이용하면 편리하다. 빡빡한 일정이 싫다면 황제릉을 둘러보는 데 하루(신시가→픽혹→바오꾸 사원→뜨담 사원→단남자오→뜨히에우 사원→뜨득 황제릉→동칸 황제릉→티에우찌 황제릉→민망 황제릉→카이딘 황제릉)를 투자하고, 다음날 오전에 구시가(깃발 탑→티엔무 사원→응우옌 왕조의 왕궁→동바 시장)를 다녀오면 된다. 아래 일정은 후에 하이라이트만 방문하는 1일 추천 코스이다.

start!

후에 신시가 — 차 30분 — 민망 황제릉 P.353 — 차 10분 — 카이딘 황제릉 P.357

차 10분

뜨득 황제릉 P.355

깃발 탑 P.342 — 도보 5분 — 후에 구시가(시타델) P.342 — 차 15분

도보 5분

응오문(오문) P.344

도보 1분

응우옌 왕조의 왕궁 P.343 — 흐엉 강 P.340 — 보트 20분 — 짱띠엔교 P.340

차 5분 — 티엔무 사원 P.348 — 도보 3분

도보 10분

팜응우라오 거리에서 맥주

Attractions

응우옌 왕조의 수도였던 구시가(시타델)가 가장 큰 볼거리이다. 성벽과 성문이 고스란히 남아 있고 개발도 제한되어 고즈넉한 분위기를 풍긴다. 안타깝게도 유네스코 세계문화유산으로 지정된 응우옌 왕조의 왕궁은 베트남 전쟁을 겪으며 상당 부분 파괴되었다.

흐엉 강 ★★☆
Huong River(Perfume River)
Sông Hương

후에를 남북으로 가르며 흐르는 강이다. '향강(香江)'이라는 뜻으로 베트남어로는 쏭흐엉 Sông Hương(또는 흐엉장 Hương Giang), 영어로는 퍼품 리버 Perfume River로 표기한다. 다양한 주변 식물과 향기로운 나무들이 강을 따라 흘러들어오면서 강물에 향기나 난다고 해서 붙여진 이름이다. 흐엉 강은 총 길이 80㎞에 불과하지만 평화롭고 잔잔한 분위기로 인해 고도(古都)에 서정적인 느낌을 불어넣고 있다.

흐엉 강변에는 응우옌 왕조의 왕궁과 황제들의 무덤, 불교 사원이 가득하다. 때문에 흐엉 강을 따라 내려가며 보트 투어를 즐기는 것이 후에 여행의 백미처럼 여겨진다.

향기가 흐르는 흐엉 강

짱띠엔교 ★★
Trang Tien Bridge
Cầu Tràng Tiền

주소 Đường Lê Lợi 운영 24시간 요금 무료 가는 방법 레러이 거리 Đường Lê Lợi와 훙브엉 거리 Đường Hùng Vương가 만나는 호텔 사이공 모린 옆에 있다.

신시가에서 구시가를 오가려면 지나게 되는 흐엉 강 위에 놓인 다리다. 1886년에 건설되었으나 그 다음해 태풍으로 인해 피해를 입었다. 1899년 아치형 철교로 새롭게 복원된 짱띠엔교는 귀스타브 에펠 Gustave Eiffel(1832~1923년)이 설계한 것이다. 다리의 길이는 410m로 현재의 모습은 1968년의 구정 대공세로 인해 파괴된 것을 복원한 것이다. 저녁때가 되면 야간 조명을 설치해 다양한 색으로 변모하며, 강변은 시민들의 휴식 공간으로 사랑받는다.

짱띠엔교 남쪽에는 미군이 1970년에 건설한 푸쑤언교 Phu Xuan Bridge(Cầu Phú Xuân)가 있다. 푸쑤언(富春) Phú Xuân은 후에의 옛 이름이다.

짱띠엔교

동바 시장
Dong Ba Market
Chợ Đông Ba

Map P.337-E3

★★☆

주소 Đường Trần Hưng Đạo **운영** 매일 06:00~18:00 **요금** 무료 **가는 방법** 짱띠엔교를 건너서 쩐흥다오 거리를 따라 오른쪽으로 500m 떨어져 있다.

후에에서 가장 큰 재래시장이다. 2층 건물로 된 상설시장으로 총 면적 4만 7,614㎡에 이른다. 식료품과 생필품, 잡화, 의류, 기념품을 판매하는 동바 시장에는 하루 7,000명이 넘게 들락거려 항상 분주하다. 상점들 이외에도 시장 한복판에 노점을 펼치고 장사하는 사람들도 많아서 활기가 넘친다. 흐엉 강변에 있으며 왕궁과도 가까워 구시가를 방문할 때 함께 들르면 된다.

동바 시장

꿕혹(國學)
National School
Quốc Học

Map P.337-D4

★★

주소 12 Lê Lợi **전화** 0234-382-3234 **홈페이지** www.truongquochochue.com **운영** 수업 중에는 출입이 통제된다. **요금** 무료 **가는 방법** 기차역과 푸쑤언교 중간의 레러이 거리에 있다. 기차역에서 700m.

1896년에 설립된 베트남에서 가장 오래된 학교다. 응우옌 왕조의 10대 황제인 탄타이 시절에 설립되었다. 본래는 왕족 자녀들과 귀족 자재들만이 입학 가능했던 엘리트 학교였다. 유교적인 전통에 따라 남자들만 입학이 가능했으나 현재는 남녀공학으로 운영된다. 꿕혹은 학교 정문부터 시작해서 붉은색 건물들이 들어서 있고, 교정에는 호찌민 동상(동상에는 당시 그가 사용했던 이름인 응우옌 떳탄 Nguyễn Tất Thành이라고 적혀 있다)도 세워져 있다. 일반인에게도 학교는 개방되어 있는데 수업 중일 때는 출입을 통제한다.

베트남의 영웅인 호찌민 선생. 호찌민의 동료이자 통일된 베트남의 총리를 지냈던 팜반동(范

꿕혹 교정에 세운 호찌민 동상

文同) Phạm Văn Đồng(1906~2000년), 디엔비엔푸 전투와 베트남 전쟁을 승리로 이끌고 국방부 장관을 지냈던 보응우옌잡(武元甲) Võ Nguyên Giáp(1911~2013년), 남부 베트남의 초대 대통령을 지낸 응오딘지엠(吳廷琰) Ngô Đình Diệm(1901~1963년) 등이 꿕혹을 졸업했다. 참고로 응오딘지엠의 아버지인 응오딘카(吳廷可) Ngô Đình Khả(1850~1925년)가 꿕혹의 초대 교장을 역임했다.

호찌민 박물관
Ho Chi Minh Museum
Bảo Tàng Hồ Chí Minh

Map P.337-D4

★★

주소 6 Lê Lợi **전화** 0234-338-2152 **운영** 화~일요일 07:30~11:00, 14:00~16:30 **휴무** 월요일 **요금** 2만 VND **가는 방법** 기차역에서 500m 떨어진 레러이 거리 6번지에 있다.

흐엉 강변의 레러이 거리에 있는 박물관이다. 베트남 주요 도시에서 볼 수 있는 호찌민 관련 박물관인데, 하노이나 호찌민시에 비하면 전시물들은 빈약하다.

호찌민은 후에에서 청년 시절을 보냈는데, 꿕혹에서 공부했다는 것과 지금의 호텔 사이공 모린(P.364) 앞에서 프랑스 식민지배에 반대하는 시위를 최초로 벌였다는 것 정도다.

호찌민 박물관

구시가(시타델) Kinh Thành / Citadel

성벽과 성문이 잘 보존된 구시가

후에를 수도로 삼았던 응우옌 왕조의 황제들이 건설한 도시이다. 자롱(야롱) 황제가 1804년부터 건설하기 시작해 민망 황제 때인 1832년에 완공되었다. 도시를 감싼 성벽의 총 길이는 10㎞이다. 성벽은 높이 7m, 두께 20m로 쌓았으며 10개의 출입문을 만들었다. 구시가로 들어가려면 해자를 건너 작은 다리와 옛 성문을 통과해야 하기 때문에, 시간을 거슬러 올라가는 느낌이 강하게 든다. 구시가 내부에 있는 응우옌 왕조의 왕궁(P.343)은 후에의 가장 큰 볼거리로 유네스코 세계문화유산으로 지정되어 있다. 구시가는 베트남어로 낀탄 Kinh Thành('경성 京城'이라는 뜻), 영어 표기는 '시타델 Citadel'이라고 부른다. 응우옌 왕조의 역사에 관한 자세한 내용은 P.365 참고.

Map P.337-D3

깃발 탑(국기 게양대)
★★☆

Flag Tower
Cột Cờ(Kỳ Đài)

운영 24시간 요금 무료 가는 방법 구시가의 왕궁 정문(응오몬) 앞에 있다.

흐엉 강변에 우뚝 솟아 있는 국기 게양대로 자롱 황제 때인 1807년에 만들어졌다. 나무를 이용해 18m 높이로 만든 깃발 탑에는 황제를 의미하는 노란색 깃발을 게양했다. 후대의 황제들에 의해 지속적으로 증축하며 규모가 커졌다.

후에의 상징적인 위치에 있어서 여러 차례 전란으로 피해를 입었으며,

1968년에 들어 콘크리트를 이용해 37m 높이로 재건축했다. 1968년 구정 대공세를 통해 후에를 점령한 비엣꽁(베트콩)의 깃발이 게양되며, 베트남 전쟁의 전세가 역전되고 있음을 상징적으로 알렸던 곳이기도 하다. 현재는 붉은색의 거대한 베트남 국기가 게양되어 있다.

베트남 국기가 펄럭이는 깃발 탑

Map P.337-D3

대포
Nine Holy Cannon
Cửu Vị Thần Công ★

운영 24시간 **요금** 무료 **가는 방법** 구시가로 들어서면 깃발 탑 좌우에 대포가 진열되어 있다.

자롱 황제가 자신이 건설한 새로운 국가를 보호하겠다는 의지로 만든 대포다. 1803년에 만든 대포는 청동으로 정교하게 만들었다. 대포는 모두 9개로 4계절과 5행 사상을 상징한다. 대포 한 개의 길이는 5.1m이다. 원래는 왕궁의 정문인 응오몬 Ngọ Môn(P.344) 앞에 9개의 대포를 일렬로 진열해 두었으나, 20세기 초반 깃발 탑 뒤쪽으로 위치를 옮기면서 두 개의 그룹으로 분리해 놓았다. 깃발 탑을 바라보고 오른쪽에 있는 꽝득몬(광덕문 廣德門) Quảng Đức Môn 앞에 5개의 대포를 진열했고, 왼쪽에 있는 응안몬(체인문 體仁門) Ngăn Môn 앞에 4개의 대포가 놓여 있다.

왕궁을 호위하는 대포

Map P.337-D3

왕실 유물 박물관
Hue Royal Antiquities Museum
Bảo Tàng Cổ Vật Cung Đình Huế ★★

주소 3 Lê Trực **전화** 0234-3524-429 **운영** 08:00~11:30, 13:30~17:00 **요금** 왕궁 입장료(20만 VND)에 포함 **가는 방법** 왕궁 오른쪽의 레쪽 거리에 있다. 응오몬에서 도보 10분.

구시가(시타델) 안쪽에 있는 왕실의 부속 건물로 1845년 티에우찌 황제 때 건설되었다. 본래 디엔롱안(용안전 龍安殿) Điện Long An으로 불렸던

왕실 유물 박물관

건물로 황제의 경호원들이 머물던 곳이다. 왕실에서 사용하던 물건을 보관하며 박물관으로 변모한 것은 카이딘 황제 때인 1923년의 일이다. 왕실에서 사용하던 전통 의상, 머리 장식, 도자기, 자개 장식 가구, 황제들이 사용하던 물건들이 전시되어 있다. 야외에는 의전용으로 쓰이던 대포도 전시되어 있다. 베트남 전쟁 동안 상당한 양의 유물이 파괴되거나 분실되었다.

응우옌 왕조의 왕궁 입장료에 왕실 유물 박물관 입장료가 포함되어 있기 때문에, 왕궁을 먼저 방문한 다음 박물관을 둘러보면 된다. 궁전 미술 박물관 Museum of Royal Fine Arts(Bảo Tàng Mỹ Thuật Cung Đình)으로 불리기도 하니 혼동하지 말자.

Map P.336-C3

응우옌 왕조의 왕궁
Imperial City
Hoàng Thành ★★★★☆

주소 Đường 23 Tháng 8 **운영** 매일 08:00~17:30 **요금** 20만 VND(왕실 유물 박물관 포함) **가는 방법** 구시가의 8월 23일 거리(Đường 23 Tháng 8)에 있는 응오몬 앞에 매표소가 있다.

구시가 내부로 들어가면 성벽에 둘러싸인 또 다른 축성도시인 호앙탄 Hoàng Thành('황성 皇城'이라는 뜻)이 나온다. 안쪽에 있는 큰 도시라 하여 다이노이(大內) Đại Nội라고 부르기도 한다. 응우옌 왕조의 왕궁과 종묘가 들어선 곳으로 4개의 출입문이 있다. 중국 베이징의 자금성과 비슷한 구조

이지만 규모는 현저히 작다. 안타깝게도 프랑스와의 인도차이나 전쟁, 미국과의 베트남 전쟁을 거치며 왕궁 내부의 많은 건물들이 파손되었다. 일부 새롭게 복원된 왕궁 건물들은 반짝이는 색으로 칠해 폐허가 된 궁전 터와 어색한 조화를 이루기도 한다. 매표소가 있는 응오몬(오문)으로 들어가서, 왕궁 동쪽 출입문에 해당하는 히엔년몬(현인문)으로 나오면 된다. 기본적인 복장 규정을 지켜야하기 때문에 민소매 옷이나 짧은 반바지 등 노출이 심한 옷을 삼가자.

참고로 왕궁 매표소에서 왕궁과 황제릉을 함께 묶은 통합 입장권도 판매한다. 왕궁+황제릉 두 곳

(카이딘 · 민망 황제릉) 통합 입장권은 42만 VND, 왕궁+황제릉 세 곳(카이딘 · 민망 · 뜨득 황제릉) 통합 입장권은 53만 VND이다. 통합 입장권 유효 기간은 2일이다.

응오몬(오문 午門) Ngọ Môn

왕궁을 출입하던 정문이다. 민망 황제 시절인 1833년에 건설되었다. 정오가 되면 태양이 문 위로 떠오른다고 해서 응오몬이라고 칭했다. 응오몬은 요새처럼 만든 출입문 위에 궁궐처럼 지은 누각을 올려 만들었다. 출입문은 모두 5개이다. 중앙

응우옌 왕조의 왕궁(후에) * ▨ 표시는 현존하는 건물을 나타냅니다.

히 작다). 제를 올리는 목적은 풍년을 기원함과 동시에 황제의 통치권을 하늘로부터 인정받는 행위이기도 했다. 1807년부터 1885년까지는 매년 봄마다 의식이 행해졌고, 응우옌 왕조의 세력이 약해진 1886년부터 1945년까지는 3년 주기로 행사가 열렸다고 한다.

단남자오는 길이 390m, 폭 265m 크기로 총 면적 104㎡의 직사각형 구조이다. 중심에는 하늘을 상징하는 둥근 모양의 원형 제단이 있다. 제단은 3단으로 구성되며, 폭 165m의 사각형 기단 위에 직경 41m의 원형 제단을 올렸다.

현재는 제단을 제외하고 특별한 볼거리는 남아 있지 않다. 주변에 소나무 숲이 우거져 수목원을 연상시킨다. 일반적으로 단(壇)이란 말을 생략하고 '남자오(또는 남야오)'라고 부른다.

뜨히에우 사원

72번지(72 Lê Ngô Cát) 옆으로 사원의 위치를 나타내는 '또딘뜨히에우 Tổ Đình Từ Hiếu'라고 적힌 출입문이 있다. 출입문 안쪽으로 골목을 따라 400m 더 들어가면 사원이 나온다.

뜨득 황제릉으로 가는 길에 있는 사원이다. 1843년에 건설된 사원으로 소나무 숲에 둘러싸여 산사(山寺) 분위기가 전해진다. 사원 입구의 일주문이 연꽃 가득한 연못에 반사되어 낭만적인 느낌을 더한다. 대웅전과 사원의 건설 역사를 기록한 석비, 고승들의 사리를 모신 부도가 경내에 남아 있다. 뜨히에우 사원은 틱낫한 Thích Nhất Hạnh(베트남어 발음은 '틱녓한') 스님이 불가에 입문해 수행한 사원으로 더 유명하다.

Map P.354-A1

뜨히에우 사원(慈孝寺) ★★
Tu Hieu Pagoda
Chùa Từ Hiếu

주소 Đường Lê Ngô Cát, Phường Thụy Xuân **운영** 매일 07:00~18:00 **요금** 무료 **가는 방법** 시내에서 남쪽으로 5㎞ 떨어져 있다. 레응오깟 거리

> **알아두세요** **베트남 승려이자 베스트셀러 작가, 틱낫한**

본명은 응우옌쑤언바오 Nguyễn Xuân Bảo로 1926년 10월 11일에 태어났습니다. 16세에 불가에 입문해 틱낫한 Thích Nhất Hạnh이라는 법명을 사용했습니다. 석가의 가르침을 따른다는 뜻으로 한자로 쓰면 석일행(釋一行)입니다. 틱낫한 스님은 소설가, 시인, 평화운동가로도 활동하며 100여 권의 불교와 명상에 관련된 책을 출판했습니다. 한국에도 여러 권의 책이 번역되어 있습니다. 티베트의 정신적인 지도자인 달라이 라마와 더불어 서방 세계에 가장 잘 알려진 불교계의 상징적인 인물입니다. '모든 불교는 삶에 참여한다'는 참여 불교 운동을 제시했고, 일상생활과 불교 명상법을 접목시켜 만든 '걷기 명상'이 널리 알려졌습니다.

1960년부터는 미국에서 유학했으며 1963년에 베트남으로 돌아와 베트남 전쟁에 반대해 비폭력 반전 운동을 펼치기도 했습니다. 하지만 다른 베트남 독립투사들과 달리 1966년 미국으로 되돌아가 반전 운동(덕분에 1967년 노벨 평화상 후보가 되었다)을 이어갔고, 1969년에는 파리 평화회담에 참여하기도 했습니다. 하지만 1973년에 베트남 공산당 정부가 그의 재입국을 거부하면서 1975년부터 프랑스에 망명해 생활했으며, 1982년부터 프랑스 남서부의 도르도뉴 Dordogne 지방에 플럼 빌리지 Plum Village(www.plumvillage.org)를 설립해 활동했습니다. 베트남 정부의 귀국 허가로 2018년부터 고향인 후에(훼)로 돌아와 생활했으며, 2022년 95세 나이로 뜨히에우 사원에서 열반했습니다.

응우옌 왕조의 황제릉

*볼거리의 이해를 돕기 위해 베트남어 현지 발음이 아닌 한자의 독음으로 표기합니다.

왕궁과 더불어 유네스코 세계문화유산으로 지정된 후에 최대의 볼거리다. 후에 남쪽으로 흐엉 강을 따라 응우옌 왕조의 황제릉이 흩어져 있다. 13명의 황제 중에 7명만 황제릉을 건설했다. 나머지는 프랑스 식민지배에 반대해 폐위되거나 망명길에 올랐던 비운의 황제들이다. 전통적으로 보트를 타고 황제릉을 방문했지만 도로가 포장되고 다리가 놓이면서 오토바이를 타고 여행하는 여행자도 늘었다. 황제릉의 본보기를 제시한 민망 황제릉, 무덤이라기보다 유원지를 거니는 듯한 뜨득 황제릉, 유럽풍이 가미된 카이딘 황제릉이 가장 볼 만하다.

황제릉 입장료가 인상되면서 주요 황제릉과 왕궁을 함께 볼 수 있는 통합 입장권을 판매하기 시작했다. 황제릉 두 곳(카이딘·민망 황제릉)+왕궁 통합 입장권은 42만 VND, 황제릉 세 곳(카이딘·민망·뜨득 황제릉)+왕궁 통합 입장권은 53만 VND이다. 어디서건 처음 방문하는 곳에서 통합 입장권을 구입하면 된다. 통합 입장권 유효 기간은 2일이다.

Map P.354-A2

자롱(야롱) 황제릉 ★★
Tomb of Emperor Gia Long
Lăng Gia Long

운영 매일 07:00~17:30 요금 5만 가는 방법 시내에서 남서쪽으로 16㎞ 떨어져 있다. 민망 황제릉에서 남쪽으로 4㎞를 더 가야 한다. 흐엉 강 서쪽에 있는 자롱 황제릉까지 다리가 연결되지 않아서, 차를 타고 갈 경우 강 반대편에서 보트를 타고 강을 건너야 한다. 선착장에서 1㎞ 정도 걸어 들어가야 한다.

응우옌 왕조를 창시한 자롱 황제의 무덤으로 천수릉(千壽陵) Thiên Thọ Lăng이라고 부른다. 자롱 황제가 그의 황후 트아티엔 Thừa Thiên을 위해 1818년에 건설한 무덤인데, 황제가 승하(1820년)한 후에 왕비 옆에 무덤을 만들면서 황제릉을 겸

❝알아두세요❞ 황제릉을 가는 드래곤 보트

흐엉 강을 유람하는 드래곤 보트

흐엉 강변의 황제릉을 여행하려면 보트를 타는 게 좋습니다. 뱃머리에 용을 장식해 드래곤 보트 Dragon Boat라고 불리는 배를 타고 흐엉 강변을 유람하다 보면 목가적인 풍경을 감상할 수 있습니다. 하지만 흐엉 강변 선착장에서 멀리 떨어진 뜨득 황제릉과 카이딘 황제릉을 가려면 별도로 쎄옴(오토바이 택시)이나 차를 타야 하는 불편함이 따릅니다. 이런 단점을 만회하기 위해 최근 황제릉을 방문하는 투어는 보트+버스로 진행됩니다. 티엔무 사원, 혼쩬 사원, 향(香) 공예마을, 민망 황제릉, 카이딘 황제릉, 뜨득 황제릉을 방문하는 일정입니다. 오전 동안 보트를 타고 황제릉을 둘러보는 여행사도 있고 모든 투어를 버스로 진행하고 일몰 시간에 보트 유람을 하는 여행사도 있습니다. 투어 요금은 US$12~15 정도로 입장료는 불포함입니다.

정해진 일정과 빡빡한 황제릉 관람 시간이 만족스럽지 못하다면 개별적으로 방문해도 됩니다. 멀리 떨어진 민망 황제릉까지 다리가 놓여서 문제될 게 없지요. 오토바이를 대여할 경우 안전에 유의해야 하고, 도로 이정표가 미비해서 길 찾는 데 어려움이 따르기도 합니다. 쎄옴 기사와 동행할 경우 반드시 가고자 하는 곳들을 명시하고 요금을 결정한 다음 출발해야 요금으로 인한 시비가 생기지 않습니다. 자전거를 타고 가는 용감한 여행자도 있는 데, 경사가 심해서 체력 소모가 큽니다. 자전거를 탈 경우 뜨득 황제릉을 지나서 더 멀리까지 가는 건 무리가 따릅니다.

왕궁과 비슷한 민망 황제릉

황제와 황후의 위패를 모신 숭은전(민망 황제릉)

하고 있다. 자롱 황제릉은 동서 방향으로 세 구역으로 나뉘어 있다. 왼쪽은 황제의 업적을 기록한 공덕비(전통에 따라 자롱 황제의 아들인 민망 황제가 공덕비의 내용을 기록했다)를 세웠고, 중앙에는 황제와 황후의 봉분이 있다. 봉분 오른쪽은 황제와 황후의 위패를 모신 사당이다.

자롱 황제릉의 진입로에도 왕족들의 무덤이 있다. 토아이탄(자롱 황제의 모친) 무덤 Lăng Thoai Thánh, 호앙꼬(자롱 황제의 누나) 무덤 Lăng Hoàng Cô, 투언티엔까오(자롱 황제의 두 번째 부인이자 민망 황제의 친모) 무덤 Lăng Thuận Thiên Cao이 대표적이다. 자롱 황제는 역사적으로 중요한 인물이지만 흐엉 강변의 황제릉 중에서 가장 멀리 있고, 보존 상태도 좋지 않아 여행자들의 발길은 적다.

민망 황제릉의 명루

Map P.354-A2

민망 황제릉 ★★★★
Tomb of Emperor Minh Mang
Lăng Minh Mạng

운영 매일 07:00~17:30 요금 15만 VND 가는 방법 시내에서 남서쪽으로 12㎞ 떨어져 있다. 흐엉 강변 서쪽에 있으며 다리가 건설되면서 드나들기 편해졌다. 차나 오토바이를 타고 갈 수 있으나, 자전거를 타고 가기에는 험난한 길이다. 황제릉 바로 앞에 선착장이 있어 보트를 이용해도 편리하다.

응우옌 왕조의 2대 황제인 민망 황제(재위 1820~1841년)가 묻힌 곳으로 효릉(孝陵) Hiếu Lăng이라고 부른다. 민망 황제는 1826년부터 무덤을 건설하기 좋은 터를 찾아다녔다. 본격적으로 무덤이 건설된 것은 건강이 악화된 1840년부터다. 민망 황제는 1841년 1월에 승하했고, 같은 해 8월 20일

에 봉분을 만들어 매장했다. 하지만 전체적인 무덤 건축과 조경을 마무리하지 못했기에 그의 아들(민망 황제는 142명의 자손을 뒀다고 전해진다)인 티에우찌 황제가 공사를 이어받아 1843년에 완성했다.

민망 황제릉은 중국에서 유래된 풍수지리 전통에 따라 건설된 전형적인 베트남 황제의 무덤이다. 성벽에 둘러싸인 황제릉은 출입문들을 통해 공간이 구분되어 있다. 입구부터 문관과 무관 석상, 공덕비, 황제와 황후의 사당, 누각, 무덤이 일직선으로 놓여 있다. 왕궁과 비슷한 구조라 무심코 걷다 보면 무덤인지 궁전인지 분간하기 힘들 정도다.

민망 황제릉의 정문은 대홍문(大紅門) Đại Hồng Môn이다. 황제의 시신이 들어 있던 관이 통과할 때 딱 한번 문이 열렸을 뿐, 현재까지도 정문은 닫혀 있다. 일반 관광객들은 왼쪽 문인 좌홍문(左紅門) Tả Hồng Môn이나 오른쪽 문인 우홍문(右紅

민망 황제릉을 지키는 문관과 무관 석상

속해서 세워져 있다. 죽은 사람의 영혼을 지킬 뿐만 아니라 황제에게 충성을 다하는 신하들의 모습을 표현한 것이다. 석상을 지나면 황제의 공덕비를 모신 정자가 나온다. 후대의 황제가 전대의 황제의 업적을 기록하던 전통에 따라 티에우찌 황제가 민망 황제의 업적을 기록한 석비를 세웠다.

두 번째 아치형 출입문인 현덕문(顯德門) Hiển Đức Môn을 통과하면 황제와 황후의 위패를 모신 사당이 나온다. 숭은전(崇恩殿) Điện Sùng Ân이라고 불리는 사당 앞에는 동서로 배전(陪殿)을 세웠고, 뒤에는 좌우로 종원(從院)을 함께 세웠다. 세 번째 아치형 출입문인 홍택문(弘澤門) Hoàng Trạch Môn을 통과하면 붉은색 2층 목조건물인 명루(明樓) Minh Lâu가 보인다. 진입로는 호수를 지나는 3개의 석조 다리를 놓았다. 중앙에 놓인 중도교(中道橋) Cầu Trung Đạo는 생전에 자신의 무덤을 방문한 황제만이 이용했다고 한다. 명루는 다른 곳보다 기단을 높게 만들었는데, 3단으로 이루어진 기단은 물과 땅과 천국을 상징한다.

명루를 지나면 패방이 세워진 황제의 무덤으로 향하는 마지막 진입로가 이어진다. 왕궁에 있는 디엔타이호아(태화전)로 향하는 진입로와 비슷한 구조로 연못이 주변을 감싸고 있다. 연못은 초승달 모양을 닮았다고 해서 신월호(新月湖) Hồ Tân Nguyệt라고 불린다. 연못을 지나 난간에 용이 조각된 33개의 계단을 오르면 황제의 무덤이 나온다. 봉분은 높이 3.5m, 둘레 273m로 봉분을 감싸 둥글게 외벽을 만들었다. 참고로 응우옌 왕조의 황제릉에 있는 봉분은 보성(寶城)이라는 의미로 바오탄 Bảo Thành이라고 불린다.

(門) Hữu Hồng Môn을 통해 출입해야 한다. 묘역에 들어서면 넓은 정원이 나온다. 정원에는 코끼리와 말 석상, 문관과 무관의 석상이 두 줄로 연

Map P.354-A2

티에우찌 황제릉 ★★☆
Tomb of Emperor Thieu Tri
Lăng Thiệu Trị

운영 매일 07:00~17:00 요금 5만 VND 가는 방법 후에 시내에서 남쪽으로 8km 떨어져 있다. 뜨득 황제릉을 지나서 남쪽으로 2km 더 간다.

1847년 11월 4일 41세의 나이로 승하한 응우옌 왕조 3대 황제인 티에우찌 황제(재위 1841~1847년)

가 묻힌 곳으로 창릉(昌陵) Xương Lăng이라고 부른다. 티에우찌 황제의 아들인 뜨득 황제가 즉위하면서 무덤이 건설되었다. 티에우찌는 검소한 성격 탓에 생전에 자신의 무덤 건설을 위해 특별한 노력을 기울이지 않았기 때문이다. 뜨득 황제가 아버지의 유언에 따라 못자리를 찾고, 10개월의 공사 기간을 거쳐 1848년 2월 11일에 완공되었다.

기존에 건설된 황제릉이 두 개밖에 없었기에, 자롱 황제릉과 민망 황제릉을 참고해 설계했다. 전체적으로 민망 황제릉과 비슷한 구조이지만 규모는 작다. 초승달 모양의 호수(윤택호 潤澤湖, Hồ Nhuận Trạch)를 묘역 앞에 만들었고, 묘역 안에는 문관과 무관 석상, 공덕비, 황제의 위패를 모신 사당(표덕전 表德殿, Diện Biểu Đức), 누각(덕형루 德馨樓, Đức Hinh Lâu), 봉분 앞을 감싼 호수(응취호 凝翠湖, Hồ Ngưng Thuỷ)와 3개의 석조 다리, 봉분이 일직선으로 놓인 구조이다. 하지만 공덕비와 봉분을 제외하고 대부분의 건물들이 파손되었으며, 찾는 사람도 없어 한적하다.

Map P.354-A1

뜨득 황제릉
Tomb of Emperor Tu Duc
Lăng Tự Đức ★★★★

운영 매일 07:00~17:30 **요금** 15만 VND **가는 방법** 시내에서 남쪽으로 8㎞ 떨어져 있다. 기차역 왼쪽에 있는 디엔비엔푸 거리를 따라 가다가 '단남자오 Đàn Nam Giao' 앞 삼거리에 있는 레응오깟 거리 Đường Lê Ngô Cát에서 우회전해서 넓은 도로를 따라가면 된다. 흐엉 강변에서 떨어져 있어서 보트보다는 차나 오토바이를 타고 가는 게 좋다. 체력이 된다면 자전거를 타고 갈 수도 있다.

응우옌 왕조의 4대 황제인 뜨득 황제(재위 1847~

1883년)가 묻힌 곳으로 겸릉(謙陵) Khiêm Lăng이라고 불린다. 황제들이 살아생전에 자신의 못자리를 정하고 무덤을 건설하는 것이 관례이긴 했지만, 뜨득 황제는 무덤이 완성되고도 16년을 더 살았다고 한다. 응우옌 왕조의 황제들 중에 가장 오랜 기간인 36년 동안 통치했기 때문이다. 황제는 완성된 무덤을 미리 찾아 뱃놀이를 즐기거나 시를 쓰면서 여가를 보냈다. 물론 왕비들을 대동하고 궁중 연회를 펼치기도 했다. 심지어 이곳에 머물며 국정을 논하기도 했는데, 숲과 호수가 어우러져 아름다운 '무덤'은 황제의 별장처럼 여겨진다(뜨득 황제는 무덤에 왕실 극장까지 만들어 여가를 즐겼다).

하지만 뜨득 황제의 삶이 행복했던 것은 아니다. 장남을 제치고 왕위를 계승했기 때문에 치열한 형제 간의 권력 다툼을 벌여야 했고, 응우옌 왕조에 반기를 든 쿠데타도 여러 차례 진압해야 했으며, 프랑스와 여러 차례 전투를 치르며 국가와 왕권을 지켜내야 했다(1862년 프랑스는 남부 베트남을 코친차이나라고 칭하고 사이공을 수도로 삼아 통치를 시작했다). 하지만 무엇보다 황제를 슬프게 했던 것은 왕위를 이을 후손이 없었다는 것. 무려 104명의 왕비를 거느렸으나 후사를 보지 못하고, 사촌 형제의 아들을 양자로 입양해 왕권을 물려줘야 했다.

뜨득 황제릉은 1864년부터 1867년까지 3년에 걸

화겸전의 입구에 해당하는 겸궁문

티에우찌 황제릉

뜨득 황제릉의 인공 호수, 유겸호

쳐 조성되었다. 12헥타르(약 3만 6,000평)에 이르는 면적에 인공 연못과 정자를 포함해 50여 개의 구조물로 이루어진 것이 뜨득 황제의 '무덤'이다. 무덤을 건설하는 동안 엄청난 재정과 노동력 낭비를 탓하며 반란이 일어나기도 했다고 한다. 기존의 황제릉 건축 양식을 파괴해 인공 연못을 전면에 배치하고, 호수 옆으로 황제의 위패를 모신 사당을 건설했다. 뜨득 황제릉을 '겸릉謙陵'이라고 칭했는데, 호사스러운 무덤의 규모와 달리 겸손하다는 의미로 황제릉 내부의 모든 건물들은 '겸謙' 자를 사용해 이름을 지었다고 한다.

뜨득 황제릉은 남동쪽 출입문인 무겸문(務謙門) Vu Khiêm Mon을 통해 드나든다. 묘역에 들어서면 인공 호수인 유겸호(流謙湖) Hồ Lưu Khiêm가 가장 먼저 보인다. 호수 가장자리에는 충겸사(沖謙榭) Xung Khiêm Tạ와 유겸사(愈謙榭) Dũ Khiêm Tạ라고 칭한 두 개의 정자를 만들었다. 호수와 정자는 낭만적이고 시적인 분위기로 문학가이자 철학가이기도 했던 황제의 성격을 대변해준다. 호수 왼쪽에 있는 3단으로 구성된 계단을 오르면 겸궁문(謙宮門) Khiêm Cung Môn이 나온다. 출입문을 들어서면 궁전처럼 생긴 화겸전(和謙殿) Điện Hoà Khiêm이 나온다.

황제와 황후의 위패를 모신 사당으로, 뜨득 황제가 생전에 무덤을 찾았을 때 집무실로 사용했다고 한다. 내부에는 황제가 행차하던 당시 상황을 묘사한 그림이 걸려 있다. 화겸전 뒤쪽에는 황제의 침전으로 사용되던 양겸전(良謙殿) Điện Lương Khiêm이 있다. 현재는 뜨득 황제의 어머니 위패를 모신 사당으로 변모했다.

뜨득 황제의 봉분(무덤)이 있는 곳은 인공 호수를 끼고 북쪽으로 더 들어가야 한다. 일렬로 세운 문관과 무관 석상(뜨득 황제는 키가 작았기 때문에, 황제에게 예를 갖추는 석상들도 다른 황제릉에 비해 작다. 신하들이 황제보다 클 수는 없는 법!)이

뜨득 황제의 위패를 모신 화겸전

공덕비를 감싸고 있는 석조 누각

뜨득 황제의 무덤으로 여겨지는 봉분

보이면 봉분과 가까워졌다는 증거. 여기서부터는 다른 황제릉과 동일한 구조다.

석상 다음에는 황제의 업적을 기록한 공덕비를 세웠다. 하지만 후대의 황제가 전대의 황제의 업적을 기록했던 것과 달리 뜨득 황제는 자신의 공덕비를 직접 썼다. 아들을 보지 못한 탓에 그의 업적을 기록할 사람도 없다고 생각했다고 한다. 그래서인지 단순히 업적만 기록하지 않고 재위 기간에 있었던 불행과 실수, 질병에 대해서도 회고했다고 한다. 또 다른 진기록은 공덕비의 크기인데, 베트남에서 가장 큰 것으로 무게가 무려 200톤에 달한다(500km나 떨어진 곳에서 돌을 옮겨와야 했으니 무덤 건설 중에 폭동을 일으킬 만도 했다!).

공덕비 뒤쪽에 있는 반원형의 작은 연못인 소겸지(小謙池) Tiểu Khiêm Trì를 지나면 성벽으로 둘러쳐 있는 봉분이 나온다. 봉분은 높이 2.5m, 둘레 300m 크기이다. 하지만 많은 역사학자들은 이곳이 실제 무덤이 아닐 것이라고 주장한다. 후에 어딘가에 묻혀 있을 것으로 예상하고 있으나, 정확히 어디에 매장되었는지는 아직 발굴하지 못하고 있다. 도굴을 우려한 뜨득 황제는 자신이 묻힐 곳을 철저하게 비밀에 붙였다고 한다. 공사에 참여한 200여 명의 신하는 '무덤' 완성과 함께 황제에 의해 교수형에 처해졌다고 한다.

동칸 황제릉
Tomb of Emperor Dong Khanh ★★
Lăng Đồng Khánh

Map P.354-A1

운영 매일 07:00~17:00 **요금** 5만 VND **가는 방법** 시내에서 남쪽으로 7km 떨어져 있다. 뜨득 황제릉 입구를 바라보고 오른쪽으로 800m 더 들어가면 포장도로 끝에 있다.

응우옌 왕조의 9대 황제인 동칸 황제(재위 1885~1889년)가 묻힌 곳으로 사릉(思陵) Tư Lăng이라고 불린다. 동칸 황제는 25살이라는 어린 나이에 사망했고, 4년이라는 짧은 집권 기간 때문에 황제릉의 규모가 작다.
일반적인 황제릉과 달리 사당과 묘역을 두 개의 구역으로 구분해 놓았다. 황제와 황후의 위패를 모신 응희전(凝禧殿) Điện Ngưng Hy은 궁전처럼 성벽에 둘러싸여 있다. 응희전 좌우에는 황제가 사용하던 유물들을 보관한 건물이 있다. 요체를 매장한 무덤은 응희전 뒤쪽에 별도로 만들었다. 문관과 무관 석상이 황제릉을 호위하고 있는 것은 동일하지만 무덤은 둥그런 모양의 봉분이 아닌, 직사각형 형태로 만들어 동양적인 색채를 배제했다. 이때부터 황제릉 건축에 유럽 양식을 가미했다고 한다.
참고로 아들이 없던 뜨득 황제가 동칸을 양자로 입양하며 운 좋게 황제의 자리에 올랐다. 1880년 대는 프랑스령 인도차이나 건설이 완성하던 시기다. 황제들도 프랑스의 입맛에 맞게 추대했는데, 황제를 옹립하기 위한 조정 대신들의 계파 싸움에 희생되거나 프랑스에 반기를 들 경우 가차 없이 폐위되거나 독살되며 황제들이 끊임없이 교체되었다. 뜨득 황제의 뒤를 이었던 5대 황제 죽득 Dục Đức은 3일 만에, 6대 황제 히엡호아 Hiệp

Hòa는 5개월 만에, 7대 황제 끼엔푹 Kiến Phúc은 8개월 만에 물러나야 했다.
후대 황제들이 수시로 교체되었던 시기를 보냈고, 묘역도 여러 차례 증축되었기 때문에 규모가 작은 동칸 황제릉을 완공하기까지 무려 35년이 걸렸다고 한다.

카이딘 황제릉
Tomb of Emperor Khai Dinh ★★★★
Lăng Khải Định

Map P.354-A2

운영 매일 07:00~17:30 **요금** 15만 VND **가는 방법** 후에 시내에서 남쪽으로 10km 떨어져 있다. 민망 황제릉을 지나서 동쪽으로 4km 더 간다. 흐엉 강변에서 떨어져 있어서 보트보다는 차나 오토바이를 타고 가는 게 편하다. 자전거를 타고 가기에는 거리가 너무 멀다.

응우옌 왕조의 12대 황제인 카이딘 황제(재위 1916~1925년)가 묻힌 곳으로 응릉(應陵) Ứng Lăng이라고 부른다. 카이딘 황제가 살아 있을 때인 1920년부터 건설하기 시작해 승하 후 6년이 지난 1931년에 완공되었다. 다른 황제릉에 비해 파격적인 건축 양식으로 인해 눈길을 끈다.
친(親) 프랑스 정책을 유지했던 황제답게 동서양

카이딘 황제릉 내부의 계성전

동칸 황제릉

파격적인 양식의 카이딘 황제릉

동서양의 양식이 혼재된 카이딘 황제릉

한적한 바닷가를 간직한 랑꼬 해변

의 양식을 융합해 무덤을 건설했다. 목조 건축이 아니라 콘크리트를 사용해 만들었으며, 고딕 양식, 바로크 양식, 중국(청나라) 양식, 힌두 사원 양식이 혼재해 있다. 도자기와 유리를 이용한 모자이크 공예도 눈길을 끈다. 건축적인 완성도를 높이기 위해 프랑스·중국·일본 등에서 건축 자재를 수입해 왔을 정도다.

카이딘 황제릉은 산기슭에 만들었기 때문에 구조도 독특하다. 모두 127개의 계단을 이용해 층을 높여가며 무덤을 건설했다. 매표소를 지나 계단을 오르다 보면 커다란 패방이 눈에 띈다. 용 조각이 기둥을 휘감고 있는데 나무가 아닌 콘크리트로 만들어 독특하다. 패방 안쪽에는 황제릉을 지키는 문관과 무관, 코끼리와 말 석상(카이딘 황제릉에서 유일한 석조 조각이다)이 두 줄로 연속해 있다. 석상 끝에는 카이딘 황제의 업적을 적은 공덕비가 있다. 콘크리트로 만든 8각형 2층 건물 안에 보관되어 있다.

계단을 더 오르면 황제의 묘역에 해당하는 천정궁(天定宮) Cung Thiên Định이 나온다. 용이 조각된 계단과 사원 모양의 외관은 다분히 동양적이지만, 외벽은 섬세한 로코코 양식으로 우아하게 장식했다. 묘역 안으로 들어서면 화려함의 극치를 보여준다. 형형색색의 도자기와 유리를 이용한 모자이크 공예로 내부를 꾸몄다. 바닥은 꽃을 장식했고, 천장은 9마리의 용이 구름을 휘감고 있다. 이밖에도 다양한 풍경과 문양을 장식했다.

카이딘 황제의 유체를 안치한 방은 계성전(啓成殿) Điện Khải Thành이라고 부른다. 대좌에 앉아 있는 카이딘 황제 청동 동상을 세워 실제 궁전처럼 꾸몄다. 도굴을 방지해 가묘(假墓)를 만들었던 다른 황제릉과 달리 유체를 무덤 내부에 직접 안

치했다고 한다. 카이딘 황제의 흑백사진도 전시되어 있다.

Map P.304-A4

랑꼬 해변 ★★★
Lang Co Beach
Bãi Biển Lăng Cô

주소 Huyện Phú Lộc, Tỉnh Thừa Thiên-Huế 가는 방법 후에에서 남쪽으로 90㎞. 다낭에서 북쪽으로 35㎞ 떨어져 있다. 다낭과 후에를 오가는 기차가 랑꼬 역을 경유한다.

다낭에서 하이번 고개(P.318)를 넘자마자 오른쪽에 보이는 아름다운 풍경이 바로 랑꼬 해변이다. 산이 병풍처럼 받치고 있고 반원을 그리며 둥글게 생긴 모래해변과 바다가 그림처럼 어울린다. 10㎞에 이르는 랑꼬 해변은 바다와 연결된 내륙의 석호(라군 lagoon)가 감싸고 있어 반도처럼 생겼다(멀리서 보면 섬처럼 보인다).

랑꼬 마을을 중심으로 한적한 어촌 마을 풍경이 펼쳐진다. 해변은 3~9월까지 수영에 적합한 온도이지만, 겨울에는 영상 10℃ 아래도 떨어진다. 8월 말부터 11월까지는 비가 자주 오고 파도가 높다. 거리는 다낭과 가깝지만 행정구역상으로는 후에(훼)에 속해 있다. 해변의 아름다움에 비해 아직까진 관광산업이 크게 발달하지는 않았다.

반얀 트리 리조트 Banyan Tree Resort(홈페이지 www.banyantree.com/vietnam/lang-co)와 앙싸나 리조트 Angsana Resort(홈페이지 www.angsana.com/vietnam/lang-co)에서 럭셔리한 5성급 리조트를 오픈하며 변화를 꾀하고 있다.

후에 요리하면 궁중 요리를 떠올리기 쉽지만, 실제로는 정성 가득한 가정 요리가 보편적입니다. 궁중에 음식을 만들던 지방이라 음식 재료의 맛을 최대한 살려서 요리하는 것이 특징이에요. 베트남의 주요 사원들도 후에에 있었기 때문에 사찰 음식의 영향을 받아 단순하면서도 정갈합니다. 매콤한 쌀국수인 '분보후에'는 후에를 방문한 사람이라면 누구나 맛봐야 하는 명물 요리입니다.

분보후에(분보훼)

분보후에(분보훼) Bún Bò Huế

후에 스타일로 요리한 '분보(소고기 국수)'라는 뜻으로 가장 대중적인 음식이다. 소고기 뼈로 육수를 내며 칠리 오일을 첨가해 매콤한 맛이 난다. 돼지 족발을 함께 넣어 육수를 우려내기도 한다. 면발이 가느다란 '분'을 넣어 쌀국수를 완성한다.

껌헨

껌헨 Cơm Hến

후에 지방에서 맛볼 수 있는 유명한 국밥이다. 흐엉 강에서 채취한 가막조개를 넣어 만들기 때문에 껌헨 쏭흐엉 Cơm Hến Sông Hương 이라고도 불린다. 밥에 가막조개, 레몬그라스, 바나나 줄기, 땅콩, 튀김, 참깨, 생강, 허브, 칠리소스 등의 고명을 얹은 다음, 가막조개를 끓인 국물을 부어서 먹는다. 밥 대신 면을 이용하면 '분헨 Bún Hến'이 된다.

껌쎈

껌쎈 Cơm Sen

밥(껌)과 연꽃(쎈)이란 뜻이다. 연꽃 열매와 채소, 밥을 넣어 만든 연꽃밥이다. 연꽃 열매 볶음밥을 연꽃잎에 싸서 스팀에 쪄서 내올 경우 껌헙라쎈 Cơm Hấp Lá Sen이라고 한다.

넴루이 후에

넴루이 후에 Nem Lụi Huế

넴느엉 Nem Nướng의 후에 버전이다. 대나무 또는 사탕수수 줄기에 다진 돼지고기를 둥글게 뭉쳐서 숯불에 굽는다. 넴루이를 적당히 잘라서 라이스페이퍼(반짱)에 야채, 허브, 마늘, 분(면)을 함께 싸서 먹기도 한다.

보라롯

보라롯 Bò Lá Lốt

'보 Bò'는 소고기, '라롯 Lá Lốt'은 베텔 Betel 잎을 의미한다. 다진 소고기를 숯불에 굽는 것은 팃보느엉 Thịt Bò Nướng과 같지만, 베텔 잎에 감싸서 굽기 때문에 향긋한 향이 배어 있다.

반코아이

반코아이(바잉코아이) Bánh Khoái

반쎄오 Bánh Xèo와 동일하지만 크기가 작고 두툼하다. 베트남식 팬케이크로 새우와 숙주나물을 넣는다. 자그마한 프라이팬에 기름을 넣고 살짝 튀기듯 만든다.

반베오

반람잇

반봇롯

반베오(바잉베오) Bánh Bèo

'반(또는 바잉)'은 쌀을 이용해 만든 케이크 종류이다. 반베오는 작은 접시에 쌀 반죽과 다진 새우를 넣고 스팀에 찐 것이다. 푸딩과 떡의 중간인데 작은 수저로 떠먹으면 된다.

반람잇(바잉람잇) Bánh Ram Ít

반베오와 비슷하나 쌀 반죽을 찌는 게 아니고, 쌀 튀김 위에 달달한 점병을 바르고 다진 새우를 올린다. 쌀과자 튀김과 비슷하다.

반봇록(바잉봇록) Bánh Bột Lọc

바나나 잎에 파티오카 전분과 새우를 넣고 찐 음식. 바나나 잎의 향과 파티오카의 쫄깃함이 잘 어울린다. 다진 새우와 돼지고기를 함께 넣으면 '반넘(바잉넘) Bánh Nậm'이 된다.

Restaurant

후에의 레스토랑

응우옌 왕조의 왕궁이 있는 구시가는 개발이 제한적이므로 서민적인 현지 레스토랑이 많고, 여행자 숙소가 몰려 있는 신시가에는 외국인 여행자들을 위한 레스토랑이 많다.

분보투이 ★★★☆
Bún Bò Thủy

Map P.338-A1 **주소** 24 Nguyễn Công Trứ **메뉴** 베트남어 **영업** 05:00~13:00 **예산** 4만~5만 VND **가는 방법** 응우옌꽁쯔 거리 24번지에 있다.
현지인에게 인기 있는 로컬 식당으로 오전에만 장사한다. 그늘진 건물 1층의 공터에 철제 테이블이 가득 놓여있다. 한쪽은 주차장으로 사용된다. 메뉴는 분보후에 한 가지로 고기 종류를 선택해 주문하면 된다. 소고기를 넣으면 분보 Bún Bò, 돼지고기를 넣으면 분헤오 Bún Heo가 된다. 외국인이 방문하면 영어 메뉴판을 가져다준다.

락탄 & 락티엔 ★★☆
Lac Thanh & Lac Thien

Map P.337-D3 **주소** 6A Đinh Tiên Hoàng **전화** 0234-3524-674 **영업** 매일 08:00~21:00 **메뉴** 영어, 베트남어 **예산** 5만~9만 VND **가는 방법** 구시가 트엉뜨몬 Thương Tứ Môn 앞의 딘띠엔호앙 거리에 있다.
구시가에 있는 로컬 레스토랑이다. 여행 책자에 소개돼 외국인 여행자들에게 잘 알려져 있다. '반코아이' 같은 후에 요리를 포함해 기본적인 베트남 음식을 요리한다. 음식량은 적은 편이다. '락탄'은 주인장이 청각 장애인이므로 주문하고 계산할 때 보디랭귀지를 이용해야 한다.

후에 티 로스터 카페
HÚE T. Roaster Cafe
★★★★

Map P.338-A3 주소 Hém 10 Bến Nghé 홈페이지 www.facebook.com/hue.troaster 영업 07:00~22:30 메뉴 영어, 베트남어 예산 3만~4만 5,000VND 가는 방법 벤응에 거리 10번지 골목 안쪽에 있다.

골목 안쪽에 있지만 3층짜리 건물로 루프톱을 포함해 공간에 따라 각기 다른 분위기를 연출한다. 로스팅을 직접 해 다양한 커피를 만들어 내는 것이 특징. 열대 과일과 요거트 등을 배합한 창의적인 커피도 맛볼 수 있다.

꽌안 안떰 Quán Ăn An Tâm
★★★★

Map P.338-A1 주소 3 Kiệt 33 Nguyễn Công Trứ 홈페이지 www.facebook.com/QUANANANTAM/ 메뉴 베트남어 예산 4만~8만 5,000VND 가는 방법 응우옌꽁쯔 거리 33번지 골목 안쪽으로 50m.

식당이라기보다는 시골에 있는 오래된 가정집을 연상시킨다. 테이블 몇 개가 옹기종기 놓여있는데, 주인장이 친절하게 손님을 맞고 정성스럽게 음식을 만든다. 분보후에, 넴루이, 반베오, 반록, 반잠잇 같은 후에 전통 음식이 많은 편이다. 주문지(종이)에 원하는 음식을 체크해야 하는데, 외국인이 방문하면 음식 사진을 보여주며 주문을 도와준다.

메종 짱 Maison Trang
★★★☆

Map P.338-A1 주소 24/26 Võ Thị Sáu 홈페이지 www.facebook.com/MaisonTrangres 영업 08:00~22:30 메뉴 영어, 베트남어 예산 4만~6만 VND 가는 방법 보티써우 거리 26번지 골목 끝에 있다.

'로컬 푸드 레스토랑'이라고 영어로 적혀 있는 식당. 가정집 분위기로 에어컨은 없다. 외국 관광객들이 즐겨 찾는 곳이라 음식에 향신료가 적게 들어간다. 후에 전통 요리를 저렴하게 즐길 수 있다. 밥과 반찬을 한 접시에 담아주는 채식 메뉴도 있다.

꽌 한(한 레스토랑)
Quán Hạnh(Hanh Restaurant)
★★★☆

Map P.338-B2 주소 11 Phó Đức Chính 전화 0234-3833-552 영업 10:00~21:00 메뉴 영어, 베트남어 예산 6만~15만 VND 가는 방법 벤응에 Bến Nghé 거리와 쩐꽝카이 Trần Quang Khải 거리 사이에 있는 좁은 골목(포득찐 Phó Đức Chính)에 있다.

골목 안쪽에 있는 저렴한 서민 식당이다. 넴루이, 반코아이, 반베오 같은 후에(훼) 음식을 요리한다. 각종 채소와 함께 라이스페이퍼에 싸서 먹으면 된다. 다섯 가지 후에 음식을 맛볼 수 있는 세트 메뉴도 있다. 에어컨은 없지만 리모델링해서 규모도 커지고 깨끗해졌다. 현지 가이드들이 손님이 데리고 올 정도로 유명하다.

리엔 호아 Lien Hoa
★★★☆

Map P.338-B3 주소 3 Lê Quý Đôn 전화 0234-3816-884 영업 매일 07:00~21:00 메뉴 영어, 베트남어 예산 4만~9만 VND 가는 방법 레뀌돈 거리의 도립 도서관을 바라보고 왼쪽에 있다.

후에에서 유명한 채식 전문 레스토랑이다. 사찰 음식에서 힌트를 얻어 심플하면서도 건강한 식단을 꾸린다. '껌 디아 Cơm Đia(밥과 반찬을 접시 하나에 담아주는 덮밥)'와 '껌 펀 Cơm Phần(밥과 세 종류의 반찬, 국물이 곁들여진 세트 요리)'이 인기 메뉴다. 고풍스러운 분위기와 저렴한 가격으로 인해 현지인들에게 매우 인기가 높다.

마담 투 Madam Thu
★★★☆

Map P.338-A2 주소 45 Võ Thị Sáu 전화 0234-368-1969, 0905-126-661 홈페이지 www.madamthu.com 영업 09:00~22:00 메뉴 영어, 베트남어 예산 6만~15만VND 가는 방법 보티싸우거리 45번지에 있다.

여행자 거리에 있는 외국 관광객을 위한 레스토랑이다. 반코아이, 반베오, 넴루이를 포함한 후에 전통 음식을 요리한다. 스프링 롤과 분팃느엉(고기 비빔국수) 같은 단품 메뉴도 있다. 여러 명이 갈 경우 네 종류의 음식+디저트+음료로 구성된 세트 메뉴(16만 VND)를 주문해도 된다. 외국인 입맛에 부담 없게 요리해 준다. 가까운 거리에 있는 2호점 Madam Thu 2(주소 4 Võ Thị Sáu)은 고풍스러운 분위기의 목조 가옥으로 규모도 크다.

니나 카페 Nina's Cafe ★★★☆

Map P.338-B3 주소 16/34 Nguyễn Tri Phương 전화 0234-3838-636 영업 매일 09:00~21:00 메뉴 한국어, 일본어, 영어, 베트남어 예산 8만 ~18만 VND 가는 방법 응우엔찌프엉 거리에 있는 빈즈엉 1 호텔(써니 호텔) Bình Dương 1 Hotel(Sunny Hotel) 골목 끝자락에서 다시 오른쪽 골목 안쪽으로 30m 들어간다.

여행자들 사이에서 친절하기로 소문난 곳이다. 골목 안쪽의 가정집 마당에 만든 소박한 레스토랑으로 베트남 가족이 운영한다. 저렴하고 맛좋은 가정식 베트남 요리를 맛볼 수 있다. 술안주로도 좋은 '넴루이 Nem Lụi'도 인기 있다.

라 까람볼 La Carambole ★★★

Map P.338-A1 주소 18 Võ Thị Sáu 전화 0234-3810-491 영업 매일 08:00~23:00 메뉴 영어, 베트남어 예산 12만~21만 VND 가는 방법 보티싸우 거리 18번지에 있다.

여행자 거리에서 인기 있는 레스토랑이다. 프랑스·베트남 커플이 운영하는 곳으로 동서양의 음식이 적절히 조화를 이룬다. 여러 가지 음식을 동시에 맛볼 수 있는 세트 메뉴가 다양하다. 외국인 입맛에 맞추다보니 음식맛이 예전 같지 않다고 불평하는 사람도 있다.

디엠지 바 & 레스토랑 ★★★★
DMZ Bar & Restaurant

Map P.338-A2 주소 60 Lê Lợi 전화 0234-3993-456 홈페이지 www.dmz.com.vn 영업 07:00~24:00 예산 맥주 2만 5,000~7만 VND, 메인 요리 8만~23만 VND 메뉴 영어, 베트남어 가는 방법 레러이 거리와 팜응우라오 Phạm Ngũ

Lão 거리가 만나는 삼거리 코너에 있다.

1994년 개업을 시작으로 지금까지 변함없는 인기를 누린다. 군용 드럼통으로 외부를 장식했고, 식당 내부 1층 천장에는 DMZ(비무장 지대)를 지도처럼 재현해 놓았다. 베트남 음식, 버거, 피자, 파스타, 스테이크까지 메뉴가 다양하다. 커피가 포함된 아침식사(07:00~10:30) 메뉴도 있다. 맥주와 칵테일도 다양하다.

레 자뎅 데 라 까람볼 ★★★★
Les Jardins de La Carambole

Map P.336-C3 주소 32 Đặng Trần Côn 전화 0234-3548-815 홈페이지 www.lesjardinsdela carambole.com 영업 10:00~21:00 메뉴 영어, 베트남어 예산 18만~44만 VND 가는 방법 왕궁 입구에 해당하는 응오몬을 바라보고 왼쪽으로 500m 떨어져 있다. 왕궁 왼쪽 끝에서 우회전해서 레후언 Lê Huân 거리가 나오면 첫 번째 골목 (Đặng Trần Côn)에서 좌회전해서 50m 들어간다.

후에의 대표적인 고급 레스토랑이다. 성벽 안쪽의 구시가에 있는 콜로니얼 건축물을 레스토랑으로 사용한다. 1915년에 만들어진 건물을 완벽하게 복원했다. 프랑스 음식과 베트남 음식을 요리한다. 프랑스 음식 메뉴는 많지 않아 정통 프랑스 음식점이라고 하기는 부족하다. 후에 전통 음식을 포함한 베트남 음식이 깔끔하다.

워킹 스트리트 Walking Street ★★★☆

Map P.338-A2 주소 Phố Đi Bộ Huế 운영 18:00~24:00 메뉴 영어, 베트남어 예산 맥주 2만~5만 VND 가는 방법 쭈반안 거리 Chu Văn An, 보티싸우 거리 Võ Thị Sáu, 팜응우라오 거리 Phạm Ngũ Lão 일대에 워킹 스트리트가 형성된다.

신시가 일부를 통제해 저녁에는 보행자 전용 도로로 만든다. 외국 여행자들이 즐겨 가는 레스토랑과 펍이 많은 지역답게 나이트라이프의 중심이 되는 곳이다. 디엠지 바 DMZ Bar, 와이 낫 바 Why Not? Bar, 따벳 Tà Vẹt, 912 팩토리 바 912 Factory Bar가 유명하다.

Hotel

후에의 호텔들은 흐엉 강 오른쪽의 신시가에 몰려 있다. 에어컨 시설을 갖춘 저렴한 숙소들은 US$15~20에 숙박이 가능하다. 후에는 여름에 덥기 때문에 에어컨 시설의 숙소가 필요하지만, 겨울에는 생각보다 쌀쌀하기 때문에 온수 샤워가 더 중요하다.

후에 니노 호텔 Hue Nino Hotel ★★★☆

Map P.338-A1 주소 Kiệt 14 Nguyễn Công Trứ 전화 0234-6252-171, 0234-3822-064 홈페이지 www.hueninohotel.com 요금 더블 US$20~30(에어컨, TV, 냉장고, 개인욕실, 아침식사) 가는 방법 응우옌꽁쯔 거리 14번지 골목 안쪽으로 100m 더 들어간다. 골목 끝에 있다.

골목 안쪽에 있어서 찾기 힘들지만, 청결하고 직원들이 친절해서 인기가 높다. 객실은 넓지 않지만 아늑하다. 침구와 욕실 상태가 깔끔하다. 모든 객실은 에어컨 시설과 TV, 냉장고를 갖추고 있다. 아침식사를 제공한다.

타임스 호텔 The Times Hote ★★★☆

Map P.338-B1 주소 29 Kiệt 42 Nguyễn Công Trứ 전화 0234-3836-569 요금 더블 US$15~20, 트리플(3인실) US$25, 패밀리 룸 US$29~33(에어컨, 개인욕실, TV, 냉장고, 아침식사) 가는 방법 응우옌꽁쯔 거리 42번지 골목에 있다.

저렴한 여행자 호텔로 신시가의 중심가와 가까우면서도 조용한 골목에 있다. 주변의 비슷한 시설의 미니 호텔에 비해 규모가 큰 편이다. 하얀색의 건물과 하얀색 타일이 깔린 객실이 깨끗하게 관리되고 있다. 더블 침대 두 개가 놓여있는 패밀리 룸도 있다.

호텔 라 펄 Hotel La Perle ★★★☆

Map P.338-B2 주소 Số 24 Kiệt 42 Nguyễn Công Trứ 전화 0234-3816-678 홈페이지 www.hotellaperlehue.com.vn 요금 이코노미 더블

US$28, 슈퍼리어 더블 US$30, 딜럭스 US$32(에어컨, 개인욕실, TV, 냉장고, 아침식사) 가는 방법 응우옌꽁쯔 거리 42번지 골목 안쪽에 있다.

좁고 어둑한 골목에 있어 위치는 불편하지만 가성비가 좋은 2성급 호텔이다. 자유 여행자들이 선호하는 호텔로 친절한 것이 매력이다. 객실은 에어컨, LCD TV, 냉장고를 갖춘 기본적인 시설이다. 기본적인 아침 식사가 포함되며, 무료로 제공되는 음료와 과일을 항상 비치하고 있다. 28개 객실을 운영하는 소규모 호텔이라 친절하다.

오키드 호텔 Orchid Hotel ★★★★

Map P.338-A2 주소 30A Chu Văn An 전화 0234-3831-177~8 홈페이지 www.orchidhotel.com.vn 요금 슈퍼리어 US$40, 딜럭스 US$52, 패밀리 US$64 가는 방법 쭈반안 거리의 트로피컬 가든 레스토랑 Tropical Garden Restaurant 맞은편에 있다.

18개의 객실을 보유한 미니 호텔이지만 시설과 서비스가 좋다. 청결함과 친절함이 인기의 비결이다. LCD TV와 DVD, 컴퓨터까지 비치해 현대적인 시설로 꾸몄다. 원형 침대와 자쿠지를 갖춘 로맨틱 룸도 있다. 모든 객실은 금연실로 운영된다. 뷔페식 아침식사를 제공한다.

로맨스 호텔 Romance Hotel ★★★☆

Map P.338-B2 주소 16 Nguyễn Thái Học 전화 0234-3898-888 홈페이지 www.romancehotel.com.vn 요금 슈퍼리어 US$60~70, 딜럭스 시티 뷰 US$85 가는 방법 여행자 거리와 가까운 응우옌타이혹 거리에 있다. 리틀 이탈리 Little Italy 레

스토랑 옆에 있다.

113개 객실을 운영하는 4성급 호텔이다(3성급 정도의 수준이다). 새롭게 만든 호텔이라 시설이 깨끗하다. 나무 바닥과 LCD TV, 욕조가 딸린 개인욕실, 샤워 가운, 전기포트, 헤어드라이어까지 전형적인 호텔 객실 설비를 갖추고 있다. 강변이 아닌 시내 중심가에 있어 방에서 도시 풍경이 보인다. 조식 뷔페가 포함된다. 옥상에 야외 수영장이 있다.

문 라이트 호텔
Moonlight Hotel Hue
★★★★

Map P.338-A2 주소 20 Phạm Ngũ Lão 전화0234-3979-797 홈페이지 www.moonlighthue.com 요금 딜럭스 시티 뷰 US$72, 딜럭스 리버 뷰 US$85(에어컨, 개인욕실, TV, 냉장고, 아침식사) 가는 방법 팜응우라오 거리 20번지에 있다.

여행자 시설 밀집 지역에 있어 위치가 좋고 시설이 깨끗하며, 나무 바닥 객실은 아늑하다. 낮은 층은 슈피리어 룸으로 특별한 전망은 없다. 딜럭스 룸은 시티 뷰와 리버 뷰가 있고, 높은 층일수록 전망이 좋다. 꼭대기 층의 식당에선 주변 풍경을 감상할 수 있다. 옥상에 야외 수영장이 있다. 주변에 술집이 많아 시끄러울 수 있다.

멜리아 빈펄 호텔
Melia Vinpearl Hotel
★★★★☆

Map P.338-B3 주소 50A Hùng Vương 전화 0234-3688-666 홈페이지 www.www.melia.com 요금 딜럭스 트윈 US$85~110(에어컨, 개인욕실, TV, 냉장고, 아침시사) 가는 방법 훙브엉 거리 50번지. 빈콤 플라자 쇼핑몰 옆에 있다.

5성급 호텔이 부족했던 후에에 등장한 현대적인 호텔이다. 스페인 호텔 회사인 멜리아가 인수하면서 빈펄 호텔에서 멜리아 빈펄 호텔로 바뀌었다. 후에 중심가에 전면이 통유리로 둘러진 고층 건물이 들어서 눈길을 끈다. 주변에 높은 건물이 없어 객실에서의 전망이 뛰어난 게 특징이다. 모두 213개 객실을 운영하며 수영장과 피트니스, 스파, 스카이라운지 등 부대시설도 잘 갖췄다. 빈콤 플라자와 접해 있어 쇼핑하기도 편리하다.

호텔 사이공 모린
Hotel Saigon Morin
★★★★☆

Map P.338-A4 주소 30 Lê Lợi 전화 0234-3823-526 홈페이지 www.morinhotel.com.vn 요금 콜로니얼 딜럭스 US$105, 리버 딜럭스 US$140 가는 방법 짱띠엔교 앞의 레러이 거리와 훙브엉 거리가 교차하는 사거리에 있다.

후에 신시가에서 눈에 가장 잘 띄는 호텔이다. 프랑스 식민지배 시기이던 1901년에 건설한 전형적인 콜로니얼 건물이다. 기본 객실에 해당하는 콜로니얼 딜럭스는 40㎡로 동급 호텔에 비해 월등히 넓다. 후에에서 가장 오래된 호텔로 이정표 역할을 한다. 모두 198개의 객실을 운영하는 대형호텔로 야외 수영장을 갖추고 있다.

아제라이 라 레지던스
Azerai La Residence
★★★★☆

Map P.337-D4 주소 5 Lê Lợi 전화 0234-3837-475 홈페이지 www.azerai.com 요금 슈피리어 US$180~210, 딜럭스 US$230~260 가는 방법 레러이 거리 초입에 있다. 기차역에서 도보 5분.

호텔 사이공 모린이 올드 클래식이라면, 아제라이 라 레지던스는 모던 클래식에 해당한다. 인도차이나 총독이 살던 콜로니얼 건축물을 개조해 호텔로 사용한다. 우아한 건축물을 아트 데코 디자인으로 꾸며 모던함을 강조했다. 넓은 정원과 수영장을 중심으로 두 동의 건물이 들어서 있다.

임페리얼 호텔 Imperial Hotel
★★★★☆

Map P.338-A3 주소 8 Hùng Vương 전화 0234-3882-222 홈페이지 www.imperial-hotel.com.vn 요금 딜럭스 US$120~140, 주니어 스위트 US$160~210 가는 방법 훙브엉 거리와 쩐까오 번 거리가 교차하는 사거리에 있다.

후에에 등장한 '최초의 5성급 호텔'이다. 신시가 한복판에 우뚝 솟은 호텔은 웅장한 로비와 럭셔리한 객실까지 현대적인 시설을 자랑한다. 딜럭스 룸은 36㎡로 객실의 위치에 따라 시티 뷰 City View와 리버 뷰 River View로 구분된다.

베트남을 통일한 최초의 왕조이자 베트남의 마지막 봉건 왕조입니다. 응우옌푹안 Nguyễn Phúc Ánh(阮福暎)이 베트남 전역을 통일하고 스스로를 자롱(嘉隆帝) Gia Long이라고 칭하며 응우옌 왕조를 창시했습니다.

자롱(야롱)은 자딘(嘉定) Gia Định(사이공의 옛 이름, 오늘날의 호찌민시)과 탕롱(昇龍) Thăng Long(오늘날의 하노이)에서 한 글자씩 따온 것으로 통일된 나라의 군주임을 천명한 것이다. 자롱 황제는 새로운 나라를 건설하며 국호도 다이비엣(大越) Đại Việt에서 비엣남(越南) Việt Nam으로 개명했다. 자롱 황제는 후에를 수도로 삼아 왕궁을 건설하고, 국자감을 통해 관료를 선출했다. 수도 건설과 편제는 중국(청나라)을 모델로 삼았으며, 유교 사상에 기반을 둔 절대적인 왕권 정치를 시행했다. 하지만 프랑스 군대의 도움을 받아 국가를 설립했기에, 프랑스로부터 제기된 개항과 가톨릭 개종에 대해 상반된 이견을 보이며 대립하기 시작했다. 자롱 황제의 아들인 민망 황제(明命帝) Minh Mạng(재위 1820~1841년)는 철저한 쇄국 정책을 유지했다. 재위 기간 동안 가톨릭으로 개종한 자롱 황제의 손자로 왕권을 교체하려는 반란을 경험하기도 했다. 이는 결과적으로 프랑스에 대한 반감을 강화시켰는데, 프랑스 선교사를 처형하며 외교적인 문제를 야기했다. 민망 황제의 아들인 티에우찌 황제(紹治帝) Thiệu Tri(재위 1841~1847년)는 아버지보다 더

응우옌 왕조 연대표	
1대	· 자롱(嘉隆帝) Gia Long · 재위 1802~1820년
2대	· 민망(明命帝) Minh Mạng · 재위 1820~1841년
3대	· 티에우찌(紹治帝) Thiệu Tri · 재위 1841~1847년
4대	· 뜨득(嗣德帝) Tự Đức · 재위 1847~1883년
5대	· 죽득(育德帝) Dục Đức · 재위 1883년 7월 20일~23일
6대	· 히엡호아(協和帝) Hiệp Hòa · 재위 1883년 7월 30일~11월 29일
7대	· 끼엔푹(建福帝) Kiến Phúc · 재위 1883년 12월 2일~1884년 7월 31일
8대	· 함응이(咸宜帝) Hàm Nghi · 재위 1884년 8월 2일~1885년
9대	· 동칸(同慶帝) Đồng Khánh · 재위 1885~1889년
10대	· 탄타이(成泰帝) Thành Thái · 재위 1889~1907년
11대	· 주이떤(維新帝) Duy Tân · 재위 1907~1916년
12대	· 카이딘(啟定帝) Khải Định · 재위 1916~1925년
13대	· 바오다이(保大帝) Bảo Đại · 재위 1926~1945년 8월 25일

강하게 유교적인 전통을 고수했다. 프랑스 선교사의 입국과 활동을 금지했다는 이유로 프랑스가 자국민 보호와 선교사 석방을 위해 군대를 파견했다. 1843년 프랑스 군대와의 충돌에 이어, 1847년에는 프랑스 군대가 다낭 Đà Nẵng을 침략했다.

티에우찌 황제의 아들인 뜨득 황제(嗣德帝) Tự Đức(재위 1847~1883년) 때까지는 유교적인 전통을 잘 지켜낸 것으로 평가받는다. 하지만 장남이 아닌 차남에게 권력이 승계되면서 반발을 사야 했다. 뜨득 황제는 대대적인 프랑스 배척, 가톨릭 탄압, 선교사 처형을 실행했다. 이는 결과적으로 프랑스의 개항 압력에 굴복하는 계기가 되었다. 프랑스 군대가 1858년에 다낭을 점령했고, 교역확대를 이유로 협정을 맺어 1862년에 남부 3개 성(省)을 양도받게 된다. 1862년 프랑스는 사이공을 수도로 삼아 코친차이나 Cochinchina를 설립하며 공식적인 식민 지배를 시작했다.

뜨득 황제 이후 베트남은 걷잡을 수 없는 혼란을 겪는다. 남부 베트남에 만족하지 못한 프랑스의 개항 요구는 거침이 없었고, 프랑스의 식민지배에 야욕을 드러내며 자신들의 요구를 관철하려 했다. 더군다나

뜨득 황제는 아들을 낳지 못했기에 후계 구도도 복잡해졌다. 조카들을 양자로 삼아 왕위를 계승했으나 1883년부터 1885년까지 2년 동안 5명의 황제가 교체되는 불운을 겪었다. 왕권 찬탈을 노린 섭정들에 의해 독살되거나 프랑스에 반기를 들었다는 이유로 폐위되었다. 죽득 황제(育德帝) Dục Đức는 3일 만에 (최단 기간에 폐위된 황제로 32살의 나이로 감옥에서 굶어 죽었다), 히엡호아 황제(協和帝) Hiệp Hòa는 5개월 만에, 끼엔푹 황제(建福帝) Kiến Phúc는 8개월 만에 폐위되었다.

8대 황제로 추대된 함응이(咸宜帝) Hàm Nghi는 1년도 못되어 폐위되었다. 그는 후에 주둔한 프랑스 군대를 공격했으나, 기울어진 전세를 바꾸기에는 역부족이었다. 결국 프랑스 군대에게 왕궁을 점령당하는 수모를 겪었다. 왕권은 그의 동생인 동칸 황제(同慶帝) Đồng Khánh(재위 1885~1889년)로 넘어갔다. 프랑스 식민지배에 협조적이었던 동칸 황제도 3년이란 짧은 재위 기간을 끝으로 사망했다. 덕분에 그는 흐엉 강변에 황제릉을 건설하는 행운(?)을 얻었다. 참고로 왕궁에서 어렵게 피신한 함응이는 라오스 국경지대에 머물며 프랑스에 대항해 게릴라전을 수행했으나 모든 노력은 실패로 돌아갔고, 1888년에 프랑스령 알제리로 망명했다. 그 사이 프랑스는 통킨 Tonkin(하노이를 수도로 한 베트남 북부 지역)과 안남 Annam(후에를 수도로 한 베트남 중부 지역)까지 손에 넣으며 1887년 10월 17일부로 프랑스령 인도차이나 French Indochina를 설립했다. 이때부터 응우옌 왕조의 황제들은 프랑스의 지배를 받는 인도차이나 연방의 하나인 안남국(安南國)의 통치자로 전락하게 되었다.

10대 황제 탄타이(成泰帝) Thành Thái(재위 1889~1907년)는 베트남 황제 최초로 긴 머리를 잘랐고, 유럽처럼 백성들을 만나 광장 토론을 하는 등 비교적 프랑스 정책에 온건한 입장을 취했다. 어린 나이에 왕위에 올라 프랑스의 철저한 감시를 받고 생활했지만, 결국은 왕궁을 빠져나와 저항 운동을 펼치며 프랑스 식민지배 종식을 꿈꾼다. 프랑스의 심기를 건드린 탄타이 황제는 폐위되고 그의 아들인 주이떤 황제(維新帝) Duy Tân(재위 1907~1916년)가 즉위했다. 주이떤 황제는 제1차 세계대전을 틈타 프랑스 식민 정부 전복을 계획했다는 이유로 왕궁에서 체포되었는데, 어린 나이(당시 17세)를 감안해 교수형이 아닌 유배형에 처해졌다. 아버지인 탄타이 황제와 함께 1916년에 아프리카 남쪽의 인도양에 있는 프랑스령 레위니옹 섬 Reunion Island으로 유배되었다. 탄타이 황제는 1945년 베트남으로 돌아왔으나 가택 연금 상태에서 사이공에서 1954년에 사망했다. 주이떤 황제는 1945년에 베트남으로 회송되던 도중 중앙 아프리카에서 비행기 사고로 사망했다.

프랑스 입맛대로 새롭게 추대한 카이딘 황제(啟定帝) Khải Định(재위 1916~1925년)는 프랑스의 요구 사항을 들어주며 편안한 왕궁 생활을 즐겼다. 베트남 독립 운동가들을 체포했으며, 1922년에는 프랑스를 국빈자격으로 방문하기도 했다. 당시 독립운동을 주도했던 호찌민은 카이딘 황제를 '대나무 용'이라며 프랑스의 얼굴마담 노릇을 하는 그를 비꼬았다고 한다. 카이딘 황제의 아들로 13살의 나이에 즉위한 바오다이 황제(保大帝) Bảo Đại(재위 1926~1945년)는 베트남의 마지막 황제라는 불미스러운 타이틀을 거머쥐게 된다.

제2차 세계대전의 혼란은 베트남도 자유로울 수가 없었다. 독일의 프랑스 침공과 인도차이나에서 프랑스의 영향력이 약해진 틈을 타서 일본의 베트남 침략, 그리고 베트남의 독립선포까지 역사가 빠르게 진행되었다. 결국 8월 혁명을 주도한 호찌민에 의해 바오다이 황제가 1945년 8월 25일에 퇴위하면서 13대째 이어졌던 응우옌 왕조는 막을 내린다(호찌민은 같은 해 9월 2일에 하노이 바딘 광장에서 독립을 선포하고 베트남 민주공화국이 설립되었다). 왕권 회복을 노렸던 바오다이의 모든 노력은 무산되었고, 1955년 프랑스로 망명해 1997년에 파리의 군사병원에서 사망했다. 그의 시신은 본국으로 돌아오지 않고 파리의 빠시 공동묘지 Cimetière de Passy에 묻혀 있다.

Đông Hà & DMZ

동하 & 비무장 지대

베트남을 남북으로 연결하는 1번 국도와 베트남 중부를 동서로 관통하는 9번 국도가 만나는 교통의 요지다. 하노이와 호찌민시를 연결하는 철도가 지나고, 라오스 국경도 가까워 국제버스도 드나든다. 지형적으로 베트남 중앙에 놓인 동하는 1954년 제네바 협정을 통해 베트남이 분단되면서 남부 베트남의 최전방 도시가 되었다. 북위 17°선을 흐르는 벤하이 강 Ben Hai River(Sông Bến Hải)을 따라 군사분계선이 그어졌고, 완충지대인 비무장 지대 DMZ(Demilitarized Zone)가 만들어졌다.

군사 요충지로 변모한 동하를 사이에 두고 군사 보급로를 확보하려는 북부 베트남과 이를 봉쇄하려는 미군(남부 베트남 연합군) 간의 치열한 전투가 벌어졌다. 중부 전선 최대의 격전지였던 케산, 햄버거 힐, 록 파일, 빈목 터널, 호찌민 트레일 이런 이름들이 모두 동하 인근의 비무장 지대에 걸쳐 있었다. 베트남이 통일되고 49년이 흐른 지금, 옛 비무장 지대는 다시 녹음이 우거져 있고, 동하는 수많은 기차와 화물차가 관통하는 교통의 요지로 되돌아와 있다. 도시가 갖고 있는 특별한 매력은 없고, DMZ를 방문하는 투어들도 대부분 후에(훼)에서 출발하기 때문에 동하를 거점으로 삼는 여행자는 드물다.

인구 9만 5,000명 | **행정구역** 꽝찌 성 Tỉnh Quảng Trị 동하 시 Thành Phố Đông Hà | **면적** 76㎢ | **시외국번** 0233

Information

은행 · 환전 · 우체국

동하 시내를 관통하는 레주언 거리 Đường Lê
Duẩn에 비엣콤 은행, 인콤 은행, BIDV 은행이 있
다. 주요 호텔에는 ATM이 설치되어 있다. 우체국
도 레주언 거리에 있다.

동하 기차역
주소 2 Lê Thánh Tôn **전화** 0233-3850-631
동하 버스 터미널
주소 68 Lê Duẩn **전화** 0233-3851-488

Access

메콩 호텔 주변에 호텔이 몰려 있다.

하노이↔호찌민시를 연결하는 통일열차가 동하
를 지난다. 동하→후에 노선은 SE3(07:38 출발),
SE1(09:53 출발), SE7(19:25분 출발) 기차를 이
용하면 된다. 후에까지 좌석칸 요금은 6만~8만
VND이다. 동하 기차역 Ga Đông Hà에서 출발하
는 기차 정보는 P.54 참고.
동하 버스 터미널 Bến Xe Đông Hà은 시내 중심

가인 레주언 거리 Đường Lê Duẩn와 레반흐으
거리 Đường Lê Văn Hưu가 만나는 삼거리와 가
깝다. 후에까지는 66㎞ 거리로 오전 5시부터 오후
6시까지 버스가 수시로 출발한다. 편도 요금은 10
만~15만 VND으로 버스 종류에 따라 다르다.
오픈 투어 버스는 여행사에 미리 예약하면 탑승
이 가능하다. 일반적으로 DMZ 투어가 끝나는 오
후 4시경에 출발하며 편도 요금은 US$4이다. 참
고로 동하에서 DMZ 투어를 신청하면 후에까지 가
는 버스 요금은 무료다.
라오바오(라오스 국경) Lao Bao행 미니밴은 편도
요금 8만~10만 VND인데, 외국인에게 바가지요
금이 심하다. 국경까지 가지 않고 국경 인근 마을
에서 내려놓는 경우도 있다. 여행사에서 운영하는
국제버스를 이용해 라오스(싸완나켓)까지 갈 경우
US$20이다.

Transportation

동하 시내는 1번 국도를 따라 길게 이어지지만, 버
스 터미널 주변에 주요한 호텔과 여행사가 많아서
걸어 다닐 만하다. 특히 레주언 거리와 응우옌짜
이 거리 Đường Nguyễn Trãi가 만나는 메콩 호

텔 Mekong Hotel을 기준으로 삼아 지리를 파악하
면 된다. 버스 터미널과 동하 기차역은 1.5㎞ 떨어
져 있다. 비무장 지대 DMZ는 대중교통을 이용한
여행이 불가능하다.

비무장 지대 DMZ는 대중교통으로 방문하기 어렵기 때문에 여행사 투어를 이용하는 편이 합리적입니다. 동하에서 출발해 빈목 터널과 케산까지 하루 동안 모든 볼거리를 둘러보는 단체 1일 투어의 경우 US$20~25이며 여기엔 입장료와 가이드, 점심식사가 포함되어 있습니다. 같은 일정을 소규모로 소화하고 싶다면 US$35~40 정도의 가격을 예상해야 합니다. 다만, 대부분의 여행자들이 후에에 머무르는 것을 선호하기 때문에, 동하에서 투어를 신청할 경우 인원이 적어서 후에에서 출발한 투어 버스에 합류할 확률이 높습니다.

후에에서 출발하는 투어 요금은 US$30~35입니다. 호텔 픽업과 DMZ까지의 왕복 교통편, 입장료, 점심식사, 현지인 가이드가 포함되어 있답니다. 보통 07:30에 출발해 록 파일→다끄롱 다리→케산→빈목 터널→히엔르엉 다리→족미에우를 방문하는 일정으로 진행됩니다. 투어를 마치고 18:00 경에 후에로 되돌아옵니다.

땀스 카페 Tam's Cafe
주소 211 Bà Triệu
홈페이지 www.tamscafe.jimdo.com
디엠지 투어 DMZ Tours
주소 113 Lê Lợi
홈페이지 www.dmztours.net
비나 디엠지 트래블 Vina DMZ Travel
주소 37 Nguyễn Tri Phương
홈페이지 www.vinadmz.com

빈목 터널(땅꿀) 관련 내용을 전시한 박물관 내부

●관광

베트남 전쟁 관련 유적이 남아 있는 DMZ가 볼거리다. 가장 큰 볼거리는 빈목 터널이다. 일반적으로 1번 국도에 있는 빈목 터널→히엔르엉 다리→족미에우(욕미에우)를 먼저 보고 동하에서 점심식사를 한 다음에 9번 국도에 있는 록 파일→다끄롱 다리→케산을 오후에 방문한다.

Map P.369-A1

빈목 터널(빈목 땅굴) ★★★★
Vinh Moc Tunnels
Địa Đạo Vịnh Mốc

운영 매일 07:00~16:30 요금 5만 VND 가는 방법
동하에서 북쪽으로 41㎞. 벤하이 강 북쪽으로 19㎞
떨어져 있다.

동하가 분단된 베트남의 남쪽 최전방이었다면, 빈목은 분단된 베트남의 북쪽 최전방 마을이었다. 17선 바로 위쪽에 있었던 빈목 마을은 북부 베트남군의 보급 창고가 있을 것으로 여긴 미군의 무차별 폭격을 받아야 했다. 베트남 전쟁 기간 동안 빈목 터널에 미군이 투하한 폭탄의 양은 무려 12만 톤에 이른다. 빈목 터널에 피난했던 인원 1명당 7톤이라는 어마어마한 양에 해당한다.

주민들은 미군의 폭격에도 아랑곳하지 않고, 지하로 땅굴을 파들어 가며 대피소를 만들어 생활했다. 1965년부터 건설된 지하 땅굴은 비엣꽁(베트콩)의 도움을 받아 만들었다. 낮에는 미군의 감시 때문에 땅굴을 파는 일을 할 수가 없었기에 밤에만 작업했고, 땅굴을 만들며 파낸 흙들은 인근의 해변에 버려 위장했다고 한다. 삽과 곡괭이, 손을 이용해 붉은 흑토를 파내어 만들었는데 총 길이는

3㎞에 이른다.

빈목 터널은 지하 3층 규모인 20m 깊이로 파들어 갔다. 폭 0.9~1.3m, 높이 1.6~1.9m 크기로 되어 있다. 땅굴 내부에는 침실, 부엌, 학교를 포함한 민간인들의 피난처와 북부 베트남군들의 작전 회의실, 병원, 소규모 극장 등을 만들었다. 땅굴을 위장하기 위해 13개의 입구(7개의 입구는 바다로 통한다)를 냈으며, 요리할 때 연기가 분산되어 빠져나가도록 철저하게 관리했다. 빈목 터널에서 민간인들과 북부 베트남군 병사들이 체류했던 기간은 무려 4년이나 된다. 약 300명이 지하에서 피난 생활을 했으며, 그동안 17명의 아이가 태어났다고 전해진다.

빈목 터널은 꾸찌 터널(P.125)과 달리 관광객의 편의를 위해 땅굴 내부를 넓히지 않아서(꾸찌에 비해 땅굴이 넓은 편이다), 피난민들이 생활했던 땅굴을 그대로 체험할 수 있다. 내부는 전등을 달아 놓았으나 어둡고 구조가 복잡하기 때문에 혼자서 방문하기는 힘들다. 가이드의 안내를 받아 정해진 길을 따라 내부를 관람하게 되는데, 바다 쪽으로 이어진 출입구까지 나갔다 돌아오게 된다. 땅굴 내부를 견학하기 전에 박물관을 먼저 둘러보면 좋다. 빈목 터널의 구조를 알 수 있는 단면도와 땅굴을 팔 때 썼던 도구들은 물론 지도와 사진들이 전시되어 있다.

빈목 터널(땅굴) 입구

빈목 터널(땅굴) 내부

히엔르엉 다리 ★★
Hien Luong Bridge
Cầu Hiền Lương

운영 24시간 **요금** 무료(박물관 2만 VND) **가는 방법** 동하 북쪽으로 22km 떨어진 1번 국도에 위치해 있다.

벤하이 강 위에 건설된 다리다. 1928년에 목조 교량으로 건설했으나, 프랑스가 군사 목적으로 주변 도로를 정비하면서 철근과 콘크리트를 이용해 재건축했다. 길이 178m, 폭 4m로 18톤의 차량이 통과할 수 있는 규모였다. 프랑스 군대가 철수하고 제네바 협정을 맺은 1954년부터 베트남이 통일된 1975년까지 약 21년간 분단의 상징물이 되었다. 남북이 분단되어 있던 동안 다리 정중앙에 경계선을 긋고, 각기 다른색으로 칠해 남과 북의 구분을 확실히 했다.
1954~1964년까지 전쟁이 없었던 때는 공동 경비 구역을 설정해 국경수비대가 감시 감독을 관할하기도 했다고 한다. 하지만 서로 대형 스피커를 설치해 비난 방송을 이어갔고, 전쟁 분위기가 고조되면서 상대방 국가보다 더 큰 국기를 경쟁적으로 게양하며 신경전을 펼쳤다고 한다. 사회주의로 통일된 이후에는 베트남 국기만 펄럭인다. 과거에 사용하던 히엔르엉 다리는 보존을 위해 차량 통행을 금지했다. 모든 차량은 1번 국도를 관통하는 새롭게 건설한 대형 교량을 이용해야 한다.

족미에우(욕미에우) ★
Dốc Miếu

운영 24시간 **요금** 무료 **가는 방법** 벤하이 강 남쪽으로 8km, 동하 북쪽으로 14km 떨어진 1번 국도 상에 위치해 있다.

미군이 비무장 지대 남쪽 경계선에 만들었던 최전방 기지이다. 참호와 철조망을 요새화했으며, 미국 공군과 해군의 최전방 연락사무소를 개설해 해상과 공중에서 북부 베트남을 향해 동시 공격이 가능했던 곳이다. 현재는 미군 기지가 있던 자리에 1번 국도가 남북으로 가로질러 놓여 있다. 1번 국도변의 언덕에 파괴된 탱크 한 대가 수풀 속에 덩그러니 놓여 있을 뿐, 특별한 볼거리는 남아 있지 않다.

쯔엉썬 국립묘지 ★★
Truong Son National Cemetery
Nghĩa Trang Liệt Sĩ Trường Sơn

운영 매일 08:00~17:00 **요금** 무료 **가는 방법** 벤하이 강 남쪽으로 9km, 동하 북쪽으로 13km 떨어진 15번 국도에 위치해 있다.

베트남 전쟁과 관련해 만든 가장 큰 전사자 국립묘지이다. 베트남 통일 이후 1975년부터 1977년에 걸쳐 묘역을 조성했다. 32m의

족미에우(욕미에우)

베트남 분단의 상징이었던 히엔르엉 다리

쯔엉썬 국립묘지에 안장된 군인의 무덤

PHẦN MỘ
LIỆT SĨ
LÊ BÁ LIỆU

나지막한 언덕에 만든 쯔엉썬 국립묘지는 쯔엉썬 산악지대의 호찌민 트레일(북부 베트남군 군사 보급로) 확보를 위한 전투에서 사망한 북부 베트남군과 민간인 1만 5,000명의 시신을 안장하고 있다. 같은 성(省) 출신끼리 동일한 구역에 묘를 만들어 안장했다. 모든 묘비명 상단에는 열사(烈士)라는 뜻의 '리엣씨 Liệt Sĩ'라는 칭호와 함께 전사자의 이름과 출생 연도, 사망일, 고향이 적혀 있다. 베트남 전쟁 동안 쯔엉썬 산악지대에서 사망한 군인(북부·남부 베트남 합산)의 숫자는 약 30만 명으로 추산된다.

Map P.369-A1

케산(케싼)
★★★☆
Khe Sanh

운영 매일 07:00~17:00 요금 5만 VND 가는 방법 동하에서 서쪽으로 63km. 라오바오 국경에서 동쪽으로 20km 떨어져 있다. 케산 기지는 9번 국도에 있는 케산 마을에서 북쪽으로 3km 더 올라가야 한다.

베트남 전쟁 때 베트남 중부 전선 최대의 격전지였던 곳이다. DMZ에서 남쪽으로 25km 지점으로 9번 국도 상에 위치해 전략적으로 매우 중요했던 지역이다. 9번 국도는 DMZ와 가장 가까운 도로로 베트남 중부를 동서로 가로질러 라오스 국경까지 연결된다. 덕분에 다낭에 진격한 미군은 중부 전선 방어와 DMZ 지대의 북부 베트남군의 활동을 관측하기 위해 해발 861m에서 950m에 이르는 군사 거점을 확보하기 위해 케산에 기지를 건설했다.
미군이 군수 물자 보급을 위한 활주로를 만들고 케산 기지를 요새화하자 북부 베트남군의 국경 도발도 잦아졌다. 1967년부터 소규모 전투가 벌어지다가 1968년 1월 들어 북부 베트남군이 2개 사단

병력을 투입하면서 전면전으로 확대되었다. 미국은 다낭에 주둔하던 3만 명의 해병대 병력을 케산 기지로 파견했다. 수송기를 이용한 무제한적인 군수물자 지원과 전투기를 이용한 엄청난 폭격이 동시에 이루어졌다. 미군 전투기는 1주일에 300회 이상 출격했으며 14만 톤에 달하는 폭탄을 투하했다고 한다.
1968년 1월 21일부터 77일간 벌어졌던 치열한 전투는 미군의 승리로 끝났다. 미군은 사망 274명(부상 2,541명)이란 인명 피해를 냈고, 북부 베트남군은 1만~1만 5,000명 이상 사망한 것으로 예상하고 있다. 하지만 미군의 승리에도 불구하고 전쟁 무용론이 대두되며 반전 운동의 불을 지폈다. 결국 동하 인근의 미군 주둔지인 캠프 캐롤 Camp Carroll로 병력이 철수하면서 무의미한 케산 기지 방어 작전은 종지부를 찍었다. 전쟁 기간에 케산 기지에서 사망한 미국·남부 베트남 연합군은 1,542명, 부상자는 5,675명에 이른다.
현재 케산은 베트남-라오스 육로 국경인 라오바오와 인접한 조용한 시골 마을이다. 이곳에서 치열한 전투가 벌어졌다는 것이 상상이 안 될 정도로 평화롭다. 케산 기지에는 당시에 사용했던 전투 헬기와 수송 헬기, 부서진 전투기의 잔해, 탱크, 포탄이 전시되어 있다. 자그마한 박물관에는 사진과 지도를 전시해 당시의 전쟁 상황을 기록하고 있다. 미군이 케산 기지를 건설하는 과정, 77일간의 전투 그리고 미군 철수 과정을 소개한다.
당시 작전을 수행한 북부 베트남군의 사령관은 보응우옌잡 Võ Nguyên Giáp 장군이다. 전투는 패배로 끝났지만 미군이 케산 기지 방어에 전력을 집중하는 동안, 구정 대공세를 감행해 후에(훼)를 점령하는 쾌거를 얻었다. 보응우옌잡 장군은 프랑스와 벌였던 인도차이나 전쟁의 최대 격전지 디엔비엔푸 전투(P.517)를 승리로 이끈 인물이기도 하다.

케산 기지에서 가이드의 설명을 듣는 관광객들

케산 기지에 건립된 박물관

록 파일

호찌민 트레일이 시작되는 다끄롱 다리

Map P.369-A1

록 파일 ★
Rock Pile
Đồi Rockpile

가는 방법 동하에서 케산으로 향하는 9번 국도 상에 있다. 라오바오 국경에서 동쪽으로 50km 떨어져 있다.

DMZ 남쪽의 9번 국도에 있는 해발 240m의 바위산이다. 미군이 1966년부터 1968년까지 산 정상에 기지를 건설해 전방 감시 초소 역할을 했다. 가파른 산 정상까지 도로를 건설할 수 없어서 헬기로 군수 물자를 수송했다고 한다. 현재는 푸른 숲으로 뒤덮인 평범한 산은 특별한 군사 시설은 남아 있지 않다. 록 파일이라고 안내하는 별다른 표식도 없어서 가이드가 없으면 어딘지도 모르고 그냥 지나치기 십상이다.

Map P.369-A1

다끄롱 다리 ★★☆
Da Krong Bridge
Cầu Đă Krông

가는 방법 동하에서 서쪽으로 46km 떨어진 9번 국도에 있다. 라오바오 국경에서 동쪽으로 33km, 케산에서 동쪽으로 13km 떨어져 있다.

DMZ 남쪽을 흐르던 다끄롱 강 Da Krong River (Sông Đa Krông) 위에 만든 다리다. 산악 지역에 사는 소수민족들을 위해 건설한 다리였으나 전쟁 중에는 북부 베트남군의 군수 물자 수송에 중요한 역할을 했다. 미군의 폭격으로 여러 차례 재건축되었으며, 통일 이후 1975년에 현재의 모습을 갖추었다. 콘크리트를 이용해 만든 현수교로 길이는 188m이다. 다끄롱 다리를 기점으로 해서 '호찌민 트레일 Ho Chi Minh Trail'이 베트남과 라오스 국

> **알아두세요** **호찌민 트레일 Ho Chi Minh Trail**

호찌민 트레일(드엉 호찌민 Đường Hồ Chí Minh)은 특정한 도로를 칭하는 게 아니라 베트남 중부의 산악 지대에서 사이공(호찌민시)까지 이어졌던 북부 베트남군의 군사 보급로를 의미합니다. 쯔엉썬 산맥을 따라 이어졌기 때문에 쯔엉썬 도로 Đường Trường Sơn라고 불리기도 하지요. 정글 지대의 험한 산길에 건설된 보급로라서 트럭이 아닌 자전거를 이용해 군수 물자를 보급했다고 합니다. 전쟁 초기에는 호찌민 트레일을 통해 사이공까지 내려가는데 6개월이 걸렸다고 합니다. 군수 물자를 운반하던 사람들의 10%가 질병으로 사망했을 정도로 험한 길이었다고 하는군요.
1970년 이후에는 보급로가 다양해졌고, 라오스와 캄보디아 영토를 통과하는 우회 도로도 만들었다고 합니다. 보급로가 여러 갈래로 나뉘면서 미군의 폭격에도 효과적으로 대처할 수 있었지요(미군은 보급로 차단을 위해 라오스와 캄보디아까지 무차별 폭격을 가했답니다). 이때부터 사이공까지 가는데 걸리는 시간은 6주로 단축되었고, 한 달에 2만 명 이상의 병력이 남부로 파병되었다고 합니다. 거미줄처럼 연결된 호찌민 트레일의 총 길이는 2만km에 이릅니다.

경을 따라 사이공(호찌민시)까지 길게 이어져 있었다.

다끄롱 강은 17˚선(군사분계선)이 북부 베트남군에게 점령되면서 1972년부터 2차적인 남북 베트남 국경을 형성했던 곳이다. 현재 9번 국도가 다끄롱 강과 인접해 있는데, 후에와 싸완나켓(라오스)을 오가는 국제버스를 타고 가다보면 다끄롱 다리를 지나치게 된다. 다끄롱 다리보다는 산과 계곡을 따라 흐르는 강줄기와 주변 경관이 더 아름답다.

Hotel

동하에 있는 호텔들은 대부분 1번 국도에 들어서 있다. 특히 레주언 거리 Đường Lê Duẩn와 응우옌짜이 거리 Đường Nguyễn Trãi 교차로에 있는 메콩 호텔 Mekong Hotel 주변에 호텔들이 많다. 에어컨 시설의 고만고만한 호텔들로 TV와 개인욕실을 갖춘 기본적인 시설이다. 저렴한 호텔은 US$15~20 정도에 숙박이 가능하다. 외국인이 많지 않아서 호텔이라고 해도 영어 소통은 잘 안 된다. 대부분의 여행자들은 후에(훼)에 머물면서 1일 투어로 동하와 DMZ를 다녀간다.

골든 호텔 ★★★
Golden Hotel

주소 297 Lê Duẩn **전화** 0233-3744-999 **홈페이지** www.goldendongha.com.vn **요금** 더블 US$22~30(에어컨, 개인욕실, TV, 냉장고, 아침식사) **가는 방법** 기차역에서 500m 떨어진 레주언 거리 297번지에 있다.

기차역과 가까운 곳에 있는 중급 호텔이다. 타일이 깔린 깨끗한 객실은 창문이 커서 좋다. LCD TV와 냉장고, 테이블과 의자도 객실에 기본으로 비치되어 있다. 아침식사가 포함된다. 외국인보다 현지인들이 즐겨 묵는 곳이지만 가격 대비 시설이 괜찮다. 영어는 잘 통하지 않는다.

므엉탄 꽝찌 호텔 ★★★☆
Mường Thanh Quảng Trị Hotel

주소 68 Lê Duẩn **전화** 0233-3898-888 **홈페이지** www.grandquangtri.muongthanh.com **요금** 더블 US$45~53(에어컨, 개인욕실, TV, 냉장고, 아침식사) **가는 방법** 시내 중심가의 레주언 거리에 있는 메콩 호텔 옆에 있다. 기차역에서 북쪽으로 1.5km 떨어져 있다.

베트남 주요 도시에 호텔을 운영하는 '므엉탄 호텔'에서 운영한다. 동하 시내에서 가장 좋은 호텔로 수영장까지 갖추고 있다. 새롭게 만든 호텔이라 객실 시설도 좋다.

딜럭스 룸은 나무 바닥에 욕조를 갖춘 개인욕실이 딸려 있다. 175개 객실을 갖춘 대형 호텔로 높은 층 객실의 전망이 좋다.

사이공 동하 호텔 ★★★☆
Sai Gon Dong Ha Hotel

주소 1 Bùi Thị Xuân **전화** 0233-3577-888 **홈페이지** www.facebook.com/saigondonghahotels **요금** 딜럭스 US$42~52(에어컨, 개인욕실, TV, 냉장고, 아침식사) **가는 방법** 기차역에서 북쪽으로 2km 떨어진 부이티쑤언 거리 1번지에 있다.

베트남 전역에서 만날 수 있는 사이공 호텔의 동하 지점이다. 98개 객실을 운영하는 4성급 호텔로 야외 수영장을 갖추고 있다. 객실에는 카펫이 깔려 있고, 공간은 가격에 비해 넓직한 편이다. 시내 중심가에서 조금 떨어져 있으나, 객실(리버 뷰)에서 강변 풍경을 감상할 수 있어 좋다.

베트남 북부

Hà Nội

Access

베트남의 수도답게 항공, 철도, 도로가 모두 발달해 있다. 인천에서 하노이까지 국제선 항공이 매일 취항한다. 라오까이 또는 후에(훼)에서 하노이로 갈 경우 버스보다는 기차가 편리하다.

항공

하노이 공항의 정식 명칭은 노이바이 국제공항 Noi Bai International Airport(Sân Bay Quốc Tế Nội Bài)이다. 국내선 청사는 T1(현지어로 Nhà Ga Hành Khách T1), 국제선 청사는 T2(현지어로 Nhà Ga Hành Khách T2)라고 불린다. 공항을 정면으로 봤을 때 왼쪽 건물이 국제선, 오른쪽 건물이 국내선에 해당한다. 항공기 이착륙에 관한 정보는 하노이 공항 홈페이지(www.hanoiairportonline.com)를 참고하자.

▶국내선

베트남항공(www.vietnamairlines.com), 비엣젯항공(www.vietjetair.com), 뱀부항공(www.bambooairways.com)에서 국내선을 운영한다. 베트남항공은 전국적인 노선망을 구축하고 있다. 비엣젯항공과 뱀부항공은 냐짱, 다낭, 달랏, 푸꿕, 호찌민시, 뀌년, 빈(빙) 등의 주요 도시를 운항한다. 노선은 한정되어 있지만 요금이 저렴하다. 하노이↔호찌민시(사이공) 노선은 모든 항공사에서 취항하며 1일 30편 이상 운항된다.

▶국제선

국제선은 대한항공과 아시아나항공, 진에어, 제주항공, 베트남항공, 비엣젯항공에서 인천↔하노이 노선을 매일 운항한다. 인접 국가인 태국(방콕), 라

하노이 노이바이 국제공항

오스(비엔티안, 루앙프라방), 캄보디아(프놈펜, 씨엠리업), 베이징, 홍콩, 싱가포르, 파리, 시드니 등으로 국제선이 취항한다.

하노이 국제공항은 규모가 작아서 입국 절차도 간편하다. 비행기에서 내려서 '도착 Arrival'이라고 적힌 안내판을 따라가면 입국 심사(국제선 청사 2층) 받는 곳이 나온다. 입국 카드를 쓸 필요가 없기 때문에 여권만 제시하면 된다. 입국 스탬프가 찍히면 1층으로 내려가서 수화물을 찾으면 된다. 세관 검사(특별히 신고할게 없으면 그냥 걸어 나가면 된다)를 마치면 모든 입국 절차는 끝난다.

입국장(공항 1층)에서 환전소와 SIM 카드 판매 데스크가 있다. SIM 카드에 관한 내용은 P.60 참고.

하노이(노이바이) 공항에서 시내로 들어가기

하노이 공항은 시내에서 북쪽으로 45㎞ 떨어져 있다. 차가 막히지 않는다면 택시를 탈 경우 40~50분, 시내버스를 탈 경우 1시간 30분 정도 걸린다. 공항에서 시내로 들어가는 방법은 공항버스, 택시, 미니밴, 시내버스 네 가지가 있다.

①주의 사항

하노이를 통해 베트남 여행을 시작하는 여행자라면, 공항 택시 기사들의 호객 행위로 인해 난처한 경험을 하게 된다. 공항에서 시내로 들어갈 때 바가지요금을 내는 경우가 비일비재하며, 엉뚱한 호텔로 안내해 커미션을 챙기는 일도 흔하다. 하노이에는 같은 상호를 내건 유사 호텔이 많다. 사설 택시를 탈 경우 호텔에 방이 없다거나, 이사 갔다거나 하는 속임수를 써가며 엉뚱한 호텔로 안내하는 경우도 있다.

택시를 탈 때는 반드시 가고자 하는 호텔의 주소(번지수 포함)를 알려주고, 도착해서도 주소가 맞

는지 확인해야 한다. 미니밴도 중간에 엉뚱한 곳으로 빠져 호텔을 안내하는 경우가 있으니, 미니밴을 탈 경우 반드시 종점인 베트남항공 사무실에서 내리자. 밤 비행기로 하노이에 도착할 경우 예약한 호텔에 추가 요금을 지불하고 공항 픽업 서비스를 부탁하는 게 안전하다.

②86번 버스(공항버스)

86번 공항 버스

공항에서 시내까지 정해진 노선을 정해진 시간에 출발한다. 빠르고 저렴하며 바가지 쓸 염려도 없어서 외국인 관광객이 환영할 만한 새로운 교통수단이다. 하노이 공항(국내선 청사→국제선 청사)→호떠이(서호) 동쪽 도로에 해당하는 어우꺼 Âu Cơ 거리와 옌푸 Yên Phụ 거리→롱비엔 버스 환승 센터 Long Bien Bus Interchange(Map P.391-E1)→오페라하우스 Opera House(Map P.391-F3)→멜리아 호텔 Melia Hotel(Map P.391-D3)→하노이 기차역 정문 앞 Hanoi Railway Station(Map P.390-C3)까지 왕복한다. 구시가에서 숙박할 경우 롱비엔 버스 환승 센터 또는 오페라 하우스 앞에서 하차한다.
공항버스 타는 곳은 공항 1층 입국장을 나와 (공항을 등지고) 진행 방향으로 왼쪽 끝부분에 있는 택시 탑승장 앞 차선에 있다. 택시 타는 곳 앞으로 길을 건너면, 'Bus Stop Tuyến Xe Buýt 86'이라고 적힌 안내판이 걸려 있다. 미니밴 탑승장과 접해 있어서 미니밴 기사들이 먼저 호객하느라 접근하니 당황하지 말 것. 버스는 07:00~22:00까지 25분 간격으로 운행된다. 편도 요금은 4만 5,000 VND이다.

③공항 미니밴(항공사 셔틀버스)

항공사에서 자체적으로 운영하는 공항 셔틀버스다. 베트남항공에서는 미니밴을, 비엣젯항공에서는 관광버스처럼 생긴 대형 버스를 운행한다. 공항버스(86번 버스)와 노선이 비슷하지만 정해진

베트남항공에서 운영하는 공항 미니밴

출발 시간이 없어서 불편하다. 승객이 모이는 대로 출발하는데, 승객을 더 태우려고 호객하는 경우가 흔하다. 공식적인 편도 요금은 5만 VND이다. 인원이 다 모이지 않고 출발할 경우 요금을 더 내라고 하는 경우도 있다(탑승 전에 요금을 확인할 것). 종점은 호안끼엠 호수 남쪽에 있는 베트남항공 사무실(주소 1 Quang Trung)이다.

④택시

공항 1층 입국장을 나와서 (공항을 등지고) 진행 방향으로 왼쪽 끝부분에 택시 탑승장이 있다. 공항에서 운영하는 노이바이 택시 Noi Bai Taxi와 파란색의 마이린 택시 Mai Linh Taxi가 믿을 만하다. 하노이 시내까지 편도 요금은 35만 VND(4인승 소형 택시 기준)이며, 톨게이트 요금이 포함된다. 사설 택시를 탈 경우 톨게이트 요금을 승객에게 요구하는 경우가 많다.

공항 택시 타는 곳

⑤시내버스

공항에서 시내까지 가는 가장 저렴한 방법인 동시에 가장 느린 방법이다. 시내버스는 T1(국내선 청사)과 T2(국제선 청사) 중간에 있는 공터에 정차해 있다. 국제선 청사로 입국했을 경우 공항 청사를 나와서 진행방향(공항 청사를 등지고)으로 왼쪽

공항과 롱비엔을 오가는 17번 버스

끝까지 간다. 택시 승강장을 지나서 왼쪽에 주차장이 나오는데, 그곳에 시내버스 승강장이 있다. 공항을 오가는 시내버스는 세개 노선이 있다. 여행자 숙소가 몰려 있는 구시가로 갈 경우 17번 버스를 타고 종점에 내리면 된다. 종점인 롱비엔 Long Biên 버스 환승센터(Map P.391-E1)는 구시가 북쪽에 있으며 동쑤언 시장과 가깝다. 17번 버스는 하노이 외곽을 지나기 때문에 낯설고 한적한 시외 도로를 한참 돌아가야 한다. 편도 요금은 9,000 VND이며 05:00~20:30까지 15분 간격으로 운행된다. 7번 버스는 노이바이 공항과 하노이 서부지역인 꺼우저이 Cầu Giấy를 오간다. 90번 버스는 노이바이 공항→낌마 Kim Mã를 오간다.

국내선 청사에서 하노이 시내로 가기

국내선 청사는 규모가 작기 때문에 택시나 공항버스(86번 버스)를 타는 방법도 간단하다. 국내선 청사를 빠져 나오면 택시 타는 곳과 공항버스 타는 곳이 바로 보인다. 참고로 국내선 청사와 국제선 청사를 오갈 때는 무료로 운행되는 전기 차를 이용하면 된다. 녹색 버스로 프리 셔틀버스 Free Shuttle Bus, Domestic Terminal↔International Terminal라고 적혀 있다.

국제선 청사와 국내선 청사를 왕복하는 셔틀버스

하노이 시내에서 공항 가기

가장 저렴한 방법은 공항버스(86번 버스)를 타는 것이다. 하노이 기차역에서 출발해 중앙 우체국

앞의 딘띠엔호앙 거리 Đinh Tiên Hoàng→구시가의 항쩨 거리 Hàng Tre→롱비엔 버스 환승 센터 Long Biên를 경유해 공항까지 간다. 공항버스 노선을 올 때와 갈 때가 다르므로 타는 곳의 위치를 미리 확인해 두는 게 좋다. 하노이 역 기준으로 05:30~20:20까지 운행되며, 편도 요금은 4만 5,000VND이다.

택시를 탈 경우 호텔에서 공항 가는 택시를 불러 달라고 하면 된다. 보통 30만 VND를 받는다. 국제선 비행기는 출발 2시간 전까지 도착해 탑승 수속과 출국 수속을 밟아야 하기 때문에 늦지 않도록 주의하자.

> ### 기차

하노이에서 베트남 전국을 연결하는 기차가 출발한다. 기차는 노선에 따라 타는 곳이 다르다. 야간 열차 침대칸은 표를 구하기 힘드므로 미리 예약해 두자. 기차 노선과 출발 시간, 요금에 관한 자세한 정보는 P.54 참고.

하노이 역 Ga Hà Nội(Ga Hàng Cỏ)
Ha Noi Train Station

하노이 중앙역에 해당한다. 하노이에서 출발하는 모든 열차를 이곳에서 출발한다. 하노이 남부 노선(닌빈, 후에, 다낭, 냐짱, 호찌민시)과 하노이 북부 노선(라오까이) 열차에 대한 예매와 탑승이 가능하다. 기차역 1층에 예매 창구(운영

하노이 중앙역에 해당하는 하노이 역

하노이 역 뒷편에 있는 하노이 B역

07:30~12:30, 13:30~19:30)와 편의점이 있다. 대합실은 1층과 2층으로 분산되어 있는데, 기차 탑승 시간에 맞춰서 기차역 플랫폼으로 들어갈 수 있다(자동화 시스템이 아니라 철도청 직원이 개찰구에서 탑승권을 확인한다). 참고로 하이퐁을 갈 때는 롱비엔 역을 이용하는 게 좋다.

Map P.390-C3 **주소** 120 Lê Duẩn, Quận Đống Đa **전화** 024-3942-3697 **홈페이지** www.vr.com.vn

하노이 B역 Ga Hà Nội Khu B
(Ga Trần Quý Cáp) Ha Noi B Station

하노이 역 뒤쪽에 있어서 하노이 B역으로 불린다. 북부 노선인 하노이→라오까이 열차가 출발하는 곳인데, 라오까이행 열차는 하노이 역에서도 탑승이 가능하기 때문에 하노이 B역을 이용하는 경우는 드물다. 참고로 하노이 B역에도 하노이 역이란 뜻의 '가 하노이' Ga Hà Nội라고만 적혀 있다. 혼동을 피하기 위해 거리 이름을 따서 쩐꿔깝 역 Tran Quy Cap Station(Ga Trần Quý Cáp)이라고 부르기도 한다. 두 개 기차역은 철도가 지나는 플랫폼을 사이에 두고 출입구만 다를 뿐이다.

Map P.390-C3 **주소** Phố Trần Quý Cáp, Quận Đống Đa **전화** 024-3825-2628

롱비엔 역 Ga Long Biên
Long Bien Train Station

하노이 구시가 북쪽의 롱비엔 대교 Long Bien Bridge(Cầu Long Biên) 옆에 있다. 하노이 인근의 완행열차가 출발하는 간이역이다. 롱비엔→하이퐁 노선의 기차가 하루 3편(09:27, 15:26, 18:18) 출발한다.

Map P.391-E1 **주소** Phố Đồng Xuân, Quận Hoàn Kiếm **전화** 024-3942-2770

하이퐁행 열차가 출발하는 롱비엔 역

하노이의 버스 터미널은 네 곳이 있다. 장거리 노선은 터미널마다 다르기 때문에 어디서 버스를 타야 하는지 알고 있어야 한다. 터미널에서 출발하는 버스보다는 여행사에서 운영하는 오픈 투어 버스를 이용하는 여행자가 월등히 많다.

잡밧 버스 터미널 Bến Xe Giáp Bát
Giap Bat Bus Terminal

하노이 역에서 남쪽으로 6km 떨어져 있다. 남부 버스 터미널이란 의미로 벤쎄 피아남 Bến Xe Phía Nam이라고도 불린다. 가깝게는 닌빈(닝빙)부터 멀게는 호찌민시(미엔동 버스 터미널)까지 하노이 남쪽에 있는 도시로 가는 버스가 운행된다. 베트남 중남부 지방인 빈, 후에, 다낭, 냐짱, 달랏을 갈 때 잡밧 버스 터미널에서 버스를 탄다.

주소 Đường Giải Phóng, Quận Hoàng Mai **전화** 024-3864-1467

자럼 버스 터미널 Bến Xe Gia Lâm
Gia Lam Bus Terminal

하노이 동부 터미널이다. 구시가에서 홍강을 건너 하노이 동쪽으로 2km 떨어져 있다. 하롱시(바이짜이), 몽까이, 하이퐁을 포함한 하노이 동부(베트남 북동부) 지역으로 버스가 운행된다.

주소 9 Ngô Gia Khảm, Huyện Gia Lâm **전화** 024-3827-1529

자럼 버스 터미널

미딘(미딩) 버스 터미널 Bến Xe Mỹ Đình
My Dinh Bus Terminal

하노이 시내에서 서쪽으로 7km 떨어져 있다. 마이쩌우, 썬라, 라오까이, 싸파, 디엔비엔푸를 포함해 베트남 북서부 산악지대로 가는 버스가 많이 출발

미딘(미딩) 버스 터미널

한다. 닌빈과 하롱시(바이짜이)행 버스도 운행된다.
주소 20 Phạm Hùng, Quận Từ Liêm
전화 024-3768-5548~9

르엉옌 버스 터미널 Bến Xe Lương Yên
Luong Yen Bus Terminal

르엉옌 버스 터미널

구시가에서 가장 가까운 버스 터미널로 호안끼엠 호수에서 남쪽으로 3㎞ 떨어져 있다. 특정 방향에 구속받지 않고 베트남 주요 도시로 버스가 운행된다. 호찌민시(미엔동 버스 터미널), 다낭, 후에, 냐짱 같은 장거리 노선은 침대 버스가 운행된다. 하노이 주변 도시로는 하이퐁과 깟바 섬을 갈 때 이용하면 된다.

주소 3 Nguyễn Khoái, Quận Hai Bà Trưng
전화 024-3942-0477

오픈 투어 버스

하노이의 모든 호텔과 여행사에서 오픈 투어 버스 티켓을 예약할 수 있다. 도로가 좋아지면서 여행사에서 운영하는 오픈 투어 버스 노선도 다양해지고 있다. 하노이→후에까지 야간 침대 버스는 18:00에 출발하고, 편도 요금은 36만~40만 VND이다. 하노이→하이퐁→깟바 섬(깟바 타운) Cát Bà 노선은 버스+보트가 연계된 교통편으로 약 4~5시간 정도 소요된다. 상대적으로 외국 관광객이 많이 이용하는 깟바 익스프레스 Cat Ba Express(주소 106 Trần Nhật Duật, 홈페이지 www.catbaexpress.com)에서 매일 3회(07:30, 10:45, 14:00) 출발하며 편도 요금은 28만 VND이다. 깟바 디스커버리 Cat Ba Discovery(홈페이지 www.catbadiscovery.com)에서도 매일 3회 출발(08:00, 10:30, 14:00)하며 편도 요금은 30만 VND이다. 두 회사 모두 구시가에 있는 버스 회사 사무실에 출발하며, 구시가의 호텔들은 픽업 서비스가 포함되기 때문에 편리하다.

도로가 새롭게 포장되면서 싸파 Sa Pa까지도 여행사 버스를 타고 갈 수 있다. 아침 버스와 야간 침대 버스로 구분해 운행된다. 싸파 익스프레스(주소 13 Hàng Thùng, 홈페이지 www.sapaexpress.com)는 침대버스(편도 요금 50만 VND), 28인승 버스(편도 요금 45만 VND), 15인승 버스(편도 요금 48만 VND)로 구분해 하루 세 차례씩 (07:00, 15:00, 22:00) 운행한다. 휴식 시간을 포함해 약 6~7시간 정도 소요된다. 22인승 슬리핑 버스를 운영하는 G8 버스(홈페이지 www.g8opentour.vn)는 1일 4회(07:00, 07:30, 14:30, 15:30) 출발하는데, 편도 요금은 42만~45만 VND이다.

깟바 익스프레스

싸파 익스프레스

신 투어리스트

Transportation

지하철(메트로), 버스, 택시, 씨클로 등 다양한 대중교통이 있다. 시내버스가 저렴하고 노선도 다양하지만 외국인이 타기에는 불편하다. 현지인들은 대부분 오토바이를 타고 다닌다.

하노이 메트로 Hanoi Metro (Đường Sắt Đô Thị Hà Nội)

베트남 최초의 지상철(지하철)이 2021년 11월부터 운행을 시작했다. 현재 운행 중인 노선은 2A호선으로 깟린(깟링) 라인 Cát Linh Line이라고 불린다. 깟린(깟링) 역 Ga Cát Linh에서 옌응이아 역 Ga Yên Nghĩa까지 총 길이 13.1㎞로 12개 역으로 이루어져 있다. 운행 시간은 05:30~22:00까지로 편도 요금은 거리에 따라 8,000~1만 5,000 VND이다. 주요 관광지를 연결하는 노선이 아니라서 관광객의 이용 빈도는 높지 않은 편이다.

지상철 형태의 하노이 메트로

시내버스 Bus(Xe Buýt)

하노이에는 70여 개의 시내버스 노선이 있다. 요금은 7,000~9,000 VND으로 저렴하지만, 베트남어로만 안내 방송이 나오고 혼잡해 시내버스를 이용하는 외국인은 많지 않다. 버스 요금은 잔돈을 준비해 차장에게 직접 내면 된다. 구시가와 가까운 곳에 롱비엔 버스 환승센터 Điểm Trung Chuyển Long Biên(Map P.391-E1)가 있다.

구시가와 가까운 롱비엔 버스 환승센터

택시 Tax

하노이에서 택시 잡기는 쉽지만, 착한 택시를 타기는 어렵다. 외국인에게 돈을 더 받는 일이 비일비재하기 때문이다. 미터기를 조작한 택시도 있다. 택시마다 회사 로고와 전화번호가 찍혀 있는데, 싼에스엠 택시 Xanh SM Taxi, 마이린 택시 Mai Linh Taxi, ABC 택시 ABC Taxi, 택시 그룹 Taxi Group이 믿을 만하다. 택시 기본요금은 약간씩 차이가 나지만, 같은 거리를 갈 때 요금은 비슷하게 나온다.

미터 택시

그랩 Grab

베트남을 비롯한 주요 동남아시아 국가에서 이용되는 콜택시 애플리케이션이다. 우리에게 익숙한 카카오택시나 북미의 우버와 유사한 서비스다. 무료 애플리케이션을 설치한 뒤, 현재 위치로 택시를 부르면 가고자 하는 목적지까지 이동할 수 있다. 자가용 택시를 이용할 경우 그랩 카 Grab Car를 누르면 된다. 그랩 카는 4인승과 7인승 중 인원에 맞게 선택할 수 있다. 혼자라면 오토바이를 이용하는 그랩 바이크 Grab Bike를 이용해도 좋다. 쎄옴(오토바이 택시)의 불편함을 보완했는데, 목적지까지의 요금이 표시되어 편리하다.

하노이 시티 투어 버스 Hanoi City Tour Bus

주요 관광지를 둘러보는 2층 버스로 호안끼엠 호수(Map P.393-D4)에서 출발해 호찌민 묘→호떠이(서호)→문묘→오페라하우스까지 모두 12곳에 정차한다. 09:00~17:00까지 30분 간격으로 운행된다. 요금은 탑승시간에 따라 4시간(30만 VND), 24시간(45만 VND), 48시간(65만 VND)으로 구분된다. 정해진 시간 내에 자유롭게 버스를 타고 내릴 수 있다.

씨클로 Cyclo(Xích Lô)

하노이에서 씨클로 운행이 가능한 곳은 구시가로 한정되어 있다. 대부분 단체 투어 회사에서 구시가 관광용으로 이용할 뿐 교통수단으로서의 의미는 없다.

하노이 시티 투어 버스

구시가 관광할 때 유용한 씨클로

Travel Plus+ 하노이의 여행사 & 투어

하노이에는 호텔만큼 여행사도 많습니다. 더불어 모든 호텔에서 여행사 업무를 취급합니다. 그래서 호텔이나 여행사에서 투어를 예약하라는 소리는 매일 듣게 되는데요, 하노이는 북부 여행의 거점 도시로 하롱베이를 포함해 싸파, 닌빈까지 다양한 투어가 출발합니다. 이런 투어는 교통편과 가이드, 점심까지 모든 걸 해결해주기 때문에 편리하고, 때로는 오히려 경제적이기까지 합니다. 하지만 여행사가 많은 만큼 이로 인한 문제가 빈번하게 발생하고 있어요. 전문 여행사가 아닌 '짝퉁 여행사'들은 커미션만 챙기고 손님을 다른 여행사로 넘겨주기 때문인데요. 특히 '짝퉁 호텔' 업자들이 투어 요금을 비싸게 받아 이익을 챙기고 저가 투어를 진행하는 여행사에 손님을 넘기는 경우가 많습니다.

하노이에서 투어를 예약할 때는 전문 여행사를 통하는 게 좋습니다. 같은 투어 상품이라고 해도 호텔 등급, 보트 등급, 식사 수준, 인원에 따라 요금이 천차만별입니다. 만족스러운 투어를 원한다면 투어 예약 전에 포함 사항을 꼼꼼히 살펴야 합니다. '싸구려 투어'는 그곳을 갔다 오는 교통편 이상의 서비스를 기대하기 힘듭니다. 하노이 시티 투어(US$25~30), 닌빈(땀꼭, 짱안, 호아르) 1일 투어(US$28~37), 흐엉 사원(퍼퓸 파고다) 1일 투어(US$30~35) 정도가 적당합니다. 하롱베이 투어(P.460)와 싸파 투어(P.490)에 관한 내용은 별도로 다룹니다.

신 투어리스트 The Sinh Tourist
개별 여행자들을 위한 원조 여행사(주소 52 Lương Ngọc Quyến, 홈페이지 www.thesinhtourist.vn)에 해당한다. 전국적인 교통망과 투어 체계를 갖추고 있다. 비슷한 간판을 내건 유사 업소가 있으니 반드시 주소를 확인하고 찾아갈 것.

하노이 도깨비 cafe.naver.com/sjdia76
베트남 자유여행을 위한 커뮤니티. 하노이, 다낭, 냐짱(나트랑) 지역에서 여행사를 운영한다. 공항 픽업, 하노이 주변 1일 투어, 하롱베이 크루즈 예약이 가능하다.

하노이 고스트 cafe.naver.com/guitarnsong
자유여행 커뮤니티를 겸한 여행사. 공항 픽업, 하롱베이 투어, 싸파행 침대 버스 예약이 가능하다.

하노이

한국 대사관
Đại Sứ Quán Hàn Quốc

Hoàng Minh Thảo

Võ Chí Công

Xuân Tảo

Nguyễn Văn Huyên

Hoàng Quốc Việt

노이바이 공항 방면

떠이호군
Quận Tây Hồ

푸떠이호
Phù Tây Hồ

노이바이 공항 방
쉐라톤 하노이
Sheraton Hanoi

인터콘티넨탈 하노이 웨스트레이크

탕러이 호
Thắng Lợi Ho

호떠이(서호)
Hồ Tây(West Lake)

Chùa T

웅이아도 호수
Hồ Nghĩa Đô

민족학 박물관
Bảo Tàng Dân Tộc Học

하노이 중심부 P.390~3

호앙호아땀 거리
Hoàng Hoa Thám

Thuy Khuê

Nguyễn Đình Thi

Thuy K

바딘군
Quận Ba Đình

호찌민 싱

꺼우저이군
Quận Cầu Giấy

미딘 버스 터미널
방향

Nguyễn Khánh Toàn

Sông Tô Lịch

Cầu Giấy

Bưởi

Văn Cao

Trích Sài

Lạc Long Quân

Liễu Giai

Đào Tấn

도이껀 거리
Đội Cấn

Vạn Phúc

Kim Mã

롯데 호텔
롯데 마트
롯데 센터(전망대)
톱 오브 하노이

동물원
투레 호수
Hồ Thủ Lệ

대우 호텔
Daewoo Hotel

레이크 사이드 호텔
Lake Side Hotel

응옥칸 호수
Hồ Ngọc Khánh

장보 호수
Hồ Giảng Võ

하노이 호텔
Hanoi Hotel

낑마 거리

못꿋
호찌민 박물관

풀만 호텔
Pullman Hotel

깟린(깟링) 역
Ga Cát Linh

장보 거리
Giảng Võ

Hào Nam

헤리티지 호텔
Heritage Hotel

La Thành

포추나 호텔
Fortuna Hotel

Nguyễn Chí Thanh

탄꽁 호수
Hồ Thành Công

Láng Hạ

동다 호수
Hồ Đống Đa

라탄 역
Ga La Thành

캐피탈 가든 호텔
Capital Garden Hotel

동다군
Quận Đống Đa

타이하 역
Ga Thái Hà

Thái Hà

Nguyễn Lương Bằng

싼단 호수
Hồ Xã Đàn

Trần Duy Hưng

Láng Hạ

참빛 타워 Charmvit Tower

랑 역 Ga Láng

호떠이(서호)
Hồ Tây(West Lake)

Thanh Niên

꽌탄 사당
Đền Quán Thánh

Trần Vũ

판탄 거리
Quán Thánh

A   B   C

Thuy Khuê

끄어박 교회
Nhà Thờ Cửa Bắc

판단풍 거리
Phan Đình F

Hoàng Hoa Thám

1

Ngô Ngọc Hà

Dốc Hồ Tiệp

Ngọc Hà

Thuy Khuê

주석궁
Phú Chủ Tịch

박몬(북문)

하노이 고성
(시타델)
Hoàng Thành Thăng Lo

호찌민 생가
Nhà Sàn Bác Hồ

공산당 본부

허우러우
(후루)

호찌민 생가 입구

Hoàng Văn Thụ

D67 건물

바딘군
Quận Ba Đình

국회 Quốc Hội

Ngô Ngọc Hà

바딘 광장
Quảng Trường Ba Đình

디엔낀티엔(경천
유물 전시실

호찌민 묘
Lăng Chủ Tịch Hồ Chí Minh

Bắc Sơn

도이깐 거리
Đội Cấn

호찌민 박물관
Bảo Tàng Hồ Chí Minh

못꼿 사원
Chùa Một Cột

호앙지에우 18번지
고고학 유적지

도안몬(단문)

외무부

2

Sơn Tây

호찌민 묘 참배객 입구
(보안 검색대)

Hưng Vương

Lê Hồng Phong

하노이 고성 입구
(매표소)

2

Điện Biên Phủ

깃발 탑

Kim Mã 김마 거리

Giảng Võ

응우옌타이혹 거리
Nguyễn Thái Học

세인트 폴 병원

Chu Văn An

중국 대사관

레닌 공원
Công Viên Lê Nin

군사 박물관
Bảo Tàng Quân

미술 박물관
Bảo Tàng Mỹ Thuật

1

Cao Bá Quát

Điện Biên Phủ

Trần Phú

풀만 호텔
Pullman Hotel

Ngô Bài

깟린 거리
Cát Linh

문묘
Văn Miếu

Văn Miếu

Aira Boutique Hanoi Hotel

기찻길 마
11

Hảo Nam

깟린(깟링) 역
Ga Cát Linh

Thi Điển

Đặng T. Côn

문묘 입구

Quốc Tử Giám

3

Craft Link

Nguyễn Khuyến

Ngô Sĩ Liên

Trần Quý Cáp

Nam

3

머큐
Merc

① 하일랜드 커피 Highland Coffee C2
② 꽁 카페 Cộng Cà Phê C2
③ 코토 KOTO B3
④ Gia Restaurant B3
⑤ 푸쿠 카페 Puku Cafe D3
⑥ 쏘파 카페 Xofa Cafe D3
⑦ 레일웨이 카페(기찻길 마을 카페) D2
⑧ 꽌 안 응온(본점) Quán Ăn Ngon D3
⑨ 라 바디안 La Badiane D3
⑩ 자스파스 레스토랑 Jaspas D3
⑪ 떰비 Tâm Vị C3
⑫ 하일랜드 커피(레주언 Lê Duẩn 지점) C3
⑬ 부이 스튜디오 Vui Studio D3
⑭ 메종 마루 Maison Marou E4
⑮ 룩락 Luk Lak F4
⑯ 라 비엣 Coffee Là Việt Coffee D1
⑰ 만지 Manzi D1
⑱ All Day Coffee D1
⑲ 분짜 34 Tuyết Bún Chả 34 D1
⑳ 분짜 흐엉리엔 Bún Chả Hương Liên E4
㉑ 우 담 Chay Ưu Đàm Chay D4
㉒ 응온 가든 Ngon Garden D4
㉓ 퍼 틴 Phở Thìn E4

❶ Nê Cocktail Bar D3

Tôn Đức Thắng

동다군
Quận Đống Đa

반쯔엉 호수
Hồ Văn Chương

린꽝 호수
Hồ Linh Quang

하노이 B역

하노이
정문

하노이역
Ga Hà Nội

공항버스(86번)
타는 곳

칸티엔 거리
Khâm Thiên

Lê Duẩn

Trần Quý Cáp

4

Hoàng Cầu

Phố Xã H

390

호텔 닛코 하노이
Hotel Nikko Hanoi

① 퍼 쓰엉 Phở Sướng D3
② 오 분짜 Ô Bún Chả E3
③ 쏘이 옌 Xôi Yến E3
④ 카페 장 Café Giảng E3
⑤ 카페 럼 Cafe Lâm E3
⑥ 찹스(마머이 지점) D2
⑦ Duong Dining D3
⑧ 에라 레스토랑 Era D3
⑨ 보느엉 쑤언 쑤언 D3
⑩ 분짜따 Bún Chả Ta E3
⑪ 반미 호이안 (바미 브레드) C3
⑫ 블루 버터플라이 D3
⑬ 뉴 데이 레스토랑 D3
⑭ 반꽁 카페 Ban Công D3

⑮ 하노이 커피 스테이션 D4
⑯ 리틀 하노이 레스토랑 D3
⑰ 반미 퐁호이 D4
⑱ Hong Hoai's Restaurant B3

① Factory 47 C2
② 뗏 바 Tet Bar D2
③ 갤러리 비스포크 칵테일 바 A2
④ 폴라이트 & 코(폴라이트 펍) C4

① 징코 티셔츠 Ginkgo C4
② 떤미 디자인 Tân Mỹ Design C4
③ 하동 실크 Hà Đông Silk B4
④ 타이어드 시티 Tired City C4

Sông Hồng 홍 강

0   50   100m

———

백쓰언 거리

⑳ㇴ

♣ 동하문(東河門)
Đông Hà Môn

Phúc Tân

● 껌 포꼬
Cơm Phố Cổ

깟바 익스프레스 ●

②

Đào Duy Từ

Trần Nhật Duật

⑥

Mã Mây 마머이 거리

⑨
⑦

르엉응옥꾸옌 거리
Lương Ngọc Quyến

● 따히엔 맥주 거리

⑬

⑫

Ta Hiện 따히엔 거리

● 마머이 87번지
고가옥

㉖

㉗
㉘

함박 거리

Hàng Bạc

⑭
①   ⑲
⑳

⑱ ⑰

자응으 거리 Gia Ngư

⑯   ⑮

⑩

Hàng Muối

Hàng Bè 항베 거리

⑯

③

④

응우옌흐우후언 거리 Nguyễn Hữu Huân

하이웨이 4
Highway 4

Hàng Mắm

Hàng Tre

㉛

⑮

Hàng Thùng

꺼우고 거리 Cầu Gỗ

⑬   ⑰

하일랜드 커피,
꺼우고 레스토랑

● 탕롱 수상 인형극장
Nhà Hát Múa Rối Thăng Long

전기 자동차
타는 곳 ●
● 하노이 시티버스 타는 곳

싸파 익스프레스 ●

Lý Thái Tổ

⑪

⑭

Lò Sũ

Hàng Tre

Hàng Vôi

응옥썬 섬
Ngọc Sơn

● 응옥썬 사당
Đền Ngọc Sơn

① 하노이 호스텔 Hanoi Hostel A2
② Vacanza Premier Hotel B3
③ Golden Art Hotel B3
④ Peridot Grand Hotel A3
⑤ Hanoi Peridot Hotel B3
⑥ 실크 플라워 호텔 B4
⑦ 에인션트 레인 호텔 B4
⑧ 비스포크 트렌디 호텔 A4
⑨ La Storia Ruby Hotel B4
⑩ 차밍 호텔 Charming Hotel B4
⑪ La Nueva Boutique Hotel E4
⑫ Hanoi Emerald Waters Hotel E4
⑬ La Sinfonia Majesty Hotel E4
⑭ 하노이 E 센트럴 호텔 E4
⑮ Hotel Emerald Waters Classy D3
⑯ May De Ville Old Quarter Hotel D3
⑰ 티란트 호텔 Tirant Hotel D3
⑱ Rex Hanoi Hotel D3
⑲ Hanoi Skyline Hotel D3
⑳ Lavender Central Hotel D3
㉑ 라 메호르 호텔 La Mejor D3
㉒ 프린스 2 호텔 Prince II Hotel C3
㉓ 하노이 버팔로 호스텔 C3
㉔ Central Backpackers Hostel D2
㉕ Medallion Hotel D2
㉖ 하노이 하우스 호스텔 D3
㉗ 라 시에스타 호텔 La Siesta Hotel D3
㉘ Golden Time Hostel 3 D3
㉙ 하노이 펄 호텔 C4
㉚ 넥시 호스텔 C4
㉛ Aurora Premium Hotel D4
㉜ Golden Sun Hotel B4

호안끼엠 호수 주변

하일랜드 커피,
꺼우고 레스토랑

탕롱 수상 인형극장
Nhà Hát Múa Rối Thăng Long

Lò Sũ

La Sinfonia Del Rey Hotel
King Ly Hotel
Authentic Hotel

응옥썬 사당
Đền Ngọc Sơn

Phở Thìn Bờ Hồ(쌀국수)

호안끼엠 호수
Hồ Hoàn Kiếm

Trần Nguyên Hãn

인민위원회 청사
UBND Thành Phố Hà Nội

거북이 탑
Tháp Rùa

Thang Long Opera Hotel

Vietcom

Lê Lai

리타이또 황제 동상
Tượng Lý Thái Tổ

공항버스(86번) 타는 곳

Lê Thạch

베트남 국립은행
Ngân Hàng Nhà Nước

중앙 우체국
Bưu Điện

Capella Hanoi

Lê Phung Hiếu

소피텔 레전드 메트로폴
Sofitel Legend Metropole

프레스 클럽
Press Club

이탈리아 대사관

맥도널드

짱띠엔 플라자(백화점)
Tràng Tiền Plaza

하일랜드 커피

따디오또
Tadioto

Cosa Nostra(카페)

탕롱 서점
Nhà Sách Thăng Long

피자 포피스(2호점)
Pizza 4P's

껨 짱띠엔
(아이스크림)
Kem Tràng Tiền

시티 은행

L'Espace(프랑스 문화원)

Lý Đạo Thành

혁명 박물관
Bảo Tàng Cách Mạng

호텔 드 오페라
Hotel de L'Opera

엘 가우초(스테이크)
El Gaucho

Tràng Tiền

역사 박물관
Bảo Tàng Lịch Sử

The Coffee House

Hai Bà Trưng

오페라하우스
Nhà Hát Lớn Hà Nội

빈민(빙밍)
재즈 클럽
Binh Minh's
Jazz Club

아메리칸 클럽
The Moose & Roo

하일랜드 커피
Highland Coffee

Paris Deli

Phan Chu Trinh

힐튼 하노이 오페라
Hilton Hanoi Opera

Đặng Thái Thân

Lý Thường Kiệt

Phạm Sư Mạnh

호아빈 호텔
Hòa Bình Hotel

룩락 Luk Lak

Cheering Beer Collection

395

Best Course

볼거리가 많지만 이틀이면 웬만한 볼거리를 섭렵할 수 있다. 구시가와 프렌치 쿼터, 하노이 고성과 문묘 주변, 호찌민 묘와 호떠이(서호) 지역으로 구분해 구역을 묶어서 여행하면 된다. 박물관들은 입장 시간이 정해져 있으므로 일정을 짤 때 유의해야 한다. 하루 일정이라면 호안끼엠 호수→호찌민 묘→호찌민 생가 →못꼿 사원→문묘→구시가→수상 인형극으로 마무리하면 된다.

● 첫날(소요시간 6~8시간)

오전에 호찌민 묘와 호떠이(서호) 주변 볼거리를 방문하고, 오후에 문묘와 하노이 고성을 여행한다.

● 둘째날(소요시간 6~8시간)

숙소가 있는 구시가 주변을 여행한다. 호안끼엠 호수부터 프렌치 쿼터까지 대부분 걸어 다닌다.

Attractions

하노이는 오랜 역사만큼이나 볼거리가 많다. 베트남의 과거 역사가 문묘, 하노이 고성, 구시가에 고스란히 녹아 있고, 베트남 현대사의 주요 무대였던 바딘 광장과 호찌민 생가, 호아로 수용소도 있다. 하노이에는 수많은 박물관이 있는데, 베트남의 수도답게 다른 도시에 비해 월등히 많은 내용의 유물과 역사 자료를 전시하고 있다. 도시 곳곳에 호수와 공원, 프랑스 식민지배 때 건설된 콜로니얼 건축물도 산재해 또 다른 볼거리를 제공한다.

구시가 & 프렌치 쿼터

호안끼엠 호수를 끼고 호수 북쪽에 구시가가 널따랗게 펼쳐지고, 호수 동쪽과 남쪽으로 프렌치 쿼터가 있다. 구시가는 탕롱 시절에 궁궐로 들어가는 물건을 만들기 위해 형성된 거리로 하노이 최대 볼거리다. 여행자 호텔도 많아서 많은 이들이 구시가에 터를 잡는다. 프렌치 쿼터는 프랑스령 인도차이나 시절에 건설된 지역으로 유럽풍의 건물이 많다.

하노이 구시가
Old Quarter(36 Streets)
Phố Cổ(36 Phố Phường)

`Map P.392~393`

★★★★★

운영 24시간 요금 무료 가는 방법 호안끼엠 호수 북쪽에 위치해 있다.

'하노이의 영혼'에 해당하는 곳으로 호안끼엠 호수 북쪽에 있는 36개의 거리로 이루어져 있다. 구시가가 형성된 것은 리 왕조가 탕롱을 건설한 11세기로 거슬러 올라간다. 조정에서 사용하던 물건들을 만들기 위해 전국에서 유명한 장인들을 불러 모으며 형성되었다고 한다. 그래서 일반 거주지역과 달리 상점들이 거리를 가득 메우게 되었고, 각각의 거리마다 특화된 상품을 판매하며 오늘날에 이

르렀다. 참고로 구시가 왼쪽에 있는 하노이 고성(P.405)이 탕롱 시절 왕궁이 있던 곳이다. 거리마다 특화된 상품을 생산했기 때문에, 거리 이름도 그곳에서 생산되던 물건에서 유래했다. 항드엉 Hàng Đường(설탕), 항무오이 Hàng Muối(소금), 항코아이 Hàng Khoai(고구마), 항마 Hàng Mã(종이), 항꽛 Hàng Quạt(부채), 항찌에우 Hàng Chiếu(돗자리), 항홈 Hàng Hòm(상자), 항티엑 Hàng Thiếc(함석), 항자 Hàng Da(가죽), 항박 Hàng Bạc(은) 등으로 불린다. 참고로 '항'은 상품을 뜻한다.

하노이 구시가는 옛 모습을 고스란히 간직하고 있다. 과거에 비해 판매하는 물건들은 다소 변동이 생겼지만, 생동감 넘치는 풍경은 변함이 없다. 전통적으로 거래되던 물건 이외에 의류, 선글라스, 액세서리, 과자, 커피, 인형, 담배, 말린 과일까지

하노이 구시가

성벽의 흔적이 남아있는 구시가 동하문

좁은 골목길이 가득한 구시가

항마 Hàng Mã

종이 거리였던 '항마'는 붉은색 홍등과 불교 용품을 판매해 거리 색이 화려하다. 한눈에 봐도 식별 가능한 미국 달러 위조지폐도 판매된다. 위조지폐는 망자의 혼을 달래기 위해 제례 용품과 함께 불에 태울 때 쓴다.

항가이 Hàng Gai

베옷(麻)을 팔던 거리였는데, 현재는 하노이를 대표하는 실크 부티크 숍이 들어선 쇼핑가로 변모했다. 기념품 가게도 많다.(P.442)

항박 Hàng Bạc

은이 거래되던 거리답게 금은방이 많다. 항박 거리에서 이어지는 항맘 거리 Hàng Mắm에는 비석 상점이 많다.

따히엔 Tạ Hiện

구시가에서 외국인 여행자들을 가장 많이 볼 수 있는 곳이다. 200m 정도 되는 좁은 길에 맥주 노점이 가득해 맥주 거리 Beer Street(P.438)로 알려졌다.

마머이 Mã Mây

구시가에서 중급 호텔들이 많은 거리이지만, 오래된 목조 전통 가옥들도 남아 있다. 마머이 87번지 고가옥 Heritage House(현지어 Ngôi Nhà Di Sản 87 Mã Mây, 운영 매일 08:30~12:00, 13:00~17:30, 요금 1만 VND)은 원형을 보존해 박물관처럼 입장료를 받고 일반에게 개방한다.

항꽛 Hàng Quạt

부채를 팔던 거리였으나 현재는 제기 용품 상점이 밀집해 있다.

항찌에우 Hàng Chiếu

돗자리를 팔던 거리로 등나무나 등심초를 엮어 만든 발과 돗자리, 방석, 매트리스를 판매한다.

항디에우 Hàng Điếu & 항저이 Hàng Giấy

차, 커피, 과자, 캔디를 판매하는 상점들이 몰려 있다. 항저이 거리에는 커피와 술을 판매하는 상점이 많다.

항저우 Hàng Dầu & 꺼우고 Cầu Gỗ

호안끼엠 호수 북단에 있는 거리. 신발, 샌들, 구두 가게가 줄지어 있다.

란옹 Lãn Ông

한약재를 팔던 거리로 현재도 변함없이 약재상이 즐비하다.

풍흥 Phùng Hưng

구시가 오른쪽 끝자락에 있는 200m 길이의 거리. 한국·베트남의 화가들이 합작해 만든 벽화로, 풍흥 벽화 거리 Phung Hung Mural Street (Phố Bích Họa Phùng Hưng)라고 불린다.

홍등과 제례용품이 판매되는 항마 거리

풍흥 벽화 거리

따히엔 맥주 거리

상품들이 다변화했고, 상점들이 더 많아진 것이 변화라면 변화다. 거리는 좁은 골목들이 미로처럼 연결되어 있어 지도를 보더라도 거리를 가늠하기 힘들 정도로 복잡하다. 구시가를 여행하는 가장 좋은 방법은 당연히 걷는 것이다.

Map P.392-C1

동쑤언 시장
Dong Xuan Market
Chợ Đồng Xuân ★★☆

주소 Đường Đồng Xuân. Quận Hoàn Kiếm 영업 매일 07:00~18:00 가는 방법 호안끼엠 호수에서 도보 15분.

하노이 최대 규모를 자랑하는 재래시장이다. 1889년부터 시장을 형성했으며, 여러 차례 증축을 거쳤다. 현재 모습은 1994년의 화재 이후 새롭게 건설한 것이다. 3층 규모의 대형 상설 시장으로 식료품과 생활용품부터 티셔츠, 신발, 가방, 기념품 매장까지 소규모 도매상이 시장 안을 가득 메우고 있다. 시장 주변으로 노점 식당들도 밀집해 있다. 사람들이 많이 모이는 곳으로 소지품에 주의하자.

동쑤언 시장

하노이 이정표 역할을 하는 호안끼엠 호수

Map P.391-E3, Map P.395-D1

호안끼엠 호수
Hoan Kiem Lake
Hồ Hoàn Kiếm ★★★★

주소 Đường Lê Thái Tổ & Đường Đinh Tiên Hoàng 운영 24시간 요금 무료 가는 방법 구시가 남쪽에 있다.

하노이 도심에 있는 아담한 호수다. 길이 700m, 폭 250m로 규모는 작다. 옛날에는 호수 물빛이 녹색을 띠고 있어서 룩투이 호수(绿水湖) Luc Thuy Lake(Hồ Lục Thủy)라고 불렸다. 하노이의 이정표와 같은 곳으로 구시가와 인접해 있다. 전설적인 이야기들과 연관되어 있어 하노이에서 빼놓을 수 없는 볼거리다. 호안끼엠은 '검을 돌려주다'라는 뜻으로 한자로 쓰면 환검(還劍)이 된다. 중국 명나라의 지배로부터 베트남을 독립시킨 레러이 Lê Lợi(1384~1433년) 장군의 업적과 연관되어 있다. 레러이 장군이 호수를 거닐 때 거북이가 나타나 신성한 검을 건네줬다고 한다.

거북이는 레러이 장군에게서 중국을 물리치면 반드시 신성한 검을 되돌려줘야 한다는 약속을 받았고, 10년간의 전쟁에서 승리한 레러이 장군이 호수로 돌아오자 거북이가 나타나 신성한 검을 회수해갔다고 한다. 그 후 레러이 장군은 레 왕조 Lê Dynasty를 창건하며 국왕(黎太祖, 레타이또 Lê Thái Tổ, 재위 1428~1433년)의 자리에 올랐다. 호안끼엠 호수 중앙에는 아담한 거북이 탑(Tháp Rùa)이 세워져 있고, 호수 북쪽에는 응옥썬 사당이 있다. 호수를 끼고 산책로가 형성되어 있으며 나무그늘 아래 벤치가 놓여 있고, 야외 카페도 많아 휴식하기 좋다. 하노이 사람들은 아직도 거북이가 호수에서 서식하고 있다고 굳게 믿는다.

호안끼엠 호수의 거북이 탑

호안끼엠 호수 전경

응옥썬 사당 입구

응옥썬 사당은 나무 다리(서욱교)로 연결된다

Map P.391-E2, Map P.395-D1

응옥썬 사당(玉山祠) ★★★
Ngoc Son Pagoda
Đền Ngọc Sơn

주소 Đường Đinh Tiên Hoàng, Quận Hoàn Kiếm 운영 08:00~18:00 요금 3만 VND(학생 1만 5,000 VND) 가는 방법 호안끼엠 호수 북단으로 탕롱 수상 인형극장 맞은편에 입구가 있다.

호안끼엠 호수 안쪽의 작은 섬에 만든 도교·유교 사당이다. 13세기부터 존재했던 사당이지만 현재 모습은 1864년에 만들어진 것이다. 초록색 호수 위에 있는 섬의 모양이 옥으로 만든 산처럼 보인다 하여 응옥썬(옥산 玉山)이라고 이름을 지었다. 사당으로 들어가려면 붉은색 나무다리('아침햇살이 깃들다'라는 의미로 서욱교[棲旭橋] Cầu Thê Húc라고 불린다)를 건너야 한다.

사당 내부에는 몽골 제국(원나라) 해군을 격퇴시킨 쩐흥다오 장군 Trần Hưng Đạo(P.63), 문(文)을 상징하는 반쓰엉데꿘(문창대제 文昌帝君) Văn Xương Đế Quân, 무(武)를 상징하는 꽌번쯔엉(관운장 關雲長) Quan Vân Trường도 함께 모셨다.

충의(忠義)라고 쓴 한자가 사당 내부에 크게 적혀 있다. 참고로 꽌번쯔엉은 관운장, 즉 관우를 뜻한다. 유리관 안에 전시된 박제 거북이는 1968년에 호안끼엠 호수에서 포획된 거북이라고 한다. 길이는 2m, 무게는 260kg이나 되는데 호수와 연관된 전설 때문인지 호기심 어린 눈빛으로 쳐다 보는 사람들이 많다. 복장 제한이 있으니 민소매, 짧은 치마나 바지 등 노출이 심한 옷은 삼가야한다.

> ❝ 알아두세요 ❞ ## 하노이의 역사

하노이의 역사는 도시 이름에 고스란히 묻어납니다. 여러 왕조가 하노이를 수도로 정하며, 도시 이름도 변경되었기 때문입니다. 하노이가 베트남의 수도로 등장한 것은 1010년의 일입니다. 다이비엣 Đại Việt을 건국한 리타이또 황제가 홍강에서 용이 승천하는 것을 보고 탕롱(昇龍) Thăng Long이라고 도시 이름을 지었다고 합니다. 1397년 떠이도(西都) Tây Đô(오늘날의 탄호아 Thanh Hóa)로 천도하면서 탕롱은 동쪽 수도라는 의미로 동도(東都) Đông Đô가 되었습니다. 1428년 중국 명나라의 지배에서 독립을 이룬 레러이 장군은 동도에서 동낀(동낑) Đông Kinh(동쪽 수도라는 뜻으로 한자로는 東京이다)으로 개명하며, 레 왕조의 수도로 삼았습니다. 동낀(동낑)은 유럽에 통킹 Tonking으로 알려지면서 잘못된 발음이 고유한 지명처럼 변모했습니다. 프랑스가 인도차이나를 지배할 때 북부 베트남을 통킹이라 칭했습니다. 현재까지도 하노이 앞바다는 통킹만 Gulf of Tonking으로 불립니다.

그 후 왕조의 변화와 관계없이 베트남의 수도로 군림하다가 응우옌 왕조가 베트남을 통일하며 중부 지방인 후에(훼)로 천도하면서 도시 이름도 하노이로 개명되었습니다. 프랑스는 사이공(호찌민시)을 수도로 삼아 인도차이나를 통치했으나 1902년에 하노이로 수도를 변경했습니다. 이로써 하노이가 100년 만에 수도로 복귀하게 되었습니다. 바딘 광장(P.411)에서 호찌민의 독립 선포(1945년), 인도차이 전쟁과 남북 분단(1954년), 베트남 전쟁과 베트남 통일(1975년)까지 베트남 현대사에서 수도 자리를 굳건히 지켰습니다. 하노이는 2010년에 베트남의 수도가 된 1000주년 기념행사를 성대히 치렀습니다.

리타이또 황제 동상 ★★
Statue of Emperor Ly Thai To
Tượng Lý Thái Tổ

주소 Đường Đinh Tiên Hoàng, Quận Hoàn Kiếm **운영** 24시간 **요금** 무료 **가는 방법** 호안끼엠 호수 오른쪽에 있는 인민위원회 청사와 중앙 우체국 사이에 있다.

호안끼엠 호수 동쪽의 작은 공원에 세워진 동상이다. 리타이또(李太祖) Lý Thái Tổ(재위 1009~1028년) 황제는 오늘날의 하노이가 있게 한 인물로 리 왕조를 창시한 첫 번째 왕이다. 본명은 리꽁우언(李公蘊) Lý Công Uẩn. 국왕이 된 지 1년 만인 1010년에 호아르 Hoa Lư(P.452)에서 탕롱(昇龍) Thăng Long(오늘날의 하노이)으로 천도하며 국가의 기틀을 마련했다. 종교적으로는 불교를 국교로 삼았고, 중국 송나라와 외교 관계를 유지했으며, 백성을 사랑한 성군으로 평가받는다.
탕롱은 하노이로 도시 이름이 바뀌었으나, 천년이 흘렀음에도 여전히 베트남의 수도로 군림하고 있다.

탕롱(하노이)을 건설한 리타이또(이태조) 황제 동상

오페라하우스

오페라하우스 ★★★☆
Opera House
Nhà Hát Lớn Hà Nội

주소 1 Tràng Tiền, Quận Hoàn Kiếm **전화** 024-3826-7361 **홈페이지** www.hanoioperahouse.org.vn **운영** 24시간 **요금** 무료(내부 입장 불가) **가는 방법** 짱띠엔 거리 끝에 있다. 호안끼엠 호수 남단에서 도보 10분.

하노이를 대표하는 콜로니얼 건축물이다. 프랑스가 베트남을 지배하던 시기인 1911년에 건설되었다. 파리의 오페라하우스(팔레 가르니에 Palais Garnier)를 그대로 모방해 만들었다. 아치형 문과 발코니, 박공벽을 아름답게 조각한 것이 특징이다. 차이점이라면 더위를 피하기 위해 건물 입구는 이중 현관으로 되어 있고, 천장을 높게 만들어 통풍에도 신경을 썼다.
우아한 건물을 배경삼아 사진 찍기 좋은 장소지만, 내부 입장은 불가하다. 오페라, 발레, 연극, 클래식 콘서트가 열릴 때만 입장료를 내고 들어갈 수 있다. 룬 프로덕션 Lune Productions(홈페이지 www.luneproduction.com)의 창작 무용극은 정기적으로 공연된다. 베트남 마을을 주제로 한 '랑또이(마이 빌리지) Làng Tôi(My Village)', 베트남의 과거와 현재를 대비시킨 '아오쇼 A O Show', 산악 지역에서 생활하는 소수민족의 생활상을 주제로 한 '테다 Teh Dar'가 번갈아 무대에 오른다. 베트남의 문화와 전통, 토착신앙, 생활상을 주제로 한 창작극으로 대나무 곡예와 아크로바트, 서커스, 현대 무용이 생동감 넘치게 어우러진다. 공연 시간은 60분이며, 요금은 일반석 70만 VND, VIP석 210만 VND이다.

아오쇼 A O Show

롱비엔 대교
★★
Long Bien Bridge
Cầu Long Biên

운영 24시간 **요금** 무료 **가는 방법** 롱비엔 기차역
앞에 있다. 롱비엔 버스 환승센터에서 남쪽으로
200m, 동쑤언 시장에서 동쪽으로 600m.

롱비엔 대교는 프랑스의 식민지배와 베트남 전쟁
과 관련해 상징적인 의미를 지닌다. 홍강 위에 건
설된 철교로 하노이 동부 지역인 쟈럼 Gia Lâm을
연결한다. 녹슬고 오래되어서 철교는 볼품없지만
여전히 수많은 사람들이 이용하는 교량이다.
1899부터 1902년까지 프랑스 식민지배 동안 건
설되었다. 철교의 총 길이는 2.4km로 철도 건설
에 필요한 건축 자재를 전량 프랑스에서 가져와
공사했다고 한다. 교량 왼쪽 끝(롱비엔 역 방향)
에 있는 철판에는 시공사인 데디 & 필레 Daydé
& Pillé라는 문구가 적힌 명판이 선명하게 남아있
다. 건설 당시에는 아시아에서 가장 긴 다리(교
량)였으며, 인도차이나 총독을 지낸 폴 두메 Paul
Doumer(1857~1932)의 이름을 따서 두메 대
교 Doumer Bridge라고 불렸다. 현재 롱비엔 대
교는 기차가 지나는 철로와 오토바이, 자전거, 사
람이 지나다니는 보행로가 있다. 자동차는 롱비엔
대교 남쪽에 새로 건설한 쯔엉즈엉 대교 Chuong
Duong Bridge(Cầu Chương Dương)를 이용해야
한다.

롱비엔 대교

역사 박물관

역사 박물관
★★★
History Museum
Bảo Tàng Lịch Sử

주소 1 Tràng Tiền, Quận Hoàn Kiếm **전화** 024-
3825-3518 **홈페이지** www.baotanglichsu.vn
운영 화~일요일 08:00~12:00, 13:30~17:00
휴무 월요일 **요금** 4만 VND(학생 2만 VND), 카메
라 촬영 1만 5,000VND 추가 **가는 방법** 오페라하
우스를 바라보고 왼쪽 길을 따라 도보 3분.

하노이의 수많은 박물관 중에서 하나만 봐야 한다
면, 그 영광은 당연히 역사 박물관의 몫이다. 프랑
스가 인도차이나에 건설한 전형적인 콜로니얼 건
물이다. 한때 프랑스 영사관 및 총독 관저로 쓰였
으며, 1910년부터는 프랑스 식민정부에서 동아시
아 지역 연구와 답사를 위해 설립했던 국립 극동
아시아 연구원(Ecole Francaise d'Extreme Orient)
의 본부로 사용되었다. 1932년부터 국립 극동 아
시아 연구원에서 발굴한 유물들을 전시했으며, 베
트남이 독립하면서 1958년부터 국립 역사 박물관
으로 사용되고 있다.
역사 박물관의 전시 면적은 2,200㎡로 선사 시대
부터 현재에 이르기까지 연대기 순서에 따라 섹션
을 구분해 총 7,000여 점의 유물을 전시하고 있다.
1층 전시실은 동썬 Đông Sơn(B.C. 7세기~B.C.
2세기)과 싸후인 Sa Huỳnh(B.C. 1000~A.D.
200년)에서 발굴된 고대 유적부터 딘 왕조 Đinh
Dynasty(9세기), 리 왕조 Lý Dynasty(1009~1225
년), 쩐 왕조 Trần Dynasty(1226~1400년)까지 근
대 역사를 소개하고 있다.
2층 전시실은 호 왕조 Hồ Dynasty(1400~1407
년)부터 응우옌 왕조 Nguyễn Dynasty(1802~

역사 박물관 전시실

1945년)를 거쳐 1945년 8월 혁명을 통해 독립을 선포하기까지의 내용으로 꾸몄다. 응우옌 왕조 시대에 쓰이던 자수를 넣어 만든 걸개, 자개 제품, 불교 미술품이 볼 만하다. 8번 전시실에 참파 왕국 Cham Pa Kingdom(P.294 참고)의 유물을 별도로 전시하고 있다. 참파 왕국은 베트남 중부에 들어섰던 힌두 문명으로 시바, 비슈누, 가루다, 가네쉬 같은 힌두교 신들의 석조 조각이 전시되어 있다.

Map P.394-B2

성 요셉 성당(하노이 대교회) ★★★☆
Saint Joseph Cathedral
Nhà Thờ Lớn Hà Nội

주소 3 Nhà Thờ, Quận Hoàn Kiếm 전화 024–3838–5967 운영 월~토요일 08:00~11:00, 14:00~17:00, 일요일 07:00~11:30, 15:00~21:00 요금 무료 가는 방법 호안끼엠 호수 왼쪽의 냐터 거리에 있다.

프랑스 식민지배 시절이던 1886년에 건설한 로마 가톨릭 성당이다. 프랑스 건축가(Monseigneur Pigneau de Behaine)가 설계해서 만들었으며, 1912년 개축하면서 두 개의 사각형 첨탑을 추가하며 고딕 양식으로 변모했다.
성당 내부는 아치형 천장에 스테인드글라스로 치장되어 있으나 외부는 거무스름한 색으로 변모해 우아함은 없어졌다. 1975년 베트남 통일 이후 성당은 폐쇄되었다가 1985년부터 종교 행위를 허용하고 있다. 성당 앞으로 뻗은 냐터 거리 Đường Nhà Thờ는 처치 스트리트 Church Street라고 불린다. 유럽풍의 레스토랑과 카페가 즐비하고 부티크 숍이 많아 분위기가 좋다.

성 요셉 성당

Map P.394-C4

베트남 여성 박물관 ★★★☆
Vietnamese Women's Museum
Bảo Tàng Phụ Nữ Việt Nam

주소 36 Lý Thường Kiệt, Quận Hoàn Kiếm 전화 024–3825–9936 홈페이지 www.baotangphunu.org.vn 운영 매일 08:00~17:00 요금 4만 VND 가는 방법 호안끼엠 호수 남쪽의 리트엉끼엣 거리 36번지에 있다.

베트남 여성의 삶에 초점을 맞춘 박물관이다. 베트남의 다수 인종인 비엣족을 비롯해 산악에 거주하는 소수민족까지 다양한 여성들의 삶에 대해 소개하고 있다. 전시실은 층을 구분해 가정에서의 여성 Women in Family(2층), 역사 속의 여성 Women in History(3층), 여성의 패션 Women's Fashion(4층)에 관한 주제로 꾸몄다.
2층 전시실로 올라가면 결혼과 출산에 관한 내용을 시작으로, 농업과 어업은 물론 요리와 육아, 집안일까지 도맡았던 베트남 여성의 삶 전반에 관한 내용을 일목요연하게 전시하고 있다. 3층 전시실은 독립 투쟁과 사회주의 통일로 이어지는 베트남의 현대사에서 여성의 역할을 다루고 있다. 4층은 여성의 패션에 관한 내용이다. 다양한 민족의 의상과 제작 기법, 장신구, 사진을 전시하고 있다.

베트남 여성 박물관

전통 의상을 전시한 4층 전시실

호아로 수용소(호아로 형무소)★★★☆
Hoa Lo Prison
Nhà Tù Hỏa Lò

주소 1 Hỏa Lò, Quận Hoàn Kiếm 전화 024-
3824-6358 홈페이지 www.hoalo.vn 운영 매일
08:00~17:00 요금 5만 VND(오디오 가이드 10만
VND) 가는 방법 하노이 타워 빌딩을 바라보고 왼
쪽에 있다. 호안끼엠 호수 남단에서 800m.

1896년에 프랑스 식민정부가 건설한 베트남 최대
의 정치범 수용소였다. 450명을 수용할 수 있는
규모였으나 1930년대에는 2,000명 가까이 수용되
어 있었다고 한다. 프랑스 지배에 반기를 드는 '반
역자'들을 수용했는데, 베트남 입장에서 보면 독
립투사들이 대거 투옥되었던 곳이다. 프랑스 지배
자들이 중앙 형무소(Maison Centrale)라고 불렀던
것과 달리 베트남 사람들은 '호아로(불타는 용광
로)'라고 부르며 투쟁의 의지를 다졌다.
베트남 전쟁 기간 동안에는 북부 베트남군이 미군
포로를 수용하며 포로수용소로 전환되었다. 열악
한 시설과 고문으로 인해 악명이 높았다. 이를 비
꼬는 의미에서 '하노이 힐튼 Hanoi Hilton'이라고
서방세계에 알려지기도 했다(하노이에 있는 진짜
힐튼 호텔은 1999년에 문을 열었다). 참고로 미국
공화당 대통령 후보였던 존 매케인 John McCain,
초대 베트남 대사를 지냈던 피트 피터슨 Pete
Peterson이 호아로 수용소에서 전쟁 포로 생활을
하기도 했다(존 매케인이 입고 있었던 전투기 조
종복이 전시되어 있다).

현재 호아로 수용소는 하노이 시내 중심가에 위치
해 있다. 대형 호텔과 오피스 빌딩이 들어선 '하노
이 타워 Hanoi Tower'를 건설하며 수용소 부지를
매각했지만, 역사 교육을 위해 일부는 그대로 남
겨두었다. 포로를 수용했던 방들과 고문 도구, 당
시 상황을 설명하기 위해 만든 모형과 사진들이
전시되어 있다. 뒤뜰에 있는 단두대는 프랑스가
베트남 정치범을 처형할 때 쓰던 것이다.

기찻길 마을 ★★★
Train Street
Phố Đường Tàu Hà Nội

주소 Đường Trần Phú, Phố Đường Tàu Hà Nội
운영 24시간 요금 무료 가는 방법 ①하노이 역에
서 북쪽 방향으로 연결된 철길이다. 디엔비엔푸
거리 Điện Biên Phủ와 쩐푸 거리 Trần Phú를 가
로지른다. ②구시가 서북쪽의 풍흥 거리 Phùng
Hưng에서 쩐푸 거리 방향으로 들어가면 된다. ③
디엔비엔푸 거리 8번지와 10번 사이로 들어가도
된다.
철로 옆으로 가옥이 옹기종기 늘어서 있어 '기찻
길 마을'로 불린다. 1902년에 건설된 롱비엔 대교
(철교)에서 이어지는 철도로 하노이 역에서 출발
한 기차가 아직도 운행되고 있다. 대규모 촌락이
형성되었다거나, 역사 유적으로 보호되고 있는 특
별한 곳은 아니다. 베트남에서는 흔한 마을의 모
습이지만, 외국 관광객에게는 아날로그적인 풍경
이 묘한 감흥을 불러일으키기에 사진 찍으러 많이
들 찾는 곳이다. 기찻길을 따라 카페도 들어서 있
다(P.428 참고).
인기 관광지로 급부상하면서 기차 운행에 문제를
야기할 정도로 많은 관광객이 몰려들기 시작했다.
결국 안전문제가 대두되면서 2019년 10월 12일부
터 출입이 통제되고 있다. 철도 입구를 막아 놓고
공안(경찰)이 지키고 있다. 방문하기 전 최근 상황
을 확인해 보는 게 좋다.

호아로 수용소(호아로 형무소)

전쟁포로였던 존 매케인이 입고 있었던 전투복

기찻길 마을

하노이 고성 & 문묘

하노이와 베트남의 역사를 유추해볼 수 있는 볼거리가 많다. 하노이 고성은 탕롱 시절 황제들이 머물던 황궁이 있던 곳으로, 2010년부터 유네스코 세계문화유산으로 보호되고 있다. 공자 사당인 문묘에서는 유교 국가인 베트남의 전통을 느낄 수 있다.

Map P.390-C1~C2

하노이 고성(탕롱 황성) ★★★
Hanoi Citadel(Thang Long Imperial Citadel)
Hoàng Thành Thăng Long

주소 9 Hoàng Diệu, Quận Ba Đình 전화 024-3734-5927 홈페이지 www.hoangthanht hanglong.vn/en/ 운영 매일 08:00~17:00 요금 7만 VND 가는 방법 군사 박물관과 깃발 탑을 지나서 호앙지에우(황지에우) 거리로 들어가면 된다. 매표소는 도안몬 앞쪽으로 200m 떨어져 있다.

1010년 탕롱(하노이의 옛 이름) Thăng Long을 수도로 정한 리타이또 황제에 의해 건설된 축성 도시다. 황궁을 중심으로 한 도성으로 쩐 왕조와 레 왕조를 거쳐 1810년 후에(훼)로 천도할 때까지 베트남의 수도로 쓰였다.

총 면적은 4만 7,700㎡나 되지만 기나긴 전쟁을 겪으면서 대부분 건물이 파괴되었고(성벽은 흔적도 없이 사라졌다), 현재는 상당 부분 군사지역으로 묶여 있다. 일반에게 공개된 곳은 도안몬(端門), 허우러우(後樓), 박몬(北門), 깃발 탑(P.409)이 전부다. 호앙지에우 거리에서 고성 유적이 발굴되면서 2010년부터 유네스코 세계문화유산으로 지정해 보호하고 있다.

탕롱은 오늘날의 하노이에 해당하기 때문에 영어 명칭은 탕롱 시타델 Thang Long Citadel과 하노이 시타델 Hanoi Citadel이 혼용해서 쓰인다. 현지

어로는 탕롱 시대에 건설된 황성(皇城)이란 의미로 호앙탄 탕롱 Hoàng Thành Thăng Long이라고 부른다.

도안몬(단문 端門)
Đoan Môn

하노이 고성에서 가장 볼 만한 것은 도안몬(端門)이다. 15세기 레 왕조 시절에 건설된 성문이다. 길이 47m, 높이 13m의 성문 위에 누각을 세웠다. 외궁과 내궁을 연결하던 출입문으로 2층 누각까지 올라갈 수 있다. 도안몬은 5개의 아치형 출입문을 냈다. 정중앙에 있는 가장 큰 출입문은 황제만이 사용할 수 있었고, 나머지 출입문은 무관과 무관, 왕족들이 출입할 때 사용했다고 한다. 황제가 출입하던 중앙 출입문 위쪽에는 한자로 단문(端門)이라고 적힌 석조 현판이 있다. 참고로 내궁은 황제의 집무실과 침전이 있던 곳으로 뜨껌탄 Tử Cấm Thành, 즉 자금성(紫禁城)으로 불렸던 곳이다. 내궁에 있던 궁전들은 전란으로 대부분 파괴되었다.

디엔낀티엔(경천전 敬天殿)
Điện Kính Thiên

황궁 정중앙에 위치한 황제의 집무실로 경천전(敬天殿)이라 부른다. 레 왕조를 건설한 레타이또 황제 Lê Thái Tổ(1428~1433년)가 중국의 지배 기간

하노이 고성(도안몬)

석조 계단만 남아있는 디엔낀티엔(경천전)

동안 피해를 입었던 황궁을 재건하면서 궁궐도 재건했다고 한다(1428년). 프랑스가 베트남을 침략하는 과정에서 전란으로 인해 파괴되었다. 현재는 왕궁의 석조 기단과 계단만 남아 있을 뿐이다(석조 기단 위에 목조 건물을 건설했었다고 한다). 기단은 길이 57m, 너비 41.5m, 높이 2.3m로 되어있다. 석조 계단에는 황제를 상징하는 용이 조각되어 있다.

유물 전시실
Archaeological Artifacts Display
Nhà Trưng Bày Hiện Vật Khảo Cổ

하노이 고성과 주변 지역에서 발굴된 유물을 전시하는 전시실이다. 탕롱 시절에 건설된 황궁과 궁전 건설에 쓰였던 건축 재료, 정교한 모양의 기와 장식, 도자기, 그릇, 접시, 무기, 왕족들이 사용하던 장신구를 관람할 수 있다. 중국(당나라부터 청나라까지)과 일본에서 건너온 도자기도 함께 전시하고 있는데, 당시에 중국·일본과 교역했던 흔적을 엿볼 수 있다.
유물 전시실은 도안몬(단문)과 디엔낀티엔(경천전) 사이에 있다. 왕궁과 전혀 어울리지 않는 유럽풍의 콜로니얼 건축물이라 눈길을 끈다. 추가 입장료 없이 관람이 가능하다.

D67 건물
Nhà D67

디엔낀티엔 뒤쪽에 있는 파란색 건물이다. 베트남

유물 전시실

하노이 고성에서 발굴된 기와 장식

호찌민과 보응우옌잡이 작전을 지휘하던 D67 건물 내부

하노이 고성(허우러우)

전쟁 때 북부 베트남군의 작전 본부로 쓰였던 곳이다. 미군 폭격에 대비해 지하 10m까지 벙커를 만들어 군사 작전을 수행했다고 한다. 작전 상황실, 회의실을 포함해 군사 지도, 통신 장비, 흑백 사진 등이 전시되어 있다.

허우러우(후루 後樓)
Hậu Lâu

D67 건물 뒤쪽에 있는 석조 3층 누각이다. 탕롱을 건설한 리 왕조가 아니라 후에로 천도한 응우옌 왕조에서 건설했다. 응우옌 왕조의 황제들이 하노이를 방문했을 때 대동했던 후궁들이 머물던 곳이다. 1870년 프랑스의 침략으로 파괴되었으나, 전망대로 더없이 좋은 지형적 위치 때문에 프랑스가 1876년에 군사 목적으로 재건축했다.

호앙지에우 18번지 고고학 유적지
18 Hoàng Diệu Archaeological Site

호앙지에우 Hoàng Diệu 거리를 사이에 두고 하노이 고성과 마주하고 있다. 디엔낀티엔(경천전)을 지나 하노이 고성을 나오면 큰 길 맞은편에 입구가 있다. 국회의사당을 신축하기 위해서 땅을 팠으나 유물이 발굴되면서 역사 유적지로 보존하고

호앙지에우 18번지 유적 발굴 현장

문묘 첫번째 출입문인 문묘문

있다. 베트남의 수도 한복판에서 역사 유적이 발굴됐기 때문에, 2002년 12월부터 2004년 3월까지 대대적인 발굴 작업이 진행됐다. 탕롱을 건설한 리 왕조 Ly Dynasty(1009~1225년)뿐만 아니라 1,300년 전의 유물까지 출토됐다고 한다. 엄청난 양의 도자기와 기와, 대포, 무기, 장신구와 보석 등이 이곳에서 발굴됐다. 총 면적 1만 9,000㎡에 이르는 발굴 현장을 보존하고 있다.

문묘의 세번째 출입문인 규문각

Map P.390-B3

문묘(文廟) ★★★★
Temple of Literature
Văn Miếu

주소 Đường Quốc Tử Giám & Đường Văn Miếu, Quận Đống Đa 전화 024-3845-2917 홈페이지 www.vanmieu.gov.vn 운영 매일 08:00~17:00 요금 7만 VND(오디오 가이드 5만 VND) 가는 방법 꽉뜨잠 거리에 입구가 있다. 미술박물관에서 남쪽으로 400m.

베트남의 역사를 고스란히 보여주는 곳이자 베트남이 유교 사회였음을 단적으로 보여주는 곳이다. 문묘는 공자(B.C. 551~B.C. 479년)를 모신 사당으로 공묘(孔廟) 또는 공자묘(孔子廟)로 불리기도 한다. 하노이 문묘는 공자의 고향이자 세계에서 가장 큰 공자 사당을 모신 중국 산둥성(山東省) 취푸(曲阜)에 세운 공묘를 본떠서 만들었다. 궁궐처럼 성벽에 감싸 있으며, 출입문과 내벽으로 분리된 5개의 안뜰을 갖고 있다. 리탄똥(李聖宗) Lý Thánh Tông(리 왕조 3대 황제, 재위 1054~1072년) 때인 1070년에 건설된 문묘는 1076년에 국자감(國子監) Quốc Tử Giám을 신설하면서 거대한 규모로 변모했다. 국자감은 유학을 가르치던 베트남 최초의 국립대학이다.

문묘의 첫 번째 출입문은 문묘문(文廟門) Văn Miếu Môn이다. 신분제도가 없어진 지금은 자유롭게 출입이 가능하지만 과거에는 황제와 관료들만 출입이 가능했다. 그래서 출입문은 3개의 문으로 나뉘어 있다. 중앙에 있는 문은 황제 전용으로 쓰였으며, 왼쪽 문은 무관들이, 오른쪽 문은 문관들이 출입했다고 한다. 문묘문을 지나면 잔디가 곱게 깔린 첫 번째 안뜰과 두 번째 안뜰이 나온다. 학자들이 도시의 복잡함을 벗어나 휴식하고 여가 시간을 보냈다고 하는데 정원 말고는 특별한 볼거리는 없다.

세 번째 출입문인 규문각(奎文閣) Khuê Văn Các부터는 분위기가 살짝 바뀐다. 규문각은 높다란 석조 기둥에 겹지붕을 얹은 누각이다. 규(奎)는 별자리 중의 하나인 규성(奎星)을 의미하며, 모두 16개로 이루어진 별자리가 '문(文)'자를 닮아서 학문을 관장하는 별로 여겨진다. 그러니 '규문'은 학문의 최고 경지를 나타낸다. '규문각'을 세운 것은 학문의 최고 경지에 이른 공자를 칭송하기 위한 것이다. 1802년에 건설된 규문각은 현재도 하노이를 상징하는 도시 아이콘으로 쓰인다.

규문각을 지나면 천광정(天光井) Thiên Quang Tinh이라 불리는 연못 좌우에 비석을 보관한 정자가 있다. 거북이 등 위에 올려진 비석은 진사제명비(進士題名碑)로 관리 등용 시험에 합격한 사람들의 이름과 고향이 한자로 적혀 있다. 진사제

공자를 모신 대성전

문묘 진사제명비

명비는 1448년부터 만들어졌으며, 모두 116개로 현재는 82만 남아 있다. 관리 등용 시험은 국자감이 만들어지고 400년이나 지나서 레탄똥(黎聖宗) Lê Thánh Tông(레 왕조의 4대 황제, 재위 1460~1497년) 때인 1442년에 최초로 실시되었다. 그 후 1780년까지 3년 주기로 실시되었다고 한다. 네 번째 출입문인 대성문(大成門) Đại Thành Môn을 지나면 대성전(大成殿) Điện Đại Thành이 나온다. 문묘의 가장 중심이 되는 대성전 내부에는 공자를 중심으로 세 명의 제자인 안회(顔回), 증자(曾子), 자사(子思)와 맹자(孟子)를 함께 모셨다. 대성전 좌우에도 공자 제자들의 제단을 모신 사당이 있는데 현재는 책과 기념품을 판매하는 상점으로 쓰인다.

대성전 뒤쪽의 다섯 번째 안뜰은 국자감이 있던 자리다. 1076년 리년똥(李仁宗) Lý Nhân Tông(리 왕조 4대 황제, 재위 1072~1127년) 시절에 건설되었으며, 1946년 프랑스 군대의 폭격으로 폐허가 되었다. 현재 모습은 2000년에 복원한 것으로 베트남 최고의 유교학자이자 왕족 교육을 주관했던 쭈반안 Chu Văn An(朱文安, 1292~1370년), 문묘를 건설한 리탄똥, 국자감을 만든 리년똥, 진사제명비를 최초로 만든 레탄똥을 모신 사당을 볼 수 있다. 국자감 좌우에 종루(鐘樓)와 고루(鼓樓)를 세웠다.

Map P.390-C2

미술 박물관 ★★★
Fine Arts Museum
Bảo Tàng Mỹ Thuật

주소 66 Nguyễn Thái Học, Quận Ba Đình 전화 024-3733-2131 홈페이지 www.vnfam.vn 운영 매일 08:30~17:00 요금 4만 VND 가는 방법 문묘 북쪽의 응우옌타이혹 거리에 있다. 문묘 입구에서 도보 5분.

하노이의 박물관들이 전쟁과 투쟁, 독립에 관한 다소 무거운 주제를 하고 있는 반면, 미술 박물관에서는 가벼운 마음으로 베트남 회화와 조각, 불교 미술을 감상할 수 있다. 넓은 정원을 간직한 3층짜리 콜로니얼 건물을 미술관으로 사용한다. 1층부터 진행 방향을 따라 32개 전시실로 구분해 연대순으로 작품이 전시되어 있다. 1층은 동썬에서 발굴된 청동기 유물, 레 왕조 시대의 천수천안 관음보살 불상과 와불, 떠이썬 왕조에서 만든 실물 크기의 목조 조각을 포함해 응우옌 왕조 때까지의 역사적인 미술품들을 전시하고 있다.

2·3층에는 근대 미술, 설치 미술, 베트남 주요 작가들의 회화가 전시되어 있다. 인물화와 풍경화를 포함해 래커를 이용한 베트남 전통 회화, 실크 페인팅 같은 독특한 소재를 이용한 작품들도 많다. 1970년대 이후 작품들은 민족주의적인 색채가 강해지면서 그림 속에서도 베트남의 투쟁과 독립 역사가 고스란히 드러난다. 본관 왼쪽에 있는 별관에는 소수 민족의 전통 의상과 도예 작품 등을 전시하고 있다.

미술 박물관

미술 박물관에 전시된 베트남 회화

군사 박물관
Military Museum
Bảo Tàng Quân Sự

★★★

주소 28A Điện Biên Phủ, Quận Ba Đình 홈페이지 www.btlsqsvn.org.vn 전화 024-3733-4682 운영 화~목요일 · 토~일요일 08:00~11:30, 13:00~16:30 휴무 월 · 금요일 요금 4만 VND(카메라 촬영 2만 VND 추가) 가는 방법 디엔비엔푸 거리의 깃발 탑 옆에 있다. 문묘에서 도보 15분. 호안끼엠 호수에서 도보 30분.

베트남의 전쟁 역사와 독립 역사를 보여주는 박물관이다. 세 동의 건물로 구분해 프랑스에 대항한 인도차이나 전쟁(베트남 독립전쟁)과 미국에 대항한 베트남 전쟁에 관한 4,000여 점의 역사 자료를 전시하고 있다. 원나라(몽골 제국)와의 해전에서 대승을 거둔 박당 전투(P.466), 1954년의 디엔비엔푸 전투(P.517)와 사이공 함락(베트

남 통일)에 관한 내용이 상세하게 소개되어있다. 베트남 독립에 혁혁한 공을 세웠던 응오꾸옌 Ngô Quyền, 리트엉끼엣 Lý Thường Kiệt(P.62), 쩐흥다오 Trần Hưng Đạo(P.63), 보응우

군사 박물관 맞은편에 있는 레닌 공원

군사 박물관

보응우옌잡 동상 앞에서 역사 이야기를 듣는 베트남 학생들

옌잡 Võ Nguyên Giáp(P.66) 같은 민족 영웅들의 흉상을 함께 전시하고 있다.

박물관 뒤뜰로 가면 깃발 탑 주변에 베트남군이 격추시킨 미군 B-52 전투기, 프랑스군 수송기를 포함해 다양한 대공포와 무기, 폭탄이 전시되어 있다. 박물관 입구 야외 전시장에는 베트남군이 사용하던 MIG-21 전투기와 탱크가 전시되어 있다.

군사 박물관 옆에는 하일랜드 커피 Highland Coffee에서 노천카페를 운영한다. 군사 박물관 건너편에는 레닌 동상을 세운 레닌 공원 Lenin Park(Công Viên Lê Nin)이 있다.

깃발 탑(국기 게양대)
Flag Tower
Cột Cờ

★★

주소 28A Điện Biên Ph ủ. Quận Ba Đình 운영 화~목요일 · 토~일요일 08:00~11:30, 13:00~16:30 휴무 월 · 금요일 요금 군사 박물관 입장권에 포함 가는 방법 군사 박물관 안에 있다. 깃발

깃발 탑

탑에 올라가려면 박물관 입장료를 내고 들어가야 한다.

디엔비엔푸 거리를 걷다보면 붉은색의 베트남 국기가 펄럭이는 모습이 선명하게 보이는 깃발 탑이다. 현재는 군사 역사박물관 내부에 있으나, 과거에는 하노이 고성(P.405)에 속해 있던 건물이다. 본래 고성의 남문이 있던 자리에 응우옌 왕조가 들어서면서 국기 게양을 위해 1805년에 새롭게 건설했다(하지만 응우옌 왕조는 하노이에서 후에로 수도를 옮겼다). 깃발 탑은 벽돌을 이용해 만들었으며, 사각형 기단 위에 3층 높이로 탑을 세웠다. 높이는 33.4m이며, 깃대까지 합치면 높이는 41m가 된다. 프랑스군의 폭격으로 폐허가 된 고성과 달리 깃발 탑은 원형을 그대로 보존하고 있다. 그 이유는 프랑스 군대가 군사 목적의 감시탑으로 사용했기 때문이다. 깃발 탑 내부 계단을 통해 올라갈 수 있다.

호찌민 묘 & 호떠이(서호)

베트남 사람들에게 성지로 추앙받는 호찌민 묘를 중심으로 볼거리가 몰려 있다. 주석궁을 포함해 호찌민 생가, 못꼿 사원, 호찌민 박물관, 바딘 광장까지 역사 유적으로 지정해 일반에게 공개하고 있다. 하노이에서 가장 큰 호수인 호떠이(서호)는 시민들의 휴식 공간으로 사랑받는다.

Map P.390-B2

호찌민 묘
★★★★
Ho Chi Minh's Mausoleum
Lăng Hồ Chí Minh

주소 1 Ông Ích Khiêm, Đường Hùng Vương, Quận Ba Đình 운영 화~목요일 · 토~일요일 07:30~10:30 휴무 월 · 금요일(매년 2~3개월, 보통 10~12월은 시신 방부처리를 위해 입장을 금지한다) 요금 무료 가는 방법 ①바딘 광장 왼쪽에 있다. 보안 검사 때문에 바딘 광장을 가로질러 들어갈 수는 없다. ②호찌민묘 출입구에 해당하는 보안 검색대는 호찌민 박물관 뒤쪽의 응옥하 거리(주소 19 Ngọc Hà)에 있다. 구글 지도에서 Ban Quản Lý Bảo Tàng Hồ Chí Minh을 검색하면 된다. ③방문자가 적을 때는 훙브엉 거리 8번지(주소 8 Hùng Vương)에 있는 보안 검색대를 통과해 들어가는 경우도 있다.

베트남의 위대한 지도자 '박 호(호 아저씨) Bác Hồ'가 잠들어 있는 무덤이다. 전쟁 중이던 1969년 9월 2일 하노이에서 사망한 호찌민은 '내가 죽으면 화장을 해서 베트남 북부, 중부, 남부 지방의 언덕에 유해를 나누어 묻어 달라. 화장하는 것이 매장보다 위생에 좋고, 농사를 짓는 토지에도 유용할 것이다'라는 유언을 남겼으나, 그의 뜻은 지켜지지 않았다.

호찌민 묘는 모스크바 붉은 광장에 있는 레닌 묘에서 영감을 얻어 만들었다. 1973년 9월 2일부터 공사를 시작해, 베트남이 통일된 직후인 1975년 8월 29일에 완공되었다. 베트남 전쟁 동안 미군의 폭격을 피하기 위해 호찌민 시신을 동굴에 숨겼으며, 옛 소련에서 시신 방부처리 전문가를 불러들여 1년여에 걸쳐 비밀리에 작업했다고 한다. 호찌민 묘는 화강암과 대리석을 이용해 3층 규모로 건설한 웅장한 무덤이다. 별다른 치장이 없고 정면 상단에 '쭈띡 호찌민(호찌민 주석) Chủ Tịch Hồ Chí Minh'이라는 간결한 문구만 적혀 있다.

호찌민 묘 정문에는 근엄한 표정의 군인이 경호를 하고 있다. 묘역 앞에는 소철나무 79그루를 심었는데, 호찌민이 살아 있는 동안 맞이했던 79번의

호찌민이 잠든 호찌민 묘

봄을 상징한다고 한다. 무덤 내부에는 방부 처리 해 유리관에 모셔진 호찌민 시신이 그가 살아 있 을 때처럼 검소한 복장을 입고 잠들어 있다. 사망 한 지 48년이 지났는데도 시신 상태가 양호한 이 유는 러시아에서 전문가들이 정기적으로 방문해 시신을 관리하기 때문이다.

호찌민 묘를 방문하려면 외국인이라고 해도 엄격 한 규정을 따라야 한다. 호찌민 묘 입장 전에 보안 검색대를 통과해야 하며, 가방과 카메라, 소지품 은 사물함에 맡겨야 한다. 반바지나 미니스커트, 어깨가 드러난 옷을 입어서는 안 된다. 호찌민 묘 에 들어갈 때는 정숙을 유지하며, 손을 주머니에 집어넣거나 팔짱을 껴서도 안 된다. 실내 촬영은 불가능하지만 호찌민 묘를 배경으로 촬영이 가능 하다. 하지만 장난치며 사진 찍는 관광객에게 제복 을 입은 경호원들이 다가와 시정을 요구하기도 한 다. 단순한 볼거리나 유원지가 아니므로 실례가 되 는 행동은 삼가자.

Map P.390-B2

바딘(바딩) 광장
Ba Dinh Square
Quảng Trường Ba Đình
★★

운영 24시간 요금 무료 가는 방법 호찌민 묘 앞에 있다.

바딘 광장 오른쪽에 있는 국회

호찌민 묘 앞으로 바딘 광장이 조성되어 있다.

호찌민 묘가 바라보이는 곳이 바딘 광장이다. 베 트남 역사에서 중요한 의미를 지니는 장소로, 호 찌민 주석이 1945년 9월 2일에 베트남의 독립 을 선포한 곳이다. 바딘 광장은 원래 하노이 고 성(P.405) 서쪽 출입문에 해당하던 곳인데, 프랑 스가 베트남을 식민지배하는 동안 성벽과 출입 문을 부수고 꽃 정원을 만들면서 생긴 공간이라 고 한다. 바딘 광장이라는 명칭은 1945년부터 사 용되고 있으며, 168㎡의 면적에 잔디를 깔아 시원 한 느낌을 준다. 바딘 광장을 사이에 두고 호찌민 묘 맞은편에는 새롭게 건설한 국회 건물 National Assembly(Tòa Nhà Quốc Hội)이 들어서 있다.

Map P.390-B1

주석궁
Presidential Palace
Phủ Chủ Tịch
★★

주소 Đường Hùng Vương. Quận Ba Đình 운영 내부 입장 불가 요금 4만 VND(호찌민 생가 입장 권에 포함) 가는 방법 호찌민 묘를 바라보고 오른 쪽에 입구가 있다.

호찌민 묘를 지나서 호찌민 생가로 가다 보면 오 른쪽에 보이는 노란색 건물이다. 프랑스 건축가 가 설계한 르네상스 양식의 건축물로 1901년부터 1908년에 걸쳐 지어졌다. 프랑스령 인도차이나 총 독의 사저로 쓰였다. 1954년 프랑스 군대를 몰아 내고 베트남 주석궁으로 사용하려 했으나, 호화스 런 생활을 꺼렸던 호찌민 주석이 입주를 거부하면 서 주인 없는 건물로 남아 있다. 외국 국빈이나 정 치인들이 방문할 경우에만 접견실로 사용된다. 건 물 내부는 일반에게 공개되지 않는다.

주석궁

호찌민의 겸손한 성품을 엿볼 수 있는 호찌민 생가

Map P.390-B1

호찌민 생가(호찌민 관저) ★★★
Ho Chi Minh's Stilt House
Nhà Sàn Hồ Chí Minh(Nhà Sàn Bác Hồ)

주소 1 Bách Thảo, Quận Ba Đình **운영** 월요일 08:00~11:00, 화~일요일 08:00~11:00, 13:30~16:00(월요일 오후 시간 출입 불가) **요금** 4만 VND **가는 방법** 호찌민 묘를 바라보고 오른쪽에 있다. 주석궁 앞에 매표소가 있고, 정해진 길을 따라가면 호찌민 생가를 지나 못꼿 사원으로 빠져 나오게 된다.

주석궁 옆으로는 호찌민이 생활하던 두 개의 건물이 있다. 주석궁과 가까운 노란색의 작은 건물은 1954년부터 1958년까지 생활하던 곳이다. 프랑스 식민지배로부터 독립된 베트남의 지도자가 되었지만 주석궁으로 입주를 거부하고 전기공의 집에서 생활했다고 한다. 검소한 생활 탓에 업무용 책상과 책장, 식탁 정도가 남아 있다. 옛 소련에서 선물 받은 자동차도 함께 전시되어 있다.
전기공의 집 옆으로 인공 호수가 있고, 과일 나무가 가득한 호숫가에는 자그마한 목조 가옥이 있다. 이곳이 1958년 5월 18일부터 호찌민 주석이 생활했던 곳이다. 단출한 목조건물은 산악 민족의 전통가옥 형태다. 높다란 나무 기둥 위에 집을 지은 고상식 가옥으로, 겉에서 보면 2층 건물이지만 실제로 생활하는 공간은 단층에 불과하다.
회의실로 사용하던 1층에는 테이블과 12개의 의자가 놓여 있다. 2층에는 침실과 집무실이 있는데, 호찌민 주석이 생전에 사용하던 전화기와 라디오, 타자기, 책, 모자가 전시되어 있다. 침실은 싱글 침대와 모포, 선풍기가 있을 뿐 호사스러운 생활은 그 어디에서도 짐작할 수가 없다. 호찌민은 이곳에서 1969년 9월 2일 생을 마감할 때까지 살았다.

기둥이 하나인 못꼿 사원

Map P.390-B2

못꼿 사원(一柱寺) ★★
One Pillar Pagoda
Chùa Một Cột

주소 8 Chùa Một, Quận Ba Đình **운영** 매일 08:30~16:30 **요금** 무료 **가는 방법** 호찌민 묘 뒤쪽, 호찌민 박물관 오른쪽에 있다.

사원의 기둥이 하나이기 때문에 일주사(一柱寺)로 불린다. 사원의 규모는 작지만 하노이의 상징적인 건물이다. 리타이똥(李太宗) Lý Thái Tông(리 왕조 2대 황제, 재위 1028~1054년)과 연관된 전설 때문에 유명해졌다. 자식이 없던 리타이똥 황제는 꿈에서 관음보살을 만났는데, 연꽃 위에 앉아 있던 관음보살이 황제에게 아기를 건네주었다고 한다. 그 후 실제로 왕자를 얻었다고 한다. 이에 관음보살에게 감사의 뜻을 전하기 위해 1049년에 사원을 건설했다고 한다.
사원은 황제가 꿈에서 본 대로 연꽃 연못 위에 연꽃 모양으로 만들었다. 리 왕조는 왕실 주관 아래 못꼿 사원에서 매년 붓다가 탄생한 날이 되면 법회를 열었다고 한다. 사원을 받치고 있는 기둥은 본래 직경 1.25m의 나무 기둥이었으나 프랑스 군대가 인도차이나 전쟁에서 패하고 퇴각하면서 파괴한 것을 1954년에 재건축하면서 시멘트 기둥으로 변모했다. 리타이똥 황제는 리 왕조를 창시하고 탕롱(오늘날의 하노이)을 수도로 건설한 리타이또(李太祖) Lý Thái Tổ(P.401)의 아들이다.

Map P.390-B2

호찌민 박물관
Ho Chi Minh Museum
Bảo Tàng Hồ Chí Minh ★★★

주소 19 Ngọc Hà, Quận Ba Đình 전화 024-3823-0899 홈페이지 www.baotanghochiminh. vn 운영 화~목요일, 토~일요일 08:00~12:00, 14:00~16:00 휴무 월·금요일 요금 4만 VND 가는 방법 ①호찌민 묘를 바라보고 왼쪽 뒤편, 못꼿 사원 옆에 있다. 관람 동선이 정해져 있어서 호찌민 묘 입구(검색대)→호찌민 묘→주석궁→호찌민 생가→못꼿 사원→호찌민 박물관까지 반나절 일정으로 방문하면 된다. ②호찌민 박물관만 방문할 경우 박물관 뒤쪽의 응옥하 거리 19번지(19 Ngọc Hà) 방향의 출입구를 이용하면 된다.

베트남 전국 어디서나 볼 수 있는 것이 호찌민 박물관이지만, 베트남의 수도인 하노이에 있는 호찌민 박물관은 다른 곳에 비해 방대한 자료를 전시하고 있다. 하얀색 외관의 박물관은 높이 20m의 3층 건물로 연꽃 모양을 형상화해서 만들었다. 1985년부터 건설을 시작해 1990년에 문을 열었다. 박물관 개관일은 호찌민 탄생 100주년을 기념하는 날이기도 하다. 베트남의 현대사에 관심 있는 사람이라면 빼놓지 말고 들러야 하는 곳이다.

호찌민과 관련된 곳이라 박물관에 입장하려면 어김없이 보안 검사대를 통과해야 한다(노출이 심한 옷을 입으면 입장이 제한된다). 박물관 1층은 회의실과 세미나실로 사용된다. 정면으로 이어진 계단을 올라가면 대형 호찌민 동상이 반긴다. 베트남 사람들은 이곳에서 기념사진을 찍는다. 호찌민 동상을 지나면 전시물로 가득 채워진 박물관 2층이 나온다. 총 면적 4,000㎡ 크기로 2,000여 점의 문서와 사진, 유품이 전시되어 있다. 프랑스와 러시아는 물론 해외에서 생활했던 기록과 베트남의 공산 혁명, 국가 지도자로서 독립 전쟁을 이끌었던 그의 업적을 상세하게 살펴볼 수 있다. 프랑스에 머물며 신문에 기고했던 사설, 베트남 공산당 입당증서 같은 다양한 문서의 원본도 전시되어 있다. 전시물들은 베트남어와 영어, 프랑스어로 간단한 설명이 적혀 있다.

Map P.388-C2

호떠이(서호)
West Lake
Hồ Tây ★★★

주소 Đường Thanh Niên & Đường Thuy Khuê & Đường Tây Hồ 운영 24시간 요금 무료 가는 방법 탄니엔 거리 왼쪽이 전부 호떠이다. 호찌민 묘에서 도보 10분.

기념품 판매대에 진열된 호찌민 사진

호찌민이 작성한 문서가 전시된 호찌민 박물관

호찌민 박물관

쭉박 호수(사진 왼쪽)와 서호(사진 오른쪽)

호떠이(서호)의 일몰

호수의 길이가 17㎞에 이르는 하노이 최대의 호수다. 호수는 다양한 전설에 따라 이름도 여러 차례 바뀌었다가, 16세기부터 '호(湖) 떠이(西)'라고 불리고 있다. 왕궁(하노이 고성)을 기준으로 봤을 때 도시 중심에서 서쪽에 있기 때문에 붙여진 이름이다. 현재는 확장된 하노이에서 북서쪽에 해당하며, 호수 주변으로 녹지도 많고 풍경이 아름다워 시민들의 휴식 공간으로 사랑을 받는다.

낮에는 한가하게 낚시하는 사람도 보이고, 주말이면 보트 놀이를 즐기러 찾아오는 사람도 있다. 저녁때가 되면 데이트 장소로 변모해 오토바이를 정차해 놓고 공개 애정행각을 벌이는 커플을 흔하게 볼 수 있다.

호수 주변에는 오랜 역사를 간직한 사원도 많다. 호수 북쪽에는 베트남 최초의 사원인 쩐꿕 사원(鎭國寺) Tran Quoc Pagoda(Chùa Trấn Quốc)이 있고, 호수 남쪽에는 도시를 안전하게 보호해달라는 목적으로 설립한 도교 사원인 꽌탄 사당(眞武觀) Quan Thanh Temple(Đền Quán Thánh)이 있다. 호떠이 오른쪽에는 탄니엔 거리 Đường Thanh Niên를 사이에 두고 자그마한 쭉박 호수 Truc Bach Lake(Hồ Trúc Bạch)가 있다.

Map P.389-D2

쩐꿕 사원(鎭國寺)
Tran Quoc Pagoda
Chùa Trấn Quốc ★★★

주소 Đường Thanh Niên, Quận Tây Hồ 운영 매일 08:00~18:30 요금 무료 가는 방법 호떠이 북쪽의 탄니엔 거리에 있다.

쩐꿕 사원

베트남 최초의 왕으로 여겨지는 리남데(李南帝) Lý Nam Đế(재위 544~548년) 때 건설

서호에 있는 쩐꿕 사원(진국사)

된 사원으로 하노이에서 가장 오래된 사원이기도 하다.

건설 당시 사원의 이름은 '개국(開國)'을 뜻하는 카이꿕 Khai Quốc으로 불렸다. 6세기 건설 당시 사원은 하노이 북쪽의 홍강 기슭에 있었으나, 강변이 침식되면서 사원이 붕괴 위기에 처하자 17세기에 들어 지금의 위치로 옮겨와 재건축했다.

재건축하면서 사원의 이름도 나라가 안정을 찾는다는 의미로 '쩐꿕(鎭國)'으로 개명되었다. 사원 경내에는 법전과 사당, 석탑, 종루, 보리수나무, 사원의 역사를 기록한 비석(鎭國寺碑記)이 남아 있다. 법전에는 다양한 불상을 모셨으며, 붉은색 11층 석탑에도 층마다 감실을 만들어 불상을 안치했다.

쩐꿕 사원은 호떠이(서호) 안쪽에 있어 작은 섬처럼 생겼다. 호수를 끼고 연결된 진입로가 있어 분위기가 좋고, 석탑이 호수에 반사되기 때문에 풍경이 아름답다. 입장료 없이 방문할 수 있지만 종교 공간인 만큼 노출이 심한 옷은 피해야 한다.

Map P.388-A2

민족학 박물관
Museum of Ethnology
Bảo Tàng Dân Tộc Học ★★★★

주소 60 Nguyễn Văn Huyên, Quận Cầu Giấy 전화 024-3756-2193 홈페이지 www.vme.org.vn 운영 화~일요일 08:30~17:30 휴무 월요일 요금 4만 VND(카메라 촬영 5만 VND 추가) 가는 방법 하노이 서쪽에 있는 응이아도 공원 Công Viên Nghĩa Đô 맞은편에 있다. 롯데 호텔에서 서

실물 크기의 바나족 전통 가옥

민족학 박물관

414

쪽으로 2km. 호안끼엠 호수에서 서쪽으로 7㎞ 떨어져 있다.

시내에서 8km나 떨어져 있기 때문에 외국인 여행자들의 발길이 뜸한 박물관이다. 하지만 박물관의 규모나 전시물들은 다른 박물관을 압도하고도 남을 정도로 훌륭하다. 베트남뿐만 아니라 동남아시아 여러 나라에서 소수 민족에 관한 연구를 위해 찾아올 정도다. 다양한 민족으로 구성된 전문가들이 민족학 연구에 심혈을 기울이고 있어 연구 기관의 역할도 병행하고 있다.

민족학 박물관은 1987년부터 10년에 걸친 공사를 마치고 1997년에 공식 개관했다. 총 전시 면적은 9,500㎡ 크기로 4만 2,000점의 사진, 1만 5,000점의 공예품과 전통복장, 2,190점의 슬라이드 사진, 373점의 동영상, 237점의 음성녹음 기록물을 보유하고 있다. 박물관 내부는 베트남에서 생활하는 54개 민족에 관한 내용으로 꾸몄다. 전시실은 크게 9개로 분류되며, 각 구역마다 유사한 계열의 민족들을 소개한다.

1층에 들어서면 가장 먼저 만나게 되는 민족은 비엣족이다. 베트남 전체 인구의 87%를 이루는 다수민족이다. 2층에는 베트남 북부에 거주하는 산악 민족에 관한 내용이 전시되어 있다. 전통 복장은 물론 생활 방식, 축제에 관한 내용을 모형뿐만 아니라 시청각 자료를 통해 소개하고 있다.

박물관 뒤쪽의 야외 정원에는 실물 크기로 소수 민족의 전통가옥을 재현했다. 각기 다른 모양과 건축 자재로 만든 8개 민족(비엣족, 참족, 바나족, 떠이족, 야오족, 몽족, 하니족, 에데족)의 전통가옥을 한자리에서 볼 수 있다. 삼각형 집처럼 생긴 자라이족의 무덤 Gia Rai Tomb 모형도 볼 만하다. 다산을 기원하기 위해 사람 모양으로 조각한 목조 인형들을 장식한 것이 특징이다.

Map P.388-B3

롯데 전망대
Lotte Observation Deck
★★★☆

주소 Lotte Center, 54 Liễu Giai, Quận Ba Đình
전화 024-3333-6018 홈페이지 www.
observationdeck.lottecenter.com.vn 운영
09:00~24:00(매표 마감 시간 23:00) 요금 성인

23만 VND, 어린이 17만 VND **가는 방법** 리에우자이 거리 54번지에 있는 롯데 센터 65층에 있다. 에스컬레이터를 타고 지하 1층으로 내려가면 롯데 마트로 들어가기 전 왼쪽에 전망대 매표소가 있다.

2014년에 완공된 롯데 센터 65층 꼭대기에 있는 전망대. 지하 1층에서 전용 엘리베이터를 타고 50초 만에 전망대로 올라갈 수 있다. 지상 272m 높이의 전망대에 서면 하노이 시내와 주변 풍경이 한눈에 펼쳐진다. 4면 통유리로 이뤄진 실내 전망대에서는 360도 파노라마 전망을 누릴 수 있고,

롯데 센터

스카이워크 구간에서는 발 아래로 시내를 굽어보며 기념사진을 남기기에 좋다. 전망대 루프톱에는 라운지 '톱 오브 하노이 Top Of Hanoi(P.441 참고)'가 자리한다. 전망대와 라운지가 구분되어 있으니, 야경을 감상할 요량이라면 둘 중 한 곳만 가도 좋다. 부대시설로는 커피숍과 롯데리아, 기념품상점이 들어서 있다.

기념사진 찍기 좋은 전망대 내부

롯데 전망대에서 바라 본 서호 풍경

하노이 주변 볼거리

하노이 주변에는 공예마을이 있다. 도자기 마을인 밧짱이 가장 가깝고 교통도 편리하다. 하롱베이와 더불어 베트남 북부의 아름다운 자연경관도 하노이 주변에 가득하다. 흐엉 사원과 닌빈(땀꼭, 짱안, 호아르)이 유명하다. 하노이 주변 볼거리는 교통이 불편해 대부분 1일 투어를 이용해 방문해야 한다. 닌빈(닝빙)에 관한 정보는 별도(P.449)로 다룬다.

Map P.417-A1

밧짱
Bát Tràng
★★★

하노이에서 남동쪽으로 13㎞ 떨어진 자그마한 마을이다. 마을 전체가 도자기를 생산하는 일에 종사하는 공예마을이다. 그릇(밧)을 만드는 공방(짱)이 많아서 '밧짱'으로 불렸다. 거리를 걷다보면 가마에서 갓 구워낸 도자기를 운반하는 모습을 흔하게 볼 수 있다. 상점마다 직접 만든 도자기를 전시·판매한다. 항아리와 화분같이 부피가 큰 것도 있지만 그릇, 접시, 머그잔, 찻잔, 수저 같은 기념품이 될 만한 것들도 많다. 마을 입구에 있는 밧짱 도자기 박물관 Bảo Tàng Gốm Bát Tràng(입장료 5만~9만 VND)과 함께 둘러보면 된다. 박물관은 3,700㎡ 크기의 부지에 만든 6층 건물로 도자기 빚는 모습을 형상해 만들었다. 밧짱까지는 시내버스가 운영되는데, 롱비엔 버스 환승센터 Long Biên(Map P.391-E1)에서 47번 버스(편도 요금 7,000VND)를 타면 된다.

공방에서 도자기 만들기 체험도 가능하다

밧짱 도자기 박물관

Map P.417-A2

흐엉 사원(퍼퓸 파고다 香寺)
Perfume Pagoda
Chùa Hương
★★★

주소 Mỹ Đức Huyện, Thành Phố Hà Nội 홈페이지 www.chuahuong.info.vn 요금 8만 VND(보트 요금 별도) 가는 방법 대중교통으로 가기 불편하기 때문에 하노이에서 1일 투어를 이용한다. 투어 요금은 입장료, 가이드, 점심 포함 US$30~35.

하노이에서 남서쪽으로 65㎞ 떨어진 흐엉산(香山) Hương Sơn에 있는 불교 사원이다. 베트남어로 쭈아 흐엉 Chùa Hương, 영어로 퍼퓸 파고다 Perfume Pagoda, 한국말로 향사(香寺)라고 쓴다. 흐엉 사원은 하나의 사원이 아니라 흐엉산 자락을 따라 들어선 10여 개의 사원과 동굴을 의미한다. 베트남 북부에서 신성시되는 종교 구역으로 수많은 순례자들의 발길이 이어진다. 특히 한 해의 행복과 안녕을 기원하기 위해 뗏(설날) 연휴에 수많은 인파가 몰린다.

흐엉 사원을 가려면 하노이에서 차로 2시간 거리인 미득 Mỹ Đức 현(縣)에 있는 벤둑(Bến Đục)까지 간다. '둑 선착장'이라는 뜻의 벤둑은 흐엉 사원으로 들어가기 위해 나룻배를 타야 하는 곳이다. 워낙 많은 관광객과 순례자들이 찾기 때문에 선착장에는 수천 대의 나룻배가 정박해 있다. 느리게 노를 저어 움직이는 나룻배는 3㎞ 정도 옌강 Yen River(Suối Yến)을 거슬러 올라간다. 뱃놀이를 즐기는 동안 석회암 카르스트 지형이 어우러져 동양 산수화를 그대로 옮겨놓은 것 같은 낭만적인 풍경을 선사한다. 대부분의 여행자들은 사원보다 배를 타고 가며 봤던 풍경이 더 감동스러웠다고 말할 정도다.

하노이 주변

| A | B |

비엣찌
Việt Trì

노이바이 공항
Sân Bay Nội Bài

박장
Bắc Giang

박닌(박닝)
Bắc Ninh

썬떠이
Sơn Tây

꼬로아 고성
Thành Cổ Loa

동호
Đông Hồ

떠이 사원
Chùa Tây

하노이
Hà Nội

빗짱
Bát Tràng

1

반푹
Vạn Phúc

하이즈엉
Hải Dương

호아빈(호아빙)
Hòa Bình

하이퐁
Hải Phòng

흐엉 사원(퍼퓸 파고다)
Chùa Hương(Perfume Pagoda)

푸리
Phủ Lý

바이딘 사원   호아르
Chùa Bái Đính Hoa Lư

남딘(남딩)
Nam Định

타이빈(타이빙)
Thái Bình

2

꾹프엉 국립공원
Vườn Quốc Gia Cúc Phương

짱안
Tràng An

닌빙(닝빙)
Ninh Bình

땀꼭
Tam Cốc

팟지엠 성당 방면
Nhà Thờ Phát Diệm

뱃놀이가 끝나면 덴찐 Đền Trình→티엔쭈 사원 Chùa Thiên Trù→흐엉띡 동굴 Động Hương Tích까지 3km를 걸어 올라가면 된다. 왕복 2시간 정도 걸리며, 케이블카(왕복 18만 VND)도 운행된다. 흐엉산 초입에 있는 티엔쭈 사원은 1468년에 만들어진 오래된 사원이다. 인도차이나 전쟁 기간 동안 프랑스군에 의해 파괴되었으나, 1991년에 재건했다. 팔작지붕으로 이루어진 대웅전과 석탑이 볼 만하다.

최종 목적지인 흐엉띡 동굴은 '향기로운 자취(香跡)'라는 뜻으로 동굴 내부에 관음보살을 모시면서 사원으로 변모했다. 흐엉 사원에서 가장 신성시되는 곳으로 전설에 따르면 관음보살이 남방으로 내려왔을 때 이곳에 머물며 중생을 구제했다고 한다. 동굴에 들어서면 한자로 남천제일동 南天第一洞(남쪽 하늘 아래 가장 좋은 동굴)이라고 적힌 각석이 보인다. 레탄똥 황제 Lê Thánh Tông(재위

1460~1497년)가 이곳을 방문해 감탄했던 말을, 서예가로 유명했던 찐썸(鄭森) Trịnh Sâm이 1770년에 쓴 글씨라고 한다. 흐엉띡 동굴은 석회암 동굴로 석주와 종유석도 볼 수 있다. 베트남 순례자들은 불상뿐만 아니라 종유석 아래에서도 향을 피우며 예불을 드린다. 종유석의 생긴 모양에 따라 아이를 점지해 달라거나, 풍요롭게 해달라며 각기 다른 소원을 빈다고 한다.

불교 사원이 가득한 흐엉 사원

Restaurant

구시가의 복잡한 골목과 작은 상점들만큼이나 하노이의 식당들도 복잡하고 작다. 노점 형태의 서민 식당인 껌빈전(껌빙전) Cơm Bình Dân도 많고, 쌀국숫집이 흔해서 출출하다 싶으면 어디서나 식사가 가능하다. 호안끼엠 호수를 끼고 있는 전망 좋은 곳에는 카페를 겸한 레스토랑도 흔하다. 베트남의 수도인 데다가 외국인도 많이 방문하는 도시라서 이탈리아·프랑스 음식점과 근사한 카페도 많다. 특히 프랑스령 인도차이나 시절에 건설된 콜로니얼 건축물이 많은 오페라하우스 주변과 성 요셉 성당 주변에는 분위기 좋은 레스토랑이 밀집해 있다.

하노이에는 하노이만의 음식이 있다. 같은 쌀국수라도 '퍼 하노이(하노이 쌀국수) Phở Hà Nội'라고 해서 차별해 부를 정도다. 하노이 음식은 심플하지만 단맛이나 짠맛이 적고 담백한 것이 특징이다. 음식 양이 적은 것도 특징인데, 덕분에 여러 가지 음식을 골고루 맛볼 수 있다.

Travel Plus+ 하노이 특선 요리

하노이에 왔다면 아침식사는 '퍼'(쌀국수), 점심식사는 '분짜'로 해결하는 것이 기본 공식입니다. 오전에는 커피 한 잔, 오후에는 '비아 허이(생맥주)'로 목을 축이는 것도 하노이 시민들의 일상생활인데요. 현지인들처럼 거리 노점의 목욕탕 의자에 앉아서 커피나 식사를 해결해보세요. 하노이 음식 문화를 직접 체험하기 더없이 좋을뿐더러, 눈앞에 펼쳐지는 거리 풍경을 보고 있는 것만으로도 '이보다 더 좋은 하노이 구경거리도 없다' 싶은 생각이 들게 해 줍니다.

퍼 Phở

베트남 쌀국수의 대표 주자인 '퍼'의 본고장은 다름 아닌 하노이다. 남부 지방 쌀국수에 비해 국수 면발이 굵고 육수는 단맛이 덜하다. 고명은 허브 대신 파를 많이 넣는 것이 특징이다.

분짜 Bún Chả

'퍼'와 더불어 하노이를 대표하는 음식으로 간편하고 대중적인 요리다. 양념한 돼지고기 경단을 숯불에 구운 것. 분(얇은 면발의 국수)과 함께 고기구이를 적당히 떼어서, 파파야를 썰어 넣은 느억맘 소스에 찍어 먹으면 된다. 함께 나오는 허브와 채소를 같이 넣으면 향이 더욱 좋다.

넴잔

넴잔 Nem Rán

가장 기본적인 베트남 음식인 스프링 롤이다. 베트남 남부에서는 짜조(짜요) Chả Giò, 북부에서는 '넴잔'이라고 부른다. 라이스페이퍼(반짱 Bánh Tráng)에 감싸 만든 튀김 만두 정도로 생각하면 된다. 하노이에서는 다진 돼지고기와 버섯을 주재료로 사용한다. 넴잔은 애피타이저로 먹지만, 분(면)을 곁들인 '분넴 Bún Nem'은 간편한 점심 식사로 인기다. 분짜와 마찬가지로 느억맘 소스에 찍어 먹는다.

분지에우 꾸아 Bún Riêu Cua

분지에우(육수에 토마토를 넣어 시큼한 맛을 내는 국수)+꾸아(게)가 합쳐져 생긴 음식이다. 베트남 북부에서는 논에서 자란 민물 게가 많이 잡히기 때문에 '분지에우 꾸아' 식당을 많이 볼 수 있다. 국수는 면발이 가는 '분'을 이용하고, 고명으로는 두부를 넣어준다. 하노이에서는 소라를 넣은 시큼한 쌀국수인 분지에우 옥 Bún Riêu Ốc도 즐겨 먹는다. 줄여서 분옥 Bún Ốc이라고 말한다.

반꾸온(바잉꾸온) Bánh Cuốn

베트남 북부에서 유래한 음식으로 하노이 사람들이 쌀국수와 더불어 아침식사로 즐긴다. 스프링 롤의 일종이지만 건면이 아닌 생면을 사용한다. 요리할 때마다 스팀을 이용해 라이스페이퍼를 한 장씩 만들기 때문에 손이 많이 간다. 반꾸온은 오래 놓아두면 딱딱해지기 때문에 만든 즉시 먹는 게 좋다. 물기가 촉촉히 스며 있어 부드럽다.

반꾸온(바잉꾸온)

반똠(바잉똠) Bánh Tôm

하노이에서 유래한 새우튀김이다. 튀김가루를 만들 때 고구마를 함께 넣는 것이 특징이다. 호떠이(서호) 주변의 레스토랑에서 최초로 만들었기 때문에 반똠(바잉똠) 호떠이 Bánh Tôm Hồ Tây라고 불린다.

반똠(바잉똠)

짜까 Chả Cá

하노이 특별요리인 가물치 튀김이다. 노란색의 강황(터메릭) 가루를 넣은 밀가루를 입힌 가물치를 기름에 튀겨서 만든다. 레스토랑에서는 화덕에 냄비를 올려서 직접 조리해 먹을 수 있도록 해준다. 딜(미나리 식물)과 파, 고추, 땅콩을 적당히 넣어 입맛에 맞게 조리하면 된다. 조리가 끝나면 분(면)을 곁들어 먹으면 된다.

짜까

퍼빈전(쌀국숫집) & 로컬 레스토랑

분위기는 허름하지만 세월의 힘에 의해 유명해진 곳들이다. 한곳에서 오랫동안 장사해 명성이 쌓였다. 언어 소통의 불편함이 따르지만, 현지인들과 어울려 저렴한 식사를 즐길 수 있다.

퍼 자쭈옌 Phở Gia Truyền ★★★★

Map P.392-A3 **주소** 49 Bát Đàn, Quận Hoàn Kiếm **영업** 매일 06:00~10:00, 17:30~20:30 **메뉴** 베트남어 **예산** 5만~6만 VND **가는 방법** 구시가 밧단 거리 49번지에 있다.

하노이를 대표하는 쌀국숫집이다. 대를 이어오면서 장사하는 곳으로 인기를 실감하듯 줄을 서서 기다려야 한다. '퍼 보 Phở Bò(소고기 쌀국수)'를 전문으로 한다. 소고기는 종류에 따라 '따이 Tái(생고기를 고명으로 얹은 것)'와 '찐 Chín(편육처럼 생긴 삶은 소고기를 고명으로 얹은 것)'으로 구분해 주문하면 된다. 카운터에서 미리 주문하고 돈을 내야 하는 셀프 서비스 형태로 운영된다. 준비한 쌀국수가 다 팔리면 영업 시간과 상관없이 일찍 문을 닫는다.

퍼 틴 Phở Thìn ★★★★

Map P.391-E4 **주소** 13 Lò Đúc, Quận Hai Bà Trưng **메뉴** 베트남어 **예산** 7만 VND **영업**

07:00~15:00 **가는 방법** 로둑 거리 13번지에 있다. 호안끼엠 호수 남쪽으로 1.5km 떨어져 있어 택시를 타고 가는 게 좋다.

오래되고 허름한 쌀국수 식당이다. 1979년부터 한 가지 음식을 고집스럽게 만들어 내다보니 하노이 맛집으로 등극했다. 메뉴판도 없고 소고기 쌀국수 이외에 다른 음식도 요리하지 않는다. 육수가 깊고 담백하다. 얇게 다진 소고기 볶음, 마늘, 채소를 듬뿍 넣어 준다. 현지인에게 유명한 식당으로 점심시간에 줄 서서 기다리는 경우도 흔하다. '틴 쌀국수 식당'이란 뜻으로 꽌퍼틴 Quán Phở Thìn이라고 부르기도 한다. 번지수를 확인하고 찾아가면 된다.

퍼 10 Phở 10 ★★★☆

Map P.394-B1 **주소** 10 Lý Quốc Sư, Quận Hoàn Kiếm **전화** 024-3825-7338 **홈페이지** www.pho10lyquocsu.vn **영업** 06:00~22:00 **메뉴** 베트남어 **예산** 7만~10만 VND **가는 방법** 리꿕쓰 거리 10번지에 있다. 성 요셉 성당에서 도보 3분.

구시가에서 잘 알려진 쌀국수 식당 가운데 하나다. 리꿕쓰 거리에 있는 쌀국숫집이라 현지인들은 '퍼 리꿕쓰 Phở Lý Quốc Sư'라고 부른다. 소고기가 들어간 '퍼 보'를 전문으로 한다. 베트남을 순방한 문재인 대통령이 들렀던 쌀국수 식당의 본점이기도 하다.

밧단 거리에 있는 퍼 자쭈옌

퍼 틴

퍼 10 리꿕쓰

반꾸온 자쭈옌
Bánh Cuốn Gia Truyền ★★★

Map P.392-A2 주소 14 Hàng Gà, Quận Hoàn Kiếm 전화 024-3828-0180 영업 06:00~14:00, 17:00~22:00 메뉴 베트남어 예산 5만~7만 VND 가는 방법 항가 거리 14번지에 있다.

'반꾸온(바잉꾸온)'을 대로로 만드는 로컬 레스토랑이다. 주문하면 식당 입구에서 바로 만들어 준다. 쌀가루를 풀처럼 만들어 스팀을 이용해 라이스페이퍼를 얇게 만들어내는 기술이 예술에 가깝다. 다진 돼지고기와 다진 버섯을 넣어 만든다. 한 끼 식사로는 양이 적다.

분보 남보
Bún Bò Nam Bộ ★★★☆

Map P.392-A4 주소 67 Hàng Điếu, Quận Hoàn Kiếm 전화 024-3923-0701 영업 매일 07:30~22:00 메뉴 베트남어 예산 7만~10만 VND 가는 방법 항디에우 거리 67번지에 있다. 항자 갤러리아 쇼핑몰에서 도보 3분

협소하고 허름한 서민 식당이다. 일렬로 놓인 의자에 쪼그리고 앉아서 식사해야 한다. 메뉴는 오로지 쌀로 만든 면(분)과 소고기(보)를 넣은 '분보 Bún Bò' 한 가지다. 숙주와 바삭하게 튀긴 양파, 땅콩과 허브를 고명으로 얹어 준다. 칠리소스를 적당히 넣어 비벼 먹으면 된다. 워낙 유명해 비빔국수 한 그릇을 맛보려는 사람들로 항상 북적댄다.

퍼 쓰엉 Phở Sướng ★★★☆

Map P.393-D3 주소 24B Ngõ Trung Yên 영업 06:00~11:00, 17:00~21:30 메뉴 베트남어 예산 6만~8만 VND 가는 방법 호안끼엠 호수 북쪽의 딘리엣 거리에서 연결되는 쭝옌 골목(응오 쭝옌) Ngõ Trung Yên으로 들어가면 왼쪽에 보인다.

골목 안쪽에 숨겨진 작은 로컬 식당이다. 테이블도 몇 개 없고 허름해 보이지만 30년의 세월동안 현지인들의 사랑을 받아온 곳이다. 소고기 쌀국수를 전문으로 하는데 육수가 기름기 없이 진하며 면발이 부드럽다. 고명으로 올라가는 고기 종류는 입맛에 맞게 골라 주문할 수 있다. 아침과 저녁 시간에만 장사한다. 참고로 '쓰엉'은 '만족하다'라는 뜻이다.

퍼 틴 버호(퍼 틴 1955)
Phở Thìn Bờ Hồ(Phở Thìn 1955) ★★★☆

Map P.395-D1 주소 61 Đinh Tiên Hoàng, Quận Hoàn Kiếm 영업 06:00~13:00, 17:00~22:30 메뉴 영어, 베트남어 예산 6만~8만 VND 가는 방법 호안끼엠 호수 오른쪽 도로에 해당하는 딘띠엔호앙 거리 61번지에 있다.

호안끼엠 호수 둘레로 형성된 도로에서 골목으로 조금 들어가면 자리한 쌀국수 노점이다. 1955년에 문을 연 노포로 '퍼 틴 1955'라는 상호로도 알려져 있다. 골목이 비좁아 어둡고 허름한 탓에 쾌적한 시설은 기대하기 어려우나, 오랜 세월만큼 진한 육수와 부드러운 면발의 쌀국수를 맛볼 수 있다.

반꾸온 자쭈옌

분보 남보

퍼 쓰엉

퍼 틴 버호 입구

중간에 휴식 시간이 있으니 영업시간을 참고해 방문하자. 로득 거리에 있는 퍼 틴 Phở Thìn(P.420)과 혼동하지 말 것.

퍼가 응우옛 Phở Gà Nguyệt ★★★☆

Map P.394-B1 주소 5B Phủ Doãn, Quận Hoàn Kiếm 홈페이지 www.facebook.com/phoganguyet 영업 06:00~10:00, 18:00~01:00 메뉴 영어, 베트남어 예산 5만~8만 VND 가는 방법 푸도안 거리 5번지에 있다.

닭고기 쌀국수(퍼 가 Phở Gà)를 전문으로 하는 로컬 식당이다. 육수가 들어간 일반적인 쌀국수는 '퍼 느억' Phở Nước, 간장 양념으로 비벼먹는 비빔국수는 '퍼 쫀' Phở Trộn이니 알아두면 주문하기 쉽다. 닭고기의 특수부위를 선택해 고명을 추가해도 좋다. 아침과 저녁시간에만 문을 연다. 아무래도 아침에는 국물 있는 쌀국수, 저녁에는 비빔 쌀국수를 먹는 사람들이 많다.

분짜 34 Bún Chả 34 ★★★☆

Map P.391-D1 주소 34 Hàng Than, Quận Ba Đình 영업 08:30~16:00 메뉴 베트남어 예산 분짜 5만 VND 가는 방법 구시가 북쪽의 항탄 거리 34번지에 있다.

현지인들 사이에서는 분짜 맛집으로 통한다. 거리 이름을 붙여서 분짜 34 항탄 Bún Chả 34 Hàng

항탄 거리에 있는 분짜 34

분짜 흐엉리엔

Than이라 불리기도 한다. 단칸방처럼 자그마한 로컬 식당으로 플라스틱 의자에 앉아 식사해야 한다. 분짜에 넣어주는 고기는 즉석에서 숯불에 구워준다. 고기 추가 Thịt Thêm와 면추가 Bún Thêm가 가능하고 넴(스프링 롤)을 곁들여도 좋다.

분짜 흐엉리엔 ★★★☆
Bánh Cuốn Gia Truyền

Map P.391-E4 주소 24 Lê Văn Hưu, Quận Hai Bà Trưng 전화 024-3943-4106 영업 08:00~20:00 홈페이지 www.facebook.com/bunchahuonglienobama 메뉴 영어, 베트남어 예산 6만~12만 VND 가는 방법 레반흐우 거리 24번지에 있다. 호안끼엠 호수 남쪽이라서 택시 타고 가는 게 좋다.

하노이에서 흔한 '분짜' 식당이다. 주문지에 원하는 음식을 체크해야하는 전형적인 서민 식당이다. 넴꾸아베 Nem Cua Bể(다진 게살로 만든 스프링 롤)를 추가로 주문하면 된다. 오바마 전 대통령이 재임시절(2016년 5월 23일) 방문했던 곳으로 '분짜 오바마'라고 불리기도 한다. 오바마 전 대통령이 시식하고 간 식단을 그대로 본떠서 만든 콤보 오바마(분짜+스프링 롤+하노이 맥주)도 있다.

분짜따 Bún Chả Ta ★★★

Map P.393-E3 주소 21 Nguyễn Hữu Huân, Quận Hoàn Kiếm 전화 096-6848-389 홈페이지 www.bunchata.com 영업 08:00~22:00 메뉴 영어, 베트남어 예산 11만~14만 VND 가는 방법 구시가의 응우옌흐우언 거리 21번지에 있다.

하노이에서 유명한 길거리 음식인 '분짜'를 깨끗한 레스토랑에서 맛볼 수 있게 했다. 2층은 일식당처럼 좌식으로 되어 있다. 석쇠에 구워 내오는 길거리 분짜에 비해 불 맛은 덜하지만, 국물 가득한 소스를 외국인이 먹기 좋게 만들어준다. 다진 마늘

퍼 가 응우옛

과 고추를 적당히 넣어서 입맛에 맞추면 된다.

쏘이 옌 Xôi Yến ★★★

Map P.393-E3 주소 35B Nguyễn Hữu Huân, Quận Hoàn Kiếm 전화 024-3915-0230, 024-3926-3427 영업 매일 07:00~23:00 메뉴 영어, 중국어, 베트남어 예산 3만~6만 VND 가는 방법 항박 & 응우옌흐으언 삼거리 코너에 있다.

베트남에서 찰밥은 '쏘이 Xôi'라고 부른다. '쏘이 옌'은 하노이에 있는 찰밥 식당 중에서 현지인들로부터 가장 많은 사랑을 받는 곳이다. 이를 증명하듯이 3층 건물은 손님들로 북적댄다. 로컬 레스토랑답게 도로까지 점령해 의자가 가득 놓여 있다. 찰밥은 모두 3종류로 녹두를 갈아 넣은 노란색 찰밥(쏘이 쎄오 Xôi Xéo)이 인기다. 옥수수를 넣은 쏘이 응오 Xôi Ngô도 있다. 기본에 해당하는 하얀색 찰밥은 쏘이 짱 Xôi Trắng이라고 부른다. 돼지고기 간장 조림(Thịt Kho Tàu)이나 닭고기 살(Gà Luộc), 달걀 프라이(Trứng Ốp), 소고기 소시지(Giò Bó) 등을 골라 주문해 찰밥과 함께 먹는다.

반미 25 Bánh Mì 25 ★★★☆

Map P.392-B2 주소 25 Hàng Cá, Quận Hoàn Kiếm 홈페이지 www.banhmi25.net 영업 월~토요일 07:00~21:00, 일요일 07:00~19:00 메뉴 영어, 베트남어 예산 4만~6만 5,000 VND 가는 방

법 항까 거리 25번지에 있다.

하노이 구시가에 있는 반미(바게트 샌드위치) 전문점이다. 도로에 테이블 몇 개 내놓고 장사하던 노점에서 그럴듯한 식당으로 변모했다. 바삭하게 구운 바게트에 속을 채워 즉석에서 샌드위치를 만들어 준다. 돼지고기, 닭고기, 소고기, 베지테리언(채식)으로 구분된 바게트 샌드위치는 외국인 입맛에 잘 맞는다. 항상 붐비는 곳으로 오토바이를 타고 와서 포장해 가는 현지인도 어렵지 않게 볼 수 있다.

반미 호이안(바미 브레드) ★★★☆
Bánh Mì Hội An(Bami Bread)

Map P.392-C3 주소 98 Hàng Bạc, Quận Hoàn Kiếm 전화 0981-043-144 영업 07:00~21:00 메뉴 영어, 베트남어 예산 4만 VND 가는 방법 구시가 항박 거리 98번지에 있다.

아담하고 서민적인 정취가 물씬한 반미(바게트 샌드위치) 식당이다. 실내에는 '목욕탕 의자'와 간이 식탁이 옹기종기 놓여 있다. 바삭한 바게트 샌드위치를 만들어 저렴하게 판다. 달걀 Pate Trứng, 닭고기 Gà Nướng Xá, 돼지고기 Heo Quay, 모듬(스페셜) Đặc Biệt 네 종류의 바게트 샌드위치를 즉석에서 만든다. 여행자 숙소 밀집 지역과 가까워 외국인도 즐겨 찾는다. 현지인들에게 인기가 많은 곳으로 하노이에 10여 개 체인점을 운영하고 있다. 테이크아웃도 가능하다.

오 분짜 Ô Bún Chả ★★★☆

Map P.393-E3 주소 46 Nguyễn Hữu Huân, Quận Hoàn Kiếm 홈페이지 www.obuncha.vn 영업 06:00~22:00 메뉴 영어, 베트남어 예산 6만 ~11만 VND 가는 방법 구시가의 응우옌흐우후언 거리 46번지에 있다.

구시가에서 무난하게 즐길 수 있는 분짜 식당이다. 에어컨은 없지만 복층 건물로 테라스에서 거리 풍경을 내려다보며 식사할 수 있다. 분짜+스프링 롤로 구성된 세트 메뉴가 잘 되어 있어, 메뉴판을 보고 인원수에 맞춰서 주문하면 된다. 길거리 식당에 비해 확실히 분위기가 좋고, 가격도 저렴해 부담 없이 들를 수 있다.

분짜 항꽛 Bún Chả Hàng Quạt ★★★☆

Map P.392-B4 주소 74 Hàng Quạt, Quận Hoàn Kiếm 영업 10:30~14:00 메뉴 베트남어 예산 분짜 3만 VND, 스프링 롤(2개) 2만 VND 가는 방법 항꽛 거리 74번지에 있다. 번지수와 간판을 먼저 확인하고 골목 안쪽으로 들어가면 된다.

비좁은 골목 안쪽에 플라스틱 테이블을 놓고 장사하는 전형적인 로컬 식당이다. 골목 입구로 들어가면 고기를 계속 굽고 있기 때문에 '분짜' 식당인

오 분짜

반미 롱호이

지 금방 눈치챌 수 있다. 언제나 그렇듯 점심시간이 되면 동네 사람들이 찾아와 항상 붐빈다. 13:30 정도 되면 파장 분위기다.

분짜 닥낌 Bún Chả Đắc Kim ★★★

Map P.392-B4 주소 1 Hàng Mành, Quận Hoàn Kiếm 전화 024-3828-5022 홈페이지 www.bunchahangmanh.vn 영업 09:00~21:00 메뉴 영어, 베트남어 예산 분짜 7만 VND, 세트 11만 VND 가는 방법 항만(항마잉) 거리 1번지에 있다.

하노이 구시가에서 가장 유명한 분짜 식당이다. 1966년부터 영업 중인 오래된 식당이다. 간판에 미쉐린 가이드에 선정된 곳이라고 커다랗게 쓰여 있다. 분짜를 기본으로 주문하고 넴꾸아베 Nem Cua Bể(게살을 넣은 스프링 롤)를 추가하면 된다. 하지만 외국인에게는 비싼 콤보 메뉴를 권하는 경우가 많다. 본점과 인접한 구시가에 2호점(주소 67 Đường Thành)을 함께 운영한다.

반미 롱호이 Bánh Mì Long Hội ★★★☆

Map P.393-D4 주소 1 Hàng Dầu, Quận Hoàn Kiếm 홈페이지 www.banhmilonghoi.vn 영업 06:30~22:30 메뉴 영어, 베트남어 예산 3만~5만 VND 가는 방법 항더우 1번지에 있다.

노점 형태로 운영되는 반미(바게트 샌드위치) 식당과 달리 규모 면에서 차별화된 곳이다. 사거리 코너에 있어 눈에 띄는 곳으로 카페처럼 꾸민 식당은 3층까지만 운영된다. 베트남식 바게트 샌드위치를 만드는데 고수와 칠리소스는 주문할 때 적당한 양만큼 선택하면 된다. 에어컨 시설이라 더위를 식히며 잠시 쉬어 가기 좋다.

분짜 닥낌

카페 & 아이스크림

하노이도 커피 문화가 발달했다. 길거리 목욕탕 의자가 놓인 로컬 카페에서 오토바이를 감상하든, 푹신한 소파가 놓인 고급 카페에서 스마트 폰을 보든, 하노이에서 커피를 입에 달고 사는 것은 너무도 보편적이다. 대부분의 카페에서 아침식사와 기본적인 음식을 함께 요리한다.

껨 짱띠엔(깸 짱띠엔) ★★★
Kem Tràng Tiền

Map P.395-E3 주소 35 Tràng Tiền, Quận Hoàn Kiếm 전화 024-3824-0294 홈페이지 www.kemtrangtien.vn 영업 매일 08:00~22:00 메뉴 베트남어 예산 1만 5,000~3만 VND 가는 방법 짱띠엔 거리 중간에 있다. 호안끼엠 호수 남단에서 오페라하우스 방향으로 도보 5분.

짱띠엔 거리에 있는 껨(아이스크림) 가게다. 1958년부터 영업 중인 하노이의 명소다. 근사한 카페를 연상했다면 다소 충격적일 정도로 오토바이를 세워 놓고 아이스크림을 먹는 현지인들이 가득하다. 저렴한 가격 때문에 하노이 젊은이들에게 절대적인 지지를 받는다. 콘에 담아주는 '껨옥꿰 Kem Ốc Quế'와 생크림처럼 부드러운 '껨뜨어이 Kem Tươi'가 인기다. 추운 겨울에는 썰렁하다.

카페 장 Café Giảng(Giang Cafe) ★★★☆

Map P.393-E3 주소 39 Nguyễn Hữu Huân, Quận Hoàn Kiếm 전화 024-6294-0495 홈페이지 www.facebook.com/Giang.cafe 영업 08:00~22:00 메뉴 영어, 베트남어 예산 3만 5,000~5만 VND 가는 방법 구시가의 응우옌흐우후언 거리 39번지에 있다. 입구가 비좁고, 간판이 작아서 번지수를 유심히 살펴야 한다.

구시가에서 볼 수 있는 전형적인 로컬 커피숍이다. 1946년부터 반세기 넘도록 영업하고 있다. 두 차례를 장소를 옮겼으나 여전히 현지인들에게 인기가 높다. 커피에 달걀을 넣은 '카페 쯩 Cà Phê Trứng'이 유명하다. 영어 메뉴에는 에그 커피 Egg Coffee라고 적혀 있다. 카페 입구에서 비좁은 진입로를 통해 들어가야 한다. 실내는 생각보다 넓고 아늑하다. 거리 소음이 들리기 않기 때문에 조용하다.

꽁 카페(냐터 지점) Cộng Cà Phê ★★★★

Map P.394-C2 주소 27 Nhà Thờ, Quận Hoàn Kiếm 전화 0911-811-133 홈페이지 www.congcaphe.com 영업 07:00~23:00 메뉴 영어, 베트남어 예산 4만~6만 5,000 VND 가는 방법 성 요

껨 짱띠엔

카페 장 에그 커피

꽁 카페 냐터지점

셉 성당 앞의 나터 거리에 있다.

사회주의를 모티브로 해서 현대적으로 재해석해 꾸민 예술적인 느낌의 카페. 사회주의 시절의 옛 향수를 자극하게 만든 빈티지한 인테리어가 눈길을 끈다. 2007년 하노이에 1호점을 연 이후에 엄청난 인기를 바탕으로 베트남 전국으로 체인점을 확장했다. 다양한 베트남 커피를 마실 수 있는데, 한국 관광객에게는 코코넛 커피가 유독 인기 있다. 하노이에는 19개 지점을 운영한다. 호안끼엠 호수 북단의 꺼우고 지점(주소 116 Cầu Gỗ), 구시가의 항디에우 지점(주소 54 Hàng Điếu), 바딘 광장과 가까운 디엔비엔푸 지점(주소 32 Điện Biên Phủ)이 상대적으로 접근성이 좋다.

소울 스페셜티 커피 ★★★★
Soul Specialty Coffee

Map P.392-A4 주소 12 Đường Thành, Quận Hoàn Kiếm 홈페이지 www.soulcoffee.vn 영업 08:00~22:00 메뉴 영어. 베트남어 예산 6만~8만 VND 가는 방법 드엉 탄(타잉) 12번지에 있다.

구시가에서 있는 아담한 카페로 베트남 스페셜티 커피를 만든다. 부온마투옷 Buôn Ma Thuột(베트남 중부 고원 지방의 커피 생산지)에서 자란 젊은 이들이 운영하는데, 커피 재배, 수확, 건조, 세척, 로스팅, 추출에 이르는 일련의 과정을 바르게 진행한다는 원칙을 세웠다고 한다. 창의적인 커피를 맛보고 싶다면 시그니처 중에 선택하면 된다. 베트남 커피를 젊은 감각으로 재해석한 다양한 커피를 맛볼 수 있다.

블랙버드 커피 Blackbird Coffee ★★★★

Map P.394-B1 주소 5 Chân Cầm, Quận Hoàn Kiếm 전화 0389-513-053 홈페이지 www.facebook.com/blackbirdcoffeevn 영업 07:00~21:00 메뉴 영어. 베트남어 예산 4만 5,000~6만 5,000 VND 가는 방법 쩐껌 거리 5번

지에 있다. 성 요셉 성당에서 250m 떨어져 있다.

주홍빛 외벽이 눈을 사로잡는 카페. 통유리창 옆에 커피 바를 배치해 바리스타가 커피 만드는 모습을 밖에서도 볼 수 있도록 고안했다. 공간은 복층으로 이뤄져 있는데, 규모가 작아서 아늑한 분위기다. 음료는 크게 에스프레소 메뉴와 핸드 드립 메뉴로 구분된다. 베트남 커피에 비해 조금 더 익숙한 아메리카노, 라테, 콜드 브루를 이곳에서 맛볼 수 있다. 직접 로스팅한 원두도 판매한다.

한약방이 몰려 있는 란옹 거리에도 분점(블랙 버드 커피 란옹 지점, 주소 63B Lãn Ông, Map P.392-B3)이 있는데, 안마당과 발코니까지 갖춘 2층 규모로 본점보다 공간이 넉넉하다.

라 비엣 커피(하노이 항분 지점) ★★★★
Là Việt Coffee

Map P.391-D1 주소 45 Hàng Bún, Quận Ba Đình 전화 0866-845-558 홈페이지 www.laviet.coffee 영업 07:00~22:00 메뉴 영어. 베트남어 예산 커피 4만~5만 5,000 VND 가는 방법 구시가 북쪽의 항분 거리 45번지에 있다.

베트남 커피 원산지인 달랏 Đà Lạt에 본사를 두고 있는 라 비엣 커피의 하노이 지점이다. 자체적인 커피 농장을 운영하기 때문에 신선한 커피 원두를 직송해 온다. 파스텔톤의 콜로니얼 건물로 복층으로 되어 있어 널찍하다. 빈티지한 느낌으로 마당을 겸한 야외 공간도 있다. 직접 로스팅한 원두를 이용한 아라비카 커피를 맛볼 수 있다.

블랙버드 커피 란옹 지점

소울 스페셜티 커피

라 비엣 커피

반꽁 카페 Ban Công Cafe ★★★☆

Map P.393-D3 주소 2 Đinh Liệt, Quận Hoàn Kiếm 전화 0965-300-860 홈페이지 www.facebook.com/banconginhanoi 영업 07:00~23:00 메뉴 영어, 베트남어 예산 5만~7만 5,000 VND 가는 방법 딘리엣 거리 2번지에 있다. 호안끼엠 호수 북단에서 북쪽으로 250m.

1940년대 건물을 리모델링한 카페로, 빈티지한 느낌이 물씬하다. 1층은 커피 바, 2·3층은 카페로 사용되는데 빛바랜 테이블과 의자, 원목 가구를 두어 고풍스러운 인상을 준다. 여러 개의 방과 계단, 야외 발코니가 연결되어 있어 공간마다 조금씩 다른 분위기를 느낄 수 있다. 덕분에 사진 찍기 좋은 곳이라 현지 젊은이들에게 인기 있다.

부이 스튜디오 Vui Studio ★★★★

Map P.391-D3 주소 3c Tống Duy Tân, Quận Hoàn Kiếm 전화 0379-639-449 홈페이지 www.facebook.com/vuistudio 영업 09:00~23:00 메뉴 영어, 베트남어 예산 커피 5만~6만 VND 가는 방법 동주이떤 거리 3번지에 있다.

편집 숍과 카페, 스튜디오를 함께 운영하는 복합 공간이다. 노출 콘크리트로 장식한 인더스트리얼 인테리어로 트렌디하게 꾸몄다. 1층에서는 디퓨저, 향초, 천연 비누, LP 판, 에코 백, 양말 등을 전시·판매하고, 야외 발코니가 딸린 2층에서는 커피를 판다. 차분하게 커피를 마시거나, 노트북을 들고 옹기종기 모여 일하기 좋은 분위기다.

반꽁 카페

부이 스튜디오 입구

하노이 커피 스테이션 Hanoi Coffee Station ★★★☆

Map P.393-D4 주소 2F, 44 Hàng Bè, Quận Hoàn Kiếm 전화 0936-864-089 홈페이지 www.facebook.com/hanoicofffeestation 영업 08:00~18:00 메뉴 영어, 베트남어 예산 커피 5만~7만 VND, 브런치 8만~10만 VND 가는 방법 항베 거리 44번지 건물 2층에 있다.

발코니가 매력적인 콜로니얼 건물에 들어선 카페. 건물 옆의 허름한 계단으로 올라가야 하는데, 카페 내부는 에어컨 시설을 새로이 정비해 깔끔하게 꾸몄다. 2층에 딸린 발코니에서는 거리 풍경을 바라보며 커피 마시기 좋다. 베트남 커피 보다는 에스프레소와 에그 커피가 좀 더 유명하다. 브런치와 디저트 메뉴도 있어 가볍게 식사하기 좋다.

올 데이 커피 All Day Coffee ★★★☆

Map P.391-D1 주소 55 Hàng Bún, Quận Ba Đình 홈페이지 www.facebook.com/alldaycoffeevn 영업 07:00~23:00 메뉴 영어, 베트남어 예산 커피 6만~11만 VND, 브런치 15만~20만 VND(+7% Tax) 가는 방법 구시가 북쪽의 항분 거리 55번지에 있다.

베트남 젊은이들의 사랑을 받고 있는 트렌디한 느낌의 브런치 카페. 카페 외관에 Vietnamese Specialty, Roasted Daily, Hand Brew, Egg Coffee, Food Desert라고 적혀 있다. 매일 로스팅해서 특별한 커피를 만들고, 식사와 디저트까지 구비하고 있음을 알 수 있다. 꽝중 거리에 본점(주소 37 Quang Trung)이 있다.

하일랜드 커피 Highland Coffee ★★★☆

Map P.393-D4 주소 1 Đinh Tiên Hoàng, Hồ Gươm Bldg. 3F 전화 024-3936-3228 홈페이지 www.highlandscoffee.com.vn 영업 매일 07:00~23:00 메뉴 영어, 베트남어 예산 커피 4만~8만

올 데이 커피

VND **가는 방법** 호안끼엠 호수 북단의 호그엄 빌딩 3층에 있다.

베트남의 대표적인 로컬 커피 체인점이다. 호안끼엠 호수와 구시가를 바라보며 여유 있는 시간을 보내기 좋다. 오페라하우스(주소 1A Tràng Tiền, 전화 024-3933-4947, Map P.395-F4), 군사 박물관(주소 28A Điện Biên Phủ, 전화 024-3823-3339, Map P.390-C2), 하노이 기차역 앞(Map P.390-C3)에도 지점을 운영한다.

메종 마루 ★★★☆
Maison Marou

Map P.391-E4 **주소** 91A Thợ Nhuộm, Quận Hoàn Kiếm **전화** 024-3717-3969 **홈페이지** www.facebook.com/MaisonMarouHanoi **영업** 09:00~23:00 **메뉴** 영어 **예산** 커피 · 디저트 6만 ~15만 VND **가는 방법** 쩐흥다오 거리에서 터뉴옴 거리 방향으로 50m. 터뉴옴 거리 91번지에 있다.

베트남에서 유명한 수제 초콜릿 회사에서 운영하는 프렌치 카페. 관광지에서는 조금 떨어져 있지만 넓고 쾌적한 실내가 매력적이다. 커피나 핫초코를 곁들여 디저트를 즐기기에 더없이 좋다. 매장에서는 초콜릿 만드는 모습을 직접 볼 수 있다. 선물용 초콜릿을 구매하기도 좋다.

만지 Manzi ★★★★

Map P.391-D1 **주소** 14 Phan Huy Ích, Quận Ba Đình **전화** 024-3716-3397 **홈페이지** www.

facebook.com/manzihanoi **영업** 08:00~22:00 **메뉴** 영어, 베트남어 **예산** 커피 4만~7만 VND, 칵테일 9만 VND **가는 방법** 구시가 북쪽의 판휘익 거리 14번지에 있다.

커피숍이라기보다 갤러리에 가깝다. 당초 갤러리를 운영하려던 주인장은 창작에 대한 규제가 심한 사회주의 정부의 눈을 피해 커피숍으로 영업 허가를 받았고, 작품은 인테리어로 걸어두는 실정이다. 콜로니얼 양식의 프렌치 빌라에 들어선 공간인 만큼 분위기도 멋스럽다. 1층에서 커피를 마셨다면 2층에 올라가 전시된 작품을 둘러봐도 좋다.

레일웨이 카페(기찻길 마을 카페) ★★★☆
Railway Cafe

Map P.391-D2, Map P.392-A4 **주소** Train Street, Phố Đường Tàu Hà Nội, Đường Trần Phú **영업** 08:00~23:00 **메뉴** 영어, 베트남어 **예산** 커피 4만~5만 VND, 맥주 · 칵테일 7만~11만 VND **가는 방법** 구시가 서북쪽의 풍흥 거리 Phùng Hưng에서 쩐푸 거리 Trần Phú 방향으로 들어가면 된다.

기찻길 마을(P.404) 철도 옆으로 촘촘히 들어선 가정집들이 하나둘 관광객을 위한 카페로 변모하고 있다. 가게들이 저마다 철도 옆으로 의자를 펼쳐놓고 있어 잠시 쉬어가기 좋다. 관광객이 몰려들 경우 안전을 이유로 기찻길 카페 진입을 금지한다. 공안이 바리케이드 치고 지키고 있는데, 카페 주인장과 연락을 취하면 들여보내 주는 경우도 있다.

하일랜드 커피 서호 지점

기찻길 마을 카페

갤러리처럼 꾸민 만지

메종 마루

일반 레스토랑

외국인 여행자들이 많은 구시가에는 영어 메뉴를 갖춘 투어리스트 레스토랑이 많고, 호안끼엠 호수 주변에는 전망 좋은 레스토랑들이 많다. 프렌치 빌라를 개조한 콜로니얼 건물에서 우아하게 저녁식사를 즐기는 것도 하노이 식도락 여행의 매력이다.

뉴 데이 레스토랑 ★★★
New Day Restaurant

Map P.393-D3 주소 72 Mã Mây, Quận Hoàn Kiếm 전화 024-3828-0315 홈페이지 www.newdayrestaurant.com 영업 매일 10:00~22:00 메뉴 영어, 베트남어 예산 9만~21만 VND 가는 방법 구시가의 마머이 거리 72번지에 있다.

분위기는 서민 식당이지만 주변에 여행자 숙소가 많아 외국인 손님이 많다. 영어 메뉴를 갖추고 있으며 밥값이 부담 없다. 말이 안 통해서 답답하거나, 외국인이라고 비싸게 받지 않을까 하는 걱정은 버리고 편하게 식사할 수 있다. 단품 요리부터 전골 요리까지 메뉴가 다양하다. 여러 명이 함께 식사할 경우 세트 메뉴를 주문하면 된다.

껌 포꼬 Cơm Phố Cổ ★★★

Map P.393-D2 주소 16 Nguyễn Siêu 전화 024-2216-4028 홈페이지 www.facebook.com/comphoco 영업 10:00~21:00 메뉴 영어, 베트남어 예산 7만~17만동 가는 방법 구시가의 응우옌 씨에우 거리 16번지에 있다.

상호명은 '구시가에 있는 밥집'이란 뜻이다. 반찬을 진열해 놓고 판매하는 로컬 식당인데 레스토랑처럼 꾸몄다. 원하는 반찬 몇 가지와 밥을 구매해 덮밥처럼 먹으면 된다. 선택한 반찬에 따라 값을 지불하면 되는데 세트 메뉴(US$6~8)를 주문할 수도 있다. 외국인에게도 잘 알려져 있어 영어 메뉴판을 갖추고 있다.

보느엉 쑤언 쑤언 ★★★
Bò Nướng Xuân Xuân

Map P.393-D3 주소 47 Mã Mây, Quận Hoàn Kiếm 전화 093-4999-912 영업 12:00~22:00 메뉴 영어, 베트남어 예산 2인분 30만~35만 VND 가는 방법 구시가의 마머이 거리 47번지에 있다.

베트남식 양념 소고기 바비큐 식당이다. 여행자 숙소가 몰려 있는 마머이 거리에 있다. 단칸짜리 아담한 식당으로 외국인도 즐겨 찾는다. 각자 테이블에서 주문한 고기를 직접 구워 먹으면 된다. 저녁때는 도로까지 테이블이 놓여 시끌벅적하다. 인원에 따라 요금을 다르게 받는다. 바게트와 맥주를 곁들이면 된다.

짜까 탕롱 Chả Cá Thăng Long ★★★☆

Map P.392-A3 주소 2 Đường Thành, Quận Hoàn Kiếm 전화 024-3828-6007 홈페이지

뉴 데이 레스토랑

껌 포꼬

www.chacathanglong.vn 영업 10:30~21:00 메뉴 영어, 베트남어 예산 짜까 18만 VND 가는 방법 구시가의 탄 거리 6번지에 있다.

외국 관광객에게 잘 알려진 '짜까' 전문 식당으로 메뉴는 단 한 가지 '짜까' 뿐이다. 맥주와 디저트가 포함된 세트 밀 Set Meal(18만 VND)을 주문해도 된다. 테이블마다 고체 연료를 이용하는 개인 화로가 놓여있다. 직원이 음식을 조리해주면서 먹는 방법까지 친절하게 알려준다.

꺼우고 레스토랑 ★★★☆
Cau Go Restaurant
Nhà Hàng Cầu Gỗ

Map P.393-D4 주소 7 Đinh Tiên Hoàng, Quận Hoàn Kiếm 전화 024-3926-0808 홈페이지 www.caugorestaurant.com 영업 09:00~23:00 메뉴 영어, 베트남어 예산 메인 요리 16만~35만 VND 가는 방법 호안끼엠 호수 북단에 있다. 하일 랜드 커피가 있는 건물 5~6층.

호안끼엠 호수 주변에서 고급스러운 분위기로 인기 있는 레스토랑이다. 고풍스러우면서도 트렌디한 인테리어가 구시가의 번잡함을 잊게 해준다.

야외 발코니에도 테이블이 있다. 신선한 식재료를 이용해 보기 좋고 맛도 좋은 베트남 음식을 요리한다. 호안끼엠 호수를 내려다보며 낭만적인 식사를 할 수 있다.

리틀 하노이 레스토랑 ★★★☆
Little Hanoi Restaurant

Map P.393-D3 주소 25 Hàng Bè, Quận Hoàn Kiếm 전화 024-3926-0168 영업 10:00~24:00 메뉴 영어, 베트남어 예산 8만~15만 VND 가는 방법 항베 거리 25번지에 있다.

오랫동안 외국 관광객에게 인기를 얻고 있는 베트남 음식점이다. 1998년부터 영업 중인 곳으로 맥주 거리(따히엔 거리)에 있었는데, 주변이 번잡해지면서 항베 거리로 이전해 영업하고 있다. 베트남을 처음 방문한 외국인들이 베트남 음식에 입문하기 좋은 곳으로 직원들도 친절하다. 향신료를 적절히 사용해 외국인 입맛에 알맞게 음식을 요리한다. 볶음 요리가 많은 편으로 맥주를 곁들여 식사하기 좋다. 파스텔 톤의 건물 외관과 달리 내부는 고풍스럽게 꾸몄다. 에어컨 시설이라 쾌적하다.

보느엉 쑤언쑤언

리틀 하노이 레스토랑

짜까 탕롱

꺼우고 레스토랑

홍호아이 레스토랑 ★★★☆
Hong Hoai's Restaurant

Map P.392-B3 **주소** 20 Bát Đàn, Quận Hoàn Kiếm **전화** 0915-033-556 **홈페이지** www.honghoaisrestaurant.com **영업** 10:00~22:00 **메뉴** 영어, 베트남어 **예산** 12만~17만 VND **가는 방법** 구시가의 밧단 거리 20번지에 있다.

구시가에 있는 자그마한 로컬 레스토랑이다. 실내는 아담하지만 1 · 2층으로 되어 있다. 다른 곳에 비해 청결하고 영어가 통하기 때문에 외국 관광객이 많이 찾아온다. 전통 베트남 음식점은 아니지만, 반쎄오 Bánh Xèo, 분짜 Bún Chả, 넴잔 Nem Rán, 짜까 Chả Cá, 퍼보 Phở Bò, 보라롯 Bò Lá Lốt 같은 부담 없이 먹기 좋은 베트남 음식을 선별해 요리한다. 볶음 요리, 두부 요리, 뚝배기 요리도 있다.

꽌 안 응온 ★★★☆
Quán Ăn Ngon(Ngon Restaurant)

Map P.391-D3 **주소** 18 Phan Bội Châu, Quận Hoàn Kiếm **전화** 0902-126-963 **홈페이지** www.quananngon.com.vn **영업** 매일 08:00~22:00 **메뉴** 영어, 베트남어 **예산** 8만~48만 VND **가는 방법** 판보이쩌우 거리 18번지에 있다. 하노이 역에

꽌 안 응온(하노이 본점)

하노이 가든

서 도보 8분.

베트남 요식업계에 혁명을 불러일으킨 '꽌 안 응온'의 하노이 지점이다. 정원 넓은 콜로니얼 건물을 레스토랑으로 사용한다. 베트남 전국 요리를 한자리에서 맛볼 수 있으며, 마당에서는 음식을 요리하는 모습을 볼 수 있다. 음식 맛은 기본으로 흥겨운 분위기와 가격까지 모두를 만족시킨다. '응온'은 맛있다는 뜻이다.

하노이 가든 Hanoi Garden ★★★★

Map P.392-B4 **주소** 36 Hàng Mành, Quận Hoàn Kiếm **전화** 024-3824-3402 **홈페이지** www.hanoigarden.vn **영업** 매일 10:00~14:00, 17:00~22:00 **메뉴** 영어, 베트남어 **예산** 16만~47만 VND(+10% Tax) **가는 방법** 구시가의 항만(항마잉) 거리 36번지에 있다.

준수한 분위기에 부담 없는 맛의 베트남 음식을 요리한다. 깔끔하게 세팅된 실내와 야외 정원이 있어 구시가에 있는 레스토랑치고 분위기는 좋은 편이다. 시원한 육수에 산뜻한 음식 재료가 어우러진 러우(전골 요리)를 포함해 해산물과 거북이까지 다양한 재료로 음식을 요리한다. 외국인 관광객들에게 친절하지만, 서비스는 느린 편이다.

하이웨이 4 Highway 4 ★★★☆

Map P.393-E3 **주소** 3 Hàng Tre, Quận Hoàn Kiếm **전화** 024-3926-4200, 024-2215-5797 **홈페이지** www.highway4.com **영업** 매일 10:00~23:00 **메뉴** 영어, 베트남어 **예산** 12만~35만 VND(+10% Tax) **가는 방법** 구시가의 항쩨 거리 3번지에 있다.

하이웨이 4

베트남 음식을 전통적인 방법으로 요리하는 곳이다. 워낙 다양한 음식을 요리하다보니 창의적인 메뉴도 많다. 인삼, 꿀, 뱀과 각종 약재와 허브를 넣어 만든 전통주를 판매하기 때문에, 술과 곁들여 식사하기 좋다. 레스토랑 이름은 4번 국도의 산악지역에서 채취한 음식 재료와 향신료를 사용하기 때문에 붙여진 이름이다.

떰비(냐항 떰비)　★★★★
Tâm Vi(Nhà Hàng Tâm Vi)

Map P.390-C3 **주소** 4 Phố Yên Thế, Quận Đống Đa **전화** 0966-323-131 **홈페이지** www.facebook.com/nhahangtamvi **영업** 10:00~22:00 **메뉴** 영어, 베트남어 **예산** 12만~35만 VND **가는 방법** 응우옌타이혹 거리에서 연결되는 옌터 거리 4번지에 있다. 옆 골목에 해당하는 응오 옌테 Ngõ Yên Thế와 혼동하지 말 것.

고풍스러운 분위기의 베트남 레스토랑이다. 목조 가옥 특유의 앤티크한 분위기가 풍긴다. 전통을 강조한 인테리어만큼 음식도 베트남적인 색채로 가득하다. 하노이 사람들이 즐겨 먹는 집밥(가정식)을 주로 선보인다. 밥과 함께 먹기 좋은 두부·버섯 요리, 볶음 요리, 뚝배기 조림, 찌개 등을 골

고루 요리한다. 세트메뉴도 있으므로 인원에 맞게 주문하면 된다. 음식 사진이 잘 나와 있는 메뉴판 덕에 주문하는 데 어려움이 없다. 복층 건물로, 에어컨이 설치되어 쾌적하게 식사할 수 있다.

메종 1929 Maison 1929　★★★★

Map P.392-A3 **주소** 2 Cửa Đông, Quân Hoàn Kiếm **영업** 11:30~23:00(주문 마감 22:00) **메뉴** 영어, 한국어, 베트남어 **예산** 16만~32만 VND(+8% Tax) **가는 방법** 구시가의 끄어동 거리 2번지에 있다.

프렌치 빌라를 리모델링했는데, 건물 분위기와 달리 베트남 음식을 요리한다. 1929년에 만들어진 2층 건물로 발코니까지 딸려 있어 분위기가 좋다. 베트남 사람들이 즐겨 먹는 가정식 요리를 고급화한 것이 특징이다. 뚝배기조림, 돼지갈비, 오징어순대, 농어구이를 메인으로 요리한다. 점심시간에는 세트 메뉴도 제공한다. 전체적으로 외국 관광객이 좋아할 맛과 분위기다. 영어 가능한 직원들도 친절하다.

센테 Senté　★★★★

Map P.392-A4 **주소** 20 Nguyễn Quang Bích, Quận Hoàn Kiếm **홈페이지** www.sente.vn **영업** 10:30~14:00, 17:30~22:00 **예산** 12만~38만 VND(+10% Tax) **가는 방법** 응우옌꽝빅 거리 20번지 골목 안쪽으로 들어가면 된다.

연꽃을 이용한 건강한 식단을 추구하는 곳이다. 레스토랑이 골목 안쪽에 숨겨져 있어 아늑하며, 안마당에 둘러싸인 식당 내부는 녹색 식물이 가득하다. 식당 분위기 때문에 채식 전문 식당으로 오

메종 1929

떰비(냐항 떰비)

센테

해하기 쉽지만 메인 요리는 대부분 생선, 새우, 닭고기, 돼지고기를 이용해 만든다. 두부, 연근, 버섯, 미역 등을 이용해 만든 반찬과 곁들여 식사하면 된다.

응온 가든 Ngon Garden ★★★★

Map P.391-D4 주소 70 Nguyễn Du, Quận Hai Bà Trưng 전화 0902-226-224 홈페이지 www.ngongarden.com 영업 07:00~22:00 메뉴 영어, 베트남어 예산 18만~95만 VND(+10% Tax) 가는 방법 띠엔꽝 호수를 끼고 있는 응우옌주 거리 70번지에 있다.

꽌 안 응온(P.431)의 업그레이드 버전으로 생각하면 된다. 넓은 정원(중정)을 갖춘 프렌치 빌라를 레스토랑으로 사용하는데, 길 건너편에 호수도 있어 도심과는 전혀 다른 분위기다. 하노이 전통 음식, 후에 지방 요리를 포함해 해산물과 전골 요리까지 다양한 음식을 요리한다. 아침 시간에는 쌀국수 위주의 간단한 식사만 가능하다. 분위기에 걸맞게 음식 값은 비싸다.

짜오 반 Chào Bạn ★★★★

Map P.388-C1 주소 98 Tô Ngọc Vân, Quận Tây Hồ 전화 024-3633-3435 홈페이지 www.facebook.com/ChaobanHaNoi 영업 11:00~14:30, 17:30~21:00 메뉴 영어, 베트남어 예산 16만~27만 VND 가는 방법 서호 주변의 또 응옥번 거리 98번지에 있다.

서호 주변에서 가장 유명한 베트남 음식점이다. 레스토랑의 역사는 짧지만 미쉐린 가이드에 선정

되면서 유명세를 타고 있다. '안녕! 친구'란 뜻으로 친구 집에 놀러가듯 편한 마음으로 방문할 수 있다. 조용한 골목 안쪽의 나무 그늘 아래에 있는 편안한 가정집 분위기를 연출한다. 베트남 사람들이 즐겨 먹는 가정식 요리를 정성스럽게 요리해준다.

으우담 차이 Ưu Đàm Chay ★★★☆

Map P.391-D4 주소 55 Nguyễn Du, Quận Hoàn Kiếm 전화 0981-349-898 홈페이지 www.uudamchay.com 영업 10:00~21:30 메뉴 영어, 베트남어 예산 메인 요리 15만~25만 VND 가는 방법 호안끼엠 호수 남쪽으로 1.5km 떨어진 응우옌주 거리 55번지에 있다.

하노이의 대표적인 채식 전문 레스토랑이다. 불상을 소품으로 활용해 명상적이고, 선(禪)적인 분위기로 꾸몄다. 버섯, 두부, 연근, 호박, 과일 등을 이용해 자극적이지 않은 음식을 선보인다. 신선한 식재료의 맛을 살려 요리하는 것이 특징이다. 스프링 롤, 샐러드, 연꽃 밥, 파인애플 볶음밥, 두리안 피자, 망고 찰밥, 러우(핫팟) 등 메뉴가 다양하다. 채식주의자가 아니더라도 한 번쯤 방문할 만한 고급스러운 분위기의 공간이다.

짜오 반

응온 가든

채식 레스토랑 으우담 차이

하노이 소셜 클럽
Hanoi Social Club ★★★☆

Map P.394-A2 주소 6 Ngõ Hội Vũ, Quận Hoàn Kiếm 전화 024-3938-2117 영업 08:00~23:00 메뉴 영어 예산 커피 6만~7만 VND, 메인 요리 12만~19만 VND 가는 방법 꽌쓰 Quán Sứ 거리와 쌍티 Tràng Thi 거리를 연결하는 호이부 골목 Ngõ Hội Vũ에 있다.

하노이 구시가의 정취가 느껴지는 오래된 콜로니얼 양식의 건물을 카페로 사용한다. 3층 건물로 편하게 널브러지는 분위기다. 버거, 파스타, 펠라펠, 모로코 쿠스쿠스, 샐러드 같은 서구적인 음식을 요리한다. 하노이에 거주하는 외국인에게 인기가 높다. 주말 저녁에는 어쿠스틱 음악을 라이브로 연주해 준다.

푸쿠 카페 Puku Cafe ★★★☆

Map P.391-D3 주소 16 Tống Duy Tân, Quận Hoàn Kiếm 전화 024-3938-1745 홈페이지 www.facebook.com/PukuCafeHanoi 영업 24시간 메뉴 영어, 베트남어 예산 커피 6만~10만 VND, 메인 요리 14만~24만 VND 가는 방법 뜽주

이떤 거리 16번지에 있다. 하노이 기차역에서 북쪽으로 600m 떨어져 있다.

하노이에서 흔치 않은 24시간 영업점이다. 카페와 레스토랑, 펍을 함께 운영한다. 작은 마당과 콜로니얼 건물이 어우러진 공간으로 밝고 경쾌한 색으로 꾸민 실내와 푹신한 쿠션이 아늑하다. 수제 버거, 피자, 파스타를 메인으로 요리한다. 분짜 같은 기본적인 베트남 음식도 요리한다. 프리미어 리그를 비롯, 다양한 스포츠 중계를 시청하며 맥주를 마시는 스포츠 펍을 겸하고 있어 외국인 여행자들이 즐겨 찾는다.

마쏘 카페 Ma Xó Cafe ★★★★

Map P.389-D2 주소 152 Trấn Vũ, Trúc Bạch 전화 0333-850-852 홈페이지 www.facebook.com/Ma.Xo.Cafe 영업 08:00~23:00 메뉴 영어, 베트남어 예산 커피 4만~6만 VND, 브런치 12만~15만 VND 가는 방법 쭉박 호수 오른쪽을 끼고 있는 쩐부 거리 152번지에 있다.

쭉박 호수 주변에 있는 카페를 겸한 브런치 레스토랑이다. 아담한 실내는 미술품을 전시해 예술 공간처럼 꾸몄다. 가정집처럼 신발을 벗고 실내 라운지로 들어가야 한다. 도로 옆에도 야외 테이블이 있어 잔잔한 호수 풍경을 감상하기 좋다. 아보카도 토스트, 오믈렛+베이컨+로띠, 삭슈카, 그래놀라, 샐러드 등 다양하진 않지만 건강한 메뉴를 요리한다. 커피와 스무디는 물론, 칵테일도 즐길 수 있다.

코토 KOTO ★★★☆

Map P.390-B3 주소 39 Văn Miếu 전화 024-

하노이 소셜 클럽

푸쿠 카페

마쏘 카페

6686~7736 **홈페이지** www.kotovanmieu.com **영업** 매일 09:00~22:00 **메뉴** 영어, 베트남어 **예산** 메인 요리 15만~52만 VND, 세트 메뉴 30만~40만 VND **가는 방법** 문묘 오른쪽 길인 반미에우 거리 39번지에 있다.

'하나를 알면 하나를 가르친다 Know One, Teach One'라는 뜻의 KOTO는 거리 아동들의 안정적인 직업 교육을 위해 설립한 곳이다. 요리실습에 참여하는 학생들이 음식을 만들어 서빙한다. 메인요리는 아시안 메뉴와 웨스턴 메뉴로 나누어 마련했다. 분짜, 분보남보, 짜까 같은 하노이 전통 요리와 파스타, 수제 버거, 스테이크까지 종류가 다양하다. 문묘와 가까워 다양한 국적의 관광객이 찾는다.

피자 포피스 Pizza 4P's ★★★★

Map P.394-C1 **주소** 11B Ngõ Bảo Khánh, Quận Hoàn Kiếm **전화** 028-3622-0500 **홈페이지** www.pizza4ps.com **영업** 10:00~22:30 **메뉴** 영어, 일본어, 베트남어 **예산** 19만~42만 VND (+10% Tax) **가는 방법** 호안끼엠 호수 왼쪽으로 연결되는 바오칸(바오카잉) 골목 11번지에 있다.

일본인이 운영하는 고급 피자 레스토랑이다. 파스

타까지 요리하는 정통 이탈리아 음식점이다. 피자를 만드는 커다란 화덕이 보이는 오픈 키친으로 천장이 높고 쾌적한 인테리어는 고급스럽다. '반반(하프 하프 Half Half)'으로 주문하면 한 번에 두 가지 피자를 맛볼 수 있다. 일본인 매니저가 상주하고 있다. 예약하고 가는 게 좋다. 오페라 하우스와 가까운 짱띠엔 거리(주소 43 Tràng Tiền, Map P.395-E3)에 2호점을 운영하고 있다.

자스파스 레스토랑 ★★★☆
Jaspas Restaurant

Map P.394-A3 **주소** 49 Hai Bà Trưng, Hanoi Towers Bidg, 4F **전화** 024-3934-8325 **홈페이지** www.jaspas.com.vn **영업** 매일 10:30~23:00 **메뉴** 영어, 베트남어 **예산** 23만~68만 VND(+10% Tax) **가는 방법** 하이바쯩 거리의 하노이 타워 빌딩 4층에 있다.

레지던스 호텔에 딸린 레스토랑이지만 일반 손님들도 많이 찾는다. 에어컨 나오는 실내와 깔끔한 세팅, 친절한 종업원을 갖추고 있다. 아늑한 패밀리 레스토랑 분위기로 피자와 파스타를 전문으로 한다. '분짜'를 포함한 기본적인 베트남 음식을 요리한다. 바를 함께 운영해 술 종류가 다양하다.

룩락 Luk Lak ★★★★

Map P.395-F4 **주소** 4A Lê Thánh Tông, Quận Hoàn Kiếm **전화** 0943-143-686 **홈페이지** www.luklak.vn **영업** 07:30~22:00 **메뉴** 영어, 베트남어 **예산** 메인 요리 23만~59만 VND(+5% Tax) **가는 방법** 레탄똥 거리 4번지에 있다. 오페라하우스에서 남쪽으로 200m.

피자 포피스

코토 KOTO

자스파스 레스토랑

콜로니얼 양식의 건물로 분위기 좋은 베트남 레스토랑이다. 소피텔 레전드 메트로폴(호텔)에서 25년간 근무했던 마담 빈 Madame Bình 셰프가 독립해 만들었다. 1층은 카페, 2층은 레스토랑으로 꾸몄는데, 화려하고 대조적인 색감을 강조한 인테리어가 눈에 띈다. 하노이의 대표적인 럭셔리 호텔에서 근무했던 경력을 살려 서구적인 베트남 음식을 요리한다. 신선한 식재료에 다양한 향신료, 허브 소스를 사용하는 것이 특징이다. 분짜와 넴(스프링 롤) 같은 대중적인 음식도 있지만 셰프만의 독특한 조리 기법으로 요리한 시그니처 메뉴도 많다. 아침시간에는 쌀국수 위주의 간편식을 제공한다. 외국 관광객보다는 현지인에게 인기 있다.

에라 레스토랑 Era Restaurant ★★★☆

Map P.393-D3 **주소** 48 Mã Mây, Quận Hoàn Kiếm **전화** 0934-453-789 **홈페이지** www.erarestaurant.com **영업** 10:30~23:00 **메뉴** 영어, 베트남어 **예산** 메인 요리 15만~20만 VND, 바비큐 2인 세트 35만 VND **가는 방법** 구시가 마머이 거리 48번지에 있다.

여행자 숙소가 밀집한 마머이 거리에 있는 분위기 좋은 베트남 음식점이다. 인테리어는 흑백 사

진과 패턴 모양의 타일을 이용해 프랑스 스타일로 꾸몄다. 외국인 여행자를 겨냥한 곳으로 깔끔하고 정갈한 음식 덕분에 인기가 높다. 바비큐(개인 화로에 구워먹는 베트남식 고기구이) Vietnamese Barbecue와 핫팟(전골 요리) Hot Pot를 메인으로 요리하기 때문에 여러 명이 함께 식사하기 좋다. 분짜 Bún Chả, 짜까 Chả Cá Hà Nội, 분보남보 Bún Bò Nam Bộ, 치킨 윙을 곁들여 식사하면 된다.

블루 버터플라이 Blue Butterfly ★★★☆

Map P.393-D3 **주소** 69 Mã Mây, Quận Hoàn Kiếm **전화** 024-3926-3845 **홈페이지** www.bluebutterflycookingclass.com.vn **영업** 09:00~22:00 **메뉴** 영어, 베트남어 **예산** 메인 요리 19만~49만 VND(+5% Tax) **가는 방법** 구시가의 마머이 거리 69번지에 있다.

마머이 거리에 있는 오래된 목조 가옥을 고스란히 보존해 레스토랑으로 리모델링했다. 100년 넘는 건물 자체가 역사 유적에 가깝다. 고풍스러운 건물 내부는 나무 계단으로 연결되며, 2층 테라스에서 거리 풍경도 내려다보인다. 음식 값은 비싸지만 고급 레스토랑답게 정갈한 테이블 세팅과 친절한 직원의 안내를 받을 수 있다. 반쎄오, 넴루이, 분짜, 짜까를 포함한 베트남 음식을 메인으로 요리한다. 코스 요리처럼 하나씩 음식을 내주는 세트 메뉴도 마련하고 있다. 쿠킹 클래스(요리 강습)을 함께 운영한다.

즈엉 레스토랑 Duong's Restaurant ★★★☆

Map P.394-B2 **주소** 27 Ngõ Huyện, Quận Hoàn Kiếm **전화** 024-3636-4567 **홈페이지**

에라 레스토랑

룩락 레스토랑

블루 버터플라이

www.duongsrestaurant.com **영업** 11:30~22:00
메뉴 영어, 베트남어 **예산** 메인 요리 24만~58만
VND, 코스 **메뉴** 38만~48만 VND(+10% Tax) **가
는 방법** 응오 후옌 골목 안쪽으로 60m.

2014년 톱 셰프(베트남 요리 경연 프로그램) Top
Chef에 출연해 4위를 기록한 주인장 호앙즈엉
Hoàng Dương이 운영한다. 파인 다이닝을 추구
하는 곳이라 코스로 제공되는 세트 메뉴를 맛볼
수 있다. 음식마다 고유의 식재료를 사용하고 플
레이팅에도 신경을 썼다. 레스토랑 인테리어는 그
다지 고급지진 않다. 친절하고 영어가 잘 통하기
때문에 유럽 관광객들에게 유독 인기가 있다. 여행
자 숙소가 몰려 있는 후옌 골목(응오 후옌)에 1호
점을 열었고, 마머이 거리에 2호점에 해당하는 즈
엉 다이닝 Duong Dining(주소 101 Mã Mây, 홈페
이지 www.duongdining.com, Map P.393-D3)을
운영하고 있다.

찹스(구시가 마머이 지점) Chops ★★★☆

Map P.393-D2 **주소** 22 Mã Mây, Quận Hoàn
Kiếm **전화** 024-6686-7885 **홈페이지** www.
chops.vn **영업** 11:00~23:00 **메뉴** 영어 **예산** 메인
요리 19만~23만 VND **가는 방법** 구시가 마머이
거리 22번지에 있다.

하노이에서 유명한 수제 버거 레스토랑이다. 날마
다 호주산 와규로 신선한 패티를 만든다. 양고기,
치킨 가스, 펠라펠(채식), 두부(채식) 패티로도 다
양한 버거를 선보인다. 수제 맥주도 함께 판매하
니 펍처럼 즐기기 좋다. 점심시간 (12:00~14:00)에
는 버거를 주문하면 사이드 메뉴와 음료를 함께 제
공해 준다. 2015년에 오픈해 현재는 3개 지점을 운
영한다. 외국인들을 상대한 곳인 만큼 외국인들이
많이 모이는 지역에 지점이 있다. 서호를 끼고 있
는 떠이호 지점 Chops Tay Ho(주소 4 Quảng An)
은 호수 풍경과 어우러져 여유롭다. 롯데 호텔에
머문다면 응옥칸(응옥카잉) Chops Ngoc Khanh
지점(주소 56 Phạm Huy Thông)이 가깝다.

라 바디안 La Badiane ★★★★

Map P.391-D3 **주소** 10 Nam Ngư, Quận
Hoàn Kiếm **전화** 024-3942-4509 **홈페이지**
www.labadiane-hanoi.com **영업** 월~토요일
11:30~14:30, 18:30~22:30 **휴무** 일요일 **메뉴** 영
어, 프랑스어, 베트남어 **예산** 메인 요리 32만~62
만 VND **가는 방법** 판보이쩌우 거리에 있는 '꽌 안
응온' 옆 골목인 남응우 거리에 있다. 하노이 역에
서 도보 8분.

하노이의 유명 레스토랑에서 오랫동안 일했던 벤
자민 라스칼루 Benjamin Rascalou가 독립해 만든
레스토랑이다. 하노이에서 인기 있는 프랑스 요리
전문 음식점이다. 골목 안으로 살짝 숨겨진 프렌
치 빌라의 아늑함과 미각과 시각을 만족시키는 프
랑스 음식이 인기 비결이다. 애피타이저, 메인 요
리, 디저트 중에서 하나씩 고를 수 있는 세트 메뉴
(69만 VND)도 있다.

즈엉 레스토랑

찹스 서호 지점

라 바디안

Nightlife

도시 규모에 비해 나이트라이프가 발달하지 못했다. 베트남 공산당 본부가 있는 곳이라 아무래도 완전히 개방하기에는 난처한 도시다. 구시가의 여행자 숙소 주변의 술집을 이용하거나, 노점에 앉아 '비아 허이 Bia Hơi'를 마시며 하노이의 밤을 보내면 된다.

따히엔 맥주 거리 ★★★★
Tạ Hiện Beer Street

Map P.393-D3 주소 Tạ Hiện & Lương Ngọc Quyến, Quận Hoàn Kiếm 영업 매일 14:00~22:00 메뉴 베트남어 예산 맥주 3만~4만. 식사 12만~20만 VND 가는 방법 따히엔 거리와 르엉 응옥꾸옌 거리가 교차하는 사거리에 있다.

구시가에서 편하게 '비아 허이'를 한 잔 할 수 있는 곳이다. 노점 생맥줏집답게 도로 위에 플라스틱 의자를 내놓고 영업한다. 주변에 여행자 숙소가 많아서 외국인들로 항상 북적댄다. 사거리 코너를 중심으로 노점이 여러 군데 있으므로 아무데나 자리를 잡으면 된다. 저녁시간이 되면 바비큐 노점식당까지 합세해 북새통을 이룬다. 밤이 되면 구시가에 가장 북적대는 곳으로, 맥주 거리(따히엔 거리) 안쪽으로는 펍들이 즐비하다. 그 중에서도 유서 깊은 뗏 바 Tet Bar(주소 2A Tạ Hiện)가 가장 유명하다.

네 칵테일 바 Nê Cocktail Bar ★★★★

Map P.391-D3 주소 3B Tống Duy Tân, Quận Hoàn Kiếm 전화 0904-886-266 영업 19:30~02:00 메뉴 영어 예산 칵테일 20만~28만 VND 가는 방법 동주이떤 거리 3번지에 있다. 간판이 작아서 유심히 살펴야 한다.

베트남 바텐더 경연대회 우승자가 운영한다. 어둑한 실내는 스피크이지 바(1920년대 미국의 금주령 시대의 비밀스러운 술집)를 연상시킨다. 바를 중심으로 몇 개의 테이블만이 놓인 아담한 규모지만, 감도 높은 인테리어와 묘한 분위기로 입소문이 자자하다. 하노이에서만 맛볼 수 있는 창의적인 칵테일을 만들어내는 곳으로 유명하다.

폴라이트 & 코(폴라이트 펍) ★★★☆
Polite & Co

Map P.394-C1 주소 5b Ngõ Bảo Khánh 전화

Travel Plus+ 비아 허이 Bia Hơi

따히엔 거리의 비아 허이 노점

'신선한 맥주'라는 뜻의 비아 허이는 베트남에서 생맥주를 뜻합니다. 커피와 함께 베트남 사람들이 애용하는 기호식품이죠. 홉과 쌀을 섞어서 맥주를 만들기 때문에 알코올 도수가 2~4 정도로 맥주 치고는 매우 가볍습니다. 비아 허이는 공장에서 매일 저녁마다 만들어 아침이 되면 상점에 배달됩니다. 방부제를 넣지 않기 때문에 바로 마셔야 신선한 맛을 유지할 수 있어요. 일반 레스토랑에서 판매하기보다는 거리의 노점이나 상점에서 판매합니다. 생맥주 통에서 유리잔으로 맥주를 담아주기도 하고, 플라스틱 병에 담아서 음료수처럼 판매하기도 합니다. 유리잔 1잔에 1만 VND 정도로 '세상에서 가장 싼 맥주'라고도 알려졌죠. 참고로 우리가 생각하는 일반적인 생맥주는 '비아 뜨어이 Bia Tươi'라고 부릅니다.

096-894-9606 홈페이지 www.facebook.com/politeandcohanoi 영업 16:00~24:00 메뉴 영어 예산 맥주 6만~10만 VND, 칵테일 20만~27만 VND 가는 방법 하노이 펄 호텔 맞은편. 바오칸(바오카잉) 거리 5번지에 있다.

하노이에 거주하는 외국인들 사이에 유명한 펍이다. 시끄럽고 복잡한 하노이 구시가와 대비되는 어둑한 실내가 평온함을 선사한다. 생맥주, 수제맥주, 칵테일, 위스키, 와인 등 다양한 주류를 판매한다. 칵테일 바와 벽면에 장식된 위스키 병들이 이곳의 특징을 잘 보여준다. 해피 아워(16:00~20:00)에는 술값이 할인된다. 실내 흡연이 허락되기 때문에 비흡연자는 불편할 수 있다.

파스퇴르 스트리트 브루잉 컴퍼니 ★★★★
Pasteur Street Brewing Company

Map P.394-B2 주소 1 Âu Triệu, Quận Hoàn Kiếm 전화 024-6294-9462 홈페이지 www.pasteurstreet.com 영업 11:00~23:00 메뉴 영어 예산 맥주(175㎖) 5만~6만 VND, 맥주(325㎖) 11만~20만 VND 가는 방법 성 요셉 성당을 바라보고 오른쪽 골목(어찌에우 거리) 안쪽으로 150m.

호찌민시에 본사를 두고 있는 수제 맥주 Craft Beer 전문점(P.152 참고)이다. 몇 년 사이 인기가

급상승하면서 하노이에도 지점을 냈다. 직접 만든 수제 맥주를 탭에서 뽑아준다. 여섯 종류의 맥주를 시음해 볼 수 있는 파스퇴르 스트리트 플라이트 Pasteur Street Flight(28만 5,000 VND)도 있다. 식사 메뉴로는 수제 버거와 바비큐 폭립, 내슈빌 핫 치킨이 있다. 성당 옆 조용한 골목에 있는데, 주변에 여행자 숙소가 많아 외국인들이 즐겨 찾는다. 주말에는 어쿠스틱 밴드가 라이브 무대를 꾸미기도 한다.

갤러리 비스포크 칵테일 바 ★★★☆
Gallery Bespoke Cocktail Bar

Map P.392-A2 주소 95 Phùng Hưng, Quận Hoàn Kiếm 전화 0941-111-420 홈페이지 www.facebook.com/GalleryCocktailBar 영업 19:00~02:00 메뉴 영어, 베트남어 예산 27만~31만 VND(+15% Tax) 가는 방법 풍흥 거리 95번지에 있다.

구시가에 있는 힙한 분위기의 칵테일 바. 개인의 기호에 따라 칵테일을 맞춤 형식으로 주문할 수 있어서 비스포크 칵테일 바라고 칭했다. 갤러리를 표방하고 있는 곳답게 사진을 전시해 인테리어를 꾸몄다. 복층 구조로 되어 있는데 2층에서는 라이브 음악도 연주해 준다.

폴라이트 & 코(폴라이트 펍)

갤러리 비스포크 칵테일 바

파스퇴르 스트리트 브루잉 컴퍼니

네 칵테일 바

따디오또 Tadioto ★★★

Map P.395-F3 **주소** 24 Tông Đàn, Quận Hoàn Kiếm **전화** 024-6680-9124 **홈페이지** www.tadioto.com **영업** 11:00~23:00 **메뉴** 영어, 베트남어 **예산** 9만~16만 VND **가는 방법** 오페라 하우스에서 한 블록 북쪽으로 떨어진 똥단 거리 24번지에 있다. 코사 노스트라(카페) Cosa Nostra 옆에 있다.

역사적인 건물이 가득한 프렌치 쿼터에 있는 카페를 겸한 칵테일 바. 붉은색의 철문과 도로에 놓인 의자가 노천 바를 연상시킨다. 하지만 세련된 실내는 예술적인 느낌이 충만하다. 라디오 진행자이자 작가인 응우옌뀌득 Nguyễn Quí Đức씨가 운영하는 곳으로 지역 예술가들의 회동 장소로도 잘 알려져 있다. 맥주나 와인을 마시며 담소를 나누는 외국인들도 어렵지 않게 만날 수 있다. 낮에는 카페처럼 운영된다.

빈민(빙밍) 재즈 클럽 ★★★☆
Binh Minh's Jazz Club

Map P.395-F4 **주소** 1 Tràng Tiền, Quận Hoàn Kiếm **전화** 024-3933-6555 **홈페이지** www.minhjazzvietnam.com **영업** 17:00~23:00 **메뉴** 영어, 베트남어 **예산** 맥주 8만~16만 VND **가는 방법** 오페라 하우스 뒷길에 있다. 오페라 하우스와 힐튼 하노이 오페라(호텔) 사이에 있는 하일랜드 커피 옆 골목으로 들어가면 된다. 좁은 골목 안쪽이라 가는 길이 어둑하다.

하노이에서 흔치 않은 재즈 클럽이다. 재즈 색소폰을 연주하는 꾸옌반민 Quyền Văn Minh이 운영한다. 잔잔한 조명 아래 잔잔한 재즈 음악을 라이브로 들을 수 있다. 평상시는 레스토랑으로 운영되며, 저녁 8시부터 맥주 값이 인상된다. 밤 9시가 되면 라이브 음악이 연주되며 재즈 클럽으로 변모한다. 10년 넘게 영업하고 있지만, 여러 차례 이사했기 때문에 출발 전에 홈페이지에서 현재 위치를 확인하자.

터틀 레이크 브루잉 컴퍼니 ★★★★
Turtle Lake Brewing Company

Map P.388-B1 **주소** 105 Quảng Khánh, Quận Tây Hồ **전화** 024-6650-5187 **홈페이지** www.facebook.com/TurtleLakeBrewingCompany **영업** 11:00~24:00 **메뉴** 영어 **예산** 수제맥주(330㎖) 8만~14만 VND(+10% Tax) **가는 방법** 서호 북쪽의 푸떠이호 Phú Tây Hồ에서 왼쪽으로 600m 떨어진 꽝칸(꽝카잉) 거리 105번지에 있다. 150m.

하노이에서 보기 드문 수제 맥주 브루어리. 양조장에서 직접 만든 17종류의 맥주를 즉석에서 맛볼 수 있다. 4명의 외국인이 합작해 만든 곳이라 베트남 고유의 분위기는 거의 없다시피 하지만, 서호 주변에서 이보다 맥주 마시며 밤 시간 보내기 좋은 곳도 찾기 힘들다. 220평 규모로 야외 공간까지 널찍하다.

서밋 라운지 Summit Lounge ★★★★

Map P.389-D2 **주소** 20F, Pan Pacific Hotel, 1 Thanh Niên **전화** 024-3823-8888 **홈페이지** www.facebook.com/thesummit.pphan **영업** 16:00~24:00 **메뉴** 영어, 베트남어 **예산** 맥주 15만~20만 VND, 칵테일 19만~21만 VND(+15% Tax) **가는 방법** 팬 퍼시픽 호텔 20층에 있다.

호떠이(서호) 주변에서 가장 유명한 루프톱 라운지로, 팬 퍼시픽 호텔에서 운영한다. 통유리로 이루어진 실내, 탁 트인 야외의 루프톱 테라스로 공

터틀 레이크
브루잉 컴퍼니

빈민 재즈 클럽

따디오또 Tadioto

서밋 라운지

간이 나뉜다. 호수가 시원스레 내려다보이는 루프
톱에서는 특히 아름다운 일몰 풍경을 즐기기 좋
다. 야외 테라스는 테이블이 몇 개 없어서 미리 예
약하는 게 좋다.

톱 오브 하노이

톱 오브 하노이 Top of Hanoi ★★★★

Map P.388-B3 **주소** Lotte Center, 54 Liễu
Giai, Quận Ba Đình **전화** 024-3333-1000 **홈
페이지** www.lottehotel.com/hanoi-hotel **영업**
17:00~23:00 **메뉴** 영어, 베트남어 **예산** 맥주 ·
칵테일 15만~25만 VND, 메인 요리 32만~80만
VND(+15% Tax) **가는 방법** 롯데 호텔 1층으로 들
어가서 엘리베이터를 타고 65층까지 올라가서, 루

프톱 전용 엘리베이터를 갈아타고 한 층 더 올라
간다.

롯데 호텔 꼭대기에 있는 루프톱 라운지. 하노이
에서 가장 유명한 루프톱이라고 해도 과언이 아니
다. 해발 272m 높이의 탁 트인 야외 공간에서 하
노이 야경을 감상하기 좋다. 호떠이(서호)부터 도
심 풍경까지 하노이 경관이 360도로 막힘없이 펼
쳐진다.

Travel Plus+ 탕롱 수상 인형극장 Thang Long Water Puppet Theatre

현지어 Nhà Hát Múa Rối Thăng Long **Map**
P.393-D4 **주소** 57 Đinh Tiên Hoàng, Quận Hoàn
Kiếm **전화** 024-3824-9494, 024-3825-5450 **홈
페이지** www.thanglongwaterpuppet.com **공연 시간**
16:10, 17:20, 18:30, 20:00 **예산** 10만 VND(3등석), 15
만 VND(2등석), 20만 VND(1등석) **가는 방법** 호안끼
엠 호수 북단에 해당하는 딘띠엔호앙 거리 57번지에
있다. 응옥썬 사당에서 도보로 2분 소요.

수상 인형극은 10세기부터 베트남 북부에서 시작된 전통 공연입니다. 홍강 삼각주 지역의 농민들이 한
해의 벼농사를 끝내고 즐기던 인형극 놀이가 수상 인형극으로 발전한 것입니다. 단순히 흥겨운 놀이가
아니라 연못이나 물이 고인 논에서 인형극을 펼침으로써 땅과 강에 깃든 혼들도 즐겁게 해주려는 목적
이 있었다고 해요. 수상 인형극은 베트남어로 '무어 조이 느억 Múa Rối Nước(물 위에서 춤추는 인형)'
이라고 부릅니다.

탕롱 수상 인형극장에서는 하노이를 대표하는 수상 인형극단이 공연을 펼칩니다. 극장 내부에는 공연을
위해 만든 작은 연못이 있고, 공연장 왼쪽 발코니에는 성우들과 전통 악기 연주자들이 앉아 있어요. 인
형을 조종하는 단원들은 커튼 뒤에 숨어서 대나무 막대를 움직여 인형들을 조정합니다. 공연 시간은 1
시간으로 짤막한 단막극 17편으로 구성됩니다. 농부, 어부, 선녀, 황제, 물고기, 거북이, 물소, 용 등 다양
한 캐릭터가 출연합니다. 유쾌하게 볼 수 있는 가벼운 내용들이 주를 이루지만
호안끼엠 호수의 전설과 연관된 역사적인 내용도 포함되어
있습니다. 모든 내용은 베트남어로 진행되지만 인형들만
으로도 내용을 충분히 짐작할 수 있죠. 당일 공연은 매진되는
경우가 많습니다. 가능하면 미리 들러서 예약을 해두는 게 좋습
니다.

Shopping

하노이는 구시가 전체가 쇼핑센터라고 해도 무관하다. 작은 상점들이 다닥다닥 붙어 있고, 판매하는 물건도 다양하다. 기념품을 구입하려면 항가이 Hàng Gai 거리가 좋고, 인테리어 용품이나 부티크 숍은 성 요셉 성당 주변에 몰려 있다. 재래시장으로는 동쑤언 시장(P.399)이 최고다.

주말 야시장(하노이 야시장) ★★★
Weekend Night Market

Map P.392-C3 주소 Hàng Đào, Quận Hoàn Kiếm 운영 금~일요일 18:00~23:00 가는 방법 호안끼엠 호수 북쪽에서 연결되는 항다오 거리에서 야시장이 시작된다.

주말(금·토·일) 저녁에만 생기는 야시장 Chợ Đêm Phố Cổ이다. 이때는 보행자 전용도로로 변모해 차량(오토바이 포함) 통행이 금지된다. 항다오 거리 Hàng Đào→항응앙 거리 Hàng Ngang→항드엉 거리 Hàng Đường→동쑤언 시장 앞까지 1km 넘게 이어지며, 현지인을 위한 저가의 의류, 티셔츠, 신발, 모자, 액세서리, 기념품 등을 판매한다. 여느 야시장처럼 먹거리 노점도 즐비하니 구경 삼아하 바퀴 둘러보기에 좋다.

항가이 거리 Hàng Gai ★★★☆

Map P.392-C4 주소 Hàng Gai, Quận Hoàn Kiếm 운영 09:00~22:00 가는 방법 호안끼엠 호수에서 북쪽으로 100m. 성요셉 성당에서 북쪽으로 250m.

탕롱(하노이의 옛 이름) 시절에는 베옷(麻)을 팔던 거리였는데, 현재는 250m에 이르는 도로에 무려 60개의 실크 숍과 기념품 매장이 들어서 실크 스트리트 Silk Street로 불린다. 소규모로 운영되는 기념품 가게가 대부분이지만 대형 매장도 몇 곳있다. 힐러리 클린턴이 방문하기도 했던 하동 실크 Ha Dong Silk(주소 102 Hàng Gai)가 유명하다. 아오자이를 포함해 블라우스, 스카프, 쿠션 커버, 소수민족 수공예품 등을 판매한다.

떤미 디자인 Tân Mỹ Design ★★★☆

Map P.392-C4 주소 61 Hàng Gai, Quận Hoàn Kiếm 전화 024-393-81154 홈페이지 www.tanmydesign.com 영업 09:00~20:00 가는 방법 호안끼엠 호수 북단과 가까운 항가이 거리 61번지에 있다.

3대에 걸쳐 자수 제품을 만드는 곳이다. 하노이에서 가장 오래된 상점으로 평가받는데, 현재는 시설을 업그레이드해 '떤미 디자인' 매장을 운영하고 있다. 자수를 넣은 베개 커버를 시작으로 침대 커버, 테이블보, 쿠션, 가방, 지갑, 의류, 패션 용품까지 생산해 낸다. 장인의 자수솜씨가 돋보이는 심플하면서도 세련된 디자인이다.

콜렉티브 메모리 ★★★☆
Collective Memory

Map P.394-B2 주소 12 Nhà Chung, Quận

주말 야시장(하노이 야시장)

떤미 디자인

Hoàn Kiếm **전화** 0986-474-243 **홈페이지** www.collectivememory.vn **영업** 09:30~19:00 **가는 방법** 냐쭝 거리 12번지에 있다. 성 요셉 성당을 바라보고 왼쪽으로 60m.

여행 작가이자 사진작가인 베트남 부부가 전국을 여행하면서 수집한 각종 기념품과 소품을 한자리에서 판매한다. 베트남 전통 문양과 디자인이 가득한 쿠션 커버, 티셔츠, 에코 백, 장지갑, 엽서, 포스터, 지도, 액세서리를 판매한다. 도자기 그릇, 머그 잔, 차(茶), 커피, 천연 비누, 에센스 오일, 핫 소스 등 생활 용품도 있다.

마스터 탄 Master Tan ★★★★

Map P.394-B1 주소 35 Lý Quốc Sư, Quận Hoàn Kiếm **홈페이지** www.mastertan.vn **영업** 09:00~22:00 **가는 방법** 성 요셉 성당과 가까운 리픽쓰 거리 35번지에 있다.

약초(베트남 허브)를 이용해 만든 천연 제품을 판매하는 곳. 호랑이 연고, 천연 비누, 아로마 오일, 향(인센스)을 비롯해 향신료, 말린 과일, 꿀, 차, 그릇까지 다양한 물건을 한자리에서 구입할 수 있다. 탕롱 수상 인형극장 옆에도 매장(주소 57 Đinh Tiên Hoàng)을 운영한다.

타이어드 시티 Tired City ★★★★

Map P.392-C4 주소 97 Hàng Gai, Quận Hoàn Kiếm **홈페이지** www.tiredcity.com **영업** 08:00~22:00 **가는 방법** 구시가 항가이 거리 97번지에 있다.

순도 100% '메이드 인 베트남'을 강조하는 크리에이티브 숍이다. 베트남의 젊은 아티스트들이 연합해 만든 프린트 제품을 판매한다. 베트남을 주제로 한 디자인, 혹은 전통 판화를 모티브로 한 디자인이 주를 이룬다. 티셔츠, 토트백, 에코 백, 달력, 수첩, 엽서, 책갈피 등 품목도 다양하다. 냐터 지점(주소 5 Nhà Thờ), 항쫑 지점(주소 67 Hàng Trống)을 포함해 10곳에 매장을 운영하고 있다.

짱띠엔 플라자 Tràng Tiền Plaza ★★☆

Map P.395-D3 주소 Tràng Tiền & Đinh Tiên Hoàng, Quận Hoàn Kiếm **전화** 024-3934-9559 **홈페이지** www.trangtienplaza.vn **영업** 09:30~ 21:30 **가는 방법** 호안끼엠 호수 남단에 있는 짱띠엔 & 딘띠엔호앙 사거리 코너에 있다. 호안끼엠 호수 옆, 오페라 하우스 가는 길에 있다.

프랑스 식민정부에서 1901년에 만든 건물이다. 프렌치 쿼터에 남아 있는 전형적인 콜로니얼 건축물로 꼽힌다. 2002년부터 쇼핑몰로 사용했으며, 6층 건물로 패션, 의류, 화장품, 침구·생활용품, 마트, 레스토랑이 입점해 있다. 루이비통, 페라가모, 디올, 불가리, 까르띠에 같은 명품 매장이 많다.

롯데 마트 Lotte Mart ★★★☆

Map P.388-B3 주소 54 Liễu Giai, Quận Ba Đình **전화** 024-3724-7501 **홈페이지** www.lottecenter.com.vn **영업** 08:00~22:00 **가는 방법** 롯데 센터 하노이 Lotte Center Hanoi 빌딩 지하 1층에 있다.

한국의 롯데 마트에서 운영한다. 같은 건물에 롯데 백화점과 롯데 호텔이 들어서 있다. 관광객이 즐겨 찾는 물건에는 한국어로 상품 안내를 붙여 놓아 편리하다. 라면과 소주를 포함해 다양한 한국 식품도 판매한다. 구시가에서 멀리 떨어져 있는 것이 단점이다.

짱띠엔 플라자

타이어드 시티

마스터 탄

Hotel

하노이 호텔들은 시설에 비해 요금이 비싼 편이다. 최근의 경제 성장과 맞물려 물가가 상승하고 건물 임대료까지 올랐기 때문이다. 더 경제적인 숙소를 원한다면 도미토리를 운영하는 저렴한 호스텔을 알아보자. 여행자 숙소는 주로 구시가에 몰려 있는데 폭이 좁은 건물의 특성상 좁고 높은 박스 형태의 미니 호텔이 대부분이다. 미니 호텔은 엘리베이터도 없고, 건물 안쪽의 방은 창문이 없어 어두운 경우가 많다.

저렴한 게스트하우스는 성 요셉 성당 주변의 응오 후옌 Ngõ Huyện 골목, 중급 호텔들은 마머이 거리 Mã Mây와 따히엔 거리 Tạ Hiện에 많은 편이다. 참고로 비슷한 상호를 쓰며 특정 호텔의 체인인 것처럼 영업하는 곳이 많으니, 찾고자 하는 호텔의 간판과 주소를 잘 확인하자.

리틀 참 하노이 호스텔 ★★★★
Little Charm Hanoi Hostel

Map P.392-B3 주소 44 Hàng Bồ, Quận Hoàn Kiếm 전화 024-3823-8831 홈페이지 www.littlecharmhanoihostel.vn 요금 도미토리 US$10~14(에어컨, 공동욕실, 아침식사) 가는 방법 구시가의 항보 거리 44번지에 있다.

구시가에 위치한 호스텔로, 도미토리 룸을 운영한다. 저렴한 숙박료에 말끔한 시설을 자랑해 주머니 가벼운 이들에게 인기 있다. 아담한 수영장, 레스토랑과 휴식 공간 등 부대시설을 신경 써서 꾸몄다. 도미토리에는 침대마다 커튼이 설치된 2층 침대가 놓여 있고, 개인 사물함을 마련해 편의를 도모했다. 키 카드를 이용해 출입하기 때문에 보안에도 신경 썼다. 도미토리는 4인실, 6인실, 8인실로 구분되며, 여성 전용 도미토리를 운영한다. 숙박료에 아침식사가 포함되며, 직원들도 친절하다. 다만 엘리베이터는 없다.

실크 플라워 호텔 ★★★☆
Silk Flower Hotel

Map P.392-B4 주소 10 Yên Thái, Quận Hoàn Kiếm 전화 024-3927-9859 홈페이지 www.silkflowerhotel.com 요금 슈피리어 US$35~45, 딜럭스 US$55~65 가는 방법 구시가의 옌타이 거리 10번지에 있다. 항자 갤러리아(쇼핑 몰) 맞은편의 좁은 골목에 있다.

하노이구시가에서 인기 있는 중급 호텔이다. 깔끔한 시설로 가격 대비 만족도가 높다. 차가 다닐 수 없는 좁은 골목 안쪽에 있지만, 여행하는 데는 전혀 불편함이 없다. 객실은 나무 바닥이며, 구시가의 미니 호텔들이 그러하듯 객실은 작은 편이다. 안전 금고, 전기 포트, 노트북까지 갖추어져 있다. 아침식사가 포함된다. 소규모 호텔답게 친절하다. 호텔 앞 골목이 좁아서 택시가 들어가진 못한다.

에메랄드 워터 호텔 ★★★★
Hanoi Emerald Waters Hotel & Spa

Map P.393-E4 주소 47 Lò Sũ, Quận Hoàn Kiếm 전화 0243-978-2222 홈페이지 www.hanoiemeraldwatershotel.com 요금 트윈 US$50~55, 주니어 더블 US$65~70, 패밀리 시티 뷰(3인실) US$80~95(에어컨, 개인욕실, TV, 냉장고, 아침식사) 가는 방법 구시가 로쓰 거리 47번지에 있다.

구시가 여행자 호텔 중에 인기 있는 곳이다. 객실 수는 많지 않지만 3성급 호텔로 깨끗하고 깔끔하다. 객실은 25㎡ 크기로 무난한 편이며, 벽면 TV, 미니바, 헤어드라이어 등 객실 설비도 잘 갖추어져 있다. 타일이 깔린 개인 욕실은 샤워 부스만 설치되어 있다. 아침 식사가 포함되며 직원들이 친절한 것도 장점이다. 구시가에 있으며 호안끼엠 호수도 가까워 관광하기 편리하다.

유럽풍으로 객실을 꾸민 하노이 에메랄드 워터스 호텔 밸리 Hanoi Emerald Waters Hotel Valley(주소 22 Lò Sũ)와 호텔 에메랄드 워터스 클래시 Hotel Emerald Waters Classy(주소 27 Gia Ngư)

를 함께 운영한다.

라 스토리아 루비 호텔　★★★☆
La Storia Ruby Hotel

Map P.392-B4 주소 3 Yên Thái, Quận Hoàn Kiếm 전화 024-3933-6333, 094-5860-863 홈페이지 www.lastoriarubyhotel.com 요금 트윈 US$48~56, 주니어 스위트 US$65~75, 패밀리 스위트 US$86~95(에어컨, 개인욕실, TV, 냉장고, 아침식사) 가는 방법 항자 갤러리아 Hàng Da Galleria 쇼핑몰 맞은편의 옌타이 거리에 있다.

구시가에서 인기 있는 일급 호텔 중 한 곳이다. 차가 다니기 힘든 좁은 골목 안쪽에 있지만 시설이 좋고 친절하다. 객실은 나무 바닥이라 산뜻하다. TV, 냉장고, 노트북, 안전 금고, 전기포트가 비치되어 있고, 개인욕실에는 샤워 부스가 있다. 스탠더드 룸은 다소 작게 느껴질 수 있으며, LCD TV가 벽면에 걸려 있다. 아침식사는 세트 메뉴를 주문하면 된다. 직원들의 안정적인 서비스도 후한 점수를 받는다.

MK 프리미어 부티크 호텔　★★★☆
MK Premier Boutique Hotel

Map P.392-C2 주소 72~74 Hàng Buồm, Quận Hoàn Kiếm 전화 024-3266-8896 홈페이지 www.mkpremier.vn 요금 딜럭스 더블 US$68~74, 럭셔리 더블 US$88, 발코니 딜럭스 US$96, 발코니 스위트 US$128 가는 방법 구시가의 항부옴 거리 72번지에 있다.

구시가 한복판에 있는 4성급 호텔이다. 신축한 건물로 벽돌을 노출시켜 눈길을 끈다. 주변의 미니 호텔과 달리 규모가 크고 부대시설도 여유롭다. 객실은 나무 바닥으로 산뜻하다. 발코니가 있는 방과 없는 방의 가격 차이가 많이 난다. 관광하기 편리한 위치도 장점이다. 수영장은 없다.

오 갤러리 프리미어 호텔　★★★★
O'Gallery Premier Hotel

Map P.394-A2 주소 122 Hàng Bông, Quận Hoàn Kiếm 전화 024-3363-3333 홈페이지 www.ogallerypremierhotel.com 요금 딜럭스 US$80, 프리미어 스위트 US$140, 로열 스위트 발코니 US$155 가는 방법 구시가의 항봉 거리 122번지에 있다.

호텔 브랜드 오 갤러리의 하노이 지점이다. 3성급 시설의 부티크 호텔로, 구시가에 위치해 관광하기 편리하다. 55개 객실을 운영하는 소규모 호텔로 직원들이 친절하다. 객실은 나무 바닥과 원목, 가죽 소파를 이용해 꾸몄다. 구시가의 여느 호텔처럼, 객실 위치에 따라 전망이나 시설이 달라진다. 창문과 발코니가 딸린 방은 넓고 쾌적하며 전망이 좋지만, 방 값은 확연히 비싸진다. 창문이 없는 방도 있으니 예약 시 꼭 확인할 것. 뷔페 아침 식사가 포함된다. 수영장은 없다.

JM 마블 호텔 JM Marvel Hotel　★★★★☆

Map P.394-A1 주소 16 Hàng Da, Quận Hoàn Kiếm 전화 024-3823-8855 홈페이지 www.hanoimarvelhotel.com 요금 딜럭스 코지 더블 US$85, 주니어 룸 US$95, 스위트 시티 뷰 US$135 가는 방법 항자 갤러리아(쇼핑몰)와 가까운 항자 거리 16번지에 있다.

구시가에 있는 4성급의 트렌디한 부티크 호텔이다. 신축한 호텔이라 시설도 깔끔하고 감각적인 인테리어로 꾸몄다. 가격에 비해 객실은 작은 편이다. 객실 유형 중 스위트 시티 뷰는 도로 쪽으로 창문이 나 있고, 스튜트 발코니는 발코니가 딸려 있는 객실이다. 소규모 호텔답게 직원들이 친절하고 뷔페식 아침식사가 제공되는 것이 특징이다. 엘리베이터는 7층까지만 운행되며, 8층은 레스토랑, 9층은 루프톱으로 운영된다. 수영장은 없다.

라 시에스타 호텔　★★★★
La Siesta Hotel(La Siesta Classic Ma May)

Map P.393-D3 주소 94 Mã Mây, Quận Hoàn Kiếm 전화 024-3926-3641~4 홈페이지 www.elegancehospitality.com 요금 딜럭스 US$120~145, 듀플렉스 스위트 US$250 가는 방법 구시가 마머이 거리 94번지에 있다.

모던하고 아늑한 호텔로 인기가 높다. 호텔 서비스와 친절함은 수준급이다. 구시가에 있는 호텔들이 그러하듯 객실은 넓지 않다. 슈피리어 룸은 23~25㎡ 크기로 창문이 없는 방도 있다. 같은 크기의 딜럭스 룸은 창문이 있어 훨씬 좋다. 객실은 나무 바닥으로 산뜻하고 LCD TV와 냉장고, 안전금고, 전기포트, 헤어드라이어, 와이파이까지 시설도 좋다. 복층으로 이루어진 듀플렉스 스위트 Duplex Suite는 한결 더 고급스럽다. 객실 내부의 계단을 통해 거실과 침실이 연결된다.

월컴 드링크, 과일 바구니, 조식 뷔페까지 세심한 배려가 느껴진다. 피트니스 센터, 마사지 & 스파, 영화 관람실(20인석)을 운영한다. 수영장은 없다. 구시가 항베 거리에 라 시에스타 프리미엄 항베 La Siesta Premium Hang Be(주소 27 Hàng Bè, 홈페이지 www.lasiestahotels.vn/hangbe)를 함께 운영한다. 두 곳 모두 투숙객 만족도가 매우 높다.

렉스 하노이 호텔 Rex Hanoi Hotel ★★★★

Map P.393-D3 주소 42 Gia Ngư, Quận Hoàn Kiếm 전화 0243-556-5588 홈페이지 www.rexhanoihotel.com 요금 슈피리어 US$75, 프리미어 디럭스 US$90 가는 방법 구시가의 자응으 거리 42번지에 있다. 호안끼엠 호수에서 북쪽으로 200m 떨어져 있다.

구시가에서 비교적 규모가 큰 호텔로 70개 객실을 운영한다. 4성급 호텔로 대리석으로 만든 로비가 반긴다. 카펫이 깔려 있는 객실은 트렌디하다기보다는 클래식한 느낌을 준다. 침대와 데스크, 가구 등이 전형적인 호텔 구조로 이루어져, 호사스럽지 않고 편안하게 지낼 수 있다. 슈피리어 룸은 22㎡ 크기로 창문이 없는 것이 단점이다. 디럭스 룸부터는 창문이 있고, 스위트 룸은 발코니도 딸려 있다. 작지만 수영장도 갖추고 있다. 조식이 제공되는 14층 레스토랑에서 구시가 풍경이 내려다보인다.

티란트 호텔 Tirant Hotel ★★★★

Map P.393-D3 주소 38 Gia Ngư, Quận Hoàn Kiếm 전화 024-6265-5999 홈페이지 www.tiranthotel.com 요금 스탠더드 US$86~95, 딜럭스 US$110~120 가는 방법 딘리엣 Đinh Liệt 거리에서 연결되는 자응우 Gia Ngư 거리에 있다. 메이드빌 올드 쿼터 호텔 May De Ville Old Quarter Hotel 맞은편이다. 호안끼엠 호수에서 도보 5분.

호텔 앞으로 도로가 새로 생기면서 구시가에서 보기 드문 시원한 도로에 세운 대형 호텔이라 눈에 잘 띈다. 현대적인 시설로 반들거리는 로비부터 객실 설비까지 깔끔하다. LCD TV와 무료로 사용할 수 있는 컴퓨터도 객실에 비치되어 있다. 객실은 방 크기와 위치에 따라 등급이 달라진다. 가장 작은 방은 20㎡ 크기로 창문이 없는 방도 있다. 객실 위치가 좋을수록 창문도 크고 방도 넓다. 옥상에 자그마한 야외 수영장이 있다.

하노이 펄 호텔 ★★★★
Hanoi Pearl Hotel

Map P.394-C1 주소 6 Bảo Khánh, Quận Hoàn Kiếm 전화 024-3938-0666 홈페이지 www.hanoipearlhotel.com 요금 슈피리어 US$73, 딜럭스 US$84~95 가는 방법 호안끼엠 호수 서쪽으로 연결되는 바오칸 거리 중간에 있다.

호안끼엠 호수와 성 요셉 성당 사이에 있어 위치가 좋다. 구시가에 있는 호텔 중에 규모가 큰 편으로 새롭게 만들어 시설이 좋다. 대리석이 깔린 로비와 레스토랑이 호텔 분위기를 단박에 느끼게 해준다. 객실은 나무 바닥을 깔고 화사하고 고급스럽게 인테리어를 꾸몄다. 슈피리어 룸은 특별한 전망은 없지만 조용하다. 딜럭스 룸은 유럽식 발코니가 딸려 있다. 모두 70개 객실을 운영한다.

라 메호르 호텔 La Mejor Hotel ★★★★

Map P.393-D3 주소 22 Ta Hiện, Quận Hoàn Kiếm 전화 024-3364-8888 홈페이지 www.lamejorhotel.com 요금 슈피리어 더블 US$85, 딜럭스 트윈 US$95~105 가는 방법 호안끼엠 호수 북쪽에 해당하는 구시가의 따히엔 거리에 있다.

청결함과 산뜻함을 간직한 부티크 호텔. 주변의 미니 호텔에 비해 호텔 면적이 넓어서 객실도 시원스럽다. 객실은 LCD TV와 냉장고, 노트북, 개인욕실을 갖췄다. 객실 바닥은 목재를, 개인욕실은 타일을 깔아 깨끗하다. 모든 객실 요금에는 아침식사(뷔페식)가 포함된다. 객실의 등급과 위치에 따라 방과 창문 크기가 다르다. 여행자 숙소가 밀집한 구시가에 있어 편리하다. 10층 루프톱에 스카이 바 Sky Bar를 운영한다.

비스포크 트렌디 호텔 ★★★★
Bespoke Trendy Hotel

Map P.392-A4 주소 12-14 Nguyễn Quang Bích, Quận Hoàn Kiếm 전화 024-3923-4026 홈페이지 www.bespokehotels.vn/trendyhn 요금 코지 딜럭스 US$62~74, 트렌디 딜럭스 US$82, 트렌디 스위트 US$100~145 가는 방법 구시가 응우옌꽝빅 거리 12번지에 있다.

라 시에스타 트렌디 호텔 La Siesta Trendy Hotel 을 인수해 비스포크 트렌디 호텔로 리모델링했다. 구시가에 있지만 상대적으로 조용한 골목에 있어 쾌적하게 숙박하기 좋다. 51개 객실로 구시가 미니 호텔들과 비교해도 규모가 큰 편이다. 객실은 목재, 타일, 노출 시멘트를 적절히 혼합해 모던하게 꾸몄다. 객실은 위치에 따라 크기와 전망이 제각각이다. 코지 룸은 20㎡ 크기로 아담하고, 스위트 룸은 35㎡ 크기로 발코니까지 딸려 있다. 4성급 호텔이지만 수영장은 없다.

아이라 부티크 하노이 호텔 ★★★★
Aira Boutique Hanoi Hotel & Spa

Map P.390-C2 주소 38 Trần Phú, Quận Hoàn Kiếm 전화 024-3935-2485 홈페이지 www. airaboutiquehanoi.com 요금 더블 US$80~90, 더블 발코니 US$100~128 가는 방법 기찻길 마을 왼쪽의 쩐푸 거리 38번지에 있다.

트렌디한 느낌이 가득한 신상 호텔이다. 객실과 욕실 모두 모던한 감각으로 꾸민 4성급 부티크 호텔이다. 하노이 호텔들이 그러하듯 스탠더드 룸은 20㎡ 크기로 작은 편이다. 3~4층에 있는 딜럭스 룸은 26㎡로 넓은 편이고, 도로를 끼고 있는 높은 층은 객실들은 발코니까지 딸려 있다. 아담하지만 수영장과 스파, 피트니스를 갖추고 있으며, 루프톱에

스카이라운지도 있다. 구시가를 살짝 벗어난 쩐푸 거리에 있지만 관광하는데 전혀 불편하지 않다.

멜리아 하노이 호텔 ★★★★
Melia Hanoi Hotel

Map P.394-B4 주소 44B Lý Thường Kiệt, Quận Hoàn Kiếm 전화 024-3934-3343 홈페이지 www.meliahanoi.com 요금 딜럭스 US$155~185, 프리미엄 US$195~230 가는 방법 리트엉끼엣 거리 44번지에 있다. 호안끼엠 호수 남단에서 도보 7분.

유명한 스페인 호텔 체인인 멜리아 호텔 & 리조트에서 운영하는 4성급 호텔이다. 호텔 외관은 통유리로 만들어 어디서나 눈에 잘 띈다. LCD TV를 설치해 모던함을 꾀했지만 객실은 다소 오래된 느낌이 든다. 객실은 딜럭스 룸을 기본으로 하며, 객실 크기도 32㎡로 무난하다. 야외 수영장과 피트니스, 레스토랑까지 웬만한 호텔 부대시설을 갖추고 있다. 306개 객실을 운영한다. 하노이 시내 중심가에 있다.

호텔 드 오페라 Hotel de l'Opera ★★★★

Map P.395-E3 주소 29 Tràng Tiền, Quận Hoàn Kiếm 전화 024-6282-5555 홈페이지 www.hoteldelopera.com 요금 딜럭스 US$186~226, 그랜드 딜럭스 US$210~246 가는 방법 짱띠엔 거리에 있는 오페라 하우스 앞으로 200m 떨어져 있다.

유럽풍의 프렌치 콜로니얼 건물이다. 프랑스 호텔 그룹인 아코르 Accor 계열 호텔 중에서도 디자인을 강조한 엠 갤러리 컬렉션 M Gallery Collection 에서 운영한다. 나무 바닥으로 된 객실은 색을 강조해 스타일리시하게 꾸몄다. 부티크 호텔답게 젊은 느낌을 강조해 로맨틱하다. 도로 쪽 방은 다소 시끄럽다. 호텔 중앙의 안마당을 감싸고 객실이 들어서있다. 수영장과 스파, 피트니스 시설을 갖추고 있다. 콜로니얼 양식의 건축물이긴 하지만 2011년에 신축한 건물이라 역사적인 가치는 떨어진다. 호안끼엡 호수와 오페라 하우스가 가까워 관광하기 편리하다.

소피텔 레전드 메트로폴
Sofitel Legend Metropole ★★★★★

Map P.395-E3 **주소** 15 Ngô Quyền, Quận Hoàn Kiếm **전화** 024-3826-6919 **홈페이지** www.sofitel-legend-metropole-hanoi.com **요금** 오페라 윙 프리미엄 US\$320~380, 히스토리컬 윙 럭셔리 US\$360~420 **가는 방법** 호안끼엠 호수 동쪽의 응오꾸옌 거리에 있다. 오페라하우스에서 도보 5분.

프렌치 쿼터에 있는 럭셔리 호텔이다. 1901년에 건설한 건물로 콜로니얼 건축의 전형을 보여준다. 프랑스 호텔 체인으로 유명한 소피텔에서 운영하는데, 이름처럼 하노이 호텔업계에서 전설로 통한다. 오페라 윙과 히스토리컬 윙으로 구분된 건물이 정원과 안마당을 감싸고 있으며, 그 중간에 야외 수영장이 있다. 호텔 크기에 비해 수영장은 작은 편이다. 객실이 364개로 규모가 크고 부대시설도 다양하다. 히스토리컬 윙 Historical Wing(메트로 윙 Metropole Wing으로 불리기도 한다)이 건설 당시 운형을 보존한 건물에 해당한다.

대우 호텔 Daewoo Hotel ★★★★

Map P.388-B3 **주소** 360 Kim Mã, Quận Ba Đình **전화** 024-3831-5000 **홈페이지** www.daewoohotel.com **요금** 딜럭스 US\$160~180, 클럽 룸 US\$190~230, 딜럭스 스위트 US\$220~250 **가는 방법** 시내에서 서쪽으로 떨어진 낌마 거리에 있다. 롯데 호텔과 큰 길을 사이에 두고 마주보고 있다. 호안끼엠 호수에서 택시로 20분.

대우그룹이 잘나가던 시절 하노이에 건설한 럭셔리 호텔이다. 하노이에서 가장 큰 야외 수영장을 갖고 있다. 411개의 객실을 보유한 대형 호텔로 높은 층으로 올라갈수록 객실 등급이 높아진다. 주요 볼거리에서 떨어져 있어서 관광이 목적이라면 다소 불편할 수도 있다.

롯데 호텔 하노이
Lotte Hotel Hanoi ★★★★★

Map P.388-B3 **주소** 54 Liễu Giai, Quận Ba Đình **전화** 024-3333-1000 **홈페이지** www.lottehotel.com/hanoi/ko/ **요금** 딜럭스 US\$180~220, 클럽 딜럭스 US\$250 **가는 방법** 리에우 자이 Liễu Giai & 다오떤 Đào Tấn 사거리에 있다. 대우호텔과 큰 길을 사이에 두고 접해 있다. 호안끼엠 호수 에서 택시로 20분.

2014년 9월 2일에 지하 5층, 지상 65층으로 건설한 롯데 센터 하노이 Lotte Center Hanoi 빌딩 내부에 있다. 34층부터 318개의 객실이 들어선 롯데 호텔로 사용된다. 42㎡ 크기의 딜럭스 룸을 기본으로 한다. 높은 층에서 보는 전망도 뛰어나다. 화장실에 비데가 설치되어 있고, 전 객실을 금연실로 운영해 쾌적하다. 수영장은 실내와 야외 수영장으로 구분해 운영한다. 한국인 직원이 있어 언어 소통에 문제가 없다.

65층 꼭대기(지상에서 높이 267m)에는 전망대 Observation Deck와 탑 오브 하노이(루프톱 레스토랑) Top of Hanoi를 운영한다.

인터콘티넨탈 하노이 웨스트레이크
Inter Continental Hanoi West Lake ★★★★★

Map P.388-C1 **주소** 5 Từ Hoa, Quận Tây Hồ **전화** 024-6270-8888 **홈페이지** www.hanoi.intercontinental.com **요금** 슈피리어 US\$190~220, 오버워터 파빌리온 US\$225~255 **가는 방법** 호떠이(서호) 북쪽의 뜨호아 거리 끝자락에 있다. 호안끼엠 호수에서 북서쪽으로 5㎞ 떨어져 있다.

호떠이(서호)를 끼고 있는 5성급 호텔이다. 여러 동의 건물이 호수를 둘러싸고 있기 때문에, 대부분의 객실에서 근사한 풍경을 누릴 수 있다. 본관에 해당하는 슈피리어 룸은 32㎡의 면적이며, 호수를 끼고 있는 오버 워터 파빌리온 룸 Over Water Pavilion Room은 43㎡로 발코니가 딸려 있다. 318개 객실을 보유한 대형 호텔로 야외 수영장과 선셋 바, 라운지, 피트니스, 회의실 등 다양한 부대시설도 갖췄다. 참고로 하노이에서 가장 높은 빌딩인 에이온 랜드마크 타워(경남 랜드마크 72) AON Landmark Tower에는 인터콘티넨탈 하노이 랜드마크 72 Inter Continental Hanoi Landmark 72가 있다.

Ninh Bình

닌빈(닝빙)

하노이를 벗어나면 베트남 북부의 아름다운 자연이 흐드러지게 펼쳐진다. 닌빈(닝빙)도 풍경은 별반 다르지 않다. 겹겹이 펼쳐진 석회암 바위산으로 이루어진 카르스트 지형이 몽환적인 느낌을 더한다. 베트남 하면 누구나 떠올리는 하롱베이를 육지로 옮겨 왔다고 생각하면 된다. 나룻배를 타고 한가한 뱃놀이를 즐길 수 있는 땀꼭 Tam Cốc과 짱안 Tràng An, 베트남 최초의 수도로 평가받는 호아르 Hoa Lư, 베트남 최초의 국립공원으로 지정된 꾹프엉 국립공원 Cúc Phương National Park까지 볼거리가 산재해 있다.

닌빈은 지방 중소도시 규모로 하노이에서 남쪽으로 93㎞ 떨어져 있다. 베트남을 관통하는 기차가 지나고 도로도 발달되어 교통이 편리하다. 하노이와 가까워서 많은 여행자들이 1일 투어로 다녀가기 때문에 관광산업은 발달하지 못했다. 하지만 자유 여행을 위한 시설은 부족하지 않다. 도시는 볼품없지만 닌빈에 머물며 자유롭게 베트남의 자연을 감상하며 역사유적까지 둘러볼 수 있다.

인구 16만 166명 | 행정구역 닌빈 성 Tỉnh Ninh Bình 닌빈 시 Thành Phố Ninh Bình | 면적 48㎢ | 시외국번 0229

닌빈은 하노이와 가까운 곳에 위치하며, 베트남을 관통하는 통일열차가 지나기 때문에 교통은 편리하다. 닌빈에서 깟바 섬과 후에(훼)까지 연결하는 오픈 투어 버스가 운행된다.

기차

하노이↔호찌민시를 오가는 기차 중에 완행열차가 닌빈을 통과한다. 닌빈↔하노이 구간은 1일 5회 운행되며, 편도 요금은 10만~14만 VND이다. 중부 지방의 후에 또는 다낭까지는 야간 기차를 이용하면 편리하다. 침대칸(6인실 기준) 요금은 후에까지 62만~76만 VND, 다낭까지 71만~94만 VND이다. **닌빈 기차역 Ga Ninh Bình은 시내 중심가에서 남쪽으로 2㎞ 떨어져 있다.** 기차 운행 시간과 요금에 관한 자세한 정보는 P.54 참고.

닌빈 기차역

버스

닌빈 시내에 낡고 오래된 버스 터미널이 있다. 지방 소도시답게 운행하는 버스 노선도 많지 않다. 닌빈 버스 터미널 Bến Xe Ninh Bình에서 하노이 잡밧 버스 터미널 Bến Xe Giáp Bát까지 버스가 수시로 운행(05:00~ 17:20, 20분 간격)된다. 로컬 버스라서 시설이 열악하고, 승객을 많이 태우기 위해 중간 중간 정차하느라 이동 시간도 오래 걸린다. 요금은 편도 8만~10만 VND이며, 총 3시간 정도 소요된다. 리무진 버스(9인승 미니밴)를 이용할 경우 17만~20만 VND이다.

오픈 투어 버스

하이퐁과 깟바 섬으로 갈 경우 오픈 투어 버스가 편리하다. 깟바 디스커버리(www.catbadiscovery.com)에서 땀꼭→닌빈→하이퐁→깟바 섬(깟바 타운) 노선을 1일 3회(08:00, 09:00, 14:00) 운행한다. 버스 터미널에서 출발하지 않고, 땀꼭에서 출발하며 예약한 숙소에서 픽업해 준다. 편도 요금은 30만 VND이다. 다이치 버스(홈페이지 www.daiichibus.vn)도 같은 노선을 1일 2회(08:00, 13:00) 운영한다.

닌빈→후에 Huế 노선은 오픈 투어 버스를 이용하면 된다. 매일 20:30분에 침대 버스가 출발하며, 편도 요금은 38만 VND이다.

Travel Plus+ 하노이에서 출발하는 닌빈 1일 투어

하노이에서 1일 투어를 이용해 닌빈(닝빙)을 다녀와도 좋습니다. 전통적으로 인기 있는 투어 상품은 땀꼭을 방문하는 것입니다. 하노이 출발(08:30)→땀꼭→항 무아 전망대→하노이 도착(18:30) 일정으로 진행됩니다. 최근에는 짱안+바이딘 사원을 방문하는 투어가 더 인기 있답니다. 하노이 출발(08:00)→바이딘 사원→짱안→하노이 도착(18:30) 일정으로 진행됩니다. 1일 투어 요금은 US$28~37로 차량과 가이드, 입장료, 점심 식사가 포함됩니다.

땀꼭 선착장

Transportation

랜드마크와 볼거리가 시내에서 멀리 떨어져 있으나, 택시나 그랩을 이용하면 이동하는데 큰 불편은 없다. 택시 요금은 닌빈→땀꼭까지 7만~8만 VND, 닌빈→짱안까지 10만~12만 VND 정도 예상하면 된다. 닌빈에 위치한 대부분의 호텔에서는 오토바이(US$6~8)나 자전거 대여(US$1~2)가 가능하다. 숙소에서 제공하는 지도를 챙겨 가면 더 편리하다.

Best Course

단체 투어가 도착하기 전에 땀꼭을 먼저 방문하고, 빅동→항 무아→짱안→호아르를 차례로 방문하면 된다. 또는 그 반대로 여행해도 된다. 땀꼭에서 호아르로 갈 때 닌빈 시내까지 돌아오지 말고 항 무아를 거쳐 가면 이동 거리도 짧고 풍경도 아름답다.

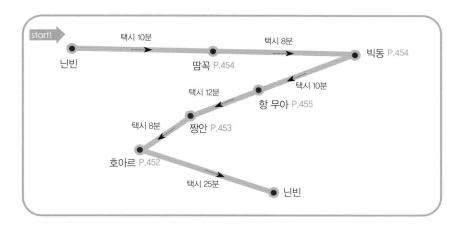

Attractions

닌빈의 볼거리는 아름다운 자연이다. 땀꼭과 짱안을 빼놓지 말자. 계단을 오르려면 힘들긴 하지만 항 무아에서 내려다보는 주변 경관도 놓치기 아깝다. 땀꼭과 짱안은 비슷한 카르스트 지형으로 개인적 취향에 따라 두 곳 중 하나만 방문하면 된다.

호아르

★★☆

Hoa Lu Ancient Capital
Cố Đô Hoa Lư

호아르 풍경

호아르에 있는 딘띠엔호앙 사당

주소 Xã Ninh Hải, Huyện Hoa Lư, Ninh Bình
운영 매일 08:00~17:30 **요금** 2만 VND **가는 방법** 닌
빈에서 북서쪽으로 12㎞ 떨어져 있다. 짱안에서 북쪽
으로 4㎞ 더 올라간다. 닌빈에서 오토바이로 20분.

탕롱(오늘날의 하노이)으로 천도하기 전까지 42
년간 베트남의 수도였던 곳이다. 베트남 최초
의 수도로 평가되는 호아르는 968년에 딘 왕
조 Đinh Dynasty의 수도로 설립되었다. 베트
남 북부 지방을 통일한 딘보린(丁部領) Đinh Bộ

① Tokyo Sushi A1
② 졸리비 Jollibee A1
③ KFC A1
④ 커피 퐁 Coffee Phong A1
⑤ 포 보 24(쌀국수) A1
⑥ Mây Cafe & Bakery A1
⑦ 쭝뚜옛 Trung Tuyết B1

① The Vissai Hotel A1
② 응옥안 호텔 Ngoc Anh Hotel A1
③ 응옥안 레전드 호텔 Ngoc Anh Legend A1
④ 빈민 호텔 Binh Minh Hotel A1
⑤ 탄빈 호텔 Thanh Bình Hotel A1
⑥ 밴쿠버 호텔 The Vancouver Hotel A1
⑦ Lê Lodge Ninh Bình A1

⑧ 짱안 호텔 Tràng An Hotel A1
⑨ Ninh Binh Brothers Hotel A1
⑩ 투이안 호텔 Thùy Anh Hotel A1
⑪ 호앙하이 호텔 Hoang Hai Hotel A1
⑫ 비엣 흐엉 Việt Hương Hotel B1
⑬ 선플라워 Sunflower Hotel B1
⑭ 퀸 호텔 Queen Hotel B1

● 식당 ● 쇼핑 ● 숙소

Lĩnh(923~979년)이 그의 고향에 3km²에 이르는 성벽을 쌓아 만들었다. 딘 왕조 초대 황제가 된 딘 보린은 딘띠엔호앙(丁先皇) Đinh Tiên Hoàng이라는 칭호를 썼고, 국호를 다이꼬비엣(大瞿越) Đại Cồ Việt으로 정했다. 하지만 딘 왕조(968~980년)는 12년 만에 레 왕조(980~1009년)로 정권이 교체되었고, 레 왕조도 오래지 않아 멸망하며 호아르도 역사 속에서 잊혀졌다.

호아르로 가는 길은 땀꼭과 마찬가지로 아름다운 카르스트 지형이 끝없이 펼쳐진다. 깊은 산중에 수도를 건설해 도시 방어에 너무 치중한 느낌이 들 정도로 호아르로 가는 길은 하염없이 산들을 돌아 들어가야 한다. 그러므로 호아르는 고도(古都)의 이미지 대신 아름다운 자연만 여행자들에게 각인된다. 현재 호아르는 한 나라의 수도였나 싶을 정도로 한적하기 그지없다. 성벽과 왕궁은 흔적도 없이 사라졌고 왕들의 위패를 모신 사당만이 옛 수도를 지키고 있다.

호아르에서 가장 중요한 볼거리는 딘띠엔호앙 사당 Đền Vua Đinh Tiên Hoàng이다. 호아르에 건설한 왕실 사당으로 현재 모습은 17세기에 재건축한 것이다. 본당에 딘띠엔호앙 동상을 중심으로 그의 3명의 아들을 함께 모시고 있다. 사당 앞쪽에 있는 나지막한 마옌산 Núi Mã Yên에는 딘띠엔호앙의 묘가 있다. 황제의 묘라고 하기에는 초라하지만 20여 분 계단을 오르면 호아르를 감싼 수려한 주변 풍경이 한눈에 내려다보인다.

레 왕조를 건설한 레다이한(黎大行) Lê Đại Hành 황제(재위 980~1005년)가 건설한 왕실 사당도 있다. 레다이한 사당 Đền Vua Lê Đại Hành으로 본당에 왕과 왕비 동상을 모시고 있으나 규모는 작다. 참고로 레다이한의 본명은 레호안(黎桓) Lê Hoàn이며, 딘 왕조에서 장군을 지냈던 무관이다. 그는 딘띠엔호앙이 사망하고 국정이 혼란해지자 군사력을 바탕으로 왕비까지 빼앗아 새로운 왕조를 열었다.

짱안 ★★★★
Tràng An

주소 Đại Lộ Tràng An, Xã Trường Yên, Huyện Hoa Lư 운영 08:00~17:00 요금 25만 VND(보트 요금) 가는 방법 닌빈에서 북쪽으로 8km. 호아르에서 남쪽으로 4km 떨어져 있다. 닌빈에서 호아르로 가다 보면 대형 안내판이 보인다. 보트 타는 곳 Bến Tràng An은 대형 사원처럼 만든 휴게소와 레스토랑 옆에 있다.

호아르로 가는 방향에 있는 카르스트 지형이다. 땀꼭과 더불어 '육지의 하롱'이라 불린다. 첩첩산중을 이루는 독특한 석회암 바위산(높이 70~105m)들로 이루어졌으며 전체 규모는 2,168ha에 달한다. 석회암 바위산들은 31개의 크고 작은 강과 석호에 의해 그림처럼 펼쳐지고, 48개의 석회동굴은 신비를 더한다. 석호에는 물속에 잠긴 숲이 투명한 물색과 어울린다.

땀꼭과 마찬가지로 동굴 안으로 강이 흐르기 때문에, 동굴은 강과 강을 연결하는 비밀 통로 역할을 해준다(동굴의 높이는 낮은 편으로 건기와 우기에 따라 달라진다). 동굴의 나이는 짧게는 3,000년부터 길게는 3만 년까지로 종유석이 자라고 있어 아름답다. 땀꼭에 비해 강폭이 크고 시야가 넓어서 주변 경관이 더 넓게 보인다. 강에 반사되는 카르스트 지형이 강에 투영되면서 풍경은 더욱 드라마틱해진다. 짱안은 600여 종의 꽃과 식물이 어우러져 자연 생태 관광지로 부각되고 있다. 아름다운 경관과 독특한 생태계 때문에 유네스코 자연문화유산에 등재될 것이라고도 한다.

짱안을 제대로 보려면 배를 타고 가며 강과 동굴을 지나야 한다. 뱃놀이는 약 2~3시간 일정으로 진행된다. 항디아린 Hang Địa Linh을 시작으로 10여 개의 동굴을 지나고, 3개의 사원을 방문하는 코스다.

아름다운 풍경이 펼쳐지는 짱안

짱안에서의 뱃놀이

땀꼭
Tam Cốc

★★★☆

운영 매일 07:00~17:00 요금 성인 12만 VND, 아동 6만 VND(입장료), 15만 VND(보트 대여 요금 별도, 2인 기준) 가는 방법 닌빈에서 남서쪽으로 10km 떨어져 있다. 주차장과 보트 선착장 두 곳에 매표소가 있다. 개인여행자라면 보트 선착장에서 표를 사면 된다.

'땀꼭'은 세 개의 동굴이라는 뜻으로 하롱베이와 더불어 베트남의 아름다운 자연을 대표한다. 하롱베이와 차이점이 있다면 바다가 아니라 강을 따라가며 석회암 바위산들이 겹겹이 층을 이룬다는 것이다. 그래서 '육지의 하롱'이라는 별명을 얻었다. 땀꼭을 이루는 세 개의 동굴은 응오동 강 Ngo Dong River(Sông Ngô Đồng)을 통해 연결되기 때문에 나룻배를 타고 강을 거슬러 올라가야 한다. 고요한 강 주변에는 푸른색의 논과 카르스트 지형의 산들이 그림처럼 펼쳐진다.

땀꼭의 첫 번째 동굴은 항까 Hang Cả다. 세 개의 동굴 중에 가장 긴 동굴로, 길이는 127m다. 두 번째 동굴인 항하이 Hang Hai(또는 Hang Giua)는 길이 70m로, 동굴 내부에 종유석들이 아름답다.

카르스트 지형이 어우러진 땀꼭

육지의 하롱으로 불리는 땀꼭

세 번째 동굴인 항바 Hang Ba(또는 Hang Cuoi)는 길이 50m로, 다른 동굴에 비해 높이가 낮다. 세 개의 동굴을 모두 방문하고 나면 나룻배는 다시 출발한 곳으로 되돌아온다. 이때는 뱃사공들이 배에 숨겨둔 기념품을 꺼내 보이며 장사꾼으로 변모한다. 그동안의 달콤함이 단박에 날아갈 정도로 물건을 팔기 위해 집요한 상술을 부린다. 그들은 노동의 대가로 물건 구입을 강요하거나 음료수 강매, 팁 강요 등 평온한 여행을 방해하는 경우가 흔하다.

뱃놀이는 왕복 2~3시간 정도 걸린다. 닌빈에 머문다면 하노이에서 출발한 투어가 도착하는 시간을 피해 아침 일찍 방문하는 게 좋다. 나룻배를 탈 때는 햇볕을 가려주는 게 없으므로 자외선 차단제를 충분히 바르고 모자나 우산을 쓰면 좋다.

빅동
Bích Động

★★

운영 매일 07:00~17:00 요금 무료 가는 방법 땀꼭 보트 선착장에서 왼쪽 길로 2km 더 들어가면 된다.

땀꼭과 마찬가지로 카르스트 지형을 이루는 석회암 바위산에 형성된 동굴이다. 빅동은 한자로 쓰면 벽동(碧峝)이다. 산속의 푸른 동굴이라는 뜻으로, 15세기부터 불교 사원을 건설하며 종교적인 공간으로 변모했다. 입구부터 세 개의 사원이 산길을 따라 이어진다. 사원의 이름은 상·중·하를 붙여서 쭈아 트엉(上寺) Chùa Thượng, 쭈아 쭝(中寺) Chùa Trung, 쭈아 하(下寺) Chùa Hạ 라고 부른다. 사원들은 법당 하나씩을 갖춘 작은 규모다. 두 번째 사원에서 세 번째 사원으로 가려면 동굴 내부를 통과해야 한다.

빅동의 불교 사원

도시를 돌아가는 로컬 버스라서 불편하고, 승객을 많이 태우기 위해 중간 중간 정차하느라 이동 시간도 오래 걸린다.

보트(하롱시→깟바 섬)

시내에서 8~10㎞ 떨어진 뚜언쩌우 선착장 Bến Phà Tuần Châu-Cát Bà에서 정기적으로 페리가 운행된다. 투어리스트 보트가 출발하는 뚜언쩌우 여객 터미널 남쪽으로 600m 떨어진 별도의 선착장에서 출발한다.

페리는 하롱시(뚜언쩌우 선착장)→깟바 섬을 오가는데, 차량과 오토바이를 싣고 이동하는 대형 카 페리다. 페리는 하롱베이를 통과해 깟바 섬 북쪽에 있는 자루언 선착장 Bến Phà Gia Luận(P.472 지도 참고)으로 간다. 자루언 선착장에서 깟바 타운까지는 35㎞ 떨어져 있으며, 하루 3번 시내버스가 운행된다(깟바 교통 정보 P.471 참고).

운행시간은 성수기(여름)와 비수기(겨울)로 구분해 달라진다. 여름(4월 25일~9월 5일)에는 1일 5회(07:30, 09:00, 11:30, 13:30, 15:00) 출발하고, 겨울(9월~6일~4월 24일)에는 1일 3회(08:00, 11:30,15:00) 출발한다.

편도 요금은 6만 VND(오토바이를 싫을 경우 8만 VND), 50분 소요된다. 보트 요금은 저렴하지만 선착장을 오가는 대중교통이 미비하다. 택시 요금은 뚜언쩌우 선착장까지 16만~20만 VND 정도 예상하면 된다. 대중교통을 이용해 깟바 섬으로 갈 경우 하롱시보다는 하이퐁(P.481)에서 보트를 타는 게 편리하다.

뚜언쩌우 여객 터미널 (하롱베이 투어 보트 선착장)

하롱베이를 유람하는 보트를 타기 위해 반드시 들려야 하는 투어리스트 보트 선착장이다. 공식 명칭은 뚜언쩌우 여객 터미널 Nhà Ga Cảng Tàu Tuần Châu, 영어로 Tuan Chau International Marina라고 적혀 있다. 하롱시(바이짜이)에서 8~10㎞ 떨어진 뚜언쩌우는 자그마한 섬으로 도로가 연결되어 있다. 섬 전체를 2,000척의 배가 정박할 수 있는 항구와 호텔, 리조트 단지를 조성해 '마리나 베이'처럼 개발하고 있다. 만일 하노이에서 출발했을 경우 하롱시를 거치지 않고 여객 터미널로 직행하게 된다.

참고로 여객 터미널 카운터에서 하롱베이 보트 투어 예약이 가능하다. 3시간짜리 코스가 입장료 포함 44만 VND이다. 단, 승객이 15명 이상 모일 때까지 기다려야 한다. 개별 여행자라면 하노이에서 출발하는 투어를 이용하는 게 편리하다.

하롱 국제 크루즈 항구

선 월드 하롱을 운영하는 선 그룹에서 건설한 대형 크루즈 선착장 Halong International Cruise Port(Cảng Tàu Khách Quốc Tế Hạ Long)이다. 2019년 4월에 공식 오픈했으며 300여 척의 선박이 정박할 수 있다. 국제선을 운영하는 대형 크루즈 선박이 베트남을 방문할 때 정박하는 곳이지만, 일부 럭셔리 크루즈 선박 회사들이 하롱 베이 투어를 시작할 때 이곳을 이용하기도 한다. 선 월드 하롱에서 1㎞ 떨어져 있다.

하롱 국제 크루즈 항구

하롱베이 투어가 출발하는 뚜언쩌우 여객 터미널

깟바 행 페리를 탈 수 있는 뚜언쩌우 선착장

뚜언쩌우와 깟바를 오가는 카 페리

Travel Plus+ 하롱베이 보트 투어

뚜언쩌우 투어리스트 보트

하롱베이 투어 상품은 모든 여행사와 호텔에서 취급한다고 해도 과언이 아닙니다. 그만큼 인기 상품인 동시에 경쟁도 심해요. 하노이에서 출발하는 하롱베이 투어는 교통편과 숙박을 동시에 해결해주기 때문에 편리합니다. 투어 상품은 1일 투어부터 2박 3일 투어까지 다양합니다. 일정이 동일하다고 해도 보트의 종류와 호텔의 등급에 따라 요금이 천차만별입니다.

호텔은 2인 1실을 기준으로 하며, 싱글 룸을 사용할 경우 추가 요금을 받습니다. 기본적으로 투어 보트가 크고 투어 인원이 많을수록 투어 요금이 저렴합니다. 저렴한 요금일수록 투어의 질이 떨어지는 것은 어쩔 수 없는데요. 태풍이 불면 투어 자체가 취소되는 경우가 있습니다. 기상 상황이 좋지 않은데도 무리하게 투어를 진행할 경우 주의가 필요합니다. 여행사들이 예약금 환불을 해주지 않으려고, 안전을 무시하고 투어를 진행하기 때문이에요. 하노이의 여행사에 대한 정보는 P.387를 참고하세요.

하롱 베이 1일 투어(하롱시 출발)
하롱시(바이짜이)에 있는 숙소와 여행사에서도 투어 예약이 가능합니다. 하노이 출발에 비해 선착장까지 이동하는 시간이 짧아서 편합니다. 기본 코스를 둘러보는 4시간짜리 보트 투어는 US$25, 티토프 섬까지 방문하는 1일 투어는 US$30 정도 예상하면 됩니다.

하롱베이 1일 투어(하노이 출발)
차를 타고 오가는 시간이 보트를 타는 시간보다 월등히 많습니다. 하노이에서 하롱베이까지 버스로 3~4시간 거리를 하루 동안 왕복해야 합니다. 보트에서 보내는 시간은 길어야 4시간. 유명한 동굴 한두 개 관람하고 되돌아오기 십상입니다. 1일 투어는 US$45~50 정도가 무난합니다.

하노이 구시가를 돌아다니다 보면 하롱베이 1일 투어 US$29라고 적어 놓고 호객하는 여행사도 있는데, 투어의 만족도는 장담하기 힘듭니다. 일반적으로 33인승 미니버스를 이용하는데, 투어 요금이 저렴할수록 사람을 많이 태우고, 보트 크루즈 시간도 짧아지기 때문입니다. VIP 좌석 버스를 이용하고 점심 식사도 푸짐한 프리미엄 투어의 경우 US$80로 요금이 인상됩니다.

하롱베이 1박 2일 투어(하노이 출발)
하노이에서 출발하는 하롱베이 투어의 기본 일정입니다. 바다 위에 배를 정박해 놓고 잠을 자는 '하롱베이 크루즈 Ha Long Bay Cruise'와 깟바 섬의 호텔을 이용하는 '하롱-깟바 투어 Ha Long-Cat Ba Tour'로 구분됩니다. 기본적인 1박 2일 투어 요금은 US$90부터 형성되어 있으며, 3성급 크루즈의 경우 US$150~180 정도 예상하면 됩니다.

호텔급으로 시설이 훌륭한 럭셔리 크루즈는 선상에서의 액티비티(태극권 강습, 요리 강습), 카약 타기, 대나무 배 타기 등의 레저 활동도 즐길 수 있습니다. 오키드 트렌디 크루즈 Orchid Trendy Cruises(US$210~250), 알리사 프리미어 크루즈 Alisa Premier Cruise(US$280~310), 앰버서더 크루즈 Ambassador Cruises(US$220~280), 아프로디테 크루즈 Aphrodite Cruise(US$280~300), 에라 크루즈 Era Cruises(US$235~280)가 유명합니다.

하롱베이 2박 3일 투어(하노이 출발)
하롱베이와 란하베이(P.475), 깟바 국립공원 트레킹(P.474)이 접목된 투어입니다. 선상 숙박(1박)과 깟바 섬에서 숙박(1박)을 동시에 경험할 수 있습니다. 요금은 US$195~345로 선박과 호텔의 등급에 따라 달라집니다.

Transportation

3번 시내버스가 혼가이 Hòn Gai→바이짜이 대교→하롱 거리→바이짜이 버스 터미널 Bến Xe Bãi Cháy→호안보 Hoành Bò를 오간다. 운행 시간은 05:30~17:00이며, 20분 간격으로 출발한다. 편도 요금은 거리에 따라 7,000~1만 8,000 VND이다. 시내 중심가를 지나는 하롱 거리의 버스 정류장에서 버스를 타면 된다.

2층 버스인 하롱 시티 투어 버스 Ha Long City Tour Bus도 운행된다. 바이짜이와 혼가이 지역의 관광지를 순회하는 버스로, 모두 9개 정류장에서 자유롭게 타고 내릴 수 있다. 09:00~18:00까지 한 시간 간격(1일 10회)으로 선 월드 하롱 Sun World Ha Long 앞에서 출발한다. 요금은 2시간

탑승권(18만 VND), 5시간 탑승권(22만 VND), 10시간 탑승권(25만 VND), 24시간 탑승권(30만 VND)으로 구분 된다.

하롱 시티 투어 버스

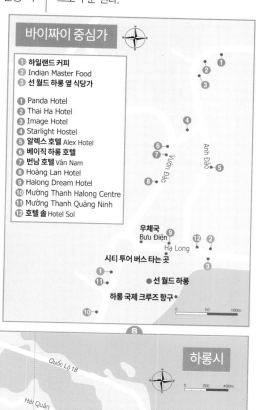

바이짜이 중심가

① 하일랜드 커피
② Indian Master Food
③ 선 월드 하롱 옆 식당가

① Panda Hotel
② Thai Ha Hotel
③ Image Hotel
④ Starlight Hostel
⑤ 알렉스 호텔 Alex Hotel
⑥ 베이직 하롱 호텔
⑦ 번남 호텔 Vân Nam
⑧ Hoàng Lan Hotel
⑨ Halong Dream Hotel
⑩ Mường Thanh Halong Centre
⑪ Mường Thanh Quảng Ninh
⑫ 호텔 솔 Hotel Sol

우체국 Bưu Điện
Ha Long
시티 투어 버스 타는 곳
● 선 월드 하롱
하롱 국제 크루즈 항구

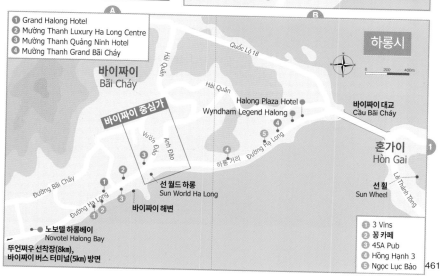

① Grand Halong Hotel
② Mường Thanh Luxury Ha Long Centre
③ Mường Thanh Quảng Ninh Hotel
④ Mường Thanh Grand Bãi Cháy

바이짜이
Bãi Cháy

바이짜이 중심가

Quốc Lộ 18
Hải Quân

Halong Plaza Hotel
Wyndham Legend Halong

하롱시

바이짜이 대교
Cầu Bãi Cháy

혼가이
Hòn Gai

선 월드 하롱
Sun World Ha Long

바이짜이 해변

선휠
Sun Wheel

노보텔 하롱베이
Novotel Halong Bay

뚜언쩌우 선착장(8km),
바이짜이 버스 터미널(5km) 방면

① 3 Vins
② 꽁 카페
③ 45A Pub
④ Hồng Hạnh 3
⑤ Ngọc Lục Bảo

461

하롱시(바이짜이)에는 호텔만 가득할 뿐 볼거리는 없다. 그러나 도시 앞 바다로 하롱베이 풍경이 펼쳐져 경관은 나쁘지 않다.

선 월드 하롱 ★★★☆
Sun World Hạ Long

선 월드(홈페이지 www.halong.sunworld.vn)에서 바이짜이 시내 중심가에 조성한 214헥타르 크기의 대형 놀이 공원이다. 놀이기구가 있는 드래곤 파크 Dragon Park(입장료 30만 VND)와 물놀이를 즐길 수 있는 타이푼 워터 파크 Typhoon Water Park(입장료 35만 VND)로 구분된다. 총 길이 900m의 케이블카를 타면 하롱베이 풍경을 감상할 수 있다. 바다 건너(혼가이)에 있는 선 휠 대관람차 Sun Wheel까지 운행되는데, 바데오 산 Núi Ba Đèo(Ba Deo Mountain) 정상에 있어 주변이 훤히 내려다보인다. 케이블카는 월~금요일 14:00~21:00, 토~일요일 09:00~21:00까지 운행되며, 왕복 요금은 35만 VND이다.

케이블카를 타고 가야하는 선 휠 대관람차

바이짜이 해변

바이짜이 해변 ★★☆
Bãi Tắm Bãi Cháy

하롱시 앞쪽(선 월드 하롱 뒤쪽)의 해안선을 따라 약 500m 길이의 모래 해변이 이어진다. 쪽빛 바다는 아니지만 모래사장이 잘 정비되어 있어 현지인들은 해변에서 물놀이를 하며 여름을 보낸다(바닷물이 쌀쌀한 겨울에는 썰렁한 편). 해변 오른쪽 끝에는 등대 Bai Chay Lighthouse가 있다.

혼가이(홍가이) ★★★
Hòn Gai

하롱시 동쪽 지역으로 바이짜이 대교를 건너면 혼가이가 나온다. 한때 석탄 산업이 발달했던 도시로, 현재는 도시가 새롭게 정비되어 깔끔하다. 도시 곳곳에 해안 산책로를 만들어 하롱베이를 바라보며 바닷바람 쐬기 좋다. 도시 중심가에는 상설 시장인 하롱 시장 Ha Long Market(Chợ Hạ Long)과 현대적인 쇼핑몰인 빈콤 플라자 Vincom Plaza가 있다. 스페인 건축가가 디자인한 꽝닝(꽝닝) 박물관 Quảng Ninh Museum(홈페이지 www.baotangquangninh.vn, 요금 4만 VND)도 있다. 3층 규모의 전시실은 탄광 모형과 광부들의 생활상, 꽝닝성에 발굴된 유물, 소수민족, 베트남 전쟁에 관한 내용으로 채워져 있다.

혼가이(홍가이) 앞 바다 풍경

Đảo Cát Bà

깟바 섬

깟바 섬은 주변의 366개 섬을 함께 아우르는 깟바 군도에서 가장 큰 섬이다. 하이퐁에서 동쪽으로 45㎞, 하롱시에서 남쪽으로 25㎞ 떨어져 있다. 행정구역상으로 하이퐁 직할시 Thành Phố Hải Phòng에 속해 있다. 깟바 섬은 석회암으로 이루어진 바위산들과 청정한 바다가 절묘하게 조화를 이룬다. 현지인들은 푸른 옥빛의 섬이라 하여 응옥섬 Ngoc Island(Đảo Ngọc)이라고 부르기도 한다. 주변 섬들은 하롱베이와 남쪽 경계를 이루는 란하베이 Lan Ha Bay(Vịnh Lan Hạ)를 이루는데, 하롱베이와 맞먹는 수려한 풍광을 자랑한다. 깟바 섬의 절반 이상은 국립공원으로 지정되어 야생 생태계를 관찰하며 트레킹도 즐길 수 있다.

깟바 섬의 면적은 350㎢로 깟바 타운 Cat Ba Town을 제외하면 개발이 미비하다. 선착장을 중심으로 해변 도로를 따라 호텔이 즐비하지만 적당히 문명과 거리를 두고 있다. 한가한 어촌 마을 풍경과 풍족한 여행 시설로 인해 개별 여행자들에게 하롱베이 여행의 거점으로 부각되고 있다. 단체 관광객이 머무는 하롱시(P.457)에 비해 포근한 느낌을 선사한다. 대부분 하노이에서 출발하는 하롱베이 투어와 연계해 방문하지만, 대중교통을 이용한 여행도 가능하다.

인구 3만 명 | 행정구역 하이퐁 직할시 Thành Phố Hải Phòng 깟바 현 Huyện Cát Bà | 면적 350㎢ | 시외국번 0225

Information

여행 시기

여행이 금지되는 기간은 없지만 날씨가 쌀쌀한 겨울(11~1월)이 가장 한적하다. 5~9월까지가 성수기로 7~8월이 가장 붐빈다.

여행사 투어

깟바 타운에 있는 대부분의 호텔이 여행사 업무를 겸하고 있다. 투어는 깟바 국립공원 트레킹과 란하베이 보트 크루즈에 중점을 맞춘다. 란하베이 1일 보트 투어(US$15~20), 깟바 국립공원 1일 트레킹 투어(US$20~35), 하롱베이 1일 보트 투어(US$28~35)가 인기 있다. 란하베이 투어는 카약 타기가 포함되어 있으며, 보트에서 숙박하는 1박 2일 투어(US$90~135)도 가능하다.

Access

깟바 섬을 가려면 반드시 보트를 타야 한다. 일반적으로 하이퐁에서 버스+보트를 타고 깟바 섬을 드나든다. 깟바 섬에는 선착장이 네 곳이 있다. 보트 회사에 따라 이용하는 선착장이 달라서 헷갈린다. 여행자들에게 가장 편리한 곳은 깟바 타운에 있는 깟바 선착장 Bến Tàu Cát Bà이다. 섬 동쪽으로 30km 떨어진 까이비엥 선착장 Bến Tàu Cái Viêng도 정기적으로 보트가 드나든다. 깟바 섬 북쪽 끝에 있는 자루언 선착장 Bến Phà Gia Luận은 하롱시(뚜언쩌우 선착장)까지 오가는 대형 페리가 출발한다. 깟바 타운 동쪽으로 2km 떨어진 벤베오 Bến Bèo는 투어리스트 보트들이 주로 이용한다. 모든 보트 노선은 성수기(7~8월)와 비수기에 따라 운행 편수가 달라지고, 날씨에 따라 변동이 심하다.

깟바 케이블카(선 월드 깟바)

선 월드 깟바 Sun World Cat Ba(홈페이지 www.catba.sunworld.vn)에서 만든 케이블카다. 총 길이 3,955m로 깟하이 섬(깟하이 역 Cat Hai Station, Ga Cáp Treo Cát Hải)에서 깟바 섬(푸롱 역 Phu Long Station, Ga Cáp Treo Phù Long)까지 10분 만에 연결한다. 편도 요금은 10만 VND이다.

케이블카는 바다만 건너는 것에 불과하며, 깟바 타운까지는 아직 케이블카가 연결되어 있지 않다. 깟바 타운까지 22km 떨어져 있는데, 대중교통도 없어서 개별 여행자가 이용하기에는 불편이 따른다. 케이블카 운행시간도 제한적이다. 하이퐁 시내에서 가는 방법은 P.481 참고.

깟바 선착장

깟바 선착장 앞에서 하이퐁행 버스를 탄다

자루언 선착장

깟바 타운→까이비엥 선착장→깟하이 섬(벤곳 선
착장)→하이퐁(벤빈 선착장)

버스와 보트를 연계한 교통편이다. 깟바 타운 선
착장에서 까이비엥 선착장까지 버스로 이동한 다
음, 소형 스피드 보트로 갈아타고 깟하이 섬 Cát
Hải에 있는 벤곳 선착장 Bến Gót까지 간다. 보트
타는 시간은 10여분에 불과하다. 깟하이 섬에서
하이퐁까지(벤빈 선착장)는 다리가 놓이면서 버스
로 갈아타고 이동하는데, 편도 요금은 14만 VND
이고 매일 6회(06:30, 08:30, 09:30, 12:30, 13:30,
15:30) 출발한다. 하이퐁까지는 2시간 정도 걸린
다. 하이퐁→깟바 섬 출발 시간은 P.481 참고.

깟바(자루언 선착장)→하롱시(뚜언쩌우 선착장)

차와 오토바이를 싣고 이동하는 대형 카 페리가
운행된다. 깟바 섬 북쪽 끝에 있는 자루언 선착장
Bến Phà Gia Luận에서 출발해 하롱시와 인접한
뚜언쩌우 선착장 Bến Phà Tuần Châu(P.459)까지
1시간 정도 이동한다. 하롱베이를 지나가 때문에
이동하며 풍경을 감상할 수 있다. 여름 성수기(4
월 25일~9월 5일)에 1일 5회(09:00, 11:30, 13:00,
15:00, 16:00), 겨울 비수기(9월 6일~4월 24일)에
1일 3회(09:00, 13:00, 16:00) 운행된다. 보트 요금
은 6만 VND으로 저렴하지만 선착장까지 오기가
불편하다. 한마디로 택시비가 더 든다. 뚜언쩌우
선착장→자루언 선착장 페리 운행 시간은 P.459
참고.

깟바→하이퐁→하노이

깟바에서 하노이로 직행할 경우 가장 편리한 교
통편이다. 깟바 익스프레스 Cat Ba Express(홈페
이지 www.catbaexpress.com)는 1일 3회(09:30,
12:30, 15:30) 출발하며, 편도 요금은 28만 VND이
다. 깟바 디스커버리 Cat Ba Discovery(홈페이지
www.catbadiscovery.com)에서도 동일한 노선을
운행한다. 매일 3회(07:30, 12:30, 15:30) 운행하며,
편도 요금은 30만 VND이다.

두 회사 모두 깟바 타운에서 출발해 하노이 구시
가에 있는 호텔까지 데려다 준다. 섬에서 나갈 때
는 보트로 갈아타야 하는데, 배 타는 시간은 10여
분에 불과하다. 하노이까지 4~5시간 정도 소요된
다. 하노이→깟바 섬 교통 정보는 P.385 참고.

깟바→닌빈→땀꼭

하노이를 거치지 않고 닌빈(땀꼭)으로 직행할 경
우 깟바 디스커버리(www.catbadiscovery.com)
버스를 이용하면 된다. 1일 3회(09:00, 13:00,
16:00) 출발하며, 편도 요금은 30만 VND이다. 닌
빈 시내를 거쳐 땀꼭까지 운행된다.

깟바→싸파

깟바에서 싸파까지 직행하는 슬리핑 버스도 운행
된다. 깟바 타운에서 16:00에 출발하며, 편도 요금
은 55만 VND이다. 라오까이를 거쳐 싸파까지 가
는데 11~12시간 정도 소요된다.

Transportation

시내 교통

대부분 깟바 타운에 머물기 때문에 특별한 시
내 교통은 필요하지 않다. 깟꼬 해변까지도 걸

깟바 타운과 자루언 선착장을
오가는 버스

어 다닐 수 있
다. 하지만 섬
을 둘러보려
면 산악자전거
나 오토바이
(US$6~8)를
대여해야 한다.

섬이 크기 때문에 시내버스도 운행된다. 썬뚱 버스
Sơn Tùng Bus에서 운영하는 소형버스로 깟바 타
운→깟바 국립공원 입구→자루언 선착장까지 하
루 네 번 왕복한다. 깟바 타운 출발 시간은 07:45,
09:15, 11:00, 15:00, 자루언 선착장 출발 시간은
08:30, 10:00, 12:30, 16:00이다. 편도 요금은 3만
VND이다.

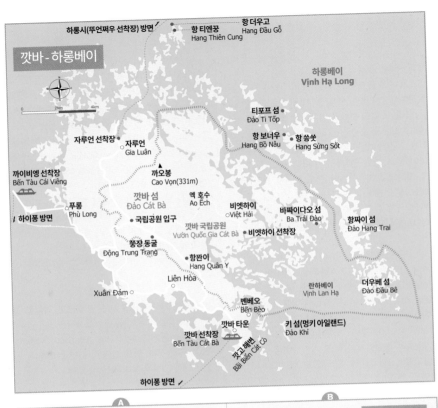

깟바 - 하롱베이

하룽시(뚜언쩌우 선착장) 방면

항 티엔꿍
Hang Thiên Cung

항 더우고
Hang Đầu Gỗ

하롱베이
Vịnh Hạ Long

티포프 섬
Đảo Ti Tốp

자루언 선착장

자루언
Gia Luân

항 보너우
Hang Bồ Nâu

항 쑹쏫
Hang Sửng Sốt

까이비엥 선착장
Bến Tàu Cái Viềng

까오봉
Cao Vọn(331m)

엑 호수
Ao Ếch

깟바 섬
Đảo Cát Bà

비엣하이
Việt Hải

바짜이다오 섬
Ba Trái Đào

항짜이 섬
Đảo Hang Trai

푸롱
Phù Long

하이퐁 방면

국립공원 입구

깟바 국립공원
Vườn Quốc Gia Cát Bà

비엣하이 선착장

쯩짱 동굴
Động Trung Trạng

항꽌이
Hang Quân Y

리엔호아
Liên Hòa

란하베이
Vịnh Lan Hạ

더우베 섬
Đảo Đầu Bê

쑤언 담
Xuân Đảm

벤베오
Bến Bèo

깟바 선착장
Bến Tàu Cát Bà

깟바 타운

키 섬(멍키 아일랜드)
Đảo Khi

깟꼬 해변
Bãi Biển Cát Cò

하이퐁 방면

깟바타운

대포 요새 방면

Pháo Đài

Yummy 1

깟꼬 1·2 해변 방면

1. Cat Ba Eco Hotel A1
2. Secret Garden Hostel A1
3. 타오민 뉴스타 호텔 A1
4. 타이바오 호텔 Thái Bảo A1
5. 득뚜언 호텔 Đức Tuấn A1
6. 미응옥 호텔 Mỹ Ngọc A1
7. 퐁란 호텔 Phong Lan A1
8. 시 펄 호텔 Sea Pearl Hotel B1
9. The Moon Boutique Hotel A1
10. 깟바 그린 호텔 B1
11. 캐논 포트 호텔 B1
12. 깟바 뷰 호텔 B1
13. Cat Ba Violet Hotel B1
14. 깟바 드림 호텔 Cat Ba Dream B1
15. Cat Ba Paradise Hotel B1
16. 젱응옥 호텔 Giếng Ngọc B1
17. Hotel Draco QK3 B1
18. 깟바 오아이스 방갈로 B1
19. Hung Long Harbour Hotel B1

1. Ganesh(인도 음식점) A1
2. 라이크 커피 A1
3. 꿘깟바 Quán Cát Bà A1
4. 마이 웨이 My Way A1
5. The Big Man Bar B1
6. Oasis Bar B1

깟꼬 3 해변 방면

누이응옥 거리
Núi Ngọc

우체국

Đường 1 Tháng 4(1/4 Street)

하이퐁, 자루언행 버스 타는 곳

깟바 선착장
Bến Tàu Cát Bà

키리 호텔 & 레스토랑 방면

Attractions

깟바 섬의 볼거리

깟바 섬의 가장 큰 볼거리는 란하베이와 깟바 국립공원이다. 란하베이는 하롱베이와 마찬가지로 바위섬들이 바다를 가득 메워 독특한 풍경을 자랑한다. 깟바 국립공원은 트레킹에 적합하다.

깟바 타운
Cat Ba Town ★★

Map P.472

인구 9,000명이 사는 곳으로 깟바 섬의 중심이 되는 곳이다. 호텔과 레스토랑을 포함해 상업 시설이 발달해 있다. 선착장을 따라 해변 도로가 잘 정비되어 있으며 카르스트 지형이 어울려 평화로운 풍경을 제공한다. 하노이에서 출발한 2박 3일 투어에 참여할 경우 깟바 타운에서 하루를 보낸다.

깟꼬 해변
Cat Co Beach
Bãi Biển Cát Cò ★★☆

Map P.472

요금 1만 VND 가는 방법 깟바 타운에서 동쪽으로 1km 떨어져 있다. 깟바 타운에서 오른쪽으로 이어진 포장도로를 따라가다가 나지막한 언덕을 넘으면 깟꼬 해변이 나온다. 깟바 타운에서 해변까지 전동차가 수시로 운행된다(편도 요금 1만 VND). 깟바 타운에서 도보 10~15분.

깟바 타운과 가까운 모래 해변이다. 독립된 3개 해변으로 이루어졌는데. 섬에 머무는 관광객들이 물놀이를 위해 즐겨 찾는다. 식당과 상점. 파라솔 대여가 가능해 여름철 주말에는 베트남 관광객들로 북적인다(쌀쌀한 겨울에는 한적한 편이다). 깟바 타운과 가장 가까운 해변은 깟꼬 1 해변으로 세 개 해변의 가운데 있다. 가장 북쪽에 있는 깟꼬 2 해변은 해수욕을 즐기기 가장 좋다. 최근 5성급 호텔인 플라밍고 깟바 Flamingo Cát Bà가 들어서면서 리조트 해변으로 변모하고 있다.

가장 남쪽에 있는 깟꼬 3 해변은 깟바 섬 남쪽으로 이어지는 해안도로를 따라가면 나온다. 해변 한가운데 5성급 호텔이 들어서 있지만, 호텔 투숙객이 아니라도 해변을 자유롭게 출입할 수 있다. 깟꼬 3 해변에서는 북쪽으로 이어진 둘레 길을 걷다보면 깟꼬 1해변에 닿는다. 란하 베이 풍경을 감상하며 두 개 해변을 오갈 수 있다.

해안 도로에 호텔이 늘어선 깟바 타운 풍경

대포 요새(177 고지) 전망대

란하 베이를 품고 있는 깟꼬 해변

깟꼬 1 해변

대포 요새(177 고지) ★★☆
Cannon Fort
Pháo Đài Thần Công

운영 매일 08:00~일몰 시 요금 4만 VND 가는
방법 깟바 타운 뒤쪽 언덕길로 1.7km 떨어져 있다.

깟바 타운 뒤쪽에 있는 해발 177m의 산에 만든 대
포 요새다. 바다를 통제하기 위한 최적의 위치에
있어, 오랫동안 베트남에서 국토 방어를 위해 전
략적인 요충지로 중요시했다. 1940년에 들어 참호
와 벙커를 만들고 대포와 방공포를 설치해 요새화
했다. 현재도 대포와 탄약고가 남아 있다.

대포 요새는 시원스러운 전망대로 각광받는다. 란
하베이 풍경을 이루는 카르스트 지형이 중첩되며
드라마틱한 풍경을 볼 수 있다. 현재는 군사 시설
로 묶여 접근이 통제되고 있다. 관리자가 뒷돈을
받고 문을 열어주는 경우도 있는데, 원칙적으로는
접근 제한 구역 Restricted Area이므로 입장 가능
여부를 미리 확인할 것.

항 꽌이 ★★
Hospital Cave
Hang Quân Y

운영 매일 08:00~17:00 요금 4만 VND(가이드 포
함) 가는 방법 깟바 타운에서 북쪽으로 13km 떨어
져 있다. 깟바 타운에서 내륙 도로를 따라 깟바 국
립공원 방향으로 가면 된다. 오토바이로 30분.

베트남 전쟁 때 비엣꽁(베트콩) Việt Cộng들의 은
신처이자 병원으로 사용되었던 동굴이다. 하이퐁
(P.479)과 인접한 깟바 섬도 베트남 전쟁 동안 미

군의 폭격을 피해갈 수는
없었다고 한다. 미군의 폭
격으로 인해 부상을 입은
군인과 민간인을 치료하
기 위해 동굴 내부에 비밀
리에 병원을 만들었다. 1960년
부터 건설되었으며 베트남이 통
일되던 1975년까지 사용되었다.

병원 시설은 총 3층 규모로 17개의 방으로 이루어
졌다. 일반 병동과 회복실을 포함해 작전 회의실,
탄약 창고, 극장 시설까지 다용도로 사용되었다고
한다. 동굴 입구에서 가이드의 안내를 받아 내부
를 둘러볼 수 있다.

깟바 국립공원 ★★★☆
Cat Ba National Park
Vườn Quốc Gia Cát Bà

전화 0225-3688-138 운영 매일 08:00~17:00 요금 8
만 VND 가는 방법 깟바 타운에서 섬 내륙 도로를
따라 북쪽으로 17km. 투어를 이용하거나 오토바이
를 빌려서 다녀오면 된다.

깟바 섬의 절반 이상을 차지하는 넓은 지역으로
1986년 국립공원으로 지정되었다. 109㎢에 이르
는 내륙지역과 52㎢의 섬 주변 해양지역을 함께
묶어 해양생태계까지 보호하고 있다. 깟바 국립공
원은 해발 50~300m의 카르스트 지형으로, 해발
331m의 까오봉 Cao Vọng이 가장 높다. 맹그로브
지대부터 석회암 바위산으로 이어지며 호수와 폭
포, 동굴이 형성되어 지형이 다양하다.

울창한 산림지대는 30여 종의 포유류, 20여 종
의 파충류, 70여 종의 조류가 서식한다. 830여 종
에 이르는 식물군도 분포한다. 포유류 중에는 세

깟바 국립공원 전망대

깟바 국립공원 입구

계적인 희귀동물로 손꼽히는 랑구르 원숭이도 생활하고 있다. 특히 노란 머리털 랑구르 원숭이 Golden-headed Langur는 깟바 섬에서만 발견되어 '깟바 랑구르 원숭이 Cat Ba Langur'라고 불릴 정도다. 60여 마리가 서식하는데 해안 절벽 지대에서 생활하기 때문에 쉽게 눈에 띄지 않는다.

국립공원을 둘러보는 유일한 방법은 트레킹이다. 짧은 트레킹 코스는 해발 200m의 응으럼 Ngự Lâm까지 가는 것으로 전망대에서 주변 경관을 볼 수 있다. 정상까지는 전망대 뒤쪽으로 이어진 등산로를 따라 10분 정도 더 올라가야 한다. 국립공원 입구에서 왕복 2시간 정도 예상하면 된다. 전망대까지 길이 하나뿐이라 가이드 없이도 등반이 가능하다.

국립공원을 가로지르는 트레킹은 비엣하이 Việt Hải 마을까지 걷는 6km 코스다. 전망대와 엑 호수 Ech Lake(Ao Ếch)를 지나 비엣하이까지 5~6시간 정도 걸린다. 깟바 타운까지는 보트를 타고 되돌아오는데, 란하베이를 지나게 된다. 이 코스는 가이드를 동반해야 하고 여행사 투어를 이용하는 게 안전과 비용 면에서도 유리하다. 트레킹할 때는 운동화, 우의, 물과 간식 거리를 챙겨가도록 하자. 우기에는 길이 미끄러우므로 주의해야 한다.

Map P.472

란하베이
Lan Ha Bay / Vịnh Lan Hạ
★★★★

요금 8만 VND 가는 방법 깟바 타운에서 보트 투어(P.470)를 이용해야 한다.

하롱베이 남쪽에 형성된 만(灣)으로 깟바 섬 동쪽을 이룬다. 오랜 침식과 해수면의 변화로 형성된

석회암 섬들이 겹겹이 이어지는 란하베이

배타고 유람하기 좋은 란하베이

카르스트 지형이다. 300여 개의 섬으로 이루어져 하롱베이보다 규모는 작지만, 아름다운 풍경은 결코 뒤지지 않는다. 단지 행정구역이 다를 뿐이다. 하롱베이에 비해 투어 보트가 적게 드나들고 모래해변을 간직한 이름 없는 섬들도 많다. 카약 타기와 수영을 함께 즐기며 여유롭게 크루즈를 즐길 수 있다.

Map P.472

키 섬(멍키 아일랜드)
Monkey Island
Đảo Khỉ(Cát Dứa)
★★★

요금 8만 VND(란하베이 입장료에 포함) 가는 방법 깟바 섬(벤베오 선착장)에서 동쪽으로 1km. 란하베이 투어를 이용하거나 벤베오 선착장에서 보트를 대여해 다녀오면 된다.

20여 마리의 야생 원숭이가 서식해 멍키 아일랜드로 알려져 있다. 3km 정도 크기의 바위섬으로 두 개의 해변과 한 개의 리조트(홈페이지 www.monkeyislandresort.com)가 들어서 있다. 해변이 길고 아름다워 여름 성수기에는 물놀이를 즐기려는 사람들로 붐빈다. 섬 정상에 오르면 주변 경관이 한눈에 들어온다. 가파른 석회암 암벽을 20~30분 정도 올라야 하기 때문에 안전에 유념해야 한다.

멍키 아일랜드

Restaurant

호텔과 마찬가지로 해변 도로를 따라 레스토랑이 즐비하다. 섬인 탓에 신선한 해산물을 이용한 시푸드 요리가 발달해 있다. 선착장 옆으로는 바다 위에 떠 있는 수상 레스토랑도 영업 중이다.

야미 1 레스토랑 ★★★☆
Yummy 1 Restaurant

Map P.472-A1 주소 140 Núi Ngọc 홈페이지 www.facebook.com/yummycatba 영업 07:00~22:00 메뉴 영어, 베트남어 예산 5만~15만 VND 가는 방법 내륙 도로 안쪽으로 이어지는 누이응옥 거리에 있다. 선착장에서 북쪽으로 500m.

해변에서 멀찌감치 떨어져 있는 로컬 레스토랑이다. 도로 변에 있는 평범한 식당으로 외국 여행자들을 겨냥한 베트남 음식을 요리한다. 저렴하고 푸짐한 식사를 할 수 있어 인기 있다. 같은 거리에 야미 2 레스토랑 Yummy 2 Restaurant(주소 102 Núi Ngọc)을 함께 운영한다.

꿘깟바 Quân Cát Bà ★★★☆

Map P.472-A1 주소 180 Đường 1 Tháng 4(1/4 Street) 전화 0986-590-318 영업 08:00~21:00 메뉴 영어, 베트남어 예산 12만~20만 VND 가는 방법 선착장 앞 삼거리에서 해변 도로 왼쪽으로 300m.

해변도로에 있는 아담한 로컬 식당으로, 베트남 가족이 운영한다. 도로에도 테이블을 내놓고 장사한다. 외국 관광객들이 부담 없기 먹기 좋은 해산물 요리로 인기가 높다. 마늘과 버터를 넣은 조개·오징어·새우구이가 유명하다.

라이크 커피 Like Coffee ★★★☆

Map P.472-A1 주소 Đường 1 Tháng 4(1/4 Street) 전화 0902-474-274 영업 08:00~23:00 메뉴 영어 예산 커피 4만~5만 VND. 브런치 9만~15만 VND 가는 방법 해변 도로 왼쪽 끝에 있다.

카페를 겸한 레스토랑이다. 빵과 커피를 곁들인

브렉퍼스트 메뉴뿐만 아니라 팬케이크, 바게트 샌드위치, 버거, 샐러드 등 브런치 메뉴가 다양하다. 덕분에 외국 관광객에게 두루 인기 있다.

키리 ★★★☆
Quiri Pub Cocktail & Restaurant

Map P.472-A1 주소 135 Tùng Đình 전화 0338-041-094 홈페이지 www.quiripubcocktail restaurant.com 영업 08:00~23:00 메뉴 영어, 베트남어 예산 맥주 4만~8만 VND. 메인 요리 12만~40만 VND 가는 방법 깟바 타운 선착장에서 왼쪽(서쪽)으로 800m.

외국 여행자를 겨냥한 레스토랑으로 펍과 칵테일 바를 겸한다. 새롭게 생긴 레스토랑답게 깨끗하고 분위기가 좋다. 신선한 해산물을 이용한 음식이 많은데, 고기볶음 같은 메인 요리를 주문하면 공깃밥을 함께 제공해 준다. 샌드위치, 버거, 피자, 파스타, 스테이크 등 관광객이 선호하는 음식도 많다. 수제 맥주를 포함한 술 종류도 다양하다.

오아시스 바 Oasis Bar ★★★

Map P.472-B1 주소 228 Đường 1 Tháng 4 (Một Tháng Tư) 전화 0989-327-755 영업 07:00~01:00 메뉴 영어 예산 8만~22만 VND 가는 방법 깟바 타운 선착장 오른쪽의 해변 도로에 있다. 깟바 파라다이스 호텔 Cat Ba Paradise Hotel을 바라보고 왼쪽.

해변 도로에 중심가에 있는 투어리스트 레스토랑으로 카페와 바를 겸한다. 노천카페 분위기로 외국(유럽인) 여행자들이 삼삼오오 모여 시간을 보낸다. 베트남식 바비큐, 핫팟, 버거, 피자, 맥주, 커피, 칵테일, 위스키까지 다양한 식사와 술을 판매한다. 오아시스 방갈로와 혼동하지 말 것.

Hotel

깟바 섬에서 호텔이 밀집한 곳은 깟바 타운이다. 선착장과 해변 도로를 중심으로 호텔이 가득하다. 고급 리조트는 깟꼬 해변에 들어서 있다. 호텔들이 많기 때문에 방을 구하는 것은 어렵지 않다. 비수기에는 방 값 할인 경쟁이 심하기 때문에 몇 군데 둘러보고 숙박을 결정하자. 성수기인 7~8월에는 방 값이 2~3배 인상된다. 특히 주말에 방 값이 비싸진다. 겨울에는 생각보다 춥기 때문에 에어컨보다는 온수 샤워 여부를 확인해야 한다.

타오민 뉴스타 호텔 ★★★
Thao Minh New Star Hotel

Map P.472-A1 주소 197 Đường 1 Tháng 4(1/4 Street) 전화 0225-3888-408 홈페이지 www.thaominhnewstarhotel.com 요금 더블 US$15~30(에어컨, 개인욕실, TV, 냉장고, 아침식사) 가는 방법 해변 도로 서쪽에 있는 탄뚱 호텔(파인애플 호텔) Thanh Tùng Hotel(Pineapple Hotel) 옆에 있다.

2개의 건물이 붙어 있으며, 38개 객실을 운영한다. 주변의 숙소에 비해 규모가 크다. 객실은 에어컨 시설에 LCD TV와 냉장고를 갖추고 있다. 도로쪽 방들은 바다가 보이고 발코니가 딸려 있다. 건물 위치에 따라 발코니 크기가 다르므로 체크인 전에 방을 확인하자. 창문이 없는 방도 있다.

타이바오 호텔 Thái Bảo Hotel ★★★

Map P.472-A1 주소 207, Đường 1 Tháng 4(1/4 Street) 전화 0225-3888-880, 0975-514-724 요금 US$12~16(에어컨, 개인욕실, TV, 냉장고) 가는 방법 해변도로 동쪽에 있다.

엘리베이터가 있는 저렴한 호텔이다. 해변 도로에 자리해 객실 전망은 좋다. 주변의 여느 호텔과 비슷한 객실 수준으로 방 크기나 시설은 평범하다. 레스토랑을 함께 운영하며 주인장이 친절하다.

캐논 포트 깟바 호텔 ★★★☆
Cannon Fort Cat Ba Hotel

Map P.472-B1 주소 243 Núi Ngoc 전화 0225-3888-126 홈페이지 www.cannonfortcatbahotel.com 요금 도미토리 US$6(에어컨, 개인욕실, 아침식사), 더블 US$18~20(에어컨, 개인욕실, TV, 아침식사)

해변 도로가 아닌 섬 안쪽으로 들어가는 언덕길에 있다. 객실에서 바다가 보이지 않는 대신 가격 대비 넓은 객실이 제공된다. 배낭여행자들을 위한 6인실 도미토리도 운영한다. 모든 객실은 에어컨 시설을 갖췄고 아침식사가 제공된다.

깟바 그린 호텔 ★★★☆
Catba Green Hotel

Map P.472-B1 주소 225 Núi Ngoc 전화 0966-793-884 요금 더블 US$20~27(에어컨, 개인욕실, TV, 냉장고, 아침식사) 가는 방법 깟바 타운 선착장에서 누이응옥 거리를 따라 북쪽으로 500m.

내륙도로에 있는 저렴한 호텔이다. 7층 건물에 24개 객실을 운영해 미니 호텔치고는 제법 규모가 크다. 객실은 창문이 있고, 개인 욕실도 딸려 있다. 객실 크기도 무난하고 관리 상태가 괜찮다. 해변이 아니라서 특별한 전망은 없다. 간단한 뷔페로 아침 식사가 제공된다.

깟바 뷰 호텔 Catba View Hotel ★★★★

Map P.472-B1 주소 No 38, Lô 2, Núi Ngoc(Pháo Đài) 홈페이지 www.catbaviewhotel.vn 전화 0986-999-976 요금 더블 US$30~38(에어컨, 개인욕실, TV, 냉장고, 아침식사) 가는 방법 깟바 타운 선착장에서 북쪽으로 800m.

3성급 호텔 수준의 경제적인 호텔로 객실이 넓고

깨끗하다. 객실과 욕실이 투명 유리(블라인드로 개폐가 가능하다)로 되어 있다. 발코니가 딸린 객실은 시티 뷰와 마운틴 뷰로 구분해 운영한다. 내륙 도로에 있어 해변이 보이진 않지만 깟바 섬의 자연적인 정취를 느끼긴 좋다. 아침 식사는 뷔페로 제공된다.

시 펄 호텔 Sea Pearl Hotel ★★★☆

Map P.472-B1 주소 219 Đường 1 Tháng 4(1/4 Street) 전화 0225-3688-567 홈페이지 www.seapearlcatbahotel.com.vn 요금 US$35~50(에어컨, TV, 냉장고, 개인 욕실, 아침식사) 가는 방법 깟바 타운 선착장 바로 앞의 해변 도로에 있다.

선착장에 도착하면 정면으로 보이는 3성급 호텔이다. 객실은 LCD TV, 안전 금고, 헤어드라이어, 전기포트, 목욕용품, 샤워 가운을 갖추고 있다. 가능하면 바다가 보이는 도로 쪽 방을 얻도록 하자. 높은 층일수록 전망이 더 좋다. 엘리베이터가 설치되어 높은 층이라도 불편하지 않다. 아침식사는 뷔페로 제공된다.

키리 호텔 Quiri Hotel ★★★★

Map P.472-A1 주소 135b Tùng Đình 전화 0904-060-997 홈페이지 www.facebook.com/quiricatba 요금 스탠더드 US$35, 디럭스 US$65(에어컨, 개인 욕실, TV, 냉장고) 가는 방법 깟바 타운 선착장에서 왼쪽으로 800m.

깟바 타운 중심가에서 조금 떨어져 있지만 크게 불편한 위치는 아니다. 레스토랑과 호텔을 함께 운영하는데 외국(유럽) 여행자들에게 인기 있다. 객실이 넓고 쾌적한 것이 장점이다. 도로 쪽 방들은 넓은 창문 너머로 호수 풍경도 보인다. 스탠더드 룸은 18㎡ 크기로 작은 편이다.

문 부티크 호텔 ★★★★
The Moon Boutique Hotel

Map P.472-A1 주소 4 Núi Ngọc 전화 0328-466-568 홈페이지 www.themoonboutiquehotel.vn 요금 디럭스 US$85, 스위트 오션 뷰 US$125

가는 방법 깟바 타운 중심가에서 내륙 도로(누이 응옥 거리) 방향으로 50m.

깟바 타운에 새로 생긴 3성급 호텔이다. 해변 도로를 끼고 있진 않지만 신축한 호텔답게 시설이 좋다. 부티크 호텔답게 밝은 색상을 이용해 트렌디하게 꾸몄다. 높은 층일수록 전망이 좋다. 아침 식사는 포함이지만, 수영장은 없다.

플라밍고 깟바 ★★★★☆
Flamingo Cát Bà(Wyndham Grand Flamingo Cat Ba Resort)

주소 Cat Co 1 & Cat Co 2 Beach 전화 0225-3888-686, 0986-009-393 홈페이지 www.flamingoresorts.vn 요금 디럭스 US$155~175, 디럭스 오션 뷰 US$180~195, 원 베드 룸 US$225, 투 베드 룸 US$445 가는 방법 깟꼬 1 해변과 깟꼬 2 해변에 나뉘어 리조트가 들어서 있다.

깟꼬 1 해변과 깟꼬 2해변에 걸쳐 있는 5성급 리조트이다. 123헥타르에 이르는 넓은 부지에 만든 3동의 건물이 구름다리(스카이 워크)를 통해 연결된다. 모든 객실은 디럭스 룸으로 꾸몄는데, 고층 호텔인 만큼 객실에서 시원한 전망을 덤으로 얻을 수 있다. 리조트 자체 수영장과 키즈 클럽, 각종 놀이시설, 스파, 사우나, 레스토랑, 스카이라운지까지 부대시설이 다양하다.

호텔 페흘르 오리엔트 깟바 엠갤러리 ★★★★☆
Hôtel Perle d'Orient Cat Ba MGallery

주소 Cat Co 3 Beach(Bãi Tắm Cát Cò 3) 전화 0225-3887-360 홈페이지 www.all.accor.com 요금 클래식 더블 US$135~175, 슈피리어 더블 US$155~195 가는 방법 깟꼬 3 해변에 있다.

감각적인 디자인을 중시하는 엠갤러리 MGallery 계열의 호텔답게 부티크한 느낌을 준다. 헤링본 목재 바닥, 화려한 색감의 타일, 색감을 강조한 쿠션과 소파, 벽에 걸린 회화 작품까지 유럽풍의 객실을 만날 수 있다. 대부분의 객실이 바다를 볼 수 있도록 돼 있으며 발코니도 딸려 있다. 121개의 객실을 갖춘 대형 호텔로 전용 수영장뿐만 아니라 피트니스, 스파, 레스토랑까지 부대시설도 훌륭하다.

Hải Phòng

하이퐁

　　호찌민시, 하노이에 이어 베트남에서 세 번째로 큰 도시다. 하노이에서 동쪽으로 100㎞ 떨어져 있으며, 항구 도시로 국제 무역이 활발하게 이루어진다. 하이퐁은 한자로 쓰면 해방(海防)인데 '해안의 방어기지'라는 뜻이다. 프랑스가 베트남을 식민지배하는 동안 인도차이나의 무역항으로 개발해 교역의 중심지가 되었다. 하노이로 통하는 관문이었기 때문에 베트남 전쟁 동안 미국 해군·공군의 공격으로 인해 엄청난 피해를 입기도 했다.

　　하이퐁은 하노이처럼 콜로니얼 건축물들이 남아 있다. 하노이에 비하면 초라한 규모다. 하지만 노란색 콜로니얼 건물들은 빛이 바랬지만 옛 정취를 느끼기에는 부족함이 없다. 인구 200만에 가까운 도시 규모에 비해 차분한 분위기가 느껴진다. 거리 곳곳에 카페가 많아서 거리 풍경을 바라보며 한가롭게 시간을 보낼 수도 있다. 볼거리가 많지 않아 여행자들의 발길은 적다. 깟바 섬으로 가기 위해 보트를 타려는 여행자들이 간간이 거쳐 간다.

인구 210만 3,500명 | 행정구역 하이퐁 직할시 Thành Phố Hải Phòng | 면적 1,527㎢ | 시외국번 0225

Information

우체국

하이퐁 중앙 우체국은 응우옌찌프엉 거리(주소 5

Nguyễn Tri Phương)에 있다. 노란색의 콜로니얼 건축물이라 쉽게 눈에 띈다.

Access

하노이에서 하이퐁까지 버스와 기차가 수시로 운행된다. 항공은 호찌민시와 다낭을 연결한다. 인천에서 하이퐁까지 국제선도 운항된다.

항공

베트남 3대 도시이지만 하노이와 인접하고 있어 항공 노선은 많지 않다. 국내선은 하이퐁↔호찌민시, 다낭, 냐짱, 달랏 노선이 운항된다. 국제선은 비엣젯 항공(www.vietjetair.com)에서 하이퐁↔인천, 하이퐁↔방콕 노선을 운항한다. 취항하는 항공편이 적어서 공항은 한산한 편이다. 공항에서 시내까지 6km 떨어져 있다. 참고로 하이퐁 공항의 공식 명칭은 깟비 국제공항 Sân Bay Quốc Tế Cát Bi이다.

기차

하이퐁에서 하노이를 연결하는 기차가 운행된다. 대부분 롱비엔 역 Long Bien Station(Ga Long Biên)에 정차하며, 일부 열차는 하노이 역까지 운행된다. 매일 4회(06:10, 09:10, 15:00, 18:40) 운행된다. 편도 요금은 9만~11만 VND이며 2시간 30분 소요된다. 하노이를 제외한 다른 도시들은 하노이까지 간 다음 다른 기차로 갈아타야 한다. 롱비엔→하이퐁 기차 정보는 P.384 참고.

하이퐁 역

주소 75 Lương Khánh Thiện

버스

하이퐁은 버스 터미널이 분산되어 있어 불편하다. 시내에서 남쪽으로 5km 떨어진 빈니엠(빙니엠) 버스 터미널 Bến Xe Vĩnh Niệm(홈페이지 www.benxevinhniem.vn)에서 장거리 버스가 출발한다. 하이퐁의 메인 버스 터미널로 버스 노선도 다양하다. 하노이 자럼 버스 터미널 Gia Lâm(10만~14만 VND), 닌빈 Ninh Bình(10만~13만 VND), 라오까이 Lào Cai(35만~40만 VND), 디엔비엔푸 Điện Biên Phù(40만 VND)을 포함해 베트남 북부 지방의 주요 도시로 버스가 운행된다. 하이퐁→하노이 노선은 15~20분 간격으로 출발하며, 2시간 정도 걸린다. 참고로 하노이까지 갈 때는 시내 중심가에 있는 기차역을 이용하는 게 편리하다.

보트

하이퐁 시내와 가까운 곳에 벤빈(벤빙) 선착장 Bến Tàu Bến Bính(주소 1 Phố Bến Bính, Map P.482-A1)이 있다. 깟바 섬(깟바 타운)으로 직행하는 스피드 보트가 출발했는데, 도로가 좋아지면서 이곳에서 출발하는 보트는 더 이상 운행하지 않는다.

하이퐁 깟비 국제공항

하이퐁 중앙 우체국

하이퐁에서 깟바 섬(깟바 타운) 가는 방법은 복잡하다. 버스와 보트를 여러 번 갈아타야하기 때문이다. 벤빈(벤빙) 선착장→깟하이 섬(벤곳 선착장)→깟바 섬(까이비엥 선착장)→깟바 타운까지 버스와 보트를 연계해서 이동한다. 하이퐁 시내에 있는 벤빈(벤빙) 선착장은 배 타는 곳이 아니고 버스 타는 곳이다. 선착장으로 들어가는 벤빈 거리에 버스 회사 사무실(주소 41 Bến Bính)과 간이 매표소가 있는데, 선착장 주변을 기웃거리면 호객하는 사람이 다가와 표를 판다. 매일 5회(08:30, 09:30, 12:30, 13:30, 15:40) 출발하며, 깟바 타운까지 편도 요금은 14만 VND이다.

하이퐁에서 깟하이 섬까지 다리가 연결되면서 버스 타고 이동한다. 이후 깟하이 섬 벤곳 선착장 Bến Gót, Cát Hải(Got Ferry Terminal)에서는 보트를 타는데, 바다 건너 눈앞에 보이는 깟바 섬(까이비엥 선착장) Bến Tàu Cái Viềng에 10여 분만에 닿는다. 이곳에서 다시 버스를 갈아타고 깟바 타운까지 이동하는데, 보트 도착 시간에 맞추어 버스가 대기하고 있기 때문에 오래 기다릴 필요는 없다. 중간 중간 교통편을 바꿔 탈 때마다 표를 보여줘야 한다. 전체적인 소요 시간은 하이퐁에서 깟바 타운까지 2시간 정도 걸린다.

깟바 케이블 카

깟바 케이블카(선 월드 깟바) Sun World Cat Ba (홈페이지 www.catba.sunworld.vn)를 타는 방법도 있다. 하이퐁 시내에서 26km(공항에서 23km) 떨어진 깟하이 섬(깟하이 역 Cat Hai Station, Ga Cáp Treo Cát Hải)까지 가서 케이블카를 타야한다(편도 요금 10만 VND). 케이블카는 10분만에 바다를 건너서 깟바 섬 푸롱 역 Phu Long Station, Ga Cáp Treo Phù Long에 닿는다. 여기서 깟바 타운(깟바 섬 중심가)까지 다시 차를 타고 22km를 더 가야한다(버스 또는 미니밴 편도 요금 5만 VND). 깟바 타운까지는 아직 케이블카가 연결되어 있지 않다. 자세한 내용은 P.470 참고.

깟바 섬과 하이퐁을 오가는 버스

깟하이 섬 벤곳 선착장

Transportation

시내 교통

도시는 크지만 볼거리들이 몰려 있기 때문에 도보여행이 가능하다. 하이퐁 기차역 또는 벤빈 선착장에서 호텔이 몰려 있는 디엔비엔푸 거리도 도보 15분 이내에 도착이 가능하다. 대도시답게 미터 택시도 흔하게 보인다. 콜택시 애플리케이션인 그랩 Grab을 이용하면 편리하다. 택시 요금은 공항에서 시내까지 10만 VND, 공항에서 벤빈(벤빙) 선착장까지 20만 VND, 공항에서 깟하이 섬(벤곳 선착장 또는 깟바 케이블카 타는 곳)까지 30만~35만 VND 정도 예상하면 된다.

하이퐁에서도 오토바이는 필수

Best Course

볼거리가 시내 중심가에 몰려 있어 도보로 방문이 가능하다. 콜로니얼 건축물들을 위주로 시내를 둘러보면 된다. 시간이 남으면 뎀땀박 시장 Chợ Đêm Tam Bạc과 쌋 시장 Chợ Sắt을 방문하면 된다. (소요 시간 2~4시간)

- 1 BKK(태국 음식점) B1
- 2 꽌바꾸 Quán Bà Cụ B2
- 3 남자오 레스토랑 Nam Giao B1
- 4 Talata Seafood B1
- 5 하일랜드 커피 B1
- 6 넘버 1986 커피 B1
- 7 하일랜드 커피 B2

- 1 Menrva Hotel B1
- 2 Pullman Hotel B1
- 3 탕롱 호텔(호텔 다르코 QK3) B1
- 4 흐으응이 호텔 Hữu Nghi B1
- 5 아바니 하이퐁 하버뷰 호텔 B1
- 6 Manoir Des Arts Hotel B1
- 7 The Opera Hotel B1
- 8 The Tray Hotel B2

Attractions

하이퐁의 볼거리는 콜로니얼 건축물들이다. 오페라하우스를 시작으로 하이퐁 박물관, 중앙 우체국, 기차역 등을 둘러보면 된다. 디엔비엔푸 거리와 쩐흥다오 거리에도 콜로니얼 건물들이 남아 있다.

오페라하우스 ★★☆
Opera House
Nhà Hát Lớn Hải Phòng

주소 56 Đinh Tiên Hoàng 전화 031-3823-084
운영 24시간 요금 무료(내부 입장 불가) 가는 방
법 딘띠엔호앙 거리와 쩐흥다오 거리가 만나는 곳
에 있다.

프랑스 식민정부에 의해 1904년에 건설되었다.
중세 시대 프랑스 극장을 모델로 해서 프랑스 건
축가가 디자인했다. 규모는 작지만 모든 건축 자
재를 프랑스에서 공수해와 완성했다고 한다. 하
노이(P.401)와 호찌민시(P.112)와 더불어 베트남에
남아 있는 3개의 오페라하우스 가운데 하나다. 현
재는 시민극장으로 운영된다. 특별한 행사가 있을
때만 내부 입장이 가능하다.

하이퐁 박물관 ★★
Hai Phong Museum
Bảo Tàng Hải Phòng

주소 66 Điện Biên Phủ 전화 031-3823-451
운영 수~금요일 08:00~10:30, 14:00~16:30, 토
~일요일 08:00~10:30 휴무 월요일 요금 5,000
VND 가는 방법 디엔비엔푸 거리의 하일랜드
커피 옆에 있다.

1919년에 건설된 고딕 양식의 콜로니
얼 건축물을 박물관으로 사용하고 있
다. 하이퐁의 자연과 역사에 관련된 내용
이 주를 이룬다. 하이퐁의 옛 모습을 담은
흑백 사진이 눈길을 끌지만 대부분의 전

레쩐 동상

시물은 호찌민의 업적에 초점을 맞췄다. 1945년의
8월 혁명, 인도차이나 전쟁과 베트남 전쟁에 관한
내용을 포함해 모두 14개 전시실로 구분된다.

레쩐 동상 ★
Lê Chân Female General Statue
Tượng Đài Nữ Tướng Lê Chân

주소 Đường Quang Trung & Đường Nguyễn
Đức Cảnh 운영 24시간 요금 무료 가는 방법 오
페라하우스에서 도보 6분. 뎀땀박 시장에서 도보
8분.

쯩 자매(하이바쯩 Hai Bà Trưng)와 함께 중국 지
배에 대항해 AD 40년에 독립을 일궈냈던 전설적
인 여장군이다. 베트남의 독립은 2년 남짓으로 짧
았지만, 베트남 역사에서 중국 군대를 물리쳤던
혁명적인 사건으로 기록되고 있다. 레쩐은 오늘날
의 하이퐁이 된 안비엔 An Bien 마을을 건설한 인
물이기도 하다. 레쩐 동상은 7.5m 크기로 시내 중
심가에 있어 눈에 잘 띈다.

콜로니얼 양식의 오페라하우스

하이퐁 박물관

Restaurant

하노이처럼 다양하지는 않지만 베트남 음식점은 부족하지 않다. 에어컨 시설의 카페는 하일랜드 커피 Highlands Coffee와 커피 하우스 The Coffee House를 이용하면 된다.

넘버 1986 커피 No 1986 Coffee ★★★☆

Map P.482-B1 주소 33 Đinh Tiên Hoàng 전화 0908-801-986 홈페이지 www.facebook.com/no1986cafe 영업 07:00~22:30 메뉴 영어 예산 4만~11만 VND 가는 방법 딘띠엔호앙 거리 33번지에 있다.

붉은 벽돌로 만든 독특한 외관부터 눈길을 사로잡는 카페. 건축적인 디자인이 돋보이는 3층 건물로 층마다 조금씩 분위기가 달라진다. 천장이 유리로 되어 있어 채광도 좋다. 높은 층고의 공간을 활용해 쾌적하게 꾸몄다. 옥상은 식물원을 연상시킨다. 자체 로스팅한 원두를 사용한다. 다양한 음료와 케이크를 즐길 수 있다.

꽌바꾸 Quán Bà Cụ ★★★☆

Map P.482-B2 주소 179 Cầu Đất 전화 090-4666-053 영업 07:00~22:00 메뉴 영어, 베트남어 예산 4만~5만 VND 가는 방법 기찻길을 지나서 꺼우덧 거리 179번지에 있다.

하이퐁의 명물 국수인 반다꾸아 전문점이다. 게를 넣고 우려낸 육수에서 바다 향이 느껴지는 쌀국수, 반다꾸아 베 Bánh Đa Cua Bể가 대표 메뉴다. 게살을 넣어 만든 두툼한 스프링 롤 넴꾸아베 Nem Cua Bể를 곁들이면 된다.

남자오(남야오) 레스토랑 ★★★☆
Quán Trà Nam Giao

Map P.482-B1 주소 20 Lê Đại Hành 전화 0225-3810-600 영업 매일 10:00~23:00 메뉴 영어, 베트남어 예산 12만~30만 VND 가는 방법 레다이한 거리의 다이즈엉 호텔 Khách Sạn Đại Dương 옆에 있다. 하이퐁 박물관에서 도보 5분.

하이퐁 시내에 있는 찻집을 겸한 베트남 음식점이다. 목조 가옥 곳곳에 고가구를 두어 고풍스러운 공간을 연출했고, 조도를 낮게 조절해 아늑하고 차분한 느낌을 준다. 해산물과 베트남 전통 음식 몇 가지만 엄선해 요리한다.

비케이케이 BKK ★★★☆

Map P.482-B1 주소 8 Đinh Tiên Hoàng 전화 0225-3823-994 영업 매일 11:00~22:00 메뉴 영어, 베트남어 예산 14만~28만 VND 가는 방법 딘띠엔호앙 거리 8번지에 있다. 하이퐁 박물관에서 북쪽으로 150m.

하이퐁의 대표적인 타이 음식점이다. 쏨땀 Som Tam(파파야 샐러드), 똠얌꿍 Tom Yang Koong(매콤한 새우찌개), 그린 치킨 커리 Green Chicken Curry 등 매콤하고 부드러운 태국 음식을 모두 즐길 수 있다. BKK는 방콕 Bangkok을 뜻한다.

Travel Plus+

하이퐁의 명물 쌀국수, 반다꾸아 (바잉다꾸아) Bánh Đa Cua

하이퐁 지방에서 유명한 쌀국수입니다. '퍼'에 비하면 면발이 찰져서 씹는 맛이 좋은데요. 쌀국수 면발은 붉은색(실제로 갈색에 가깝다)을 띱니다. 게살을 이용해 육수를 내는 것이 특징이기 때문에 육수가 해물 맛을 냅니다. 한 그릇에 4만 VND 정도입니다.

Hotel

대부분 3성급의 중급 호텔들이다. 시내 중심가인 디엔비엔푸 거리를 중심으로 호텔들이 들어서 있다.

호앙뚜옛(해피 게스트하우스) ★★★☆
Hoàng Tuyết(Happy Guest House)

Map P.482-B2 주소 19/70 Lach Tray 전화 0913-246-914 요금 더블 US$17~24(에어컨, 개인 욕실, TV, 냉장고) 가는 방법 락짜이 거리 70번지(70 Lach Tray) 골목 안쪽으로 50m 들어가서 좌회전하면 된다.

간판은 게스트하우스라고 적혀 있지만 전형적인 미니 호텔이다. 골목 안쪽에 숨겨져 있어 찾기 힘들지만 저렴한 가격에 깨끗한 객실을 제공한다. 에어컨, LCD TV, 냉장고, 헤어드라이어가 갖춰져 있다. 건물이 비교적 최근에 지어져 깔끔하다. 친절한 베트남 가족이 운영한다.

오페라 호텔 The Opera Hotel ★★★

Map P.482-B1 주소 20B Minh Khai 전화 0225-2242-555 요금 더블 50만~60만 VND(에어컨, 개인 욕실, TV, 냉장고) 가는 방법 민카이 거리 20번지에 있다. 하이퐁 기차역에서 600m.

시내 중심가에 있는 중급 호텔이다. 8층짜리 건물로 엘리베이터를 갖추고 있다. 오래되긴 했지만 객실 크기나 관리 상태는 무난하다. 주변에 유명 레스토랑도 많고, 관광하기 편리한 위치다. 외국인 투숙객이 적은 편이라 영어는 잘 통하지 않는다.

머큐어 호텔 Mercure Hotel ★★★★

Map P.482-B2 주소 12 Lach Tray 전화 0225-3240-999 홈페이지 www.mercurehaiphong.com 요금 슈피리어 US$80~90, 원 베드룸 아파트 US$120~140 가는 방법 락짜이 거리 12번지에 있다. SHP Plaza 빌딩을 바라보고 오른쪽에 호텔 입구가 있다.

하이퐁 시내에서 보기 드문 현대적인 호텔로 모두 233개 객실을 운영한다. 신축한 건물로 시설이 깨끗하나 객실 크기는 4성급 호텔치고는 평범하다. 리셉션은 5층, 레스토랑은 6층, 스파와 피트니스는 28층에 있다. 루프톱에 야외 수영장을 만들었다.

탕롱 호텔(호텔 다르코 QK3) ★★★
Thang Long Hotel(Hotel Draco QK3)

Map P.482-B1 주소 2 Hoàng Văn Thụ 전화 0225-3515-588 홈페이지 www.dracohotelqk3.vn 요금 딜럭스 US$52~60, 클래식 US$65~70 가는 방법 우체국을 바라보고 왼쪽 도로에 해당하는 호앙반투 거리 2번지에 있다.

정부에서 운영하는 3성급 호텔로 콜로니얼 양식을 가미해 건설했다. 객실은 전형적인 호텔 구조로 카펫이 깔려 있다. 객실은 32㎡ 크기다. 모두 106개 객실을 운영한다. 창문이 없는 방은 답답할 수 있으니 체크인 전에 확인할 것. 규모에 비해 수영장이 없는 것이 단점이다.

아바니 하이퐁 하버뷰 호텔 ★★★★
Avani Hai Phong Harbour View Hotel

Map P.482-B1 주소 12 Trần Phú 전화 0225-3827-827 홈페이지 www.avanihotels.com/haiphong 요금 슈피리어 US$130~145, 딜럭스 US$150~175 가는 방법 쩐푸 거리 12번지에 있다.

하이퐁의 대표적인 고급 호텔이다. 호텔 외관부터 시원스러워 보이는 콜로니얼 양식의 건물이다. 아치형 창문과 발코니, 안마당, 우화적 객실과 차분함까지 유지해 분위기가 좋다. 슈피리어 룸은 30㎡ 크기다. 수영장, 피트니스, 스파, 피아노 바까지 부대시설도 잘 갖추어져 있다. 모두 122개 객실을 운영한다.

Lào Cai

라오까이

중국 윈난성(雲南省)과 국경을 접한 베트남 최북단의 국경도시다. 베트남 북부 산악지대에 속한 육로 국경이라면 변방을 연상하겠지만, 라오까이는 곱게 정비된 도로를 따라 말끔한 중소도시가 들어서 있다. 1979년 중국과의 국경 분쟁으로 인해 폐허가 되었던 곳이 재건되면서 현재의 모습으로 변모했다. 하노이에서 기차가 연결되는데, 기차 출발과 도착 시간을 제외하면 도시는 조용하기만 하다.

라오까이는 특별한 볼거리가 있는 곳은 아니다. 단지 베트남 북부를 여행하려면 한번쯤은 거치게 되는 교통의 요지다. 라오까이를 기점으로 싸파 Sa Pa(P.489)와 박하 Bắc Hà(P.502)를 여행할 수 있다. 홍강 Hong River(Sông Hồng) 건너편의 중국 도시인 허커우(河口) Hekou에서 쿤밍(昆明) Kunming까지 불과 470㎞ 떨어져 있다.

인구 17만 3,840명 | **행정구역** 라오까이 성 Tỉnh Lào Cai 라오까이 시 Thành Phố Lào Cai | **고도** 232m | **면적** 229㎢ | **시외국번** 0214

Information

은행 · 환전
기차역 주변에 있는 BIDV 은행이나 농업 은행 Agri Bank을 이용하면 된다. 중국 국경 주변에서는 중국 위안화(元) 환전도 가능하다.

도시 개요
홍 강 Sông Hồng과 남티 강 Sông Nậm Thi을 경계로 베트남과 중국(허커우)이 나뉜다. 행정구역은 홍 강을 사이에 두고 왼쪽은 꼭레우 지구 Phường Cốc Lếu, 오른쪽은 라오까이 지구 Phường Lào Cai로 구분된다.
기차역과 중국 국경은 라오까이 지구에 속해 있으며, 메인 도로에 해당하는 응우옌후에 거리 Đường Nguyễn Huệ가 길게 이어진다. 기차역 주변으로 호텔과 레스토랑은 물론 버스 터미널까지 몰려 있어 편리하다.

중국 국경 드나들기
중국 국경은 라오까이 기차역에서 북쪽으로 3km 떨어져 있다. 국경 개방시간은 오전 7시부터 오후 7시까지다. 중국이 베트남보다 시차가 1시간 빠르다. 참고로 중국을 여행하려면 비자가 필요하다.
하노이 또는 인접국가에 있는 중국 대사관에서 비자를 미리 발급받아야 한다.

베트남─중국 국경

기차역 앞의 라오까이 시내 풍경

Access

공항은 없지만 하노이에서 버스와 기차가 연결된다. 도로가 새롭게 포장되면서 오픈 투어 버스도 운행을 시작했다. 야간 기차를 이용할 경우 침대칸을 이용하면 좋다. 라오까이에서 싸파까지는 38km(버스로 1시간 30분), 박하까지는 63km(버스로 2시간 30분) 떨어져 있다.

기차
하노이↔라오까이 노선은 1일 3회 운행된다. 거리는 294km밖에 안 되지만 단선 철도라 9시간이 걸린다. 밤기차가 주로 운행되는데 새벽 일찍 도착하게 되어 있다. SP로 시작하는 기차편이 라오까이까지 운행된다. 낮에 출발하는 기차(YB3/YB4 기차)는 종점이 옌바이 Yên Bái로 라오까이까지는 운행되지 않는다. 편도 요금(SP1/SP2 기차 기준)은 6인실 침대칸 Nằm Cứng(Hard Sleeper)은 32만~34만 VND, 4인실 침대칸 Nằm Mềm(Soft Sleeper)은 44만~54만 VND이다.
라오까이 기차역 Lao Cai Station(Ga Lào Cai)은 시내 중심가에 있다. 하노이↔라오까이 야간 침대칸은 미리 예약해 두는 게 좋다. 싸파 · 박하 일요시장 투어가 끝나고 하노이로 돌아가는 일요일 밤 기차표는 구하기 힘든 편이다. 코로나 팬데믹 이후 기차는 하루 한 편만 운행되고 있다. 하노이→라오까이 행은 SP3편, 라오까이→하노이 행은 SP4편을 이용하면 된다.

라오까이 기차역

하노이→라오까이 기차 시간표

열차	출발→도착
SP1	21:35→05:30
SP3	22:00→05:55
SP7	22:30→06:33

라오까이→하노이 기차 시간표

열차	출발→도착
SP2	20:55→04:32
SP4	21:30→05:25
SP8	20:10→04:11

버스

라오까이 메인 버스 터미널인 벤쎄 쭝떰 라오까이 Bến Xe Trung Tâm Lào Cai는 시내에서 남쪽으로 8km 떨어져 있다. 하노이(25만~35만 VND)와 하이퐁(35만 VND) 외에도 디엔비엔푸 Điện Biên Phủ(편도 30만 VND) 등 북부 산악지방으로 향하는 버스가 운행된다. 대부분 기차를 타거나 싸파까지 직행하는 버스를 이용하기 때문에 이곳을 이용하는 외국 여행자는 드물다. 참고로 하노이행

기차역 광장에 있는 싸파행 시내버스 정류장

버스는 라오까이 기차역 앞에서도 출발한다. 야간에 운행되는 침대 버스인데 여행사에서 예약을 대행해 준다.

라오까이→싸파

싸파까지는 기차가 연결되지 않기 때문에 버스로 갈아타야 한다. 라오까이 기차역 광장(기차역을 등지고 봤을 때) 왼쪽에 버스 정류장 Bến Xe Buýt Lào Cai-Sa Pa이 있다. 시내버스처럼 노선버스가 싸파를 왕복한다. 05:30~16:00까지(1일 20회)로 약 30분 간격으로 운행되며, 편도 요금은 4만 VND이다.

미니밴도 수시로 운행된다. 기차 도착 시간에 맞추어 기차역 광장에 미니밴이 대기하고 있다. 싸파까지 편도 요금은 5만 VND(외국인에게 10만 VND을 요구하는 경우도 있다)이다. 산길을 올라가야 해서 1시간 30분 정도 걸린다.

라오까이→박하

라오까이에서 박하로 갈 때는 기차역 앞 또는 판딘풍 거리 끝자락(구 버스 터미널)에서 로컬 버스(편도 요금 7만 VND)를 타면 된다. 라오까이 버스 터미널에서 출발한 버스가 이곳을 지나간다. 1일 4회(06:30, 07:15, 10:30, 12:00) 출발하는데, 정확한 출발 시간은 지켜지지 않는다. 기차 도착 시간에 맞추어 기차역 앞에서 출발하는 미니밴(편도 요금 9만~13만 VND)을 이용해도 된다.

라오까이 역 주변

Sa Pa

싸파(싸빠)

하노이에서 북쪽으로 337㎞ 떨어진 싸파는 해발 1,650m의 산악 지대에 형성된 마을이다. 산악 민족들이 대거 생활하는 마을로, 20세기 들어 프랑스가 베트남을 지배하는 동안 여름 휴양지를 건설하며 세상에 알려졌다. 싸파는 베트남의 변방지대로 몽족 H'mong People(Người H'mông)이 전체 인구의 52%를 차지한다. 선선한 (혹은 추운) 기후와 산악 민족의 독특한 문화와 생활방식까지 베트남 본토와 확연한 차이를 보인다. 산악 민족을 카메라에 담기 위해 애쓰는 외국인들과 수공예품을 팔기 위해 영어를 구사하는 산악 민족이 신경전을 벌이는 모습도 싸파만의 독특한 풍경이다.

싸파는 하롱베이, 호이안과 더불어 베트남의 대표적인 관광지로 부각되고 있다. 인도차이나에서 가장 높은 산인 판시판(해발 3,143m)이 파노라마로 펼쳐지고, 마을 주변에는 다랑논이 가득하다. 계곡을 따라 층을 이루며 만든 다랑논과 산악 민족 마을은 더없이 좋은 트레킹 코스를 제공한다. 지대가 높아 기후 변화가 심하지만 날씨만 좋으면 눈과 가슴을 맑게 해주는 매력적인 여행지가 될 것이다.

인구 3만 8,122명 | **행정구역** 라오까이 성 Tỉnh Lào Cai 싸파 현 Huyện Sa Pa | **시외국번** 0214

여행 안내소

싸파 지역에 관한 다양한 여행 정보를 제공해준다. 트레킹과 날씨, 교통편에 관해 영어로 안내를 받을 수 있다.

Map P.492-A1 **주소** 2 Fansipan **전화** 0214-3871-975 **홈페이지** www.sapa-tourism.com
운영 매일 07:30~20:30

은행 · 환전

은행은 많지 않지만 환전에는 큰 어려움이 없다. 꺼우머이 거리 Phố Cầu Mây에 있는 농업 은행 Agri Bank이 편리하다.

기온

연평균 기온은 15.4°C이며 여름 평균 최고 기온은 29°C, 겨울 평균 최저 기온은 1°C를 유지한다. 7~8월이 여름에 해당하며, 12~1월이 가장 추운 계절이다. 겨울에는 영하(최저기온 -4°C)로 떨어지는 날도 있고, 눈이 내리기도 한다. 2013년 12월에 최대 20cm의 폭설이 내리기도 했다. 여름이라도 따뜻한 옷을 챙겨가는 게 좋다.

여행 시기

우기보다는 건기가 여행에 적합하고, 추울 때보다는 따뜻할 때가 좋다. 겨울에는 춥고 안개가 끼는 날이 많아 우울해지기까지 한다. 트레킹에 적합한 시기는 3~5월과 10~11월이다. 특히 쌀을 수확하는 가을이 되면 싸파 주변 계곡이 더욱 아름다워진다. 8~9월도 비가 내리지만 비가 그친 날은 그 어느 때보다도 청명한 하늘과 푸른 계곡을 감상할

수 있다. 주말에는 싸파+박하 시장을 방문하려는 단체 투어가 밀려들기 때문에 북적댄다.

트레킹

트레킹은 가볍게 산길을 걷는 것이지만, 싸파에서의 트레킹은 산악 민족 마을 방문을 의미한다. 다랑논이 가득한 계곡을 걸으며 전통을 유지한 산악 민족 마을을 방문할 수 있다. 홈스테이가 포함된 1박 2일 투어도 있다. 대부분의 호텔에서 기본적인 트레킹 투어를 진행한다. 1일 투어는 US$20~25로 코스에 따라 요금이 달라진다. 소규모로 움직일수록 투어 요금은 인상된다. 박하 일요시장 (P.504)을 투어로 다녀올 경우 교통편을 포함해 US$15~25에 예약이 가능하다.

하노이의 여행사에서도 싸파 트레킹 투어를 진행한다. 하노이↔라오까이 왕복 기차를 포함한 교통편과 숙박, 가이드, 트레킹이 포함된다. 기차 침대칸의 등급과 호텔 수준, 식사 포함 여부에 따라 요금이 천차만별이다. 최근 도로 사정이 좋아지면서 버스를 이용한 투어도 가능해졌다. 기본 일정인 3박 4일의 경우 야간 기차 침대에서 2박, 싸파 호텔에서 1박을 하게 된다. 싸파에서 이틀을 보내고 밤기차를 이용해 다음날 새벽에 하노이에 도착하는 일정이다. 투어 요금은 US$140~240까지 다양하므로 예약할 때 포함 사항을 꼼꼼히 확인하자. 버스를 이용한 1박 2일 투어는 US$75 정도 예상하면 된다. 하노이에 있는 여행사 정보는 P.387 참고.

싸파 주변 마을인 라오짜이로 가는 길

해발 1,650m의 고산도시 싸파

Access

공항은 없으며, 하노이에서 버스나 기차를 타고 이동해야 한다. 하노이에서 고속도로가 새롭게 개통되면서 버스로 7시간이면 이동이 가능해졌다. 덕분에 여행사에서 운영하는 오픈 투어 버스를 이용하면 기차보다 빠르게 이동할 수 있다. 기차를 이용할 경우 라오까이까지 간 다음, 버스를 갈아타고 싸파로 가야한다. 라오까이에서 싸파까지 38㎞ 떨어져 있다. **기차에 관한 정보는 P.487 라오까이 교통 정보, 오픈 투어 버스에 관한 정보는 P.385 하노이 교통 정보 참고.**

버스

싸파 교회 옆에서 라오까이행 시내버스가 출발한다. 2개의 버스 노선이 있는데 모두 라오까이 기차역 Lao Cai Train Station(Ga Lào Cai)을 지난다. 1번 버스(작은 버스)는 라오까이 기차역이 종점이고, 2번 버스(큰 버스)는 기차역을 지나 라오까이 쯩떰 터미널 Bến Xe Trung Tâm까지 간다. 07:30~18:00까지 약 30분 간격(1일 20회)으로 운행되며 편도 요금은 4만 ND이다. 야간 기차 출발 시간에 맞춰서 라오까이로 갈 경우 숙소에서 미니밴을 예약해도 된다. 라오까이 기차역까지 1시간 정도 걸린다.

싸파 버스 터미널 Bến Xe Sa Pa은 중심가에서 동쪽으로 1km 떨어져 있다. 싸파 시장 Sa Pa Market(Chợ Sa Pa) 앞의 공터에 버스가 주차해 있다. 싸파 버스 터미널에서 출발하는 버스 노선은 많지 않다. 대부분 버스 회사들이 싸파→라오까이→하노이(미딘 버스 터미널 Bến Xe Mỹ Đình) 노선을 운영한다. 07:00~22:00까지 버스가 출발하며, 하노이까지 7~8시간 정도 걸린다. 편도 요금은 35만~40만 VND이다. 싸오비엣 Sao Việt, 싸파 그룹 버스 Sapa Group Bus, 카담 버스 Kadham Bus, 하썬하이번 Hà Sơn Hải Vân에서 운영하는데, 리무진 버스(9인승 미니밴)부터 22인승 침대버스까지 다양하다. 버스 회사 사무실까지 가는 곳도 있으므로 목적지를 확인하고 타는 게 좋다.

오픈 투어 버스

로컬 버스보다 외국 여행자들이 선호하는 교통편이다. 하노이 구시가에 있는 여행사(또는 버스 회사 사무실)까지 가기 때문에 편리하다. 싸파→하노이 노선은 싸파 익스프레스 Sapa Express(주소 6 Ngõ Vuon Treo, 홈페이지 www.sapaexpress.com)에서 1일 3회(07:30, 14:00, 15:00) 운행한다. 편도 요금은 버스 종류(15인승, 28인승)에 따라 45만~50만 VND이다. G8 버스(홈페이지 www.g8opentour.vn)는 1일 3회(07:30, 09:30, 16:00) 운행하며, 편도 요금 35만~42만 VND이다.

싸파→라오까이→하노이→하이퐁→깟바 섬(깟바 타운) 노선의 침대 버스(슬리핑 버스)도 운행된다. 깟바 디스커버리(홈페이지 www.catbadiscovery.com)에서 운영하며 1일 1회(21:00) 출발한다. 편도 요금은 55만 VND이다.

Transportation

싸파 주변 지역을 다닐 경우 트레킹 투어에 참여하거나 오토바이를 타면 된다. 대부분 급경사가 심한 산길이라서 오토바이는 초보 운전자에게 적합하지 않다. 쎄옴(오토바이 택시)을 이용할 경우 따핀 마을까지 왕복 12만 VND, 짬돈 고개까지 왕복 15만 VND으로 요금이 정해져 있다. 쎄옴(오토바이 택시) 기사를 동행할 경우 하루 US$15 정도에 흥정하면 된다.

① Anise Kitchen B1
② Le Gecko Cafe B1
③ 비엣 이모션 A1
④ 레드 자오 하우스 Red Dao House A1
⑤ 르 쁘띠 젝코 Le Petit Gecko A1
⑥ 모멘트 로맨틱 레스토랑 A1
⑦ 굿 모닝 베트남 A2
⑧ 리틀 싸파 Little Sapa A2
⑨ Delta Sky View B2
⑩ 델타 이탈리안 레스토랑 B2
⑪ Casa Italia Pizza B2
⑫ 몽 시스터 바 B2
⑬ Paradise Restaurant B2
⑭ 굿 모닝 뷰 레스토랑 B2

싸파 시장(600m), 버스 터미널(600m),
따핀(8km), 라오까이(38km) 방면

빅토리아
싸파 리조트

꽁 카페

우체국 ✉

공원

라오까이행 버스 타는 곳

여행 안내소

싸파 교회
Nhà Thờ Sa Pa

광장

① 싸파 센터 호텔 A1
② 싸파 엘레강스 호텔 A1
③ BB 호텔 싸파 A1
④ 프엉남 호텔 Phương Nam A2
⑤ Sapa Mountain Hotel A2
⑥ Sapa Unique Hotel A2
⑦ Pi's Boutique Hotel A2
⑧ Hotel Cat Cat Galerie d'Art A2
⑨ Azure Sapa Hotel A2
⑩ Cat Cat Sunrise Hotel A2
⑪ Hotel Le Bordeaux A2
⑫ 싸파 릴랙스 호텔 A2
⑬ 쩌우롱 호텔 Châu Long A2
⑭ 어메이징 호텔 Amazing Hotel B2
⑮ Chapa Dew Hotel B2

짬똔 고개, 판시판,
디엔비엔푸 방면

선 플라자 싸파 스테이션
Sun Plaza Sapa Station

Hotel De La
Coupole
MGallery

Ⓢ Agri

함종산 방면

함종산 매표소

트레이드 유니언 호텔
Khách Sạn Công Đoàn

사당 Đền Hàng Phố

꽁 카페(2호점)

⑯ Mộc Sapa Hotel A2
⑰ 서니 마운틴 호텔 B2
⑱ Yolo Hotel B2
⑲ De La Sol Sapa B2
⑳ 뱀부 싸파 호텔 B2
㉑ Sapa Lodge Hotel B2
㉒ 싸파 힐스 호텔 B2
㉓ Sapa Indigo Hotel B2
㉔ Sapa Diamond Hotel B2
㉕ Sapa View Hotel B2
㉖ Sapa Grand Hills B2
㉗ 마이 부티크 호텔 B2

라오짜이(7km) & 따반(9km)

깟깟(2km),
신짜이(6km) 방면

싸파

0   50m   100m

● 관광 ● 식당 ▲ 숙소

Attractions

싸파의 볼거리는 주변을 감싼 자연이다. 깊은 계곡을 따라 다랑논들이 가득해 풍경이 아름답다. 싸파에는 특별한 추천 코스는 없다. 시간이 허락하는 대로 깟깟, 라오짜이, 따반, 따핀 같은 주변 마을을 방문하면 된다.

Map P.492-B1

싸파 교회 ★★★
Sa Pa Church
Giáo Hội Tại Sa Pa(Nhà Thờ Sa Pa)

전화 0214-3873-014 홈페이지 www.sapa
church.org 가는 방법 마을 중심가에 있다.

1930년에 건설된 가톨릭 교회다. 프랑스 식민정부 시절 싸파에 휴양온 프랑스 사람들을 위해 건설했다. 규모는 작지만 석조 건물인 데다 가 싸파에서 보기 힘든 종교 건축물 이라 눈길을 끈다. 싸파 타운 중심부 에 있어 이정표 역할을 한다. 싸파 시장이 외곽 으로 이전하면서 교회 앞 작은 수 공예품 시장으로

싸파 교회 앞에서 기념품을 판매하는 소수 민족

변모했다. 좌판을 펼치고 장사하는 소수민족들과 관광객이 어우러져 활기 넘친다.

Map P.492-B1

함종산 ★★★
Ham Rong Mountain
Núi Hàm Rồng

주소 Đường Hàm Rồng 전화 0214-3871-289 운영 06:30~18:00 요금 7만 VND(전통 공연 관람 료 포함) 가는 방법 싸파 교회 왼쪽 골목 안쪽으 로 들어가서, 트레이드 유니언 호텔 Trade Union

함종산에 있는 전통 무용 공연장

안개에 둘러싸인 싸파 교회

함종산 전망대에서 바라본 싸파 풍경

Hotel(Khách San Công Đoàn) 앞에서 왼쪽 길로 가면 매표소가 있다.

싸파 타운의 뒷산에 해당하는 곳으로 해발 1,750m이다. 산 정상 부분의 갈라진 틈이 용의 턱을 닮았다고 해서 붙여진 이름이다. 다양한 꽃과 식물을 심어 화원을 꾸몄고, 석회암으로 이루어진 독특한 모양의 바위산들을 볼 수 있다. 전망대에서는 판시판을 포함해 싸파 주변 경관이 펼쳐진다. 매표소에서 전망대까지 걸어서 30~40분 걸린다.

전통 무용 공연장에서는 소수 민족 전통 무용이 공연된다. 월~목요일은 1일 4회(여름 08:30, 09:45, 14:30, 15:45, 겨울 09:00, 10:15, 14:00, 15:15), 금~일요일은 1일 6회(08:30, 09:30, 10:30, 14:00, 15:00, 16:00)로 계절과 요일에 따라 공연 시간이 달라진다.

깟깟 Cát Cát ★★★☆

위치 싸파에서 남쪽으로 3㎞ 요금 15만 VND 가는 방법 판시빵 거리 끝자락에서 1.5㎞를 더 내려가면 깟깟 마을 매표소가 나온다.

싸파 타운에서 가장 가까운 몽족 마을로 걸어갈 수 있는 거리다. 가이드 없이 트레킹이 가능해 개별 여행자들이 많이 찾는다. 깟깟 마을은 계곡 아래에 자리잡고 있다. 마을까지 가는 동안 다랑논 길을 지나는데 풍경은 아름답지만 내리막길이라 가파르다. 계곡 끝까지 내려가면 강과 폭포가 나

온다. 깟깟 폭포 Cat Cat Waterfall(Thác Cát Cát)라 불리는 자그마한 폭포를 지나 완만한 길을 오르면 포장된 도로가 나오고, 여기서 오른쪽 방향으로 가면 싸파 타운으로 돌아오게 된다.

깟깟에서 4㎞를 더 들어가면 신짜이 Sín Chải 마을이 나온다. 역시 몽족이 거주하는 마을로 깟깟에 비해 관광객들의 발길이 적어 상업화되지 않은 마을이다.

라오짜이 & 따반 ★★★★
Lao Chải & Tả Van

위치 싸파에서 남동쪽으로 8㎞ 요금 8만 VND 가는 방법 여행자 호텔이 밀집한 므엉호아 거리를 따라 오른쪽으로 내려가면 된다.

깟깟과 더불어 여행자들이 많이 방문하는 몽족 마을이다. 깟깟에 비해 마을로 향하는 길이 넓고 전망도 탁 트여 있다. 완만한 계곡을 따라 다랑논들이 가득해 경관도 아름답다. 라오짜이 마을은 므엉호아 강 Muong Hoa River(Sông Mường Hoa)을 끼고 있어 평화로운 전원 풍경과 조화를 이룬다. 트레킹을 시작하는 곳에서 마을을 흐르는 강과 길들이 훤히 내려다보이기 때문에 어떤 방향으로 가야 하는지 알 수 있어서 마음 편하게 걸을 수 있다.

라오짜이를 지나 2㎞를 더 걸어가면 따반 마을이 나온다. 계곡 아래에 형성된 작은 마을로 자이족 Người Giáy이 생활한다. 두 마을을 연계해 반나절 일정으로 트레킹을 하면 된다.

몽족이 생활하는 깟깟 마을

트레킹하기 좋은 라오짜이

싸파에서는 몽족을 만날 수 있다

중국 중부와 몽골에 살던 유목민들로 19세기 초반부터 남하해 중국 남부 국경 일대로 이주하기 시작했습니다. 일부는 중국 국경을 넘어 베트남, 라오스, 태국 북부 지방의 산악 지대에서 생활하지요. 중국에서는 먀오족(苗族)이라고 불립니다. 베트남에서 생활하는 몽족 Người H'Mông은 해발 1,500m 이상의 고산지대에 거주합니다. 인구는 100만 명 정도로 베트남 전체 인구의 1%가 조금 넘는답니다.

몽족의 전통 의상은 남색 염료를 이용한 무늬염색으로 유명합니다. 남색 새틴으로 만든 상의는 오렌지색, 노란색을 사용해 소매와 옷깃에 수를 놓지요. 바티크로 만든 치마는 빨간색, 핑크색, 파란색, 하얀색을 평행하게 수평으로 수를 놓아 색과 패턴이 화려합니다. 특히 화몽족 Flower H'mong의 전통의상은 꽃처럼 화려합니다. 손재주가 좋은 몽족이 만든 물건들은 기념품으로 판매됩니다. 가방, 모자, 지갑, 치마까지 제품이 다양합니다. 몽족들은 은제품을 장신구로 걸치고 다니는데, 부를 상징함과 동시에 악귀를 물리쳐 준다는 믿음 때문이랍니다. 무거운 은 목걸이를 하면 영혼이 몸속으로 내려간다고 믿는다고 합니다. 싸파에 거주하는 베트남 사람들은 전체 인구의 15%에 불과합니다. 몽족이 전체 인구의 52%로 다수를 이루고 있습니다. 이밖에 자오(야오)족 Người Dao이 25%, 따이족 Người Tày이 5%를 차지합니다.

따핀 Tả Phìn ★★★

위치 싸파에서 라오까이 방향으로 12km **요금** 4만 VND **가는 방법** 싸파에서 라오까이 방향으로 국도를 따라 8km를 내려간 다음, 따핀 마을로 빠지는 왼쪽 길로 4km를 더 들어간다.

싸파 주변의 소수 민족 마을 중에서 깟깟, 라오짜이와 더불어 외국인들이 많이 방문하는 마을이다.

관광객과 몽족이 어우러진 트레킹 풍경

붉은 자오족 Red Dao(Người Dao Đỏ)과 몽족이 함께 생활한다. 붉은 자오족이 다수를 이루는데, 머리에 붉은색 스카프를 쓰고 있어서 눈길을 끈다. 시장을 중심으로 마을이 형성되어 있고, 다랑논을 개량해 농사를 지으며 생활한다. 마을 끝자락에 있는 따핀 동굴 Ta Pin Cave(Hang Tả Phìn)은 별도의 입장료(2만 VND)를 받는다. 계곡의 경사가 완만해 다른 지역의 다랑논에 비해 스펙터클한 맛은 덜하다. 마을 입구의 매표소 옆에는 프랑스 식민정부 때 건설한 폐허가 된 따핀 성당 Old French Church(Nhà Thờ Cổ Tả Phìn)이 남아 있다.

따핀에서 만난 붉은 자오족

평화로운 따핀 마을

굽이굽이 산길이 이어지는 짬똔 고개

싸파를 병풍처럼 감싼 판시판(판씨빵)

짬똔 고개
Tram Ton Pass
Tràm Tôn

★★★

주소 Quốc Lộ 4A **가는 방법** 싸파 북서쪽으로 18
㎞ 떨어져 있다. 싸파에서 라이쩌우 Lai Châu 방
향으로 국도를 따라 가면 된다. 탁박(폭포)을 지나
서 4㎞ 더 간다.

베트남에서 가장 높은 고갯길로 해발 1,900m를
통과한다. 싸파에서 이어지는 서쪽의 산악 지대인
라이쩌우와 디엔비엔푸를 가려면 반드시 지나쳐
야 한다. 굽이굽이 이어진 급경사의 산길을 따라
계곡과 산, 구름이 어우러져 수려한 풍경을 제공
한다. 물론 청명한 날에만 온전히 감상할 수 있다.
짬똔 고개를 가는 길에 탁박 Thác Bạc(Silver
Waterfalls)을 지나치게 된다. 하얀 폭포수가 마치
은처럼 보인다고 해서 탁박(실버 워터풀)이라고

불린다. 폭포의 높이는 100m로 3단으로 구성된다
(입장료 2만 VND).

판시판(판씨빵)
Fansipan
Phan Xi Păng(Núi Fansipan)

★★★☆

싸파 타운 앞으로 병풍처럼 펼쳐진 산으로 싸파
에서 남서쪽으로 19㎞ 떨어져 있다. 해발 고도는
3,143m로 베트남뿐만 아니라 인도차이나에서 가
장 높은 산이다. 산 정상에 만든 표석에는 '인도
차이나의 지붕 Roof of Indochina'이라고 적혀 있
다. 고도에 따라 기후와 지형이 달라지는데 2,000
여 종의 식물군과 320여 종의 동물군이 서식한다.
참고로 판시판은 보편화된 영어 발음이며, 베트남
사람들은 '판씨빵 Phan Xi Păng'이라고 부른다.
등정은 보통 해발 2,000m에 있는 파크 레인저 관
리소 Fansipan Park Ranger's Station에서 시작

> **❝ 알아두세요 ❞ 현지 문화를 존중해주세요!**
>
> 산악 민족 마을을 방문할 때는 몇 가지 지켜야 할 것들이 있습니다. 먼저 가정집을 방문할 때는 출입해
> 도 되는지 미리 물어보고 허락을 받도록 해야 합니다. 집안에 신성시하는 물건을 만지는 것도 주의해야
> 합니다. 사진을 찍기 전에도 촬영해도 괜찮은지 카메라를 보이면서 확인해야 합니다. 아기, 노인, 병든
> 사람, 임산부들은 사진에 특히 거부감을 보이는 경우가 많습니다. 사진이 찍히면 영혼이 빠져나간다는
> 믿음을 갖고 있는 민족도 있기 때문입니다.
> 싸파 타운까지 올라와서 장사를 하는 몽족 아이들은 상대적으로 사진에 호의적인데요, 사진을 찍으려면
> 물건을 먼저 사달라고 조르는 경우가 흔합니다. 트레킹을 하다 보면 관광객들을 따라오며 물건을 파는
> 몽족 아이들을 만나게 됩니다. 물건을 살 의사가 없으면 반드시 '노 땡큐 No Thank You'라고 말해주세
> 요. 나중에 사겠다고 하면 순진한 아이들은 그 말만 믿고 학교도 안가고 당신을 계속 따라올 것입니다.
> 돈을 쓸 때 현명해야 합니다. 돈을 주고 사진을 찍는다거나, 구걸하는 아이들에게 용기를 북돋아주는 일
> 이 없도록 해야 합니다. 현지인들을 귀찮게 해서는 안 되고, 너무 많은 것들을 요구해서도 안 되겠지요.
> 여행자는 주인이 아니라 손님이란 사실을 잊지 마십시요!

한다. 해발 2,800m에서 숙박하고 다음 날 정상에 올라간다. 겨울과 밤에 온도가 급격히 떨어지므로 필요한 등산 장비를 갖추어야 한다. 전문 가이드를 동행한 여행사 투어에 참여하는 게 좋다. 1박 2일 투어의 경우 US$95~145로 참가 인원과 포터 유무에 따라 요금이 달라진다.

선 월드 판시판 레전드 ★★★★
(판시판 케이블카)
Sun World Fansipan Legend

Map P.492-A1 주소 Sun Plaza Sapa Station 전화 0948-309-999, 0948-308-888, 0214-3818-888 홈페이지 www.fansipanlegend. sunworld.vn 운영 07:00~17:30 요금 케이블카 80만 VND 가는 방법 ①케이블카 타는 곳 Ga Cáp Treo은 싸파에서 9㎞ 떨어져 있다. ②싸파 시내에 출발할 경우 선 플라자 싸파 스테이션 Sun Plaza Sapa Station에서 출발하는 푸니쿨라(산악용 열차)를 이용하면 된다. 케이블카 타는 곳까지의 요금은 15만 VND이다. ③선 플라자 싸파 스테이션에서 판시판 정상까지 다녀오는 모든 교통편(선 플라자 싸파 스테이션→케이블카 타는 곳→케이블카 탑승→판시판 도착→산악용 열차→판시판 정상)이 포함된 패키지 요금은 120만 VND이다.

선 월드에서 판시판 정상에 만든 종교·레저 시설로 카페, 레스토랑, 쇼핑까지 가능하도록 했다. 케이블카를 이용하면 판시판 정상까지 가장 빠르고 편하게 이동할 수 있다. 케이블카의 총 길이는 6,282m로 20분 만에 해발 3,000m까지 올라간다. 케이블카 타는 곳과 도착하는 곳의 고도 차이는 무려 1,410m나 된다. 케이블카 종점에서 600개의 계단을 오르면 해발 3,143m의 판시판 정상에 닿는다. 산 정상으로 향하는 길은 탄번닥로 Thanh Vân Đắc Lộ(청운득로 靑雲得路라는 뜻)라고 적힌 일주문을 지나서 시작된다. 높이 21.5m, 무게 25톤의 청동 석가모니 불상, 32.8m 높이의 종탑 The Grand Belfry(Đại Hồng Chung), 해발 3,091m에 만든 사원 Kim Sơn Bảo Thắng Tự과 11층 석탑 등의 종교적인 건축물로 채워져 있다.

고산증 증세가 나타날 수 있으므로 천천히 걸어가는 게 좋다. 날씨 변화가 심하고 쌀쌀하므로 겉옷을 챙겨가야 한다. 겨울에는 눈이 내리는 날도 있다. 참고로 정상 부근까지 산악용 열차인 푸니쿨라 Funicular를 타고 갈 수도 있다(편도 요금 15만 VND).

판시판 케이블카 ©이창환

석가모니 불상과 판시판 전망

산악용 열차 푸니쿨라

Restaurant

호텔과 마찬가지로 외국인 여행자가 좋아하는 레스토랑은 꺼우머이 거리와 므엉호아 거리에 몰려 있다. 음식이 발달한 도시가 아니라 관광도시이므로 레스토랑들이 비슷비슷하다. 외국인 관광객이 즐겨 찾는 곳들은 베트남 음식과 더불어 피자, 파스타를 기본으로 요리한다. 호수 주변의 쑤언비엔 거리에는 현지인이 즐겨 찾는 레스토랑이 많다.

굿 모닝 베트남 ★★★☆
Good Morning Vietnam Restaurant

Map P.492-A2 주소 63 Phan Xi Păng (Fansipan) 전화 0912-135-909 홈페이지 www.facebook.com/goodmorningvietnam68 영업 08:00~22:00 메뉴 영어, 베트남어 예산 8만~22만 가는 방법 깟깟 마을로 내려가는 판씨팡 거리 끝자락에 있다.

마을 왼쪽 끝자락에 자리한 레스토랑으로 싸파에서 깟깟으로 내려가는 길목에 있다. 스프링롤, 분짜, 코코넛 치킨 카레, 볶음밥, 각종 볶음 요리, 전골 요리, 잉글리시 브랙퍼스트, 피자, 파스타, 버거까지 다양한 음식을 요리한다. 창밖으로 계곡 풍경을 바라보며 커피나 맥주, 칵테일을 마시는 여행자도 있다.

리틀 싸파 Little Sapa ★★★★

Map P.492-A2 주소 5 Đồng Lợi 전화 0388-063-526 영업 10:00~15:00, 17:00~22:00 메뉴 영어, 베트남어 예산 8만~16만 VND 가는 방법 꺼우머이 거리에서 연결되는 동러이 거리에 있다.

외국 관광객들이 선호하는 베트남 음식점 중의 한 곳이다. 이름처럼 아담한 레스토랑으로 골목 안쪽에 있다. 간판에는 껌 Cơm(밥), 러우 Lẩu(전골), 느엉 Nướng(고기)라고 적혀 있는데, 고기볶음과 전골 요리를 메인으로 한다. 간단하게 식사하기 좋은 분짜, 쌀국수, 볶음국수, 두부 요리, 버섯볶음, 닭고기 튀김, 새우튀김도 관광객에게 인기 있다. 메인 요리를 주문하면 공깃밥을 공짜로 준다. 고기요리는 따뜻함을 유지하기 위해 철판에 올려서 서빙해 준다.

아니세 키친 Anise Kitchen ★★★

Map P.492-B1 주소 4 Ngũ Chỉ Sơn 홈페이지 www.anisesapakitchen.com 영업 07:00~22:30 메뉴 영어, 베트남어 예산 18만~46만 VND 가는 방법 싸파 마을 초입의 응우찌썬 거리 4번지에 있다.

외국 여행자들이 좋아할 만한 메뉴를 골고루 갖추고 있는 레스토랑으로 카페를 겸한다. 대나무를 이용해 인테리어를 꾸몄고, 2층에서는 거리 풍경도 내려다보인다. 쌀국수, 햄버거, 파스타, 아메리칸 브렉퍼스트, 치킨 카레라이스, 로스트 치킨, 소고기 스테이크까지 식사 시간에 따라 다양한 음식을 주문할 수 있다.

모멘트 로맨틱 레스토랑 ★★★☆
Moment Romantic Restaurant

Map P.492-A1 주소 1A Thạc Bạc 전화 0982-884-965 영업 08:00~22:00 메뉴 영어, 베트남어 예산 메인 요리 12만~25만 VND, 러우(전골 요리) 42만~55만 VND 가는 방법 싸파 중심가에서 마을 북쪽으로 연결되는 딱박 거리 1번지에 있다. 광장에서 북쪽으로 100m.

마을 북쪽에 있는 베트남 음식점이다. 주로 관광객을 대상으로 영업하는 곳으로 쌀국수부터 볶음밥, 두부요리, 피자, 스테이크까지 메뉴가 다양하다. 쌀쌀한 날씨 때문에 전골 요리인 러우 Lẩu가 인기 있다.

굿모닝 뷰 레스토랑 ★★★☆
Good Morning View Restaurant

Map P.492-B2 주소 47 Mường Hoa 전화

0912-927-810 **영업** 08:30~22:00 **메뉴** 영어, 베트남어 **예산** 9만~30만 VND **가는 방법** 싸파 중심가에서 마을 남쪽으로 내려가는 므엉호아 거리 47번지에 있다.

마을 남쪽에 있어서 찾아가기 불편함에도 불구하고 인기 있는 베트남 음식점이다. 쌀국수, 스프링롤, 분짜, 넴루이, 코코넛 카레 같은 베트남 음식은 물론 스파게티와 피자 같은 서양식 메뉴도 갖췄다. 규모는 작지만 복층의 실내를 아늑하게 꾸몄다. 무난한 음식 맛과 친절한 서비스가 인기의 비결이다.

레드 자오 하우스 ★★★☆
Red Dao House

Map P.492-A1 **주소** 4B Thác Bac **전화** 0214-872-927 **홈페이지** www.reddaohouse.com **영업** 08:00~22:00 **메뉴** 영어, 베트남어 **예산** 13만~33만 VND **가는 방법** 중심가에서 북쪽으로 조금 떨어진 딱밧 거리에 있다.

소수 민족의 전통 가옥을 현대적으로 재현했다. 목조 건물의 운치와 스타일리시한 실내가 포근하게 어우러진다. 목조 건물의 테라스와 야외 마당에도 테이블이 놓여 있어 여유롭고 평화로움을 선사한다. 종업원들은 자오족 전통 복장을 입고 있다. 채소와 두부를 포함한 베트남 요리를 기본으로 스테이크와 연어 Mountain Salmon Fish 같은 특별 메뉴가 있다. 추운 겨울에는 여러 명이 러우(전골 요리) Lẩu(Hot Pot)를 즐기는 사람도 많다. 식사 시간을 피해 차분하게 커피를 마셔도 괜찮다.

르 쁘띠 겍코 ★★★★
Le Petit Gecko

Map P.492-A1 **주소** 7 Xuân Viên **전화** 0214-3871-131 **홈페이지** www.legeckosapa.com **영업** 07:00~22:30 **메뉴** 영어, 베트남어 **예산** 10만~38만 VND **가는 방법** 공원 왼쪽편의 쑤언비엔 거리에 있다.

2007년부터 영업 중인 카페 분위기의 레스토랑이다. 프랑스 음식점으로 유명한 르 겍코 레스토랑 Le Gecko Restaurant에서 운영한다. 본점에 비

해 신선한 채소를 이용한 베트남 요리에 치중하고 있다. 외국 관광객에게 인기 있는 곳으로 피자, 파스타 같은 서양 음식도 함께 요리한다. 아늑한 분위기로 도로 앞 공원 풍경을 바라보며 잠시 쉬어 가기 좋다. 인접한 곳에 르 겍코 카페 Le Gecko Cafe(주소 2 Ngũ Chi Sơn, Map P.492-B1)를 함께 운영한다. 파스텔톤 건물과 아치형 창문이 유럽분위기를 살짝 느끼게 해주는 곳으로, 이탈리아 커피, 코코넛 커피, 베트남 커피를 곁들여 디저트를 즐길 수 있다.

델타 이탈리안 레스토랑 ★★★☆
Delta Italian Restaurant

Map P.492-B2 **주소** 50 Cầu Mây **전화** 0886-887-666 **홈페이지** www.facebook.com/deltaitalianrestaurants **영업** 10:00~22:00 **메뉴** 영어 **예산** 22만~65만 VND **가는 방법** 마을 남쪽으로 내려가는 꺼우머이 거리에 있다.

1999년부터 여행자 거리에서 영업 중인 이탈리아 음식점이다. 코로나 팬데믹 이후 재단장해 문을 열었는데, 규모는 작아졌다. 피자, 파스타, 리조토, 라쟈냐, 라비올리, 스테이크 등을 요리한다. 파스타 면은 홈메이드로 직접 만든다. 다분히 외국인 여행자를 겨냥한 식당으로 맥주와 칵테일, 와인을 곁들여 식사하기 좋다. 싸파에 있는 고만고만한 베트남 음식점에 지쳤다면 들려볼만 하다.

몽 시스터 바 ★★★☆
H'mong Sister Bar

Map P.492-B2 **주소** 31 Mường Hoa **영업** 16:00~24:00 **메뉴** 영어, 베트남어 **예산** 맥주 3만~9만 VND **가는 방법** 므엉호아 거리의 뱀부 싸파 호텔 Bamboo Sapa Hotel 맞은편에 있다.

싸파에서 가장 잘 알려진 술집이다. 벽돌과 목재, 소수민족 공예품의 실내를 꾸몄다. 당구대(포켓볼)가 놓여 있고 벽난로가 있어서 아늑하다. 음악을 들으며 편하게 맥주나 칵테일을 마시기 좋다. 이른 저녁에는 '해피 아워'로 술 값이 할인된다. 저렴한 숙소가 몰려 있는 므엉호아 거리에 있어서 외국인 여행자들이 즐겨 찾는다.

Hotel

 싸파의 호텔

고산지대의 작은 도시지만 호텔들은 넘쳐 난다. 저렴한 여행자 호텔들은 싸파 타운 끝자락의 꺼우머이 거리와 므엉호아 거리에 몰려 있다. 같은 호텔이라 하더라도 전망에 따라 요금이 달라진다. 날씨가 추워서 에어컨이 없는 호텔이 대부분이다. 겨울에는 전기 장판을 제공해 주며, 고급 호텔은 난방시설이나 벽난로가 설치되어 있다. 주말과 성수기에는 요금이 인상된다.

프엉남 호텔 ★★★
Khách Sạn Phương Nam

Map P.492-A2 주소 33 Phan Xi Păng 전화 0214-3502-633, 0966-485-585 홈페이지 www.phuongnamhotelsapa.com 요금 도미토리 US$8, 트윈 US$24~36(개인욕실, TV, 아침식사) 가는 방법 판씨빵 거리 초입에 있다.

판씨빵 거리에 있는 평범한 호텔이다. 계곡 방향으로 호텔이 들어서 있다. 객실 앞쪽으로 공동으로 사용하는 널찍한 테라스에서 경치를 감상하며 시간 보내기 좋다(대부분의 객실은 전망이 없다). 높은 층의 객실이 시설이나 전망이 좋다. 영어 간판은 서던 호텔 Southern Hotel이라고 적혀 있다.

싸파 유니크 호텔 ★★★☆
Sapa Unique Hotel

Map P.492-A2 주소 39 Phan Xi Păng(Fansipan) 전화 0214-3872-008, 097-839-873 홈페이지 www.sapauniquehotel.com 요금 트윈 US$34~45개인욕실, TV, 냉장고, 아침식사) 가는 방법 판씨빵 거리 초입에 있다.

저렴한 숙소들이 몰려있는 판씨빵 거리에 있다. 계곡 경사면에 만든 숙소라 객실에서의 전망이 좋다. 객실이 깨끗하며 아침식사가 포함된다. 냉장고, LCD TV, 전기장판, 전기포트, 모기장까지 객실 설비도 괜찮다. 가능하면 산과 계곡이 보이는 마운틴 뷰 객실을 예약하는 게 좋다.

싸파 엘레강스 호텔 ★★★☆
Sapa Elegance Hotel

Map P.492-A1 주소 3 Hoàng Diệu 전화 0214-3888-668 요금 더블 US$32~50(개인욕실, TV, 냉장고, 아침식사) 가는 방법 빅토리아 싸파 리조트로 가는 호앙지에우 거리에 있다.

차분한 느낌의 중급 호텔이다. 계곡을 끼고 있지 않지만 마을 중심가와 가까우면서도 조용하게 지낼 수 있다. 객실이 넓고 깨끗하며 샤워 부스가 설치된 욕실 상태도 좋다. 슈피리어 룸은 건물 뒤쪽의 산이 보이고, 발코니가 딸려 있는 딜럭스 룸은 싸파 중심가가 내려다 보인다. 수려한 경관은 기대하지 말 것.

싸파 릴랙스 호텔 ★★★★
Sapa Relax Hotel

Map P.492-A2 주소 19 Đông Lợi 전화 0214-3800-368 홈페이지 www.saparelaxhotel.com 요금 더블 US$35~40, 트윈 마운틴 뷰 US$55~65(에어컨, 개인욕실, TV, 냉장고) 가는 방법 므엉호아 거리에서 이어지는 동러이 거리에 있다.

싸파 중심가 골목 안쪽에 있는 3성급 호텔이다. 객실이 깨끗하고 직원도 친절해서 만족도가 높다. 객실은 위치에 따라 크기가 전망이 다르지만, 기본적으로 샤워 부스와 발코니가 딸려 있다. 아무래도 주변 산과 계곡 풍경이 한 눈에 들어오는 스위트 룸이 좋다. 아침식사가 포함되며, 루프톱 카페에서 바라보는 풍경도 훌륭하다.

호텔 깟깟 갤러리 아트 ★★★★
Hotel Cat Cat Galerie d'Art

Map P.492-A2 주소 46 Phan Xi Păng(Fansipan) 전화 0965-386-538 홈페이지 www.hotel

galeriedart.vn 요금 더블 US$49, 딜럭스 트윈 US$57~65(에어컨, 개인욕실). TV, 아침식사) **가는 방법** 깟깟 마을로 향하는 판씨빵 거리 끝자락에 있다.

싸파에서 오랫동안 인기를 얻고 있는 깟깟 호텔에서 운영한다. 3성급 호텔로 2021년에 객실을 산뜻하게 리모델링했다. 스테인드글라스 장식, 몽족 수공예품, 그림 등을 이용해 갤러리처럼 꾸민 것이 특징. 겨울철 보온에 대비하기 위해 벽난로도 설치해 두고 있다. 깟깟 마을로 향하는 도로 경사면에 건설한 호텔이라 주변의 산과 계곡 풍경을 감상하기 좋다.

마이 부티크 호텔
My Boutique Hotel ★★★★

Map P.492-B2 주소 55 Mường Hoa **전화** 0988-242-503 **홈페이지** www.myboutiquesapahotel.com **요금** 딜럭스 US$45~50, 프리미어 딜럭스 US$75 **가는 방법** 싸파 중심가에서 마을 남쪽으로 내려가는 므엉호아 거리 55번지에 있다.

마을 남쪽에 있는 3성급 부티크 호텔이다. 25개 객실을 운영하는 소규모 호텔로 직원들의 친절한 서비스로 인해 인기 있다. 객실은 유럽풍으로 깔끔하게 꾸몄고, 캐노피 침대를 두어 로맨틱한 분위기를 더했다. 마을 중심가까지 10분 이상 걸어다녀야 해서 불편하지만, 밤에는 그만큼 조용하게 지낼 수 있다.

뱀부 싸파 호텔
Bamboo Sapa Hotel ★★★

Map P.492-B2 주소 18 Mường Hoa **전화** 0214-387-1076 **홈페이지** www.bamboosapahotel.com.vn **요금** 스탠더드 US$50, 슈피리어 US$65 **가는 방법** 므엉호아 거리의 홀리데이 싸파 호텔 Holiday Sapa Hotel 옆에 있다.

야외 수영장을 갖춘 3성급 호텔로, 마을 남쪽에 있어 조용하며 전망이 좋다. 객실을 리모델링해 시설이 괜찮고, 욕실마다 헤어드라이어와 욕조가 갖춰져 있다. 전망이 좋은 슈피리어 마운틴 뷰 룸은 발코니까지 딸려 있다.

BB 호텔 싸파 BB Hotel Sapa ★★★★

Map P.492-A1 주소 8 Cầu Mây **전화** 0214-387-1996, 0988-270-666 **홈페이지** www.bbhotels-resorts.com **요금** 슈피리어 US$90~125, 딜럭스 US$100~135 **가는 방법** 광장 옆 꺼우머이 거리 8번지에 있다.

4성급 호텔로 광장 옆에 있어 위치가 좋다. 콜로니얼양식을 가미한 건물에 객실 컨디션도 좋다. 깔끔한 침구가 편안한 잠자리를 제공하고 창문 앞으로화단이 놓인 자그마한 발코니도 있다. 마을 중심가에 있어서 객실 전망은 평범하다.

어메이징 호텔 Amazing Hotel ★★★★

Map P.492-B2 주소 Phố Đồng Lợi(Dong Loi Street) **전화** 0214-3865-888 **홈페이지** www.amazinghotel.com.vn **요금** 더블 US$72~82, 딜럭스 마운틴 뷰 US$95~120 **가는 방법** 꺼우마이 거리 남쪽에서 연결되는 동러이 거리에 있다.

싸파에서 보기 드문 대형 호텔이다. 4성급 호텔로 엘리베이터와 수영장까지 갖추고 있다. 현대적인 호텔로 포근한 침대, 나무 바닥으로 된 객실, 통유리로 된 개인욕실을 갖추고 있다. 추운 겨울에 대비해 벽난로도 설치되어 있다. 계곡 방향으로 호텔을 건설해 전망이 탁월하다.

호텔 데 라 쿠폴
Hotel De La Coupole MGallery ★★★★☆

Map P.492-A1 주소 1 Hoàng Liên **전화** 0214-3629-999 **홈페이지** www.hoteldelacoupole.com **요금** 슈피리어 US$150~170, 딜럭스 US$190~210 **가는 방법** 선 플라자 싸파 스테이션(케이블 카 타는 곳) 옆에 있다. 호텔 입구는 호앙리엔 거리에 있다.

싸파 중심가에 있는 5성급 호텔로 프랑스 호텔 그룹인 아코르 Accor에서 운영한다. 249개 객실을 보유한 유럽풍의 건물로 돔 장식까지 어우러져 웅장하다. 실내 수영장을 갖추고 있다. 객실은 화려한 색감과 패턴 타일로 꾸며 부티크 호텔다운 느낌을 준다.

Bắc Hà

박하

박하라는 이름만 들으면 박하사탕을 떠올리겠지만, 강 북쪽에 있다고 해서 박하(北河)라는 지명이 생겼다. 베트남 북부의 산악 마을로 해발고도는 800m로 높은 편이지만, 산들에 둘러싸인 분지 형태라 특별한 전망은 없다. '리틀 싸파 Little Sapa'로 불리기도 하는데 싸파에 비해 규모도 작고 관광 시설도 미비하다. 박하는 평상시에는 조용한 마을이지만 일요일이 되면 북적댄다. 주변 고산지대에서 산악 민족들이 박하 일요시장에 모여들고, 싸파와 하노이에서 출발한 투어 버스가 도착하면서 축제 분위기로 변모한다.

일요시장에는 꽃처럼 화려한 전통 복장을 입은 화몽족 Flower H'mong들이 가득하다. 화몽족들이 거리를 거닐면 단출하던 산골 마을은 꽃물결이 넘실거리듯 다채로워진다. 시장에 모여든 산악 민족들은 수다를 떨며 물건을 거래하고, 전 세계에서 몰려온 관광객들은 이색적인 풍경을 카메라에 담기에 여념이 없다. 〈내셔널 지오그래픽〉에서나 봄직한 장면이 여기저기서 연출된다. 다행히도 현지인과 외국인의 관계는 '사진 한 장 찍고 물건 하나 사주는' 지역 문화를 존중해주는 훈훈함이 남아 있다.

인구 7,400명 | **행정구역** 라오까이 성 Tỉnh Lào Cai 박하 현 Huyện Bắc Hà | **고도** 800m | **시외국번** 0214

Information

싸파와 라오까이에 비해 은행 시설은 현저하게 부족하다. 농업 은행 Agri Bank 한 곳이 지점을 운영할 뿐이다. 일부 호텔에서 미국 달러와 중국 위안(元)화를 환전해준다.
우체국은 마을 초입에 있다. 평균 기온은 19℃로 선선하며, 싸파에 비해 따뜻하다. 하지만 겨울에는 영상 4℃까지 내려가므로 따뜻한 옷을 챙겨가야 한다.

Access

하노이에서 북서쪽으로 350㎞, 싸파에서 동쪽으로 100㎞, 라오까이에서 동쪽으로 63㎞ 떨어져 있다. 공항이나 철도가 연결되지 않기 때문에 라오까이에서 버스를 타고 가야 한다. 라오까이 기차역 앞(P.488)에서 버스를 타거나, 싸파에서 출발하는 투어 버스를 이용해야 한다. 투어 버스는 박하 일요 시장을 방문하기 위해 주말에만 운행되며, 요금은 US$15~250이다. 박하에서 라오까이로 가는 버스는 매일 5회(06:30, 07:30, 08:30,

라오까이에서 출발하는 미니 버스

10:00, 12:00) 출발한다. 편도 요금은 7만~10만 VND이며, 약 2시간 30분 소요된다. 마을 남쪽에 버스 정류장 Bến Xe Khách Bắc Hà이 있다. 박하→라오까이→하노이 노선(34만 VND)으로 침대 버스가 운행된다. 라오까이 기차역으로 갈 경우 숙소에 문의해 미니밴(12만 VND)을 타고가는 게 좋다. 기차에 관한 정보는 P.487 라오까이 교통정도 참고.

Attractions

박하의 볼거리는 일요시장이 유일하다. 평상시에는 조용한 산골 마을로 관광객들은 찾아보기 힘든다. 토요일 오후에 도착해 박하에서 하루 자고 일요일 아침에 시장을 구경하거나, 싸파에서 일요일 아침 일찍 출발해 박하를 둘러보고 저녁에 하노이로 내려가는 게 일반적이다.
박하 주변에도 모두 14개 소수민족이 생활한다. 몽족이 47%로 가장 많고 따이족 Tày, 자오(야오)족 Dao, 눙족 Nung, 호아족 Hoa 등도 생활한다. 박하 주변 산악 민족 마을에도 장이 서는데, 요일마다 다르므로 시장이 열리는 날에 맞추어 방문하면 된다.

박하 일요시장
Bac Ha Sunday Market
Chợ Phiên Bắc Hà
★★★★

박하를 찾는 유일한 이유는 일요일에 열리는 박하 시장 때문이다. 베트남의 일반적인 재래시장과는 전혀 다른 이국적인 색채가 강하게 느껴진다. 화려한 복장의 화몽족들이 시장 전체를 가득 메운다. 마치 산속에 꽃이 핀 것처럼 화사하다. 화몽족들이 만든 수공예품들은 이방인의 눈길을 사로잡는다. 화려한 색과 문양으로 자수를 놓은 것이 특징이다. 전통 복장, 가방, 지갑, 샌들까지 물건도 다양하다. '한 땀 한 땀' 정성들여 만든 물건들은 기념품으로 더없이 좋다.

박하 시장은 소수민족들이 7일장 형태로 1주일에 한 번 시장을 형성하기 때문에, 고립된 지역에 사는 사람들에게 상업과 친목 도모를 위해 매우 중요한 역할을 한다. 오랜만에 도회지로 나온 소수민족과 현지 문화를 존중하며 시장을 구경하는 외국인들이 어울려 박하의 일요일은 생동감이 넘친다. 먼 길을 걸어와 직접 재배한 채소를 장에 내놓고 판매하고, 고기나 필요한 생필품을 구매해 간다. 가축과 농기구는 물론 집집마다 만든 특산품까지 거래된다. 이곳에서는 명품 가방보다는 바늘, 주방 용품, 화장실 용품이 더 귀한 물건으로 취급받는다.

반포 Bản Phố
★★

박하에서 가장 가까운 몽족 마을이다. 평화로운 산골 마을로 다랑논이 가득히 펼쳐진다. 박하에서 서쪽으로 4㎞ 떨어져 있다. 싸오마이 호텔을 지나 삼거리에서 왼쪽 길로 가면 된다. '반포 Bản Phố'라고 이정표가 적혀 있다. 트레킹 투어에 참여해도 되지만, 혼자 걸어가도 길을 잃을 염려는 없다.

깐꺼우 Cán Cấu
★★★

박하에서 북쪽으로 19㎞ 떨어져 있다. 토요일마다 시장이 형성된다. 생필품과 가축이 주로 거래되며, 화몽족들이 만든 화려한 수공예품도 판매된다. 중국 국경과 가까워 중국인 상인들도 많이 찾아온다. 박하 일요시장만큼은 아니지만, 외국인 관광객들도 볼 수 있다.

꼭리 Cốc Ly
★★

몽족과 화몽족, 자오족, 눙족이 사는 마을로 화요일에 시장이 형성된다.
박하에서 20㎞, 라오까이에서 48㎞ 떨어져 있다. 트레킹 투어를 이용할 경우 쩌이 강 Chay River(Sông Chảy)에서 보트를 타고 내려오는 보트 투어가 포함된다.

소수민족과 외국인이 함께 어우러진 훈훈한 박하 시장
재래시장의 흥겨움과 화려함이 공존하는 박하 시장

박하와 가까운 몽족 마을, 반포

Activity

박하의 즐길 거리

싸파와 마찬가지로 박하에서도 트레킹이 가능하다. 하지만 싸파에 비해 인기는 시들하다. 타이장포 Thái Giàng Phố 또는 나호이 Na Hối를 다녀오는 1일 투어(US$18~25)와 홈스테이가 포함된 1박 2일 투어 (US$40~45) 형태로 진행된다.

Hotel

박하의 호텔

일요시장이 형성되는 마을 중심가에 호텔들이 몰려 있다. 관광객이 몰려드는 토요일과 일요일에는 방 값 이 인상된다.

박하 부티크 Bac Ha Boutique   ★★★☆

주소 Na Cò 3, Bac Ha **전화** 0968-428-968 **홈페이지** www.facebook.com/bachaboutique homestay **요금** 도미토리 US$7(공동욕실, 아침식사), 더블 US$15~18(개인욕실, 아침식사) **가는 방법** 박하 시장 동쪽으로 250m 떨어져 있다.

홈스테이 분위기의 호스텔이다. 부티크라는 이름과 달리 저렴한 여행자 숙소로 도미토리를 운영한다. 전용 객실을 갖춘 더블 룸도 있다. 객실은 통유리로 되어 있어 바깥 풍경을 볼 수 있는데, 잘 때는 커튼을 치면 된다.

후이쭝 홈스테이   ★★★★
Huy Trung Homestay

주소 Na Quang, Bắc Hà **전화** 0979-776-288 **홈페이지** https://huy-trung-homestay.business. site **요금** 더블 US$21~25(개인욕실), 패밀리 스위트 US$50(개인욕실, TV) **가는 방법** 박하 시장에서 북쪽으로 1.5km 떨어져 있다.

박하 태생의 후이쭝 가족이 운영한다. 홈스테이치고는 시설이 좋은 편으로 영어 소통이 가능하다. 콘크리트 건물과 기와지붕을 올린 목조 건물로 구분되며, 아담한 수영장도 있다. 독채를 사용하는

패밀리 룸은 60㎡ 크기로 널찍하다. 가정식 요리를 맛 볼 수 있고, 박하 주변 투어도 가능하다.

꽁푸 호텔 Cong Fu Hotel   ★★★

주소 152 Ngoc Uyển **전화** 0214-3880-254 **홈페이지** www.congfuhotel.com **요금** 더블 US$22~34(에어컨, 개인욕실, TV, 냉장고, 아침식사) **가는 방법** 마을 중심가 사거리에서 북동쪽으로 50m 떨어져 있다.

모두 21개의 객실을 갖춘 중급 호텔이다. 객실은 모두 에어컨 시설로 창문이 있어 밝은 편이다. 개인욕실은 욕조가 있고 온수 샤워가 가능하다. 도로쪽에 있는 여섯 개 방은 발코니가 딸려 있다.

응언응아 호텔 Ngân Nga Hotel   ★★★☆

주소 117 Ngoc Uyển **전화** 0214-3880-286 **홈페이지** www.nganngabachahotel.com **요금** 트윈 US$28~35(에어컨, 개인욕실, TV, 아침식사) **가는 방법** 시장 서쪽의 메인 도로에 있다.

35개 객실을 보유한 중급 호텔로 다른 곳보다 시설이 좋다. 에어컨을 갖추고 있으며 겨울에는 히터를 제공해 준다. LCD TV와 목조 가구를 배치해 안정감을 준다.

Travel Survival

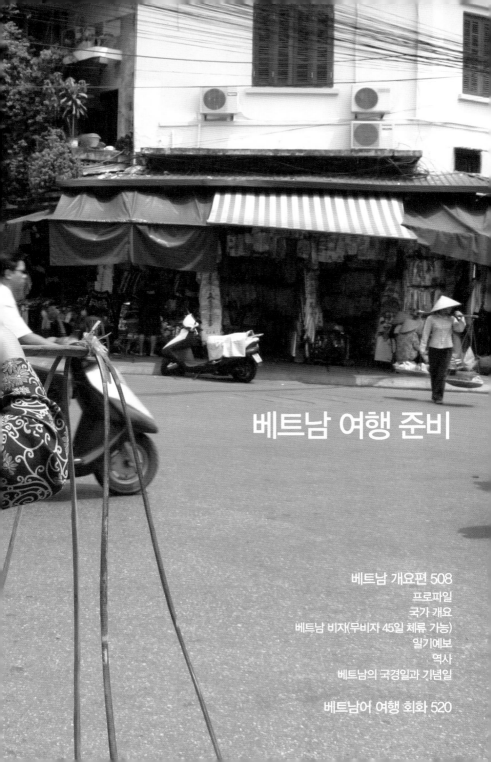

베트남 여행 준비

베트남 개요편

01 프로파일

국가 명칭 베트남 사회주의 공화국
Cộng Hòa Xã Hội Chủ Nghĩa Việt Nam
Socialist Republic of Vietnam
면적 331,210㎢
인구 104,799,174명(2023년 기준)
언어 베트남어 Tiếng Việt
통화 동 Đồng(VND)
수도 하노이 Hà Nội
최대 도시 호찌민시 Thành Phố Hồ Chí Minh
국가 형태 사회주의 공화국
정치 체제 사회주의 단원제(베트남 공산당 1당 체제)
당 서기장 응우옌푸쫑 Nguyễn Phú Trọng
주석(국가원수) 또럼 Tô Lâm
총리(행정수반) 팜민찐 Phạm Minh Chính

02 국가 개요

국기 Quốc Kỳ Việt Nam

빨간색 바탕에 노란색 별이 그려져 있어 금성홍기(金星紅旗) Cờ Đỏ Sao Vàng 라고 한다. 붉은색은 혁명 의 피를 상징하고 노란색 별의 5각은 사(士)·농(農)·공(工)·상(商)·병(兵)으로 대표되는 인민의 단결을 상징한다. 1940년에 제작되었으며 비엣민(베트민) Việt Minh이 이끌던 북부 베트남의 국기로 사용되었다. 북부 베트남에 의해 베트남이 통일되면서 현재는 베트남 국기로 사용되고 있다. 통일 이후 노란색 별은 인민이 아니라 공산당을 상징한다.

국장(國章) Quốc Huy Việt Nam

베트남을 상징하는 휘장으로 금성홍기와 디자인이 비슷하다. 둥근 모양의 국장은 벼 이삭(농민

을 상징)이 둥글게 감싸고 있고, 공산당을 상징하는 노란색 별 아래에는 톱니바퀴(노동자를 상징)를 그렸다. 국장 아래쪽에는 공화사회주의 베트남(Cộng Hòa Xã Hội Chủ Nghĩa Việt Nam)이라고 베트남어로 적혀 있다. 국장은 관공서, 공무원과 군인 제복에 부착되어 있다.

면적

베트남 국토의 총 면적은 331,210㎢로 한반도의 1.5배이다. 동경 102~109°, 북위 8~23° 사이에 위치한다. 남북으로 길고 동서로 폭이 좁은 'S'자 모양을 하고 있다. 인도차이나 반도의 동쪽에 있으며 남중국해(베트남에서는 동해 Biển Đông라고 부른다)와 접해 있다. 해안선의 총 길이는 3,444㎞이다. 북쪽으로 중국, 서쪽으로 라오스와 캄보디아와 국경을 접하고 있다(국경의 총 길이 4,639㎞). 국토의 70% 이상이 산악지형으로 해안선을 따라 도시들이 형성되어 있다.

행정구역

베트남은 58개의 성(省)과 5개의 직할시로 구분된다. 5개 직할시는 하노이, 호찌민시, 하이퐁, 껀터, 다낭이다. 행정단위는 띤 Tỉnh(성省), 후옌(현縣) Hhuyện 또는 탄포(성포城舖=시市) Thành Phố, 티싸(시사市社) Thị Xã 또는 싸(사社) Xã로 세분화된다.

인종

낀족(또는 비엣족) Kinh(Việt)이 전체 인구의 85.3%로 다수를 차지한다. 소수민족은 54개 종족으로 다양하지만 인구는 많지 않다. 대부분 북부 산악 지역에서 생활하는 산악 민족들로 따이족 Tày 1.9%, 타이족 Thái 1.8%, 므엉족 Mường 1.5%, 몽족 Hmông 1.4%, 눙족 Nùng 1.1%가 대표적이다.

03 베트남 비자(무비자 45일 체류 가능)

무비자 45일

베트남은 비자 없이 45일 여행이 가능하다. 무비자로 입국하려면 규정상 왕복 항공권 Return Ticket이나 다른 나라로 가는 항공권 One-ward Ticket이 있어야 하지만 실제로 항공권을 확인하는 경우는 드물다.

1 베트남을 무비자로 입국하기 위해서는 여권 유효기간이 반드시 6개월 이상 남아 있어야 한다.

2 무비자 조항은 공항으로 입국하든 육로 국경으로 입국하든 한국 여권 소지자에게 동일하게 적용된다.

3 무비자 입국은 제한사항 없이 베트남에 입국할 때마다 자동으로 45일 체류가 가능하다.

4 장기 여행할 계획이라면 입국하기 전에 비자 관련 변동 사항을 미리 확인해두자.

변경된 출입국 관리법은 대사관 홈페이지(http://overseas.mofa.go.kr/vn-ko/index.do)를 통해 확인이 가능하다.

e비자

45일을 초과해 여행할 경우 비자를 미리 발급 받아야 한다. 온라인으로 e비자 신청 및 발급이 가능하다. 대사관이나 여행사를 통하지 않고 직접 비자를 받을 수 있어 편리하다. e비자는 최대 90일까지 체류 가능하다. 단수 비자(입출국을 1회로 제한하는 비자)와 복수 비자(입출국이 여러 번 가능한 비자)로 구분해 신청할 수 있다. 베트남 이민국에서 운영하는 e비자 신청 사이트(https://evisa.xuatnhapcanh.gov.vn)를 이용하면 된다.

1 e비자 수수료는 단수 비자 US$25, 복수 비자 US$50다. 온라인으로 신청할 때 카드로 선결제하면 된다. e비자 발급은 통상 3일이 소요된다. 온라인으로 발급된 e비자는 직접 프린트해서 입국할 때 소지하고 있어야 한다.

2 e비자를 신청할 때 영문 이름, 생년월일, 여권번호, 여권 만료일 등 입력 내용이 틀리지 않도록 유의해야 한다.

3 비자 유효 기간은 비자 발급일로부터 개시되므로 입국 예정일을 맞추어 비자를 발급받도록 하자. 베트남 입국일로부터 90일이 아니고, 비자 발급일로부터 90일간 유효하다. e비자 신청서를 작성할 때 '입국 예정일Intended Date of Entry'에 비행기 타는 날짜를 적으면 그날부터 유효한 베트남 비자가 발급된다. 베트남 입국 도시 Allowed to Entry through Checkpoint와 출국 도시 Exit through Checkpoint를 적는 항목도 있으므로 여행 일정과 맞게 주의를 기울여 기입해야 한다.

도착 비자

절차가 복잡하지만 공항으로 입국할 경우 도착 비자를 받는 방법도 있다. 현지에서 발행한 초청장과 여권 정보를 출입국사무소(이민국)에 보내 미리 승인을 받아야 한다. 개인이 하기에는 불편하기 때문에 대부분 여행사를 통한다. 허가증 발급에 5일 정도 걸리는데, 급행으로 처리할수록 대행 수수료가 비싸진다.

비자가 미리 발급된 게 아니므로, 베트남 공항에 도착하면 입국 심사대가 아니라 도착 비자 받는 창구로 먼저 가야 한다. 도착 비자 서류(입국 신청서 Application for Entry And Exit Vietnam)도 이곳에서 직접 작성해야 한다. 영문으로 작성하고 사진 2장을 첨부해 제출하면 된다. 잠시 후 여권에 비자를 붙여 발급해준다. 이때 비자 수수료(30일 비자 US$25, 90일 비자 US$50)를 추가로 내야 한다.

베트남은 남북으로 길게 2,000㎞ 가까이 떨어져 있기 때문에 기후도 차별을 보인다. 중국과 가까운 북부 지방은 아열대성 기후. 전형적인 동남아시아 날씨를 보이는 남부 지방은 열대 몬순 기후에 속한다. 지역에 따라 몬순이나 태풍의 영향을 받아 우기가 다르게 나타난다. 지역에 따른 날씨를 감안해 여행 계획을 세우자.

북부

북부 베트남은 무더운 여름과 싸늘한 겨울까지 4계절이 분포한다. 여름에는 32℃ 이상 올라가며 덥고 습하다. 겨울에는 10℃ 이하로 떨어지는 날이 많고 난방 시설이 없어서 춥다. 겨울에 베트남 북부를 여행한다면 따뜻한 옷은 필수다. 북부 산악지역으로 올라갈수록 날씨가 더 추워진다. 태풍의 영향을 받는 여름에 비가 가장 많이 내린다. 가을(9~11월)은 평균 기온 25℃로 날씨가 청명하다.

하노이 평균 기온과 강우량

싸파 평균 기온과 강우량

중부

쯔엉썬 산맥과 몬순, 태풍 등의 영향으로 날씨 변화가 심하다. 같은 중부 지역이라도 쯔엉선 산맥(하이번 고개)을 사이에 두고 다낭과 후에(훼)의 날씨가 달라진다. 일반적으로 10월부터 1월까지 비가 많이 내린다. 12월부터 2월까지는 비도 많이 내리고 날이 흐려서 체감 온도가 많이 떨어진다. 무더운 여름에는 낮 기온이 35℃를 넘는다. 남부에 비해 습도가 높은 편이다.

다낭 평균 기온과 강우량

후에(훼) 평균 기온과 강우량

남부

주변의 동남아시아와 동일한 열대 몬순 기후를 보인다. 평균 기온 25~30℃로 1년 내내 덥다. 11월부터 4월까지가 건기, 5월부터 10월까지가 우기로 구분된다. 우기에는 열대성 폭우인 스콜 현상이 나타난다. 상대적으로 덜 더운 12월에서 1월이 여행하기 좋다. 우기가 시작되기 전인 4월이 가장 더운 때로 낮 기온이 36℃(최고 기온 39℃)를 넘기도 한다.

호찌민시(사이공) 평균 기온과 강우량

냐짱 평균 기온과 강우량

05 역사

고대 역사

베트남 최초의 부족 국가는 홍방 왕조 Hồng Bàng Dynasty(B.C. 2879~B.C. 258년)로 여겨진다. 베트남 건국의 아버지로 추앙받는 흥브엉(雄王) Hùng Vương에 의해 건립되었으며, 국호를 반랑(文郞) Văn Lang이라고 했다. 진시황이 중국 진나라를 건설(B.C. 221년)하면서 영토를 확장하자 베트남 북동부에 있던 어우비엣족 Âu Việt이 남하하면서 홍방 왕조를 무너뜨리고 새로운 나라를 건설했다(B.C. 257년). 국왕이 된 안즈엉브엉(安陽王) An Dương Vương은 국호를 어우락 Âu Lạc이라고 칭했다. 꼬로아 Cổ Loa(오늘날의 하노이에서 북쪽으로 35km)에 방어에 용이한 축성도시 형태의 수도를 건설했으나 얼마 못가 찌에우다(趙佗) Triệu Đà 군대에게 함락되었다(B.C. 207년). 찌에우다는 중국 남방(오늘날의 광동성, 광시성, 윈난성)과 베트남 북부를 장악해 남비엣(南越) Nam Việt을 개국했다(중국 역사에는 남월국 南越国으로 기록되어 있다). 찌에우다는 초대 국왕인 부브엉(무왕 武王) Vũ Vương이 되었으며, 5명의 왕을 배출했으나 중국 한나라에게 멸망했다(B.C. 111년).

중국의 지배(B.C. 111~A.D. 938년)

중국 한나라(한무제 漢武帝)가 남비엣을 정벌하며 오랜 중국 지배가 시작되었다(B.C. 111년). 중국(한나라)으로부터의 일시적인 독립은 쯩 자매(하이바쯩 Hai Bà Trưng)에 의해 이루어졌다(A.D. 40년). 하지만 A.D. 43년에 후한(後漢)의 광무제(光武帝)가 3만 명의 병력을 보내 베트남을 다시 복속시킨다. 당나라 때에는 안남도호부(安南都護府)를 설치해 베트남을 통치했다.

참파 왕국(192~1832년)
Cham Pa Kingdom

오늘날의 베트남 중남부 지방에 들어섰던 힌두교 국가이다. 한자와 유교, 불교를 믿었던 베트남(다이비엣)과는 전혀 다른 문화와 종교를 갖고 있었던 왕국이다. 중국보다는 인도의 영향을 더 많이 받았던 왕국으로 해상 교역을 통해 부를 축적했

힌두교를 믿었던 참파 왕국의 미썬 유적

다. 후에(훼), 다낭, 냐짱, 무이네에 이르는 넓은 지역에 걸쳐 오랫동안 번영을 누렸다.

힌두교를 믿었던 주변 국가인 크메르 제국과의 오랜 패권싸움에서 패해 세력이 약화되었고, 베트남의 남진 정책에 따라 1471년 레 왕조의 레 탄똥 황제에 의해 참파 왕국의 마지막 수도였던 비자야 Vijaya(오늘날의 꿰년)가 정복당한다. 참파 왕국의 후손인 참족들은 베트남의 소수민족으로 전락해 베트남 남부와 캄보디아 일대에 흩어져 생활하고 있다. 자세한 정보는 P.294 참고.

응오 왕조(939~967년)
Ngô Triều(吳朝) / Ngô Dynasty

중국 당나라가 망하고 5대 10국으로 분열되는 동안, 중국 남방을 통치하던 남한(南漢)으로부터 독립해 세운 베트남의 봉건 왕조이다. 응오 왕조는 응오 꾸엔 Ngô Quyền(재위 939~944년)을 시작으로 다섯 명의 왕이 교체되면서 28년 만에 멸망했다.

딘(딩) 왕조(968~980년)
Đinh Triều(丁朝) / Đinh Dynasty

12사군의 난(967년)으로 인해 응오 왕조가 멸망했다. 나라가 분열되어 있던 혼란한 정국을 딘보린

딘(딩) 왕조의 수도 호아르

(딩보링)이 통일하면서 딘(딩) 왕조를 창시했다. 딘보린은 스스로를 딘띠엔호앙(丁先皇) Đinh Tiên Hoàng이라고 칭하며 황제가 되었다. 오늘날 닌빈(닝빙)과 인접한 호아르 Hoa Lư에 수도를 정했으며, 국호를 다이꼬비엣(大瞿越) Đại Cồ Việt으로 정했다. 딘보린의 막내아들에게 왕권을 계승했으나 왕조의 역사는 오래가지 못했다.

전기 레 왕조(980~1009년)
Nhà Tiền Lê(前黎朝) / Early Lê Dynasty
딘(딩) 왕조의 장군 출신인 레호안(黎桓) Lê Hoàn이 설립했다. 어린 나이에 황제에 오른 딘 왕조의 2대 황제를 폐위하고 레 왕조의 초대 황제인 레다이한(黎大行) Lê Đại Hành(재위 980~1005년)이 되었다. 계속해서 호아르를 수도로 삼았으며, 중국 송나라 군대의 침략을 막아냈다. 하지만 아들들의 왕권 계승 다툼과 폭정으로 인해 급격한 쇠퇴의 길을 걸었다. 레러이 장군이 건설한 후기 레 왕조(1428~1788년)와 구분하기 위해 전기 레 왕조라고 부른다.

리 왕조(1009~1225년)
Lý Triều(李朝) / Lý Dynasty
베트남의 리(李)씨 왕조이다. 리 왕조를 창시한 리꽁우언(李公蘊) Lý Công Uẩn은 초대 황제인 리타이또(이태조 李太祖) Lý Thái Tổ(재위 1009~1028년)가 되었다. 집권한지 1년 만에 호아르에서 탕롱(오늘날의 하노이)으로 천도해 국가의 기틀을 마련했다. 리 왕조는 216년간 9명의 황제를 배출하며 국가를 안정적으로 통치했다. 종교적으로 불교를 숭상했고, 관개시설과 수로 시설을 정비해 농

경문화가 정착되었다. 외교적으로는 중국 송나라와 대등한 관계를 유지했다.
2대 황제인 리타이똥(이태종 李太宗) Lý Thái Tông은 국호를 다이비엣 Đại Việt(대월국 大越國)으로 바꾼다. 다이비엣은 응우옌 왕조에 의해 베트남으로 개명된 1804년까지 국호로 쓰였다. 이를 통해 리 왕조가 북부 베트남에 기반을 둔 베트남 역사의 근간을 이루었음을 알 수 있다. 3대 황제인 리탄똥(이성종 李聖宗) Lý Thánh Tông은 문묘(1070년)를 건설하며 유교 사상을 국가 지도 체제로 받아들인다. 4대 황제인 리년똥(이인종 李仁宗) Lý Nhân Tông 때는 국자감(1076년)도 설립해 과거 시험을 통해 관료를 선발했다. 리년똥 시절에는 송나라와의 두 차례 전쟁에서 승리해, 중국의 재가를 받지 않고 독자적으로 황제를 책봉하며 국가의 전성기를 열었다. 탕롱(하노이) 고성과 문묘에 관한 정보는 하노이 볼거리 P.405 참조.

쩐 왕조(1225~1400년)
Trần Triều(陳朝) / Trần Dynasty
리 왕조 후반기에 황제 집안과 쩐씨 집안의 딸이 결혼하면서 득세하기 시작했다. 결국 1225년 쩐씨 집안이 권력을 장악해 쩐 왕조를 열었다. 국호는 다이비엣, 수도는 탕롱(하노이)을 그대로 유지하며 전대 왕조의 체계를 유지했다.
불교와 유교, 상공업과 화폐 경제의 발달, 군사력을 바탕으로 13명의 황제가 175년간 통치했다. 이 기간 동안 베트남 문자(한자에 바탕을 둔 쯔놈 Chữ Nôm)가 완성되었고, 베트남의 역사를 기록한 다이비엣쓰끼(대월사기 大越史記) Đại Việt Sử Ký도 편찬했다. 또한 몽골(원나라)의 침략을

탕롱(하노이 고성)

하노이 고성에서 발견된 리 왕조 시대의 유물

세 차례나 물리쳐 국가 주권을 확고히 했다. 쩐흥다오 Trần Hưng Đạo 장군이 이끌었던 박당 전투(P.466)는 역사에 오랫동안 기록되고 있다.

호 왕조(1400~1407년)와 명나라의 지배(1407~ 1427년)

쩐 왕조에서 호 왕조(Hồ Triều 胡朝) Hồ Dynasty로 교체되면서 탕롱(하노이) 남쪽의 탄호아 Thanh Hóa로 수도를 이전했다. 당시는 중국 명나라 영락제(재위 1402~1424년)가 통지하던 시절로, 베트남의 혼란을 틈타 군대를 파견해 베트남을 정벌했다(1407년). 이로써 호 왕조가 7년 만에 멸망하고, 중국의 4번째 베트남 지배가 시작되었다.

후기 레 왕조(1428~1788년) Nhà Hậu Lê(後黎朝) / Later Lê Dynasty

레러이 Lê Lợi 장군이 명나라를 물리치고 1427년 독립을 이루며 후기 레 왕조를 건설한다. 레러이는 레 왕조 태조(초대 황제)가 되면서 레타이또(여태조 黎太祖) Lê Thái Tổ(재위 1428~1433년)가 되었다. 탕롱(오늘날의 하노이)을 동낑(동낑) Đông Kinh으로 개명해 수도로 삼았다. 레러이 장군과 관련된 일화는 호안끼엠 호수(P.399)와 연관되어 있다.

레 왕조는 토지·군사·조세·지방 제도를 개혁해 국가의 기초를 다졌고, 국자감을 통해 관료를 선발했다. 종교적으로 불교가 쇠퇴하고 유교를 통치 이념으로 택했다. 4대 황제인 레탄똥(여성종 黎聖宗) Lê Thánh Tông(재위 1460~1497년) 시절에는 문묘에 진사제명비를 세워 과거합격자들의 이름을 새겼다고 한다. 또한 남벌 정책을 실시해 참파 왕조의 수도인 비자야를 점령하고 참파 왕국을 복속시켰다(1471년). 이전까지 베트남 역사는 하노이를 중심으로 한 북부에 한정되어 있었다.

후기 레 왕조 중반기에 무관이었던 막당중 Mạc Đăng Dung이 군사 쿠데타를 통해 레 왕조를 폐위하고 스스로 황제의 자리에 오르면서 막 왕조(Mạc Triều 莫朝) Mạc dynasty를 열었다(1527년). 하지만 찐(찡) Trịnh 가문과 응우옌 Nguyễn 가문이 힘을 모아 레 왕조를 다시 옹립했다(1533년). 이후 후기 레 왕조는 1788년까지 이어졌지만, 실질적인 권력은 응우옌 가문과 찐 가문이 나눠 갖고 있었다.

찐(찡) 가문과 응우옌 가문의 대립과 분할 통치(1627~1788년)

1592년에 막 왕조를 축출하고 수도(하노이)로 복귀해 레 왕조가 재건되었지만, 실질적인 권력은 군사력을 바탕으로 한 찐 가문과 응우옌 가문이 가지고 있었다. 황제만 레씨 집안에서 배출됐을 뿐이다. 찐 가문은 북부 지방을 장악했고, 응우옌 가문은 중남부 지방을 장악했다. 두 권력은 1627년부터 1673년까지 끊임없이 대립했으나 어느 한쪽이 승리를 거두지 못하고 휴전 협정을 맺는다. 이로써 100년간 남북이 서로 다른 집안에 의해 통치되었다. 이때는 황제가 통치하는 찌에우 Triều(朝)가 아니라 군주가 통치하는 쭈어 Chúa(主)라고 부른다. 북부는 찐쭈어(鄭主) Trịnh Chúa(1545~1787년), 중남부는 응우옌쭈어(阮主) Nguyễn Chúa(1558~1777년)로 분할되었다.

찐 가문이 실권을 장악한 북부는 여전히 레 왕조가 왕권을 유지했다. 레 왕조는 1788년에 멸망하기까지 360년간 명맥을 유지했는데, 베트남 역사

오늘날의 하노이 호안끼엠 호수

문묘에 세워진 진사제명비

에서 가장 길었던 왕조이다. 응우옌 가문은 남하 정책을 지속해 사이공(오늘날의 호찌민시)에 최초로 베트남 사람을 정착시켰다(1623년).

떠이썬 왕조(1778~1802년)
Tây Sơn(西山) / Tây Sơn Dynasty

성씨가 아닌 지역 이름을 따서 만든 유일한 왕조이다. 떠이썬은 오늘날의 베트남 중부 지방인 빈딘 Bình Định이다. 당시 베트남은 북부와 중남부로 분할해 통치하고 있었는데, 관료의 부패와 토지 수탈, 홍수와 가뭄에 의한 기근이 이어지면서 농민들의 반란이 빈번하게 발생했다. 떠이썬 지방의 민중 봉기는 응우옌 3형제(당시 권력을 갖고 있던 응우옌 가문과는 아무 상관없다)가 중심이 되었다. 무술이 뛰어났던 응우옌후에 Nguyễn Huệ를 지도자로 삼았다.

1771년부터 민중의 지지를 받아 시작된 떠이썬 운동은 중남부 지방을 통치하던 응우옌 가문을 먼저 무너뜨린다(1776년). 여세를 몰아 북부의 찐 가문과 후기 레 왕조마저 무너뜨리고 떠이썬 왕조를 창시한다(1778년). 후기 레 왕조의 마지막 황제는 중국 청나라에 도움을 요청했으나, 응우옌후에는 진군한 청나라 군대와 전투에서도 승리를 이끈다. 그는 1788년 꽝쭝(光中) Quang Trung 황제(재위 1788~1792년)가 되었다.

떠이썬 왕조는 남북을 통일했을 뿐만 아니라 베트남 역사상 최초로 민중 봉기를 성공시켜 만들어진 왕조이다. 봉건 영주제를 폐지, 해외 교역과 문물 개방, 종교의 자유 인정, 농민과 상민을 위한 제도 개혁을 단행하려 했지만 꽝쭝 황제가 집권 4년 만에 39세의 나이로 갑자기 사망하며 역사는 다시 원점으로 되돌아갔다.

꽝쭝 황제는 응우옌 가문의 생존자인 응우옌푹안 Nguyễn Phúc Ánh을 제거하기 위해 자딘 Gianh(사이공의 옛이름, 오늘날의 호찌민시)을 공격할 준비를 하고 있었다고 한다. 날씨 때문에 공격을 늦추고 있었는데, 결국 응우옌푹안이 살아남아 응우옌 왕조를 건설하며 자롱 Gia Long 황제가 되었다. 이로써 베트남의 봉건 왕조가 재건되었고 유교 사회로 복귀하게 되었다. 많은 베트남 역사학자들은 꽝쭝 황제가 요절하지 않았다면 베트남 역사가 확연하게 달라졌을 것이라고 한다.

응우옌 왕조(1802~1945년)
Nguyễn Triều(阮朝) / Nguyễn Dynasty

싸얌(오늘날의 태국)으로 피신해 있던 응우옌푹안 Nguyễn Phúc Ánh은 프랑스 성직자와 프랑스 군대의 도움을 받아 자딘(사이공)을 되찾았다(1788년). 떠이썬 왕조가 동낀(오늘날의 하노이)으로 권력 기반을 옮기면서 베트남 남부에 공백이 생긴 틈을 노린 것이다. 응우옌푹안은 프랑스 군대의 도움으로 무기를 현대화하고 해군 전력을 보강해 1789년부터 반격에 나섰다. 1792년에 떠이썬 왕조의 꽝쭝 황제가 급작스레 사망하면서 행운의 여신은 응우옌푹안의 편에 섰다.

1802년에 베트남 전역을 통일하고 자롱 황제가 되면서 응우옌 왕조를 열었다. 수도를 후에(훼) Huế로 삼았으며, 국호를 비엣남(越南) Việt Nam으로 칭했다. 응우옌 왕조는 바오다이 황제가 퇴위한 1945년까지 13명의 황제를 배출했다. 응우옌 왕조의 자세한 역사(P.365), 응우옌 왕조의 왕궁(P.343)과 황제릉(P.352)은 후에 여행 정보 참조.

프랑스 식민지배(1862~1954년)

자롱 황제를 도왔던 프랑스는 동아시아 진출에 대한 야심을 보이며 베트남 식민지배를 가시화하기 시작했다. 응우옌 왕조는 쇄국 정책과 가톨릭 선

황제 복장을 입고 기념 촬영하는 관광객

응우옌 왕조의 민망 황제릉

교사들의 활동을 금하며 유교에 기반을 둔 봉건 왕정을 유지하려 노력했다. 하지만 1858년에 프랑스 해군이 다낭을 점령했고, 그 다음해에는 자딘(사이공)을 점령하며 식민 지배를 시작했다. 뜨득 황제(응우옌 왕조 4대 황제) 시절인 1862년에 프랑스와 베트남의 불평등 조약이 체결되어 프랑스는 남부 베트남 3개 성(省)을 통치하게 된다. 이로써 프랑스령 코친차이나가 성립되었다. 프랑스는 통킹(하노이를 중심으로 한 베트남 북부)마저 무력으로 점령하며 베트남 전역을 식민지화했다. 이 과정에서 베트남 영유권을 확보하기 위해 중국 청나라와 전쟁을 벌였다(1884~1885년).

1887년 10월 17일에 프랑스령 인도차이나가 설립되었다. 프랑스는 베트남을 코친차이나 Cochinchina, 안남 Annam, 통킹 Tonkin으로 분할해 통치했는데, 응우옌 왕조의 황제들은 프랑스의 지배를 받는 인도차이나 연방의 하나인 안남의 꼭두각시로 전락하게 되었다. 프랑스에 반기를 들었던 응우옌 왕조의 황제들이 폐위되거나 망명하는

시련을 겪었다. 프랑스령 인도차이나는 1893년에 라오스까지 합병하며 오늘날의 베트남, 라오스, 캄보디아를 통치했다.

일본의 베트남 점령, 8월 혁명과 베트남의 독립 (1940~1945년)

제2차 세계대전을 계기로 프랑스의 인도차이나 지배는 약화된다. 이 틈을 노려 일본은 중일전쟁을 빌미로 베트남에 주둔하고(1940년), 응우옌 왕조는 일본의 도움을 받아 프랑스로부터의 독립을 모색한다. 이와는 별도로 호찌민이 이끄는 비엣민(베트민) Việt Minh(베트남 공산당과 민족주의 세력이 연합한 반[反] 프랑스 동맹, Việt Nam Độc Lập Đồng Minh Hội의 약자로 베트남 독립동맹회 越南獨立同盟會를 줄여서 부르는 말. 한국에서는 '월맹越盟'이라고 부르기도 한다)이 결성되었다(1941년).

일본이 프랑스 식민 지배를 종식시키고 베트남을 지배(1945년 3월)한 것도 잠시. 1945년 8월에 일본이 연합군에 항복하면서 패전국이 된다. 일본을 등에 업고 황제의 신분을 유지하던 바오다이 황제(응우옌 왕조의 마지막 황제)는 호찌민이 주도한 8혁 혁명(전국적인 민중 봉기)에 의해 후에(훼) 왕궁에서 퇴위했다(1945년 8월 25일). 이로써 베트남 봉건 왕조는 역사에서 사라지게 되었다. 호찌민은 하노이의 바딘 광장에서 1945년 9월 2일 베트남의 독립을 선포하며 베트남 민주공화국 Việt Nam Dân Chủ Cộng Hòa(越南民主共和國)의 주석에 오른다.

인도차이나 시절에 건설된 호찌민시 노트르담 성당

베트남 공산당 창당

인도차이나 시절에 건설된 하노이 오페라하우스

호찌민의 독립선포

인도차이나 전쟁(1946~1954년)

소련과 중국의 공산화 이후 동남아시아까지 공산화되는 것을 원치 않았던 미국과 베트남을 재 지배하려던 프랑스의 욕구가 맞물리면서 베트남 현대사의 기나긴 고난이 시작된다. 동남아시아 최초로 사회주의 정권이 들어서자 일본 군대의 무장 해제를 빌미 삼아 연합군이 베트남에 주둔한다(1945년 9월). 북쪽은 장제스(蔣介石)가 이끄는 중국 국민당이, 남쪽에는 영국군이 주둔한다. 하지만 이것은 프랑스 군대가 베트남에 올 때까지의 임시 조치였을 뿐이다. 베트남 남부에 재 주둔한 프랑스는 1946년 11월에 하이퐁(하노이 인근)을 공격하면서 전쟁은 전면전으로 변모한다. 당시 베트남의 상황은, 소련과 중국은 비엣민 Việt Minh이 이끄는 베트남 민주공화국을 국가로 인정했고(1950년), 미국과 영국은 프랑스가 지원하는 바오다이(퇴위한 응우옌 왕조의 마지막 황제)를 국가 수반으로 둔 남부 베트남만 국가로 인정하고 있었다.

소련과 중국 공산당의 지원을 받은 비엣민과 아프리카의 프랑스 식민지에서 군대를 파병해 전력을 보강하고 미국의 도움을 받은 프랑스 군대가 8년에 걸친 인도차이나 전쟁을 치른다. 전쟁의 하이라이트는 베트남 북서부 변방 산악지대인 디엔비엔푸 Điện Biên Phủ에서 벌어졌던 전투(1953년 11월 20일~1954년 5월 7일)다. 프랑스 군대의 엄청난 공중 폭격에도 불구하고 프랑스 군대가 패전하며 인도차이나 지배의 종지부를 찍는다. 디엔비엔푸 전투는 유럽 식민지배 국가에 맞서 피지배 국가가 승리한 최초의 전쟁으로 기록되고 있다. 디엔비엔푸 전투에 관한 자세한 내용은 P.517 참고.

제네바 협정과 남북 분단(1954년)

프랑스가 패전국이 되었는데도 1954년 7월에 진행된 제네바 협정에 의해 베트남을 일시적으로 분할하기로 결정한다. 북위 17°선을 경계로 공산주의 정권인 북부 베트남(베트남 민주공화국 Democratic Republic of Vietnam)과 친서방 정권인 남부 베트남(베트남국 State of Vietnam)으로 분리된다. 제네바 협정에 정해진 대로 선거를 실시할 경우 호찌민이 이끄는 북부 베트남이 승리할 것이 예상되자, 미국이 지원하는 남부 베트남의 응오딘지엠 대통령 Ngô Đình Diệm(임기 1955년

10월 26일~1963년 11월 2일)이 선거를 거부(1956년)하며 분열을 가속화했다.

남부 베트남에서는 응오딘지엠 정권의 독재와 불교 탄압이 심해지면서 정부에 저항하는 무장 투쟁이 본격화되었다. 1960년에 결성된 남베트남 민족해방전선 National Liberation Front(NLF)이 남부 베트남에서 세력을 확장했고, 응오딘지엠 대통령은 군사 쿠데타로 실각해 처형되었다(1963년). 응오딘지엠에 관한 내용은 호찌민시 볼거리 통일궁(P.107), 호찌민시 박물관(P.109), 짜땀 교회(P.121) 참고.

북부 베트남의 지원을 받았던 남베트남 민족해방전선은 베트남 전쟁 기간 동안 비엣꽁(베트콩) Việt Cộng(베트남 공산당을 뜻하는 비엣남 꽁싼 Việt Nam Cộng Sản을 줄여 말한 것)으로 불렸다. 비엣꽁의 거점이었던 꾸찌 Củ Chi(P.125)와 껀저 Cần Giờ(P.129)는 호찌민시 주변 볼거리에서 자세히 다룬다.

평화롭기만한 오늘날의 디엔비엔푸

베트남 전쟁 기간 중 하노이의 작전본부

베트남의 영웅, 호찌민

디엔비엔푸 전투를 지휘한 보응우옌잡
SỰ THẬT VỀ CHIẾN TRANH VIỆT NAM

HISTORICAL PHOTOS
PHOTOS HISTORIQUES
ĐIỆN BIÊN PHỦ

VIETNAM MILITARY HI
VIỆN BẢO TÀNG LỊC
Musée de l'Histo

'캐스터 작전 Operation Caster'으로 명명된 디엔비엔푸 점령 작전은 1953년 11월 20일을 기해 9,000명의 프랑스 공수부대가 낙하산을 타고 내려오며 시작됩니다. 프랑스 군대는 디엔비엔푸를 거점으로 하여 비엣민(베트민) Việt Minh(Việt Nam Độc Lập Đồng Minh Hội의 약자로 '베트남 독립 동맹회越南獨立同盟會'를

줄여서 부르는 말. 한국에서는 '월맹越盟'이라고 부르기도 한다. 호찌민이 이끄는 베트남 공산당과 민족주의 세력이 연합한 反프랑스 동맹이다) 군대를 격퇴시킬 계획이었습니다. 당시 비엣민은 1945년 8월에 베트남 독립을 선포하고 베트남 북부를 장악했고, 군사 보급로 확보를 위해 라오스 영토를 점령하려는 계획을 세우고 있었습니다.

크리스티앙 드카스트리 Christian de Castries(1902~1991년) 대령이 이끄는 프랑스 군대는 6개 대대 병력(전투에 투입된 총 인원은 약 1만 6,000명)을 주둔시켰습니다. 디엔비엔푸는 산악지역에 둘러싸여 있어 항공기를 통해서만 병력과 군수물자 보급이 가능했습니다. 추가적인 병력 지원과 군수 물자 수송을 위해 활주로를 건설하고, 참호를 만들어 디엔비엔푸 주변의 언덕을 요새화했습니다. 요새화한 언덕들은 안네-마리 Anne-marie, 프랑수아즈 Françoise, 이사벨 Isabelle, 엘리앙 Elliane, 베아트리스 Beatrice, 위겟 Hugette, 클로딘 Claudine, 도미니크 Dominique, 가브리엘 Gabrielle 같은 여성 이름을 사용했는데, 드카스트리 대령의 실제 연인들의 이름이라고 합니다. 군인 귀족 집안에서 자란 드카스트리는 젊은 시절 승마와 전투기 조종사 등을 거치며 거침없는 여성 편력을 자랑했던 인물입니다.

프랑스는 제2차 세계대전 이후 남아돌던 무기와 미군의 항공 지원을 받아 대규모 군사작전을 감행했습니다. 베트남을 재지배하려는 프랑스의 야욕은 공산화가 인도차이나로 확산되는 것을 방지하려는 미국의 계획과도 일맥상통했습니다. 군사력의 우위를 바탕으로 항공 정찰과 공중 폭격을 통해 비엣민을 쉽게 제압할 것으로 판단했으나, 전투는 유럽이 아닌 베트남의 산악지역에서 벌어졌고 전면전이 아닌 게릴라전으로 전개되어 프랑스 군대의 의지와는 전혀 상관없는 방향으로 진행되었습니다.

비엣민 군대를 이끌던 베트남 측 지휘관은 보응우옌잡 Võ Nguyên Giáp 장군(2013년 10월 4일 103세의 나이로 하노이에서 사망했다)이었습니다. 마차와 자전거, 짐꾼에 의해 군수 물자를 조달할 정도로 열세에 있었지만 베트남의 지형과 기후를 훤히 알고 있었습니다. 1954년 3월 13일을 기해 디엔비엔푸 전투가 시작되었는데, 그해는 유난히도 몬순이 일찍 시작되었기 때문에 비 내리고 안개에 휩싸인 날이 많았습니다. 프랑스 군대는 항공을 이용한 군사 지원이 힘들어졌고, 후방의 지원 없이 좁은 협곡 사이에서 방어를 치중하던 프랑스 군대는 고립되어 갔습니다.

4월 초부터는 지상군을 투입한 비엣민 군대는 인명피해에도 불구하고 인해전술을 펼치듯 거침없이 밀려들어왔고, 결국 5월 7일 17시 30분에 프랑스 군사령부가 함락되며 55일간의 전투가 끝났습니다. 디엔비엔푸 전투에서 프랑스 군대가 패하며 8년간의 인도차이나 전쟁도 막을 내립니다. 베트남 군대는 2만 명이상 사망했으며, 프랑스 군대는 2,000여 명이 사망하고, 1만 1,000여 명이 전쟁 포로가 되었습니다.

베트남 전쟁과 베트남의 통일 (1955~1975년)

미국은 1950년부터 프랑스 군대를 지원하며 군사 작전을 수행하고 있었다. 북부 베트남과 비엣꽁(베트콩)에 의해 베트남이 공산화되는 것을 꺼렸던 미군은 통킹만 사건(1964년 8월 2일)을 빌미로 전쟁을 공식화했다. 1965년 2월부터 미군이 북부 베트남에 폭격을 가하며 2차 인도차이나 전쟁이 발발한다. 프랑스와 전쟁을 벌였던 1차 인도차이나 전쟁이 끝난 지 불과 11년 만이다. 미국과 베트남의 전쟁은 어떻게 보느냐에 따라 전쟁의 이름도 다르다. 베트남 독립전쟁의 연속성에서 볼 때 2차 인도차이나 전쟁으로 불리며, 미국과 베트남과의 전쟁만을 떼어서 보면 '베트남 전쟁'이 된다. 베트남의 시각에서 보면 베트남 내에서 벌어진 내전이 아닌 미국에 대항하던 '항미 전쟁'의 성격을 띤다. 한국군 참전(1964년 9월), 구정 대공세(1968년 1월), 남베트남 임시 혁명 정부 수립(1969년 6월), 호찌민 주석 서거(1969년 9월), 프랑스 파리에서 휴전(평화)협정 조인과 미군의 철수(1973년 1월)까지 일련의 과정을 거쳐 북베트남의 총공세(1975년 3월)로 다낭이 함락(1975년 3월 26일)되고, 마지막으로 사이공이 함락(1975년 4월 30일)되면서 베트남이 통일된다. 자세한 내용은 동하 & 비무장 지대 Đông Hà & DMZ(P.367), 호찌민시 통일궁(P.107), 호찌민시 전쟁 박물관(P.110), 꾸찌(P.125), 하노이 호찌민 묘(P.410) 참조.

베트남 통일과 사회주의 공화국 (1975년~현재)

1975년 사이공이 함락되고 이듬해인 1976년 7월 2일에 베트남 사회주의 공화국 Cộng Hòa Xã Hội Chủ Nghĩa Việt Nam(Socialist Republic of Vietnam)이 수립되었다. 베트남 공산당이 통치하는 사회주의 국가로 공산당 서기장인 레주언 Lê Duẩn(1907~1986년)이 초대 국가원수를 지냈다. 통일된 베트남은 사회주의 급진 개혁 추진과 기업의 국유화, 중국과의 갈등, 미국의 경제 봉쇄 등으로 인해 어려움을 겪는다. 크메르 루즈(캄보디아 공산당)가 집권한 캄보디아와 국경 문제로 마찰을 빚다가 캄보디아를 침공해 프놈펜(캄보디아의 수도)을 점령했고(1978년 10월), 크메르 루즈를 지원하던 중국은 이에 대한 반발로 베트남 북부를 공격하며 베트남-중국 국경 분쟁도 일어났다(1979년 2월).

베트남은 1986년 제6차 공산당 전당대회를 기점으로 변화를 맞는다. 개방과 쇄신을 골자로 한 '도이 머이 Đổi Mới' 정책을 추진하기로 한 것이다. 캄보디아에서 베트남 군대가 철수하면서(1989년 9월) 중국과의 국교를 정상화했다(1991년). 1994년에는 미국이 베트남의 경제 봉쇄 조치를 해제했고, 1995년에는 베트남-미국이 수교하면서 적대 관계를 청산했다. 베트남은 같은 해에 ASEAN(동남아시아 10개국 연합)에 가입했고, 1996년에는 APEC에 가입했다. 2007년 1월에는 WTO에 가입하며 150번째 회원국이 되었다.

비엣꽁(베트콩) 모형

통일궁을 점령(사이공 함락)한 북부베트남군

베트남 전쟁

오늘날의 베트남 사회주의 공화국

베트남에 주둔한 미군 부대

06 베트남의 국경일과 기념일

베트남의 법정 공휴일은 다른 나라에 비해 현저히 적다. 사이공 함락과 베트남 통일(4월 30일), 호찌민에 의해 베트남의 독립이 선포된 국경절(9월 2일) 같은 역사적인 사건과 연관된 휴일이 많다. 2007년에 훙브엉(베트남 건국 시조) 기일을 국경일에 추가했다.

국경일(법정 공휴일)

- **뗏 즈엉릭** Tết Dương Lịch
  1월 1일 | 신정

- **뗏(뗏 응우옌 단)** Tết(Tết Nguyên Đán)
  음력 12월 말일~음력 1월 3일 |
  베트남 설날

- **저또(여또) 훙브엉** / Giỗ Tổ Hùng Vương
  음력 3월 10일 |
  훙브엉(베트남 건국 시조) 기일

- **응아이 자이퐁(야이퐁)** Ngày Giải Phóng
  4월 30일 |
  사이공 해방(베트남 통일) 기념일

- **응아이 꿕떼 라오동** Ngày Quốc Tế Lao Động
  5월 1일 | 국제 노동절

- **꿕칸** Quốc Khánh
  9월 2일 | 국경절(독립 기념일)

기념일

- **뗏 응우옌띠에우** Tết Nguyên Tiêu
  음력 1월 15일 | 정월 대보름

- **응아이 탄럽당** Ngày Thành Lập Đảng
  2월 3일 | 베트남 공산당 창립 기념일

- **레펏단** Lễ Phật Đản
  음력 4월 15일 | 석가탄신일

- **뗏 도안응오** Tết Đoan Ngọ
  음력 5월 5일 | 단오절

- **응아이 찌엔탕 디엔비엔푸**
  Ngày Chiến Thắng Điện Biện Phủ
  5월 7일 | 디엔비엔푸 전투 승리 기념일

- **부란(뗏 쭝응우옌)**
  Vu Lan(Tết Trung Nguyên)
  음력 5월 17일 | 중원절(中元節)

- **응아이 씬 쭈띡 호찌민**
  Ngày Sinh Chủ Tịch Hồ Chí Minh
  5월 19일 | 호찌민 생일

- **응아이 자딘(야딩)** Ngày Gia Đình
  6월 28일 | 가정의 날

- **뗏 쭝투** Tết Trung Thu
  음력 8월 15일 | 중추절(추석)

- **응아이 깍망탕 8**
  Ngày Cách Mạng Tháng 8
  8월 19일 8월 | 혁명 기념일

- **응아이 푸느** Ngày Phụ Nữ
  10월 20일 | 여성의 날

- **응아이 호이꿕퐁또안전**
  Ngày Hội Quốc Phòng Toàn Dân
  12월 22일 |
  국방 기념일(인민군 창설 기념일)

베트남어 여행 회화

베트남의 공식 언어는 베트남어다. 베트남의 봉건 왕조 시대에는 한자를 이용해 만든 글자를 표기하는 쯔 놈 Chữ Nôm을 베트남어로 사용했으나, 프랑스가 베트남을 식민 지배하는 동안 로만 알파벳으로 표기가 교체되었다. 현재의 베트남어는 국어(國語)라는 뜻으로 꾁응으 Quốc Ngữ라고 부른다. 베트남어는 6성으로 이루어진 성조가 있어서 같은 글자라고 해도 성조에 따라 전혀 다른 뜻이 된다. 수도인 하노이를 중심으로 한 북부 베트남어를 표준어로 삼고 있으나, 호찌민 시를 중심으로 한 남쪽 사람들은 표준어 발음을 전혀 개의치 않는다.

01 숫자

0 không ◀ 콩
1 một ◀ 못
2 hai ◀ 하이
3 ba ◀ 바
4 bốn ◀ 본
5 năm ◀ 남
6 sáu ◀ 싸우
7 bảy ◀ 바이
8 tám ◀ 땀
9 chín ◀ 찐
10 mười ◀ 므어이
100 một trăm ◀ 못 짬
1,000 một ngàn(nghìn)
◀ 못 응안(응인)
10,000 mươi ngàn(nghìn)
◀ 므어이 응안(응인)
100,000 một trăm ngàn(nghìn)
◀ 못 짬 응안(응인)
1,000,000 một triệu
◀ 못 찌에우

02 여행 어휘

공항 sân bay ◀ 썬 바이
여권 hộ chiếu ◀ 호 찌에우
화장실 nhà vệ sinh ◀ 냐 베 씬
싱글 룸 phòng đơn ◀ 퐁 던
더블 룸 phòng đôi ◀ 퐁 도이
경찰 công an ◀ 꽁안
은행 ngân hàng ◀ 응언 항
신용카드 thẻ tín dụng
◀ 테 띤 중

달러 đô la ◀ 돌라
거스름돈 tiền trả lại
◀ 띠엔 짜 라이
병원 bệnh viện ◀ 벤 비엔
약국 hiệu thuốc ◀ 히에우 투옥
감기약 thuốc cảm ◀ 투옥 깜
설사약 thuốc tiêu chảy
◀ 투옥 띠에우 짜이
소화제 thuốc tiêu hóa
◀ 투옥 띠에우 호아

03 여행 회화

예 vâng ◀ 벙
아니요 không ◀ 콩
좋다 tốt ◀ 똣
나쁘다 xấu ◀ 써우
안녕하세요(일반적인 인사)
◀ Xin chào 씬 짜오
여보세요(전화) À-lô ◀ 알로
감사합니다 Cảm ơn ◀ 깜언
죄송합니다 Xin lỗi ◀ 씬 로이
괜찮습니다(천만에요)
Không có chi(Không sao)
◀ 콩 꼬 찌(콩 싸오)
다음에 만나요. Hẹn gặp lại.
◀ 헨 갑 라이.
나는 한국 사람입니다.
Tôi là người Hàn Quốc.
◀ 또이 라 응으어이 한꾁.
이건 뭐예요? Cái này là cái gì?
◀ 까이 나이 라 까이 지?

~는 어디 있나요? ~ ở đâu?
◀ ~ 어 더우?
얼마예요? Bao niêu?
◀ 바오 니에우?
계산서 주세요! Tính tiền!
◀ 띤 띠엔!
영수증을 주십시오.
Xin cho tôi hóa đơn.
◀ 씬 쪼 또이 호아 던.
너무 비싸요. Đắt quá. ◀ 닷 꽈.
더 싼 거 있나요?
Có loại rẻ hơn không a?
◀ 꼬 로아이 제 헌 콩 아?
세워주세요. Xin dừng lại.
◀ 씬 증 라이.
오토바이/자전거를 빌리고 싶습니다.
Tôi muốn thuê xe máy/xe đap.
◀ 또이 무온 투에 쎄 머이/쎄 답.
택시 불러 줄 수 있어요?
Nhờ gọi xe taxi cho tôi?
◀ 녀 고이 쎄 딱시 쪼 또이?

04 상황 회화

도와주세요! Hãy giúp tôi!
◀ 하이 줍(윱) 또이!
길을 잃었어요. Tôi bị lạc.
◀ 또이 비 락.
지갑을 잃어버렸어요.
Tôi bi mất cái ví.
◀ 또이 비 멋 까이 비.
아픕니다. Tôi bị bệnh.
◀ 또이 비 벤.

다쳤어요. Tôi đã bị thương.
🔊 또이 다 비 트엉.
귀찮게 하지 마!
Đừng làm phiền tôi!
🔊 등 람 피엔 또이!
만지지 마! Đừng đụng tôi!
🔊 등 둥 또이!
속도를 줄여주세요! Đi chậm lại!
🔊 디 쩜 라이!
도둑이야! Ăn trộm! 🔊 안 쫌!
경찰을 불러주세요.
Xin gọi công an giúp tôi.
🔊 씬 고이 꽁 안 줍(윱) 또이.
경찰서가 어디 입니까?
Công an địa phương nằm ở đâu ư?
🔊 꽁 안 디어 프엉 남 어 더우?

05 식당

▶ 음식 재료

❶ 고기

닭고기 Gà 🔊 가
소고기 Bò 🔊 보
돼지고기(남쪽 지방) Heo 🔊 헤오
돼지고기(북쪽 지방) Lợn 🔊 런
오리고기 Vịt 🔊 빗
달걀 Trứng 🔊 쯩

> **알아두세요**
>
> 고기 종류들은 고기를 뜻하는
> '팃 Thịt'을 붙여서 팃가 Thịt
> Gà(닭고기), 팃보 Thịt Bò(소고
> 기), 팃헤오 Thịt Heo(돼지고기)
> 라고 표기합니다.

❷ 해산물

시푸드 Hải Sản 🔊 하이싼
생선 Cá 🔊 까
새우 Tôm 🔊 똠
오징어 Mực 🔊 믁

장어 Lươn 🔊 르언
게 Cua 🔊 꾸어
꽃게 Ghẹ 🔊 게

❸ 채소

채소 Rau 🔊 자우(라우)
두부 Đậu Phụ 🔊 더우푸
버섯 Nấm 🔊 넘
오이 Dưa Chuột 🔊 즈아쭈옷
가지 Cà Tím 🔊 까띰
당근 Cà Rốt 🔊 까롯
배추 Bắp Cải 🔊 밥까이
토마토 Cà Chua 🔊 까쭈어

❹ 면

Phở 쌀국수(넓적한 면발) 🔊 퍼
Bún 쌀국수(가는 면발) 🔊 분
Miến 당면 🔊 미엔
Mì 노란색 달걀면 🔊 미

▶ 조리 방법

무침(샐러드) Gỏi 🔊 고이
볶다 Xào 🔊 싸오
굽다 Nướng 🔊 느엉
졸이다 Kho 🔊 코
튀기다(북부 지방) Rán 🔊 잔
볶다 · 튀기다(남부 지방) Chiên
🔊 찌엔
말다 Cuốn 🔊 꾸온
찌다 Hấp 🔊 헙
데치다 Luộc 🔊 루옥
볶다 Rang 🔊 랑(장)
통째로 굽다 Quay 🔊 꿰이
삶다 Nấu 🔊 너우

▶ 향신료 · 소스

생선소스 Nước Mắm 🔊 느억맘
굴소스 Dầu Hào 🔊 저우하오
간장 Nước Tương 🔊 느억뜨엉
칠리소스 Tương Ớt 🔊 느억 엇
소금 Muối 🔊 무오이
설탕 Đường 🔊 드엉

고추 Ớt 🔊 엇
마늘 Tỏi 🔊 또이
후추 Tiêu 🔊 띠에우
생강 Gừng 🔊 긍
양파 Hành 🔊 한
피망 Ớt Chuông 🔊 엇 쭈옹
레몬그라스 🔊 Sả 싸
타마린드 Me 🔊 메
고수 · 허브 Rau Thơm
🔊 자우텀(라우텀)

> **알아두세요**
>
> 한국인 여행자 중에서는 고수
> 가 입맛에 맞지 않을 수 있어요.
> "고수를 빼주세요"는 "Không
> cho rau mùi 콩 쪼 자우 무이"
> 라고 말하면 됩니다.

▶ 베트남 음식

소고기 쌀국수 Phở Bò 🔊 퍼보
닭고기 볶음국수 Mì Xào Gà
🔊 미싸오가
새우 볶음국수 Mì Xào Tôm
🔊 미싸오똠
해산물 볶음밥 Cơm Chiên Hải
Sản 🔊 껌찌엔 하이싼
해산물 전골요리 Lẩu Hải Sản
🔊 러우 하이싼
망고 셰이크 Sinh Tố Xoài
🔊 신또 쏘아이

> **알아두세요**
>
> **베트남 음식 이름**
> 베트남의 음식 이름은 '재료+조
> 리 방법'으로 붙여져요. 예를 들
> 어, 닭고기 볶음국수는 주재료
> 인 국수(미 Mì) + 조리 방법은
> 볶음 (싸오 Xào) + 부재료인 닭
> 고기(가 Gà)로 이름 지어져요.

INDEX

Memo

Memo

프렌즈 시리즈 14

프렌즈 **베트남**

발행일 | 초판 1쇄 2016년 5월 10일
　　　　개정 6판 1쇄 2024년 7월 1일

지은이 | 안진헌

발행인 | 박장희
대표이사 · 제작총괄 | 정철근
본부장 | 이정아
파트장 | 문주미
책임편집 | 박수민

기획위원 | 박정호

마케팅 | 김주희, 박화인, 이현지, 한륜아
디자인 | 김미연, 변바희, 양재연

발행처 | 중앙일보에스(주)
주소 | (03909) 서울특별시 마포구 상암산로 48-6
등록 | 2008년 1월 25일 제2014-000178호
문의 | jbooks@joongang.co.kr
홈페이지 | jbooks.joins.com
네이버 포스트 | post.naver.com/joongangbooks
인스타그램 | @j__books

ⓒ안진헌, 2024

ISBN 978-89-278-8047-9 14980
ISBN 978-89-278-8003-5(세트)

중앙books는 중앙일보에스(주)의 단행본 출판 브랜드입니다.